AF326539

THE
MICHIGAN
HISTORICAL
REPRINT
SERIES

*Reprints from the collection of
the University of Michigan
University Library*

This volume is produced from digital images created through the University of Michigan University Library's preservation reformatting program. The Library seeks to preserve the intellectual content of items in a manner that facilitates and promotes a variety of uses. The digital reformatting process results in an electronic version of the text that can both be accessed online and used to create new print copies. This book and thousands of others can be found in the digital collections of the University of Michigan Library. The University Library also understands and values the utility of print, and makes reprints available through its Scholarly Publishing Office.

For access to the University of Michigan Library's digital collections, please see http://www.lib.umich.edu.

The Scholarly Publishing Office seeks to disseminate high-quality, cost-effective scholarly content through both print and electronic publishing. Information about the Scholarly Publishing Office can be found at http://spo.umdl.umich.edu.

THE SCHOLARLY PUBLISHING OFFICE
THE UNIVERSITY OF MICHIGAN
UNIVERSITY LIBRARY

THEORIE

DER BINAREN

ALGEBRAISCHEN FORMEN

VON

A. CLEBSCH,

ORDENTL. PROFESSOR AN DER UNIVERSITÄT UND MITGLIED DER KGL. GES. DER
WISSENSCH. ZU GÖTTINGEN, CORRESP. MITGLIED DER ACADEMIEN ZU BERLIN
UND MÜNCHEN, DES ISTITUTO LOMBARDO UND DER ACADEMIE ZU BOLOGNA,
HONORARY MEMBER OF THE CAMBRIDGE PHILOSOPHICAL SOCIETY.

LEIPZIG,
VERLAG VON B. G. TEUBNER.
1872.

Vorwort.

Die Grundzüge der neueren Algebra, wie diese Disciplin aus den Händen von Cayley und Sylvester hervorging, sind durch das Salmon'sche Lehrbuch in Jedes Händen. Einige in diesem Werke nicht behandelte Capitel findet man in Cayley's *„Memoirs upon Quantics"* (*Phil. Tr.*), in Brioschi's *„Teoria dei covarianti"* (*Annali*), in Fiedler's „Elementen der neueren Geometrie etc." im Zusammenhange entwickelt. Das vorliegende Werk entsprang dem Bedürfnisse, auch andere, zum Theil neuere, Methoden und Gesichtspunkte einem grösseren Kreise zugänglich zu machen. Ich rechne dahin vor Allem die grundsätzliche Anwendung der zuerst von Aronhold gebrauchten symbolischen Bezeichnung, welche, wie ich schon im 59. Bande von Borchardt's Journal ausgeführt habe, die principielle Grundlage für alle Gebilde der neueren Algebra liefert; sodann die fundamentalen Untersuchungen von Gordan über die Endlichkeit der Formensysteme, welche, auf jene Bezeichnungsweise gegründet, eine Perspective in eine neue Classe tiefer und wichtiger Forschungen eröffnet; endlich die weiteren Ausführungen, welche die von Hermite begründete Theorie der typischen Darstellungen seither erfahren hat. Diese und einige andere Momente, welche ich in meinen Vorlesungen seit längerer Zeit hervorzuheben pflegte, gaben denselben allmälig eine Gestalt, welche die Grundzüge des gegenwärtigen Werkes lieferte. Indem ich mich aber zu dieser Veröffentlichung entschloss, erwies sich die Beschränkung auf binäre Formen als nothwendig; nicht so sehr wegen der Fülle des Stoffs, als weil diese Formen allein bis jetzt eine wenn auch nur annähernd abgerundete Fassung der Theorie zulassen.

Göttingen, den 29. September 1871.

A. Clebsch.

Inhalt.

Erster Abschnitt.

Grundeigenschaften der Invarianten und Covarianten binärer Formen.

Seite

§ 1. Definition binärer Formen. Lineare Substitutionen 1

§ 2. Definition der Invarianten und Covarianten binärer Formen 3

§ 3. Operationen, welche die Invarianteneigenschaft nicht aufheben . . . 6

§ 4. Lineare Formen. Transformation ihrer Coefficienten 7

§ 5. Invarianten, welche aus den Coefficienten einer oder zweier linearer Formen gebildet sind 9

§ 6. Functionen von zwei Reihen gleichartiger Grössen. Operationen, welche im Folgenden benutzt werden 12

§ 7. Darstellung einer Function zweier Reihen von Veränderlichen durch die Polaren von Functionen, welche nur eine Reihe enthalten . . 15

§ 8. Bestimmung der Coefficienten α 20

§ 9. Die Invarianten und Covarianten eines Systems linearer Formen . . 24

§ 10. Covarianten mit mehreren Reihen von Veränderlichen 26

§ 11. Symbolische Darstellung algebraischer Formen 28

§ 12. Die symbolische Darstellung der Invarianten und Covarianten . . . 31

§ 13. Symbolische Coefficienten von Covarianten 36

§ 14. Grundformen mit mehreren Reihen von Veränderlichen 38

§ 15. Hilfsmittel symbolischer Operationen 39

§ 16. Formen von geradem und ungeradem Charakter 42

Zweiter Abschnitt.

Die geometrische Interpretation algebraischer Formen.

§ 17. Mittel der geometrischen Darstellung binärer Formen. Punktreihe und Strahlbüschel 44

§ 18. Gleichungen, welche durch das Verschwinden von Invarianten und Covarianten ausgedrückt werden 47

§ 19. Invarianten und Covarianten von Functionen, welche durch ihre linearen Factoren gegeben sind 50

§ 20. Methode, invariante symmetrische Functionen der linearen Factoren einer Form durch die Coefficienten derselben auszudrücken . . . 54

§ 21. Die Doppelverhältnisse von vier Elementen 58

§ 22. Projectivische Gebilde 60

§ 23. Zusammenhang der Projectivität mit den linearen Substitutionen . . 64

§ 24. Vereinigt gelegene Punktreihen und Strahlbüschel 65

§ 25. Andere Darstellung vereinigter projectivischer Gebilde 74

Dritter Abschnitt.

Resultanten und Discriminanten.

Seite

§ 26. Resultanten und Discriminanten 78
§ 27. Bildung der Resultante für den Fall, wo eine der gegebenen Formen
von der zweiten Ordnung ist 83
§ 28. Resultante zweier cubischen Formen 94
§ 29. Discriminanten von Formen der niedrigsten Ordnungen 97

Vierter Abschnitt.

Theorie der Formen zweiter, dritter und vierter Ordnung.

§ 30. Ueberschiebungen 99
§ 31. Zurückführung aller Covarianten und Invarianten auf Ueberschiebungen 102
§ 32. Covarianten und Invarianten einer binären Form 106
§ 33. Die binären Formen zweiter Ordnung 111
§ 34. Covarianten und Invarianten der cubischen Formen 114
§ 35. Die Covariante Q 116
§ 36. Die zusammengesetzte Function $\varkappa f + \lambda Q$ 119
§ 37. Beweis, dass das Formensystem mit den Formen f, $\triangle$, Q, R abgeschlossen ist 125
§ 38. Auflösung der cubischen Gleichungen 127
§ 39. Geometrische Interpretation der cubischen Formen 131
§ 40. Formen vierter Ordnung 134
§ 41. Die zusammengesetzte Function $\varkappa f + \lambda H$ 137
§ 42. Die Form T 142
§ 43. Beweis, dass ausser f, H, T, i, j keine Invarianten und Covarianten
existiren 145
§ 44. Die Auflösung der cubischen Gleichung $\Omega = 0$ 148
§ 45. Die quadratischen Factoren von T 151
§ 46. Auflösung der biquadratischen Gleichungen 154
§ 47. Die quadratischen Factoren von f 158
§ 48. Ausnahmefälle 161
§ 49. Kanonische Darstellung der biquadratischen Form 166
§ 50. Die absolute Invariante und das Doppelverhältniss 169
§ 51. Geometrische Interpretation 175

Fünfter Abschnitt.

Simultane Grundformen.

§ 52. Covarianten und Invarianten simultaner Systeme 179
§ 53. Ueberschiebungen symbolischer Producte und Theile derselben . . . 181
§ 54. Simultane Systeme besitzen ein endliches vollständiges Formensystem,
wenn die einzelnen Formen ein solches besitzen 186
§ 55. Simultane Systeme, in denen ausser anderen auch lineare Grundformen auftreten 191
§ 56. Simultane Systeme, in denen ausser anderen Grundformen eine quadratische vorkommt 193
§ 57. Simultanes System zweier quadratischen Formen 197
§ 58. Simultane Invarianten und Covarianten einer beliebigen Anzahl quadratischer Formen 203
§ 59. Simultane Covarianten und Invarianten einer quadratischen und einer
cubischen Form 208
§ 60. Formensystem einer quadratischen und einer biquadratischen Form . 212
§ 61. Vollständiges System zweier cubischen Formen 221
§ 62. Die Reduction des elliptischen Integrals erster Gattung auf die
Normalform 228
§ 63. Ein Problem, welches dem Problem der Wendepunkte einer Curve
dritter Ordnung entspricht. Aufstellung einer Gleichung neunten
Grades, von welcher dasselbe abhängt 234

Seite

§ 64. Gruppirung der Wurzeln der Gleichung neunten Grades gegen eine derselben 238
§ 65. Die Systeme conjugirter Lösungen 243
§ 66. Lösung der Gleichung neunten Grades 248

Sechster Abschnitt.

Endlichkeit der Formensysteme.

§ 67. Satz über die Zerlegung jeder Covariante einer Form in zwei Theile von bestimmtem Charakter 255
§ 68. Beweis der Zerlegbarkeit 258
§ 69. Folgerungen aus dem Zerlegungssatze 260
§ 70. Wenn alle Formen f bis zur $(n-1)^{ten}$ Ordnung endliche vollständige Systeme von Invarianten und Covarianten besitzen, so haben auch die Formen n^{ter} Ordnung solche. Beweis für die Fälle, wo n nicht durch 4 theilbar ist 262
§ 71. Der Fall, wo n durch 4 theilbar ist. Eigenschaften der Covariante n^{ter} Ordnung und zweiten Grades 267
§ 72. Beweis der Existenz eines endlichen vollständigen Systems für den Fall, wo n durch 4 theilbar ist 269
§ 73. Formensystem der Formen fünfter Ordnung 274
§ 74. Ersetzung der Formen, welche die Tafel enthält, durch andere . . 277
§ 75. Invariantenrelationen 279
§ 76. Formensystem der Formen sechster Ordnung 283
§ 77. Reduction des Systems der aus einer Form sechsten Grades entspringenden Bildungen 291
§ 78. Die Invarianten und quadratischen Covarianten der Formen sechster Ordnung 296

Siebenter Abschnitt.

Typische Darstellungen.

§ 79. Ueber die Anzahl der Parameter, von welchen die Invarianten und Covarianten eines Systems abhängen 300
§ 80. Partielle Differentialgleichungen, denen die Covarianten und Invarianten eines simultanen Systems genügen 305
§ 81. Typische Darstellung und associirte Formen 317
§ 82. Einfachstes System associirter Formen 321
§ 83. Recursionsformel für die Coefficienten gewisser typischer Darstellungen 324
§ 84. Die independente Darstellung der Functionen φ 326
§ 85. Das einfachste System associirter Formen 330
§ 86. Methode zur Berechnung der Coefficienten φ. Die typischen Darstellungen bis zur sechsten Ordnung 334
§ 87. Anwendung der typischen Darstellung auf die Lösung von Gleichungen 338
§ 88. Andere typische Darstellung des Formensystems der Formen dritter und vierter Ordnung 343
§ 89. Ueber die Aufgabe, zu gegebenen Elementen ein letztes zu finden, so dass eine bestimmte Invariante des ganzen Systems verschwindet 349

Achter Abschnitt.

Typische Darstellung von Formen ungerader Ordnung mittelst linearer Covarianten.

§ 90. Typische Darstellung von Formen, deren eine wenigstens von ungerader Ordnung ist, mittelst linearer Covarianten 357
§ 91. Zurückführung der Coefficienten solcher typischen Darstellungen auf niedrigere Invarianten 360
§ 92. Ueber die Bedingungen, unter welchen Formen durch lineare Substitution in einander übergeführt werden können 362

Seite

§ 93.   Anwendung auf Formen fünfter Ordnung. Besondere Fälle derselben   369

§ 94.   Typische Darstellung der Formen fünfter Ordnung mittelst linearer Covarianten   374

§ 95.   Darstellung einer Form fünfter Ordnung durch die Summe von drei fünften Potenzen   379

§ 96.   Behandlung des Falles, wo $C = 0$. Ueber die Lösung der Gleichung fünften Grades für diesen Fall   384

§ 97.   Typische Darstellung zweier simultanen Formen zweiter und dritter Ordnung mittelst linearer Covarianten   387

§ 98.   Typische Darstellung zweier simultanen cubischen Formen   392

§ 99.   Darstellung der Coefficienten von F durch die einfachsten simultanen Invarianten von f und φ   396

§ 100.   Die aus F entstehenden Formen. Ausnahmefall $\Omega = 0$ 400

§ 101.   Die Transformation dritter Ordnung der elliptischen Integrale . .   405

Neunter Abschnitt.

Typische Darstellung der Formen gerader Ordnung mittelst quadratischer Covarianten.

§ 102.   Beweis, dass im Allgemeinen jede Form gerader Ordnung zwei quadratische Covarianten besitzt, welche keinen linearen Factor gemein haben   410

§ 103.   Typische Darstellung eines Systems simultaner Formen gerader Ordnung mit Hilfe quadratischer Covarianten   413

§ 104.   Ueber den besondern Fall, in welchem eine der Functionen L, M, N die Functionaldeterminante der beiden anderen ist   419

§ 105.   Ueber die Möglichkeit, Systeme von Formen gerader Ordnung mit gleichen absoluten Invarianten durch lineare Transformation in einander überzuführen   421

§ 106.   Drei simultane quadratische Formen   428

§ 107.   Simultanes System einer quadratischen und einer biquadratischen Form: Fälle, wo keine typische Darstellung möglich ist . . .   431

§ 108.   Typische Darstellungen der übrigen Fälle   433

§ 109.   Die Formen sechster Ordnung. Fälle, in denen die typische Darstellung nicht möglich ist   437

§ 110.   Ausnahmefälle, in welchen eine der Covarianten m, l, i verschwindet   445

§ 111.   Untersuchung einer Form sechsten Grades, welche Covariante sechsten Grades einer biquadratischen Form ist   447

§ 112.   Typische Darstellung der Form sechster Ordnung, wenn R nicht verschwindet   451

§ 113.   Fall, wo R verschwindet   455

§ 114.   Die Modulargleichung für die Transformation fünfter Ordnung der elliptischen Functionen   458

§ 115.   Die Gleichung für den Multiplicator der Transformation fünfter Ordnung der elliptischen Functionen   462

Erster Abschnitt.

Grundeigenschaften der Invarianten und Covarianten binärer Formen.

---

§ 1. Definition binärer Formen. Lineare Substitutionen.

Im Folgenden wird von den ganzen homogenen Functionen zweier Veränderlichen gehandelt. Diese Functionen heissen binär, weil eben nur zwei Veränderliche vorkommen; sie werden, insofern es sich wesentlich um ihren Charakter als ganzer Functionen handelt, binäre Formen genannt, eine Bezeichnung, welche der Zahlentheorie entlehnt ist. Man theilt sie in Ordnungen nach der Dimension, in welcher die Veränderlichen vorkommen.

Setzt man eine binäre Form n^{ter} Ordnung gleich Null und dividirt durch die n^{te} Potenz einer Veränderlichen, so kommt in der Gleichung nur der Quotient beider Veränderlichen vor, und man hat also eine Gleichung n^{ten} Grades zur Bestimmung dieses Quotienten vor sich. Man kann daher auch die gleich Null gesetzte Form selbst als Gleichung n^{ten} Grades für das Verhältniss der Veränderlichen betrachten.

Die Coefficienten einer Form betrachtet man zunächst als Constante, und zwar als willkürlich gegebene Constante, so dass zwischen denselben von vorn herein Relationen nicht angenommen werden. Insofern unterscheiden sie sich von veränderlichen Grössen nur durch den zufällig gewählten Gesichtspunkt, unter welchem sie betrachtet werden.

Eine Form n^{ter} Ordnung hat $n+1$ Coefficienten. Geht man, indem man die Form gleich Null setzt, zu der entsprechenden Gleichung über, so kann ein Coefficient durch Division zu 1 gemacht werden. Es ist aber wegen des Zusammenhanges der Theorie der Gleichungen mit der allgemeinen Formentheorie besser, auch in diesem Falle alle Coefficienten beizubehalten.

In der Invariantentheorie werden die Formen insbesondere rücksichtlich der Veränderungen untersucht, welche sie erleiden, wenn man statt der ursprünglichen Veränderlichen lineare Verbindungen derselben als neue Veränderliche einführt. Seien x_1, x_2 die ursprünglichen Veränderlichen und $f(x_1, x_2)$ eine homogene Function n^{ter} Ordnung derselben. Führen wir nun neue Veränderliche ξ_1, ξ_2 ein mit Hilfe der Gleichungen:

$$(1) \qquad \begin{aligned} x_1 &= \alpha_{11}\,\xi_1 + \alpha_{12}\,\xi_2 \\ x_2 &= \alpha_{21}\,\xi_1 + \alpha_{22}\,\xi_2, \end{aligned}$$

wo die vier Grössen α constante Coefficienten bedeuten. Alsdann geht die Function f der x in eine andere Function f' der ξ über, indem

$$\begin{aligned} f(x_1, x_2) &= f(\alpha_{11}\xi_1 + \alpha_{12}\xi_2,\ \alpha_{21}\xi_1 + \alpha_{22}\xi_2) \\ &= f'(\xi_1, \xi_2) \end{aligned}$$

gesetzt wird. Die neue oder, wie wir sagen wollen, die **transformirte** Form ist von derselben Ordnung in den ξ, wie die ursprüngliche in den x war. Die neuen Coefficienten enthalten linear die ursprünglichen Coefficienten; aber sie enthalten ausserdem die Coefficienten α, und zwar, der Ordnung der Form f entsprechend, homogen in der n^{ten} Dimension.*

Die Operation, vermöge deren die neuen Veränderlichen ξ eingeführt werden, nennt man, weil dabei die **linearen** Gleichungen (1) zu Grunde gelegt werden, eine **lineare Substitution**, und versteht unter dieser Bezeichnung auch wohl die Formeln (1) selbst, deren Coefficienten α dann **Substitutionscoefficienten** genannt werden.

Damit aber die Gleichungen (1) nicht etwa eine Relation zwischen den als unabhängig vorausgesetzten Grössen x enthalten, ist es nothwendig, dass diese Gleichungen nach ξ_1, ξ_2 auflösbar seien und dass der dabei auftretende Nenner nicht verschwinde. Wäre der Ausdruck

$$r = \alpha_{11}\,\alpha_{22} - \alpha_{12}\,\alpha_{21},$$

die **Determinante der Substitution**, gleich Null, so würde nach (1) die Beziehung

$$\alpha_{21}\,x_1 - \alpha_{11}\,x_2 = 0$$

oder

$$\alpha_{22}\,x_1 - \alpha_{12}\,x_2 = 0$$

stattfinden müssen, was mit dem Begriffe der x als unabhängiger Veränderlichen unverträglich ist. Wir nehmen also r jederzeit als von

---

* Beispiel einer quadratischen Form:

$$\begin{aligned} f &= a_0 x_1{}^2 + 2\,a_1\,x_1\,x_2 + a_2\,x_2{}^2 \\ &= a_0\,(\alpha_{11}\,\xi_1 + \alpha_{12}\,\xi_2)^2 + 2\,a_1\,(\alpha_{11}\,\xi_1 + \alpha_{12}\,\xi_2)\,(\alpha_{21}\,\xi_1 + \alpha_{22}\,\xi_2) + a_2\,(\alpha_{21}\,\xi_1 + \alpha_{22}\,\xi_2)^2 \\ &= a'_0\,\xi_1{}^2 + 2\,a'_1\,\xi_1\,\xi_2 + a'_2\,\xi_2{}^2, \end{aligned}$$

wo

$$\begin{aligned} a'_0 &= a_0\,\alpha_{11}{}^2 + 2\,a_1\,\alpha_{11}\,\alpha_{21} + a_2\,\alpha_{21}{}^2, \\ a'_1 &= a_0\,\alpha_{11}\,\alpha_{12} + a_1\,(\alpha_{11}\,\alpha_{22} + \alpha_{12}\,\alpha_{21}) + a_2\,\alpha_{21}\,\alpha_{22}, \\ a'_2 &= a_0\,\alpha_{12}{}^2 + 2\,a_1\,\alpha_{12}\,\alpha_{22} + a_2\,\alpha_{22}{}^2. \end{aligned}$$

Null verschieden an und erhalten demnach aus (1) durch Auflösung dieser Gleichungen nach den ξ:

$$(2) \qquad \begin{aligned} r\,\xi_1 &= \alpha_{22}\,x_1 - \alpha_{12}\,x_2 \\ r\,\xi_2 &= -\,\alpha_{21}\,x_1 + \alpha_{11}\,x_2, \end{aligned}$$

die aufgelösten Substitutionsformeln.

§ 2. Definition der Invarianten und Covarianten binärer Formen.

In der Formentheorie untersucht man nun solche ganze rationale Verbindungen der Coefficienten und der Veränderlichen, welche bis auf eine Potenz von r denselben Werth annehmen, gleichviel, ob man sie für die ursprüngliche oder für die transformirte Function bildet. Enthält eine solche Verbindung nur die Coefficienten, so nennt man sie Invariante; enthält sie auch noch die Veränderlichen, so wird sie Covariante genannt.*

Sei Π eine solche ganze rationale Function der Veränderlichen x_1, x_2 und der Coefficienten a_0, a_1, $a_2 \ldots$, welche die oben festgestellte Eigenschaft besitzt, eine Eigenschaft, welche kurz als Invarianteneigenschaft bezeichnet werden soll. Sind dann, wie oben, ξ_1, ξ_2 die neuen Veränderlichen und a'_0, a'_1, $a'_2 \ldots$ die Coefficienten der transformirten Function f', so muss man die Gleichung haben:

$$(1) \qquad \Pi\,(a'_0, a'_1, a'_2 \ldots; \xi_1, \xi_2) = r^\lambda\,\Pi\,(a_0, a_1, a_2 \ldots; x_1, x_2),$$

durch welche die Invarianteneigenschaft ausgesagt wird.

Durch die lineare Substitution treten an Stelle der x lineare Verbindungen ξ derselben, an Stelle der a_0, a_1, $a_2 \ldots$ ebenso lineare Verbindungen dieser Coefficienten. Daher bleibt jede für die x einerseits und für die a_0, a_1, $a_2 \ldots$ andererseits ganze und homogene Function auch nach der Transformation eine solche. Man schliesst daraus, dass die Gleichung (1) für die verschiedenen, nach den x einerseits und nach den Coefficienten andererseits homogenen Theile bestehen muss, in welche Π etwa zerfällt und welche unter sich verschiedene Dimensionen der Grössen zeigen, in Bezug auf welche jeder einzelne Theil homogen ist, oder, was dasselbe ist, man schliesst, dass diese Theile einzeln die Invarianteneigenschaft besitzen müssen. Wir setzen daher im Folgenden immer voraus, dass jede zu betrachtende Invariante oder Covariante schon in solche Theile zerlegt sei, und sprechen also

---

* Beispiel einer Invariante bei einer quadratischen Form (vergl. oben):
$$\begin{aligned} (a'_0\,a'_2 - a'^2_1) &= (a_0\,a_2 - a^2_1)\,(\alpha_{11}\,\alpha_{22} - \alpha_{12}\,\alpha_{21})^2 \\ &= (a_0\,a_2 - a^2_1)\,r^2. \end{aligned}$$

nur noch von solchen, welche für die x einerseits und für die Coefficienten andererseits homogen sind.

Es ist aber nicht nöthig, die Untersuchung der Wirkung einer linearen Substitution auf eine zu transformirende Function f zu beschränken. Es sei eine Reihe von Functionen f, φ, ψ... gegeben, deren Ordnungen beziehungsweise durch m, n, p... bezeichnet sein mögen. Dann kann man alle diese Functionen gleichzeitig mit Hilfe derselben linearen Substitution transformiren, und insofern sie hierdurch unter einem gemeinsamen Gesichtspunkt betrachtet werden, bezeichnet man sie zusammen als ein simultanes System von Formen. Man bezeichnet nun als simultane Invarianten und simultane Covarianten solche ganze rationale Functionen der Coefficienten von f, φ, ψ..., beziehungsweise auch von x_1, x_2, welche die Invarianteneigenschaft besitzen.*

Bezeichnen wir die Coefficienten der Functionen f, φ, ψ... in folgender Weise:

$$\text{Coefficienten von } f:\ a_0,\ a_1,\ a_2 \dots$$
$$\text{,,} \qquad \text{,,} \quad \varphi:\ b_0,\ b_1,\ b_2 \dots$$
$$\text{,,} \qquad \text{,,} \quad \psi:\ c_0,\ c_1,\ c_2 \dots$$

$$\cdot \quad \cdot \quad \cdot \quad \cdot \quad \cdot \quad \cdot \quad \cdot \quad \cdot$$

und bezeichnen wir die entsprechenden Coefficienten der transformirten Functionen immer durch beigesetzte obere Striche, so ist die allgemeinste simultane Covariante bez. Invariante dieser Formen eine ganze Function Π der a, b, c, ... x, welche der Gleichung genügt:

$$\Pi(a'_0, a'_1 \dots;\ b'_0, b'_1 \dots;\ c'_0, c'_1 \dots;\ \xi_1, \xi_2) = r^\lambda \Pi(a_0, a_1 \dots;\ b_0, b_1 \dots;\ c_0, c_1 \dots;\ x_1, x_2).$$

Und aus denselben Gründen, wie dies oben bei einer Grundfunction geschah, muss diese Gleichung erfüllt sein für die verschiedenen Theile, in welche Π etwa zerfallen kann und deren jeder für jede der Reihen

---

* Beispiel zweier quadratischen Formen:
$$f = a_0 x_1^2 + 2 a_1 x_1 x_2 + a_2 x_2^2$$
$$\varphi = b_0 x_1^2 + 2 b_1 x_1 x_2 + b_2 x_2^2.$$

Transformirte Coefficienten:
$$a'_0 = a_0 \alpha_{11}^2 + 2 a_1 \alpha_{11} \alpha_{21} + a_2 \alpha_{21}^2$$
$$a'_1 = a_0 \alpha_{11} \alpha_{12} + a_1 (\alpha_{11} \alpha_{22} + \alpha_{12} \alpha_{21}) + a_2 \alpha_{21} \alpha_{22}$$
$$a'_2 = a_0 \alpha_{12}^2 + 2 a_1 \alpha_{12} \alpha_{22} + a_2 \alpha_{22}^2$$
$$b'_0 = b_0 \alpha_{11}^2 + 2 b_1 \alpha_{11} \alpha_{21} + b_2 \alpha_{21}^2$$
$$b'_1 = b_0 \alpha_{11} \alpha_{12} + b_1 (\alpha_{11} \alpha_{22} + \alpha_{12} \alpha_{21}) + b_2 \alpha_{21} \alpha_{22}$$
$$b'_2 = b_0 \alpha_{12}^2 + 2 b_1 \alpha_{12} \alpha_{22} + b_2 \alpha_{22}^2.$$

Simultane Covariante:
$$\begin{vmatrix} a'_0 \xi_1 + a'_1 \xi_2 & b'_0 \xi_1 + b'_1 \xi_2 \\ a'_1 \xi_1 + a'_2 \xi_2 & b'_1 \xi_1 + b'_2 \xi_2 \end{vmatrix} = r \cdot \begin{vmatrix} a_0 x_1 + a_1 x_2 & b_0 x_1 + b_1 x_2 \\ a_1 x_1 + a_2 x_2 & b_1 x_1 + b_2 x_2 \end{vmatrix}.$$

Simultane Invariante:
$$(a'_0 b'_2 - 2 a'_1 b'_1 + a'_2 b'_0) = r^2 (a_0 b_2 - 2 a_1 b_1 + a_2 b_0).$$

$$x_1, \; x_2$$
$$a_0, \; a_1, \; a_2 \ldots$$
$$b_0, \; b_1, \; b_2 \ldots$$

homogen ist, während die einzelnen Theile durch verschiedene Dimensionen in Bezug auf irgend welche dieser Reihen sich unterscheiden. Man kann also auch hier immer voraussetzen, dass jede zu betrachtende Invariante oder Covariante bereits so zerlegt sei, und sich daher auf die Untersuchung solcher Gebilde beschränken, welche bereits für jede einzelne der obigen Reihen homogen sind.

Endlich kann man das Gebiet der zu untersuchenden Bildungen auch dadurch erweitern, dass man neben einer Reihe von Veränderlichen $x_1, \; x_2$ deren mehrere andere

$$y_1, \; y_2; \; z_1, \; z_2; \; \ldots$$

einführt, doch so, dass sie sämmtlich derselben linearen Transformation unterworfen werden und durch sie gleichzeitig auf die den $\xi_1, \; \xi_2$ entsprechenden Reihen von neuen Veränderlichen führen:

$$\eta_1, \; \eta_2; \; \zeta_1, \; \zeta_2; \; \ldots$$

Dabei sind also $y_1, \; y_2$ mit $\eta_1, \; \eta_2$ und $z_1, \; z_2$ mit $\zeta_1, \; \zeta_2$ u. s. w. durch dieselben Gleichungen verbunden, welche zwischen $x_1, \; x_2$ einerseits und $\xi_1, \; \xi_2$ andererseits bestehen, also durch die Gleichungen:

$$y_1 = \alpha_{11}\eta_1 + \alpha_{12}\eta_2$$
$$y_2 = \alpha_{21}\eta_1 + \alpha_{22}\eta_2$$
$$z_1 = \alpha_{11}\zeta_1 + \alpha_{12}\zeta_2$$
$$z_2 = \alpha_{21}\zeta_1 + \alpha_{22}\zeta_2$$
$$\text{u. s. w.}$$

Erweitert man den Begriff der Covarianten nun auch in Bezug auf die Anzahl der in denselben vorkommenden Reihen von Veränderlichen, so ist jetzt eine solche definirt als ganze rationale Function ihrer Argumente, welche der Gleichung genügt:

$$(2) \quad \begin{aligned} &\Pi\,(a'_0, a'_1 \ldots; \; b'_0, b'_1 \ldots; \; c'_0, c'_1 \ldots; \; \ldots \xi_1, \xi_2; \; \eta_1, \eta_2; \; \zeta_1, \zeta_2; \ldots) \\ &= r^\lambda\,\Pi\,(a_0, a_1, \ldots; \; b_0, b_1 \ldots; \; c_0, c_1 \ldots; \; \ldots x_1, x_2; \; y_1, y_2; \; z_1, z_2; \ldots). \end{aligned}$$

Und man kann auch hier wieder, ohne der Allgemeinheit Eintrag zu thun, voraussetzen, dass Π homogen sei für jede einzelne der Reihen:

$$x_1, \; x_2; \quad y_1, \; y_2; \quad z_1, \; z_2;$$
$$\text{u. s. w.}$$

Dieser allgemeinste Begriff der hier zu betrachtenden Formen soll weiter unten an einem System linearer Formen erläutert und damit zugleich die Grundlage für die Untersuchung eines beliebigen Formensystems gewonnen werden.

§ 3. Operationen, welche die Invarianteneigenschaft nicht aufheben.

Ehe ich mich zu der Betrachtung der Systeme von linearen Formen wende, werde ich zwei Sätze beweisen, die bei derselben sofort angewendet werden. Der erste dieser Sätze ist folgender:

> Wenn Π in Bezug auf die Coefficienten jeder der Formen f, φ, ψ... und jedes der Paare von Veränderlichen x, y, z... homogen ist und die Invarianteneigenschaft besitzt, wenn ferner F eine Form von gleichem Grade wie f ist, und den Coefficienten
>
> $$a_0,\ a_1,\ a_2 \ldots$$
>
> von f einzeln die Coefficienten
>
> $$\alpha_0,\ \alpha_1,\ \alpha_2 \ldots$$
>
> von F entsprechen, so besitzt auch die Function
>
> $$\alpha_0 \frac{\partial \Pi}{\partial a_0} + \alpha_1 \frac{\partial \Pi}{\partial a_1} + \alpha_2 \frac{\partial \Pi}{\partial a_2} \ldots$$
>
> die Invarianteneigenschaft, sobald nur die Function F dem simultanen System f, φ, ψ... hinzugefügt wird.*

Dieser Satz ist leicht zu beweisen. Denn da über die Coefficienten von f, φ... gar nichts vorausgesetzt wurde, so ist bei der Feststellung der Eigenschaften von Π die Function f eine beliebige Form n^{ter} Ordnung, und diese Eigenschaften ändern sich nicht, wenn man f durch irgend eine andere Form n^{ter} Ordnung, etwa durch $f + kF$ ersetzt, wo k eine beliebige Grösse ist. Bildet man nun für die so modificirte Function Π die Gleichung (2) § 2. und ordnet auf beiden Seiten nach Potenzen von k, so muss die Gleichung noch für jeden Werth von k bestehen; die Coefficienten der verschiedenen Potenzen von k müssen auf beiden Seiten einander gleich sein, d. h. die Coefficienten der verschiedenen Potenzen von k in der Entwickelung von Π müssen einzeln die Invarianteneigenschaft besitzen. Ist nun die Entwickelung der Function Π, nachdem in derselben $a_0 + k\alpha_0$, $a_1 + k\alpha_1$ u. s. w. für a_0, a_1... gesetzt ist, der Ausdruck

$$\Pi + k\Pi_1 + \ldots,$$

so hat also auch Π_1 die Invarianteneigenschaft; aber diese Function ist das erste Glied der Entwickelung, welche eintritt, wenn man die Function Π, für die Argumente $a_0 + k\alpha_0$, $a_1 + k\alpha_1$... gebildet, nach den Grössen α_0, α_1 u. s. w. entwickelt, also

---

* *Cayley, fourth Memoir upon Quantics, Phil. Tr. Bd.* 148.

$$\Pi_1 = \alpha_0 \frac{\partial \Pi}{\partial a_0} + \alpha_1 \frac{\partial \Pi}{\partial a_1} + \dots,$$

wodurch der obige Satz bewiesen ist.

Der zweite Satz, welcher im Folgenden angewendet werden soll, bezieht sich ebenso auf die Vermehrung der Reihen von Veränderlichen, wie der vorige auf die Vermehrung der Functionen.

Kommt in Π irgend eine Reihe x_1, x_2 von Veränderlichen vor und sind t_1, t_2 zwei denselben Transformationsformeln unterworfene Veränderliche, so besitzt auch die Function

$$t_1 \frac{\partial \Pi}{\partial x_1} + t_2 \frac{\partial \Pi}{\partial x_2}$$

die Invarianteneigenschaft.

Der Beweis dieses Satzes wird dem des vorigen ganz analog geführt. In Π stellen die Grössen x_1, x_2 irgend zwei Veränderliche vor, welche den Substitutionsformeln (1) § 1. unterworfen werden. Denselben Formeln unterliegen die Grössen $x_1 + k t_1$, $x_2 + k t_2$, in welchen k eine ganz beliebige Grösse ist. Die Function Π behält also die Invarianteneigenschaft, wenn man in derselben x_1, x_2 durch $x_1 + k t_1$, $x_2 + k t_2$ ersetzt, und zwar hat sie dieselbe dann unabhängig von dem Werthe von k. Entwickelt man nun die aus Π entstandene Function nach Potenzen von k:

$$\Pi + k \Pi_1 + \dots,$$

so haben alle Coefficienten dieser Reihe, also auch Π_1, dieselbe Eigenschaft. Aber $k \Pi_1$ ist das zweite Glied der Reihe, welche man erhält, indem man die modificirte Function Π nach den Potenzen von $k t_1$, $k t_2$ dem Taylor'schen Lehrsatze gemäss entwickelt. Es ist also

$$\Pi_1 = t_1 \frac{\partial \Pi}{\partial x_1} + t_2 \frac{\partial \Pi}{\partial x_2},$$

und diese Function hat die Invarianteneigenschaft, was zu beweisen war.

Bei der Anwendung dieser Sätze auf ein System linearer Formen zeigt sich nun sofort, dass der letzte Satz als besonderer Fall des ersten aufgefasst werden kann, ja, dass man die Veränderlichen x_1, x_2; y_1, $y_2 \dots$ ganz entbehren kann, indem man nur das betrachtete System simultaner Formen um die entsprechende Anzahl linearer Formen vermehrt.

§ 4. Lineare Formen. Transformation ihrer Coefficienten.

Es sei

$$f = a_1 x_1 + a_2 x_2$$

irgend eine lineare Form. Setzt man in dieser für die x die Ausdrücke § 1. (1) ein, so erhält man:

$$f = a_1 (\alpha_{11} \xi_1 + \alpha_{12} \xi_2) + a_2 (\alpha_{21} \xi_1 + \alpha_{22} \xi_2)$$
$$= (a_1 \alpha_{11} + a_2 \alpha_{21}) \xi_1 + (a_1 \alpha_{12} + a_2 \alpha_{22}) \xi_2$$
$$= a'_1 \xi_1 + a'_2 \xi_2.$$

Während also für den Zusammenhang der x mit den ξ die Substitutionsformeln gelten:

$$(1) \qquad \begin{aligned} x_1 &= \alpha_{11} \xi_1 + \alpha_{12} \xi_2 \\ x_2 &= \alpha_{21} \xi_1 + \alpha_{22} \xi_2, \end{aligned}$$

oder

$$(2) \qquad \begin{aligned} r \xi_1 &= \alpha_{22} x_1 - \alpha_{12} x_2 \\ r \xi_2 &= - \alpha_{21} x_1 + \alpha_{11} x_2, \end{aligned}$$

so erhält man zwischen den Coefficienten einer linearen Function in der ursprünglichen und in der transformirten Form die Beziehungen:

$$(3) \qquad \begin{aligned} a'_1 &= \alpha_{11} a_1 + \alpha_{21} a_2 \\ a'_2 &= \alpha_{12} a_1 + \alpha_{22} a_2, \end{aligned}$$

oder aufgelöst:

$$(4) \qquad \begin{aligned} r a_1 &= \alpha_{22} a'_1 - \alpha_{21} a'_2 \\ r a_2 &= - \alpha_{12} a'_1 + \alpha_{11} a'_2. \end{aligned}$$

Zwischen den verschiedenen Systemen von Gleichungen (1), (2), (3), (4) besteht eine merkwürdige Analogie. Die Gleichungen (1), (3) einerseits, sowie (2), (4) andererseits zeigen rechts dieselben Coefficienten α, nur sind die Coefficienten, welche in dem einen System eine Horizontalreihe bilden, in dem andern in einer Verticalreihe enthalten und umgekehrt, was man dadurch ausdrückt, dass man die Determinante

$$\begin{vmatrix} \alpha_{11} & \alpha_{12} \\ \alpha_{21} & \alpha_{22} \end{vmatrix}$$

des einen Systems der Determinante

$$\begin{vmatrix} \alpha_{11} & \alpha_{21} \\ \alpha_{12} & \alpha_{22} \end{vmatrix}$$

des andern gegenüber transponirt nennt. Man hat also den Satz:

> Die transformirten Coefficienten drücken sich durch die ursprünglichen mittelst Gleichungen derselben Form aus, wie die ursprünglichen Veränderlichen durch die transformirten, und zwar ist nur die Determinante des einen Systems von Gleichungen transponirt gegenüber der des andern.

Dieser Satz bleibt noch richtig, wenn man beidemal die Worte: ursprünglich und transformirt vertauscht; er giebt dann die aus der Betrachtung von (2), (4) fliessende Eigenschaft.

Aber die Betrachtung der Systeme (2), (3) [oder (1), (4)] lehrt weiter, dass man den folgenden Satz aussprechen kann:

Die Grössen x_1, x_2 gehen (abgesehen von einem Factor r) bei der Transformation in ξ_1, ξ_2 mit Hilfe derselben Formeln über, mit deren Hilfe die Grössen a_2 und $-a_1$ in a'_2 und $-a'_1$ übergehen.

Da nun das Auftreten eines weitern Factors r bei der Transformation an der Invarianteneigenschaft nichts ändert, so geht daraus der Satz hervor:

Eine Function Π, welche die Veränderlichen x_1, x_2 enthält und die Invarianteneigenschaft besitzt, behält dieselbe noch, sobald man x_1 und x_2 durch die Grössen a_2, $-a_1$ ersetzt, wobei a_1, a_2 die Coefficienten einer linearen Function sind.

Man sieht hieraus, dass, wenn man den Begriff des simultanen Formensystems einführt, die Covarianten überhaupt aus der Betrachtung ausgeschlossen werden können. Denn an Stelle jeder Covariante kann man eine Invariante einführen, bei deren Bildung nur das simultane System um so viel lineare Formen vermehrt ist, als Reihen von Veränderlichen in der Covariante existiren. Und von einer solchen Invariante ist es immer sofort möglich, zu der Covariante zurückzukehren, indem man die Coefficienten

$$a_2, \; -a_1; \quad b_2, \; -b_1; \; \cdots$$

der eingeführten linearen Formen wieder durch die Reihen von Veränderlichen

$$x_1, \; x_2; \quad y_1, \; y_2; \; \cdots$$

ersetzt.

§ 5. Invarianten, welche aus den Coefficienten einer oder zweier linearen Formen gebildet sind.

Ein eigentlicher Gewinn von dieser Anschauungsweise tritt nur bei Systemen von linearen Formen hervor, zu deren näherer Betrachtung ich mich jetzt wende. Denn man sieht, dass jede Covariante eines solchen Systems vermöge der obigen Bemerkung durch eine Invariante eines Systems ersetzt werden kann, welches einige lineare Formen mehr enthält. Wenn wir daher alle möglichen Invarianten solcher Formensysteme, unabhängig von der Zahl der zu Grunde gelegten Formen, bilden können, so können wir alle Covarianten derselben sofort ableiten.

Nehmen wir also ein beliebig grosses System von linearen Formen als gegeben an:

$$A = a_1 x_1 + a_2 x_2$$
$$B = b_1 x_1 + b_2 x_2$$
$$\cdots \cdots \cdots$$

und suchen alle aus diesem zu bildenden Invarianten. Zunächst kann man leicht eine Zahl von Bildungen angeben, welche die Invarianteneigenschaft besitzen. Es sind dieses die aus den Coefficienten je zweier der gegebenen Formen gebildeten Determinanten. In der That hat man analog den Gleichungen § 4. (3) für die Coefficienten der transformirten Formen die Ausdrücke:

$$
\begin{aligned}
a'_1 &= \alpha_{11} a_1 + \alpha_{21} a_2, \quad a'_2 = \alpha_{12} a_1 + \alpha_{22} a_2 \\
b'_1 &= \alpha_{11} b_1 + \alpha_{21} b_2, \quad b_2' = \alpha_{12} b_1 + \alpha_{22} b_2
\end{aligned}
\tag{1}
$$

$$\cdots \cdots \cdots \cdots \cdots \cdots$$

daher

$$
\begin{vmatrix} a'_1 & b'_1 \\ a'_2 & b'_2 \end{vmatrix}
=
\begin{vmatrix} \alpha_{11} a_1 + \alpha_{21} a_2 & \alpha_{11} b_1 + \alpha_{21} b_2 \\ \alpha_{12} a_1 + \alpha_{22} a_2 & \alpha_{12} b_1 + \alpha_{22} b_2 \end{vmatrix},
$$

wo nach dem Multiplicationssatz der Determinanten die rechte Seite sofort in die Factoren

$$
\begin{vmatrix} \alpha_{11} & \alpha_{21} \\ \alpha_{12} & \alpha_{22} \end{vmatrix} \cdot \begin{vmatrix} a_1 & a_2 \\ b_1 & b_2 \end{vmatrix}
$$

zerfällt. Man hat also

$$
\begin{vmatrix} a'_1 & b'_1 \\ a'_2 & b'_2 \end{vmatrix} = r \cdot \begin{vmatrix} a_1 & b_1 \\ a_2 & b_2 \end{vmatrix},
$$

d. h. die Determinante zweier linearen Functionen hat die Invarianteneigenschaft.

Da im Folgenden solche Determinanten, wie die obige ist, sehr häufig vorkommen, so empfiehlt es sich, für Ausdrücke der Form

$$
\begin{vmatrix} a_1 & b_1 \\ a_2 & b_2 \end{vmatrix} = a_1 b_2 - b_1 a_2
$$

eine einfachere Bezeichnung einzuführen. Ich werde sie immer durch (ab) bezeichnen, so dass also

$$(ab) = a_1 b_2 - b_1 a_2 = -(ba).$$

Man kann nun folgenden Satz beweisen:

Jede Invariante von einer Anzahl linearer Formen ist eine ganze rationale Combination der Determinanten vom Typus (ab), welche sich aus den Coefficienten der Formen zusammensetzen lassen.

Ehe ich zu dem Beweise dieses Satzes für eine beliebige Anzahl linearer Formen übergehe, werde ich ihn für Systeme beweisen, welche aus einer oder zwei linearen Formen bestehen.

Ist eine einzige Form

$$A = a_1 x_1 + a_2 x_2$$

gegeben, Π eine Invariante derselben, so muss man als Definition von Π die Gleichung haben:

$$\Pi (a'_1,\ a'_2) = r^\lambda . \Pi (a_1,\ a_2),$$

wo a'_1, a'_2 durch die Gleichungen (1) mit a'_1, a'_2 verbunden sind. Nun muss diese Gleichung für jede lineare Substitution bestehen, z. B. auch für die folgende:

$$(2) \qquad \begin{aligned} x_1 &= a_2 \xi_1 + b_2 \xi_2 \\ x_2 &= - a_1 \xi_1 - b_1 \xi_2, \end{aligned}$$

wo die b beliebige Grössen sind, deren Verhältniss nur von dem der a verschieden ist, so dass

$$r = a_1 b_2 - b_1 a_2$$

nicht verschwindet. In diesem Falle ist

$$a_1 x_1 + a_2 x_2 = (a_1 b_2 - b_1 a_2)\, \xi_2,$$

also

$$a'_1 = 0, \quad a'_2 = r,$$

und die Gleichung für Π geht in die folgende über:

$$\Pi (0,\ r) = r^\lambda . \Pi (a_1,\ a_2).$$

Da Π als eine homogene Function seiner Argumente vorausgesetzt wurde, so folgt hieraus

$$\Pi (a_1,\ a_2) = C . r^\mu,$$

wo C eine reine Constante ist. Aber zugleich muss μ verschwinden, da r die ganz fremdartigen Grössen b_1, b_2 enthält.

    Es giebt also keine Invariante einer linearen Function, die evidente abgerechnet, welche aus einer reinen Constante besteht.

Wenn dagegen zwei Formen

$$\begin{aligned} A &= a_1 x_1 + a_2 x_2 \\ B &= b_1 x_1 + b_2 x_2 \end{aligned}$$

gegeben sind, so ist die Definitionsgleichung für Π:

$$\Pi (a'_1,\ a'_2,\ b'_1,\ b'_2) = r^\lambda . \Pi (a_1,\ a_2,\ b_1,\ b_2).$$

Benutzen wir nun wieder die Gleichungen (2) als Substitutionsformeln, so haben wir

$$\begin{aligned} a_1 x_1 + a_2 x_2 &= (a_1 b_2 - b_1 a_2) . \xi_2 \\ b_1 x_1 + b_2 x_2 &= - (a_1 b_2 - b_1 a_2) . \xi_1, \end{aligned}$$

also

$$\begin{aligned} a'_1 &= 0, & a'_2 &= r \\ b'_1 &= -r, & b'_2 &= 0. \end{aligned}$$

Die Definitionsgleichung für Π verwandelt sich dadurch in

$$\Pi\,(0,\,r,\,-\,r,\,0) = r^\lambda \,.\, \Pi\,(a_1,\,a_2,\,b_1,\,b_2).$$

Die linke Seite geht nun in eine reine Constante über, multiplicirt mit einer Potenz von r, und man hat also den Satz:

> Jede Invariante zweier simultanen linearen Formen ist eine Potenz der Determinante ihrer Coefficienten.

Es ist dabei vorausgesetzt, dass $a_1 b_2 - b_1 a_2$ nicht verschwinde; eine Voraussetzung, welche erlaubt ist, da alle zu betrachtenden Formen stets allgemein, also auch von einander unabhängig gedacht werden.

§ 6. Functionen von zwei Reihen gleichartiger Grössen. Operationen, welche im Folgenden benutzt werden.

Der Beweis des allgemeinen, im vorigen Paragraphen angegebenen Satzes, sowie eine grosse Anzahl anderer Folgerungen dieser Theorie stützt sich auf eine Formel, welche im Folgenden entwickelt werden soll. Dieselbe bezieht sich auf eine ganze rationale Function f, welche zwei Reihen von Veränderlichen in homogener Weise enthält. Sie zeigt, wie jede solche Function aus einer gewissen Anzahl von Formen, welche nur eine Reihe von Veränderlichen enthalten, vermöge gewisser einfacher Operationen zusammengesetzt werden kann.[*]

Diese Operationen sind, nur wiederholt angewendet, dieselben, welche schon im zweiten Satze des § 3. benutzt wurden. Ich will sie hier mit solchen Zeichen hinschreiben, wie sie sich auf Grössen beziehen, die oben Veränderliche im eigentlichen Sinne genannt wurden; sie bleiben wegen der in § 4. gezeigten Vertauschbarkeit von Veränderlichen mit Coefficienten linearer Formen auch für solche in allen ihren Eigenschaften bestehen, und sind dann besondere Fälle der im ersten Satze des § 3. erwähnten Operation.

Es sei $\varphi = \varphi\,(x_1,\,x_2;\,y_1,\,y_2)$ eine Form, welche homogen vom Grade m in x_1, x_2, homogen vom Grade n in y_1, y_2 ist. Die beiden Ausdrücke

$$\varphi\,(x_1 + \lambda y_1,\,x_2 + \lambda y_2;\,y_1,\,y_2),\quad \varphi\,(x_1,\,x_2;\,y_1 + \lambda x_1,\,y_2 + \lambda x_2),$$

in welchen die neuen Argumente für die lineare Transformation genau die Eigenschaften der ursprünglichen haben, sollen, nach Potenzen von λ geordnet, die Entwickelungen geben:

---

[*] Untersuchungen, welche den hier und in den folgenden Paragraphen geführten ganz ähnlich sind und zu denselben Resultaten führen, sind seitdem veröffentlicht von Herrn Gordan in Band III der mathematischen Annalen. Die einzuführenden Operationen finden sich schon bei Cayley, *Mém. sur les hyperdéterminants,* Crelle's Journal Bd. 47.

$$\varphi\,(x_1 + \lambda y_1,\ x_2 + \lambda y_2;\ y_1,\ y_2)$$
$$= \varphi + \frac{m}{1}\,\lambda\,\varDelta\,\varphi + \frac{m\,.\,m-1}{1\,.\,2}\,\lambda^2\,\varDelta^2\,\varphi + \ldots + \lambda^m\,\varDelta^m\,\varphi,$$

(1)

$$\varphi\,(x_1,\ x_2;\ y_1 + \lambda x_1,\ y_2 + \lambda x_2)$$
$$= \varphi + \frac{n}{1}\,\lambda\,D\,\varphi + \frac{n\,.\,n-1}{1\,.\,2}\,\lambda^2\,D^2\,\varphi + \ldots + \lambda^n\,D^n\,\varphi.$$

Die Bildungen

$$\varphi,\quad \varDelta\varphi,\quad \varDelta^2\varphi\ldots$$

sind von absteigenden Ordnungen für die x, von der m^{ten} anfangend, von aufsteigenden für die y, von der n^{ten} beginnend; ebenso sind die Ausdrücke

$$\varphi,\quad D\varphi,\quad D^2\varphi\ldots$$

von absteigenden Ordnungen für die y, von aufsteigenden für die x. Jedesmal hängt die letzte Bildung nur noch von einer Reihe von Veränderlichen ab und ist in Bezug auf diese von der $(m+n)^{\text{ten}}$ Ordnung. Die Bildungen $D^k\varphi$, $\varDelta^k\varphi$ sollen, einem Ausdrucke der analytischen Geometrie entsprechend, als Polaren von φ bezeichnet werden.

Bezeichnet man die linken Seiten der Gleichungen (1) durch φ' und φ'', so hat man offenbar

$$\frac{\partial\varphi'}{\partial\lambda} = y_1\frac{\partial\varphi'}{\partial x_1} + y_2\frac{\partial\varphi'}{\partial x_2}$$
$$\frac{\partial\varphi''}{\partial\lambda} = x_1\frac{\partial\varphi''}{\partial y_1} + x_2\frac{\partial\varphi''}{\partial y_2}.$$

Führt man aber in diese Gleichungen die rechten Theile der Gleichungen (1) ein und vergleicht dann auf beiden Seiten die Coefficienten gleich hoher Potenzen von λ, so erhält man die Beziehungen:

(2)
$$\varDelta\varphi = \frac{1}{m}\left(y_1\frac{\partial\varphi}{\partial x_1} + y_2\frac{\partial\varphi}{\partial x_2}\right),\qquad D\varphi = \frac{1}{n}\left(x_1\frac{\partial\varphi}{\partial y_1} + x_2\frac{\partial\varphi}{\partial y_2}\right)$$
$$\varDelta^2\varphi = \frac{1}{m-1}\left(y_1\frac{\partial\varDelta\varphi}{\partial x_1} + y_2\frac{\partial\varDelta\varphi}{\partial x_2}\right),\qquad D^2\varphi = \frac{1}{n-1}\left(x_1\frac{\partial D\varphi}{\partial y_1} + x_2\frac{\partial D\varphi}{\partial y_2}\right)$$
$$\varDelta^3\varphi = \frac{1}{m-2}\left(y_1\frac{\partial\varDelta^2\varphi}{\partial x_1} + y_2\frac{\partial\varDelta^2\varphi}{\partial x_2}\right),\qquad D^3\varphi = \frac{1}{n-2}\left(x_1\frac{\partial D^2\varphi}{\partial y_1} + x_2\frac{\partial D^2\varphi}{\partial y_2}\right)$$
$$\cdots\cdots\cdots\qquad\qquad\cdots\cdots\cdots$$

Man sieht hieraus, dass $\varDelta\varphi$, $\varDelta^2\varphi\ldots$ und $D\varphi$, $D^2\varphi\ldots$ nur wiederholte Anwendungen der beiden Operationen $\varDelta\varphi$ und $D\varphi$ sind, wobei denn die Operation $\varDelta\varphi$ dadurch definirt wird, dass man nach den x differenzirt, mit den y multiplicirt und die Summe beider Producte durch die Ordnung der differenzirten Function in den x dividirt; bei der Definition von $D\varphi$ vertauschen nur die y und die x ihre Rollen.

Indem man die Operationen $\Delta^k \varphi$, $D^k \varphi$ als Wiederholungen derselben Operationen $\Delta \varphi$, $D \varphi$ auffasst, sieht man sofort, dass

$$\Delta^k (\Delta^h \varphi) = \Delta^{k+h} \varphi, \qquad D^k (D^h \varphi) = D^{k+h} \varphi.$$

Eine andere Eigenschaft dieser Operationen ergiebt sich aus den Gleichungen (1). Setzt man in diesen $y_1 = x_1$, $y_2 = x_2$, so verwandeln sich dieselben in folgende:

$$(1 + \lambda)^m \cdot \varphi = \varphi + \frac{m}{1} \lambda \Delta \varphi + \frac{m \cdot m - 1}{1 \cdot 2} \lambda^2 \Delta^2 \varphi + \ldots$$

$$(1 + \lambda)^n \cdot \varphi = \varphi + \frac{n}{1} \lambda D \varphi + \frac{n \cdot n - 1}{1 \cdot 2} \lambda^2 D^2 \varphi + \ldots$$

Die Vergleichung der Coefficienten von λ giebt nun

$$\varphi = \Delta \varphi = \Delta^2 \varphi \ldots = D \varphi = D^2 \varphi \ldots,$$

und somit den Satz:

> Für $y_1 = x_1$, $y_2 = x_2$ werden die Werthe der Ausdrücke der $\Delta^k \varphi$, $D^k \varphi$ sämmtlich gleich dem Werthe von φ.

Ausser den Operationen $\Delta^k \varphi$, $D^k \varphi$ werden wir im Folgenden noch eine Operation anwenden, welche durch $\Omega \varphi$, in wiederholter Anwendung durch $\Omega^2 \varphi$, $\Omega^3 \varphi \ldots$ bezeichnet werden soll. Diese Operation wird durch die Gleichung definirt:

$$(3) \qquad \Omega \varphi = \frac{1}{mn} \left(\frac{\partial^2 \varphi}{\partial x_1 \partial y_2} - \frac{\partial^2 \varphi}{\partial y_1 \partial x_2} \right),$$

so dass also weiter:

$$\Omega^2 \varphi = \frac{1}{m-1 \cdot n-1} \left(\frac{\partial^2 \Omega \varphi}{\partial x_1 \partial y_2} - \frac{\partial^2 \Omega \varphi}{\partial y_1 \partial x_2} \right)$$

$$\Omega^3 \varphi = \frac{1}{m-2 \cdot n-2} \left(\frac{\partial^2 \Omega^2 \varphi}{\partial x_1 \partial y_2} - \frac{\partial^2 \Omega^2 \varphi}{\partial y_1 \partial x_2} \right).$$

$$\ldots \ldots \ldots \ldots \ldots$$

Diese Functionen sind sowohl in den x, als in den y von absteigender Ordnung. Die Operation Ω hängt mit den Operationen Δ, D genau zusammen, wie aus folgendem Satze hervorgeht:

> Bei successiver Anwendung der Operationen Δ, Ω oder der Operationen D, Ω ändert die Reihenfolge der Anwendung das Resultat nur um einen numerischen Factor; es ist nämlich

$$\Omega \Delta \varphi = \frac{n}{n+1} \Delta \Omega \varphi$$

$$(4)$$

$$\Omega D \varphi = \frac{m}{m+1} D \Omega \varphi.$$

Von diesen Formeln braucht man nur eine zu beweisen; denn durch Vertauschung der x mit den y geht eine in die andere über. Nun ist aber nach (2), (3):

$$n \cdot n - 1 \cdot m + 1 \cdot \Omega D\varphi = \frac{\partial^2}{\partial x_1 \partial y_2}\left(x_1 \frac{\partial \varphi}{\partial y_1} + x_2 \frac{\partial \varphi}{\partial y_2}\right) - \frac{\partial^2}{\partial x_2 \partial y_1}\left(x_1 \frac{\partial \varphi}{\partial y_1} + x_2 \frac{\partial \varphi}{\partial y_2}\right)$$

$$= \frac{\partial^2 \varphi}{\partial y_1 \partial y_2} + x_1 \frac{\partial^3 \varphi}{\partial x_1 \partial y_1 \partial y_2} + x_2 \frac{\partial^3 \varphi}{\partial x_1 \partial y^2_2}$$

$$- \frac{\partial^2 \varphi}{\partial y_1 \partial y_2} - x_1 \frac{\partial^3 \varphi}{\partial x_2 \partial y^2_1} - x_2 \frac{\partial^3 \varphi}{\partial x_2 \partial y_1 \partial y_2}$$

$$= x_1 \frac{\partial}{\partial y_1}\left(\frac{\partial^2 \varphi}{\partial x_1 \partial y_2} - \frac{\partial^2 \varphi}{\partial y_1 \partial x_2}\right) + x_2 \frac{\partial}{\partial y_2}\left(\frac{\partial^2 \varphi}{\partial x_1 \partial y_2} - \frac{\partial^2 \varphi}{\partial y_1 \partial x_2}\right)$$

$$= m \cdot n \cdot n - 1 \cdot D\Omega\varphi,$$

w. z. b. w.

§ 7. Darstellung einer Function zweier Reihen von Veränderlichen durch die Polaren von Functionen, welche nur eine Reihe enthalten.

Man überzeugt sich nun zunächst leicht von der Richtigkeit der Identität

(1) $$f = \Delta Df + \frac{m}{m+1}(xy)\,\Omega f.$$

Es ist nämlich

$$Df = \frac{1}{n}\left(x_1 \frac{\partial f}{\partial y_1} + x_2 \frac{\partial f}{\partial y_2}\right)$$

für die x von der $(m+1)^{\text{ten}}$ Ordnung; daher

$$n(m+1)\,\Delta Df$$

$$= y_1 \frac{\partial}{\partial x_1}\left(x_1 \frac{\partial f}{\partial y_1} + x_2 \frac{\partial f}{\partial y_2}\right) + y_2 \frac{\partial}{\partial x_2}\left(x_1 \frac{\partial f}{\partial y_1} + x_2 \frac{\partial f}{\partial y_2}\right)$$

$$= y_1 \frac{\partial f}{\partial y_1} + y_2 \frac{\partial f}{\partial y_2} + y_1 x_1 \frac{\partial^2 f}{\partial x_1 \partial y_1} + y_1 x_2 \frac{\partial^2 f}{\partial x_1 \partial y_2} + y_2 x_1 \frac{\partial^2 f}{\partial x_2 \partial y_1} + y_2 x_2 \frac{\partial^2 f}{\partial x_2 \partial y_2}$$

$$= nf + nmf - (y_2 x_1 - x_2 y_1)\left(\frac{\partial^2 f}{\partial x_1 \partial y_2} - \frac{\partial^2 f}{\partial x_2 \partial y_1}\right)$$

also

$$\Delta Df = f - \frac{m}{m+1}(xy)\,\Omega f,$$

was die zu beweisende Gleichung ist.

Vermöge der Gleichung (1) leitet sich die Form f aus den beiden Formen Df und Ωf ab, welche beide die y zu niederer Ordnung als f enthalten. Wendet man nun die Gleichung (1) in gleicher Weise auf Df und Ωf an, so erhält man diese ausgedrückt durch Functionen, welche die y abermals zu niederer Ordnung enthalten, und es wird, indem man so fortfährt, schliesslich alles auf Functionen von x_1, x_2

allein zurückgeführt. Die hieraus für f folgende Darstellung wollen wir nun genauer untersuchen.

Ich behaupte, dass unter Anderm sich für f folgender Ausdruck ergiebt, in welchem $k \gtreqqless n$ und in welchem die α numerische Coefficienten bedeuten:

$$(2) \quad f = \Delta^k D^k f + \alpha_1^{(k)} (xy) \Delta^{k-1} D^{k-1} \Omega f + \alpha_2^{(k)} (xy)^2 \Delta^{k-2} D^{k-2} \Omega^2 f + \ldots \alpha_k^{(k)} \Omega^k f,$$

ein Ausdruck, welcher, wenn $m < n$, und $k > m$, schon abbricht mit dem Gliede

$$\alpha_m^k (xy)^m \Delta^{k-m} D^{k-m} \Omega^m f,$$

indem $\Omega^{m+1} f$ identisch verschwindet.

Der Ausdruck (2) geht für $k = 1$ in den Ausdruck (1) über; um die allgemeine Giltigkeit dieser Darstellungsart nachzuweisen, ist also nur nöthig, zu zeigen, dass sie für $k + 1$ richtig ist, wenn man für k sie als richtig annimmt. Indem wir diesen Beweis führen, ergiebt sich zugleich eine recurrente Formel zur Berechnung der Coefficienten α.

Die Functionen

$$D^k f, \quad D^{k-1} \Omega f, \quad D^{k-2} \Omega^2 f \ldots$$

sind von den Ordnungen $m + k$, $m + k - 2$, $m + k - 4 \ldots$ in den x, überhaupt $D^{k-\lambda} \Omega^\lambda f$ von der Ordnung $m + k - 2\lambda$. Wendet man daher auf die Function $\Omega^\lambda D^{k-\lambda} f$ die Gleichung (1) an, indem man diese Function an Stelle von f treten lässt, so erhält man:

$$D^{k-\lambda} \cdot \Omega^\lambda f = \Delta D^{k-\lambda+1} \Omega^\lambda f + \frac{m + k - 2\lambda}{m + k - 2\lambda + 1} (xy) \Omega D^{k-\lambda} \Omega^\lambda f.$$

Das zweite Glied dieses Ausdrucks kann man mit Hilfe der Gleichungen (4) umgestalten, indem man die äusserste Operation Ω mit den $k - \lambda$ Operationen D successive vertauscht. Man erhält nach der zweiten Formel (4) des § 6.:

$$\begin{aligned}
\Omega D (D^{k-\lambda-1} \Omega^\lambda f) &= \frac{m + k - 2\lambda - 1}{m + k - 2\lambda} D \Omega D (D^{k-\lambda-2} \Omega^\lambda f) \\
&= \frac{m + k - 2\lambda - 2}{m + k - 2\lambda} D^2 \Omega D (D^{k-\lambda-3} \Omega^\lambda f) \\
&\quad \cdot \cdot \cdot \cdot \cdot \cdot \cdot \cdot \cdot \cdot \\
&= \frac{m - \lambda}{m + k - 2\lambda} D^{k-\lambda} \Omega^{\lambda+1} f,
\end{aligned}$$

und es wird also

$$D^{k-\lambda} \Omega^\lambda f = \Delta D^{k-\lambda+1} \Omega^\lambda f + \frac{m - \lambda}{m + k - 2\lambda + 1} (xy) D^{k-\lambda} \Omega^{\lambda+1} f.$$

Führt man die hieraus entspringenden Ausdrücke der Functionen

$$D^k f, \quad D^{k-1} \Omega f, \quad D^{k-2} \Omega^2 f \ldots$$

in die Gleichung (1) ein, so erhält man zunächst:

$$(3) \quad f = \Delta^{k+1} D^{k+1} f + \alpha_1^{(k)} (xy) \Delta^k D^k \Omega f + \alpha_2^{(k)} (xy)^2 \Delta^{k-1} D^{k-1} \Omega f + \ldots$$

$$+ \frac{m}{m+k+1} \Delta^k [(xy) D^k \Omega f] + \frac{m-1}{m+k-1} (xy) \Delta^{k-1} [(xy) D^{k-1} \Omega^2 f]$$

$$+ \frac{m-2}{m+k-3} (xy)^2 \Delta^{k-2} [(xy) D^{k-2} \Omega^3 f] + \ldots .$$

Der erste Theil dieses Ausdrucks hat schon eine Gestalt, wie sie aus (2) hervorgeht, wenn man k in $k+1$ verwandelt. Um dem zweiten Theile dieselbe Gestalt zu geben, bemerke man, dass, wenn φ eine Function μ^{ter} Ordnung in den x ist:

$$\Delta [(xy) \varphi] = \frac{1}{\mu+1} [\varphi \Delta (xy) + \mu (xy) \Delta \varphi],$$

oder da $\Delta (xy) = (yy)$ identisch verschwindet:

$$\Delta [(xy) \varphi] = \frac{\mu}{\mu+1} (xy) \Delta \varphi.$$

Durch wiederholte Anwendung dieser Formel hat man:

$$\Delta^\lambda [(xy) \varphi] = \frac{\mu}{\mu+1} \Delta^{\lambda-1} [(xy) \Delta \varphi] = \frac{\mu-1}{\mu+1} \Delta^{\lambda-2} [(xy) \Delta^2 \varphi] \ldots$$

$$= \frac{\mu-\lambda+1}{\mu+1} (xy) \Delta^\lambda \varphi.$$

Setzt man nun $k-\lambda$ für λ und $D^{k-\lambda} \Omega^{\lambda+1} f$ für φ, so muss man $\mu = m+k-2\lambda-1$ setzen, und es wird also:

$$\Delta^{k-\lambda} [(xy) D^{k-\lambda} \Omega^{\lambda+1} f] = \frac{m-\lambda}{m+k-2\lambda} (xy) \Delta^{k-\lambda} D^{k-\lambda} \Omega^{\lambda+1} f.$$

Führt man dies in (3) ein, so nimmt f in der That die mit (2) analoge Form an:

$$(4) \quad \begin{aligned} f &= \Delta^{k+1} D^{k+1} f + \alpha_1^{(k+1)} (xy) \Delta^k D^k \Omega f \\ &\quad + \alpha_2^{(k+1)} (xy)^2 \Delta^{k-1} D^{k-1} \Omega^2 f + \ldots, \end{aligned}$$

und zwar sind dabei die Grössen $\alpha^{(k+1)}$ aus den Grössen $\alpha^{(k)}$ zusammengesetzt mit Hilfe folgender Formeln:

$$\alpha_1^{(k+1)} = \alpha_1^{(k)} + \frac{m^2}{m+k \cdot m+k+1}$$

$$\alpha_2^{(k+1)} = \alpha_2^{(k)} + \frac{(m-1)^2}{m+k-2 \cdot m+k-1} \alpha_1^{(k)}$$

$$(5) \quad \alpha_3^{(k+1)} = \alpha_3^{(k)} + \frac{(m-2)^2}{m+k-4 \cdot m+k-3} \alpha_2^{(k)}$$

$$\cdots \cdots \cdots \cdots \cdots$$

$$\alpha_p^{(k+1)} = \alpha_p^{(k)} + \frac{(m-p+1)^2}{m+k-2p+2 \cdot m+k-2p+1} \alpha_{p-1}^{(k)}.$$

$$\cdots \cdots \cdots \cdots \cdots$$

Setzt man in (2) nun $k = n$, so gehen die Functionen

$$D^n f, \quad D^{n-1} \Omega f, \quad D^{n-2} \Omega^2 f, \ldots$$

in Functionen von x_1, x_2 allein über. Indem wir nun den oben definirten Begriff der Polaren einer Function benutzen, haben wir folgenden Satz bewiesen:

Jede Form f, welche von der m^{ten} Ordnung in den x, von der n^{ten} in den y ist, lässt sich aus den Polaren der Formen

$$D^n f, \quad D^{n-1} \Omega f, \quad D^{n-2} \Omega^2 f, \ldots$$

welche sämmtlich nur die x enthalten, und aus Potenzen von (xy) zusammensetzen, so dass identisch

$$(6) \qquad \begin{aligned} f = {} & \Delta^n D^n f + \alpha_1^{(n)} (xy) \Delta^{n-1} D^{n-1} \Omega f \\ & + \alpha_2^{(n)} (xy)^2 \Delta^{n-2} D^{n-2} \Omega^2 f + \ldots, \end{aligned}$$

wo die α numerische Coefficienten bedeuten.[*]

Es knüpfen sich hieran noch folgende Sätze:

1. Wenn eine nach Potenzen von (xy) fortschreitende Reihe, deren Coefficienten Polaren sind, verschwindet, so verschwindet jedes einzelne Glied.

Sei die Reihe

$$A + (xy) B + (xy)^2 C + \ldots,$$

und nehmen wir an, dieselbe verschwinde identisch. Setzt man $x = y$, so verwandelt sich A in die Function, deren Polare A war. Die

---

[*] Als Beispiel will ich die beiden Fälle $m = 2$, $n = 2$ und $m = 3$, $n = 2$ hersetzen, welche insofern etwas verschiedenen Charakter zeigen, als die Summe $m + n$ einmal gerade, einmal ungerade ist.

1. $m = 2$, $n = 2$.

$$f = y_1^2 (a x_1^2 + 2 b x_1 x_2 + c x_2^2) + 2 y_1 y_2 (a' x_1^2 + 2 b' x_1 x_2 + c' x_2^2)$$
$$+ y_2^2 (a'' x_1^2 + 2 b'' x_1 x_2 + c'' x_2^2)$$
$$= \Delta^2 D^2 f + (xy) \Delta D \Omega f + \tfrac{1}{3} (xy)^2 \Omega^2 f$$
$$D^2 f = a x_1^4 + 2 (b + a') x_1^3 x_2 + (c + 4 b' + a'') x_1^2 x_2^2 + 2 (c' + b'') x_1 x_2^3 + c'' x_2^4$$
$$\Omega f = y_1 [(a' - b) x_1 + (b' - c) x_2] + y_2 [(a'' - b') x_1 + (b'' - c') x_2]$$
$$D \Omega f = (a' - b) x_1^2 + (a'' - c) x_1 x_2 + (b'' - c') x_2^2$$
$$\Omega^2 f = c + a'' - 2 b'.$$

2. $m = 3$, $n = 2$.

$$f = y_1^2 (a x_1^3 + 3 b x_1^2 x_2 + 3 c x_1 x_2^2 + d x_2^3) + 2 y_1 y_2 (a' x_1^3 + 3 b' x_1^2 x_2 + 3 c' x_1 x_2^2 + d' x_2^3)$$
$$+ y_2^2 (a'' x_1^3 + 3 b'' x_1^2 x_2 + 3 c'' x_1 x_2^2 + d'' x_2^3)$$
$$= \Delta^2 D^2 f + \tfrac{6}{5} (xy) \Delta D \Omega f + \tfrac{1}{2} \Omega^2 f$$
$$D^2 f = a x_1^5 + (3 b + 2 a') x_1^4 x_2 + (3 c + 6 b' + a'') x_1^3 x_2^2 + (d + 6 c' + 3 b'') x_1^2 x_2^3$$
$$+ (2 d' + 3 c'') x_1 x_2^4 + d'' x_2^5$$
$$\Omega f = y_1 [(a' - b) x_1^2 + 2 (b' - c) x_1 x_2 + (c' - d) x_2^2] + y_2 [(a'' - b') x_1^2 + 2 (b'' - c') x_1 x_2$$
$$+ (c'' - d') x_2^2]$$
$$D \Omega f = (a' - b) x_1^3 + (b' + a'' - 2 c) x_1^2 x_2 + (2 b'' - d - c') x_1 x_2^2 + (c'' - d') x_2^3$$
$$\Omega^2 f = (c + a'' - 2 b') x_1 + (d + b'' - 2 c') x_2.$$

übrigen Glieder der Reihe werden Null, und es folgt also, dass diese Function Null ist. Aber dann ist auch ihre Polare A gleich Null, d. h. der erste Term verschwindet für sich. Nunmehr kann man die Reihe durch (xy) dividiren und erhält die ebenfalls verschwindende Reihe

$$B + (xy)\, C + \cdots$$

Man beweist nun wie oben, dass auch B für sich verschwindet, alsdann nach abermaliger Division mit (xy), dass C für sich verschwindet u. s. w.

2. **Eine gegebene Function zweier Reihen von Veränderlichen ist nur auf eine Weise so nach Potenzen von (xy) entwickelbar, dass die Coefficienten Polaren sind.**

Wären zwei Entwickelungen

$$A + (xy)\, B + (xy)^2\, C \ldots$$

und

$$\mathsf{A} + (xy)\, \mathsf{B} + (xy)^2\, \Gamma \ldots$$

denkbar, so hätte man

$$(A - \mathsf{A}) + (xy)\,(B - \mathsf{B}) + (xy)^2\,(C - \Gamma) \ldots = 0,$$

also nach dem vorigen Satze

$$A = \mathsf{A}, \quad B = \mathsf{B}, \quad C = \Gamma, \ldots$$

d. h. die Entwickelungen wären identisch, was der Voraussetzung widerspricht.

3. **Bei einer Function zweier Reihen, welche durch Vertauschung derselben sich nicht ändert, treten nur Glieder auf, welche die geraden Potenzen von (xy) enthalten.**

In diesem Falle müssen die Ordnungen m und n gleich sein; daher haben auch die einzelnen in (6) auftretenden Polaren die Eigenschaft, durch Vertauschung der x und y sich nicht zu ändern. Ist also

$$f = A + (xy)\, B + (xy)^2\, C + (xy)^3\, D \ldots,$$

so ist auch, nach Vertauschung der x mit den y:

$$f = A - (xy)\, B + (xy)^2\, C - (xy)^3\, D \ldots,$$

also wenn man diese Gleichung von der vorigen abzieht und durch $2\,(xy)$ dividirt:

$$0 = B + (xy)^2\, D + \ldots,$$

daher identisch

$$B = 0, \quad D = 0 \ldots,$$

und also

$$f = A + (xy)^2\, C + \ldots,$$

was zu beweisen war.

§ 8. Bestimmung der Coefficienten α.

Es ist nicht ganz leicht, von den Formeln (5) zu einer independenten Darstellung der Coefficienten α überzugehen. Eine solche findet sich aber durch folgende Betrachtung.

Zunächst bemerkt man, dass nach jenen Formeln die $\alpha^{(k)}$ von n unabhängig sind. Mithin erhält man die $\alpha^{(k)}$ aus den $\alpha^{(n)}$, indem man in diesen k statt n setzt. Es ist also nur nöthig, die $\alpha^{(n)}$ zu bestimmen.

Man kann aber den im vorigen Paragraphen unter 2. ausgesprochenen Satz auch in folgender Weise ausdrücken:

Sind φ, φ_1, φ_2... ganze homogene Functionen von x_1, x_2, deren Ordnungen beziehungsweise $m+n$, $m+n-2$, $m+n-4$... sind, und bildet man eine Function mittelst der Gleichung

$$(1) \quad f = \varDelta^n \varphi + \alpha_1{}^{(n)} (xy) \varDelta^{n-1} \varphi_1 + \alpha_2{}^{(n)} (xy)^2 \varDelta^{n-2} \varphi_2 + \ldots,$$

so ist immer

$$(2) \quad \begin{aligned} \varphi &= D^n f \\ \varphi_1 &= D^{n-1} \Omega f \\ \varphi_2 &= D^{n-2} \Omega^2 f \\ &\cdot \quad \cdot \quad \cdot \quad \cdot \quad \cdot \end{aligned}$$

oder, was dasselbe ist, die φ sind diejenigen Ausdrücke, in welche $f, \Omega f, \Omega^2 f \ldots$ übergehen, wenn darin die y durch die x ersetzt werden.

Bilden wir nun aus (1) die Ausdrücke

$$(\Omega^\lambda f)_{y=x} \quad (\lambda = 0, 1, \ldots n).$$

Ist φ eine Form μ^{ter} Ordnung in den x, ν^{ter} Ordnung in den y, so hat man

$$(3) \quad (\mu+h).(\nu+h).\Omega \left[(xy)^h . \varphi \right]$$

$$= (xy)^h \left(\frac{\partial^2 \varphi}{\partial x_1 \partial y_2} - \frac{\partial^2 \varphi}{\partial x_2 \partial y_1} \right) + \varphi \left[\frac{\partial^2 (xy)^h}{\partial x_1 \partial y_2} - \frac{\partial^2 (xy)^h}{\partial y_1 \partial x_2} \right]$$

$$+ \frac{\partial \varphi}{\partial x_1} \frac{\partial (xy)^h}{\partial y_2} - \frac{\partial \varphi}{\partial x_2} \frac{\partial (xy)^h}{\partial y_1} - \frac{\partial \varphi}{\partial y_1} \frac{\partial (xy)^h}{\partial x_2} + \frac{\partial \varphi}{\partial y_2} \frac{\partial (xy)^h}{\partial x_1}$$

$$= \mu \nu (xy)^h \Omega \varphi + h (\mu+\nu+h+1) (xy)^{h-1} \varphi.$$

Bei der Anwendung der Operation Ω auf das Product $(xy)^h \varphi$ kommt also nur ein Term vor, welcher eine niedrigere, und zwar die um 1 niedrigere Potenz von (xy) enthält. Wenden wir die Operation Ω λ mal hintereinander an, so besteht das Resultat aus den Formen

$$(xy)^h \Omega^\lambda \varphi, \quad (xy)^{h-1} \Omega^{\lambda-1} \varphi, \quad (xy)^{h-2} \Omega^{\lambda-2} \varphi \ldots$$

Ist hier $h > \lambda$, so kann kein Term vorkommen, welcher von (xy) frei wäre. In diesem Falle verschwindet also das Resultat für $y_1 = x_1$, $y_2 = x_2$.

Ist dagegen $h \lessgtr \lambda$, so bleibt für $y_1 = x_1$, $y_2 = x_2$ das letzte Glied der Entwickelung stehen, welches dann, bis auf einen numerischen Factor, gleich $\Omega^{\lambda-h}\varphi$ ist.

Bilden wir also aus (1) den Ausdruck $(\Omega^\lambda f)_{x=y}$, wo $\lambda \lessgtr n$, so fallen alle Terme fort, welche mit einer höheren als der λ^{ten} Potenz von (xy) multiplicirt sind. Von der anderen bleiben Glieder der Form

$$\Omega^{\lambda-h}\,\Delta^{n-h}\varphi_h$$

übrig. Da aber die Operationen Ω, Δ bis auf hinzutretende constante Factoren vertauschbar sind, so haben diese Glieder auch die Form

$$\Delta^{n-h}\Omega^{\lambda-h}\varphi_h,$$

was offenbar identisch Null ist, da φ_h keine y enthält, also auch der Operation Ω nicht unterworfen werden kann. Es bleibt nur das eine Glied übrig, für welches $h = \lambda$, und man hat also:

$$(\Omega^\lambda f)_{y=x} = \alpha_\lambda^{(n)} \left\{\Omega^\lambda \left[(xy)^\lambda \Delta^{n-\lambda} \varphi_\lambda\right]\right\}_{y=x}.$$

Der eingeklammerte Ausdruck rechts entsteht nun, indem man die Formel (3) λ mal hinter einander anwendet, und $\Delta^{n-\lambda}\varphi_\lambda$ für φ, also $m-\lambda$ für μ, $n-\lambda$ für ν setzt; indem man endlich bei jeder Operation nur das zweite Glied beibehält. Es wird also:

$$\left\{\Omega^\lambda \left[(xy)^\lambda \Delta^{n-\lambda}\varphi_\lambda\right]\right\}_{y=x}$$
$$= \frac{\lambda \cdot (m+n-\lambda+1)}{mn} \left\{\Omega^{\lambda-1} \left[(xy)^{\lambda-1} \Delta^{n-\lambda}\varphi_\lambda\right]\right\}_{y=x}$$
$$= \frac{\lambda \cdot \lambda-1 \cdot (m+n-\lambda+1)(m+n-\lambda)}{m \cdot m-1 \cdot n \cdot n-1} \left\{\Omega^{\lambda-2}\left[(xy)^{\lambda-2} \Delta^{n-\lambda}\varphi_\lambda\right]\right\}_{y=x}$$

$$\cdots \cdots \cdots \cdots \cdots \cdots \cdots \cdots \cdots$$

also schliesslich, wenn man sich der Bezeichnung

$$\Gamma(\mu) = 1 . 2 \ldots \mu \quad [\Gamma(0) = 1]$$

bedient:

$$\left\{\Omega^\lambda \left[(xy)^\lambda \Delta^{n-\lambda}\varphi_\lambda\right]\right\}_{y=x} = \frac{\Gamma(\lambda)\,\Gamma(m+n-\lambda+1)\,\Gamma(m-\lambda)\,\Gamma(n-\lambda)}{\Gamma(m+n-2\lambda+1)\,\Gamma(m)\,\Gamma(n)}\left[\Delta^{n-\lambda}\varphi_\lambda\right]_{y=x}.$$

Die rechts noch übrig gebliebene eckige Klammer ist aber nach dem ersten Satze des § 6. nichts Anderes als φ_λ selbst; es ist also endlich

$$(4) \quad (\Omega^\lambda f)_{y=x} = \alpha_\lambda^{(n)} \cdot \frac{\Gamma(\lambda)\,\Gamma(m+n-\lambda+1)\,\Gamma(m-\lambda)\,\Gamma(n-\lambda)}{\Gamma(m+n-2\lambda+1)\,\Gamma(m)\,\Gamma(n)} \cdot \varphi_\lambda.$$

Ebenso ist auch die linke Seite φ_λ selbst, und so erhält man denn für $\alpha_\lambda^{(n)}$ die Bestimmung:

$$(5) \quad \alpha_\lambda^{(n)} = \frac{\Gamma(m+n-2\lambda+1)\,\Gamma(m)\,\Gamma(n)}{\Gamma(\lambda)\,\Gamma(m+n-\lambda+1)\,\Gamma(m-\lambda)\,\Gamma(n-\lambda)}.$$

Dem in § 7. Gesagten entsprechend, ist dieser für m und n völlig symmetrische Ausdruck für Werthe von λ zu benutzen, die bis zu der kleineren der beiden Zahlen m und n gehen; er hat dann immer eine völlig bestimmte Bedeutung.

Wegen des symmetrischen Auftretens von m und n werde ich daher jetzt für die Coefficienten α die Bezeichnung

$$(6) \qquad \alpha_\lambda^{m,\,n} = \frac{\Gamma(m+n-2\lambda+1)\,\Gamma(m)\,\Gamma(n)}{\Gamma(\lambda)\,\Gamma(m+n-\lambda+1)\,\Gamma(m-\lambda)\,\Gamma(n-\lambda)}$$

wählen und demnach der Gleichung (6) § 7. die Form geben:

$$(7) \quad f = \Delta^n D^n f + \alpha_1^{m,n}(xy)\,\Delta^{n-1} D^{n-1}\Omega f + \alpha_2^{m,n}(xy)^2 \Delta^{n-2} D^{n-2}\Omega^2 f + \ldots$$

Der Ausdruck (6) für $\alpha_\lambda^{m,n}$ ist in der That mit den Gleichungen § 7. (5) in völliger Uebereinstimmung. Aus (5) folgt nämlich

$$\frac{\alpha_\lambda^{m,\,n+1}}{\alpha_\lambda^{m,\,n}} = \frac{(n+1)(m+n-2\lambda+2)}{(n-\lambda+1)(m+n-\lambda+1)}$$

$$\frac{\alpha_{\lambda-1}^{m,n}}{\alpha_\lambda^{m,n}} = \frac{(m+n-2\lambda+2)(m+n-2\lambda+3)\,\lambda}{(m+n-\lambda+2)(m-\lambda+1)(n-\lambda+1)}.$$

Führt man diese Ausdrücke in die allgemeine Gleichung § 7. (5)

$$\alpha_\lambda^{m,\,n+1} = \alpha_\lambda^{m,\,n} + \frac{(m-\lambda+1)^2}{(m+n-2\lambda+2)(m+n-2\lambda+3)}\cdot \alpha_{\lambda-1}^{m,\,n}$$

ein, so erhält man

$$\frac{(n+1)(m+n-2\lambda+2)}{(n-\lambda+1)(m+n-\lambda+2)} = 1 + \frac{\lambda(m-\lambda+1)}{(m+n-\lambda+2)(n-\lambda+1)},$$

was identisch erfüllt ist.

Man kann noch bemerken, dass der Ausdruck (5) eine einfache Combination von Binomialcoefficienten ist. Bezeichnet man durch $\binom{\mu}{\lambda}$ den Coefficienten

$$\binom{\mu}{\lambda} = \frac{\mu\,.\,\mu-1\,\ldots\,\mu-\lambda+1}{1\,.\,2\,\ldots\,\lambda} = \frac{\Gamma(\mu)}{\Gamma(\lambda)\,\Gamma(\mu-\lambda)},$$

so kann man der Formel (5) die Gestalt geben:

$$(8) \qquad \alpha_\lambda^{m,n} = \frac{\binom{m}{\lambda}\cdot\binom{n}{\lambda}}{\binom{m+n-\lambda+1}{\lambda}}.\ \text{—}$$

Aber an den im Anfange dieses Paragraphen aufgestellten Satz knüpft sich noch eine andere wichtige Bemerkung. Es sind nämlich, wie auch die φ vorausgesetzt wurden, wenn nur f durch die Gleichung (1) gegeben war, immer die φ mit f durch die Gleichungen (2) verbunden. Da also zwischen den φ kein Zusammenhang stattzufinden braucht, so wird auch zwischen den Functionen

$$D^n f, \quad D^{n-1} \Omega f, \quad D^{n-2} \Omega^2 f \ldots \Omega^n f$$

im Allgemeinen ein solcher nicht stattfinden. Man hat also den Satz:

Ist f eine beliebige Form m^{ter} Ordnung in den x, n^{ter} Ordnung in den y, mit willkürlichen Coefficienten, so sind auch die Functionen

$$D^n f, \quad D^{n-1} \Omega f, \quad D^{n-2} \Omega^2 f, \quad \ldots \Omega^n f,$$

welche nur noch die x enthalten, Formen mit willkürlichen, d. h. von einander unabhängigen Coefficienten.

Dieser Satz wird bestätigt durch den Umstand, dass die Anzahl der Coefficienten der letztgenannten Functionen, wenn $m > n$, gleich

$$(m+n+1) + (m+n-1) + (m+n-3) \ldots + (m-n+1) = (m+1)(n+1),$$

wenn aber $n > m$, gleich

$$(n+m+1) + (n+m-1) + (n+m-3) \ldots + (n-m+1) = (m+1)(n+1),$$

also in beiden Fällen gleich der Anzahl der Coefficienten von f ist.

Ich füge die folgende Tafel von Entwickelungen hinzu, in welcher immer $m \geqq n$ angenommen ist und in welcher $n = 1, 2, 3, 4$, $m = 1, 2, 3, 4, 5, 6$ gesetzt ist:

$$n = 1.$$

$$m = 1) \quad f = \Delta D f + \tfrac{1}{2} (xy) \, \Omega f$$
$$m = 2) \quad f = \Delta D f + \tfrac{2}{3} (xy) \, \Omega f$$
$$m = 3) \quad f = \Delta D f + \tfrac{3}{4} (xy) \, \Omega f$$
$$m = 4) \quad f = \Delta D f + \tfrac{4}{5} (xy) \, \Omega f$$
$$m = 5) \quad f = \Delta D f + \tfrac{5}{6} (xy) \, \Omega f$$
$$m = 6) \quad f = \Delta D f + \tfrac{6}{7} (xy) \, \Omega f.$$

$$n = 2.$$

$$m = 2) \quad f = \Delta^2 D^2 f + \quad (xy) \, \Delta D \Omega f + \tfrac{1}{3} (xy)^2 \, \Omega^2 f$$
$$m = 3) \quad f = \Delta^2 D^2 f + \tfrac{6}{5} (xy) \, \Delta D \Omega f + \tfrac{1}{2} (xy)^2 \, \Omega^2 f$$
$$m = 4) \quad f = \Delta^2 D^2 f + \tfrac{4}{3} (xy) \, \Delta D \Omega f + \tfrac{3}{5} (xy)^2 \, \Omega^2 f$$
$$m = 5) \quad f = \Delta^2 D^2 f + \tfrac{10}{7} (xy) \, \Delta D \Omega f + \tfrac{2}{3} (xy)^2 \, \Omega^2 f$$
$$m = 6) \quad f = \Delta^2 D^2 f + \tfrac{3}{2} (xy) \, \Delta D \Omega f + \tfrac{5}{7} (xy)^2 \, \Omega^2 f.$$

$$n = 3.$$

$$m = 3) \quad f = \Delta^3 D^3 f + \tfrac{3}{2} (xy) \, \Delta^2 D^2 \Omega f + \tfrac{9}{10} (xy)^2 \, \Delta D \Omega^2 f + \tfrac{1}{4} (xy)^3 \, \Omega^3 f$$
$$m = 4) \quad f = \Delta^3 D^3 f + \tfrac{12}{7} (xy) \, \Delta^2 D^2 \Omega f + \tfrac{6}{5} (xy)^2 \, \Delta D \Omega^2 f + \tfrac{2}{5} (xy)^3 \, \Omega^3 f$$
$$m = 5) \quad f = \Delta^3 D^3 f + \tfrac{15}{8} (xy) \, \Delta^2 D^2 \Omega f + \tfrac{10}{7} (xy)^2 \, \Delta D \Omega^2 f + \tfrac{1}{2} (xy)^3 \, \Omega^3 f$$
$$m = 6) \quad f = \Delta^3 D^3 f + 2 (xy) \, \Delta^2 D^2 \Omega f + \tfrac{45}{28} (xy)^2 \, \Delta D \Omega^2 f + \tfrac{4}{7} (xy)^3 \, \Omega^3 f.$$

$$n = 4.$$

$$m = 4)\ f = \Delta^4 D^4 f + 2\,(xy)\,\Delta^3 D^3 \Omega f + \tfrac{12}{7}\,(xy)^2\,\Delta^2 D^2 \Omega^2 f$$
$$+ \tfrac{4}{5}\,(xy)^3\,\Delta D \Omega^3 f + \tfrac{1}{5}\,(xy)^4\,\Omega^4 f,$$

$$m = 5)\ f = \Delta^4 D^4 f + \tfrac{20}{9}\,(xy)\,\Delta^3 D^3 \Omega f + \tfrac{15}{7}\,(xy)^2\,\Delta^2 D^2 \Omega^2 f$$
$$+ \tfrac{8}{7}\,(xy)^3\,\Delta D \Omega^3 f + \tfrac{1}{3}\,(xy)^4\,\Omega^4 f,$$

$$m = 6)\ f = \Delta^4 D^4 f + \tfrac{12}{5}\,(xy)\,\Delta^3 D^3 \Omega f + \tfrac{5}{2}\,(xy)^2\,\Delta^2 D^2 \Omega^2 f$$
$$+ \tfrac{10}{7}\,(xy)^3\,\Delta D \Omega^3 f + \tfrac{3}{7}\,(xy)^4\,\Omega^4 f.$$

§ 9. Die Invarianten und Covarianten eines Systems linearer Formen.

Ich werde die Formel (7) des § 8. nun dazu anwenden, die allgemeine Form für Invarianten und Covarianten einer beliebigen Reihe simultaner linearer Formen zu finden.

Die gegebenen Formen seien A, B, $C \ldots$ mit den Coefficienten $a_1 a_2$, $b_1 b_2$, $c_1 c_2 \ldots$; Π sei eine simultane Invariante dieser Formen, homogen für die Coefficienten einer jeden, und zwar sei sie für dieselben beziehungsweise von den Ordnungen α, β, $\gamma \ldots$. Setzen wir in der Formel § 8. (7), welche ihrer Ableitung nach für ganz beliebige Grössenreihen gilt, für f die Function Π, für die x und y zwei Coefficientenreihen a, b, endlich α, β für m, n.

Die Formel (7) zeigt dann, wie f sich aus Potenzen von (ab) und aus Gliedern zusammensetzt, welche durch die Operation Δ aus den von den b freien Functionen

$$D^\beta \Pi, \quad D^{\beta-1} \Omega \Pi, \quad \ldots \Omega^\beta \Pi$$

entstehen. Dass die Operationen Δ, D, welche hier durch die Formeln

$$\Delta \varphi = \frac{1}{\alpha}\left(b_1 \frac{\partial \varphi}{\partial a_1} + b_2 \frac{\partial \varphi}{\partial a_2} \right)$$
$$D \varphi = \frac{1}{\beta}\left(a_1 \frac{\partial \varphi}{\partial b_1} + a_2 \frac{\partial \varphi}{\partial b_2} \right)$$

dargestellt sind, die Invarianteneigenschaft nicht aufheben, ist schon in dem ersten Satze des § 3. enthalten. Aber auch die Operation Ω lässt die Invarianteneigenschaft bestehen. Dies folgt sofort aus der Gleichung § 7. (1), welche hier die Form annimmt:

$$\Pi = \Delta D \Pi + \frac{\alpha}{\alpha + 1}\,(ab)\,\Omega \Pi.$$

Hier haben alle übrigen Terme die Invarianteneigenschaft, daher auch $\Omega \Pi$.

Die Functionen, aus denen Π sich nach der Formel § 8. (7) darstellt:

$$D^\beta \Pi, \quad D^{\beta-1} \Omega \Pi, \quad \ldots \Omega^\beta \Pi,$$

sind also selbst Invarianten, sie enthalten aber eine Reihe von Coefficienten (nämlich die b) weniger als Π.

Man kann in Folge dessen nun folgenden für diese ganze Theorie fundamentalen Satz beweisen:

Jede Invariante Π von linearen Formen ist ein Aggregat aus Producten der aus je zweien der Formen gebildeten Invarianten.

Nehmen wir diesen Satz als richtig an für r lineare Functionen und zeigen, dass er dann auch für $r + 1$ gilt. Da er nach § 5. für zwei Formen richtig ist, so gilt er dann allgemein.

Aber zu diesem Zwecke ist nur zu zeigen, dass jeder aus Determinanten vom Typus (ac) zusammengesetzte Ausdruck nach Anwendung der Operation D wieder ein Aggregat analoger Producte ist. Beweisen wir dies und nehmen wir der Voraussetzung nach an, dass die Invarianten

$$D^\beta \Pi, \quad D^{\beta-1}\Omega\Pi, \ldots$$

welche eine Reihe von Coefficienten weniger enthalten, Aggregate solcher Determinantenproducte seien, so ist nach der Formel § 8. (7) auch Π ein solches, was zu beweisen war.

Denken wir uns also ein Product

$$(ac)\,(ad) \ldots$$

gegeben und wenden die Operation $b_1 \dfrac{\partial}{\partial a_1} + b_2 \dfrac{\partial}{\partial a_2}$ an. Sie ergiebt eine Summe von Gliedern, welche dadurch entstehen, dass man diese Operation auf die einzelnen Factoren des Products anwendet. Dabei ändert sich jedesmal nur ein Factor, und zwar geht (ac) in (bc) über, (ad) in (bd) u. s. w. Das Resultat ist also wieder aus Determinanten zusammengesetzt; womit der Satz bewiesen ist.

Die Gleichung § 8. (7) liefert zugleich das Mittel, jede gegebene Invariante linearer Formen durch successive Anwendung der Formel als Aggregat von Determinantenproducten wirklich darzustellen. Man bildet zuerst aus der gegebenen Invariante die Reihe der Formen:

$$\Delta^\beta \Pi, \quad \Delta^{\beta-1}\Omega\Pi, \ldots$$

sodann für jede dieser Formen wieder eine ähnliche Reihe, und so fort, bis man zu Invarianten von zwei Reihen kommt, welche dann von selbst in Potenzen von Determinanten der Form (ab) übergehen müssen. Hat man dies erreicht, so verfolgt man den eingeschlagenen Weg rückwärts und gelangt endlich zu der gesuchten Darstellung von Π.

Was nun die Covarianten betrifft, so werden sie nach § 4. aus Invarianten abgeleitet, indem man irgend welche Reihen

$$a_1, a_2; \quad b_1, b_2; \ldots$$

beziehungsweise durch

$$-x_2, x_1; \quad -y_2, y_1; \ldots$$

ersetzt. Hierbei können nun folgende Fälle eintreten.

1. In einer Determinante (ca) der Invariante ist nur eine Reihe, etwa die der a, durch x zu ersetzen. Alsdann geht (ca) in $c_1 x_1 + c_2 x_2$ über, also in eine der gegebenen Formen selbst.

2. In einer Determinante (ab) der Invariante sind beide Reihen zu ersetzen, etwa durch die x und die y. Die Determinante geht dann in (xy), also in die Determinante zweier Reihen von Veränderlichen über.

Man hat also den Satz:

> Jede Covariante von einer Reihe linearer Formen ist ein Aggregat von Producten, deren Factoren einen der folgenden drei Typen haben:
> 1. (ab), Invariante aus zweien der linearen Formen,
> 2. $a_1 x_1 + a_2 x_2$, eine der linearen Formen selbst,
> 3. (xy), Determinante aus zwei Reihen von Veränderlichen.

Die letzte Art von Factoren enthält nicht mehr die Coefficienten der zu Grunde gelegten Formen. Man kann sie als identische Covarianten bezeichnen; sie sind allen Systemen von Functionen gemein, mögen dieselben linear sein oder nicht. Abgesehen von diesen kann man also sagen, dass lineare Formen überhaupt zu weiteren Covarianten nicht Veranlassung geben und dass sie keine Invarianten besitzen, ausser den Determinanten, welche aus den Coefficienten je zweier gebildet werden.

§ 10. Covarianten mit mehreren Reihen von Veränderlichen.

Bei der Untersuchung der Covarianten allgemeiner binärer Formen liefert nun die Gleichung (7) des § 8. sofort folgenden Satz:

> Alle Covarianten binärer Formen, welche mehrere Reihen von Veränderlichen enthalten, setzen sich aus identischen Covarianten und aus Polaren solcher zusammen, welche nur eine Reihe von Veränderlichen enthalten.

Der Ausdruck Polare ist hier in etwas weiterem Sinne zu verstehen als früher. Im Vorigen entstanden die Polaren, indem man dieselbe Operation $y_1 \dfrac{\partial}{\partial x_1} + y_2 \dfrac{\partial}{\partial x_2}$ wiederholt anwandte und jedesmal durch die Ordnung der differenzirten Function in Bezug auf die x dividirte. Es soll in dem oben ausgesprochenen Satze nun auch der Fall unter dieser Benennung enthalten sein, in welchem nach einander verschiedene Operationen

$$y_1 \frac{\partial}{\partial x_1} + y_2 \frac{\partial}{\partial x_2}, \quad z_1 \frac{\partial}{\partial x_1} + z_2 \frac{\partial}{\partial x_2}, \quad \ldots$$

angewandt werden.

Nehmen wir an, der Satz wäre für Covarianten mit r Reihen von Veränderlichen bewiesen, und zeigen, dass er dann auch für $r+1$ Reihen gilt; da er für eine Reihe selbstverständlich ist, so gilt er dann allgemein. Zu jenem Beweise aber führt wiederum die Gleichung § 8. (7). Setzen wir darin für f irgend eine Covariante Π, welche $r+1$ Reihen von Veränderlichen enthält, und zwar die Reihe y_1, y_2 zur n^{ten} Ordnung. Nach § 8. (7) setzt sich dann Π aus identischen Covarianten und aus Polaren der Formen

$$D^n \Pi, \quad D^{n-1} \Omega \Pi, \quad D^{n-2} \Omega^2 \Pi, \ldots$$

zusammen, welche eine Reihe von Veränderlichen weniger enthalten und für welche also der Voraussetzung nach der zu beweisende Satz bereits gilt. Damit also der Satz allgemein richtig sei, ist nur noch zu zeigen, dass Polaren von Ausdrücken, welche Producte von Polaren mit identischen Covarianten sind, sich wieder als Aggregate solcher Producte darstellen. Unterwerfen wir also ein Product

$$(xz)\,(xt)\ldots P\,Q\ldots,$$

welches aus identischen Covarianten und Polaren besteht, der Operation

$$y_1 \frac{\partial}{\partial x_1} + y_2 \frac{\partial}{\partial x_2}.$$

Es genügt, diese Operation einmal auszuführen; bleiben dabei die Eigenschaften des Resultats die verlangten, so tritt dies auch bei Wiederholungen ein. Die Anwendung jener Operation liefert aber die Summe der Resultate, welche die Anwendung auf die einzelnen Factoren giebt. Nun liefert die Anwendung der Operation auf eine identische Covariante wieder eine solche, die Anwendung auf eine Polare aber der erweiterten Definition nach gleichfalls eine Polare, womit alles bewiesen ist.

Der Begriff der Polaren, wie er hier auftritt, ist ebenso wie der ursprüngliche in § 6. auf Entwickelungscoefficienten zurückzuführen. Wendet man die Operation

$$y_1 \frac{\partial}{\partial x_1} + y_2 \frac{\partial}{\partial x_2}$$

wiederholt auf eine Function $\varphi\,(x_1, x_2)$ an und dividirt jedesmal durch die Ordnung der differenzirten Function, so entstehen die von den Binomialcoefficienten befreiten Coefficienten der Entwickelung nach λ des Ausdrucks:

$$\varphi\,(x_1 + \lambda y_1,\ x_2 + \lambda y_2).$$

Wendet man auf diese Polaren nun wiederholt die Operation

$$z_1 \frac{\partial}{\partial x_1} + z_2 \frac{\partial}{\partial x_2}$$

an, so entstehen ebenso die Coefficienten der Entwickelungen, welche man erhält, wenn man in den soeben gebildeten Formen

$$x_1 + \mu z_1, \quad x_2 + \mu z_2$$

an Stelle von x_1, x_2 setzt und nach μ entwickelt; d. h. man erhält die durch die beiden Operationen

$$y_1 \frac{\partial}{\partial x_1} + y_2 \frac{\partial}{\partial x_2}, \qquad z_1 \frac{\partial}{\partial x_1} + z_2 \frac{\partial}{\partial x_2}$$

entstehenden Polaren, wenn man die Entwickelungscoefficienten von

$$\varphi (x_1 + \lambda y_1 + \mu z_1, \ x_2 + \lambda y_2 + \mu z_2)$$

bildet.

Indem man diese Schlussweise fortsetzt, erhält man den Satz:

Die Polaren, welche aus φ durch die Operationen

$$y_1 \frac{\partial}{\partial x_1} + y_2 \frac{\partial}{\partial x_2}$$
$$z_1 \frac{\partial}{\partial x_1} + z_2 \frac{\partial}{\partial x_2}$$
$$t_1 \frac{\partial}{\partial x_1} + t_2 \frac{\partial}{\partial x_2}$$
$$\cdot \quad \cdot \quad \cdot \quad \cdot$$

entstehen, sind die von den Polynomialcoefficien-ten befreiten Entwickelungscoefficienten des Aus-drucks

$$\varphi (x_1 + \lambda y_1 + \mu z_1 + \varrho t_1 \ldots, \ x_2 + \lambda y_2 + \mu z_2 + \varrho t_2 \ldots).$$

Aus dem Vorhergehenden sieht man, dass es in der That nur nöthig ist, Covarianten mit einer Reihe von Veränderlichen auf-zusuchen. Es soll daher im Folgenden, wenn das Gegentheil nicht besonders erwähnt ist, unter Covariante immer eine solche verstanden werden, welche nur eine Reihe von Veränderlichen enthält.

§ 11. Symbolische Darstellung algebraischer Formen.

Zur Darstellung und Charakterisirung der Invarianten und Co-varianten beliebiger Formen führt nun die sogenannte symbolische Bezeichnung der Formen, zu deren Erläuterung ich mich jetzt wende. *

---

* Die Methode der symbolischen Bezeichnung steht in genauem Zusammen-hange mit Cayley's Methode der operativen Symbole und seinen „*Hyperdeter-minants*" (vergl. Cayley's *Memoirs upon Quantics* in den *Philosophical Trans-*

Eine beliebige binäre Form n^{ter} Ordnung kann man sich aus der n^{ten} Potenz eines linearen Ausdrucks

$$(b_1 x_1 + b_2 x_2)^n$$

dadurch entstanden denken, dass an Stelle der Coefficienten

$$b_1{}^n, \quad b_1{}^{n-1} b_2, \quad b_1{}^{n-2} b_2{}^2, \ldots$$

welche sich bei der Ausrechnung ergeben, die entsprechenden Coefficienten

$$a_0, \quad a_1, \quad a_2 \ldots$$

der Form gesetzt werden. Als Coefficienten der Form sind dabei nicht die Zahlen selbst gedacht, welche in die verschiedenen Potenzen der x multiplicirt erscheinen, sondern diese Zahlen dividirt durch entsprechende Binomialfactoren, so dass f die Gestalt hat:

$$f = a_0 x_1{}^n + \frac{n}{1} a_1 x_1{}^{n-1} x_2 + \frac{n \cdot n-1}{1 \cdot 2} a_2 x_1{}^{n-2} x_2{}^2 \ldots + a_n x_2{}^n.$$

Der Ausdruck „Coefficienten einer Form" soll auch künftig immer so gebraucht werden, dass er die Grössen a_0, a_1, $a_2 \ldots$ in dieser Darstellung von f bezeichnet.

Ersetzt man also in $(b_1 x_1 + b_2 x_2)^n$ die Grössen

$$\begin{aligned}
b_1{}^n \quad &\text{durch} \quad a_0, \\
b_1{}^{n-1} b_2 \quad &\text{\textquotedbl} \quad a_1, \\
b_1{}^{n-2} b_2{}^2 \quad &\text{\textquotedbl} \quad a_2, \\
\cdots \quad & \\
b_2{}^n \quad &\text{durch} \quad a_n,
\end{aligned}$$

so geht dasselbe in f über. Bei einer grossen Anzahl von Operationen ist es nun gleichgiltig, ob man von vorn herein f einführt oder ob man die betreffenden Operationen an dem Ausdruck $(b_1 x_1 + b_2 x_2)^n$ ausführt und dann erst für die Potenzen und Producte der b die betreffenden Werthe setzt. Insbesondere trifft dieses bei der linearen Transformation von f zu. Die Coefficienten der transformirten Function hängen mit den Coefficienten der ursprünglichen durch genau dieselben linearen Gleichungen zusammen, wie die Coefficienten der transformirten n^{ten} Potenz mit denen der ursprünglichen Potenz. Der

---

actions und Cayley in Crelle Bd. 34, sowie Salmon *Lessons* 2. ed. *Lesson* 13, 14). Doch ist sie in der hier gebrauchten Vorstellungs- und Bezeichnungsweise von Aronhold eingeführt worden in seiner classischen Arbeit über die cubischen ternären Formen, Borchardt's Journal Bd. 55. Den für das Folgende fundamentalen Beweis, dass jede Invariante und Covariante in Aggregate von Producten symbolischer Determinanten und symbolischer linearer Factoren aufgelöst werden könne, habe ich zuerst, und zwar mit Ausdehnung auf beliebig viele Veränderliche, jedoch auf etwas anderem als dem hier dargelegten Wege, im 59. Bande von Borchardt's Journal gegeben.

letztere sehr einfache Zusammenhang dient daher dazu, den ersten sehr verwickelten übersichtlich darzustellen.

Insofern bei solchen Untersuchungen der Ausdruck $(b_1 x_1 + b_2 x_2)^n$ die Form f vertritt, nennt man denselben die **symbolische Form** von f. Die Anwendung der symbolischen Form statt der wirklichen ist überall, wo sie gestattet ist, von fundamentaler Wichtigkeit, indem sie die wesentlichen Eigenschaften der Coefficienten von f durch die sehr vereinfachte Darstellungsweise deutlich hervortreten lässt, und so einen unmittelbaren Einblick in Verhältnisse gestattet, welche, wenn man jene Coefficienten selbst einführen wollte, höchst verwickelt und undurchsichtig erscheinen würden. Aber die Anwendung der hierdurch begründeten Rechnungsweise ist nur erlaubt, so lange es unzweifelhaft bleibt, welches Resultat man durch nachträgliche Einführung der wirklichen Coefficienten von f erhält.

Diese unerlässliche Bedingung für die Rechnung mit Symbolen lässt sich darauf zurückführen, dass man bei allen Rechnungen stets eine homogene Function n^{ter} Ordnung der Symbole b_1, b_2 vor sich haben muss. Denn nur die n^{ten} Dimensionen dieser Symbole stellen wirkliche Grössen, die entsprechenden Coefficienten von f, dar. Geringere oder grössere Dimensionen haben gar keine Bedeutung; auch z. B. $2n^{\text{te}}$ Dimensionen sind nicht zulässig, weil Grössen wie $b_1^{\,n+i} b_2^{\,n-i}$ zwar durch Multiplication zweier der Grössen

$$b_1^{\,n}, \quad b_1^{\,n-1} b_2 \ldots$$

entstehen können, aber auf mehr als eine Art, und weil es also nicht eindeutig feststeht, welches Product zweier Grössen a man im Endresultat für diese $2n^{\text{te}}$ Dimension der b einzuführen hat.

Man muss also die Zulässigkeit der symbolischen Rechnung zunächst auf die Fälle beschränken, in denen alles fortwährend in Bezug auf die Coefficienten von f linear bleibt. Hierher gehören die Bildungen der Polaren. Bezeichnet man, wie fortan immer geschehen soll, Ausdrücke $b_1 x_1 + b_2 x_2$ durch b_x, so dass

$$f = b_x^{\,n}$$

der symbolische Ausdruck von f ist, so erhält man durch wiederholte Anwendung der Operation

$$y_1 \frac{\partial}{\partial x_1} + y_2 \frac{\partial}{\partial x_2}$$

der Reihe nach die symbolischen Ausdrücke:

$$n \cdot b_x^{\,n-1} b_y, \quad n \cdot \overline{n-1} \cdot b_x^{\,n-2} b_y^{\,2}, \ldots$$

Diese behalten eine ganz zweifellose Bedeutung, wenn man für die n^{ten} Dimensionen der b die Coefficienten von f einführt, und sie repräsentiren daher vollständig und in einfachster Form die Bildungen, um welche es sich handelt.

Der Gebrauch der symbolischen Bezeichnung wäre indess ein sehr beschränkter, wenn es nicht gelänge, ihn über diese Anwendungen hinaus auszudehnen. Eine solche Ausdehnung gelingt nun dadurch, dass man dieselbe Function f durch verschiedene Symbole

$$f = b_x{}^n = c_x{}^n = \ldots$$

ausdrückt. Die verschiedenen Symbole sind gleichwerthig, insofern sie dieselben realen Coefficienten bedeuten; aber sie dienen dazu, auch Functionen, welche von höherer Dimension in den Coefficienten von f sind, durch Coefficienten symbolischer linearer Ausdrücke darzustellen. In der That, wenn z. B. $b_1{}^n + i b_2{}^{n-i}$ keine bestimmte reale Deutung mehr zulässt, so ist diese Schwierigkeit bei dem Product

$$b_1{}^{n-k} \cdot b_2{}^k \cdot c_1{}^{n-h} \cdot c_2{}^h$$

gänzlich verschwunden; dieser Ausdruck bedeutet immer $a_k \cdot a_h$; denn nur Producte der b unter sich stellen die a vor, ebenso nur Producte der c unter sich, während Producte mehrerer c und b an und für sich gar keine Bedeutung haben.

§ 12. Die symbolische Darstellung der Invarianten und Covarianten.

Die Anwendung der symbolischen Bezeichnung führt nun zu der wichtigsten und fundamentalsten Eigenschaft der Invarianten und Covarianten einer oder mehrerer Formen.

Sei Π irgend eine Covariante oder Invariante einer einzigen Form oder eines Systems simultaner Formen. Diese einzige Form oder eine Form des Systems sei eine Form f von der n^{ten} Ordnung; $a_0, a_1 \ldots a_n$ einer ihrer Coefficienten. Wir wissen, dass, wenn $\alpha_0, \alpha_1 \ldots \alpha_n$ die Coefficienten einer anderen Form gleich hoher Ordnung sind, auch der Ausdruck

$$\Pi_1 = \alpha_0 \frac{\partial \Pi}{\partial a_0} + \alpha_1 \frac{\partial \Pi}{\partial a_1} + \ldots$$

die Invarianteneigenschaft besitzt; ebenso, wenn $\beta_0, \beta_1, \ldots \beta_n$ Coefficienten einer weiteren Form n^{ter} Ordnung sind, der Ausdruck

$$\Pi_2 = \beta_0 \frac{\partial \Pi_1}{\partial a_0} + \beta_1 \frac{\partial \Pi_1}{\partial a_1} + \ldots$$

u. s. w.

War Π von der r^{ten} Dimension in den Coefficienten von f, so erhält man durch Fortsetzung dieses Verfahrens schliesslich eine Function Π_r, welche die Coefficienten von f nicht mehr enthält, aber statt deren die Coefficienten von r verschiedenen Formen n^{ter} Ordnung, und zwar die Coefficienten jeder Form linear. Und man kann von der Form Π_r in jedem Augenblicke zu Π zurückkehren; denn setzt man statt der Coefficienten der letzten Form die der vorletzten, so

verwandelt sich Π_r in Π_{r-1}; setzt man dann statt beider die der dritt-
letzten, so geht Π_{r-1} in $1.2\,\Pi_{r-2}$ über u. s. w. Setzt man, so fort-
fahrend, schliesslich für alle diese Coefficienten wieder die von f, so
erhält man

$$1.2\ldots r.\Pi,$$

also die ursprüngliche Function bis auf einen einfachen numerischen
Factor.

An Stelle der Coefficienten α, β u. s. w. führe ich nun
die Coefficienten n^{ter} Potenzen von linearen Ausdrücken
a_x, b_x u. s. w. ein. Die Form Π_r enthält dann nicht mehr die
Coefficienten der Function f, sondern statt dessen die
Coefficienten von r linearen Functionen. Man kehrt aber
von Π_r in jedem Augenblicke zu Π dadurch zurück, dass
man $a_x{}^n$, $b_x{}^n$ u. s. w. als symbolische Darstellungen von f
betrachtet, was erlaubt ist, da jede dieser linearen Functionen gerade zur n^{ten} Dimension vorkommt.

Wie man hier die Coefficienten von f ganz aus Π herausgeschafft
hat, ohne doch gehindert zu sein, in jedem Augenblicke zu der ursprünglichen Bildung zurückzukehren, so kann man nun auch mit den
Coefficienten der anderen Functionen verfahren, die in Π etwa auftreten. Dann hat man zuletzt Π in einer Form dargestellt, welche
sofort folgenden Satz liefert:

> Jede simultane Invariante oder Covariante einer
> Reihe von Functionen lässt sich als Invariante oder
> Covariante einer Reihe von linearen Functionen
> ausdrücken, deren Potenzen die symbolischen Dar-
> stellungen der gegebenen Formen sind.

Und da die allgemeine Form von Invarianten und Covarianten
linearer Functionen bereits oben gefunden war, so kann man ohne
Weiteres die allgemeine Form ausdrücken, in welcher mittelst der
Symbole eine allgemeine Invariante oder Covariante beliebig vieler
Formen sich darstellt. Eine solche Darstellung will ich die symbolische Darstellung der Invariante oder Covariante selbst
nennen. Man hat dann sofort den folgenden Fundamentalsatz:

> Jede Invariante stellt sich symbolisch als das
> Aggregat von Producten symbolischer Determinan-
> ten von dem Typus (ab) dar; jede Covariante als
> Aggregat von Producten symbolischer Determinan-
> ten (ab) mit linearen symbolischen Factoren von
> dem Typus c_x.[*]

---

[*] Beispiel (§ 1.): die Invariante einer quadratischen Form:

$$\Pi = a_0\,a_2 - a_1{}^2$$

führt zunächst durch die Operation

Dieser Satz enthält alle Eigenschaften der Invarianten und Covarianten. Denn es ist leicht zu sehen, dass er umkehrbar ist und demnach als Definition dieser Gebilde dienen kann. Hierzu führt folgende Erwägung.

Damit durch eine Invariante oder Covariante linearer Functionen eine Invariante oder Covariante irgendwelcher höherer Formen symbolisch dargestellt werde, ist zweierlei erforderlich. Erstens müssen die Coefficienten der verschiedenen linearen Functionen gerade in solchen Dimensionen vorkommen, wie sie die Ordnungen der entsprechenden höheren Functionen angeben, damit überhaupt letztere durch die ersteren symbolisch dargestellt werden können. Dies vorausgesetzt, ist noch nöthig, dass der ganze Ausdruck, welcher in Bezug auf die Symbole die Invarianteneigenschaft besitzt, auch in Bezug auf die einzuführenden höheren Formen sie besitze. Aber man überzeugt sich, wie folgt, dass dies immer der Fall ist.

Denken wir uns irgend eine Function f durch lineare Substitutionen transformirt. In der ursprünglichen Form sei symbolisch

$$f = a_x{}^n;$$

in der transformirten:

$$f = a'_\xi{}^n.$$

Man erhält das eine Symbol aus dem andern durch Ausführung der Transformation. Die Gleichung

$$a'_\xi{}^n = a_x{}^n = [a_1 (\alpha_{11} \xi_1 + \alpha_{12} \xi_2) + a_2 (\alpha_{21} \xi_1 + \alpha_{22} \xi_2)]^n$$

drückt in symbolischer Form den Zusammenhang zwischen den Coefficienten der ursprünglichen und denen der transformirten Function vollständig aus. Die aus der Vergleichung der obigen For-

$$\alpha_0 \frac{\partial \Pi}{\partial a_0} + \alpha_1 \frac{\partial \Pi}{\partial a_1} + \alpha_2 \frac{\partial \Pi}{\partial a_2}$$

auf

$$a_0 \alpha_2 - 2 a_1 \alpha_1 + a_2 \alpha_0,$$

was die simultane Invariante zweier quadratischen Formen ist. Setzt man die α den a gleich, so erhält man 2Π; setzt man aber an Stelle der a wie der α Symbole, so hat man:

$$b_1{}^2 c_2{}^2 - 2 b_1 b_2 c_1 c_2 + b_2{}^2 c_1{}^2 = (b\,c)^2,$$

also

$$\Pi = \tfrac{1}{2} (b\,c)^2,$$

was die symbolische Darstellung ist.

Beispiel der simultanen Covariante zweier quadratischen Formen (§ 2.):

$$\begin{vmatrix} a_0 x_1 + a_1 x_2 & b_0 x_1 + b_1 x_2 \\ a_1 x_1 + a_2 x_2 & b_1 x_1 + b_2 x_2 \end{vmatrix}$$

verwandelt sich, wenn man die beiden Formen symbolisch durch $c_x{}^2$, $\gamma_x{}^2$ bezeichnet, in:

$$\begin{vmatrix} c_1 c_x & \gamma_1 \gamma_x \\ c_2 c_x & \gamma_2 \gamma_x \end{vmatrix} = (c\gamma)\, c_x \gamma_x.$$

men fliessenden Gleichungen sind aber befriedigt, wenn man zwischen den alten und neuen Symbolen die Relationen annimmt:

$$a'_1 = a_1\,\alpha_{11} + a_2\,\alpha_{21}$$
$$a'_2 = a_1\,\alpha_{12} + a_2\,\alpha_{22}.$$

Diese Gleichungen zwischen den Symbolen, welche keine anderen als diejenigen sind, die zur Transformation linearer Ausdrücke überhaupt dienen, ersetzen also vollständig die Beziehungen zwischen den Coefficienten der Function f in ihrer ursprünglichen und in ihrer transformirten Gestalt.

Fasst man daher eine Invariante oder Covariante linearer Functionen als symbolische Darstellung einer Combination der Coefficienten höherer Formen auf, so verwandelt sie sich durch lineare Transformation in dieselbe Function der transformirten Symbole, also auch in dieselbe Function der transformirten Coefficienten, immer abgesehen von einem Factor r^λ. Jeder solcher Ausdruck besitzt also die Invarianteneigenschaft auch noch, wenn man ihn als symbolisch ansieht, und man kann demnach den folgenden Satz aussprechen, welcher den obigen Fundamentalsatz ergänzt:

> Jede Invariante oder Covariante linearer Formen, in welcher die Coefficienten dieser Formen in geeigneten Dimensionen vorkommen, kann als symbolische Darstellung einer Invariante oder Covariante höherer Formen aufgefasst werden.

Durch diesen Satz ist man zugleich befähigt, alle nur denkbaren Invarianten und Covarianten binärer Formen aufzustellen; man hat nur alle möglichen Producte symbolischer Determinanten vom Typus (ab) und symbolischer linearer Factoren vom Typus c_x zu bilden, welche in den einzelnen Coefficientenreihen die jedesmal erforderlichen Dimensionen besitzen.

Es ist in Folge des obigen Satzes leicht *a posteriori* einzusehen, warum die Operationen (S. 13, 14)

$$\Delta\varphi = \frac{1}{\mu}\left(y_1\frac{\partial\varphi}{\partial x_1} + y_2\frac{\partial\varphi}{\partial x_2}\right)$$
$$\Omega\varphi = \frac{1}{\mu\nu}\left(\frac{\partial^2\varphi}{\partial x_1\,\partial y_2} - \frac{\partial^2\varphi}{\partial x_2\,\partial y_1}\right),$$

in denen μ und ν die Ordnung von φ in Bezug auf die x und die y bedeuten ($D\varphi$ hat ganz denselben Charakter wie $\Delta\varphi$ und braucht deshalb nicht besonders betrachtet zu werden), die Invarianteneigenschaft nicht aufheben, und es wird dabei zugleich von Interesse, zu sehen, in welcher Weise diese Operationen auf symbolische Producte wirken.

Sei erstlich φ ein symbolisches Product von der Form

$$\varphi = M . a_x b_x \ldots m_x,$$

wo M die Veränderlichen x nicht mehr enthält und wo also μ die Zahl der linearen symbolischen Factoren a_x, $b_x \ldots m_x$ angiebt. Es wird dann

$$\varDelta \varphi = \frac{M}{\mu} . \{ a_y b_x \ldots m_x + a_x b_y \ldots m_x \ldots + a_x b_x \ldots m_y \}.$$

Die Anwendung der Operation $\varDelta$ auf ein symbolisches Product, welches von der μ^{ten} Ordnung in den x ist, giebt also die Summe von μ Termen, dividirt durch μ. Die einzelnen Terme entstehen, wenn man in einem der die x enthaltenden symbolischen Factoren die x durch die y ersetzt. Es ändert sich daran nichts, wenn auch für einzelne symbolische Factoren a_x etc. wirkliche Factoren $(x z)$ etc. eintreten; nur verschwindet der entsprechende Term jedesmal identisch, wenn $(x y)$ selbst ein solcher Factor wird, der dann in $(y y)$ übergeht.

Um die Wirkung von Ω zu erkennen, denken wir uns φ als symbolisches Product der Form

$$\varphi = M . a_x b_x \ldots m_x . p_y q_y \ldots r_y,$$

wo das symbolische Product M nun weder die x noch die y mehr enthält. Man hat dann

$$\Omega \, \varphi = \frac{M}{\mu \nu} \{ (ap) \, b_x \ldots m_x q_y \ldots r_y + (bp) \, a_x \ldots m_x q_y \ldots r_y$$
$$+ (aq) \, b_x \ldots m_x p_y \ldots r_y + \ldots \}.$$

Die Anwendung der Operation Ω auf ein symbolisches Product, welches von der μ^{ten} Ordnung in den x, von der ν^{ten} in den y ist, giebt also die Summe von $\mu \nu$ Termen, dividirt durch $\mu \nu$. Jeder einzelne Term entsteht aus φ, indem man irgend zwei symbolische Factoren, von denen einer die y, der andere die x enthält, durch ihre Determinante [etwa $a_x p_y$ durch (ap)] ersetzt. Wenn einer der symbolischen Factoren, etwa p_y, durch einen wirklichen Factor ersetzt wird, etwa $(y z)$, so tritt nur z_2 an Stelle von p_1, $- z_1$ an Stelle von p_2, und daher im Resultat an Stelle der Determinante (ap) der lineare Factor $- a_z$. Tritt $(x z)$ an Stelle von a_x, so wird a_1 durch z_2, a_2 durch $- z_1$ zu ersetzen sein, und für (ap) tritt der lineare Factor p_z ein. Tritt zugleich $(y z)$ für p_y, $(x t)$ für a_x ein, so sind p_1, p_2, a_1, a_2 durch z_2, $- z_1$, t_2, $- t_1$ zu ersetzen, und an Stelle der Determinante (ap) muss man die Determinante $- (z t)$ setzen. Endlich kann es geschehen, dass φ den wirklichen Factor $(x y)$ hat. Was in diesem Falle geschieht, erkennt man am Besten, indem man

$$\varphi = \psi . (x y)$$

setzt, und die Wirkung von Ω auf φ mittelst der Wirkungen derselben Operation auf ψ darstellt. Wir nehmen noch an, dass φ von
den Ordnungen μ, ν in x und y sei, ψ also von den Ordnungen $\mu-1$
und $\nu-1$. Es ist dann

$$\frac{\partial \varphi}{\partial y_1} = (xy)\frac{\partial \psi}{\partial y_1} - \psi \cdot x_2$$

$$\frac{\partial \varphi}{\partial y_2} = (xy)\frac{\partial \psi}{\partial y_2} + \psi \cdot x_1,$$

also

$$\frac{\partial^2 \varphi}{\partial x_1 \partial y_2} = (xy)\frac{\partial^2 \psi}{\partial x_1 \partial y_2} + y_2 \frac{\partial \psi}{\partial y_2} + x_1 \frac{\partial \psi}{\partial x_1} + \psi$$

$$\frac{\partial^2 \varphi}{\partial y_1 \partial x_2} = (xy)\frac{\partial^2 \psi}{\partial y_1 \partial x_2} - y_1 \frac{\partial \psi}{\partial y_1} - x_2 \frac{\partial \psi}{\partial x_2} - \psi,$$

daher

$$\Omega \varphi = \frac{1}{\mu\nu}\left\{(xy)\left(\frac{\partial^2 \psi}{\partial x_1 \partial y_2} - \frac{\partial^2 \psi}{\partial y_1 \partial x_2}\right) + \left(y_1 \frac{\partial \psi}{\partial y_1} + y_2 \frac{\partial \psi}{\partial y_2}\right)\right.$$
$$\left. + \left(x_1 \frac{\partial \psi}{\partial x_1} + x_2 \frac{\partial \psi}{\partial x_2}\right) + 2\psi \right\},$$

oder mit Rücksicht auf die Definition von Ω und auf die bekannten
Eigenschaften der homogenen Functionen:

$$\Omega \varphi = \frac{1}{\mu\nu}\left\{(\mu-1)(\nu-1)(xy)\,\Omega\psi + (\mu+\nu)\,\psi\right\}.$$

Man sieht also, wie die Wirkung der Operation Ω auf das Product $\psi \cdot (xy)$ theils auf die Function ψ selbst führt, theils auf das
Product von (xy) mit dem Resultate der Anwendung von Ω auf ψ.

§ 13. Symbolische Coefficienten von Covarianten.

In § 10. ist gezeigt worden, dass alle Covarianten auf Polaren
solcher zurückgeführt werden können, welche nur eine Reihe von
Veränderlichen enthalten. Solche Covarianten sind nun selbst algebraische Formen, d. h. ganze homogene Functionen zweier Veränderlichen x_1, x_2. Eine solche Covariante φ kann man dann wieder symbolisch durch die Potenz einer linearen Function

$$\varphi = \varphi_x{}^m = (\varphi_1 x_1 + \varphi_2 x_2)^m$$

ersetzen; mit dem Vorbehalt, nach Bedarf andere Symbole φ', φ'' u. s. w.
einzuführen, wenn die Deutlichkeit und Bestimmtheit der auszufüh-
renden Operationen es erfordert.

Untersuchen wir, wie die symbolischen Coefficienten einer Covariante sich bei einer linearen Substitution ändern, welche auf die constituirenden Functionen angewendet wird. An Stelle von φ tritt dabei
eine Function Φ, welche aus den Coefficienten der transformirten

Functionen und den neuen Veränderlichen gebildet ist, wie φ aus den Coefficienten der ursprünglichen Functionen und aus den ursprünglichen Veränderlichen, und nach der Definition der Covarianten ist

$$\Phi = r^\lambda . \varphi,$$

d. h. als Function der neuen Veränderlichen ξ nur um den Factor r^λ verschieden von derjenigen Function, in welche φ unmittelbar durch blosse Einführung der neuen Veränderlichen sich verwandelt. Setzt man für die Covariante der transformirten Functionen, Φ, den symbolischen Ausdruck

$$\Phi = (\Phi_1 \xi_1 + \Phi_2 \xi_2)^m,$$

so ist

$$(\Phi_1 \xi_1 + \Phi_2 \xi_2)^m = r^\lambda \left[\varphi_1 (\alpha_{11} \xi_1 + \alpha_{12} \xi_2) + \varphi_2 (\alpha_{21} \xi_1 + \alpha_{22} \xi_2) \right]^m.$$

Und man kann diese Identität durch die folgenden Transformationsformeln der symbolischen Coefficienten von φ ersetzen:

$$\Phi_1 = r^{\frac{\lambda}{m}} (\alpha_{11} \varphi_1 + \alpha_{21} \varphi_2)$$

$$\Phi_2 = r^{\frac{\lambda}{m}} (\alpha_{12} \varphi_1 + \alpha_{22} \varphi_2).$$

Man kann daher folgenden Satz aussprechen:

> Die symbolischen Coefficienten einer Covariante ändern sich, von einer Potenz der Transformationsdeterminante abgesehen, genau so, wie die symbolischen Coefficienten der constituirenden Functionen.

Da eine Potenz der Transformationsdeterminante hier überhaupt unerheblich ist, so sieht man sofort, dass ein Product symbolischer Determinanten $(a\,b)$ und symbolischer linearer Factoren c_x auch dann noch die Invarianteneigenschaft behält, wenn unter den Symbolen auch symbolische Coefficienten von beliebigen Covarianten der constituirenden Functionen vorkommen. Dies giebt also den Satz:

> Wenn man ein System simultaner Formen um irgend welche Covarianten des Systems erweitert, so sind die simultanen Covarianten und Invarianten des erweiterten Systems zugleich Invarianten und Covarianten des ursprünglichen.

Dieser Satz führt darauf, wie in den meisten Fällen der Anwendung Covarianten und Invarianten gebildet werden; darauf nämlich, dass man einfache Combinationen der gegebenen Functionen unter sich bildet, die einfachsten Covarianten des Systems; dass man diese wieder mit den ursprünglichen Formen und unter sich combinirt u. s. w. Der Bildungsprocess kann nur dann als abgeschlossen angesehen werden, wenn keine neuen Bildungen mehr erscheinen, wovon weiter unten ausführlicher zu handeln sein wird.

§ 14. Grundformen mit mehreren Reihen von Veränderlichen.

Die vorstehenden Betrachtungen in Verbindung mit denen des § 7. lassen eine Frage erledigen, welche eine scheinbar der Verallgemeinerung bedürftige Seite unserer Theorie heraushebt. Man könnte glauben, es sei der Allgemeinheit wegen nothwendig, auch den Fall zu behandeln, in welchem Grundfunctionen gegeben sind, welche selbst bereits mehr als eine Reihe von Veränderlichen enthalten. Ich werde zeigen, dass dies überflüssig ist; dass vielmehr die Invarianten und Covarianten eines solchen Systems nur die Invarianten und Covarianten eines gewissen Systems simultaner Formen mit einer Reihe von Veränderlichen sind.

Ist f irgend eine Form mit mehr als einer Reihe von Veränderlichen und nehmen wir an, dass es, unter anderen, die Reihen x_1, x_2 und y_1, y_2 beziehungsweise in der m^{ten} und n^{ten} Ordnung enthalte. Da die Operationen $\varDelta$, D, $\varOmega$ (§ 6.) die Invarianteneigenschaft nicht aufheben, so sind die Ausdrücke:

$$(1) \qquad D^n f, \qquad D^{n-1} \varOmega f, \qquad D^{n-2} \varOmega^2 f, \ldots$$

Covarianten, beziehungsweise Invarianten von f, aber wegen der Formel (6) des § 7. kann f wieder durch diese ausgedrückt werden. Die Ausdrücke (1) enthalten eine Reihe von Veränderlichen weniger als f und sind übrigens, wie in § 8. gezeigt wurde, völlig von einander unabhängige Functionen, welche die x zu den Ordnungen

$$m+n, \quad m+n-2, \quad m+n-4, \ldots$$

enthalten, die übrigen Veränderlichen aber, welche in f etwa ausser den x, y noch vorkommen können, zu ebenso hohen Ordnungen wie f, wie denn auch die Coefficienten von f in die Formen (1) linear eingehen.

Da nun nach dem Vorigen ebensowohl die Formen (1) als Covarianten von f, wie f als Covariante dieser Formen angesehen werden kann, so kann man überhaupt alle Covarianten von f nach § 13. auch als Covarianten der Formen (1) ansehen, welche in ihrer Art ein ganz allgemeines System bilden und eine Reihe von Veränderlichen weniger enthalten.

Wendet man auf jede der Formen (1) wieder dasselbe Verfahren an, so kann man jede derselben abermals durch ein System von Formen ersetzen, welche eine Reihe von Veränderlichen weniger enthalten u. s. w. Man gelangt also durch fortgesetzte Anwendung desselben Verfahrens zu dem Satze:

Die Covarianten und Invarianten eines Systems von Formen mit mehreren Reihen von Veränderlichen sind immer identisch mit denen eines gewissen Systems von Formen mit nur einer Reihe von Veränderlichen und von einander unabhängigen Coefficienten.*

Es ist hiernach nicht nöthig, solche Systeme von Grundformen mit mehreren Reihen von Veränderlichen zu untersuchen. Bemerkt mag nur werden, dass die oben erwähnten Operationen auf ein System simultaner Formen mit einer Reihe von Veränderlichen führen, unter denen sich auch Formen nullter Ordnung, also Grössen befinden können, welche, ohne mit den übrigen Formen des Systems in Beziehung zu stehen, als accessorische Invarianten zu betrachten sind. Ein Beispiel dazu wird weiter unten (§ 24.) auftreten.

§ 15. Hilfsmittel symbolischer Operationen.

Die symbolische Gestalt einer Invariante oder Covariante ist keineswegs eine feste undunveränderliche, vielmehr kann man einem und demselben Ausdrucke im Allgemeinen eine grosse Reihe von Gestalten geben. Unter diesen kann es bisweilen eine geben, welche sich durch besondere Einfachheit auszeichnet und dann ausschliesslich benutzt wird. Es kann aber auch geschehen, dass durch Vergleichung der verschiedenen Gestalten, welche ein und derselbe Ausdruck annimmt, sich zeigt, dass er identisch verschwindet oder sich durch einfachere Bildungen ausdrückt, während an einem seiner Ausdrücke dies nicht ganz einfach nachzuweisen ist.

Die Hilfsmittel, welche man anwenden kann, um verschiedene Formen eines symbolischen Ausdrucks herzustellen, bestehen zunächst in der Vertauschung gleichwerthiger Symbole. Kommen in einer Bildung Π zwei Symbole a und b vor, welche durch die Gleichung

$$f = a_x{}^n = b_x{}^n$$

als Repräsentanten derselben wirklichen Grössen charakterisirt sind, so bleibt offenbar der wahre Werth von Π ungeändert, wenn man die

---

* Beispiel einer Form, welche $x_1 x_2$ quadratisch, $y_1 y_2$ linear enthält:
$$f = (a_0 x_1{}^2 + 2 a_1 x_1 x_2 + a_2 x_2{}^2) y_1 + (b_0 x_1{}^2 + 2 b_1 x_1 x_2 + b_2 x_2{}^2) y_2.$$
Man bildet die Formen
$$D(f) = a_0 x_1{}^3 + (2 a_1 + b_0) x_1{}^2 x_2 + (a_2 + 2 b_1) x_1 x_2{}^2 + b_2 x_2{}^3$$
$$\Omega(f) = (b_0 - a_1) x_1 + (b_1 - a_2) x_2.$$
Die Invarianten und Covarianten von f sind identisch mit den simultanen Invarianten und Covarianten dieser linearen und dieser cubischen Form. Ausserdem vergl. die Beispiele in der Anmerkung auf S. 18.

Symbole a und b mit einander vertauscht. Wenn dabei Π sein Zeichen wechselt, so verschwindet es identisch.*

Ein wichtigeres Hilfsmittel für die Umgestaltung symbolischer Ausdrücke besteht in der identischen Gleichung, welche in Bezug auf irgend drei lineare Ausdrücke gebildet werden kann. Eliminirt man aus den Identitäten

$$a_x = a_1 x_1 + a_2 x_2$$
$$b_x = b_1 x_1 + b_2 x_2$$
$$c_x = c_1 x_1 + c_2 x_2$$

die rechts stehenden Grössen x_1, x_2, so erhält man die Gleichung

$$0 = \begin{vmatrix} a_x & a_1 & a_2 \\ b_x & b_1 & b_2 \\ c_x & c_1 & c_2 \end{vmatrix},$$

oder, wenn man nach der ersten Verticalreihe ordnet:

$$(I) \qquad (bc)\,a_x + (ca)\,b_x + (ab)\,c_x = 0.$$

Von dieser Gleichung werden wir weiterhin die mannigfaltigsten Anwendungen kennen lernen. Ich hebe nur sogleich einige Formen hervor, welche man dieser Identität geben kann und welche ebenfalls oft angewendet werden. Schafft man ein Glied auf die andere Seite und quadrirt, so drückt sich das Product zweier Glieder der Identität durch die Quadrate aller aus:

$$(II) \qquad (ab)(ac)\,b_x c_x = \tfrac{1}{2}\,\{(ab)^2 c^2_x + (ac)^2 b^2_x - (bc)^2 a^2_x\}.$$

Quadrirt man nochmals, so erhält man die Formel:

$$(III) \qquad (ab)^2 (ac)^2 b^2_x c^2_x + (ba)^2 (bc)^2 a^2_x c^2_x + (ca)^2 (cb)^2 a^2_x b^2_x$$
$$= \tfrac{1}{2}\,\{a^4_x (bc)^4 + b^4_x (ca)^4 + c_x^4 (ab)^4\},$$

welche in der Theorie der biquadratischen Formen benutzt wird.

Aus den Identitäten (I), (II), (III) leitet man andere dadurch ab, dass man x_1, x_2 durch die Coefficienten d_2 und $-d_1$ einer wirklichen oder symbolischen linearen Form ersetzt. Man erhält dann:

$$(IV) \quad (bc)(ad) + (ca)(bd) + (ab)(cd) = 0$$

$$(V) \quad (ab)(ac)(db)(dc) = \tfrac{1}{2}\,\{(ab)^2 (cd)^2 + (ac)^2 (bd)^2 - (ad)^2 (bc)^2\},$$

$$(VI) \quad (ab)^2 (ac)^2 (db)^2 (dc)^2 + (bc)^2 (ba)^2 (dc)^2 (da)^2 + (ca)^2 (cb)^2 (da)^2 (db)^2$$
$$= \tfrac{1}{2}\,\{(ab)^4 (cd)^4 + (ac)^4 (bd)^4 + (ad)^4 (bc)^4\}.$$

---

* Beispiel. Die Covariante einer quadratischen Form: $(ab)\,a_x b_x$ geht durch Vertauschung von a mit b in $-(ab)\,a_x b_x$ über, verschwindet also identisch. Ebenso jede Bildung $(ab)^{n-k} a_x^k b_x^k$ (bei der sich a und b auf dieselbe Form n^{ter} Ordnung beziehen), wenn $n-k$ ungerade.

Andererseits folgen aus (I) und (II), indem man $c_2 = y_1$, $c_1 = -y_2$ setzt,[*] die Identitäten:

(VII) $$a_x b_y - b_x a_y = (ab)(xy) \text{[**]}$$

(VIII) $$a_x a_y b_x b_y = \tfrac{1}{2}\{a^2{}_x b^2{}_y + a^2{}_y b^2{}_x - (ab)^2 (xy)^2\}.$$

Als Anwendung allgemeinerer Art will ich hier den folgenden Satz beweisen:

> Ein symbolischer Ausdruck, welcher eine ungerade Potenz der Determinante gleichwerthiger Symbole als Factor enthält, lässt sich immer in einen solchen überführen, welcher die nächsthöhere gerade Potenz derselben enthält.

Sei $(ab)^{2m-1}$ der Factor eines symbolischen Ausdrucks, und a, b vertauschbar, Symbole einer Form n^{ter} Ordnung. Da keine höhere Potenz von (ab) vorkommt, so müssen die übrigen $(n-2m+1)$ Symbole a und b getrennt vorkommen. Die zu betrachtende Bildung geht also aus dem Ausdruck

(1) $$(ab)^{2m-1} a_x a_y \ldots b_z b_t \ldots$$

hervor, indem man für einige der Reihen x, $y \ldots$, z, $t \ldots$ symbolische Coefficienten einsetzt und das Resultat mit einem ergänzenden symbolischen Producte multiplicirt. Der Ausdruck (1) aber geht durch den Prozess der Polarenbildung aus

(2) $$(ab)^{2m-1} a_x{}^{n-2m+1} b_y{}^{n-2m+1}$$

hervor. Es ist also nur nöthig, für diesen Ausdruck den Satz zu beweisen; denn besteht er für diesen, so besteht er auch für (1) und demnach auch für den gegebenen symbolischen Ausdruck. Der Ausdruck (2) aber wird, indem man a mit b vertauscht und die halbe Summe beider Darstellungen einführt, durch die symbolische Gestalt ersetzbar:

$$\tfrac{1}{2}(ab)^{2m-1}\{a_x{}^{n-2m+1} b_y{}^{n-2m+1} - a_y{}^{n-2m+1} b_x{}^{n-2m+1}\}.$$

Dieser Ausdruck hat den Factor

$$a_x b_y - b_x a_y = (ab)(xy);$$

es tritt also $(ab)^{2m}$ vor, was zu beweisen war. Zugleich sieht man, wie die betreffende Darstellung des gegebenen Ausdrucks auszuführen ist.

---

[*] In II. ist vorher a mit c zu vertauschen.

[**] Hiernach zerfällt z. B. die bei einer quadratischen Form auftretende Covariante $(ab) a_x b_y$; denn indem man a und b vertauscht und die halbe Summe beider Ausdrücke nimmt, hat man

$$(ab) a_x b_y = \tfrac{1}{2}(ab)(a_x b_y - b_x a_y) = \tfrac{1}{2}(ab)^2 (xy);$$

sie verwandelt sich in das Product einer identischen Covariante mit einer Invariante.

§ 16. Formen von geradem und ungeradem Charakter.

Ich will bei dieser Gelegenheit noch eines andern Resultats gedenken, welches die symbolische Darstellung sofort ergiebt. Jede Covariante oder Invariante Π, für die transformirte Form gebildet, ist der für die ursprüngliche Form gebildeten gleich bis auf einen Factor r^λ. Die Transformationsformeln der Symbole, welche Seite 34 gegeben sind, lehren aber, dass bei der Transformation der symbolischen Form von Π jeder lineare Factor ungeändert bleibt, während jede symbolische Determinante den Factor r erhält. Das Ganze erhält also den Factor r so oft als Determinantenfactoren vorhanden sind, d. h. die Zahl λ giebt die Zahl der symbolischen Determinantenfactoren an, welche in der symbolischen Form von Π auftreten.

Sei nun Π von der Ordnung m in den Veränderlichen, vom Grade k, k' ... beziehungsweise für die Coefficienten der in Π eingehenden Formen, n, n' ... die Ordnungen der letzteren. Die Anzahl aller in Π vorkommenden Symbolreihen (jede so oft gerechnet, wie es die Ordnung der betreffenden Form erfordert) ist dann

$$nk + n'k' + \ldots.$$

Diese vertheilen sich nun zum Theil paarweise auf die λ Determinantenfactoren, zum Theil einzeln auf die m symbolischen linearen Factoren. Man hat also die Gleichung

$$2\lambda + m = nk + n'k' + \ldots.$$

Sind n, n' ... gerade, so muss auch m gerade sein, und man hat also den Satz:

> Formensysteme, in welchen alle Formen von gerader Ordnung sind, haben auch nur Covarianten von gerader Ordnung.

Von wesentlicher Bedeutung ist eine Unterscheidung der Covarianten und Invarianten von geradem und ungeradem (*gauche*) Charakter, je nachdem die Zahl λ gerade oder ungerade ist. Für die lineare Substitution

$$x_1 = \xi_2, \quad x_2 = \xi_1$$

ist $r = -1$; die Formen geraden Charakters ändern sich also durch eine solche Substitution nicht, die Formen ungeraden Charakters ändern das Vorzeichen. Diese Substitution ist nichts anderes, als eine Vertauschung der Bedeutung der beiden Veränderlichen x_1, x_2. Dieses kann auch so aufgefasst werden, dass die Coefficienten

$$a_0, \quad a_1, \quad a_2 \ldots a_n$$

einer Function in der transformirten Function wieder auftreten, nur in der umgekehrten Reihenfolge:

$$a_n, \quad a_{n-1}, \quad a_{n-2} \ldots a_0.$$

Man kann also den Satz aussprechen:

> Wenn man aus einer Invariante oder Covariante eine andere ableitet, indem man die Veränderlichen vertauscht und zugleich die Coefficienten sämmtlicher zu Grunde gelegter Formen in umgekehrter Folge benutzt, so entsteht eine Bildung, welche der ursprünglichen gleich oder entgegengesetzt ist, je nachdem die ursprüngliche Covariante oder Invariante von geradem oder ungeradem Charakter war.

Andere Eigenschaften der Formen ungeraden Charakters werden in der Folge sich wiederholt geltend machen.*

----

* Die simultane Covariante zweier quadratischen Formen (S. 33.)

$$(ab)\, a_x\, b_x$$

ist in diesem Sinne eine Form ungeraden Charakters, die simultane Invariante

$$(ab)^2$$

eine Form geraden Charakters.

Zweiter Abschnitt.

Die geometrische Interpretation algebraischer Formen.

§ 17. Mittel der geometrischen Darstellung binärer Formen. Punktreihe und Strahlbüschel. *

Ich werde jetzt eine geometrische Interpretation darlegen, deren die binären Formen, sowie die dabei auftretenden Invarianten und Covarianten fähig sind, und welche sowohl wegen ihres Zusammenhanges mit der analytischen Geometrie von Wichtigkeit ist, als wegen der übersichtlichen Ausdrucksweise, welche eine grosse Anzahl von Sätzen durch sie zulassen.

Eine binäre Form n^{ter} Ordnung, gleich Null gesetzt, stellt, wie schon im Eingange bemerkt ist, eine Gleichung n^{ten} Grades vor, in welcher $\frac{x_1}{x_2}$ die Unbekannte ist und welche also n Werthe dieses Verhältnisses liefert. Denken wir uns nun eine Gerade, deren jeder Punkt einen Werth dieses Verhältnisses repräsentirt, so ist eine binäre Form gewissermassen als der analytische Ausdruck des Complexes der n Punkte zu betrachten, welche durch die entsprechende Gleichung gegeben sind.

Nehmen wir daher in der Geraden irgend zwei Punkte, A, B (Grundpunkte) an. Die Abstände eines beweglichen Punktes C der Geraden von A und B seien p und q, und zwar sollen dieselben positiv gezählt werden, wenn C zwischen A und B liegt; wenn aber C ausserhalb des Intervalles AB sich befindet, so soll der Abstand des Punktes C von dem näheren der beiden Punkte A, B als negativ angesehen sein. Man hat dann immer

$$p + q = c,$$

wo c der gegenseitige Abstand der Punkte A, B ist.

---

* Ueber den Zusammenhang der linearen Substitution mit dem Doppelverhältniss siehe Cayley, *Memoir upon Quantics, Phil. Tr. vol.* 148, sowie Fiedler, *Die Elemente der neuern Geometrie und der Algebra der binären Formen*, Leipzig, Teubner 1862.

Es ist nun zweckmässig, die Veränderlichen x_1, x_2 durch folgende Definition mit den Punkten der Geraden AB in Beziehung zu setzen:

Ich verstehe unter x_1, x_2 zwei Zahlen, deren absolute Werthe gleichgiltig sind, welche sich aber zu einander verhalten wie die Abstände des ihnen zugehörigen Punktes C der Geraden AB von diesen beiden Punkten, jeder Abstand multiplicirt mit einer beliebig aber fest gewählten Constante.

Man definirt also x_1, x_2 durch die beiden Gleichungen

(1)
$$\varrho\, x_1 = a\, p$$
$$\varrho\, x_2 = b\, q,$$

in welchen ϱ eine willkürliche Grösse, a und b aber zwei constante Zahlen sind.

Jedem Werthe

$$\frac{x_1}{x_2} = \frac{a}{b} \cdot \frac{p}{q}$$

entspricht nur ein Werth von $\frac{p}{q}$, und demnach auch nur ein Punkt C der Geraden. In der That, ist λ der Werth von $\frac{p}{q}$, so hat man die beiden Gleichungen

$$p - \lambda q = 0$$
$$p + q = c,$$

daher

(2)
$$p = \frac{\lambda c}{1 + \lambda}$$
$$q = \frac{c}{1 + \lambda},$$

wodurch p und q völlig und eindeutig bestimmt sind. Wie also jedem Punkte C ein Werth von $\frac{x_1}{x_2}$ entspricht, so findet auch das Umgekehrte statt, und man kann also sagen, dass die Punktreihe C die gesammte Werthreihe der $\frac{x_1}{x_2}$ eindeutig repräsentire.

Insbesondere entspricht der Werth $x_1 = 0$ (vorausgesetzt, dass nicht auch x_2 verschwinde; aber es hat keinen Sinn, beide Zahlen Null zu setzen, da es sich immer nur um ihre Verhältnisse handelt) dem Punkte A ($p = 0$), $x_2 = 0$ dem Punkte B ($q = 0$). Der Werth $\frac{x_1}{x_2} = \frac{a}{b}$ entspricht, da $p = q$, dem Mittelpunkte der Strecke AB. Endlich der Werth $\frac{x_1}{x_2} = -\frac{a}{b}$ giebt $p = -q$, daher $\lambda = -1$, und also

p und q unendlich gross. Dieser Werth von $\frac{x_1}{x_2}$ giebt also einen unendlich fernen Punkt der Geraden; und man erhält keinen andern unendlich fernen Punkt, da nach (2) p und q nur unendlich gross sein können, wenn $\lambda = -1$, also $\frac{x_1}{x_2} = -\frac{a}{b}$. Man ist daher bei den hier zu Grunde gelegten Vorstellungen berechtigt, von **einem einzigen unendlich fernen Punkte der Geraden** zu sprechen, welcher, so gut wie alle anderen Punkte, durch einen einzigen Werth des Verhältnisses $\frac{x_1}{x_2}$ repräsentirt ist.

Allerdings sind es, wenn man a, b als reell voraussetzt, nur reelle Werthe des Verhältnisses $\frac{x_1}{x_2}$, welche durch reelle Punkte C der Geraden AB dargestellt sind. Aber der Unterschied von Reellem und Imaginärem ist im Folgenden immer durchaus unwesentlich. Wir werden keinen Anstand nehmen, uns a und b auch als complex zu denken, ebenso p und q, und imaginäre Punkte der Geraden einzuführen, um das ganze dem Verhältnisse $\frac{x_1}{x_2}$ zukommende Werthgebiet zu beherrschen. Ja, wir werden selbst die Grundpunkte A, B der Allgemeinheit wegen uns als imaginär vorstellen dürfen.

Dieser Darstellung des Werthes $\frac{x_1}{x_2}$ geht eine zweite genau parallel, bei welcher man sich nicht der Punkte einer Geraden bedient, sondern der Geraden (Strahlen), welche durch einen beliebigen Punkt in der Ebene gezogen werden können (Strahlbüschel). Legen wir, um diese Darstellung mit der vorigen in Zusammenhang zu bringen, zwei Grundstrahlen A, B des Strahlbüschels durch die Punkte A, B der im Vorigen betrachteten Geraden. Ein Werth $\frac{x_1}{x_2}$, welcher einem Punkte C der Geraden zugeordnet ist, kann auch dem durch C gehenden Strahle des Büschels zugeordnet werden, und zwar auf folgende Weise.

Jeder Strahl des Büschels ist charakterisirt durch sein Abstandsverhältniss von den beiden festen Strahlen AB, d. h. durch das Verhältniss der von einem Punkte des beweglichen Strahls auf die festen Strahlen gefällten Lothe, ein Verhältniss, welches für jeden Punkt des beweglichen Strahls denselben Werth hat. Unter den 4 Winkeln, welche die Strahlen A, B bilden, wählen wir einen heraus (im Zusammenhange mit der Geraden AB etwa denjenigen, in welchem die Strecke AB liegt). Das Abstandsverhältniss des beweglichen Strahls nennen wir positiv, wenn der Strahl innerhalb dieses Winkels, negativ,

wenn er ausserhalb desselben liegt. Bezeichnen wir die vom Punkte C
des Strahls C auf die Strahlen A, B gefällten Lothe durch π, $\varkappa$,
durch φ, ψ die Winkel, welche die Strah-
len A und B gegen die Gerade A, B
bilden, so ist

$$(3) \qquad \begin{aligned} \pi &= p \, sin \, \varphi \\ \varkappa &= q \, sin \, \psi, \end{aligned}$$

also überhaupt das Abstandsverhältniss der
Geraden C von den beiden Geraden A, B:

$$(4) \qquad \frac{\pi}{\varkappa} = \frac{p}{q} \cdot \frac{sin \, \varphi}{sin \, \psi}.$$

Es unterscheidet sich daher das Abstandsverhältniss des Punktes C
auf der Geraden von dem des Strahls C im Büschel nur um einen
constanten Factor, und also sind auch beide nur um constante Factoren

von der Grösse $\dfrac{x_1}{x_2}$ verschieden.

Sowie also $\dfrac{x_1}{x_2}$ durch einen Punkt der Geraden AB repräsentirt

wird, wird es auch dargestellt durch einen Strahl des Büschels AB,
und weil sich die Punkte der Geraden und die Strahlen des Büschels
eindeutig entsprechen, so gehört auch zu jedem Strahle, ganz wie
dies bei den Punkten der Geraden der Fall war, nur ein Werth

von $\dfrac{x_1}{x_2}$, zu jedem Werthe von $\dfrac{x_1}{x_2}$ nur ein Strahl des Büschels. Die

Formeln für diesen Zusammenhang sind der Formeln (3) wegen ganz
analog den Formeln (1), indem sich nur die constanten Factoren ändern, nämlich:

$$\varrho \, x_1 = \frac{a \, \pi}{sin \, \varphi}$$

$$\varrho \, x_2 = \frac{b \, q}{sin \, \psi}.$$

Und man kann demnach die Grössen x_1, x_2 auch durch folgende zweite
Definition interpretiren:

Es sind x_1, x_2 zwei Zahlen, welche sich zu einander verhalten wie die Lothe von einem beweglichen Strahle eines Strahlbüschels auf seine festen
Grundstrahlen, die Länge jedes Lothes multiplicirt
mit einer beliebig aber fest gewählten Constanten.

§ 18. Gleichungen, welche durch das Verschwinden von Invarianten oder Covarianten ausgedrückt werden.

Der Zusammenhang dieser Interpretationen mit der Theorie der
Invarianten und Covarianten ergiebt sich nun sogleich durch folgende

Betrachtung, bei welcher es gleichgiltig ist, von welcher der beiden oben entwickelten Anschauungen man ausgeht.

Untersuchen wir, welche analytischen Veränderungen der Ausdruck $\frac{x_1}{x_2}$ erfährt, wenn wir den ihn repräsentirenden Punkt der Geraden AB ungeändert lassen, die übrigen Momente aber, welche den Zusammenhang definiren, sich ändern lassen; wenn wir also sowohl andere Grundpunkte einführen, als auch die Constanten a, b durch andere Constanten a', b' ersetzen. An Stelle von $\frac{x_1}{x_2}$ tritt dann ein neuer Werth

$$\frac{\xi_1}{\xi_2} = \frac{a'}{b'} \cdot \frac{p'}{q'},$$

in welchem p', q' die Abstände des Punktes C von den neuen Grundpunkten sind. Nun unterscheiden sich offenbar diese von p, q nur um Constante; jede Constante aber kann mit

$$\frac{p+q}{c} = 1$$

multiplicirt, also als lineare Function von p und q dargestellt werden. Demnach erscheint $\frac{\xi_1}{\xi_2}$ als Quotient zweier homogener linearer Functionen von p und q, also auch von x_1 und x_2, denen p und q bis auf constante Factoren proportional sind.

Nachdem dieser Charakter festgestellt ist, kann man nun die Formel für $\frac{\xi_1}{\xi_2}$ direct in eleganter Weise darstellen. Denn es kann sowohl Zähler als Nenner nur für je einen Werth von $\frac{x_1}{x_2}$ verschwinden. Aber es muss der Zähler, d. h. ξ_1, für den einen neuen Grundpunkt A', der Nenner, d. h. ξ_2, für den andern, B', verschwinden. Sind also $\frac{x'_1}{x'_2}$ und $\frac{x_1''}{x_2''}$ die Werthe von $\frac{x_1}{x_2}$, welche diesen beiden Punkten entsprechen, so hat man

$$(1) \qquad \frac{\xi_1}{\xi_2} = \frac{x_1 x'_2 - x_2 x'_1}{x_1 x_2'' - x_2 x_1''} = \frac{(x x')}{(x x'')}.$$

Die Constanten a', b' kann man in dieser Formel ganz unberücksichtigt lassen; denn sie werden durch den Umstand ersetzt, dass die absoluten Werthe sowohl von x'_1, x'_2 als von x_1'', x_2'' beliebig sind, und also Zähler und Nenner an und für sich schon mit beliebigen constanten Factoren behaftet sind.

Die Gleichung (1) stellt nun offenbar eine beliebige lineare Substitution vor. Wir können sie in die beiden Gleichungen zerlegen:

$$\xi_1 = x_1\, x_2{}' - x_2\, x_1{}'$$
$$\xi_2 = x_1\, x_2{}'' - x_2\, x_1{}''.$$

Die vier Substitutionscoefficienten sind ganz willkürlich; die einzige Bedingung, dass die Determinante derselben nicht verschwinde, dass also nicht

$$\frac{x_1{}'}{x_2{}'} = \frac{x_1{}''}{x_2{}''}\,,$$

fällt mit der evidenten geometrischen Bedingung zusammen, dass man jederzeit zwei wirklich verschiedene Punkte A', B' als neue Grundpunkte einführen muss.

Man kann also den Satz aussprechen:

Jede lineare Substitution ist identisch mit einer Veränderung der Grundpunkte und der multiplicirenden Constanten in der geometrischen Interpretation, bei welcher das Verhältniss der Veränderlichen durch einen Punkt einer Geraden (bez. einen Strahl eines Büschels) dargestellt wird.

Eine Invariante von Functionen f, φ, ... gleich Null gesetzt, giebt eine Eigenschaft dieser Functionen an, welche sich durch lineare Substitutionen nicht ändert, d. h. welche immer auch noch den transformirten zukommt. Denn ist J die Invariante, gebildet in Bezug auf die ursprünglichen, J' in Bezug auf die transformirten Functionen, so hat man

$$J' = J . r^{\lambda},$$

und also $J' = 0$, sobald $J = 0$ ist.

Ebenso sagt eine gleich Null gesetzte Covariante $C = 0$ eine Beziehung zwischen den Functionen f, φ, ... und verschiedenen Systemen x_1, x_2; y_1, y_2; u. s. w. von Veränderlichen aus, welche durch lineare Substitution nicht geändert wird.

Da wir immer alle Bildungen als homogen für die Coefficienten jeder Function angenommen haben, so sind in den Gleichungen $J = 0$, $C = 0$ die absoluten Werthe der Coefficienten der constituirenden Functionen gleichgiltig, und es kommt nur auf deren Verhältnisse an; diese aber sind durch die den Functionen zugeordneten Punkt- (bez. Strahlen-) Systeme völlig gegeben. Man hat also den Satz:

Das Verschwinden einer Invariante sagt eine Beziehung aus, welche zwischen den Punkt- (bez. Strahlen-) Systemen stattfindet, die den constituirenden Functionen zugeordnet sind, und welche von den übrigens die Zuordnung definirenden Momenten unabhängig sind; welche also nur noch von der gegenseitigen Lage der Punkte (bez. Strahlen) abhängen.

Ebenso sagt das Verschwinden einer Covariante eine derartige Beziehung aus, bei welcher aber ausser jenen Punkt- (bez. Strahlen-) Systemen noch irgend welche andere Punkte (bez. Strahlen) nach ihrer Lage in Betracht kommen.

Aber es drückt sich nicht umgekehrt jede derartige Beziehung durch das Verschwinden einer Invariante oder Covariante aus. Untersuchen wir nun, welchen besondern Charakter eine Beziehung haben muss, damit dies geschehe.

§ 19. Invarianten und Covarianten von Functionen, welche durch ihre linearen Factoren gegeben sind.

Ersetzen wir jede in einer Covariante oder Invariante Π vorkommende Form durch das Product ihrer linearen Factoren, also etwa f durch

$$(1) \qquad f = (x_1 x_2{}' - x_2 x_1{}')\,(x_1 x_2{}'' - x_2 x_1{}'') \ldots (x_1 x_2{}^{(n)} - x_2 x_1{}^{(n)}),$$

so sind $\dfrac{x_1{}'}{x_2{}'}$, $\dfrac{x_1{}''}{x_2{}''}$ ... die Punkte, bez. Strahlen, welche zusammen die Form f repräsentiren; ähnlich bei den übrigen auftretenden Formen. Dass die Function Π von den Coefficienten einer Form, etwa f, rational abhänge, erfordert nur, dass diese Punkte, bez. Strahlen, in derselben symmetrisch benutzt seien, d. h. dass die Function sich nicht ändere, wenn man irgend zwei der Punkte, bez. Strahlen, mit einander vertauscht, während zugleich für jedes einzelne der zugehörigen Werthepaare die Function homogen sein muss.

Da bei der linearen Transformation jeder der linearen Factoren einer Function f sich für sich linear transformirt, so hat jede Function Π, welche in Bezug auf f die Invarianteneigenschaft hat, dieselbe auch in Bezug auf seine linearen Factoren. Man kann also den Satz aussprechen:

Jede Invariante oder Covariante eines simultanen Systems ist auch eine solche für die linearen Factoren der simultanen Formen.

Denkt man sich nun in irgend einer Function Π alle Formen f, φ ... durch die Producte ihrer linearen Factoren ersetzt, so erhält man einen Ausdruck, welcher nur noch eine Anzahl von Reihen x_1, x_2; y_1, y_2 u. s. w. enthält, und in Bezug auf diese die Invarianteneigenschaft besitzt. Da andrerseits nach § 4. solche Reihen immer durch Coefficienten linearer Formen ersetzbar sind, so sieht man, dass die resultirende Gestalt von Π ein Aggregat von Producten aus Determinanten vom Typus (xy) ist (§ 9.), und man hat also den Satz:

> Ersetzt man in einer Invariante oder Covariante Π die darin auftretenden Formen durch ihre linearen Factoren, oder führt man, was dasselbe ist, die diesen entsprechenden Punkte, bez. Strahlen ein, so geht Π in ein Aggregat von Producten aus Determinanten vom Typus (xy) über, wo x_1, x_2; y_1, y_2 Punkte, bez. Strahlen der geometrischen Darstellung bedeuten.

Ich werde nun Ausdrücke, welche sich wie der Ausdruck

$$(2) \qquad \lambda = \frac{(xy)\,(zt)}{(xt)\,(zy)}$$

aus vier Reihen zusammensetzen, als ein aus diesen Reihen gebildetes Doppelverhältniss bezeichnen. Die Theorie der verschiedenen aus denselben Reihen zu bildenden Doppelverhältnisse, sowie die geometrische Bedeutung dieser Bildungen wird weiter unten entwickelt werden. Hier mag es genügen zu sagen, dass Zähler und Nenner eines solchen Doppelverhältnisses Producte je zweier Determinanten sind, welche zusammen alle vier Reihen enthalten, und dass, wenn λ ein Doppelverhältniss ist, auch $\dfrac{1}{\lambda}$ ein solches ist, indem etwa in dem obigen Ausdruck nur die Vertauschung der Reihen t, y erforderlich ist, um λ in $\dfrac{1}{\lambda}$ überzuführen, was den Charakter der Bildung an und für sich nicht ändert.

Ich werde nun zeigen, dass man den Quotienten von Π durch eines seiner Glieder als ganze rationale Function von Doppelverhältnissen darstellen kann.

Die Function Π besteht nämlich, wenn wir durch α_{12}, $\alpha_{13}\ldots$ Null oder positive ganze Zahlen bezeichnen, und die Indices $1, 2, 3\ldots$ den Reihen x, y, $z\ldots$ entsprechen lassen, aus Termen der Form

$$(xy)^{\alpha_{12}}\,(xz)^{\alpha_{13}}\,(xt)^{\alpha_{14}}\ldots (yz)^{\alpha_{23}}\,(yt)^{\alpha_{24}}\ldots$$

welche mit numerischen Coefficienten multiplicirt sind. Und zwar muss, da Π in Bezug auf jede der Reihen homogen ist, die Summe derjenigen α, welche einen Index gemein haben, für alle Terme von Π denselben Werth besitzen. Dividiren wir also Π durch eines seiner Glieder, so besteht der Quotient aus einer Constanten, und aus Termen der Form

$$P = (xy)^{\beta_{12}}\,(xz)^{\beta_{13}}\,(xt)^{\beta_{14}}\ldots (yz)^{\beta_{23}}\,(yt)^{\beta_{24}}\ldots,$$

wo die β nun Null oder positive oder negative ganze Zahlen bedeuten, doch so, dass die Summe aller β mit einem gemeinsamen Index immer verschwindet.

Zeichnen wir nun unter den Reihen, welche in P auftreten etwa die drei ersten, x, y, z, aus, und verbinden diese mit jeder der folgenden Reihen (t, u, $v \ldots$) zu den Doppelverhältnissen

$$\lambda = \frac{(xt)\,(zy)}{(zt)\,(xy)}$$

$$\mu = \frac{(xu)\,(zy)}{(zu)\,(xy)}$$

$$\cdots\cdots\cdots,$$

so können wir setzen:

$$(xt) = \lambda \cdot \frac{(zt)\,(xy)}{(zy)}$$

$$(xu) = \mu \cdot \frac{(zu)\,(xy)}{(zy)}$$

$$\cdots\cdots\cdots,$$

und erhalten, indem wir diese einführen:

$$P = \lambda^{\beta_{14}}\,\mu^{\beta_{15}} \ldots \cdot (xy)^{\beta_{12} + \beta_{14} + \beta_{15} \cdots}\,(xz)^{\beta_{13}} \cdot Q,$$

wo Q die x nicht mehr enthält. Da aber

$$\beta_{12} + \beta_{13} + \beta_{14} \ldots = 0,$$

so kann man dafür setzen

$$P = \lambda^{\beta_{14}}\,\mu^{\beta_{15}} \ldots \left[\frac{(xz)}{(xy)}\right]^{\beta_{13}} \cdot Q,$$

oder wenn wir noch das Doppelverhältniss

$$\varrho = \frac{(xz)\,(ty)}{(xy)\,(tz)}$$

einführen:

$$P = \lambda^{\beta_{14}}\,\mu^{\beta_{15}} \ldots \varrho^{\beta_{13}} \cdot P',$$

wo P' nun die x nicht mehr enthält, zugleich aber, wie P, λ, $\mu \ldots \varrho$, für alle übrigen Reihen homogen von der nullten Ordnung ist.

Man hat also P auf ein Product von Doppelverhältnissen und auf ein Product P' zurückgeführt, welche ganz die Eigenschaften von P besitzt, aber eine Reihe weniger enthält. Man kann nun mit P' verfahren wie oben mit P, und kann daher P immer auf Producte von Doppelverhältnissen und auf Producte zurückführen, welche immer die Eigenschaften von P besitzen, aber weniger und weniger Reihen enthalten. Man kann dies so lange fortsetzen, als in einem übrigbleibenden Factor $P^{(k)}$ noch mehr als drei Reihen vorhanden sind; denn vier Reihen wurden oben zur Bildung der Doppelverhältnisse gefordert. Gelangt man aber endlich zu einem Producte $P^{(k)}$, welches nur noch drei Reihen enthält, so hat dasselbe die Form

$$(lm)^\gamma \, (ln)^\delta \, (mn)^\varepsilon,$$

und es ist

$$\gamma + \delta = 0, \; \gamma + \varepsilon = 0, \; \delta + \varepsilon = 0,$$

also

$$\gamma = 0, \; \delta = 0, \; \varepsilon = 0,$$

und dieses Product muss also der Einheit gleich werden.*

Indem man die Umformung von P so weit verfolgt, erhält man also P als Product von Doppelverhältnissen. Diese kommen zwar theils zu positiven, theils zu negativen Potenzen erhoben vor; aber da, wie oben bemerkt, der reciproke Werth eines Doppelverhältnisses abermals ein solches ist, so kann man sagen, es sei P ein Product positiver Potenzen von Doppelverhältnissen.

Hiermit ist denn der obige Satz bewiesen. Man kann denselben in folgender Form ausdrücken:

Eine Invariante oder Covariante von binären Formen ist der Zähler einer ganzen rationalen Function von Doppelverhältnissen, welche aus den Verschwindungselementen der Formen und aus anderen (veränderlichen) Elementen zusammengesetzt sind.

Dieser Satz lässt sich umkehren. Man kann zeigen, dass der Zähler einer ganzen Function von Doppelverhältnissen, welcher die Verschwindungselemente verschiedener Formen, und zwar die einer jeden symmetrisch, enthält, eine simultane Invariante oder Covariante dieser Formen sei.

Dass ein solcher Zähler die Invarianteneigenschaft besitzt, ist aus seiner Bildung unmittelbar klar; um diesen umgekehrten Satz zu beweisen, ist also nur nöthig zu zeigen, dass eine die Invarianteneigenschaft besitzende Bildung, welche die Verschwindungselemente einer Form f rational und symmetrisch enthält, sich als ganze homogene Function der Coefficienten von f ausdrücken lässt. Dieser Beweis soll im folgenden Paragraphen geliefert werden, indem eine Methode angegeben wird, die fragliche Bildung als solche ganze homogene Function der Coefficienten wirklich darzustellen.

---

* Enthielt Π von vornherein nur zwei oder drei Reihen, so besteht es überhaupt nur aus einem Gliede, und die vorliegenden Betrachtungen werden gegenstandslos, da zur Bildung eines Doppelverhältnisses überhaupt keine Möglichkeit mehr vorliegt.

§ 20. Methode, invariante symmetrische Functionen der linearen Factoren einer Form durch die Coefficienten derselben auszudrücken.

Es ist die Frage, wie eine durch einen solchen Zähler definirte Function Π, welche die einer Form f zugeordneten Elemente (Punkte oder Strahlen) symmetrisch enthält, durch die Coefficienten dieser Form ausgedrückt werden könne. Ich werde eine Methode angeben, vermöge deren man allmälig statt der jenen Elementen entsprechenden Werthepaare die **symbolischen** Coefficienten von f einführen kann. Dadurch ist in der That der Forderung schon völlig Genüge geleistet, um so mehr, als, wie man sehen wird, in allen allgemeinen Untersuchungen gerade die symbolische und nicht die wirkliche Form von Covarianten und Invarianten es ist, welche man gebraucht.

Es war oben (§ 3.) gezeigt, dass, wenn a_0, $a_1 \ldots$ die Coefficienten von f und α_0, $\alpha_1 \ldots$ die Coefficienten einer Function von ebenso hoher Ordnung sind, auch der Ausdruck:

$$\Pi_1 = \alpha_0 \frac{\partial \Pi}{\partial a_0} + \alpha_1 \frac{\partial \Pi}{\partial a_1} + \cdots$$

die Invarianteneigenschaft besitzt. Setzt man an Stelle der α die Coefficienten der n^{ten} Potenz eines linearen Ausdrucks, so wird die Bildung von Π_1 der erste Schritt zur Darstellung der symbolischen Form von Π, und die vollständige Darstellung derselben geschah in § 12. mittelst mehrmaliger Wiederholung derselben Operation, zunächst in Bezug auf die Coefficienten von f, dann in analoger Weise in Bezug auf die Coefficienten der übrigen Formen, welche bei der Bildung von Π benutzt sind.

Ich werde nun zeigen, wie die Bildung von Π_1 vorzunehmen ist, wenn nicht die Coefficienten von f, sondern die den Verschwindungselementen von f zugeordneten Werthepaare in Π auftreten. Es wird sich herausstellen, dass, wenn Π_1 auf die anzugebende Weise gebildet wird, es eine ganz ähnliche Form wie Π hat, und also der Wiederholung derselben Operation unterworfen werden kann. Nur wird der Endwerth von Π_1 die Verschwindungswerthe von f sämmtlich in einer um 1 niedrigeren Ordnung enthalten, und dafür ein neues Werthepaar, das der eingeführten Symbole von f. Daraus folgt, dass eine Wiederholung der Operation in der That die Verschwindungswerthe allmälig entfernt, und dafür Symbole einführt, so dass man nach einer hinreichenden Anzahl von Wiederholungen nur noch Symbole, aber nicht mehr Verschwindungswerthe in dem Endausdruck hat, wie es verlangt wurde.

Bezeichnen wir durch $\delta\Pi$ das, was aus einer Covariante oder Invariante Π entsteht, wenn man diese Function nach den Coefficienten

a_0, a_1 ... von f differenzirt, die Differentialquotienten mit den entsprechenden n^{ten} Dimensionen der Symbole b_1, b_2 multiplicirt und dann die Summe nimmt, also den Ausdruck

$$(1) \qquad \delta\Pi = b_1{}^n \frac{\partial\Pi}{\partial a_0} + b_1{}^{n-1} b_2 \frac{\partial\Pi}{\partial a_1} + \dots$$

Es ist dann, mit Anwendung derselben Bezeichnung,

$$(2) \qquad \delta f = b_x{}^n$$

und diese Gleichung kann zur Definition des Differentialprocesses δ dienen. Nehmen wir nun an, es sei f als Product linearer Factoren

$$(3) \qquad f = p_x \cdot q_x \cdot r_x \dots$$

gegeben. Man kann dann die Gleichung (2) dadurch erfüllen, dass man die Operation δ auf die linearen Functionen p_x, q_x u. s. w. der Reihe nach anwendet, und die linearen Functionen

$$\delta p_x, \ \delta q_x \dots$$

so bestimmt, dass die Gleichung (2) eine identische wird. Es muss dann also sein:

$$(4) \qquad \begin{aligned} b_x{}^n &= \delta p_x \cdot q_x\, r_x \dots \\ &+ \delta q_x \cdot p_x\, r_x \dots \\ &+ \delta r_x \cdot p_x\, q_x \dots \\ & \quad \dots \dots \dots \dots \end{aligned}$$

Setzt man in dieser Identität etwa

$$x_1 = p_2, \ x_2 = -p_1,$$

so erhält man, indem alle anderen Glieder fortfallen:

$$(b\,p)^n = (q\,p)\,(r\,p) \dots (p_2\,\delta p_1 - p_1\,\delta p_2),$$

eine Gleichung, welche durch die Annahme erfüllt wird:

$$(5) \qquad \begin{aligned} \delta p_1 &= \frac{(b\,p)^{n-1}\, b_1}{(q\,p)\,(r\,p)\dots} \\[2mm] \delta p_2 &= \frac{(b\,p)^{n-1}\, b_2}{(q\,p)\,(r\,p)\dots} \,. \end{aligned}$$

Aehnliche Ausdrücke erhält man für δq_1, $\delta q_2 \dots$; und es ist leicht zu zeigen, dass durch Einführung dieser Ausdrücke die Gleichung (4) in der That identisch erfüllt wird. Denn sie verwandelt sich in folgende:

$$b_x{}^n = \frac{(b\,p)^{n-1}\, b_x\, q_x\, r_x \dots}{(q\,p)\,(r\,p)\dots} + \frac{(b\,q)^{n-1}\, b_x\, p_x\, r_x \dots}{(p\,q)\,(r\,q)\dots} + \dots$$

Dividiren wir diese Gleichung durch b_x, so ist die Differenz beider Seiten eine Form $(n-1)^{\text{ter}}$ Ordnung, welche, ohne identisch zu

verschwinden, nur $n-1$ Verschwindungswerthe zulassen kann; aber
man sieht leicht, dass sie deren n zulässt, nämlich $\dfrac{x_1}{x_2}$ gleich einer
der n Grössen $\dfrac{p_1}{p_2}$, $\dfrac{q_1}{q_2}$ .... Die obige Gleichung muss also eine Identität sein.

Die Form (3), in welcher die Function f hier gegeben erscheint,
weicht nur leicht von derjenigen ab, welche im vorigen Paragraphen
angenommen wurde. Nämlich es sind hier nur statt der Verschwindungswerthe die Coefficienten der für dieselben verschwindenden linearen Ausdrücke eingeführt; was nur deswegen hier zweckmässiger ist, weil alsdann die Analogie der einzuführenden symbolischen
Coefficienten mit denen der gegebenen linearen Functionen p_x, q_x ...
deutlicher hervortritt.

Denken wir uns also auch in einer Form Π, welche statt der Coefficienten von f die Verschwindungswerthe von f enthält, statt deren
diese Coefficienten p, q ... gesetzt, also p_1 statt x'_2, $-p_2$ statt x'_1 u. s. w.
Aus der so gegebenen Form entsteht die Function $\delta\Pi$, wenn man
nicht, wie in (1), nach den Coefficienten von f differenzirt und mit
denen von δf multiplicirt, sondern wenn man jetzt nach den p, q ...
differenzirt und mit den Grössen δp, δq ... multiplicirt. Es ist
also jetzt

$$\delta\Pi = \frac{(bp)^{n-1}}{(qp)\,(rp)\ldots}\left(\frac{\partial\Pi}{\partial p_1}\,b_1 + \frac{\partial\Pi}{\partial p_2}\,b_2\right)$$
$$+ \frac{(bq)^{n-1}}{(pq)\,(rq)\ldots}\left(\frac{\partial\Pi}{\partial q_1}\,b_1 + \frac{\partial\Pi}{\partial q_2}\,b_2\right)$$
$$\cdots\cdots$$

Die Function Π enthält nun der Voraussetzung nach jedes der
Coefficientenpaare p_1, p_2; q_1, q_2 ... homogen und in gleich hoher Ord-
nung, etwa der n^{ten}; ferner so, dass durch Vertauschung zweier dieser
Werthepaare sich nichts ändert. In $\delta\Pi$ kommen die p, q, r auch in
Nennern vor, und zwar so, dass das Determinantenproduct D der
p, q ... den gemeinschaftlichen Nenner bildet. Der Zähler

$$D\cdot\left\{\frac{(bp)^{n-1}}{(qp)\,(rp)\ldots}\left(\frac{\partial\Pi}{\partial p_1}\,b_1 + \frac{\partial\Pi}{\partial p_2}\,b_2\right)\right.$$
$$\left. + \frac{(bq)^{n-1}}{(pq)\,(rq)\ldots}\left(\frac{\partial\Pi}{\partial q_1}\,b_1 + \frac{\partial\Pi}{\partial q_2}\,b_2\right) + \ldots\right\}$$

hat aber die Eigenschaft zu verschwinden, wenn ein Paar von Werthe-
paaren, etwa p, q, zusammenfällt, und also etwa

$$q_1 = \varrho\,p_1, \quad q_2 = \varrho\,p_2.$$

Denn es verschwinden hierdurch zunächst alle Glieder des Ausdrucks bis auf die beiden ersten. Die Glieder

$$\frac{(bp)^{n-1}}{(qp)\,(rp)\ldots}\left(\frac{\partial\Pi}{\partial p_1}b_1+\frac{\partial\Pi}{\partial p_2}b_2\right)+\frac{(bq)^{n-1}}{(pq)\,(rq)\ldots}\left(\frac{\partial\Pi}{\partial q_1}b_1+\frac{\partial\Pi}{\partial q_2}b_2\right)$$

aber haben von vornherein die Eigenschaft, mit entgegengesetztem Zeichen in einander überzugehen, wenn man p und q vertauscht, so dass ihre Summe durch (pq) theilbar sein muss; daher verschwindet auch die Summe dieser Glieder, wenn man mit D multiplicirt, und dann die p den q proportional setzt.

Der neue Ausdruck von $\delta\Pi$ enthält also in seinem Zähler alle Factoren von D, und der Nenner hebt sich somit vollständig auf, so dass $\delta\Pi$ als eine ganze Function der p, $q\ldots$ zurückbleibt. Diese Function hat nun alle Eigenschaften von Π. Sie besitzt die Invarianteneigenschaft wegen ihrer Zusammensetzung aus Termen von der Form $\dfrac{\partial\Pi}{\partial p_1}b_1+\dfrac{\partial\Pi}{\partial p_2}b_2$ und aus Determinanten (bp) oder (qp). Sie enthält jede der Reihen p, q symmetrisch und homogen, aber nur noch zur $(n-1)^{\text{ten}}$ Ordnung. Endlich enthält sie noch eine Reihe symbolischer Coefficienten a_1, a_2, was an der Natur der Bildung durchaus nichts ändert.

Man gelangt also auf dem angegebenen Wege in der That von einer Function Π zu einer Function $\Pi_1=\delta\Pi$, welche eine Dimension weniger in jeder der Reihen p, $q\ldots$ enthält, und in welcher eine Reihe von Symbolen von f eingeführt ist. Die Fortsetzung der Operation liefert also die symbolische Form von Π, wie es verlangt wurde.

Die Ausführung dieser Darstellung ist bei gegebenen Formen im Allgemeinen sehr weitläufig. Indessen lehrt das Vorhergehende theoretisch diesen Zusammenhang vollständig erkennen, und zwar ohne dass es nöthig wäre, auf die Theorie der Gleichungen und der symmetrischen Functionen ihrer Wurzeln einzugehen, eine Theorie, welche auf ebenso verwickelte Rechnungen führt, und ihrem ganzen Charakter nach den hier angewandten Betrachtungen und Vorstellungsweisen fremd ist.*

---

* Beispiel der Invariante einer quadratischen Form: Betrachten wir die Function $\Pi=(pq)^2$, welche alle geforderten Eigenschaften besitzt. Die erste Transformation ist:

$$\delta\Pi=\ 2\,(pq)\left\{\frac{(bp)\,(bq)}{(qp)}-\frac{(bq)\,(bp)}{(pq)}\right\}$$
$$=-4\,(bp)\,(bq).$$

Sodann zweitens, indem man neue Symbole c_1, c_2 benutzt, und die Formel § 15. (IV) anwendet:

$$\delta\,(\delta\Pi)=-4\left\{\frac{(bq)\,(cp)}{(qp)}+\frac{(bp)\,(cq)}{(pq)}\right\}(bc)$$
$$=-4\,(bc)^2,$$

was die symbolische Form ist.

§ 21. Die Doppelverhältnisse von vier Elementen.

Die Grössen $\dfrac{x_1}{x_2}$ wurden oben nicht rein geometrisch definirt, sondern als Abstandsverhältniss des beweglichen Elements von den beiden fest angenommenen, multiplicirt mit einer Constanten. Diese Constante hebt sich auf, und es entsteht also eine rein geometrisch definirte Grösse, wenn wir zwei solcher Verhältnisse durch einander dividiren. Verlegen wir die Grundelemente, so dass die neuen Grundelemente durch die Werthepaare $\dfrac{z_1}{z_2}$, $\dfrac{t_1}{t_2}$ in Bezug auf die ursprünglichen Grundelemente definirt sind, so ist eine solche rein geometrisch definirte Grösse nach § 18. der Quotient zweier Verhältnisse

$$\frac{\xi_1}{\xi_2} = \frac{(x\,z)}{(x\,t)}, \quad \frac{\eta_1}{\eta_2} = \frac{(y\,z)}{(y\,t)},$$

d. h. das Doppelverhältniss

$$\frac{\dfrac{(x\,z)}{(x\,t)}}{\dfrac{(y\,z)}{(y\,t)}} = \frac{(x\,z)\,(y\,t)}{(x\,t)\,(y\,z)}.$$

Diese in § 19. bereits eingeführte Combination hat also eine rein geometrische Bedeutung; sie ist der Quotient der Abstandsverhältnisse zweier Elemente x, y gegen zwei andere Elemente z, t.

Diese Grösse hat die Eigenschaft, sich durch lineare Substitution nicht mehr zu ändern; sie ist, wie man sich ausdrückt, eine absolute Invariante, insofern auch keine Potenz der Substitutionsdeterminante bei linearer Substitution vor dieselbe tritt.

Aus vier Elementen lässt sich noch auf mannigfache Weise ein Doppelverhältniss bilden. Zunächst muss man sie in zwei Paare theilen, wie oben x, y, z, t in die Paare xy, zt. Dies kann auf drei verschiedene Arten geschehen, und indem man das eine oder das andere dieser Paare vorübergehend als das feste betrachtet, in Bezug auf welches die Abstandsverhältnisse gebildet werden, erhält man zwei verschiedene Möglichkeiten. Endlich kann man bei der Benutzung jedes Paares noch mit dem einen oder dem andern dieser Elemente beginnen, was abermals zweimal zwei Möglichkeiten liefert. Die Gesammtzahl aller verschiedenen Arten, das Doppelverhältniss aus vier Elementen zu bilden, ist also gleich $3 \cdot 2 \cdot 2 \cdot 2 = 24$, d. h. gleich der Anzahl von Permutationen, welche aus den vier Elementen sich herstellen lassen.

Aber die Werthe der 24 so erhaltenen Doppelverhältnisse sind nicht sämmtlich verschieden. In der That ändert sich der Ausdruck

$$\lambda = \frac{(xz)\,(yt)}{(xt)\,(yz)}$$

offenbar nicht bei folgenden Vertauschungen der Elemente:

1. Wenn man x mit z und zugleich y mit t vertauscht.
2. Wenn man x mit y und zugleich z mit t vertauscht.
3. Wenn man x mit t und zugleich y mit z vertauscht.

Man sieht hieraus, dass man eines der vier Elemente, etwa x, ganz an seiner Stelle lassen kann; denn jeder Vertauschung von x mit einem andern Buchstaben kann man eine Vertauschung der übrigen Buchstaben unter sich zuordnen, in Folge deren der ursprüngliche Werth des Doppelverhältnisses wiederkehrt.

Die von einander verschiedenen Werthe des Doppelverhältnisses erhält man also, indem man in λ die Buchstaben y, z, t permutirt; deren giebt es also höchstens sechs, und wirklich zeigt sich es, dass alle diese sechs Werthe von einander im Allgemeinen verschieden sind.

Vertauscht man t mit z, so geht λ in

$$\frac{(xt)\,(yz)}{(xz)\,(yt)} = \frac{1}{\lambda}$$

über. Vertauscht man dagegen y mit z, und beachtet die Identität, (IV) § 15., statt deren man schreiben kann:

$$(xy)\,(zt) + (xt)\,(yz) = (xz)\,(yt),$$

so zeigt sich, dass λ in

$$-\frac{(xy)\,(zt)}{(xt)\,(yz)} = \frac{(xt)\,(yz) - (xz)\,(yt)}{(xt)\,(yz)} = 1 - \lambda$$

übergeht. Jedem Werthe λ des Doppelverhältnisses entsprechen also zwei andere Werthe $\frac{1}{\lambda}$ und $1 - \lambda$, daher auch, indem man eine dieser Grössen an Stelle von λ setzt:

$$1 - \frac{1}{\lambda} = \frac{\lambda - 1}{\lambda} \quad \text{und} \quad \frac{1}{1 - \lambda},$$

endlich indem man wieder eine dieser Grössen an Stelle von λ setzt, der Werth $\frac{\lambda}{1 - \lambda}$. Die sechs zusammengehörigen Werthe eines Doppelverhältnisses sind also, wenn einer derselben λ genannt wird:

$$\lambda, \quad \frac{1}{\lambda}, \quad 1 - \lambda, \quad \frac{1}{1 - \lambda}, \quad \frac{\lambda - 1}{\lambda}, \quad \frac{\lambda}{\lambda - 1}.$$

Diese Werthe sind im Allgemeinen sämmtlich von einander verschieden. Nur in folgenden Fällen können zwei einander gleich werden, und demnach besonders ausgezeichnete Werthe erhalten:

1. $\lambda = \dfrac{1}{\lambda}$, $\lambda = 1$. In diesem Falle müssen zwei Elemente den anderen beiden gegenüber das nämliche Abstandsverhältniss haben, also zusammenfallen. Die übrigen Werthe des Doppelverhältnisses sind 0 und ∞.

2. $\lambda = \dfrac{1}{\lambda}$, $\lambda = -1$. In diesem Falle müssen zwei Elemente den anderen beiden gegenüber gleiche aber entgegengesetzte Abstandsverhältnisse haben. Man nennt die vier Elemente dann **harmonisch**; bei ihnen ist eine Zerlegung in zwei Paare (zugeordnete Elemente) ausgezeichnet, welche eben das Doppelverhältniss -1 liefert. Die anderen Werthe des Doppelverhältnisses sind 2 und $\frac{1}{2}$.

Die Vergleichung von λ mit $1 - \lambda$ und mit $\dfrac{\lambda}{\lambda - 1}$ giebt nichts Neues. Dagegen hat man als dritten ausgezeichneten Fall:

3. $\lambda = \dfrac{1}{1 - \lambda}$ oder $\lambda = \dfrac{\lambda - 1}{\lambda}$, $\lambda^2 - \lambda + 1 = 0$. In diesem Falle ist λ eine imaginäre dritte Wurzel aus -1, und die drei anderen Werthe des Doppelverhältnisses sind gleich der conjugirten imaginären dritten Wurzel aus -1. Dieser Fall ist von den vorigen charakteristisch unterschieden, indem dort dreimal zwei, hier zweimal drei Doppelverhältnisse gleich werden. Man nennt in diesem Fall die vier Elemente **äquianharmonisch**.

In allen anderen Fällen sind sämmtliche sechs Werthe des Doppelverhältnisses von einander verschieden.

§ 22. Projectivische Gebilde.

Wir können nun mit Hilfe des Begriffs eines Doppelverhältnisses der linearen Substitution eine von der vorigen abweichende geometrische Deutung geben, welche einerseits mit den Grundlagen der synthetischen und analytischen Geometrie zusammenhängt, andererseits von der in § 19. gegebenen Definition einer Invariante oder Covariante ausgeht, dass sie, gleich Null gesetzt, eine Relation zwischen Doppelverhältnissen bedeutet.

Wenn man durch die Punkte einer Geraden die Strahlen eines Strahlbüschels legt, und jeden Strahl dem auf ihm liegenden Punkte der Geraden zuordnet, so nennt man **Büschel** und **Punktreihe** perspectivisch gelegen, und abgesehen von dieser Lage, nur rücksichtlich der Zuordnung und der Fähigkeit, bei solcher Zuordnung in perspectivische Lage gebracht werden zu können, projectivisch.

Nach § 17. sind die Abstandsverhältnisse entsprechender Elemente dabei nur um einen constanten Factor verschieden. Bei Doppelverhältnissen fällt dieser auch noch fort, und man hat also den Satz:

> Doppelverhältnisse entsprechender Elemente in einem Büschel und einer Punktreihe, welche projectivisch sind, haben denselben Werth.

Man nennt nun auch zwei Punktreihen projectivisch und perspectivisch gelegen, welche dadurch entstehen, dass zwei verschiedene Gerade mit demselben Strahlbüschel geschnitten, und die auf demselben Strahle liegenden Punkte einander zugeordnet werden. Da nun das Doppelverhältniss von vier Punkten der einen Reihe, sowie das der entsprechenden der andern dem Doppelverhältnisse der durch sie gehenden Geraden des Büschels gleich sind, so hat man den Satz:

> Doppelverhältnisse entsprechender Punkte zweier projectivischen Punktreihen sind einander gleich.

Ebenso nennt man zwei Büschel projectivisch und perspectivisch gelegen, wenn ihre zugeordneten Strahlen sich auf einer Geraden, also in den einzelnen Punkten einer Punktreihe schneiden. Auch hier ist demnach das Doppelverhältniss von vier Strahlen des einen Büschels und das der entsprechenden vier Strahlen des andern Büschels gleich dem Doppelverhältnisse der zugehörigen vier Punkte der Punktreihe. Und demnach hat man endlich auch den Satz:

> Doppelverhältnisse entsprechender Strahlen zweier projectivischen Büschel sind einander gleich.

Man kann aber umgekehrt die gegenseitige Beziehung zweier Gebilde, seien es Punktreihen, oder Strahlbüschel, oder eines und das andere, dadurch definiren, dass man als projectivisch zwei Gebilde bezeichnet, deren Elemente einander eindeutig so zugeordnet sind, dass die Doppelverhältnisse entsprechender Quadrupel einander gleich sind. Es ist zu zeigen, dass diese Definition überhaupt möglich ist, also auf keine Widersprüche führt, und zweitens, dass sie mit der vorigen übereinstimmt, und dass also zwei so definirte projectivische Gebilde stets in perspectivische Lage gebracht werden können. Hierzu führen die folgenden beiden Hilfssätze:

1. Sind x, y, z, t, u fünf Elemente eines Gebildes, so ist ein Doppelverhältniss zwischen x, y, t, u gleich dem Producte zweier Doppelverhältnisse, deren eines aus x, y, z, t, eines aus x, y, z, u gebildet ist.

Es ist nämlich offenbar:

$$\frac{\dfrac{(xt)}{(yt)}}{\dfrac{(xu)}{(yu)}} = \frac{\dfrac{(xt)}{(yt)}}{\dfrac{(xz)}{(yz)}} \cdot \frac{\dfrac{(xz)}{(yz)}}{\dfrac{(xu)}{(yu)}}\,.$$

2. Sind drei Elemente eines Gebildes und die Art, wie sie bei der Bildung eines Doppelverhältnisses benutzt werden sollen, gegeben, so entspricht jedem Werth des Doppelverhältnisses nur noch **ein** Element des Gebildes.

In der That ist die Gleichung

$$\frac{\dfrac{(xt)}{(yt)}}{\dfrac{(xz)}{(yz)}} = \lambda,$$

wenn darin λ und die Elemente x, y, z gegeben sind, eine lineare Gleichung zur Bestimmung von $\dfrac{t_1}{t_2}$, sie giebt also nur einen Werth dieses Verhältnisses, und demnach nur ein Element des Gebildes.

Wenden wir diese Sätze jetzt an. In zwei Gebilden, welche einander eindeutig zugeordnet werden sollen, mögen

$$x,\ y,\ z$$
$$\xi,\ \eta,\ \zeta$$

beliebig gewählte entsprechende Elemente bedeuten; wobei noch die Art und Weise der Interpretation der Werthepaare in beiden Gebilden beliebig angenommen werden kann. Zwei andere Elemente t, τ sind dann durch die Gleichheit der Doppelverhältnisse

$$(1) \qquad \frac{\dfrac{(xt)}{(yz)}}{\dfrac{(xz)}{(yz)}} = \frac{\dfrac{(\xi\tau)}{(\eta\tau)}}{\dfrac{(\xi\zeta)}{(\eta\zeta)}}$$

einander eindeutig zugeordnet, indem nach Satz 2. jedem Werthepaare $\dfrac{\tau_1}{\tau_2}$ nur ein Werthepaar $\dfrac{t_1}{t_2}$ entspricht und umgekehrt.

Aber ordnen wir vermöge der Gleichung (1) jedem Element t des einen Gebildes ein Element τ des andern durch die Bedingung zu, dass das Doppelverhältniss des einen mit x, y, z dem des andern mit ξ, η, ζ gleich sein solle, so ist auch das Doppelverhältniss von irgend vier Elementen des einen Gebildes dem der entsprechenden vier Elemente des andern Gebildes gleich. Denn nach Satz 1. besteht die Gleichheit der Doppelverhältnisse noch, wenn man eines der ursprünglichen Elementenpaare x, ξ; y, η; z, ζ durch irgend ein neues, der Gleichung (1) genügendes Elementenpaar ersetzt; demnach auch weiter, wenn man ein zweites Paar ersetzt u. s. w.; sie besteht also auch für irgend vier Paare entsprechender Elemente.

Hierdurch ist nachgewiesen, dass ein Widerspruch nicht eintritt, wenn man die Forderung stellt, dass die Elemente eines Gebildes denen des andern eindeutig so entsprechen sollen, dass die Doppelverhältnisse entsprechender Elemente einander gleich sind.

Zweitens war zu zeigen, dass diese Definition mit der frühern Definition projectivischer Gebilde übereinstimme, dass man also so auf einander bezogene Gebilde stets in perspectivische Lage bringen könne.

Um dies nachzuweisen, nehmen wir an, es sei möglich, drei Elementenpaare x, ξ; y, η; z, ζ der Gebilde in perspectivische Lage zu bringen. Alsdann kann man leicht zeigen, dass auch alle anderen Paare entsprechender Elemente sich in perspectivischer Lage befinden. Denn betrachten wir ein viertes Element τ des einen Gebildes; diesem entspricht in dem andern ein Element t, welches der Voraussetzung nach der Gleichung (1) genügt. Zugleich aber giebt es ein bestimmtes, x, y, z enthaltendes Gebilde, welches mit dem ξ, η, ζ, τ enthaltenden perspectivisch liegt, und in welchem die Paare x, ξ; y, η; z, ζ der vorausgesetzten Construction nach einander entsprechen. Iu diesem neuen Gebilde mag dem Element τ ein Element t' entsprechen; dann hat man nach dem Frühern auch die Gleichheit der Doppelverhältnisse

$$\frac{\dfrac{(x\,t')}{(y\,t')}}{\dfrac{(x\,z)}{(y\,z)}} = \frac{\dfrac{(\xi\,\tau)}{(\eta\,\tau)}}{\dfrac{(\xi\,\zeta)}{(\eta\,\zeta)}},$$

und daher, wenn man (1) vergleicht, nach Satz 2. $\dfrac{t'_1}{t'_2} = \dfrac{t_1}{t_2}$, so dass das neue Gebilde mit dem einen der gegebenen zusammenfällt. Man hat also den Satz:

> Zwei projectivische Gebilde haben perspectivische Lage, sobald drei entsprechende Elementenpaare sich in perspectivischer Lage befinden.

Es bleibt also nur noch übrig zu zeigen, wie man jedesmal drei Elementenpaare in perspectivische Lage bringen kann. Hierbei sind drei Fälle zu unterscheiden.

1. Sind beide Gebilde Punktreihen, so lege man die Geraden so auf einander, dass zwei entsprechende Punkte, etwa x, ξ, auf einander fallen. Dann treffen sich die Verbindungslinien $y\eta$, $z\zeta$ in einem

Punkte o, von welchem drei entsprechende Punkte enthaltende Strahlen $ox\xi$, $oy\eta$, $oz\zeta$ ausgehen. Diese drei Paare liegen also in der That perspectivisch.

2. Sind beide Gebilde Strahlbüschel, so lege man dieselben so, dass zwei entsprechende Geraden, etwa x, ξ, zusammenfallen. Dann schneiden sich y, η einerseits und z, ζ andererseits in zwei Punkten, deren Verbindungslinie eine Gerade o sei. Auf dieser Geraden treffen sich die Elementenpaare x, ξ; y, η; z, ζ, und diese drei Paare haben also perspectivische Lage.

3. Ist eine Punktreihe auf einen Strahlbüschel perspectivisch bezogen, so muss in der perspectivischen Lage jeder Strahl durch den entsprechenden Punkt gehen. Sind nun x, y, z drei Punkte, ξ, η, ζ die entsprechenden Strahlen, so beschreibt man etwa über der Strecke x, y als Sehne einen Bogen, welcher den Winkel von ξ gegen η als Peripheriewinkel enthält, und ebenso über y, z als Sehne einen Bogen, welcher den Winkel von η gegen ζ als Peripheriewinkel enthält. Der Schnittpunkt beider Bogen, o, mit x, y, z verbunden, liefert dann Strahlen, welche dieselben Winkel wie ξ, η, ζ gegen einander bilden, und also nur eine congruente Verschiebung dieser Strahlen sind. In dieser Lage sind ξ, η, ζ zu x, y, z perspectivisch.

§ 23. Zusammenhang der Projectivität mit den linearen Substitutionen.

Diese geometrischen Beziehungen, welche zunächst nur für reelle Elemente stattfinden, kann man fortbestehen lassen für beliebige imaginäre Elemente, indem man die algebraische Beziehung dabei aufrecht erhält.

Die algebraische Relation zwischen den entsprechenden Elementenpaaren projectivischer Gebilde ist durch die Gleichung (1) des vorigen Paragraphen ausgedrückt, in welcher t_1, t_2 einerseits, τ_1, τ_2 andererseits die Veränderlichen darstellen. Diese Beziehung ist linear für beide Arten von Veränderlichen. Ich werde zeigen, dass sie die allgemeinste lineare Beziehung ist, und demnach die allgemeine lineare Substitution vertritt. Zu diesem Zwecke brauchen wir nur die Formel (1) in geeigneter Weise zu specialisiren; stellt sie dann schon die allgemeinste lineare Substitution dar, so ist dieses mit der Formel (1) selbst um so mehr der Fall.

Nehmen wir an, es entsprechen den Werthen von $\dfrac{t_1}{t_2}$ folgende Werthe der τ:

$$\frac{t_1}{t_2} = \frac{x_1}{x_2}, \qquad \frac{t_1}{t_2} = \frac{y_1}{y_2}, \qquad \frac{t_1}{t_2} = \frac{z_1}{z_2}$$

$$\tau_1 = 0, \qquad \tau_2 = 0, \qquad \tau_1 = \tau_2.$$

Dies heisst nichts anderes, als dass $\xi_1 = 0$, $\eta_2 = 0$, $\zeta_1 = \zeta_2$. Dadurch aber verwandelt die Formel (1) sich in folgende:

$$\frac{\tau_1}{\tau_2} = \frac{(yz)}{(xz)} \cdot \frac{(xt)}{(yt)}.$$

Diese Formel stellt die allgemeinste lineare Transformation dar, da die x, y beliebige Grössen sind (deren Determinante nur nicht verschwinden darf), während $\frac{(yz)}{(xz)}$ wegen der darin enthaltenen Grössen z ebenfalls noch einen beliebigen Coefficienten bedeutet.

Man kann daher jetzt die lineare Substitution als die algebraische Beziehung projectivischer Gebilde auffassen; und die Bedingung der Projectivität ist in der That, wie man aus dem Obigen sieht, mit dem linearen Zusammenhange entsprechender Elemente völlig identisch.

Endlich drückt also eine Invariante oder Covariante, gleich Null gesetzt, stets eine projectivische Eigenschaft der dabei auftretenden Elemente, d. h. eine solche aus, welche, wenn man ein mit dem ursprünglich benutzten Gebilde projectivisches construirt, den entsprechenden Elementen des neuen Gebildes, die algebraisch mit den ersten linear zusammenhängen, erhalten bleibt. Andererseits muss jede solche projectivische Eigenschaft sich durch eine gleich Null gesetzte Invariante oder Covariante ausdrücken, da sie für lineare Substitutionen ungeändert bleibt. Und so kann man endlich den Satz aussprechen:

> Invarianten und Covarianten, gleich Null gesetzt, liefern ausschliesslich und vollständig alle diejenigen Gleichungen, welche projectivische Beziehungen zwischen Elementen von Punktreihen, bez. Strahlbüscheln darstellen.

§ 24. Vereinigt gelegene projectivische Punktreihen und Strahlbüschel.

Wenn in § 18. die allgemeinen Formeln der linearen Substitution aufgefasst werden konnten als Darstellung desselben Punktes bez. Strahles mit Hilfe verschiedener Grundelemente, so lässt uns das Vorhergehende eine gewissermassen entgegengesetzte Interpretation jener

Formeln aufstellen, in welcher, bezogen auf dieselben Grundelemente, $\frac{\xi_1}{\xi_2}$ und $\frac{x_1}{x_2}$ zwei verschiedene, einander entsprechende Elemente des betrachteten Gebildes bedeuten. Zu dieser Vorstellung gelangen wir, wenn wir zwei gleichartige Gebilde, also zwei Punktreihen oder zwei Strahlbüschel, welche projectivisch auf einander bezogen sind und welche wir früher immer als getrennte Gebilde auffassten, jetzt gewissermassen vereinigen, d. h. die beiden Punktreihen uns auf derselben Linie, bez. die beiden Strahlbüschel mit gemeinsamem Scheitel vorstellen. In einem solchen Gebilde hat dann jedes Element eine doppelte Bedeutung, indem es als dem einen oder als dem andern der vereinigt liegenden Gebilde zugehörig aufgefasst werden kann. Bezeichnen wir ein Element, sofern es dem einen Gebilde zugezählt wird, durch x_1, x_2, sofern es dem andern angehört, durch ξ_1, ξ_2. Ein Element $\xi_1 \xi_2$ ist einem anderen Element $x_1 x_2$ zugeordnet vermöge einer linearen Substitution, d. h. vermöge einer Formel, welche linear für die ξ und linear für die x ist, vermöge einer Formel also, welche durch die Gleichung

$$(1) \qquad f = a_{11} x_1 \xi_1 + a_{12} x_1 \xi_2 + a_{21} x_2 \xi_1 + a_{22} x_2 \xi_2 = 0$$

dargestellt wird. Als Substitution muss diese Gleichung noch der Bedingung genügen, dass, wenn man etwa die ξ linearen Functionen der x dieser Gleichung gemäss gleich oder proportional setzt, die Determinante

$$r = a_{11} a_{22} - a_{12} a_{21}$$

der linearen Functionen nicht verschwindet. Dies hätte auch aus folgender Erwägung keinen Sinn. Es würde nämlich, wenn $r = 0$ wäre, möglich sein, solche Zahlen $\alpha_1 \alpha_2 \beta_1 \beta_2$ zu bestimmen, dass

$$a_{11} = \alpha_1 \beta_1 \qquad a_{12} = \alpha_1 \beta_2$$
$$a_{21} = \alpha_2 \beta_1 \qquad a_{22} = \alpha_2 \beta_2$$

wäre, Gleichungen, von denen wegen $r = 0$ die letzte eine Folge der drei ersten ist, während die ersten an und für sich noch keine Bedingung zwischen den a nach sich ziehen, sondern durch passende Wahl der α, β immer erfüllt werden können. Die Gleichung $f = 0$ aber würde dann in

$$(\alpha_1 x_1 + \alpha_2 x_2)\,(\beta_1 \xi_1 + \beta_2 \xi_2) = 0$$

übergehen, d. h. sie würde keinen Zusammenhang zwischen den x und den ξ mehr aussagen.

In der Gleichung 1) hat man einen jener Fälle vor sich, deren in § 14. Erwähnung geschah, wo nämlich schon die ursprüngliche

Form mehrere Reihen von Veränderlichen, jede in homogener Weise, enthält.

Die zunächst liegende Aufgabe besteht für die gegenwärtige Untersuchung darin, diejenigen Elementenpaare ξ, x aufzusuchen, welche sich zu einem Elemente vereinigen, und in welchen also ein Element, als einem der vereinigten Gebilde angehörig, sich selbst, als dem andern angehörig, entspricht. Man nennt diese Elemente Doppelpunkte, bez. Doppelstrahlen der vereinigt gelegenen projectivischen Reihen, bez. Büschel.

Man findet diese Doppelelemente, indem man diejenigen Werthe $\frac{x_1}{x_2}$ sucht, welche den entsprechenden $\frac{\xi_1}{\xi_2}$ gleich sind, also indem man in $f = 0$ ξ_1 und ξ_2 mit x_1 und x_2 proportional setzt. Es entsteht dann eine quadratische Gleichung

$$(2) \qquad \varphi = a_{11} x_1^2 + (a_{12} + a_{21})\, x_1 x_2 + a_{22} x_2^2 = 0;$$

es giebt also im Allgemeinen bei zwei vereinigten Gebilden zwei Doppelelemente, welche gefunden werden, indem man die quadratische Gleichung $\varphi = 0$ auflöst.

Die Function φ ist eine Bildung, wie sie in den Betrachtungen des § 7. durch $D(f)$ bezeichnet wurde:

$$\varphi = x_1 \frac{\partial f}{\partial \xi_1} + x_2 \frac{\partial f}{\partial \xi_2}.$$

Mit Hilfe derselben nimmt nach § 7. (6) f die Gestalt an:

$$(3) \qquad f = \tfrac{1}{2} \left(\xi_1 \frac{\partial \varphi}{\partial x_1} + \xi_2 \frac{\partial \varphi}{\partial x_2} \right) + k\,(x\xi),$$

wo

$$(4) \qquad k = \frac{a_{12} - a_{21}}{2}$$

eine Invariante von f sein muss, da alle anderen Theile der Gleichung (3) die Invarianteneigenschaft besitzen (vergl. § 14. am Ende).

Nach § 4. sind die Covarianten und Invarianten von f mit denen der quadratischen Function φ identisch, nur dass die Invariante k noch dazutritt. Die weiterhin auseinanderzusetzende Theorie der quadratischen Formen wird lehren, dass sie nur eine Invariante besitzen, welche schon in § 2. in den Beispielen entwickelt ist und welche hier den Ausdruck hat:

$$(5) \qquad l = a_{11} a_{22} - \left(\frac{a_{12} + a_{21}}{2} \right)^2.$$

Denken wir uns nun φ in seine beiden linearen Factoren zerlegt. Es sind dabei drei Fälle zu unterscheiden.

1. Die beiden linearen Factoren von φ sind verschieden; es giebt also wirklich zwei Doppelelemente der vereinigten Gebilde, mögen sie nun reell oder imaginär sein. Setzt man in diesem Falle

$$\varphi = p_x \cdot q_x = (p_1 x_1 + p_2 x_2)(q_1 x_1 + q_2 x_2),$$

so findet man durch Vergleichung der Coefficienten:

$$p_1 q_1 = a_{11} \qquad p_1 q_2 + q_1 p_2 = a_{12} + a_{21}.$$
$$p_2 q_2 = a_{22}$$

Hierzu tritt noch die Gleichung, welche man aus diesen bildet:

$$p_1 q_2 - q_1 p_2 = \sqrt{(a_{12} + a_{21})^2 - 4 a_{11} a_{22}} = 2\sqrt{-l};$$

und man kann also die vier Gleichungen ansetzen:

$$p_1 q_1 = a_{11} \qquad\qquad p_2 q_1 = \frac{a_{12} + a_{21}}{2} - \sqrt{-l}$$
$$p_1 q_2 = \frac{a_{12} + a_{21}}{2} + \sqrt{-l} \quad p_2 q_2 = a_{22},$$

aus denen man, wenn etwa einer der Coefficienten p, q beliebig angenommen wird, die übrigen sofort berechnet.

Da $\varphi = p_x q_x$, so hat man

$$\xi_1 \frac{\partial \varphi}{\partial x_1} + \xi_2 \frac{\partial \varphi}{\partial x_2} = p_x q_\xi + p_\xi q_x;$$

ferner

$$p_x q_\xi - p_\xi q_x = (pq)(x\xi) = 2(x\xi)\sqrt{-l},$$

und es nimmt daher f die Form an:

$$f = \tfrac{1}{2}\left\{ (p_x q_\xi + p_\xi q_x) + \frac{k}{\sqrt{-l}}(p_x q_\xi - p_\xi q_x) \right\}$$
$$= \tfrac{1}{2}\left\{ \left(1 + \frac{k}{\sqrt{-l}}\right) p_x q_\xi + \left(1 - \frac{k}{\sqrt{-l}}\right) p_\xi q_x \right\}.$$

Führt man also die Doppelelemente $p = 0$, $q = 0$ als neue Grundelemente ein mit Hilfe der linearen Substitution:

$$X_1 = p_x$$
$$X_2 = q_x,$$

so dass dann zugleich auch

$$\Xi_1 = p_\xi$$
$$\Xi_2 = q_\xi,$$

so hat man die transformirte Form von f:

$$(6) \qquad f = \tfrac{1}{2}\left\{ \left(1 + \frac{k}{\sqrt{-l}}\right) X_1 \Xi_2 + \left(1 - \frac{k}{\sqrt{-l}}\right) X_2 \Xi_1 \right\}$$

Auf diese Form kann man also, indem man die Doppelelemente als Grundelemente einführt, die Function f immer bringen, sobald die beiden linearen Factoren von φ verschieden sind.

Die Form (6) gestattet es nun in sehr einfacher Weise zu jedem gegebenen Elemente, als dem einen Gebilde angehörig, das entsprechende des andern zu finden. Betrachtet man ein Element, für welches

$$(7) \qquad \frac{X_1}{X_2} = \lambda,$$

so hat man aus $f = 0$ für das entsprechende Element den Ausdruck

$$(8) \qquad \frac{\Xi_1}{\Xi_2} = \lambda \cdot \frac{k + \sqrt{-l}}{k - \sqrt{-l}}.$$

Bemerken wir nun, dass nach § 21. der Ausdruck

$$\frac{\dfrac{\Xi_1}{\Xi_2}}{\dfrac{X_1}{X_2}}$$

das Doppelverhältniss zwischen den beiden Doppelelementen einerseits und zwei entsprechenden Elementen andererseits ist, so können wir den Satz aussprechen:

Das Doppelverhältniss zwischen den Doppelelementen und zwei entsprechenden Elementen der beiden Gebilde ist eine Constante, und zwar drückt sich dieselbe durch die Invarianten k, l in der Form aus

$$\frac{k + \sqrt{-l}}{k - \sqrt{-l}}.$$

Man kann nun aus zwei vereinigten projectivischen Gebilden eine im Allgemeinen unendlich grosse Reihe weiterer mit ihnen vereinigter und projectivischer Gebilde durch die folgende Bemerkung ableiten.

Zu einem Elemente

$$\frac{X_1}{X_2} = \lambda$$

der einen Reihe gehört ein Element

$$\frac{\Xi_1}{\Xi_2} = \lambda \cdot \frac{k + \sqrt{-l}}{k - \sqrt{-l}}$$

der andern. Aber dieses letztere ist wieder ein Element des ersten Gebildes, und wird als solches durch die Formel

$$\frac{X_1}{X_2} = \lambda \cdot \frac{k + \sqrt{-l}}{k - \sqrt{-l}},$$

darzustellen sein. Demselben gehört ein Element des zweiten zu, welches durch die Formel gegeben ist:

$$\frac{\Xi_1}{\Xi_2} = \lambda \cdot \left(\frac{k + \sqrt{-l}}{k - \sqrt{-l}} \right)^2;$$

und man kann dieses Element auch wieder als dem Elemente

$$\frac{X_1}{X_2} = \lambda$$

zugeordnet auffassen. Bezeichnet man die ursprüngliche Art der Zuordnung als erste, die neue als zweite Zuordnung, so erhält man durch Fortsetzung des Processes eine 3te, 4te ... n^{te} Zuordnung; und das erste Gebilde ist mit dem entsprechenden Gebilde der n^{ten} Zuordnung durch die Gleichungen verbunden:

$$(9) \qquad \begin{aligned} \frac{X_1}{X_2} &= \lambda \\[2ex] \frac{\Xi_1}{\Xi_2} &= \lambda \cdot \left(\frac{k + \sqrt{-l}}{k - \sqrt{-l}} \right)^n. \end{aligned}$$

Auch die hierdurch gegebenen Gebilde sind projectivisch; sie besitzen dieselben Doppelelemente wie die ursprünglichen, und sind dadurch charakterisirt, dass das Doppelverhältniss zwischen den Doppelelementen und irgend zwei entsprechenden durch die Grösse

$$\left(\frac{k + \sqrt{-l}}{k - \sqrt{-l}} \right)^n$$

gegeben ist.

Man kann aber auch rückwärts die Frage stellen, welches Element des ersten Gebildes auf ein Element des zweiten führt, welches mit einem gegebenen Element des ersten Gebildes

$$\frac{X_1}{X_2} = \lambda$$

zusammenfällt. Bezeichnet man dieses Element als dem zweiten Gebilde angehörig durch

$$\frac{\Xi_1}{\Xi_2} = \lambda,$$

so ist es aus dem Gebilde der ersten Reihe

$$\frac{X_1}{X_2} = \lambda \cdot \frac{k - \sqrt{-l}}{k + \sqrt{-l}}$$

entsprungen. Bezeichnen wir dieses wieder als Element des zweiten
Gebildes

$$\frac{\Xi_1}{\Xi_2} = \lambda \cdot \frac{k - \sqrt{-l}}{k + \sqrt{-l}},$$

so ist dasselbe einem Elemente des ersten Gebildes

$$\frac{X_1}{X_2} = \lambda \cdot \left(\frac{k - \sqrt{-l}}{k + \sqrt{-l}}\right)^2$$

zugeordnet u. s. w. Es entsteht hier eine weitere Reihe projectivischer,
mit den vorigen vereinigt liegender Gebilde, welche als Gebilde der
$(-1)^{\text{ten}}$, $(-2)^{\text{ten}}$ etc. Zuordnung aufgefasst und durch die Formeln

$$\frac{X_1}{X_2} = \lambda$$

$$\frac{\Xi_1}{\Xi_2} = \lambda \cdot \left(\frac{k + \sqrt{-l}}{k - \sqrt{-l}}\right)^{-n}$$

repräsentirt werden können. Um die Reihe zu vervollständigen, kann
man als Zuordnung 0ter Ordnung den Fall auffassen, in welchem jedes
Element sich selbst entspricht. Die Gesammtheit aller dieser
projectivischen Gebilde mit gemeinsamen Doppelelementen ist also durch die Formeln (9) dargestellt, wenn man in
denselben der Zahl n alle Werthe von $-\infty$ bis $+\infty$ zutheilt.

Im Allgemeinen sind diese Gebilde, wiewohl unendlich an Zahl,
doch sämmtlich verschieden. Aber es kann unendlich oft der Fall
eintreten, dass die ganze Reihe der Gebilde in eine unendlich grosse
Anzahl identischer Cyclen zerfällt, deren jeder aus einer endlichen
Zahl von Gebilden besteht. Dies tritt immer und nur dann ein, wenn der
Werth der charakteristischen Constante eines der Gebilde gleich 1 wird.

Ist z. B.

$$\left(\frac{k + \sqrt{-l}}{k - \sqrt{-l}}\right)^n = 1,$$

so geht die n^{te} Zuordnung in die nullte über, das System der projectivischen Gebilde umfasst deren nur n, und die ferneren Zuordnungen geben nur die Wiederholung früherer.

Man gelangt also zu einer Invariantenbeziehung, sobald man
die Forderung stellt, dass der Kreis der Gebilde mit n derselben
geschlossen sein soll. Ist ε eine n^{te} Wurzel der Einheit, so hat
man in diesem Falle

$$\frac{k + \sqrt{-l}}{k - \sqrt{-l}} = \varepsilon,$$

also

$$k^2 = l \cdot \left(\frac{1 + \varepsilon}{1 - \varepsilon}\right)^2.$$

Der Fall $\varepsilon = 1$ ist auszuschliessen, denn er würde auf $l = 0$ führen, was hier überhaupt ausgeschlossen ist, da bei $l = 0$ die Gleichung $\varphi = 0$ zwei gleiche lineare Factoren haben würde. Ferner geben ε und $\dfrac{1}{\varepsilon}$ nichts wesentlich Verschiedenes, nämlich eine Vertauschung von $\sqrt{-l}$ mit $-\sqrt{-l}$, was nur eine Vertauschung der beiden ursprünglichen Gebilde bezeichnet. Man hat also bei ungeradem n nur auf $\dfrac{n-1}{2}$ Werthe von ε Rücksicht zu nehmen. Aber auch von diesen sind eigentlich nur diejenigen Fälle zu berücksichtigen, in denen es nicht eine Potenz m von ε giebt, welche niederer als die n^{te} ist, und für welche ε^m schon gleich 1. Denn in solchen Fällen besteht der Cyclus der Gebilde nicht aus n, sondern nur aus m verschiedenen Gebilden, wo dann m ein Factor von n ist.

Aus demselben Grunde ist bei geradem n der Fall $\varepsilon = -1$ auszulassen, sobald $n > 2$; man behält also $\dfrac{n-2}{2}$ Werthe von ε übrig, unter denen wieder diejenigen auszuschliessen sind, für welche schon eine niedrigere Potenz von ε als die n^{te} gleich 1 ist.

Der einfachste Fall ist derjenige, in welchem $n = 2$, und also schon die zweite Zuordnung auf das erste ursprüngliche Gebilde zurückführt. **In diesem Falle entsprechen immer zwei Elemente einander wechselseitig, so dass es gleichgiltig wird, welches** man dem einen, welches man dem anderen Gebilde zuzählt. Diesen Fall bezeichnet man als den Fall der **Involution.** Da $\varepsilon^2 = 1$, aber $\varepsilon = 1$ ausgeschlossen ist, so muss $\varepsilon = -1$ sein, d. h. das charakteristische Doppelverhältniss geht in das harmonische über. **Die Involution ist also derjenige Fall, in welchem je zwei zusammengehörige Elemente mit den Doppelelementen ein harmonisches System bilden.**

Die Invariantenbedingung für die Involution ist

$$k = 0,$$

oder

$$a_{12} = a_{21}.$$

Bei der Involution ist also die gegebene Form f die Polare einer quadratischen Form.

2. Wir kommen jetzt zu dem Falle $l = 0$, wo die quadratische Gleichung $\varphi = 0$ zwei gleiche Factoren hat, also

$$\varphi = (p_1 x_1 + p_2 x_2)^2,$$

$$p_1^2 = a_{11}, \quad p_1 p_2 = \frac{a_{12} + a_{12}}{2}, \quad p_2^2 = a_{22}.$$

Die Doppelelemente fallen hier in ein einziges Doppelelement zusammen. Deswegen bestimmen sich hier nicht mehr zwei naturgemäss bevorzugte Grundelemente; wir nehmen zum Zweck einer vereinfachenden linearen Substitution die Formeln an

$$X_1 = p_1 x_1 + p_2 x_2 \qquad \Xi_1 = p_1 \xi_1 + p_2 \xi_2$$
$$X_2 = q_1 x_1 + q_2 x_2 \qquad \Xi_2 = q_1 \xi_1 + q_2 \xi_2,$$

wo die q beliebige Grössen sind; es wird dadurch der Ort der vereinigten Doppelelemente als das eine Grundelement eingeführt, während das andere beliebig bleibt. Man hat sonach

$$\varphi = X_1{}^2, \quad (X\,\Xi) = (p\,q)\,(x\,\xi),$$

und f nimmt die Gestalt an:

$$f = X_1\,\Xi_1 + \frac{k}{(p\,q)}\,(X_1\,\Xi_2 - X_2\,\Xi_1).$$

Von einer charakteristischen Constante ist hier nicht mehr die Rede; denn da die q beliebig sind, so kann die Grösse $\dfrac{k}{(p\,q)}$ jeden Werth annehmen, vorausgesetzt, dass k nicht verschwindet. Aber zu dieser Voraussetzung sind wir berechtigt; denn bei $k = 0$ würde sich hier f in zwei Factoren auflösen, was von vornherein ausgeschlossen werden musste. Wir können also immer

$$\frac{k}{(p\,q)} = 1$$

annehmen, so dass man erhält:

$$f = X_1\,\Xi_1 + (X_1\,\Xi_2 - X_2\,\Xi_1).$$

Einem Elemente

$$\frac{X_2}{X_1} = \lambda$$

entspricht also das Element

$$\frac{\Xi_2}{\Xi_1} = \lambda - 1.$$

Man kann hier ebenso, wie oben, Zuordnungen positiver und negativer Ordnungen bilden. Aber man sieht sogleich, dass dieselben aus den vorstehenden Formeln hervorgehen, indem man statt $\lambda - 1$ in der zweiten Formel irgend ein Glied der Reihe

$$\ldots \lambda + 2, \quad \lambda + 1, \quad \lambda, \quad \lambda - 1, \quad \lambda - 2, \ldots$$

einführt. So erhält man eine unendliche Zahl projectivischer vereinigter Gebilde, welche sich niemals auf eine endliche, periodisch wiederkehrende Zahl reduciren können. Alle haben die zusammenfallenden Doppelelemente gemeinsam.

3. Endlich kann φ überhaupt identisch verschwinden. In diesem Falle reducirt sich f auf

$$f = k\,(x\,\xi),$$

d. h. die beiden gegebenen Gebilde fallen Element für Element zusammen.

§ 25. Andere Darstellung vereinigter projectivischer Gebilde.

Ein anderer Ausgangspunkt für die Behandlung der projectivischen Gebilde wird durch die Gleichungen (7), (8) des vorigen Paragraphen gegeben. Diese Gleichungen kann man als besondere Fälle der beiden Gleichungen

$$(1) \qquad \begin{aligned} a_x + \lambda\,b_x &= 0 \\ \alpha_\xi + \lambda\,\beta_\xi &= 0, \end{aligned}$$

ansehen, die, wenn λ einen veränderlichen Parameter darstellt, Elementereihen bedeuten, und bei welchen Elemente x, ξ einander zugeordnet sind, sobald in den beiden Gleichungen (1) λ denselben Werth hat.

Man kann die Gleichungen (1) leicht auf das im Vorigen behandelte Problem zurückführen, indem man nur λ aus ihnen eliminirt. Man erhält dann zwischen x, ξ die Beziehung

$$a_x\,\beta_\xi - b_x\,\alpha_\xi = 0,$$

welche von der Form der Gleichung § 24. (1) ist. An Stelle der Function φ tritt der Ausdruck

$$\varphi = a_x\,\beta_x - b_x\,\alpha_x,$$

und die Invariante k wird

$$k = \tfrac{1}{2}\,[\,(a\,\beta) - (b\,\alpha)\,];$$

ihr Verschwinden ist die Bedingung der Involution. Bei directer Behandlung der Gleichungen (1) würde man zunächst die Doppelelemente bestimmen, indem man die ξ den x gleich setzte; die Elimination derselben aus (1) giebt dann zur Bestimmung der Doppelelemente die in λ quadratische Gleichung:

$$\begin{aligned} 0 &= \begin{vmatrix} a_1 + \lambda\,b_1 & a_2 + \lambda\,b_2 \\ \alpha_1 + \lambda\,\beta_1 & \alpha_2 + \lambda\,\beta_2 \end{vmatrix} \\ &= (a\,\alpha) + \lambda\,\{(a\,\beta) + (b\,\alpha)\} + \lambda^2\,(b\,\beta). \end{aligned}$$

Nehmen wir an, die beiden Wurzeln derselben seien verschieden, und bezeichnen wir sie durch μ, ν.

Setzen wir dann:

$$(2) \qquad \begin{aligned} a_x + \mu\, b_x &= p_x \\ a_x + \nu\, b_x &= q_x, \end{aligned}$$

so muss man auch identisch

$$(3) \qquad \begin{aligned} \alpha_\xi + \mu\, \beta_\xi &= c\, p_\xi \\ \alpha_\xi + \nu\, \beta_\xi &= c'\, q_\xi \end{aligned}$$

haben, wo c, c' Constante sind. Drückt man mittelst dieser Gleichungen a_x, b_x, α_ξ, β_ξ durch p_x, q_x, p_ξ, q_ξ aus, so hat man die projectivischen Gebilde auf die Doppelelemente bezogen, welche durch $p_x = 0$, $q_x = 0$ gegeben sind.

Aus (2), (3) findet sich

$$a_x = \frac{\nu\, p_x - \mu\, q_x}{\nu - \mu} \qquad b_x = \frac{q_x - p_x}{\nu - \mu}$$

$$\alpha_\xi = \frac{\nu\, c\, p_\xi - \mu\, c'\, q_\xi}{\nu - \mu} \qquad \beta_\xi = \frac{c'\, q_\xi - c\, p_\xi}{\nu - \mu},$$

und indem man dies in die Gleichungen (1) einführt, hat man als neue Gleichungen der Gebilde:

$$p_x - \frac{\mu - \lambda}{\nu - \lambda}\, q_x = 0$$

$$p_\xi - \frac{c'}{c} \cdot \frac{\mu - \lambda}{\nu - \lambda}\, q_\xi = 0,$$

oder, wenn man den neuen Parameter

$$\varrho = \frac{\mu - \lambda}{\nu - \lambda}$$

einführt:

$$(4) \qquad \begin{aligned} p_x - \varrho\, q_x &= 0 \\ p_\xi - \frac{c'}{c} \cdot \varrho\, q_\xi &= 0, \end{aligned}$$

Gleichungen, welche von den Gleichungen § 24. (7), (8) nur noch durch die Bezeichnung verschieden sind.

Die Darstellung eines Gebildes in der Form

$$(5) \qquad a_x + \lambda\, b_x = 0$$

kann auch dadurch mit dem Vorigen in Verbindung gebracht werden, dass man an Stelle von λ einen Quotienten $\frac{\xi_1}{\xi_2}$ setzt; die Gleichung

$$a_x\, \xi_2 + b_x\, \xi_1 = 0$$

verbindet dann jeden Punkt x mit einem entsprechenden ξ, und die dadurch entstehenden Gebilde sind projectivisch. Ich bemerke dies hier, weil daraus sofort erhellt, wie man das Doppelverhältniss von vier Elementen eines in der Form (5) gegebenen Gebildes auszudrücken hat. Man hat nämlich nur das Doppelverhältniss aus den ξ und den bei den drei anderen Elementen auftretenden Grössen η, ζ, τ zu bilden, also den Ausdruck:

$$\frac{\dfrac{(\xi\zeta)}{(\xi\tau)}}{\dfrac{(\eta\zeta)}{(\eta\tau)}}.$$

Aber diesem Ausdruck kann man die Form geben:

$$\frac{\dfrac{\dfrac{\xi_1}{\xi_2}-\dfrac{\zeta_1}{\zeta_2}}{\dfrac{\xi_1}{\xi_2}-\dfrac{\tau_1}{\tau_2}}}{\dfrac{\dfrac{\eta_1}{\eta_2}-\dfrac{\zeta_1}{\zeta_2}}{\dfrac{\eta_1}{\eta_2}-\dfrac{\tau_1}{\tau_2}}}.$$

Sind also λ, μ, ν, ϱ die vier Werthe des Parameters, welche in der Darstellung (4) den betrachteten vier Elementen entsprechen, so ist auch

$$\frac{\xi_1}{\xi_2}=\lambda,\quad \frac{\eta_1}{\eta_2}=\mu,\quad \frac{\zeta_1}{\zeta_2}=\nu,\quad \frac{\tau_1}{\tau_2}=\varrho,$$

und der Ausdruck für das Doppelverhältniss, in Werthen des Parameters ausgedrückt, ist also:

$$(6)\qquad \frac{\dfrac{\lambda-\nu}{\lambda-\varrho}}{\dfrac{\mu-\nu}{\mu-\varrho}};$$

ein Ausdruck, von welchem in der Folge gelegentlich Gebrauch gemacht werden soll.

In den Gleichungen (4) sind ϱ und $\varrho\cdot\dfrac{c'}{c}$ die Parameter, welche zu zwei entsprechenden Elementen der vereinigten Reihen gehören; den Doppelelementen entsprechen die Parameter 0 und ∞. Bilden wir aus diesen vier Grössen das Doppelverhältniss (6), so erhalten wir

$$\frac{\dfrac{\dfrac{c'}{c}-0}{\dfrac{c'}{c}-\infty}}{\dfrac{1-0}{1-\infty}}=\frac{c'}{c}$$

als die charakteristische Constante der Beziehung. Sollen die Gebilde eine Involution ausmachen, so muss $\frac{c'}{c} = -1$ sein; die Involution wird also durch die Gleichungen

$$p_x - \varrho\, q_x = 0$$
$$p_\xi + \varrho\, q_\xi = 0$$

gegeben; oder je zwei Elementepaare der Involution sind durch die quadratische Gleichung

$$(7) \qquad\qquad p_x{}^2 - \varrho^2\, q_x{}^2 = 0$$

dargestellt.

Dritter Abschnitt.

Resultanten und Discriminanten.

---

§ 26. Resultanten und Discriminanten.

Ein sehr allgemeines Beispiel von Invarianten liefern die Resultanten und Discriminanten.

Die Resultante zweier Formen f und φ ist diejenige ganze Function ihrer Coefficienten, welche verschwinden muss, damit die Gleichungen $f = 0$, $\varphi = 0$ eine gemeinsame Wurzel haben; oder geometrisch, damit ein Punkt der zu f gehörigen Punktgruppe mit einem der zu φ gehörigen zusammenfalle. Man bildet diese Bedingung bekanntlich auf folgende Weise (vergl. Baltzer, Determ. 2. Aufl. § 11.): Wenn f von der Ordnung m, φ von der Ordnung n ist, so bildet man auf $f = 0$, $\varphi = 0$ die $m + n$ Gleichungen:

$$(1) \quad \begin{aligned} &f \cdot x_1^{n-1} = 0, \quad f \cdot x_1^{n-2} x_2 = 0, \quad f \cdot x_1^{n-3} x_2^2 = 0, \ldots f \cdot x_2^{n-1} = 0 \\ &\varphi \cdot x_1^{m-1} = 0, \quad \varphi \cdot x_1^{m-2} x_2 = 0, \quad \varphi \cdot x_1^{m-3} x_2^2 = 0, \ldots \varphi \cdot x_2^{m-1} = 0; \end{aligned}$$

in ihnen betrachtet man die $m + n$ Grössen

$$x_1^{m+n-1}, \quad x_1^{m+n-2} x_2, \quad x_1^{m+n-3} x_2^2, \ldots x_2^{m+n-1}$$

als Unbekannte linearer Gleichungen, und eliminirt dieselben, indem man die Determinante der Gleichungen (1) verschwinden lässt. Diese Determinante also ist die Resultante der Gleichungen $f = 0$, $\varphi = 0$ oder der Formen f und φ; man kann dieselbe, ohne ihre Bedeutung zu modificiren, höchstens noch um einen numerischen Factor ändern.

Die soeben entwickelte (Sylvester'sche) Methode lehrt sofort, dass die Resultante vom n^{ten} Grade in den Coefficienten der Form m^{ter} Ordnung f, vom m^{ten} Grade in den Coefficienten der Form n^{ter} Ordnung φ ist. Aber übrigens entspricht die gefundene Form der Resultante keineswegs den Forderungen, welche die Invariantentheorie zu stellen hat. Diese fordert eine möglichst grosse Leichtigkeit, eine Invariante als solche zu erkennen, sei es nun durch eine symbolische Darstellung oder auf andere Weise; und das einfachste Mittel, welches man besitzt, um diese Leichtigkeit zu erhöhen, besteht darin, dass man eine solche relativ complicirte Bildung, wie die angegebene, nicht an und für sich, bereits fertig, betrachtet, sondern dass man sie aus niederen Bildungen allmälig entstehen lässt, wobei dann die Einführung von Symbolen niederer Covarianten das Endresultat in einfacher und übersichtlicher Form erscheinen lässt.

Für den Fall, wo beide Formen von gleich hohem Grade sind, besitzt man in der von Cayley gegebenen Form der Bézout'schen Eliminationsmethode (a. a. O. p. 108) ein Verfahren, welches dem von der Invariantentheorie gesteckten Ziele schon um vieles näher kommt. Man bemerkt bei diesem Verfahren, dass der Ausdruck

$$\frac{f(x_1, x_2) \cdot \varphi(y_1, y_2) - f(y_1, y_2) \cdot \varphi(x_1, x_2)}{x_1 y_2 - y_1 x_2},$$

oder kürzer

$$(2) \qquad F(x, y) = \frac{f(x) \cdot \varphi(y) - f(y) \cdot \varphi(x)}{(x\,y)},$$

welcher die Division verstattet, immer verschwindet, sobald $f(x)$ und $\varphi(x)$ verschwinden, welches auch die Werthe der y seien. Ordnet man daher den obigen, für die x und die y symmetrischen Ausdruck nach den y und x:

$$(3) \qquad \sum_{i,\,k=0}^{i,\,k=n-1} c_{ik}\, x_1^{i}\, x_2^{n-i-1}\, y_1^{k}\, y_2^{n-k-1} \qquad (c_{ik} = c_{ki}),$$

so müssen die Ausdrücke, welche die Coefficienten der einzelnen Potenzen der y bilden, einzeln verschwinden; sobald also $f(x) = 0$ und $\varphi(x) = 0$, hat man die n Gleichungen

$$\Sigma_i\, c_{i0}\, x_1^{i}\, x_2^{n-i-1} = 0$$
$$\Sigma_i\, c_{i1}\, x_1^{i}\, x_2^{n-i-1} = 0$$
$$\cdots \cdots \cdots$$
$$\Sigma_i\, c_{i,\,n-1}\, x_1^{i}\, x_2^{n-i-1} = 0,$$

und daher, indem man die n Grössen

$$x_1^{n-1}, \quad x_1^{n-2} x_2, \quad x_1^{n-3} x_2^{2}, \ldots x_2^{n-1}$$

aus diesen n Gleichungen wie lineare Unbekannte eliminirt:

$$(4) \qquad \Sigma \pm c_{00}\, c_{11}\, c_{22} \ldots c_{n-1} = 0.$$

Die Resultante ist also hier die symmetrische Determinante von nur $n+1$ Reihen, welche auf der linken Seite steht.

Dass die Form (3) der von der Invariantentheorie geforderten Gestalt der Resultante näher kommt als die nach der erst angeführten

Regel gebildete, liegt nicht sowohl in der verminderten Anzahl von Reihen, welche die Determinante enthält, als in dem Umstande, dass man sich einer intermediären Bildung F bedient, um aus ihr sodann die Resultante zu bilden. Die Form F ist eine Covariante mit zwei Reihen von Veränderlichen; setzt man symbolisch

$$f = a_x{}^n, \quad \varphi = \alpha_x{}^n,$$

so ist

$$F(x, y) = \frac{a_x{}^n \, \alpha_y{}^n - \alpha_x{}^n \, a_y{}^n}{(xy)}$$

$$= \frac{a_x \, a_y - \alpha_x \, a_y}{(xy)} \{ a_x{}^{n-1} \, \alpha_y{}^{n-1} + a_x{}^{n-2} \, \alpha_y{}^{n-2} \cdot \alpha_x \, a_y$$

$$+ a_x{}^{n-3} \, \alpha_y{}^{n-3} \cdot \alpha_x{}^2 \, a_y{}^2 \ldots + \alpha_x{}^{n-1} \, a_y{}^{n-1} \},$$

oder, wenn man bemerkt, dass

$$a_x \, \alpha_y - \alpha_x \, a_y = (a\,\alpha)\,(x\,y)$$

ist und die Division ausführt:

$$(5) \qquad F(x, y) = (a\,\alpha) \{ a_x{}^{n-1} \, \alpha_y{}^{n-1} + a_x{}^{n-2} \, \alpha_y{}^{n-2} \cdot \alpha_x \, a_y$$

$$+ a_x{}^{n-3} \, \alpha_y{}^{n-3} \cdot \alpha_x{}^2 \, a_y{}^2 \ldots \}.$$

An diese Form knüpfen sich einige Sätze, welche oft von Wichtigkeit werden. Die Function $F(x, y)$ verschwindet immer, sobald $f(x)$ und $\varphi(x)$ verschwinden, also für beliebige Werthe der y. Setzt man nun $y_1 = x_1$, $y_2 = x_2$, so erhält man

$$F(x, x) = 0 = n \cdot (a\,\alpha)\, a_x{}^{n-1} \, \alpha_x{}^{n-1}.$$

Aber der Ausdruck rechts ist bis auf einen numerischen Factor die Functionaldeterminante von f und φ; diese verschwindet daher immer für dasselbe Werthsystem, für welches f und φ verschwinden. Aber noch mehr: Differenzirt man die Gleichung (5) zuerst nach einem der y und setzt dann $y_1 = x_1$, $y_2 = x_2$, so muss man auch noch Null erhalten. Nun ergiebt sich dann aber:

$$\left(\frac{\partial \cdot F(x, y)}{\partial y_i} \right)_{y=x} = \frac{n \cdot n - 1}{1 \cdot 2} \, (a\,\alpha)\, a_x{}^{n-2} \, \alpha_x{}^{n-2} \{ a_x \, \alpha_i + \alpha_x \, a_i \};$$

es steht rechts der Differentialquotient der Functionaldeterminante nach x_i, multiplicirt mit einer numerischen Constante. Daher hat man den Satz (vergl. Salmon, Lessons, 2^d ed., p. 69.):

> Verschwinden für ein Werthsystem x_1, x_2 zwei Formen f, φ von gleicher Ordnung, so verschwindet für dasselbe auch die Functionaldeterminante von f und φ nebst ihren ersten Differentialquotienten.

Man kann diesen Satz auch aus der Entwickelung ableiten, welche die Function $F(x, y)$ nach der Formel (6) des § 7. annimmt. Nach dieser hat man, wenn der Kürze wegen

$$\psi_x{}^{2\,n-2} = (a\,\alpha)\, a_x{}^{n-1}\, \alpha_x{}^{n-1}$$

gesetzt wird:

$$F(x, y) = n \cdot \psi_x{}^{n-1}\, \psi_y{}^{n-1} + M \cdot (xy)^2.$$

Sind z_1, z_2 nun ganz beliebige Grössen, und unterwirft man die Function F dem Prozesse

$$z_1 \frac{\partial}{\partial y_1} + z_2 \frac{\partial}{\partial y_2},$$

und setzt sodann $y_1 = x_1$, $y_2 = x_2$, so ergiebt sich

$$n\,(n-1) \cdot \psi_x{}^{2\,n-3}\, \psi_z,$$

ein Ausdruck, der, da F für jeden Werth der y verschwindet, für alle Werthe der z gleich Null sein muss. Dies aber ist wieder der obige Satz.

Der erste Theil dieses Satzes, dass nämlich die Functionaldeterminante selbst verschwindet, gilt auch noch, wenn die Ordnungen von f und φ verschieden sind. In diesem Falle wird, abgesehen von einem numerischen Factor, die Functionaldeterminante:

$$D = (a\,\alpha)\, a_x{}^{m-1}\, \alpha_x{}^{n-1};$$

daher, wenn u_1, u_2 beliebige Grössen sind, also u_x als von Null verschieden angenommen werden kann:

$$\begin{aligned}
D \cdot u_x &= (a\,\alpha)\, u_x\, a_x{}^{m-1}\, \alpha_x{}^{n-1}\\
&= [(a\,u)\, \alpha_x - (\alpha\,u)\, a_x]\, a_x{}^{m-1}\, \alpha_x{}^{n-1}\\
&= \varphi \cdot (a\,u)\, a_x{}^{m-1} - f \cdot (\alpha\,u)\, \alpha_x{}^{n-1}.
\end{aligned}$$

Mit φ und f verschwindet also D, und man hat den Satz:

> Wenn für ein bestimmtes Werthepaar x_1, x_2 zwei Formen verschwinden, so verschwindet für dasselbe auch ihre Functionaldeterminante.

Auch diesen Satz kann man daraus ableiten, dass ähnlich wie in dem Falle, wo $m = n$, eine gewisse Covariante mit zwei Reihen für alle Werthe der Veränderlichen der einen Reihe verschwindet. Man knüpft dies an die Ausdehnung der abgekürzten Methode der Resultantenbildung auf den Fall, in welchem die Ordnungen ungleich sind. So wie für $m = n$ die Form

$$F = \frac{a_x{}^n\, \alpha_y{}^n - \alpha_x{}^n\, a_y{}^n}{(xy)}$$

betrachtet wurde, so kann man hier, wenn $m > n$, die Form

$$(5) \qquad F = \frac{a_x{}^m \, \alpha_y{}^n - a_x{}^{m-n} \, a_y{}^n \, \alpha_x{}^n}{(xy)}$$

einführen,[*] welche, sobald das Werthepaar x_1, x_2 den Gleichungen $f = 0$, $\varphi = 0$ zugleich genügt, für alle Werthe der y verschwinden muss. Ist, analog wie oben:

$$F = \sum_{i=0}^{i=m-1} \sum_{k=0}^{k=n-1} c_{ik} \, x_1{}^i \, x_2{}^{m-i-1} \, y_1{}^k \, y_2{}^{n-k-1},$$

so zerfällt die Gleichung $F = 0$ in die folgenden n Gleichungen, welche die x zur $(m-1)^{\text{ten}}$ Dimension enthalten:

$$(6) \qquad \begin{aligned} \Sigma_i \, c_{i0} \, x_1{}^i \, x_2{}^{m-i-1} &= 0 \\ \Sigma_i \, c_{i1} \, x_1{}^i \, x_2{}^{m-i-1} &= 0 \\ \cdots\cdots\cdots &\\ \Sigma_i \, c_{i,\,n-1} \, x_1{}^i \, x_2{}^{m-i-1} &= 0. \end{aligned}$$

Dieses sind n Gleichungen mit den m linear auftretenden Grössen

$$(7) \qquad x_1{}^{m-1}, \quad x_1{}^{m-2} x_2, \quad x_1{}^{m-3} x_2{}^2, \ldots, x_2{}^{m-1}.$$

Fügt man den Gleichungen (6) die $m - n$ Gleichungen

$$(8) \qquad x_1{}^{m-n-1} \varphi = 0, \quad x_1{}^{m-n-2} x_2 \, \varphi = 0, \ldots x_2{}^{m-n-1} \varphi = 0$$

hinzu, so kann man die Grössen (7) aus (6), (8) wie lineare Unbekannte eliminiren, und erhält die Resultante von $f = 0$, $\varphi = 0$ als Determinante von m Reihen, also in einer der früher gegebenen gegenüber verkürzten Form.

Entwickelt man F nach Potenzen von (xy) nach der Formel (6) des § 7., und bezeichnet durch ψ wieder die Form

$$\psi = \psi_x{}^{m+n-2} = (a\,\alpha) \, a_x{}^{m-1} \, \alpha_x{}^{n-1},$$

so erhält man:

$$F = n \cdot \psi_x{}^{m-1} \, \psi_y{}^{n-1} + (xy) \cdot M.$$

Da diesmal F nicht mehr symmetrisch für die y und für die x ist, so fällt das mit der ersten Potenz von (xy) multiplicirte Glied nicht mehr aus, und man erhält daher nur, indem man berücksichtigt, dass F für alle Werthe der y, also auch für $y = x$ verschwinden muss:

$$\psi_x{}^{m+n-2} = 0,$$

was der oben angegebene Satz ist. —

Der Fall der Elimination aus zwei Gleichungen gleich hoher Ordnung tritt bei der **Discriminante** ein. Die Discriminante ist diejenige ganze Function der Coefficienten einer Form f, welche verschwindet, sobald unter den linearen Factoren von f zwei einander

---

gleich werden, oder geometrisch, sobald zwei Elemente der zu f gehörigen Gruppe zusammenfallen. Wenn aber einer der in f auftretenden linearen Factoren doppelt vorkommt, so ist dieser noch Factor der ersten Differentialquotienten von f; mit ihm verschwinden also auch diese, und man erhält die Bedingung für das Auftreten eines Doppelfactors in f, indem man aus den Gleichungen

$$(9) \qquad \frac{\partial f}{\partial x_1} = 0, \qquad \frac{\partial f}{\partial x_2} = 0$$

die x eliminirt (vergl. Baltzer, Determ. 2. Aufl. p. 116.). Es sind zwei Gleichungen $(n-1)^{\text{ter}}$ Ordnung, welche man vor sich hat; die linke Seite der Eliminationsgleichung, die Discriminante, ist also vom $(n-1)^{\text{ten}}$ Grade in den Coefficienten der ersten, von ebenso hohem in den Coefficienten der zweiten Gleichung (9), daher im Ganzen vom Grade $2(n-1)$ in den Coefficienten von f.

Will man für diesen Fall, der Cayley'schen Methode entsprechend, die Function F bilden, so muss man an Stelle der Functionen f, φ des Vorigen die Formen

$$\frac{1}{n}\frac{\partial f}{\partial x_1} = a_1 . a_x{}^{n-1}$$
$$\frac{1}{n}\frac{\partial f}{\partial x_2} = b_2 . b_x{}^{n-1}$$

setzen, wo symbolisch

$$f = a_x{}^n = b_x{}^n \ldots .$$

Es ist also dann

$$F = a_1 b_2 . (ab) \{a_x{}^{n-2} b_y{}^{n-2} + a_x{}^{n-3} b_y{}^{n-3} . a_y b_x + a_x{}^{n-4} b_y{}^{n-4} . a_y{}^2 b_x{}^2 + \ldots\}.$$

Aber die Symbole a, b haben hier völlig dieselbe Bedeutung; man kann also a mit b vertauschen und endlich für F die halbe Summe des ersten und zweiten Ausdrucks setzen. Dann erhält man

$$(10) \quad F = \tfrac{1}{2}(ab)^2 \{a_x{}^{n-2} b_y{}^{n-2} + a_x{}^{n-3} b_y{}^{n-3} . a_y b_x + a_x{}^{n-4} b_y{}^{n-4} . a_y{}^2 b_x{}^2 + \ldots\},$$

was eine Covariante von f mit zwei Reihen von Veränderlichen ist.

Wie man aus der Function F zu symbolischen, freilich complicirten Darstellungen der Resultante und Discriminante gelangen könne, habe ich im 59. Bande von Borchardt's Journal dargelegt; eine Reihe weiterer Untersuchungen über die Frage, so wie eine grosse Zahl von Bildungen in definitiver Form gab Hr. Gordan im 3. Band der math. Annalen. Ich werde mich hier begnügen, von einigen besonderen Fällen zu sprechen, in denen es gelingt, dem Resultate der Elimination eine übersichtliche Gestalt zu geben.

§ 27. Bildung der Resultante für den Fall, wo eine der gegebenen Formen von der zweiten Ordnung ist.

Wenn von zwei Formen die eine von der ersten Ordnung ist, so ist es sehr leicht, die Eliminationsgleichung zu bilden. Denn aus der linearen Gleichung

$$\varphi = \alpha_1 x_1 + \alpha_2 x_2 = 0$$

folgt sofort

$$x_1 : x_2 = \alpha_2 : -\alpha_1,$$

und indem man dies in die symbolische Form von f:

$$f = a_x^{\,n}$$

einsetzt, erhält man für die Resultante die Form

$$R = (a\,\alpha)^n.$$

Aber auch noch, wenn eine der Gleichungen von der zweiten Ordnung ist, kann man die Form der Resultante ganz allgemein bilden.[*]

Sei nämlich, in lineare Factoren zerlegt:

$$\varphi = p_x \cdot q_x.$$

Dann sagt die Resultante von φ und f, dass entweder f und p oder f und q gleichzeitig verschwinden. Die Resultante von f und φ ist also das Product der Resultante von f und p mit der Resultante von f und q. Nun ist nach dem Vorigen die eine Resultante in symbolischer Form $(a\,p)^n$, die andere, indem man nur ein anderes Symbol einführt, $(b\,q)^n$. Daher wird

$$R = (ap)^n \cdot (bq)^n \quad = (aq)^n \cdot (bp)^n$$
$$= \tfrac{1}{2}\left\{ (ap)^n \cdot (bq)^n + (aq)^n \cdot (bp)^n \right\}.$$

Es kommt nun darauf an, in diesem Ausdruck an Stelle der linearen Factoren von φ symbolische Coefficienten einzuführen. Man erreicht dieses am zweckmässigsten auf folgende Art. Setzt man der Kürze wegen

$$(ap)\,(bq) = \mu, \quad (aq)\,(bp) = \nu,$$

so ist

$$(1) \qquad\qquad R = \frac{\mu^n + \nu^n}{2}.$$

Ist n gerade, so ist, wie gezeigt werden soll, dieser Ausdruck als ganze Function von ϱ^2 und σ darstellbar, wo

---

[*] Vergl. die Abhandlung des Verfassers: „Ueber eine Classe von Eliminationsproblemen", Borchardt's Journal Bd. 58.

$$\varrho = \mu - \nu$$
$$\sigma = \mu\,\nu.$$

Ist n ungerade, so muss man zuvor einen Factor $\mu + \nu$ absondern, um alles Uebrige durch ϱ^2 und σ ausdrücken zu können. Dass man gerade ϱ^2 und σ einführt, motivirt sich durch die einfache Form, welche diese Ausdrücke bei Anwendung der symbolischen Coefficienten von φ annehmen. Ist nämlich symbolisch

$$\varphi = p_x\,q_x = \alpha_x{}^2 = \beta_x{}^2 \text{ etc.},$$

so hat man die symbolischen Gleichungen

$$p_1\,q_1 = \alpha_1{}^2, \quad p_1\,q_2 + p_2\,q_1 = 2\,\alpha_1\,\alpha_2, \quad p_2\,q_2 = \alpha_2{}^2 \text{ etc.},$$

und daher

$$\mu + \nu = (a\,p)\,(b\,q) + (a\,q)\,(b\,p) = 2\,(a\,\alpha)\,(b\,\alpha)$$
$$\mu \cdot \nu = \sigma = (a\,p)\,(a\,q)\cdot(b\,p)\,(b\,q) = (a\,\alpha)^2\,(b\,\beta)^2$$
$$(\mu - \nu)^2 = \varrho^2 = \{\,(a\,p)\,(b\,q) - (a\,q)\,(b\,p)\,\}^2 = (a\,b)^2\,(p\,q)^2$$
$$= (a\,b)^2\,\{\,(p_1\,q_2 + p_2\,q_1)^2 - 4\,p_1\,q_1\cdot p_2\,q_2\,\}$$
$$= 2\,(a\,b)^2\,\{\,(2\,\alpha_1\,\alpha_2\cdot\beta_1\,\beta_2 - \alpha_1{}^2\,\beta_2{}^2 - \alpha_2{}^2\,\beta_1{}^2\,\}$$
$$= -\,2\,(a\,b)^2\,(\alpha\,\beta)^2 = -\,2\,(a\,b)^2\,D,$$

wo D die Invariante von φ ist (vergl. § 2.).

Ich werde nun zunächst zeigen, wie R, bez. $\dfrac{R}{\mu + \nu}$ sich durch $(\mu - \nu)^2$ und $\mu\nu$ ausdrückt, und sodann, wie mit Hülfe der Gleichungen

$$\text{(2)} \qquad \begin{aligned} \mu + \nu &= 2\,(a\,\alpha)\,(b\,\alpha)\\ \sigma = \mu\nu &= (a\,\alpha)^2\,(b\,\beta)^2\\ \varrho^2 = (\mu - \nu)^2 &= -\,2\,(a\,b)^2\,D \end{aligned}$$

R durch Invarianten von übersichtlicher Entstehungsart dargestellt wird.

Bezeichnen wir durch S_k den Ausdruck

$$S_k = \mu^k + (-1)^{n-k}\,\nu^k,$$

so dass

$$R = \frac{S_n}{2}.$$

Es bestehen dann, wie man ohne Weiteres sieht, die folgenden Gleichungen:

$$\text{(3)} \qquad \begin{aligned} S_n &= (\mu - \nu)\,S_{n-1} + \mu\nu\,S_{n-2}\\ S_{n-1} &= (\mu - \nu)\,S_{n-2} + \mu\nu\,S_{n-3}\\ &\cdots\cdots\cdots\cdots\\ S_2 &= (\mu - \nu)\,S_1 + \mu\nu\,S_0. \end{aligned}$$

Was S_1 und S_0 angeht, so werden diese verschieden, je nachdem n gerade oder ungerade ist, Fälle, welche schon oben unterschieden wurden. Für ein gerades n hat man:

$$(4) \qquad S_1 = \mu - \nu, \quad S_0 = 2,$$

für ein ungerades

$$(5) \qquad S_1 = \mu + \nu, \quad S_0 = 0.$$

Um nun S_n aus den Gleichungen (3) durch S_1, S_0 auszudrücken, denke ich mir jenes System nach oben zu unendlich fortgesetzt, multiplicire die Gleichungen, von unten anfangend, mit den Potenzen $1, z, z^2 \ldots$ einer beliebigen Grösse z, und addire. Ist sodann Ω die linke Seite des Resultats:

$$(6) \qquad \Omega = S_2 + z\, S_3 + z^2\, S_4 + \ldots,$$

so hat man aus (3)

$$\Omega = \varrho\,(S_1 + z\,\Omega) + \sigma\,(S_0 + z\,S_1 + z^2\,\Omega),$$

und daher

$$(7) \qquad \Omega = \frac{(\varrho + \sigma z)\,S_1 + \sigma\,S_0}{1 - \varrho z - \sigma z^2}.$$

Der gesuchte Ausdruck S_n ist nach (6) der Coefficient von z^{n-2} in der Potenzentwickelung von Ω. Nun hat man

$$(8) \qquad \frac{1}{1 - \varrho z - \sigma z^2} = \frac{1}{1 - \varrho z} + \frac{\sigma z^2}{(1 - \varrho z)^2} + \frac{\sigma^2 z^4}{(1 - \varrho z)^3} + \ldots$$

$$= 1 + \varrho z + \varrho^2 z^2 + \varrho^3 z^3 \ldots$$

$$+ (1 + 2\,\varrho z + 3\,\varrho^2 z^2 + 4\,\varrho^3 z^3 \ldots)\,\sigma z^2$$

$$+ \left(1 + \frac{2 \cdot 3}{1 \cdot 2}\,\varrho z + \frac{3 \cdot 4}{1 \cdot 2}\,\varrho^2 z^2 + \frac{4 \cdot 5}{1 \cdot 2}\,\varrho^3 z^3 \ldots\right)\sigma^2 z^4$$

$$\cdot \cdot \cdot \cdot \cdot \cdot \cdot \cdot \cdot \cdot \cdot \cdot \cdot \cdot \cdot \cdot \cdot \cdot$$

$$= K_0 + K_1 z + K_2 z^2 + K_3 z^3 \ldots,$$

wo

$$K_0 = 1$$
$$K_1 = \varrho$$
$$(9) \qquad K_2 = \varrho^2 + \sigma$$
$$K_3 = \varrho^3 + 2\,\varrho\,\sigma$$
$$\cdot \cdot \cdot \cdot \cdot \cdot \cdot$$

überhaupt

$$(10) \qquad K_h = \varrho^h + (h - 1)\,\sigma\,\varrho^{h-2} + \frac{h - 2 \cdot h - 3}{1 \cdot 2}\,\sigma^2\,\varrho^{h-4}$$

$$+ \frac{h - 3 \cdot h - 4 \cdot h - 5}{1 \cdot 2 \cdot 3}\,\sigma^3\,\varrho^{h-6} + \ldots,$$

eine Formel, deren Gesetz sofort einleuchtet. Setzt man die Reihe (8) nun in (7) ein, so hat man

$$\Omega = \{(\varrho\, S_1 + \sigma\, S_0) + z \cdot \sigma\, S_1\} \{K_0 + K_1\, z + K_2\, z^2 \ldots\},$$

und daher, indem man den Coefficienten von z^{n-2} nimmt, welcher gleich S_n oder gleich $2\,R$ ist:

$$(11) \qquad R = \tfrac{1}{2}\, \{(\varrho\, S_1 + \sigma\, S_0)\, K_{n-2} + \sigma\, S_1 \cdot K_{n-3}\},$$

oder, wenn man bemerkt, dass

$$(12) \qquad \varrho\, K_{n-2} + \sigma\, K_{n-3} = K_{n-1}$$

ist:

$$(13) \qquad R = \tfrac{1}{2}\, \{S_1\, K_{n-1} + \sigma\, S_0\, K_{n-2}\}.$$

Je nachdem also n gerade oder ungerade ist, hat man nach (4), (5):

1) n gerade:

$$(14) \qquad 2\,R = \varrho^n + n\,\sigma\, \varrho^{n-2} + \frac{n \cdot n - 3}{1 \cdot 2}\, \sigma^2\, \varrho^{n-4}$$
$$+ \frac{n \cdot n - 4 \cdot n - 5}{1 \cdot 2 \cdot 3}\, \sigma^3\, \varrho^{n-6} + \ldots$$

2) n ungerade:

$$(15) \qquad 2\,R = (\mu + \nu) \left\{ \varrho^{n-1} + (n-2)\,\sigma\, \varrho^{n-3} + \frac{n-3 \cdot n - 4}{1 \cdot 2}\, \sigma^2\, \varrho^{n-5} \right.$$
$$\left. + \frac{n-4 \cdot n - 5 \cdot n - 6}{1 \cdot 2 \cdot 3}\, \sigma^3\, \varrho^{n-7} \ldots \right\}.$$

Bezeichnen wir nun je nach Bedürfniss die Symbole von φ durch

$$\alpha',\ \alpha'' \ldots,\quad \beta',\ \beta'' \ldots,\quad \gamma,$$

so haben wir aus (2):

1) Für ein gerades n:

$$\varrho^{n-2k}\, \sigma^k = (-2)^{\frac{n}{2}-k}\, D^{\frac{n}{2}-k}$$
$$\cdot (ab)^{n-2k} \cdot (a\,\alpha')^2\, (b\,\beta')^2\, (a\,\alpha'')^2\, (b\,\beta'')^2 \ldots (a\,\alpha^{(k)})^2\, (b\,\beta^{(k)})^2$$

oder

$$(17) \qquad \varrho^{n-2k}\, \sigma^k = (-2)^{\frac{n}{2}-k}\, D^{\frac{n}{2}-k} \cdot A_k,$$

wo A_k die Invariante bedeutet:

$$(18) \quad A_k = (ab)^{n-2k}\, (a\,\alpha')^2\, (a\,\alpha'')^2 \ldots (a\,\alpha^{(k)})^2\, (b\,\beta')^2\, (b\,\beta'')^2 \ldots (b\,\beta^{(k)})^2.$$

Von dieser Bezeichnung nehmen wir nur denjenigen Coefficienten aus, für welchen $k = \frac{n}{2}$, den letzten. Dieser nämlich zerfällt in die beiden einander gleichen Factoren

$$(19) \qquad \begin{aligned} B &= (a\,\alpha')^2\,(a\,\alpha'')^2 \ldots \left(a\,\alpha^{\left(\frac{n}{2}\right)}\right)^2 \\ &= (b\,\beta')^2\,(b\,\beta'')^2 \ldots \left(b\,\beta^{\left(\frac{n}{2}\right)}\right)^2 \end{aligned}$$

und man hat also

$$(20) \qquad \sigma^{\frac{n}{2}} = B^2.$$

2) Für ein ungerades n:

$$\varrho^{n-2k-1}\,\sigma^k\,(\mu + \nu) = 2\,(a\gamma)\,(b\gamma)\,.\,(-2)^{\frac{n-1}{2}-k}\,.\,D^{\frac{n-1}{2}-k}$$
$$.\,(ab)^{n-1-2k}\,(a\,\alpha')^2\,(a\,\alpha'')^2 \ldots (a\,\alpha^{(k)})^2\,.\,(b\,\beta')^2\,(b\,\beta'')^2 \ldots (b\,\beta^{(k)})^2$$

oder

$$(21) \qquad \varrho^{n-2k-1}\,\sigma^k\,(\mu + \nu) = 2\,.\,(-2)^{\frac{n-1}{2}-k}\,D^{\frac{n-1}{2}-k}\,.\,A_k\,,$$

wo A_k die Invariante bedeutet:

$$(22) \qquad \begin{aligned} A_k &= (ab)^{n-1-2k}\,(a\gamma)\,(b\gamma)\,.\,(a\,\alpha')^2\,(a\,\alpha'')^2 \ldots (a\,\alpha^{(k)})^2 \\ &\qquad .\,(b\,\beta')^2\,(b\,\beta'')^2 \ldots (b\,\beta^{(k)})^2. \end{aligned}$$

Und die Ausdrücke für die Resultante sind also:

1) **für ein gerades n:**

$$(23) \quad \begin{aligned} R &= (-D)^{\frac{n}{2}}\,.\,2^{\frac{n-2}{2}}\,.\,A_0 + n\,.\,(-D)^{\frac{n-2}{2}}\,.\,2^{\frac{n-4}{2}}\,.\,A_1 \\ &\quad + \frac{n\,.\,n-3}{1\,.\,2}\,.\,(-D)^{\frac{n-4}{2}}\,.\,2^{\frac{n-6}{2}}\,.\,A_2 + \frac{n\,.\,n-4\,.\,n-5}{1\,.\,2\,.\,3}\,.\,(-D)^{\frac{n-6}{2}}\,.\,2^{\frac{n-8}{2}}\,.\,A_3 \\ &\quad \ldots - \frac{n^2}{4}\,D\,A_{\frac{n}{2}-1} + B^2, \end{aligned}$$

2) **für ein ungerades n:**

$$(24) \quad \begin{aligned} R &= (-2D)^{\frac{n-1}{2}}\,A_0 + (n-2)\,(-2D)^{\frac{n-3}{2}}\,A_1 \\ &\quad + \frac{n-3\,.\,n-4}{1\,.\,2}\,(-2D)^{\frac{n-5}{2}}\,A_2 + \ldots - \frac{n^2-1}{4}\,D\,A_{\frac{n-3}{2}} + A_{\frac{n-1}{2}}. \end{aligned}$$

Insbesondere ergeben sich für die kleinsten Werthe von n die Bildungen:

$$(25) \quad \begin{aligned} &n = 1: \; R = A_0 \qquad\qquad &&A_0 = (a\,\alpha)^2 \\ &n = 2: \; R = -D\,A_0 + B^2 \qquad\qquad &&A_0 = (ab)^2,\; B = (a\alpha)^2 \\ &n = 3: \; R = -2D\,A_0 + A_1 \qquad\qquad &&A_0 = (ab)^2\,(a\gamma)\,(b\gamma), \\ & &&A_1 = (a\gamma)\,(b\gamma)\,(a\alpha)^2\,(b\beta)^2 \\ &n = 4: \; R = 2D^2\,A_0 - 4D\,A_1 + B^2 \qquad\qquad &&A_0 = (ab)^4, \\ & &&A_1 = (ab)^2\,(a\alpha)^2\,(b\beta)^2, \\ & &&B = (a\alpha)^2\,(a\alpha')^2. \end{aligned}$$

An die Gleichung (23) knüpft sich der bemerkenswerthe Satz:

Die Resultante einer Form 2ter Ordnung mit einer andern Form gerader Ordnung setzt sich immer aus niederen Invarianten zusammen.

Denn in (23) ist kein Glied vorhanden, welches nicht in Factoren zerfällt, während in (24) allerdings ein solches existirt.

Es bleibt übrig, die Entstehungsweise der Invarianten A, B aus niederen Bildungen darzulegen. Hierzu führt die Aufstellung der folgenden Reihe von Covarianten:

$$(26) \quad \begin{aligned} p &= p_x{}^{n-2} = (a\,\alpha)^2\, a_x{}^{n-2} \\ q &= q_x{}^{n-4} = (a\,\alpha)^2\, (a\,\alpha')^2\, a_x{}^{n-4} = (p\,\alpha')^2\, p_x{}^{n-4} \\ r &= r_x{}^{n-6} = (a\,\alpha)^2\, (a\,\alpha')^2\, (a\,\alpha'')^2\, a_x{}^{n-6} = (q\,\alpha'')^2\, q_x{}^{n-6} \end{aligned}$$

$$\cdot\ \cdot\ \cdot\ \cdot\ \cdot\ \cdot\ \cdot\ \cdot\ \cdot\ \cdot\ \cdot$$

Im Falle eines geraden n schliesst diese Reihe mit einer Invariante, welche nichts Anderes ist als B; die übrigen Bildungen aber liefern die A mit Hülfe folgender Ausdrücke, in denen die verschiedenartigen derselben Covariante zugehörigen Symbole durch obere Striche unterschieden sind:

$$\begin{aligned} A_1 &= (p\,p')^{n-2} \\ A_2 &= (q\,q')^{n-4} \\ A_3 &= (r\,r')^{n-6} \end{aligned}$$

$$\cdot\ \cdot\ \cdot\ \cdot\ \cdot\ \cdot\ \cdot$$

Dieselben entstehen aus p, q ... ebenso, wie A_0 aus f.

Im Falle eines ungeraden n enthält die Reihe (26) lauter Covarianten ungerader Ordnung. Bildet man aus ihnen zunächst die quadratischen Covarianten:

$$\begin{aligned} P &= P_x{}^2 = (p\,p')^{n-3}\, p_x\, p'_x = (a\,\alpha)^2\, (b\,\beta)^2\, (a\,b)^{n-3}\, a_x\, b_x \\ Q &= Q_x{}^2 = (q\,q')^{n-5}\, q_x\, q'_x = (a\,\alpha)^2\, (a\,\alpha')^2\, (b\,\beta)^2\, (b\,\beta')^2\, (a\,b)^{n-5}\, a_x\, b_x \\ R &= R_x{}^2 = (r\,r')^{n-5}\, r_x\, r'_x \\ &= (a\,\alpha)^2\, (a\,\alpha')^2\, (a\,\alpha'')^2\, (b\,\beta)^2\, (b\,\beta')^2\, (b\,\beta'')^2\, (a\,b)^{n-7}\, a_x\, b_x \end{aligned}$$

$$\cdot\ \cdot\ \cdot\ \cdot\ \cdot\ \cdot\ \cdot\ \cdot\ \cdot\ \cdot\ \cdot\ \cdot\ \cdot\ \cdot$$

so hat man:

$$\begin{aligned} A_1 &= (P\,\gamma)^2 \\ A_2 &= (Q\,\gamma)^2 \\ A_3 &= (R\,\gamma)^2 \end{aligned}$$

$$\cdot\ \cdot\ \cdot\ \cdot\ \cdot$$

Diese Invarianten entstehen aus p, q, r ... genau so, wie

$$A_0 = (a\,b)^{n-1}\, (a\,\gamma)\, (b\,\gamma)$$

aus f. —

Unter den bei (25) angeführten einfachsten Fällen führt die Elimination aus zwei Gleichungen 2ter Ordnung nur auf die Invarianten der beiden Formen (D, A_0) und auf ihre simultane Invariante B; $R = B^2 - D A_0$.

Aber diese Resultante kann in einer noch einfachern Form dargestellt werden. Setzt man für D, B, A_0 ihre symbolischen Ausdrücke, so hat man

$$R = (a\,\alpha)^2\,(b\,\beta)^2 - (a\,b)^2\,(\alpha\,\beta)^2$$
$$= [(a\,\alpha)\,(b\,\beta) + (a\,b)\,(\alpha\,\beta)]\,[(a\,\alpha)\,(b\,\beta) - (a\,b)\,(\alpha\,\beta)],$$

oder mit Anwendung der Identität (IV) des § 15.:

$$(27) \qquad R = [(a\,\alpha)\,(b\,\beta) + (a\,b)\,(\alpha\,\beta)]\,(a\,\beta)\,(b\,\alpha).$$

Betrachtet man nun die von der Functionaldeterminante nur um einen Zahlenfactor verschiedene Covariante

$$(28) \qquad \vartheta = \vartheta_x{}^2 = \vartheta'_x{}^2 \ldots = (a\,\beta)\,a_x\,\beta_x,$$

so ist

$$\vartheta_x\,\vartheta_y = \tfrac{1}{2}\,(a\,\beta)\,(a_x\,\beta_y + a_y\,\beta_x)$$

[indem man (28) nach den x differenzirt und die Resultate mit $\tfrac{1}{2}\,y_1$, $\tfrac{1}{2}\,y_2$ multiplicirt addirt]; aus dieser Form aber entsteht der Ausdruck (27), wenn man für x_1, x_2, y_1, y_2 bezüglich α_2, $-\alpha_1$, b_2, $-b_1$ setzt und mit $-2\,(b\,\alpha)$ multiplicirt. Daher ist auch

$$R = -2\,(\vartheta\,\alpha)\,(\vartheta\,b)\,(b\,\alpha).$$

Aber dieser Ausdruck wiederum entsteht aus

$$\vartheta'^2{}_x = (b\,\alpha)\,b_x\,\alpha_x,$$

wenn man x_1, x_2 durch ϑ_2, $-\vartheta_1$ ersetzt und mit -2 multiplicirt. Daher ist endlich auch

$$(29) \qquad R = -2\,(\vartheta\,\vartheta')^2,$$

d. h. **die Resultante zweier quadratischen Formen kann durch die Invariante ihrer Functionaldeterminante ersetzt werden.** * —

Bei der Elimination aus einer Gleichung $\varphi = 0$ 2ter und einer Gleichung $f = 0$ 3ter Ordnung ist eine quadratische Covariante von f

$$\varDelta = \varDelta_x{}^2 = (a\,b)^2\,a_x\,b_x$$

und eine simultane lineare Covariante

$$p = (a\,\alpha)^2\,a_x$$

zu bilden; man hat dann

$$A_0 = (\varDelta\,\gamma)^2, \quad A_1 = (p\,\gamma)^2$$

und

$$R = A_1 - 2\,D\,A_0. —$$

---

* Im Allgemeinen muss die Resultante zweier Formen gleicher Ordnung ein Factor der Discriminante ihrer Functionaldeterminante sein, wie dies aus dem Satze am Ende von p. 80 hervorgeht.

Endlich bei der Elimination aus einer Gleichung $\varphi = 0$ 2ter und einer Gleichung $f = 0$ 4ter Ordnung ist ausser der zu f gehörigen Invariante

$$A_0 = (ab)^4$$

zunächst die simultane quadratische Covariante

$$p = p_x^2 = (a\alpha)^2 a_x^2$$

zu bilden; aus derselben hat man

$$A_1 = (pp')^2, \quad B = (p\alpha')^2,$$

und endlich

$$R = B^2 - 4DA_1 + 2D^2 A_0. \; -$$

Man kann sich die Frage stellen, unter welchen Bedingungen die Form n^{ter} Ordnung zwei Factoren mit der Form 2ter Ordnung gemein hat, diese also ganz als Factor enthält[*]. Dies erfordert offenbar zwei Bedingungen. Aber man würde sehr irren, wenn man erwarten wollte, das gleichzeitige Eintreten zweier Bedingungen durch das Verschwinden zweier Invarianten charakterisirt zu sehen; vielmehr tritt dieses nur in wenigen vereinzelten Fällen ein. Es ist wichtig festzuhalten, dass das gleichzeitige Eintreten mehrerer Bedingungen im Allgemeinen sich durch das Verschwinden sämmtlicher Coefficienten einer **Covariante** auszudrücken pflegt. Dabei hat man dann freilich scheinbar zwischen den Coefficienten der zu untersuchenden Functionen mehr als zwei Gleichungen. Aber in der That sind diese dann doch immer in der Weise mit einander verträglich, dass man allen zusammen durch passende Bestimmung zweier unbestimmter Grössen (etwa unbestimmt gelassener Coefficienten) zu genügen im Stande ist, ohne dass es doch möglich wäre, zwei einem solchen Systeme vollkommen äquivalente Bedingungsgleichungen aufzufinden.

So kann man denn auch in dem vorliegenden Falle leicht eine Covariante angeben, welche die Eigenschaft hat, dass das gleichzeitige Verschwinden ihrer sämmtlichen Coefficienten nothwendig und hinreichend sei für die Erfüllung der Forderung, dass eine quadratische Form in einer Form n^{ter} Ordnung als Theiler enthalten sei. Sind wieder wie im Vorigen p_x und q_x die linearen Factoren der quadratischen Form φ, so ist diese Covariante

$$\Phi = \frac{(ap)^n \cdot q_x^n - (aq)^n \cdot p_x^n}{(pq)},$$

eine Covariante, welche in der That für alle Werthe der x verschwindet, sobald, der Forderung gemäss, die Grössen $(ap)^n$ und $(aq)^n$ gleich-

---

[*] Vgl. Gordan im 3. Bd. der math. Annalen.

zeitig verschwinden. Aber auch umgekehrt: Verschwinden alle Coefficienten von Φ, verschwindet also Φ für alle Werthe der x, so folgt nothwendig

$$(a\,p)^n = 0, \quad (a\,q)^n = 0,$$

d. h. die quadratische Form ist Theiler der Form n^{ter} Ordnung.

Die Covariante Φ entsteht aus der Form

$$\Psi = \frac{p_y{}^n\,q_x{}^n - p_x{}^n\,q_y{}^n}{(p\,q)},$$

indem man y_1 durch $-a_2$, y_2 durch a_1 ersetzt; und es kommt daher zur Darstellung von Φ nur darauf an, die Form Ψ in geeigneter Weise zu bilden. Dies geschieht ganz ähnlich, wie die Bildung von R im Vorigen. Setzt man

$$p_y\,q_x = \mu, \quad p_x\,q_y = \nu,$$

so kann man sowohl $\mu - \nu$ als $\mu\,.\,\nu$ auf einfache Weise ausdrücken; denn es ist

$$\varrho = \mu - \nu = (p\,q)\,(y\,x), \quad (\mu - \nu)^2 = -2\,D\,(y\,x)^2, \quad [\text{vgl. (2).}]$$
$$\sigma = \mu\,\nu = \alpha_x{}^2\,.\,\alpha'_y{}^2 = \varphi\,(x)\,.\,\varphi\,(y).$$

Wir suchen also den Zähler von Ψ durch $\mu - \nu$ und $\mu\,\nu$ auszudrücken. Sei

$$\mu^k - (-1)^{n-k}\,\nu^k = S_k;$$

dann ist

$$\Psi = \frac{S_n}{(p\,q)}.$$

Für die S_k aber hat man die Recursionsformel

$$S_k = (\mu - \nu)\,S_{k-1} + \mu\,\nu\,S_{k-2},$$

und die S_k bestimmen sich also genau durch das Gleichungssystem (3), welches oben behandelt wurde. Es fand sich dort

$$S_n = (\varrho\,S_1 + \sigma\,S_0)\,K_{n-2} + \sigma\,S_1\,K_{n-3},$$

wo

$$K_h = \varrho^h + (h-1)\,\sigma\,\varrho^{h-2} + \frac{h-2\,.\,h-3}{1\,.\,2}\,\sigma^2\,\varrho^{h-4}$$
$$+ \frac{h-3\,.\,h-4\,.\,h-5}{1\,.\,2\,.\,3}\,\sigma^3\,\varrho^{h-6} + \dots.$$

Unterscheidet man wieder die beiden Fälle, wo n gerade und wo n ungerade ist, so ist in ersterem

$$S_1 = \mu + \nu, \quad S_0 = 0,$$

im zweiten

$$S_1 = \mu - \nu, \quad S_0 = 2.$$

Für ein gerades n hat man also

$$S_n = (\mu + \nu)\left\{ \varrho^{n-1} + (n-2)\,\sigma\,\varrho^{n-3} + \frac{n-3\,.\,n-4}{1\,.\,2}\,\sigma^2\,\varrho^{n-5} \right. $$
$$\left. + \frac{n-4\,.\,n-5\,.\,n-6}{1\,.\,2\,.\,3}\,\sigma^3\,\varrho^{n-7}\ldots \right\},$$

für ein ungerades n dagegen:

$$S_n = \varrho^n + n\,\sigma\,\varrho^{n-2} + \frac{n\,.\,n-3}{1\,.\,2}\,\sigma^2\,\varrho^{n-4} + \frac{n\,.\,n-4\,.\,n-5}{1\,.\,2\,.\,3}\,\sigma^3\,\varrho^{n-6} + \cdots .$$

In beiden Fällen tritt ϱ als Factor auf, und da

$$\varrho = (p\,q)\,(y\,x),$$

so wird der Ausdruck für

$$\varPsi = \frac{S_n}{(p\,q)}$$

1) bei geradem n:

$$= (y\,x)\,(\mu + \nu)\left\{ \varrho^{n-2} + (n-2)\,\sigma\,\varrho^{n-4} + \frac{n-3\,.\,n-4}{1\,.\,2}\,\sigma^2\,\varrho^{n-6}\ldots \right\},$$

2) bei ungeradem n:

$$= (y\,x)\left\{ \varrho^{n-1} + n\,\sigma\,\varrho^{n-3} + \frac{n\,.\,n-3}{1\,.\,2}\,\sigma^2\,\varrho^{n-5} + \ldots \right\}.$$

Führt man jetzt für $\mu + \nu$ den symbolischen Ausdruck in den Coefficienten von φ ein, $2\,\alpha_x\,\alpha_y$, und ersetzt ϱ^2 durch $-2\,D\,(y\,x)^2$, σ durch $\varphi\,(x)\,\varphi\,(y)$, so hat man:

für ein gerades n:

$$\varPsi = (y\,x)\,\alpha_x\,\alpha_y\left\{ (-2\,D)^{\frac{n-2}{2}}\,(y\,x)^{n-2} + (n-2)\,\varphi\,(x)\,\varphi\,(y)\,.\,(-2\,D)^{\frac{n-4}{2}}\,.\,(y\,x)^{n-4} \right.$$
$$\left. + \frac{n-3\,.\,n-4}{1\,.\,2}\,\varphi^2\,(x)\,\varphi^2\,(y)\,.\,(-2\,D)^{\frac{n-6}{2}}\,.\,(y\,x)^{n-6} + \ldots \right\},$$

für ein ungerades n:

$$\varPsi = (y\,x)\left\{ (-2\,D)^{\frac{n-1}{2}}\,.\,(y\,x)^{n-1} + n\,\varphi\,(x)\,\varphi\,(y)\,(-2\,D)^{\frac{n-3}{2}}\,(y\,x)^{n-3} \right.$$
$$\left. + \frac{n\,.\,n-3}{1\,.\,2}\,\varphi^2\,(x)\,\varphi^2\,(y)\,.\,(-2\,D)^{\frac{n-5}{2}}\,(y\,x)^{n-5} + \ldots \right\}.$$

Wenn nun die Covariante $\varPhi$ gebildet werden soll, so führt man wieder $-a_2$ für y_1, a_1 für y_2 ein, wodurch $(y\,x)$ in $-a_x$, α_y in $-(a\,\alpha)$ übergeht. Wenn man also die folgenden Bezeichnungen von Covarianten einführt:

bei geradem n:

$$K_1 = (a\,\alpha)\,\alpha_x\,a_x{}^{n-1}$$
$$K_2 = (a\,\alpha)\,(a\,\alpha')^2\,\alpha_x\,a_x{}^{n-3}$$
$$K_3 = (a\,\alpha)\,(a\,\alpha')^2\,(a\,\alpha'')^2\,\alpha_x\,a_x{}^{n-5}$$
$$\cdot \quad \cdot \quad \cdot \quad \cdot \quad \cdot$$

bei ungeradem n:

$$L_1 = a_x{}^n$$
$$L_2 = (a\,\alpha)^2\,a_x{}^{n-2}$$
$$L_3 = (a\,\alpha)^2\,(a\,\alpha')^2\,a_x{}^{n-4}$$
$$\cdot \quad \cdot \quad \cdot \quad \cdot \quad \cdot \quad \cdot$$

so sind die unter den fraglichen Verhältnissen verschwindenden Covarianten:

1) bei geradem n:

$$\Phi = (-2D)^{\frac{n-2}{2}}\,K_1 + (n-2)\,\varphi\,.\,(-2D)^{\frac{n-4}{2}}\,K_2$$
$$+\,\frac{n-3\,.\,n-4}{1\,.\,2}\,\varphi^2\,.\,(-2D)^{\frac{n-6}{2}}\,K_3 \ldots ,$$

2) bei ungeradem n:

$$-\Phi = (-2D)^{\frac{n-1}{2}}\,L_1 + n\,\varphi\,.\,(-2D)^{\frac{n-3}{2}}\,L_2$$
$$+\,\frac{n\,.\,n-3}{1\,.\,2}\,\varphi^2\,.\,(-2D)^{\frac{n-5}{2}}\,L_3 \ldots .$$

Insbesondere wird also für $n = 2$ die Bedingung dafür, dass zwei quadratische Formen nur um einen constanten Factor verschieden seien, durch das Verschwinden der Covariante K_1 d. h. ihrer Functionaldeterminante dargestellt.

Die Bedingung, dass eine quadratische Form Factor einer cubischen sei, führt auf das Verschwinden der cubischen Covariante ($n = 3$):

$$-2D\,L_1 + 3\,\varphi\,L_2 = -2D\,.\,a_x{}^3 + 3\,\varphi\,.\,(a\,\alpha)^2\,a_x.$$

Die Bedingung, dass eine quadratische Form Factor einer biquadratischen sei, führt auf das Verschwinden der biquadratischen Covariante

$$-2D\,K_1 + 2\,\varphi\,K_2 = -2D\,(a\,\alpha)\,\alpha_x\,a_x{}^3 + 2\,\varphi\,.\,(a\,\alpha)\,(a\,\alpha')^2\,\alpha_x\,a_x.$$

§ 28. Resultante zweier cubischen Formen.

Ich will noch die Resultante zweier Formen dritter Ordnung ableiten. Seien die gegebenen Formen

$$(1) \qquad \begin{aligned} f &= a_x{}^3 = b_x{}^3 \ldots \\ \varphi &= \alpha_x{}^3 = \beta_x{}^3 \ldots . \end{aligned}$$

Alsdann ist nach dem Satze am Ende von p. 80 für $f = 0$, $\varphi = 0$ nicht nur

$$(2) \qquad \vartheta = \vartheta_x{}^4 = (a\,\alpha)\,a_x{}^2\,b_x{}^2 = 0,$$

sondern auch die Differentialquotienten von ϑ verschwinden, so dass man hat:

$$(3) \qquad \begin{aligned} \vartheta_x{}^3\,\vartheta_1 &= 0 \\ \vartheta_x{}^3\,\vartheta_2 &= 0. \end{aligned}$$

Diese Gleichungen zusammen mit (1) sind vier Gleichungen dritter Ordnung; man kann also aus ihnen die Grössen

$$x_1{}^3, \quad 3\,x_1{}^2\,x_2, \quad 3\,x_1\,x_2{}^2, \quad x_2{}^3$$

wie lineare Unbekannte eliminiren, und erhält dann die Eliminationsgleichung, indem man die von den beiden Gleichungen (3) herrührenden Symbole unterscheidet:

$$(4) \qquad 0 = \vartheta_1\,\vartheta'_2 \cdot \begin{vmatrix} a_1{}^3 & a_1{}^2\,a_2 & a_1\,a_2{}^2 & a_2{}^3 \\ \alpha_1{}^3 & \alpha_1{}^2\,\alpha_2 & \alpha_1\,\alpha_2{}^2 & \alpha_2{}^3 \\ \vartheta_1{}^3 & \vartheta_1{}^2\,\vartheta_2 & \vartheta_1\,\vartheta_2{}^2 & \vartheta_2{}^3 \\ \vartheta'_1{}^3 & \vartheta'_1{}^2\,\vartheta'_2 & \vartheta'_1\,\vartheta'_2{}^2 & \vartheta'_2{}^3 \end{vmatrix};$$

eine Gleichung, welche in der That sowohl für die Coefficienten von f als für die von φ vom dritten Grade ist.

Nun verschwindet aber die Determinante, sobald die in zwei Reihen vorkommenden Symbole proportional werden, etwa $a_1 : a_2 = \alpha_1 : \alpha_2$, oder sobald die aus den Symbolen zweier Reihen zusammengesetzte Determinante [etwa $(a\,\alpha)$] verschwindet. Daher enthält jene Determinante die Factoren

$$(a\,\alpha), \quad (a\,\vartheta), \quad (a\,\vartheta'), \quad (\alpha\,\vartheta), \quad (\alpha\,\vartheta'), \quad (\vartheta\,\vartheta'),$$

und kann, da die Dimensionen übereinstimmen, durch ihr Product ersetzt werden. Man hat also die Eliminationsgleichung in der symbolischen Form

$$0 = \vartheta_1\,\vartheta'_2\,(a\,\alpha)\,(a\,\vartheta)\,(a\,\vartheta')\,(\alpha\,\vartheta)\,(\alpha\,\vartheta')\,(\vartheta\,\vartheta').$$

Setzt man nun an Stelle der rechten Seite die Summe dieses Ausdrucks und desjenigen, welcher durch Vertauschung von ϑ mit ϑ' erhalten wird, so hat man

$$0 = (a\,\alpha)\,(a\,\vartheta)\,(a\,\vartheta')\,(\alpha\,\vartheta)\,(\alpha\,\vartheta')\,(\vartheta\,\vartheta')^2,$$

und die Resultante wird also:

$$(5) \qquad R = (a\,\alpha)\,(a\,\vartheta)\,(a\,\vartheta')\,(\alpha\,\vartheta)\,(\alpha\,\vartheta')\,(\vartheta\,\vartheta')^2.$$

Aber auch diese Form kann noch eleganter gemacht werden, indem man sich der Identität (V) des § 15. bedient, nach welcher

$$(a\,\vartheta)\,(a\,\vartheta')\,(\alpha\,\vartheta)\,(\alpha\,\vartheta') = \tfrac{1}{2}\,\{(a\,\vartheta)^2\,(\alpha\,\vartheta')^2 + (\alpha\,\vartheta)^2\,(a\,\vartheta')^2 - (a\,\alpha)^2\,(\vartheta\,\vartheta')^2\}.$$

Führt man dies in (5) ein, so liefern die ersten beiden Glieder zwei Terme, welche sich nur durch die Bezeichnung, nämlich durch Vertauschung von ϑ mit ϑ', von einander unterscheiden. Zieht man beide zusammen, so bleibt demnach:

$$(6) \qquad R = (a\,\alpha)\,(a\,\vartheta)^2\,(\alpha\,\vartheta')^2\,(\vartheta\,\vartheta')^2 - \tfrac{1}{2}\,(a\,\alpha)^3\,.\,(\vartheta\,\vartheta')^4.$$

Der zweite Theil rechts ist das Product einer sehr einfachen simultanen Invariante von f und φ mit einer Invariante von ϑ. Der erste Theil lässt sich auf diesen zweiten und auf eine Invariante von ϑ in folgender Weise zurückführen. Gehen wir von der Formel aus:

$$\vartheta_x''^4 = (a\,\alpha)\,a_x{}^2\,\alpha_x{}^2.$$

Indem wir dieselbe wiederholt nach den x differenziren und die Differentialquotienten mit Grössen y multiplicirt addiren, erhalten wir zuerst

$$\vartheta_x''^3\,\vartheta_y'' = \tfrac{1}{2}\,(a\,\alpha)\,\{a_x{}^2\,\alpha_x\,\alpha_y + \alpha_x{}^2\,a_x\,a_y\},$$

sodann aber

$$\vartheta_x''^2\,\vartheta_y''^2 = \tfrac{1}{6}\,(a\,\alpha)\,\{(a_x{}^2\,\alpha_y{}^2 + \alpha_x{}^2\,a_y{}^2 + 4\,a_x\,\alpha_x\,a_y\,\alpha_y\}.$$

Man kann nun, nach der Identität (VIII) des § 15.

$$a_x\,\alpha_x\,a_y\,\alpha_y = \tfrac{1}{2}\,\{a_x{}^2\,\alpha_y{}^2 + \alpha_x{}^2\,a_y{}^2 - (a\,\alpha)^2\,(xy)^2\}$$

setzen, und erhält dann:

$$\vartheta_x''^2\,\vartheta_y''^2 = \tfrac{1}{6}\,(a\,\alpha)\,\{3\,a_x{}^2\,\alpha_y{}^2 + 3\,\alpha_x{}^2\,a_y{}^2 - 2\,(a\,\alpha)^2\,(xy)^2\}.$$

In dieser Gleichung setze ich zunächst $\vartheta_2,\ -\vartheta_1$ für $y_1,\ y_2$ und multiplicire mit $\vartheta_x{}^2$; dann kommt:

$$\vartheta_x{}^2\,\vartheta_x''^2\,(\vartheta''\,\vartheta)^2 = \tfrac{1}{6}\,(a\,\alpha)\,\vartheta_x{}^2\,\{3\,a_x{}^2\,(\alpha\,\vartheta)^2 + 3\,\alpha_x{}^2\,(a\,\vartheta)^2 - 2\,(a\,\alpha)^2\,\vartheta_x{}^2\};$$

und ferner setze ich $\vartheta'_2,\ -\vartheta'_1$ für $x_1,\ x_2$. Es ergiebt sich dann, indem man rechts die beiden ersten Glieder, welche sich nur durch die Bezeichnung unterscheiden, zusammenzieht:

$$(\vartheta\,\vartheta')^2\,(\vartheta\,\vartheta'')^2\,(\vartheta'\,\vartheta'')^2 = (a\,\alpha)\,(a\,\vartheta)^2\,(\alpha\,\vartheta')^2\,(\vartheta\,\vartheta')^2 - \tfrac{1}{3}\,(a\,\alpha)^3\,(\vartheta\,\vartheta')^4.$$

Man drückt daher den ersten Theil der rechten Seite von R mittelst der Gleichung aus:

$$(a\,\alpha)\,(a\,\vartheta)^2\,(\alpha\,\vartheta')^2\,(\vartheta\,\vartheta')^2 = (\vartheta\,\vartheta')^2\,(\vartheta\,\vartheta'')^2\,(\vartheta'\,\vartheta'')^2 + \tfrac{1}{3}\,(a\,\alpha)^3\,(\vartheta\,\vartheta')^4.$$

Setzt man also, einer in der Theorie der Formen 4ter Ordnung zu benutzenden Bezeichnung gemäss:

$$i_\vartheta = (\vartheta\,\vartheta')^4$$
$$j_\vartheta = (\vartheta\,\vartheta')^2\,(\vartheta\,\vartheta'')^2\,(\vartheta'\,\vartheta'')^2,$$

so ist die gesuchte Resultante:

$$(7) \qquad R = j_\vartheta - \tfrac{1}{6}\,(a\,\alpha)^3\,.\,i_\vartheta\,.$$

§ 29. Discriminanten von Formen der niedrigsten Ordnungen.

Die im Vorigen entwickelten Resultate erlauben es, die Discriminanten der Formen 2ter, 3ter und 4ter Ordnung aufzustellen.

Die Discriminante einer Form 2ter Ordnung ergiebt sich aus der Gleichung (10) des § 26. ohne Weiteres. Denn die Gleichung $F = 0$ geht in

$$(ab)^2 = 0$$

über, so dass also die Invariante $(ab)^2$ zugleich die Discriminante der Form ist.

Die Discriminante einer cubischen Form erhält man aus der Form (29), welche in § 27. der Resultante zweier quadratischen Formen gegeben wurde. Man braucht nur zu untersuchen, was aus der Form ϑ wird. Es war

$$\vartheta = (a\,\alpha)\,a_x\,\alpha_x.$$

Aber jetzt muss an Stelle von a_x^2 der erste Differentialquotient von f nach x_1, also (abgesehen von einem numerischen Factor) $a_x^2\,a_1$, an Stelle von α_x^2 ebenso $b_x^2\,b_2$ gesetzt werden. Hierdurch verwandelt sich ϑ in

$$a_1\,b_2\,(ab)\,a_x\,b_x,$$

oder wenn man a mit b vertauscht, in

$$-\,a_2\,b_1\,(ab)\,a_x\,b_x,$$

oder endlich, indem man die halbe Summe beider Ausdrücke einführt:

$$\tfrac{1}{2}\,(ab)^2\,a_x\,b_x = \tfrac{1}{2}\,\varDelta,$$

wenn $\varDelta$ die Covariante

$$\varDelta = (ab)^2\,a_x\,b_x$$

bedeutet. An Stelle der Discriminante kann also die Invariante $(\varDelta\varDelta')^2$ gesetzt werden.

Bei den Formen 4ter Ordnung ist die Resultante zweier cubischen Formen zu benutzen, wie sie in (7) § 28. gefunden wurde. An Stelle von f, φ treten hier die Formen

$$a_x^3\,a_1, \quad b_x^3\,b_2;$$

also an Stelle von

$$\vartheta = (a\,\alpha)\,a_x^2\,\alpha_x^2$$

die Covariante

$$(ab)\,a_1\,b_2\,a_x^2\,b_x^2 = -\,(ab)\,a_2\,b_1\,a_x^2\,b_x^2 = \tfrac{1}{2}\,(ab)^2\,a_x^2\,b_x^2 = \tfrac{1}{2}\,H,$$

wo H die Covariante

$$H = (ab)^2\,a_x^2\,b_x^2$$

bedeutet. Sodann wird, indem man die Bezeichnungen des § 28. beibehält:

$$i_\vartheta = \tfrac{1}{4}\, i_H, \quad j_\vartheta = \tfrac{1}{8}\, j_H.$$

Endlich geht die Invariante $(a\,\alpha)^3$ über in

$$(a\,b)^3\, a_1\, b_2 = -\,(a\,b)^3\, b_1\, a_2 = \tfrac{1}{2}\,(a\,b)^4 = \tfrac{1}{2}\, i_f = \frac{i}{2}$$

(wenn wir die Invarianten ohne Index auf f beziehen), und die
Discriminante wird, mit Uebergehung des Nenners 8:

$$j_H - \tfrac{1}{6}\, i\, i_H.$$

Nun wird in der Theorie der biquadratischen Formen gezeigt
werden, dass

$$i_H = \tfrac{1}{6}\, i^2, \quad j_H = \frac{j^2}{3} - \frac{i^3}{36};$$

die Discriminante kann also mit Uebergehung eines Nenners 3 durch

$$j^2 - \tfrac{1}{6}\, i^3.$$

ersetzt werden.

Vierter Abschnitt.

Theorie der Formen zweiter, dritter und vierter Ordnung.

§ 30. Ueberschiebungen.

Schon im Vorigen wurden gewisse Arten von Bildungen für Covarianten und Invarianten wiederholt benutzt. Wir wollen diese nun genauer studiren; zunächst insoweit die Kenntniss ihrer Eigenschaften für die Untersuchung der Formen zweiter, dritter und vierter Ordnung nothwendig wird.

Die einfachste Art, aus zwei Formen

$$\varphi = \varphi_x{}^m$$
$$\psi = \psi_x{}^n$$

durch Anwendung dieser Symbole Covarianten zu erzeugen, besteht darin, dass man den Ausdruck bildet

$$(1) \qquad \Pi = (\varphi\,\psi)^k \; \varphi_x{}^{m-k} \, \psi_x{}^{n-k}$$

und zwar entstehen so offenbar die einzigen Formen, deren symbolischer Ausdruck die Symbole von φ sowie von ψ nur **einmal** enthält.*

Der Ausdruck (1) besitzt die Invarianteneigenschaft; er ist für die Coefficienten von φ und ψ linear. Die Zahl k kann von 0 (wo man das Product von φ und ψ erhalten würde) bis zu derjenigen der Zahlen m und n gehen, welche die kleinere ist, beziehungsweise, wenn m und n gleich sind, bis zu diesem Werthe, wo dann die Invariante

$$(\varphi\,\psi)^m$$

entsteht.

Die Bildung (1) soll als k^{te} **Ueberschiebung von** φ **über** ψ bezeichnet werden. Man kann sie auf eine Combination der Differen-

---

* Diese Bildungen sind von C a y l e y, *fourth memoir upon quantics*, angegeben und behandelt worden; sie sind zugleich der einfachste Fall der von A r o n h o l d (Borchardt's Journal Bd. 62) betrachteten „Fundamentalinvarianten".

7*

tialquotienten von φ und ψ zurückführen; denn da aus der symbolischen Form von φ und ψ folgt, dass

$$\frac{\partial^{h+i}\varphi}{\partial x_1{}^h \partial x_2{}^i} = m \cdot m-1 \ldots (m-h-i+1) \cdot \varphi_x{}^{m-h-i} \cdot \varphi_1{}^h \varphi_2{}^i$$

$$\frac{\partial^{h+i}\psi}{\partial x_1{}^h \partial x_2{}^i} = n \cdot n-1 \ldots (n-h-i+1) \cdot \psi_x{}^{n-h-i} \cdot \psi_1{}^h \psi_2{}^i,$$

so ergiebt sich aus der Auflösung der Potenz von $(\varphi\psi)$ in (1) die Gleichung:

$$(2) \quad \Pi = \frac{1}{m \cdot m-1 \ldots (m-k+1)} \cdot \frac{1}{n \cdot n-1 \ldots (n-k+1)} \cdot$$

$$\cdot \left\{ \frac{\partial^k \varphi}{\partial x_1{}^k} \cdot \frac{\partial^k \psi}{\partial x_2{}^k} - \frac{k}{1} \frac{\partial^k \varphi}{\partial x_1{}^{k-1} \partial x_2} \cdot \frac{\partial^k \psi}{\partial x_2{}^{k-1} \partial x_1} + \ldots (-1)^k \frac{\partial^k \varphi}{\partial x_2{}^k} \cdot \frac{\partial^k \psi}{\partial x_1{}^k} \right\}.$$

Bei $k=1$ erhält man die Functionaldeterminante der beiden Formen:

$$\Pi = (\varphi\psi) \varphi_x{}^{m-1} \psi_x{}^{n-1} = \frac{1}{mn} \left\{ \frac{\partial \varphi}{\partial x_1} \frac{\partial \psi}{\partial x_2} - \frac{\partial \varphi}{\partial x_2} \frac{\partial \psi}{\partial x_1} \right\},$$

bei $k=2$ einen der Invariante zweier quadratischen Formen analog gebildeten Ausdruck

$$\Pi = (\varphi\psi)^2 \varphi_x{}^{m-2} \psi_x{}^{m-2}$$

$$= \frac{1}{m \cdot m-1 \cdot n \cdot n-1} \left\{ \frac{\partial^2 \varphi}{\partial x_1{}^2} \frac{\partial^2 \psi}{\partial x_2{}^2} - 2 \frac{\partial^2 \varphi}{\partial x_1 \partial x_2} \frac{\partial^2 \psi}{\partial x_1 \partial x_2} + \frac{\partial^2 \varphi}{\partial x_2{}^2} \frac{\partial^2 \psi}{\partial x_1{}^2} \right\}$$

u. s. w.

Diese Bildungen stehen in einem genauen Zusammenhange mit der Operation Δ, welche in § 6. die Polaren ergab. Wendet man diese Operation auf φ in seiner symbolischen Form an, so erhält man sofort:

$$\Delta \varphi = \varphi_x{}^{m-1} \varphi_y$$
$$\Delta^2 \varphi = \varphi_x{}^{m-2} \varphi_y{}^2$$
$$\cdot \quad \cdot \quad \cdot \quad \cdot \quad \cdot$$

Man erhält also die Ueberschiebungen von ψ über φ, wenn man in den Polaren von φ die Veränderlichen y_1, y_2 durch die Symbole ψ_2, $-\psi_1$ von ψ ersetzt und die entsprechende Potenz von ψ_x als symbolischen Factor hinzufügt. Man hat nämlich so

$$\text{aus } \Delta\varphi : (\varphi\psi) \varphi_x{}^{m-1} \psi_x{}^{n-1}$$
$$\text{,, } \Delta^2\varphi : (\varphi\psi)^2 \varphi_x{}^{m-2} \psi_x{}^{n-2}$$
$$\cdot \quad \cdot \quad \cdot \quad \cdot \quad \cdot \quad \cdot$$

Statt zweier Formen φ, ψ kann man auch zweimal dieselbe Form f benutzen, also diese über sich selbst schieben. Aber alsdann reducirt sich die Anzahl der Ueberschiebungen; es verschwinden alle diejenigen, für welche k eine ungerade Zahl ist, weil diese Formen durch

Vertauschung der beiden jetzt gleichbedeutenden Symbole das Vorzeichen ändern. Aus einer Form

$$f = a_x{}^n = b_x{}^n$$

ergeben sich also folgende Ueberschiebungen der Form über sich selbst:

$$(ab)^2\, a_x{}^{n-2}\, b_x{}^{n-2}, \quad (ab)^4\, a_x{}^{n-4}\, b_x{}^{n-4}, \quad (ab)^6\, a_x{}^{n-6}\, b_x{}^{n-6}\dots$$

Es sind dies die Covarianten bez. Invarianten zweiten Grades in den Coefficienten, welche die Form f zulässt. Denn eine Covariante, welche in den Coefficienten von f nur vom zweiten Grade ist, kann nur zwei Arten von Symbolen, etwa a, b, enthalten, und also keine anderen symbolischen Determinantenfactoren, als eine Potenz von (ab).

Unter diesen Covarianten hat die erste ein besonderes Interesse. Sie ist nach (2) gleich

$$\frac{2}{n^2 \cdot (n-1)^2} \left[\frac{\partial^2 f}{\partial x_1{}^2}\, \frac{\partial^2 f}{\partial x_2{}^2} - \left(\frac{\partial^2 f}{\partial x_1\, \partial x_2} \right)^2 \right],$$

unterscheidet sich also nur durch einen numerischen Factor von der Determinante der zweiten Differentialquotienten von f:

$$\begin{vmatrix} \dfrac{\partial^2 f}{\partial x_1{}^2} & \dfrac{\partial^2 f}{\partial x_1\, \partial x_2} \\[3mm] \dfrac{\partial^2 f}{\partial x_1\, \partial x_2} & \dfrac{\partial^2 f}{\partial x_2{}^2} \end{vmatrix},$$

welche nach ihrem Entdecker die Hesse'sche Form genannt wird.

Indem man von einem gegebenen Functionensystem ausgeht, kann man zunächst die Formen des Systems über sich selbst und über einander schieben. Man gewinnt hierdurch ein einfaches System von Invarianten und Covarianten, und indem man die letzteren dem Systeme der gegebenen Formen hinzufügt und auch sie bei den Ueberschiebungen benutzt, erhält man weitere Bildungen, welche immer in gleicher Weise zur Erzeugung neuer Gebilde verwerthet werden können.

Man sieht, dass auf diese Art eine Reihe von Bildungen entsteht, die ein gemeinsames Bildungsgesetz haben; ein Gesetz, welches sowohl durch die symbolische Formel (1) ausgedrückt werden kann, als durch die von der symbolischen Bezeichnung ganz unabhängige Formel (2).

Diese Bildungen erhalten eine hohe Wichtigkeit dadurch, dass, wie man nachweisen kann, alle Invarianten und Covarianten einer Function oder eines simultanen Systems sich aus Ueberschiebungen zusammensetzen lassen. Die Operation des Ueberschiebens liefert also sämmtliche Invarianten und Covarianten ebenso, wie die symbolischen Bildungen, welche in § 12. geschildert wurden, aber sie liefert dieselben in einer einfacheren und übersichtlicheren Gruppirung.

Ich werde jetzt eine Reihe von Sätzen geben, welche den Zusammenhang des Ueberschiebungsprocesses mit den allgemeinen symbolischen Bildungen zum Gegenstande haben.

§ 31. Zurückführung aller Covarianten und Invarianten auf Ueberschiebungen.

1. Jede Covariante oder Invariante Π einer Form oder eines simultanen Systems, welche in Bezug auf die Coefficienten einer Grundform n^{ter} Ordnung f vom m^{ten} Grade ist, entsteht durch Ueberschiebungen von f mit Covarianten, welche in Bezug auf die Coefficienten von f nur vom $(m-1)^{\text{ten}}$ Grade sind.*

Um diesen Satz zu beweisen, nehme ich an, es sei irgend eine Covariante oder Invariante Π in symbolischer Darstellung gegeben. Irgend eine der symbolischen Coefficientenreihen, die von f in derselben herrühren, sei a_1, a_2. Schreiben wir überall statt a_1, a_2 zwei neue Veränderliche, y_2 und $-y_1$, und lassen die Potenz von (xy) aus, welche dabei etwa von einer Potenz eines symbolischen Factors a_x in Π herrührt, so entsteht eine Function ϑ, welche zwei Reihen von Veränderlichen enthält, die ursprünglichen x_1, x_2, und die jetzt eingeführten y_1, y_2; welche ferner die Coefficienten von f nur noch zur $(m-1)^{\text{ten}}$ Dimension enthält.

Aber es wurde in den §§ 7. 8. gezeigt, dass eine solche Form ϑ sich aus der identischen Covariante (xy) und aus den Polaren gewisser Functionen mit nur einer Reihe von Veränderlichen zusammensetzt. Denn nach Formel (7) des § 8. hat man, wenn μ und ν die Ordnungen von ϑ in Bezug auf die x und die y bezeichnen:

$$(1) \qquad \vartheta = \varDelta^\nu D^\nu \vartheta + \alpha_1{}^{\mu,\nu} (xy) \varDelta^{\nu-1} D^{\nu-1} \Omega \vartheta$$
$$+ \alpha_2{}^{\mu,\nu} (xy)^2 \varDelta^{\nu-2} D^{\nu-2} \Omega^2 \vartheta + \ldots .$$

Stellen wir nun die Formen

$$D^\nu \vartheta, \quad D^{\nu-1} \Omega \vartheta, \quad D^{\nu-2} \Omega^2 \vartheta, \ldots$$

durch die Symbole

---

* Die in diesem und dem folgenden Paragraphen gegebenen Sätze und Methoden gab zuerst Herr Gordan in Borchardt's Journal Bd. 69 und im 2. Bande der Mathematischen Annalen. Die letztere Abhandlung insbesondere ist auch in den folgenden beiden Abschnitten vielfach benutzt.

$$D^\nu \vartheta \qquad = \varphi_x{}^{\nu+\mu}$$
$$D^{\nu-1}\Omega\,\vartheta \;\; = \psi_x{}^{\nu+\mu-2}$$
$$D^{\nu-2}\Omega^2\vartheta = \chi_x{}^{\nu+\mu-4}$$

. . . .

dar, so ist nach dem vorigen Paragraphen

$$\varDelta^\nu D^\nu \vartheta \qquad = \varphi_x{}^\mu \varphi_y{}^\nu$$
$$\varDelta^{\nu-1} D^{\nu-1}\Omega\,\vartheta \;\; = \psi_x{}^{\mu-1}\psi_x{}^{\nu-1}$$
$$\varDelta^{\nu-2} D^{\nu-2}\Omega^2 \vartheta = \chi_x{}^{\mu-2}\chi_y{}^{\nu-2}$$

. . . .

und der Ausdruck für ϑ wird also:

$$\vartheta = \varphi_x{}^\mu \varphi_y{}^\nu + \alpha_1{}^{\mu,\,\nu}(xy)\,\psi_x{}^{\mu-1}\psi_y{}^{\nu-1} + \alpha_2{}^{\mu,\,\nu}(xy)^2\,\chi_x{}^{\mu-2}\chi_y{}^{\nu-2} + \cdots.$$

Will man nun von dieser Darstellung der Function ϑ zu der Function Π zurückgehen, so hat man nur wieder y_1 und y_2 durch $-a_2$ und a_1 zu ersetzen, und mit $a_x{}^{n-\nu}$ zu multipliciren. Man erhält sodann für die gegebene Function Π den Ausdruck:

$$(2) \qquad \Pi = (a\,\varphi)^\nu \varphi_x{}^\mu a_x{}^{n-\nu} + \alpha_1{}^{\mu,\,\nu}(a\,\psi)^{\nu-1}\psi_x{}^{\mu-1} a_x{}^{n-\nu+1}$$
$$+ \alpha_2{}^{\mu,\,\nu}(a\,\chi)^{\nu-2}\chi_x{}^{\mu-2} a_x{}^{n-\nu+2}\cdots,$$

welcher in der That eine Summe von Ueberschiebungen ist, wie der Satz es verlangt.

Die Bildung von Π ist also auf die Ueberschiebungen von f mit den Covarianten

$$\varphi,\; \psi,\; \chi\cdots$$

zurückgeführt, welche für die Coefficienten von f nur vom $(m-1)^{\text{ten}}$ Grade sind. Zur Charakterisirung der dabei auftretenden Ueberschiebungen dient die folgende Bemerkung:

2. Die Ordnung der höchsten Ueberschiebung, welche zur Bildung von Π hier nöthig ist (ν), ist die Zahl, welche angiebt, wie oft das herausgehobene Symbol (a) in symbolischen Determinantenfactoren auftritt.

Eine Ableitung einer Form Π aus Formen, welche die Coefficienten von f in einer um die Einheit niedrigeren Dimension enthalten, ist auf so viel verschiedene Arten möglich, als verschiedene Symbole von f in Π auftreten.

Der vorstehende Gedankengang wird übrigens in keiner Weise geändert, wenn man nicht ein Symbol a einer der Grundfunctionen, sondern ein Symbol θ irgend einer Covariante $\theta = \theta_x{}^m$ heraushebt, welche in der symbolischen Darstellung von Π etwa vorkommt. Man hat dann die Formel

$$(3) \qquad \Pi = (\theta\,\varphi)^\nu \varphi_x{}^\mu \theta_x{}^{m-\nu} + \alpha_1{}^{\mu,\,\nu}(\theta\,\psi)^{\nu-1}\psi_x{}^{\mu-1}\theta_x{}^{m-\nu+1} + \cdots$$

und kann daher auch den Satz aussprechen:

3. Jede Covariante Π, welche in ihrer symbolischen Darstellung etwa ein Symbol einer Covariante
θ enthält, entsteht durch Ueberschiebungen von θ
mit anderen Covarianten.

Stellen wir uns nun vor, eine gegebene Covariante oder Invariante
Π werde zunächst vermittelst der Formel (1) aus einer Reihe von Covarianten abgeleitet, welche die Coefficienten von f in einer um 1
niedrigeren Dimension enthalten; auf diese wendet man dasselbe Verfahren an und fährt so fort, bis keine Coefficienten von f mehr vorkommen. Man hat so den Satz:

4. Jede Function Π entsteht durch wiederholtes
Ueberschieben von f über Covarianten, welche die
Coefficienten von f nicht mehr, sondern nur noch
die der übrigen Functionen des gegebenen Systems
enthalten.

Diese Covarianten, welche die Coefficienten der einen Form f
nicht mehr enthalten, seien P, Q, $R \ldots$. Die gegebene Function Π
ist also zurückgeführt auf wiederholte Ueberschiebungen von f mit P,
Q, $R \ldots$. Es ist also Π in eine Reihe von Covarianten zerlegt, deren
jede ausser den Symbolen von f ein Symbol je einer der Formen P,
Q, $R \ldots$ enthält. Betrachten wir eine, etwa die erste, dieser Covarianten. Sie entsteht nach dem dritten Satze dieses Paragraphen
durch Ueberschiebung von P über eine Form, welche nun nur noch
die Symbole von f enthält, also eine Covariante von f allein. Man
darf demnach sagen:

5. Jede Covariante oder Invariante eines simultanen Systems entsteht durch Ueberschiebungen
von Covarianten einer Form des Systems mit Covarianten, welche nur die Coefficienten der übrigen enthalten.

Man erhält hieraus sofort einen Ueberblick über die Art und
Weise, in welcher die Bildung der Covarianten und Invarianten eines simultanen Systems geschieht. Man bildet zuerst die
Covarianten und Invarianten aller einzelnen Formen; schiebt dann die
Covarianten der ersten Form über die der zweiten, sodann die resul-
tirenden Covarianten über die Covarianten der dritten, die so erhaltenen Resultate über die Covarianten der vierten u. s. w. Nur ist
dabei zu beachten, dass als Covarianten dabei nicht nur die einfachen
und unzerfällbaren Covarianten einer Form, sondern auch ihre Potenzen
und deren Producte sowohl unter einander, als mit ihrer Grundform
und deren Potenzen verstanden werden.

Gelangte man zu diesen Sätzen, indem man einer gegebenen Covariante oder Invariante Π die Symbole einer bei ihrer Bildung be-

nutzten Grundfunction entzog, so kann man nun überhaupt fragen, was übrig bleibt, wenn man einer Function Π eine Anzahl von Symbolen entzieht, mögen dieselben von einer oder von verschiedenen Grundfunctionen oder endlich von Covarianten derselben herrühren. Die Formel (1) führte nach Entziehung eines Symbols auf die Formen $\varphi, \psi, \chi \ldots$. Die symbolischen Darstellungen dieser Formen haben offenbar alles das gemein, welches bei dem Uebergange von Π zu ϑ und bei der Anwendung der Operationen D und Ω nicht verändert wurde. Dieses Gemeinsame ist nichts anderes, als das Product derjenigen in Π auftretenden symbolischen Determinanten, welche das entzogene Symbol a nicht enthalten.

' In ähnlicher Weise werden wir, wenn wir den Formen $\varphi, \psi, \chi \ldots$ ein weiteres Symbol b entziehen, auf eine Reihe von Formen geführt, welche nur noch diejenigen in Π auftretenden symbolischen Determinanten als gemeinsamen Factor enthalten, in denen auch das Symbol b nicht vorkommt.

Fahren wir so fort, so erhalten wir folgenden Satz:

6. Eine Covariante oder Invariante Π, welche ein gewisses Product P symbolischer Determinantenfactoren enthält, kann immer durch Ueberschiebung mit Covarianten erzeugt werden, welche das Product P und ausser den in ihm vorkommenden keine weiteren Symbole enthalten; Π ist also in eine Anzahl von Theilen zerlegbar, deren jeder die Coefficienten wenigstens einer dieser Covarianten in homogener Weise enthält.

Wir wollen nun annehmen, es sei eine Invariante oder Covariante Π gegeben, welche die Coefficienten der simultanen Formen

$$f, \varphi, \psi \ldots, \quad F, \Phi, \Psi \ldots$$

enthält, und denken wir uns der Einfachheit wegen dieselbe als ein symbolisches Product; wäre sie es nicht, so könnten wir sie doch in solche Theile zerlegen und diese einzeln behandeln. Entziehen wir dem symbolischen Producte allmälig alle von $f, \varphi, \psi \ldots$ herrührenden Symbole, so erkennen wir, dass Π durch successive Ueberschiebungen dieser Formen $f, \varphi, \psi \ldots$ über Formen erhalten wird, welche nur von $F, \Phi, \Psi \ldots$ abhängen, also über simultane Covarianten von $F, \Phi, \Psi \ldots$. Diese seien $P, Q, R \ldots$. Man kann also Π als Aggregat von Formen darstellen, welche nur die Symbole von $f, \varphi, \psi \ldots$ und je einer der Formen $P, Q, R \ldots$ enthalten. Demnach entstehen diese Theile von Π durch Ueberschiebungen je einer der Formen $P, Q, R \ldots$ über Formen, welche nur von $f, \varphi, \psi \ldots$ abhängen, d. h. über simultane Covarianten von $f, \varphi, \psi \ldots$. Und man kann also den Satz aussprechen:

7. **Jede simultane Covariante von**
$$f, \varphi, \psi \ldots, \quad F, \Phi, \Psi \ldots$$
entsteht als Aggregat von Ueberschiebungen simultaner Covarianten von f, φ, $\psi \ldots$ **über simultane Covarianten von** F, Φ, $\Psi \ldots$.

Dieser Satz wird später als die Grundlage der Untersuchung simultaner Formen benutzt werden.

§ 32. Covarianten und Invarianten einer binären Form.

Man ist durch das Vorhergehende in den Stand gesetzt, auch für die Bildung der Covarianten und Invarianten einer Form f ein gewisses Schema sich zu entwerfen. Man bildet zunächst aus f, indem man es über sich selbst schiebt, die Formen zweiten Grades in den Coefficienten, welche schon oben (pag. 101.) angegeben wurden und zu denen nur noch die nullte Ueberschiebung von f über sich selbst, nämlich sein Quadrat, hinzuzufügen ist. Sodann schiebt man f über alle diese Formen 0 mal, 1 mal, 2 mal u. s. w., was dann die Gesammtheit aller Invarianten und Covarianten ergiebt, welche vom dritten Grade in den Coefficienten sind, und in gleicher Weise geht man zu Bildungen vierten etc. Grades über.

Die Bildungen, welche man erhält, sind freilich noch unendlich an Zahl; es sind noch verschwindende und zerfallende unter ihnen, sowie solche, welche sich durch andere ausdrücken lassen. Von diesen Gesichtspunkten wird später ausführlicher zu reden sein. Hier mögen nur zwei Momente hervorgehoben werden. Einmal, dass hier als die natürliche Anordnung aller Bildungen die nach ihrem Grade in den Coefficienten erscheint, nicht die nach ihrer Ordnung in den x. Zweitens, dass die Invarianten eine eigenthümliche Stellung einnehmen, insofern sie Ueberschiebungen nicht zulassen. Eine Invariante bildet daher immer den Schluss einer Reihe von Bildungen; sie giebt zu weiteren Bildungen von höherem Grade in den Coefficienten nicht mehr Veranlassung.

Um die Anordnung aller auf dem Wege des Ueberschiebens erhaltenen Bildungen in vollständig bestimmte Reihenfolge zu bringen und auf diese Art ein deutliches Bild des ganzen Systems zu gewinnen, wollen wir Folgendes festsetzen:

1. Die Formen werden zunächst nach ihrem Grade in den Coefficienten geordnet, wie oben gesagt wurde.

2. Innerhalb der Formen von gleichem Grade m kommen zuerst alle diejenigen, welche aus den Formen $(m-1)^{\text{ten}}$ Grades durch die nullte Ueberschiebung (Multiplication) mit f entstanden sind, dann diejenigen, welche durch die erste Ueberschiebung entstehen u. s. w.

3. Innerhalb einer dieser kleineren Gruppen folgen die Bildungen inander, wie die Formen $(m-1)^{\text{ten}}$ Grades, aus denen sie entstanden sind.

Bezeichnet man also die Formen $(m-1)^{\text{ten}}$ Grades in den Coefficienten, auf welche dieser Process bei einer Form f von der n^{ten} Ordnung führt, etwa durch:

$$\varphi = \varphi_x^{\alpha}, \qquad \psi = \psi_x^{\beta}, \qquad \chi = \chi_x^{\gamma} \ldots,$$

so ist die Reihenfolge der Formen m^{ter} Ordnung:

$$
\begin{array}{lll}
f \cdot \varphi, & f \cdot \psi, & f \cdot \chi \ldots, \\
(a\,\varphi)\, a_x^{n-1} \varphi_x^{\alpha-1}, & (a\,\psi)\, a_x^{n-1} \psi_x^{\beta-1}, & (a\,\chi)\, a_x^{n-1} \chi_x^{\gamma-1} \ldots, \\
(a\,\varphi)^2\, a_x^{n-2} \varphi_x^{\alpha-2}, & (a\,\psi)^2\, a_x^{n-2} \psi_x^{\beta-2}, & (a\,\chi)^2\, a_x^{n-2} \chi_x^{\gamma-2} \ldots,
\end{array}
$$

$$\text{u. s. w.}$$

(1)

Das ganze auf diese Weise aus f entwickelte Formensystem soll das System A genannt werden.

Wenn aber oben bewiesen wurde, dass man alle Formen überhaupt aus den Formen dieses Systems zusammensetzen kann, so wird auch offenbar keine Form übergangen, wenn man an Stelle jeder Form dieses Systems eine Combination derselben mit denjenigen Formen setzt, welche in dem System ihr vorangehen. Dies führt zu folgender wichtigen Betrachtung.

Eine Ueberschiebung von f über eine gegebene Form π führt im Allgemeinen, wenn π durch andere Symbole gegeben ist, auf eine Summe symbolischer Producte, wobei es ganz gleichgiltig ist, ob diese anderen Symbole solche von f selbst oder von irgend welchen Covarianten sind. In der That folgt dies schon daraus, dass von π zunächst eine Polare gebildet werden muss, wobei dann immer der Differenziationsprocess eine Anzahl von Gliedern hervorruft, wenn nicht etwa die Ordnung der Polare in den y die möglichst höchste ist, nämlich gleich der Ordnung von π in den x.

Jedes Glied der hierbei aus π gebildeten Polare ist eine Form ϑ, wie sie in § 30. gebraucht wurde; welches Glied man aber auch wähle, immer geht es in π selbst über (bis auf einen nicht verschwindenden numerischen Factor), wenn man die y wieder durch die x ersetzt. Wendet man also auf ein Glied der ν^{ten} Polare von π die Formel (1) § 30. an, so ist immer $D^\nu \vartheta$ wieder π, bis auf einen nicht verschwindenden Factor.

Geht man dann zu der Formel (2) jenes Paragraphen über, so steht links eine Form, welche entsteht, wenn man in einem Gliede der Polare y_1, y_2 durch a_2, $-a_1$ ersetzt und mit der betreffenden Potenz von a_x multiplicirt; rechts steht die entsprechende Ueberschiebung, und sodann niedere Ueberschiebungen über Formen von gleichem Grade wie π, also Formen, welche in der oben festgestellten Reihenfolge der Formen der an erster Stelle stehenden Ueberschiebung vorangehen.

Man kann also statt dieser Ueberschiebung den links befindlichen Ausdruck setzen.   Ein solcher Ausdruck soll als Theil einer Ueberschiebung bezeichnet werden; eine Bezeichnung, welche später in grösserer Ausdehnung eingeführt und erläutert werden wird.   Die obigen Betrachtungen lassen sich dann in folgenden Satz zusammenfassen:

> Das System A hört nicht auf, alle Formen zu enthalten, oder vielmehr alle nur denkbaren Covarianten und Invarianten mittelst numerischer Factoren linear aus seinen Formen zusammensetzen zu lassen, wenn man die ν^{te} Ueberschiebung Ω von f mit einer Form Π durch einen ihrer Theile, Ω_0, ersetzt.

Aber andererseits kann man zu weiteren Ueberschiebungen jetzt sich dieser Form Ω_0 bedienen, statt der aus Π zu bildenden Ueberschiebung Ω.   Denn da Ω_0 sich von Ω nur durch frühere Formen des Systems A unterscheidet, so kann auch die Ueberschiebung von Ω_0 mit f von der Ueberschiebung von Ω mit f nur um frühere Formen des Systems A verschieden sein.

Man erhält also alle Invarianten und Covarianten von f (worunter ich die Formen verstehe, aus denen alle möglichen sich mittelst numerischer Factoren linear zusammensetzen lassen), wenn man bei der Aufstellung der Tafel A die Operation des ν^{ten} Ueberschiebens von f mit Π überall ersetzt durch die Operation, dass aus der ν^{ten} Polare von Π irgend ein Glied genommen wird, in diesem y_1, y_2 durch a_2, $-a_1$ ersetzt werden und mit $a_x{}^{n-\nu}$ multiplicirt wird.*

---

* Beispiel: Es soll $f = a_x{}^n$ über die Covariante zweiten Grades

$$(ab)^2 a_x{}^{n-2} b_x{}^{n-2}$$

zweimal geschoben werden.   Man bildet die Polare:

$$\frac{n-2}{2n-4} (ab)^2 a_x{}^{n-3} b_x{}^{n-3} (a_x b_y + b_x a_y).$$

Da die Symbole a, b vertauschbar sind, so kann man hierfür setzen:

$$(ab)^2 a_x{}^{n-2} b_x{}^{n-3} b_y.$$

Bildet man nun wieder die Polare hiervon, also die zweite Polare der Covariante, so hat man:

$$\frac{1}{2n-5} (ab)^2 \{(n-2) a_x{}^{n-3} b_x{}^{n-3} a_y b_y + (n-3) a_x{}^{n-2} b_x{}^{n-4} b_y{}^2\}.$$

Man erhält die gesuchte Bildung, wenn man hierin y_1, y_2 durch c_2, $-c_1$ ersetzt und mit $c_x{}^{n-2}$ multiplicirt, also:

$$\frac{1}{2n-5} (ab)^2 \{(n-2) a_x{}^{n-3} b_x{}^{n-3} (ac)(bc) c_x{}^{n-2} + (n-3) a_x{}^{n-2} b_x{}^{n-4} (bc)^2 c_x{}^{n-2}\},$$

eine Form, welche aus den beiden Formen

$$(ab)^2 (ac)(bc) a_x{}^{n-3} b_x{}^{n-3} c_x{}^{n-2}$$
$$(ab)^2 (bc)^2 a_x{}^{n-2} b_x{}^{n-4} c_x{}^{n-2}$$

Man erkennt hieraus, wie wandelbar das Formensystem A ist, und wie mannigfache Veränderungen in demselben vorgenommen werden können, ohne dass weder die Vollständigkeit Abbruch, noch eigentlich die Reihenfolge der Formen eine Veränderung erleidet.

Die Vortheile, welche die Ersetzung des Ueberschiebens durch die eben geschilderte Operation hat, sind mannigfaltig. Zunächst sieht man, dass es bei der neuen Form der Operation möglich ist, die ganze Tafel aus Formen zusammenzusetzen, welche in den Symbolen von f einfache symbolische Producte, nicht aber Summen von solchen sind. In der That hat man, um von den Formen $(m-1)^{\text{ten}}$ Grades zu denen des m^{ten} Grades überzugehen, nur in jeder Form $(m-1)^{\text{ten}}$ Grades beziehungsweise in 1, 2 … der linearen symbolischen Factoren x_1, x_2 durch a_2, $-a_1$ zu ersetzen und mit a_x^{n-1}, a_x^{n-2} … zu multipliciren.

Stellt es sich hierbei heraus, dass man auf irgend ein symbolisches Product kommt, welches entweder identisch Null oder aus früheren Formen der Tafel linear zusammensetzbar ist, so kann man dasselbe ganz übergehen; denn Alles, was aus ihm entstehen könnte, wäre immer aus Formen zusammensetzbar, welche der jedesmal behandelten Bildung in dem ursprünglichen oder dem modificirten Systeme A vorangehen.

Man kann sich von diesem Standpunkte aus eine Vorstellung bilden über die Lösung des wichtigsten Problems, welches diese Theorie zu lösen hat, nämlich der Aufstellung eines vollständigen Systems von Invarianten und Covarianten einer Form; d. h. eines Systems solcher Covarianten und Invarianten, als deren ganze

---

zusammengesetzt ist. Die letzte Form fällt fort, wenn $n < 4$, und die Untersuchung der Bildung mag für diesen Fall damit abgeschlossen sein. Ist dagegen $n \gtreqqless 4$, so kann man der ersten mit Anwendung der Identität § 15. II. auch die Gestalt geben:

$$\tfrac{1}{2}(ab)^2\, a_x^{n-4} b_x^{n-4} c_x^{n-2} \{(ac)^2 b_x^2 + (bc)^2 a_x^2 - (ab)^2 c_x^2\},$$

oder, da die ersten beiden Theile identisch sind:

$$(ab)^2 (bc)^2\, a_x^{n-2} b_x^{n-4} c_x^{n-2} - \tfrac{1}{2}(ab)^4\, a_x^{n-4} b_x^{n-4} . f,$$

so dass die gesuchte Ueberschiebung auch die Form annimmt:

$$(ab)^2 (bc)^2\, a_x^{n-2} b_x^{n-4} c_x^{n-2} - \frac{n-2}{4n-10}(ab)^4\, a_x^{n-4} b_x^{n-4} . f.$$

Diese Bildung besteht aus dem Producte der früheren Formen

$$f, \quad (ab)^4 a_x^{n-4} b_x^{n-4},$$

und aus dem Theile

$$(ab)^2 (bc)^2\, a_x^{n-2} b_x^{n-4} c_x^{n-2},$$

welcher aus dem Gliede

$$(ab)^2\, a_x^{n-2} b_x^{n-4} b_y^2$$

der zweiten Polare entsteht, indem man y_1, y_2 durch c_2, $-c_1$ ersetzt und mit c_x^{n-2} multiplicirt.

rationale Function mit numerischen Coefficienten eine jede Invariante oder Covariante von f sich darstellt. Es giebt, wie sich zeigen wird, immer ein endliches System, welches dieser Bedingung genügt; dasselbe ist nicht völlig fest, insofern Formen gleichen Grades und gleicher Ordnung dabei verschiedenartig combinirt werden, und höhere Formen durch Hinzufügung von Potenzen und Producten niederer modificirt werden können. Doch genügt es offenbar in jedem Falle, wenn man ein vollständiges System aufgestellt hat. Solche Systeme sind ganz verschiedenen Charakters für Formen verschiedener Ordnungen, und die Bildung derselben erfordert jedesmal besondere Betrachtungen. Aber um den Beweis zu liefern, dass ein solches System, wenn es gegeben vorliegt, wirklich alle Bildungen umfasst, welche zu berücksichtigen sind, bedürfen wir jedesmal nur der oben entwickelten allgemeinen Sätze. Sei

$$A_1, \; A_2, \; \ldots \; A_\nu, \; B_1, \; B_2, \; \ldots B_\varrho$$

das fragliche System von Covarianten und Invarianten, wobei die A Covarianten, die B Invarianten bedeuten sollen. Jedenfalls enthalten diese Formen die Form f selbst, und da dieses die einzige Form ersten Grades in den Coefficienten ist, welche man überhaupt bilden kann, so enthält das System der A_i und B_i in der That alle Formen ersten Grades. Nehmen wir nun an, dass für alle Formen bis zum $(m-1)^{\text{ten}}$ Grade inclusive die Formen A_i, B_i das vollständige System in der That bilden, und beweisen wir, dass dieses dann auch noch für die Formen m^{ten} Grades in den Coefficienten gilt, so ist die Vollständigkeit des Systems der A_i, B_i allgemein nachgewiesen.

Man hat also nur zu zeigen, dass die Ueberschiebungen von f über Producte $(m-1)^{\text{ten}}$ Grades von der Form

$$\Pi = A_1{}^{\alpha_1} A_2{}^{\alpha_2} \ldots A_\nu{}^{\alpha_\nu}$$

(denn so nur entstehen nach dem Obigen Formen m^{ten} Grades) wieder ausschliesslich auf Formen führen, welche durch Aggregate von Producten der A_i und B_i ausdrückbar sind. Dabei kann man aber wieder die Operation des Ueberschiebens durch die oben entwickelte Modification ersetzen, nach welcher man nur in $\lambda \lessgtr n$ symbolischen linearen Factoren von Π die x durch a_2, $-a_1$ ersetzt und mit $a_x{}^{n-\lambda}$ multiplicirt. Indem man die hierzu auszuwählenden symbolischen Factoren auf einige der in Π auftretenden Covarianten zusammendrängt, sieht man, dass es sich nur noch um eine beschränkte Anzahl von Bildungen handelt, welche zu untersuchen sind und welche als aus Producten der A, B zusammensetzbar nachgewiesen werden müssen; eine endliche Anzahl, welche durch geschickte Anordnung möglichst zu verkleinern ist.

Auf diese Weise wird der betreffende Beweis unten bei den Formen dritter und vierter Ordnung geführt werden.

§ 33. Die binären Formen zweiter Ordnung.*

Die vorstehend entwickelten Gesichtspunkte genügen, um vollständig die Formen zweiten, dritten und vierten Grades zu behandeln, welche durch ihren Zusammenhang mit der Auflösung der Gleichungen zweiten, dritten und vierten Grades ein besonderes Interesse haben. Indem ich zu der Behandlung dieser Formen jetzt übergehe, wird sich zugleich die Auflösung dieser Gleichung ihrer wahren Natur nach herausstellen; zugleich aber werden die für die Begrenzung der entstehenden endlichen Anzahl von Covarianten und Invarianten zu führenden Beweise die oben entwickelten Principien erläutern.

Was die quadratischen Formen betrifft, welche durch die symbolischen Ausdrücke

$$f = a_x^2 = b_x^2 \ldots$$

definirt sind, so ist schon wiederholt von der Invariante

$$D = (ab)^2$$

die Rede gewesen, welche durch die zweite Ueberschiebung von f über sich selbst entsteht. Der pag. 41. gegebene Satz, dass jedes einen Factor $(ab)^{2m-1}$ enthaltende symbolische Product auch so dargestellt werden kann, dass es $(ab)^{2m}$ enthält, lehrt nun sofort, dass jede Covariante oder Invariante Π von f, welche überhaupt symbolische Determinantenfactoren ergiebt, immer D als Factor enthält. Jede solche Form Π zerfällt also in das Product von D mit einer in den Coefficienten niederen Form, und man sieht also, dass jede Form Π aus einer Potenz von D bestehen muss, multiplicirt mit einer Form, welche keine symbolischen Determinantenfactoren mehr enthält, also eine Potenz von f ist.

Und so hat man den Satz:

> Eine quadratische Form besitzt keine Covariante und nur eine Invariante, nämlich D.

Diese Invariante ist selbstverständlich zugleich die Discriminante, was auch mit ihrem Grade in den Coefficienten übereinstimmt und ausserdem in § 29. bereits gefunden wurde.

Die allgemeinste Form der Auflösung einer quadratischen Gleichung $f = 0$, d. h. die Aufsuchung ihrer linearen Factoren in symmetri-

---

* Die hier folgenden Auflösungen der Gleichungen zweiten, dritten und vierten Grades gab Herr Cayley im Wesentlichen schon im *fifth memoir upon Quantics, Phil. Trans. vol. 148.* Die Untersuchung des Formenzusammenhangs, insbesondere die Anwendung des Processes δ bei den cubischen und biquadratischen Formen, entstand aus Uebertragung einer von Herrn Aronhold im 55. Bande des Borchardt'schen Journals bezüglich der ternären cubischen Formen gegebenen Methode.

scher Gestalt, knüpft an die symbolische Darstellung von D unmittelbar an. Quadriren wir die Identität

$$a_x b_y - b_x a_y = (ab)(xy),$$

und lassen wir a und b dann Symbole von f bedeuten, so erhalten wir:

$$(1) \qquad D \cdot (xy)^2 = a_x^2 \cdot b_y^2 - 2 a_x a_y \cdot b_x b_y + a_y^2 \cdot b_x^2.$$

Rechts ist der erste Term mit dem dritten identisch; a_x^2 oder b_x^2 ist die Form f selbst, a_y^2 oder b_y^2 dieselbe Form mit willkürlichen, etwa constant zu denkenden Argumenten y geschrieben, was durch f_0 bezeichnet werden mag; endlich ist

$$a_x a_y \cdot b_x b_y$$

das Quadrat des in den x linearen Ausdrucks $\varphi = a_x a_y$. Man erhält daher aus (1):

$$f = \frac{\varphi^2 + \dfrac{D}{2}(xy)^2}{f_0}.$$

Die rechte Seite ist hier ohne Weiteres in Factoren zerfällbar, und man hat also:

$$f = \frac{\left\{\varphi + (xy)\sqrt{-\dfrac{D}{2}}\right\} \cdot \left\{\varphi - (xy)\sqrt{-\dfrac{D}{2}}\right\}}{f_0}.$$

Die Auflösung der Gleichung $f = 0$ besteht darin, dass man einen ihrer linearen Factoren gleich Null setzt, also entweder

$$\varphi + (xy)\sqrt{-\frac{D}{2}} = 0 \quad \text{oder}$$

$$(2) \qquad \varphi - (xy)\sqrt{-\frac{D}{2}} = 0,$$

und das Verhältniss der x daraus bestimmt.

Ist

$$f = a_0 x_1^2 + 2 a_1 x_1 x_2 + a_2 x_2^2,$$

so ist

$$\varphi = (a_0 y_1 + a_1 y_2) x_1 + (a_1 y_1 + a_2 y_2) x_2,$$
$$D = 2(a_0 a_2 - a_1^2).$$

Die Auflösung der Gleichung $f = 0$ findet man also aus der linearen Gleichung:

$$(a_0 y_1 + a_1 y_2) x_1 + (a_1 y_1 + a_2 y_2) x_2 \pm (x_1 y_2 - y_1 x_2)\sqrt{a_1^2 - a_0 a_2} = 0,$$

aus welcher folgt:

$$\frac{x_1}{x_2} = -\frac{a_1 y_1 + a_2 y_2 \mp y_1 \sqrt{a_1^2 - a_0 a_2}}{a_0 y_1 + a_1 y_2 \pm y_2 \sqrt{a_1^2 - a_0 a_2}}.$$

Die Grössen y haben nur scheinbar Einfluss auf den Werth dieses Ausdrucks und dienen nur dazu, gewissermassen alle Formen gleichzeitig darzustellen, welche die Auflösung anzunehmen vermag; jede besondere Form derselben erhält man, indem man den y specielle Werthe beilegt. Aber unter diesen Formen ist keine, welche vor der andern besondere Vorzüge hat.

Die geometrische Betrachtung, durch welche diese Auflösung der quadratischen Gleichungen interpretirt werden kann, ist folgende. Die vier Elemente

$$(xy) = 0 \text{ (der Punkt } y\text{)},$$
$$\varphi = 0,$$
$$\varphi + (xy)\sqrt{-\frac{D}{2}} = 0,$$
$$\varphi - (xy)\sqrt{-\frac{D}{2}} = 0,$$

von denen die beiden letzten die Factoren von f geben, bilden ein harmonisches System. Indem man also ein beliebiges Element y annimmt und zu ihm und denen, für welche f verschwindet, das vierte harmonische sucht, erhält man das Element $\varphi = 0$. Legt man diese beiden zu Grunde, indem man etwa

$$(xy) = \xi, \qquad \varphi = \eta$$

setzt, so gehören die Elemente, für welche f verschwindet, einer Involution an, welche $\xi = 0$ und $\eta = 0$ zu Doppelelementen hat (§ 25.). Diesem Umstand entspricht es, dass die Gleichung $\varphi = 0$ in die reine quadratische

$$\xi^2 + \frac{D}{2}\eta^2 = 0$$

übergeht, und indem man

$$\frac{\xi}{\eta} = \pm\sqrt{-\frac{D}{2}}$$

daraus findet, erhält man das besondere Elementenpaar der Involution, für welche das Verschwinden von f eintritt.

Bei positivem Werthe der Discriminante sind die Wurzeln einer quadratischen Gleichung mit reellen Coefficienten conjugirt imaginär, bei negativem reell.

Die binären Formen zweiter Ordnung enthalten nur einen speciellen Fall, den nämlich, in welchem die Discriminante verschwindet und f ein volles Quadrat wird. Für die Auflösung tritt dann an Stelle von $f = 0$ die lineare Gleichung $\varphi = 0$, deren linke Seite mit f in diesem Falle durch die Gleichung

$$f = \frac{\varphi^2}{f_0}$$

verbunden ist.

§ 34. Covarianten und Invarianten der cubischen Formen.

Eine cubische Form f besitzt nach § 30. zunächst ein e Form zweiten Grades in den Coefficienten, welche zugleich von der zweiten Ordnung ist, die Form

$$(1) \qquad \Delta = (ab)^2\, a_x b_x.$$

Bedenkt man, dass aus jeder einer Form $(n-1)^{\text{ter}}$ Ordnung zugehörigen Covariante oder Invariante offenbar eine einer Form n^{ter} Ordnung zugehörige Covariante entsteht, indem man jedem Symbol entsprechend einen linearen Factor hinzufügt, so erkennt man, dass Δ sich aus der Invariante D der quadratischen Formen unmittelbar ableitet, indem man nur die Factoren a_x, b_x derselben hinzusetzt.*

Bezeichnen wir symbolisch die quadratische Form Δ durch Δ_x^2 oder $\Delta'_x{}^2$, so hat die dieser zugehörige Invariante, welche zugleich Invariante von f ist, zunächst in den Symbolen Δ die Form

$$(2) \qquad R = (\Delta\,\Delta')^2.**$$

Es ist nach § 29. die **Discriminante** von f.

Wollen wir in dieselbe die Symbole von f einführen, so können wir zunächst Δ' herausschaffen, indem wir davon ausgehen, dass R aus $\Delta'_x{}^2$ entsteht, indem man x_1 durch Δ_2, x_2 durch $-\Delta_1$ ersetzt. Nimmt man nämlich für $\Delta'_x{}^2$ seinen Ausdruck in den Symbolen von f:

$$\Delta'_x{}^2 = (ab)^2\, a_x b_x,$$

so findet man

$$(3) \qquad R = (ab)^2\, (a\,\Delta)\,(b\,\Delta).$$

Will man auch die Symbole Δ beseitigen, so kann man sich die letzte Form von R entstanden denken, indem man in $\Delta_x\,\Delta_y$ für x_1, x_2 die Symbole a_2, $-a_1$, für y_1, y_2 die Symbole b_2, $-b_1$ setzt und dann mit $(ab)^2$ multiplicirt. Schreibt man nun mit Anwendung neuer Symbole:

$$\Delta_x^2 = (cd)^2\, c_x d_x,$$

so ist, indem man nach den x differenzirt, mit den y entsprechend multiplicirt und die halbe Summe der Producte nimmt:

$$\Delta_x\,\Delta_y = \tfrac{1}{2}(cd)^2\,(c_x d_y + d_x c_y),$$

---

* Ist $f = a_0 x_1^3 + 3 a_1 x_1^2 x_2 + 3 a_2 x_1 x_2^2 + a_3 x_2^3$,

so hat man

$$\Delta = 2 \begin{vmatrix} a_0 x_1 + a_1 x_2 & a_1 x_1 + a_2 x_2 \\ a_1 x_1 + a_2 x_2 & a_2 x_1 + a_3 x_2 \end{vmatrix} = 2 \begin{vmatrix} a_0 & a_1 & x_2^2 \\ a_1 & a_2 & -x_1 x_2 \\ a_2 & a_3 & x_1^2 \end{vmatrix}$$

$$= 2\,(a_0 a_2 - a_1^2)\, x_1^2 + 2\,(a_0 a_3 - a_1 a_2)\, x_1 x_2 + 2\,(a_1 a_3 - a_2^2)\, x_2^2.$$

** $R = 2\,\{4\,(a_0 a_2 - a_1^2)\,(a_1 a_3 - a_2^2) - (a_0 a_3 - a_1 a_2)^2\}.$

was übrigens, da die beiden Theile der rechten Seite durch die unwesentliche Vertauschung von c mit d in einander übergehen, und also in Wirklichkeit gleich sind, durch

$$(4) \qquad \Delta_x \Delta_y = (c\,d)^2\, c_x\, d_y$$

ersetzt werden kann. Man hat also, wenn man nun die oben angedeuteten Operationen ausführt, endlich R in den ursprünglichen Symbolen ausgedrückt mittelst der Formel:

$$(5) \qquad R = (a\,b)^2\, (c\,d)^2\, (a\,c)\, (b\,d).$$

Für die Berechnung von R hat die Formel (2) den Vorzug, dass man R aus den schon berechneten Coefficienten von Δ einfach zusammensetzt; aber auch für die theoretische Betrachtung ist der Ausdruck (2), welcher sich aus Symbolen einfacher zusammensetzt, wichtiger als (3) und (5). Nicht auf die Endausdrücke durch die Coefficienten der ursprünglichen Form kommt es wesentlich an, sondern auf die einfachen und charakteristischen Zusammenhänge der verschiedenen Bildungen unter einander.

Da Δ nur eine Invariante liefert, so können neue Formen zunächst nur durch Ueberschiebung von Δ und f hervorgehen. Es giebt solcher Ueberschiebungen zwei. Die erste ist die neue Form

$$(6) \qquad Q = (c\,\Delta)\, c_x^2\, \Delta_x.^*$$

Man drückt sie durch Symbole von f allein aus, indem man wieder von der Formel (4), jetzt in der Gestalt $\Delta_x \Delta_y = (a\,b)^2\, a_x\, b_y$, ausgeht. Setzt man in dieser $y_1 = -\,c_2$, $y_2 = c_1$ und multiplicirt mit $(c\,\Delta)$, so geht $\Delta_x \Delta_y$ in Q über; man hat also

$$(7) \qquad Q = (a\,b)^2\, (c\,b)\, c_x^2\, a_x.$$

Die zweite Ueberschiebung von f mit Δ verschwindet identisch und giebt dadurch eine charakteristische Eigenschaft von Δ an. Man hat nämlich nach (1)

$$(c\,\Delta)^2\, c_x = (a\,b)^2\, (a\,c)\, (b\,c)\, c_x;$$

nun ändert aber das Product $(a\,b)\,(a\,c)\,(b\,c)$ nur sein Zeichen, wenn man c mit a oder b vertauscht; es ist daher auch:

$$(c\,\Delta)^2\, c_x = \tfrac{1}{3}\, (a\,b)\, (a\,c)\, (b\,c)\, \{(a\,b)\, c_x - (c\,b)\, a_x - (a\,c)\, b_x\}.$$

Da nun nach § 15. I. der eingeklammerte Ausdruck identisch verschwindet, so hat man den zu beweisenden Satz:

> Die zweite Ueberschiebung von Δ mit f verschwindet identisch.

---

* Ausgeführt:
$$Q = (a_0^2 a_3 - 3 a_0 a_1 a_2 + 2 a_1^3)\, x_1^3 + 3\, (a_0 a_1 a_3 - 2 a_0 a_2^2 + a_1^2 a_2)\, x_1^2 x_2$$
$$- 3\, (a_0 a_2 a_3 - 2 a_1^2 a_3 + a_1 a_2^2)\, x_1 x_2^2 - (a_0 a_3^2 - 3 a_1 a_2 a_3 + 2 a_2^3)\, x_2^3.$$

Da ferner jeder symbolische Ausdruck, welcher den symbolischen Factor $(c\,\Delta)^2$ enthält, durch Ueberschiebung der linearen Covariante $(c\,\Delta)^2\,c_x$ mit anderen Formen entsteht, so verschwindet auch ein solcher Ausdruck immer, und es gilt der Satz:

> Jeder den symbolischen Factor $(c\,\Delta)^2$ enthaltende Ausdruck verschwindet identisch.

Es wird sich zeigen, dass mit Δ, R, Q der Kreis von Bildungen überhaupt abgeschlossen ist.

§ 35. Die Covariante Q.

Eine wichtige Eigenschaft der Form Q tritt hervor, wenn man ihre erste Polare bildet. Es ist das Symbol Q_x durch die Formel definirt:

$$Q_x{}^3 = (c\,\Delta)\,c_x{}^2\,\Delta_x,$$

daher hat man

$$3\,Q_x{}^2\,Q_y = (c\,\Delta)\,\{\,c_x{}^2\,\Delta_y + 2\,c_x\,c_y\,\Delta_x\,\}$$
$$= (c\,\Delta)\,\{\,3\,c_x{}^2\,\Delta_y + 2\,c_x\,(c_y\,\Delta_x - c_x\,\Delta_y)\,\}.$$

Da nun $c_y\,\Delta_x - c_x\,\Delta_y = (c\,\Delta)\,(xy)$ [§ 15. (VII)], so enthält der zweite Theil rechts $(c\,\Delta)^2$ als symbolischen Factor und verschwindet demnach identisch. Es ist also die erste Polare von Q in der einfachen symbolischen Form darstellbar:

$$(1) \qquad Q_x{}^2\,Q_y = (c\,\Delta)\,c_x{}^2\,\Delta_y.$$

Aus dieser Formel fliessen die Ausdrücke der Ueberschiebungen von Q mit f. Die erste ist

$$(a\,Q)\,a_x{}^2\,Q_x{}^2 = (c\,\Delta)\,(a\,\Delta)\,c_x{}^2\,a_x{}^2, \qquad \text{oder nach § 15. (II):}$$
$$= \tfrac{1}{2}\,c_x\,a_x\,\{\,(c\,\Delta)^2\,a_x{}^2 + (a\,\Delta)^2\,c_x{}^2 - (a\,c)^2\,\Delta_x{}^2\,\}$$

oder endlich, da die ersten beiden Theile rechts identisch verschwinden:

$$(2) \qquad (a\,Q)\,a_x{}^2\,Q_x{}^2 = -\,\tfrac{1}{2}\,\Delta^2.$$

Ferner ist, indem man in (1) x mit y vertauscht, und a_2, $-\,a_1$ für y_1, y_2 setzt, die zweite Ueberschiebung:

$$(a\,Q)^2\,a_x\,Q_x = (c\,\Delta)\,(a\,c)^2\,a_x\,\Delta_x.$$

Aber nach § 34. (4) wird $(a\,c)^2\,a_x\,(c\,\Delta)$ aus $\Delta'_x\,\Delta'_y$ erhalten, wenn man y_1 durch Δ_2, y_2 durch $-\,\Delta_1$ ersetzt. Daher ist:

$$(3) \qquad (a\,Q)^2\,a_x\,Q_x = (\Delta'\,\Delta)\,\Delta_x\,\Delta'_x = 0,$$

identisch gleich Null, weil es durch die nichtssagende Vertauschung von Δ mit Δ' das Zeichen ändert.

Endlich wird die dritte Ueberschiebung:

$$(4) \qquad (a\,Q)^3 = (c\,\Delta)\,(a\,c)^2\,(a\,\Delta) = R. \qquad\qquad [\text{§ 34. (3)}]$$

Diese Gleichung, zusammen mit (3) giebt den Satz:

> Jede Form, welche den symbolischen Factor $(a\,Q)^2$ hat, besitzt den wirklichen Factor R.

Denn nach § 31. Satz 6. entsteht jeder solcher Ausdruck durch Ueberschiebung anderer Formen über solche, welche den symbolischen Factor $(a\,Q)^2$ und kein anderes Symbol enthalten, also über $(a\,Q)^2\,a_x\,Q_x$ und $(a\,Q)^3$; von diesen aber verschwindet die erste, die zweite giebt R.

Ich bemerke, dass die Formel (2) als Folge eines allgemeinen Princips erscheint, wenn man den Satz beweist:

> Die Functionaldeterminante (erste Ueberschiebung) einer Function mit der Functionaldeterminante zweier anderen ist, wenn alle Formen von höherer als der ersten Ordnung sind, immer eine Summe von Producten niederer Formen.

Seien, um dies zu beweisen, drei Formen von höherer als der ersten Ordnung gegeben:

$$\varphi = \varphi_x{}^m, \quad \psi = \psi_x{}^n, \quad \chi = \chi_x{}^p.$$

Die erste Ueberschiebung der beiden ersten ist

$$\Omega = (\varphi\,\psi)\,\varphi_x{}^{m-1}\,\psi_x{}^{n-1} = \Omega_x{}^{m+n-2}.$$

Daher die erste Polare von Ω

$$\Omega_x{}^{m+n-3}\,\Omega_y = \frac{(\varphi\,\psi)}{m+n-2}\,\{(m-1)\,\varphi_x{}^{m-2}\varphi_y\,\psi_x{}^{n-1}$$
$$+ (n-1)\,\varphi_x{}^{m-1}\,\psi_x{}^{n-2}\,\psi_y\},$$

und also die erste Ueberschiebung von Ω mit χ, welches die gesuchte Form ist:

$$\vartheta = (\Omega\,\chi)\,\Omega_x{}^{m+n-3}\,\chi_x{}^{p-1}$$
$$= \frac{(\varphi\,\psi)}{m+n-2}\,\{(m-1)\,(\varphi\,\chi)\,\varphi_x{}^{m-2}\,\psi_x{}^{n-1}\,\chi_x{}^{p-1}$$
$$+ (n-1)\,(\psi\,\chi)\,\varphi_x{}^{m-1}\,\psi_x{}^{n-2}\,\chi_x{}^{p-1}\}.$$

Nun ist nach § 15. (II)

$$(\varphi\,\psi)\,(\varphi\,\chi)\,\psi_x\,\chi_x = \tfrac{1}{2}\,\{(\varphi\,\psi)^2\,\chi_x{}^2 + (\varphi\,\chi)^2\,\psi_x{}^2 - (\psi\,\chi)^2\,\varphi_x{}^2\}$$
$$(\psi\,\varphi)\,(\psi\,\chi)\,\varphi_x\,\chi_x = \tfrac{1}{2}\,\{(\psi\,\varphi)^2\,\chi_x{}^2 + (\psi\,\chi)^2\,\varphi_x{}^2 - (\varphi\,\chi)^2\,\psi_x{}^2\};$$

daher, wenn man dies einführt:

$$(5) \qquad \vartheta = \frac{m-n}{2\,(m+n-2)}\,\chi\,\mathsf{X} - \tfrac{1}{2}\,(\varphi\,\Phi - \psi\,\Psi),$$

wo Φ, Ψ, X die folgenden zweiten Ueberschiebungen bedeuten:

$$(6) \qquad
\begin{aligned}
\Phi &= (\psi\,\chi)^2\,\psi_x{}^{n-2}\,\chi_x{}^{p-2}\\
\Psi &= (\chi\,\varphi)^2\,\chi_x{}^{p-2}\,\varphi_x{}^{m-2}\\
\mathsf{X} &= (\varphi\,\psi)^2\,\varphi_x{}^{m-2}\,\psi_x{}^{n-2}.
\end{aligned}$$

Dies ist die im Satze erwähnte Darstellung. In unserem Falle ist f für φ, Δ für ψ, also Q für Ω, endlich wieder f für χ zu setzen, und $m = 3$, $n = 2$, $p = 3$. Es ergiebt sich ferner $\Phi = 0$, $X = 0$, $\Psi = \Delta$, und damit die Formel (2).

Eine zweite Eigenschaft der Form Q besteht darin, dass ihr Quadrat sich durch Δ, f, R ausdrücken lässt. Da

$$Q = (a\,\Delta)\,a_x{}^2\,\Delta_x,$$

so ist

$$Q^2 = (a\,\Delta)\,(b\,\Delta')\,a_x{}^2\,b_x{}^2\,\Delta_x\,\Delta'_x.$$

Setzen wir hier zunächst für $(b\,\Delta')\,a_x$ den Ausdruck [§ 15. (I)]:

$$(a\,\Delta')\,b_x - (a\,b)\,\Delta'_x,$$

so zerfällt Q^2 schon in das Aggregat zweier Producte:

$$Q^2 = (a\,\Delta)\,(a\,\Delta')\,\Delta_x\,\Delta'_x\,a_x\,.\,f - (a\,b)\,(a\,\Delta)\,a_x\,b_x{}^2\,\Delta_x\,.\,\Delta.$$

Es ist ferner nach § 15. (II):

$$(a\,\Delta)\,(a\,\Delta')\,\Delta_x\,\Delta'_x = \tfrac{1}{2}\,\{(a\,\Delta)^2\,\Delta'_x{}^2 + (a\,\Delta')^2\,\Delta_x{}^2 - (\Delta\,\Delta')^2\,a_x{}^2\},$$

wo das von den ersten beiden Gliedern rechts herrührende wieder identisch verschwindet, und daher

$$(a\,\Delta)\,(a\,\Delta')\,\Delta_x\,\Delta'_x\,a_x = -\tfrac{1}{2}\,R\,.\,f.$$

Endlich, wenn man in

$$(a\,b)\,(a\,\Delta)\,a_x\,b_x{}^2\,\Delta_x$$

a mit b vertauscht und die halbe Summe beider Ausdrücke setzt, hat man:

$$(a\,b)\,(a\,\Delta)\,a_x\,b_x{}^2\,\Delta_x = \tfrac{1}{2}\,(a\,b)\,a_x\,b_x\,\Delta_x\,\{(a\,\Delta)\,b_x - (b\,\Delta)\,a_x\}$$
$$= \tfrac{1}{2}\,(a\,b)^2\,a_x\,b_x\,.\,\Delta_x{}^2 = \tfrac{1}{2}\,\Delta^2.$$

Die Formel für Q^2 wird also

$$(7) \qquad\qquad Q^2 = -\tfrac{1}{2}\,\{\Delta^3 + R\,f^2\}$$

eine Formel, auf welcher, wie man sehen wird, die Auflösung der cubischen Gleichungen beruht, und welche das Quadrat der einzigen Form ungeraden Charakters (§ 16.) durch die Formen geraden Charakters ausdrückt.

Auch diese Eigenschaft von Q kann auf eine allgemeine Eigenschaft des Quadrats einer Functionaldeterminante zurückgeführt werden. Behalten wir die oben gebrauchten Bezeichnungen bei, so ist das Quadrat der Functionaldeterminante Ω von φ und ψ:

$$\Omega^2 = (\varphi\,\psi)\,\varphi_x{}^{m-1}\,\psi_x{}^{n-1}\,.\,(\varphi'\,\psi')\,\varphi_x'{}^{m-1}\,\psi_x'{}^{n-1}.$$

Ersetzt man $(\varphi'\,\psi')\,\psi_x$ durch seinen Werth nach § 15. (I): $(\varphi'\,\psi')\,\psi_x = (\varphi'\,\psi)\,\psi'_x + (\psi\,\psi')\,\varphi'_x$, so zerfällt Ω^2 in die Summe zweier Producte:

$$\Omega^2 = A \cdot \psi + B \cdot \varphi,$$

wo

$$A = (\varphi\,\psi)\,(\varphi'\,\psi)\,\varphi_x^{\,m-1}\,\varphi_x'^{\,m-1}\,\psi_x^{\,n-2}$$
$$B = (\varphi\,\psi)\,(\psi\,\psi')\,\varphi_x^{\,m-1}\,\psi_x^{\,n-2}\,\psi_x'^{\,n-1}.$$

Man transformirt ferner A durch die Identität § 15. (II), nach welcher:

$$(\varphi\,\psi)\,(\varphi'\,\psi)\,\varphi_x\,\varphi'_x = \tfrac{1}{2}\,\{(\varphi\,\psi)^2\,\varphi_x'^2 + (\varphi'\,\psi)^2\,\varphi_x^2 - (\varphi\,\varphi')^2\,\psi_x^2\},$$

und erhält, indem zwei Glieder als gleichbedeutend sich zusammenziehen [vgl. (6)]:

$$A = \mathsf{X} \cdot \varphi - \tfrac{1}{2}\,\mathsf{M}\,\Psi, \quad \text{wo}$$
$$(8) \qquad \mathsf{M} = (\varphi\,\varphi')^2\,\varphi_x^{\,m-2}\,\varphi_x'^{\,m-2}.$$

Dagegen vertauscht man in B ψ mit ψ' und ersetzt dann B durch die halbe Summe des ursprünglichen Ausdrucks und des neuen; es ist dann:

$$B = \tfrac{1}{2}\,(\psi\,\psi')\,\psi_x^{\,n-2}\,\psi_x'^{\,n-2}\,\varphi_x^{\,m-1}\,\{(\varphi\,\psi)\,\psi'_x - (\varphi\,\psi')\,\psi_x\}$$
$$= -\tfrac{1}{2}\,(\psi\,\psi')^2\,\psi_x^{\,n-2}\,\psi_x'^{\,n-2} \cdot \varphi = -\tfrac{1}{2}\,\mathsf{N}\,\varphi,$$

wenn

$$(9) \qquad \mathsf{N} = (\psi\,\psi')^2\,\psi_x^{\,n-2}\,\psi_x'^{\,n-2}$$

gesetzt wird.

Man hat also endlich

$$(10) \qquad \Omega^2 = -\tfrac{1}{2}\,(\mathsf{M}\,\psi^2 - 2\,\mathsf{X}\,\varphi\,\psi + \mathsf{N}\,\varphi^2),$$

eine Formel, durch welche das Quadrat der Functionaldeterminante auf die zweiten Ueberschiebungen M, X, N zurückgeführt wird.

Ganz ebenso erhält man für das Product zweier Functionaldeterminanten die Formel

$$(11) \qquad \Omega\,\Omega' = -\tfrac{1}{2}\,\{\mathsf{M}\,\psi\,\vartheta - \mathsf{P}\,\psi\,\chi - \Sigma\,\varphi\,\vartheta + \mathsf{N}\,\varphi\,\chi\},$$

wo

$$(12) \qquad \begin{aligned} \Omega &= (\varphi\,\psi)\,\varphi_x^{\,m-1}\,\psi_x^{\,n-1} \\ \Omega' &= (\chi\,\vartheta)\,\chi_x^{\,p-1}\,\vartheta_x^{\,q-1}, \end{aligned}$$

und wo M, P, Σ, N die folgenden zweiten Ueberschiebungen bedeuten:

$$(13) \qquad \begin{aligned} \mathsf{M} &= (\varphi\,\chi)^2\,\varphi_x^{\,m-2}\,\chi_x^{\,p-2} \\ \mathsf{P} &= (\varphi\,\vartheta)^2\,\varphi_x^{\,m-2}\,\vartheta_x^{\,q-2} \\ \Sigma &= (\psi\,\chi)^2\,\psi_x^{\,n-2}\,\chi_x^{\,p-2} \\ \mathsf{N} &= (\psi\,\vartheta)^2\,\psi_x^{\,n-2}\,\vartheta_x^{\,q-2}. \end{aligned}$$

§ 36. Die zusammengesetzte Function $\varkappa\,f + \lambda\,Q$.

Aus der Form f können wir, da die Covariante Q ebenfalls von der dritten Ordnung ist, eine Schaar von Formen dritter Ordnung, $\varkappa\,f + \lambda\,Q$ bilden. Die gemeinschaftlichen Eigenschaften dieser Schaar,

welche mit der Auflösung der cubischen Gleichungen in genauem
Zusammenhange stehen, sollen jetzt untersucht werden. Es handelt
sich darum, Δ, Q, R für diese zusammengesetzte Function zu bilden,
Ausdrücke, welche durch

$$\Delta_{\varkappa\lambda}, \quad Q_{\varkappa\lambda}, \quad R_{\varkappa\lambda}$$

bezeichnet werden sollen. Es wird sich zeigen, dass diese Formen
sich aus den uns bereits bekannten zusammensetzen.

Bezeichnen wir durch a_0, a_1, a_2, a_3 die Coefficienten von f, durch
α_0, α_1, α_2, α_3, die von Q. Die Formen $\Delta_{\varkappa\lambda}$, $Q_{\varkappa\lambda}$, $R_{\varkappa\lambda}$ entstehen aus
Δ, Q, R, indem man darin die Grössen a_i durch die Grössen
$\varkappa\, a_i + \lambda\, \alpha_i$ ersetzt. Daher ist $\Delta_{\varkappa\lambda}$ von der zweiten, $Q_{\varkappa\lambda}$ von der dritten, $R_{\varkappa\lambda}$ von der vierten Ordnung in $\varkappa$, λ. Setzt man

$$\Delta_{\varkappa\lambda} = \varkappa^2\, \Delta + \varkappa\, \lambda\, \Delta_1 + \lambda^2\, \Delta_2$$
$$Q_{\varkappa\lambda} = \varkappa^3\, Q + \varkappa^2\, \lambda\, Q_1 + \varkappa\, \lambda^2\, Q_2 + \lambda^3\, Q_3$$
$$R_{\varkappa\lambda} = \varkappa^4\, R + \varkappa^3\, \lambda\, R_1 + \varkappa^2\, \lambda^2\, R_2 + \varkappa\, \lambda^3\, R_3 + \lambda^4\, R_4,$$

wo die ersten Coefficienten (für $\varkappa = 1$, $\lambda = 0$) offenbar wieder die
ursprünglichen Bildungen sind, so werden insbesondere die zweiten
Coefficienten durch die Formeln (vgl. § 3.)

$$\Delta_1 = \Sigma\, \alpha_i\, \frac{\partial\, \Delta}{\partial\, a_i}$$
$$Q_1 = \Sigma\, \alpha_i\, \frac{\partial\, Q}{\partial\, a_i}$$
$$R_1 = \Sigma\, \alpha_i\, \frac{\partial\, R}{\partial\, a_i}$$

gegeben. Bezeichnen wir nun durch $\delta\,\varphi$ die Anwendung der Opera-
tion $\Sigma\, \alpha_i\, \dfrac{\partial}{\partial\, a_i}$ auf irgend eine Form φ, so dass die obigen Ausdrücke
$\delta\Delta$, $\delta\, Q$, $\delta\, R$ sind, und dass allgemein

$$\delta\,\varphi = \alpha_0\, \frac{\partial\,\varphi}{\partial\, a_0} + \alpha_1\, \frac{\partial\,\varphi}{\partial\, a_1} + \alpha_2\, \frac{\partial\,\varphi}{\partial\, a_2} + \alpha_3\, \frac{\partial\,\varphi}{\partial\, a_3}.$$

Es sollen zuerst die Ausdrücke $\delta\Delta$, $\delta\, Q$, $\delta\, R$ untersucht werden.
Bemerken wir zu diesem Zwecke Folgendes. Wenn wir auf einen
in symbolischer Form gegebenen Ausdruck die Operation δ anwenden, so müssen wir den Ausdruck uns in seine wirkliche Form
gebracht denken und dann die Operation ausführen. Die Differentiation nach den a aber können wir uns zusammengesetzt denken
aus der Differentiation nach den verschiedenen Reihen von a, die aus
den verschiedenen Symbolreihen entspringen. Das Gesammtresultat
ist die Summe der Ausdrücke, welche die Anwendung der Operation

auf die einzelnen Reihen liefert. Da nun jede Reihe linear auftritt, so haben wir, um die einzelnen Ausdrücke zu erhalten, nur eine solche Reihe durch die α, d. h. die entsprechenden Symbole durch die Symbole von Q zu ersetzen. Es gilt also folgende Regel:

> Das Resultat der Anwendung der Operation δ auf einen symbolisch gegebenen Ausdruck φ ist die Summe der Ausdrücke, welche man erhält, wenn man immer für eines der ursprünglichen Symbole ein Symbol von Q setzt.

Symmetrisch auftretende Symbole liefern dabei genau dasselbe, die Summe der von ihnen herrührenden Terme kann daher sofort durch ein Vielfaches eines derselben ersetzt werden.

Der Ausdruck δf ist Q selbst. Dagegen findet man nach der obigen Regel

$$(1) \qquad \delta \Delta = 2\,(a\,Q)^2\,a_x\,Q_x = 0$$

[siehe § 35. (3)]. Die Coefficienten von Δ also geben, der Operation δ unterworfen, stets Null; daher kann man auch die Symbole von Δ, wo sie in einer der Operation δ unterworfenen Form auftreten, unberücksichtigt lassen. So ist denn ohne Weiteres

$$(2) \qquad \delta R = \delta\,(\Delta\,\Delta') = 0.$$

Ferner wird

$$\delta\,Q = \delta\,[(a\,\Delta)\,a_x{}^2\,\Delta_x]$$
$$= (Q\,\Delta)\,Q_x{}^2\,\Delta_x.$$

Dies ist die erste Ueberschiebung von Q mit Δ. Setzt man also in den Formeln (5), (6) des vorigen Paragraphen

$$\varphi = f, \quad \psi = \Delta, \quad \chi = \Delta, \quad m = 3, \quad n = 2,$$

so ist nach den beiden vorigen Paragraphen

$$\Omega = Q, \quad \Phi = R, \quad \Psi = 0, \quad \mathsf{X} = 0,$$

daher:

$$(3) \qquad \delta\,Q = -\tfrac{1}{2}\,R\,f.$$

Die Functionen f und Q treten also vermöge der Operation δ in die Wechselbeziehung, dass δf auf Q, δQ wieder auf f führt.

Nachdem wir nun die Wirkung der Operation δ auf alle Formen bestimmt haben, finden wir die Formen der zusammengesetzten Function $\varkappa\,f + \lambda\,Q$ durch ein einfaches Verfahren. Sei φ irgend eine Covariante oder Invariante, μ sein Grad in den Coefficienten von f, endlich $\delta\varphi$ eine bekannte Form, wie wir es nach dem Vorhergehenden für jede ganze Function von f, Δ, Q, R annehmen dürfen. Schreiben wir:

$$(4) \qquad \varphi_{\varkappa\lambda} = \varphi \cdot \varkappa^{\mu} + \varphi_1 \cdot \varkappa^{\mu-1}\lambda + \varphi_2 \cdot \varkappa^{\mu-2}\lambda^2 \ldots,$$

so sind die ersten beiden Coefficienten rechts, φ und $\varphi_1 = \delta\varphi$, bekannt, die übrigen findet man durch ein recurrentes Verfahren.

Unterwerfen wir nämlich die identische Gleichung (4) der Operation δ, so erhalten wir:

$$(5) \qquad \delta\varphi_{\varkappa\lambda} = \delta\varphi \cdot \varkappa^{\mu} + \delta\varphi_1 \cdot \varkappa^{\mu-1}\lambda + \delta\varphi_2 \cdot \varkappa^{\mu-2}\lambda^2 \ldots.$$

Aber $\varphi_{\varkappa\lambda}$ ist eine Function der Grössen $\varkappa a_i + \lambda\alpha_i$; daher hat man

$$\delta\varphi_{\varkappa\lambda} = \sum \frac{\partial\varphi_{\varkappa\lambda}}{\partial(\varkappa a_i + \lambda\alpha_i)} (\varkappa\,\delta a_i + \lambda\,\delta\alpha_i).$$

Da nun durch die Operation δ die Formen f, Q in Q, $-\dfrac{R}{2}f$ übergehen, so hat man

$$\delta a_i = \alpha_i, \qquad \delta\alpha_i = -\frac{R}{2}a_i,$$

und die obige Formel geht also in folgende über:

$$\delta\varphi_{\varkappa\lambda} = \varkappa\sum \frac{\partial\varphi_{\varkappa\lambda}}{\partial(\varkappa a_i + \lambda\alpha_i)}\alpha_i - \frac{\lambda R}{2}\sum \frac{\partial\varphi_{\varkappa\lambda}}{\partial(\varkappa a_i + \lambda\alpha_i)}a_i$$

oder es wird:

$$(6) \qquad \delta\varphi_{\varkappa\lambda} = \varkappa\frac{\partial\varphi_{\varkappa\lambda}}{\partial\lambda} - \frac{R}{2}\lambda\frac{\partial\varphi_{\varkappa\lambda}}{\partial\varkappa}.$$

An Stelle der Formel (5) kann man daher jetzt folgende setzen:

$$\varkappa\,(\varphi_1\varkappa^{\mu-1} + 2\varphi_2\varkappa^{\mu-2}\lambda + 3\varphi_3\varkappa^{\mu-3}\lambda^2 + \ldots)$$
$$-\frac{R\lambda}{2}(\mu\varphi\varkappa^{\mu-1} + (\mu-1)\varphi_1\varkappa^{\mu-2}\lambda + (\mu-2)\varphi_2\varkappa^{\mu-3}\lambda^2 + \ldots)$$
$$= \delta\varphi \cdot \varkappa^{\mu} + \delta\varphi_1 \cdot \varkappa^{\mu-1}\lambda + \delta\varphi_2\varkappa^{\mu-2}\lambda^2 + \ldots,$$

welche sich in das nachstehende System von Formeln auflöst, indem man die Coefficienten gleich hoher Potenzen von $\varkappa$ und λ auf beiden Seiten vergleicht:

$$
\begin{aligned}
\varphi_1 &= \delta\varphi \\
2\varphi_2 &= \delta\varphi_1 + \frac{\mu R}{2}\varphi \\
3\varphi_3 &= \delta\varphi_2 + \frac{(\mu-1)R}{2}\varphi_1 \\
4\varphi_4 &= \delta\varphi_3 + \frac{(\mu-2)R}{2}\varphi_2
\end{aligned}
\tag{7}
$$

$$\cdots\cdots\cdots\cdots\cdots$$

Aus diesen Formeln kann man φ_2, $\varphi_3 \ldots$ successive berechnen.

Wenden wir die Formeln (7) auf die Berechnung von $\Delta_{\varkappa\lambda}$ an. Das System geht hier, da $\mu = 2$, über in

$$\Delta_1 = 0$$
$$2\,\Delta_2 = \delta\,\Delta_1 + R\,\Delta,$$

so dass man $\Delta_1 = 0$, $\Delta_2 = \dfrac{R}{2}\,\Delta$, und daher die Formel hat:

(8)
$$\Delta_{\varkappa\lambda} = \Theta\,.\,\Delta,$$

wo

(9)
$$\Theta = \varkappa^2 + \frac{R}{2}\,\lambda^2.$$

Da die Coefficienten von $\Delta_{\varkappa\lambda}$ sich von denen von Δ nur um den Factor Θ unterscheiden, so tritt bei $R_{\varkappa\lambda}$, welches eine Function zweiten Grades in jenen Coefficienten ist, das Quadrat von Θ vor, und man hat also:

(10)
$$R_{\varkappa\lambda} = \Theta^2\,.\,R.$$

Es bleibt übrig $Q_{\varkappa\lambda}$ zu bestimmen. Man kann dies wieder durch die Formeln (7) erreichen; aber es ist kürzer, sich folgender Methode zu bedienen. Da Q die Coefficienten von Δ enthält, so muss auch $Q_{\varkappa\lambda}$ den bei $\Delta_{\varkappa\lambda}$ auftretenden Factor Θ haben, es muss daher

$$Q_{\varkappa\lambda} = \left(\varkappa^2 + \frac{R}{2}\,\lambda^2\right)(\varkappa Q + \lambda Q_1)$$

sein, und da nach (3)

$$Q_1 = \delta Q = -\tfrac{1}{2}\,R f,$$

so hat man

$$Q_{\varkappa\lambda} = \left(\varkappa^2 + \frac{R}{2}\,\lambda^2\right)\left(\varkappa Q - \frac{R}{2}\,\lambda f\right)$$

oder

$$Q_{\varkappa\lambda} = \Theta\,.\,\left(\varkappa Q - \frac{R}{2}\,\lambda f\right).$$

Die oben erwähnte Wechselbeziehung zwischen Q und f tritt hier noch deutlicher hervor, indem es sich zeigt, dass Q, für Q als Grundform gebildet, wieder f giebt; denn setzt man $\varkappa = 0$, $\lambda = 1$, so wird

$$Q_{01} = -\frac{R^2}{4}\,f.$$

Man kann in der Formel für $Q_{\varkappa\lambda}$ auch den zweiten Factor rechts in einen Zusammenhang mit der Form Θ bringen, indem man der Formel die Gestalt giebt:

(11)
$$Q_{\varkappa\lambda} = \tfrac{1}{2}\,Q\,.\,\left(Q\,\frac{\partial\Theta}{\partial\varkappa} - f\,\frac{\partial\Theta}{\partial\lambda}\right).$$

Indem wir alle hier gefundenen Formeln vereinigen,

$$\Delta_{\varkappa\lambda} = \Theta \cdot \Delta, \qquad R_{\varkappa\lambda} = \Theta^2 \cdot R$$

(12)
$$Q_{\varkappa\lambda} = \tfrac{1}{2}\,\Theta \cdot \left(Q\,\frac{\partial\,\Theta}{\partial\,\varkappa} - f\,\frac{\partial\,\Theta}{\partial\,\lambda} \right)$$

$$\Theta = \varkappa^2 + \frac{R}{2}\,\lambda^2$$

tritt die Wichtigkeit der binären Form zweiter Ordnung $\Theta\,(\varkappa, \lambda)$ hervor, von welcher hier alles abhängt. Wir werden dieser Form bei der Auflösung der cubischen Gleichungen wieder begegnen. Bemerken wir nur, dass die Discriminante von Θ gleich R, der Discriminante der cubischen Form ist, sowie ferner, dass die Gleichung § 35. (7), die Relation zwischen Q, f, Δ, R, nun auch unter der Form dargestellt werden kann

(13)
$$\Delta^3 = -\,2\,\Theta\,(Q, f).$$

Zur algebraischen Definition der hier betrachteten zusammengesetzten Functionen $\varkappa f + \lambda Q$ füge ich noch den Satz hinzu:

> Die Form $\varkappa f + \lambda Q$ umfasst alle diejenigen Formen, und nur diese, für welche Δ bis auf einen constanten Factor eine gegebene quadratische Form ist.

Dass alle Formen $\varkappa f + \lambda Q$ bis auf einen constanten Factor dieselbe Covariante Δ haben, zeigt die Formel (8). Dass umgekehrt nur Formen $\varkappa f + \lambda Q$ eine solche Covariante Δ ergeben, lehrt folgende Betrachtung. Sei

$$\Delta = p_0 x_1^2 + 2\,p_1 x_1 x_2 + p_2 x_2^2$$
$$Q = \alpha_0 x_1^3 + 3\,\alpha_1 x_1^2 x_2 + 3\,\alpha_2 x_1 x_2^2 + \alpha_3 x_2^3.$$

Da die zweite Ueberschiebung von Δ sowohl mit f (§ 34.) als mit Q verschwindet, wie aus der Anwendung der Operation δ auf die Gleichung $(c\,\Delta)^2\,c_x = 0$ hervorgeht, so hat man die Relationen:

$$a_0 p_2 - 2\,a_1 p_1 + a_2 p_0 = 0$$
$$a_1 p_2 - 2\,a_2 p_1 + a_3 p_0 = 0$$
$$\alpha_0 p_2 - 2\,\alpha_1 p_1 + \alpha_2 p_0 = 0$$
$$\alpha_1 p_2 - 2\,\alpha_2 p_1 + \alpha_3 p_0 = 0.$$

Jede Form dritter Ordnung φ aber, welche bis auf eine Constante dasselbe Δ liefern soll, muss, wenn m_0, m_1, m_2, m_3 ihre Coefficienten sind, die Gleichungen befriedigen:

$$m_0 p_2 - 2\,m_1 p_1 + m_2 p_0 = 0$$
$$m_1 p_2 - 2\,m_2 p_1 + m_3 p_0 = 0.$$

Aus diesen Gleichungen im Vergleiche mit den vorigen folgt:

$$\begin{vmatrix} a_0 & a_1 & a_2 \\ \alpha_0 & \alpha_1 & \alpha_2 \\ m_0 & m_1 & m_2 \end{vmatrix} = 0, \qquad \begin{vmatrix} a_1 & a_2 & a_3 \\ \alpha_1 & \alpha_2 & \alpha_3 \\ m_1 & m_2 & m_3 \end{vmatrix} = 0.$$

Nimmt man also, was, wenn die Coefficienten von Δ nicht sämmtlich verschwinden, immer erlaubt ist, zwei der Gleichungen

$$m_0 = \varkappa\, a_0 + \lambda\, \alpha_0$$
$$m_1 = \varkappa\, a_1 + \lambda\, \alpha_1$$
$$m_2 = \varkappa\, a_2 + \lambda\, \alpha_2$$
$$m_3 = \varkappa\, a_3 + \lambda\, \alpha_3,$$

an, so folgen die beiden anderen, und es ist also

$$\varphi = \varkappa f + \lambda\, Q,$$

was zu beweisen war. Der Fall, wo Δ identisch verschwindet, entzieht sich selbstverständlich der Fassung des obigen Satzes.

§ 37. Beweis, dass das Formensystem mit den Formen f, Δ, Q, R abgeschlossen ist.

Aus den im Vorigen entwickelten Formeln zeigt sich, dass alle Ueberschiebungen von f, Δ, Q über sich selbst und über einander durch f, Δ, Q, R ausdrückbar sind; denn sie alle sind Glieder von $\Delta_{\varkappa\lambda}$, $Q_{\varkappa\lambda}$, $R_{\varkappa\lambda}$. Hierauf gestützt, werde ich jetzt beweisen, dass ausser R überhaupt keine Invariante, ausser Δ, Q keine neuen Covarianten von f existiren; dass also jede nur denkbare Covariante oder Invariante Π von f eine ganze Function von f, Δ, Q, R ist.

Dieser Satz ist richtig für die Formen Π, welche in den Coefficienten von f vom ersten Grade sind. Denn diese enthalten in symbolischer Darstellung nur ein Symbol, können also von a_x^3 nicht verschieden sein, so dass f die einzige Form ersten Grades ist.

Nehmen wir also an, der Satz sei für alle Formen Π bis zum $(m-1)^{\text{ten}}$ Grade einschliesslich bewiesen und zeigen wir, dass er dann auch für den m^{ten} Grad gilt, so ist er überhaupt bewiesen.

Sei also die allgemeinste Form Π, welche in den Coefficienten von f vom $(m-1)^{\text{ten}}$ Grade ist, aus Termen von der Form

$$(1) \qquad\qquad f^\alpha\, \Delta^\beta\, Q^\gamma\, R^\delta$$

zusammengesetzt, wo

$$(2) \qquad\qquad \alpha + 2\beta + 3\gamma + 4\delta = m - 1.$$

Die Formen m^{ten} Grades entstehen, indem wir f ein-, zwei- oder dreimal über die Formen $(m-1)^{\text{ten}}$ Grades schieben. Da hierbei R unverändert bleibt, so geben diejenigen Producte (1), für welche $\delta > 0$, wieder Formen niederen Grades, für welche der Satz schon besteht

Es genügt also $\delta = 0$ zu setzen. Auch kann man $\gamma = 0$ oder $\gamma = 1$ machen, da Q^2 durch f, R, Δ ausdrückbar ist.

Schieben wir f einmal über das Product (1), so erhalten wir ganze Functionen von f multiplicirt mit ersten Ueberschiebungen von f über f, Δ, Q, also nichts Neues.

Schieben wir f zweimal über (1), indem wir den Process der Ueberschiebung immer, wie in § 30., durch eine Differentiations-Operation ersetzen, so erhalten wir theils Glieder, in denen Producte der f, Δ, Q mit zweiten Ueberschiebungen von f über f, Δ, Q multiplicirt sind, theils Terme der Form

$$(3) \qquad\qquad (\varphi\, a)\, (\psi\, a)\, \varphi_x{}^{n-1}\, \psi_x{}^{p-1}\, a_x,$$

in denen φ, ψ irgend welche der Formen f, Δ, Q bedeuten. Die Terme erster Art führen auf niedere, also bekannte, Formen, die Terme letzter Art aber würden auf Neues führen können, wenn das Product (1) nur aus den Factoren φ, ψ bestanden hätte, sind also in diesem Fall zu untersuchen; in allen anderen Fällen würde (3) von niedererm Grade als (1) sein, mithin als durch f, Δ, Q, R ausdrückbar angesehen werden.

Wenden wir aber auf (3) die Formel

$$(4) \qquad (\varphi\, a)\, (\psi\, a)\, \varphi_x\, \psi_x = \tfrac{1}{2}\, \{ (\varphi\, a)^2\, \psi_x{}^2 + (\psi\, a)^2\, \varphi_x{}^2 - (\varphi\, \psi)^2\, a_x{}^2 \}$$

an, so geht (3) in das Product von

$$\psi, \qquad \varphi, \qquad (\varphi\, \psi)^2\, \varphi_x{}^{n-1}\, \psi_x{}^{p-1}$$

mit Formen niederen Grades über, zerlegt sich also in lauter Theile, welche als bekannt angesehen werden.

Schieben wir f dreimal über (1), so erhalten wir zum Theil Terme, welche aus Factoren f, Δ, Q und aus dritten Ueberschiebungen von f mit f, Δ, Q, also aus Bekanntem, bestehen; theils Terme, die ausser f, Δ, Q noch Ausdrücke der Form

$$(5) \qquad\qquad (\varphi\, a)^2\, (\psi\, a)\, \varphi_x{}^{n-2}\, \psi_x{}^{p-1}$$

$$(6) \qquad\qquad (\varphi\, a)\, (\psi\, a)\, (\chi\, a)\, \varphi_x{}^{n-1}\, \psi_x{}^{p-1}\, \chi_x{}^{q-1},$$

enthalten, wo wieder φ, ψ, χ irgend welche der Formen f, Δ, Q sind. In dem Falle, wo $\varphi \cdot \psi$ das ganze Product $(m-1)^{\text{ten}}$ Grades bildete, ist (5) zu untersuchen; in dem Falle, wo $\varphi \cdot \psi \cdot \chi$ das Product $(m-1)^{\text{ten}}$ Grades war, wird die Betrachtung von (6) nöthig. Aber (6) reducirt sich sofort mit Hilfe der Gleichung (4) auf ein Aggregat von Producten niederer Formen, kann also nichts Neues geben.

Der Ausdruck (5) bleibt übrig. Er verschwindet, wenn $\varphi = \Delta$, wegen des symbolischen Factors $(a\Delta)^2$ (§ 34.); wenn $\varphi = f$, geht er in

$$(a\, b)^2\, (\psi\, a)\, b_x\, \psi_x{}^{p-1} = (\psi\, \Delta)\, \psi_x{}^{p-1}\, \Delta_x,$$

also in Bekanntes über; wenn endlich $\varphi = Q$, so ist der Ausdruck nach § 35. das Product von R mit einer niederen, also bekannten Form.

Hiermit ist der geforderte Beweis vollständig geliefert, und wir können den Satz aussprechen:

Die Form dritter Ordnung ergiebt keine Covarianten ausser Δ, Q, und keine Invarianten ausser R.

§ 38. Auflösung der cubischen Gleichungen.

Schreiben wir die Gleichung § 35. (7) in der Form

$$\Delta^3 = -2\left\{Q^2 + \frac{R}{2}f^2\right\}$$
$$(1)$$
$$= -2\left\{Q + f\sqrt{-\frac{R}{2}}\right\}\left\{Q - f\sqrt{-\frac{R}{2}}\right\},$$

so haben wir links den Cubus einer Form zweiten Grades, rechts das Product zweier cubischen Formen. Im Allgemeinen haben nun die letzteren keinen Factor gemein, wie jedes Zahlenbeispiel lehrt. Daher muss jeder der cubischen Ausdrücke rechts an und für sich ein vollständiger Cubus sein, d. h. man muss zwei lineare Functionen ξ, η so bestimmen können, dass

$$\xi^3 = \tfrac{1}{2}\left(Q + f\sqrt{-\frac{R}{2}}\right)$$
$$(2)$$
$$\eta^3 = \tfrac{1}{2}\left(Q - f\sqrt{-\frac{R}{2}}\right).$$

Die Functionen ξ, η sind hierdurch bis auf dritte Wurzeln der Einheit völlig bestimmt. Wenn eine cubische Form gegeben ist, von welcher man weiss, dass sie der Cubus einer linearen Function ist:

$$\alpha_0 x_1^3 + 3\alpha_1 x_1^2 x_2 + 3\alpha_2 x_1 x_2^2 + \alpha_3 x_3^3 = (a_1 x_1 + a_2 x_2)^3,$$

so findet man die Coefficienten der linearen Function, indem man beiderseits die Coefficienten einander gleich setzt:

$$\begin{aligned}
a_1^3 &= \alpha_0 \\
a_1^2 a_2 &= \alpha_1 \\
a_1 a_2^2 &= \alpha_2 \\
a_2^3 &= \alpha_3.
\end{aligned}$$

Man erhält a_1 durch die Cubikwurzel aus α_0, dann a_2 rational durch diese und α_1 ausgedrückt; die übrigen Gleichungen müssen dann von selbst erfüllt sein.

Hat man die beiden linearen Functionen ξ, η aus (2) bestimmt, so folgt, indem man alles durch diese ausdrückt:

$$(3) \qquad \begin{aligned} f \cdot \sqrt{-\frac{R}{2}} &= \xi^3 - \eta^3 \\ Q &= \xi^3 + \eta^3 \\ \Delta &= -2\,\xi\,\eta. \end{aligned}$$

Bei der Darstellung von Δ ist eine Cubikwurzel zu ziehen, und daher könnte eine dritte Wurzel der Einheit rechts als Factor hinzugefügt werden; indessen kann man sie ersparen, indem man die bei der Bestimmung von η auftretende Cubikwurzel gehörig bestimmt denkt; die bei ξ auftretende ist dann immer noch beliebig, aber auf diese Darstellungen ohne Einfluss.

Die Gleichungen (3) geben sofort die Lösung der cubischen Gleichung $f=0$, sobald nur R von Null verschieden ist. Denn diese Gleichung kann dann ersetzt werden durch die Gleichung

$$0 = f\sqrt{-\frac{R}{2}} = (\xi-\eta)\,(\xi - \varepsilon\,\eta)\,(\xi - \varepsilon^2\,\eta),$$

wo ε eine imaginäre Cubikwurzel der Einheit bedeutet:

$$\varepsilon = \frac{-1 + \sqrt{-3}}{2}, \qquad \varepsilon^2 = \frac{-1 - \sqrt{-3}}{2}.$$

Die drei Wurzeln der cubischen Gleichung $f=0$ findet man aus den drei linearen Gleichungen

$$\begin{aligned} \xi - \;\;\;\;\eta &= 0 \\ \xi - \varepsilon\;\eta &= 0 \\ \xi - \varepsilon^2\eta &= 0; \end{aligned}$$

und f ist durch die folgende Identität in seine drei Factoren zerlegt:

$$f = \frac{1}{\sqrt{-\dfrac{R}{2}}} \cdot \left\{ \sqrt[3]{\frac{Q + f\sqrt{-\dfrac{R}{2}}}{2}} - \sqrt[3]{\frac{Q - f\sqrt{-\dfrac{R}{2}}}{2}} \right\}$$

$$\cdot \left\{ \sqrt[3]{\frac{Q + f\sqrt{-\dfrac{R}{2}}}{2}} - \varepsilon\sqrt[3]{\frac{Q - f\sqrt{-\dfrac{R}{2}}}{2}} \right\}$$

$$\cdot \left\{ \sqrt[3]{\frac{Q + f\sqrt{-\dfrac{R}{2}}}{2}} - \varepsilon^2\sqrt[3]{\frac{Q - f\sqrt{-\dfrac{R}{2}}}{2}} \right\}.$$

Man sieht, dass die Auflösung der cubischen Gleichung sich wesentlich auf die Aufsuchung der linearen Factoren der quadratischen Form Δ stützt oder auf die Zerlegung von Δ^3 in seine cubischen Factoren, d. h. auf die Auflösung der Gleichung

$$Q^2 + \frac{R}{2}f^2 = 0,$$

welche keine andere ist als

$$\Theta\,(Q,f)=0.$$

Die Form Θ giebt also, gleich Null gesetzt, die quadratische Resolvente der cubischen Gleichung.

Sind die Coefficienten von f reell und R negativ, so sind ξ, η reell, also von den drei linearen Factoren von f einer reell, die anderen, wegen ε und ε^2, conjugirt und imaginär. Wenn dagegen R positiv ist, so werden ξ und η selbst conjugirt imaginär, etwa

$$\xi=p+q\sqrt{-1}\,,\qquad \eta=p-q\sqrt{-1}\,,$$

und die linearen Factoren von $f\sqrt{-\dfrac{R}{2}}$ werden also die Factoren von

$$(p+q\sqrt{-1})^3-(p-q\sqrt{-1})^3=2\sqrt{-1}\,\{3p^2q-q^3\}\,,$$

also (abgesehen von dem Factor $\sqrt{-1}$) gleich q, $p\sqrt{3}+q$, $p\sqrt{3}-q$, mithin reell. **Bei reellen Coefficienten hat also die cubische Gleichung drei reelle Wurzeln bei positivem, nur eine bei negativem R.** —

Die Gleichungen (3) liefern zugleich die Lösung des ganzen Systems von cubischen Gleichungen, welches in der Form

$$\varkappa f+\lambda Q=0$$

enthalten ist. Denn aus (3) hat man

$$(4)\qquad (\varkappa f+\lambda Q)\sqrt{-\dfrac{R}{2}}=\xi^3\left(\varkappa+\lambda\sqrt{-\dfrac{R}{2}}\right)-\eta^3\left(\varkappa-\lambda\sqrt{-\dfrac{R}{2}}\right);$$

so dass die Wurzeln dieser allgemeineren Gleichung aus den drei linearen Gleichungen gefunden werden:

$$\xi\sqrt[3]{\varkappa+\lambda\sqrt{-\dfrac{R}{2}}}-\eta\sqrt[3]{\varkappa-\lambda\sqrt{-\dfrac{R}{2}}}=0$$

$$\xi\sqrt[3]{\varkappa+\lambda\sqrt{-\dfrac{R}{2}}}-\varepsilon\eta\sqrt[3]{\varkappa-\lambda\sqrt{-\dfrac{R}{2}}}=0$$

$$\xi\sqrt[3]{\varkappa+\lambda\sqrt{-\dfrac{R}{2}}}-\varepsilon^2\eta\sqrt[3]{\varkappa-\lambda\sqrt{-\dfrac{R}{2}}}=0.\;-$$

Ist R von Null verschieden, so sind auch die Factoren von Δ, also ξ, η verschieden; mithin auch die Factoren von f.

Ist dagegen $R=0$, so hat man $\xi=\eta$, und Δ wird ein volles Quadrat, während nach (3) Q dem Cubus desselben linearen Ausdrucks proportional wird, so dass $\dfrac{Q^2}{\Delta}$ diesen Ausdruck selbst, bis auf einen constanten Factor, darstellt.

Setzen wir in diesem Falle:

$$(5) \qquad \Delta = p_0 x_1^2 + 2 p_1 x_1 x_2 + p_2 x_2^2$$
$$= - 2 (\xi_1 x_2 - \xi_2 x_1)^2,$$

so dass Δ für $x_1 = \xi_1$, $x_2 = \xi_2$ doppelt verschwindet. Nun liefert das identische Verschwinden der zweiten Ueberschiebung von f mit Δ:

$$p_0 (a_2 x_1 + a_3 x_2) - 2 p_1 (a_1 x_1 + a_2 x_2) + p_3 (a_0 x + a_1 x_1) = 0$$

die beiden Relationen:

$$p_0 a_2 - 2 p_1 a_1 + p_3 a_0 = 0$$
$$p_0 a_3 - 2 p_1 a_2 + p_3 a_1 = 0,$$

oder, indem man für die p ihre Werthe aus (5)

$$p_0 = - 2 \xi_1^2, \qquad p_1 = 2 \xi_1 \xi_2, \qquad p_2 = - 2 \xi_2^2$$

einsetzt:

$$0 = (a_0 \xi_1^2 + 2 a_1 \xi_1 \xi_2 + a_2 \xi_2^2) \xi_1 = \tfrac{1}{3} \left(\frac{\partial f}{\partial x_1} \right)_{x = \xi}$$

$$0 = (a_1 \xi_1^2 + 2 a_2 \xi_1 \xi_2 + a_3 \xi_2^2) \xi_2 = \tfrac{1}{3} \left(\frac{\partial f}{\partial x_2} \right)_{x = \xi}.$$

Folglich hat in diesem Falle die Gleichung $f = 0$ einen Doppelfactor, was mit der Natur von R als Discriminante übereinstimmt, und zwar ist dieser Doppelfactor

$$x_1 \xi_2 - x_2 \xi_1.$$

Dieser Factor, den man durch die Gleichung $\dfrac{Q}{\Delta} = 0$ direct findet, ist zugleich Doppelfactor von f und Δ, dreifacher Factor von Q.

Den ungleichen Factor von f findet man, indem man f durch Δ dividirt, also die ungleiche Wurzel der cubischen Gleichung $f = 0$ aus der linearen Gleichung

$$\frac{f}{\Delta} = 0.$$

Man bemerkt, dass die Wurzeln von f hier durch blose Division, ohne Wurzelziehen, gefunden werden.

Diese Betrachtung erleidet nur dann eine Ausnahme, wenn Δ identisch, d. h. mit allen seinen Coefficienten verschwindet. Dann ist:

$$a_0 a_2 - a_1^2 = 0$$
$$a_0 a_3 - a_1 a_2 = 0$$
$$a_1 a_3 - a_2^2 = 0.$$

Diese Gleichungen kann man durch die folgenden ersetzen:

$$a_0 : a_1 = a_1 : a_2 = a_2 : a_3.$$

Es giebt also zwei solche Grössen ξ_1, ξ_2, dass

$$a_0 = \xi_1^3$$
$$a_1 = \xi_1^2 \xi_2$$
$$a_2 = \xi_1 \xi_2^2$$
$$a_3 = \xi_2^3.$$

Man hat dann
$$f = (\xi_1 x_1 + \xi_2 x_2)^3;$$
die gegebene Form ist also in diesem Falle ein vollständiger Cubus, und das Verschwinden der Coefficienten von Δ_0 ist die Bedingung, unter welcher dies eintritt. Denn da in diesem Falle die symbolischen Coefficienten von f zugleich als wirkliche Grössen angesehen werden können, so ist in dem vorliegenden Falle auch immer
$$\Delta = (\xi\,\xi)^2\, \xi_x{}^2 = 0.$$

§ 39. Geometrische Interpretation der cubischen Formen.

Durch die Gleichung
$$\varkappa f + \lambda Q = 0$$
bestimmen sich drei Elemente, welche ich ein Tripel nennen will. Den verschiedenen Werthen von $\varkappa, \lambda$ entspricht eine einfach unendliche Reihe von Tripeln, dergestalt, dass jedes Element überhaupt nur einem Tripel angehören kann; denn soll $\varkappa f + \lambda Q$ für ein gewisses Element verschwinden, so bestimmt sich der Werth von $\dfrac{\varkappa}{\lambda}$, also das betreffende Tripel, völlig aus der Gleichung $\varkappa f + \lambda Q = 0$, welches für die jenem Elemente zugehörige x bestehen muss.

Sucht man diejenigen Tripel, bei denen zwei ihrer Elemente zusammenfallen, so muss man $\dfrac{\varkappa}{\lambda}$ aus der Gleichung bestimmen:
$$R_{\varkappa\lambda} = \Theta^2 \,.\, R = 0.$$
Nehmen wir an, es verschwinde R nicht; dann tritt dieser Fall nur ein, sobald Θ verschwindet, d. h. bei
$$\frac{\varkappa}{\lambda} = \pm \sqrt{-\frac{R}{2}}.$$
Stellen wir die Tripelschaar nach § 38. (4) in ξ und η dar:
$$\left(\varkappa + \lambda \sqrt{-\frac{R}{2}}\right) \xi^3 - \left(\varkappa - \lambda \sqrt{-\frac{R}{2}}\right) \eta^3 = 0,$$
so zeigt sich, dass in diesen Fällen die Gleichung des Tripels in $\xi^3 = 0$ oder $\eta^3 = 0$ übergeht, d. h. dass alle drei Elemente des Tripels zusammenfallen. Man hat also den Satz:

> In der Tripelschaar kommen nur zwei Tripel vor, bei welchen Elemente zusammenfallen; es fallen dann jedesmal alle drei zusammen, und zwar geschieht dieses bei den Verschwindungselementen von Δ.

9*

Die Verschwindungselemente von Δ sind durch $\xi = 0$, $\eta = 0$ gegeben, die eines Tripels durch

$$\xi = a\eta, \quad \xi = \varepsilon a\eta, \quad \xi = \varepsilon^2 a\eta, \quad a = \sqrt[3]{\frac{\varkappa - \lambda\sqrt{-\frac{R}{2}}}{\varkappa + \lambda\sqrt{-\frac{R}{2}}}}.$$

Diese fünf Elemente bilden ein eigenthümliches System, welches ich als **cyclisch-projectivisch** bezeichnen will.[*] Unter diesem Namen verstehe ich ein System, welches, indem man gewisse zwei Elemente festhält, die übrigen aber cyclisch permutirt, stets Systeme erzeugt, welche dem ursprünglichen projectivisch sind. Halten wir die Elemente $\xi = 0$ und $\eta = 0$ fest, so bilden die Elementepaare, welche durch cyclische Vertauschung der Tripelelemente aus einander hervorgehen,

$$\begin{array}{lll}
1. & \xi - a\eta = 0 & \xi - a\varepsilon\eta = 0 \\
2. & \xi - a\varepsilon\eta = 0 & \xi - a\varepsilon^2\eta = 0 \\
3. & \xi - a\varepsilon^2\eta = 0 & \xi - a\eta = 0
\end{array}$$

in der That mit den beiden festen Elementen zusammen immer dasselbe Doppelverhältniss ε. Die drei Punktreihen

$$\begin{array}{llllll}
1. & \xi = 0 & \xi - a\eta = 0 & \xi - a\varepsilon\eta = 0 & \xi - a\varepsilon^2\eta = 0 & \eta = 0 \\
2. & \xi = 0 & \xi - a\varepsilon\eta = 0 & \xi - a\varepsilon^2\eta = 0 & \xi - a\eta = 0 & \eta = 0 \\
3. & \xi = 0 & \xi - a\varepsilon^2\eta = 0 & \xi - a\eta = 0 & \xi - a\varepsilon\eta = 0 & \eta = 0
\end{array}$$

---

[*] Allgemein verstehe ich unter cyclisch-projectivischen Elementen n Elemente $E_1, E_2 \ldots E_n$, welche zu zwei anderen, A, B, so liegen, dass die Reihen

$$\begin{array}{l}
A, E_1, E_2 \ldots E_n, B \\
A, E_2, E_3 \ldots E_1, B \\
A, E_3, E_4 \ldots E_2, B \\
\cdot \ \cdot \ \cdot \ \cdot \ \cdot \ \cdot
\end{array}$$

projectivisch sind. Es müssen dann die Doppelverhältnisse

$$\begin{array}{l}
A, E_1, E_2, B \\
A, E_2, E_3, B \\
\cdot \ \cdot \ \cdot \ \cdot \ \cdot \ \cdot
\end{array}$$

sämmtlich einander gleich werden. Bezeichnet man den gemeinsamen Werth dieser Doppelverhältnisse durch α, durch $p_1, p_2 \ldots p_n$ die Abstandsverhältnisse der Elemente $E_1, E_2 \ldots E_n$ von A, B, so hat man die Gleichungen

$$\begin{array}{l}
p_2 = \alpha p_1 \\
p_3 = \alpha p_2 \\
\cdot \ \cdot \ \cdot \ \cdot \ \cdot \ \cdot \\
p_1 = \alpha p_n,
\end{array}$$

daher, wenn man alle Gleichungen multiplicirt und durch $p_1 . p_2 \ldots p_n$ dividirt:

$$\alpha^n = 1.$$

Es muss daher α eine imaginäre n^{te} Wurzel aus 1 sein, und man hat dann

$$p_1 : p_2 \ldots : p_n = 1 : \alpha \ldots \alpha^{n-1}.$$

Die Gruppe der cyclisch-projectivischen Elemente entspricht also genau den n Werthen, welche die n^{te} Wurzel einer Zahl zulässt.

sind also einander projectivisch, und die Elemente einander zugeordnet, wie sie hier unter einander stehen. Ich drücke dies durch den Satz aus:

Die Elemente eines Tripels bilden mit den Verschwindungselementen von Δ ein cyclisch-projectivisches System.

Betrachten wir nun ein zweites Tripel, für welches an Stelle der oben durch a bezeichneten Grösse der Ausdruck

$$b = \sqrt[3]{\frac{\varkappa' - \lambda'\sqrt{-\frac{R}{2}}}{\varkappa' + \lambda'\sqrt{-\frac{R}{2}}}}$$

tritt. Die Elemente

$$\xi - a\eta = 0, \quad \xi - b\eta = 0,$$

welche zwei verschiedenen Tripeln angehören, haben mit den Verschwindungspunkten von Δ zusammen ein Doppelverhältniss $\frac{b}{a}$. Dieses Doppelverhältniss ändert sich nur um eine dritte Wurzel der Einheit, wenn man zu anderen Elementen derselben Tripel übergeht; und zwar kann man sich bei beliebiger Anordnung des ersten Tripels die Elemente des zweiten so geordnet denken, dass das Doppelverhältniss ungeändert bleibt, wenn man die Elemente beider Tripel um gleichviel Stellen cyclisch versetzt.

Man kann demnach sich die Tripelschaar in drei projectivische Reihen aufgelöst denken, welche durch die Gleichungen

$$\begin{aligned}
\xi - a\eta &= 0 \\
\xi - \varepsilon a\eta &= 0 \\
\xi - \varepsilon^2 a\eta &= 0
\end{aligned}$$

repräsentirt werden und bei welchen entsprechende Elemente durch denselben Werth von a repräsentirt sind (vergl. § 25.). Diese projectivischen Reihen haben paarweise Doppelelemente gemein, und alle diese fallen in die Verschwindungselemente von Δ.

Je zwei Tripel sind durch die charakteristische Constante $\frac{b^3}{a^3}$ verbunden, welche immer dieselbe bleibt, welche Elemente der Tripel man auch mit $\xi = 0$, $\eta = 0$ zur Herstellung des Doppelverhältnisses verbinde. Ein besonders bemerkenswerther Werth dieser Constante ist -1, wo dann das Doppelverhältniss selbst -1, $-\varepsilon$ oder $-\varepsilon^2$ ist, so dass in solchem Falle zwei Elemente der Tripel mit den Verschwindungspunkten von Δ theils harmonisch, theils äquianharmonisch liegen (§ 21.). Ich will diesen Fall kurz dadurch bezeichnen, dass ich sage, die Tripel liegen harmonisch. Um dies auszudrücken, setzt man $\dfrac{b^3}{a^3} = -1$, also

$$\frac{\varkappa' - \lambda' \sqrt{-\dfrac{R}{2}}}{\varkappa' + \lambda' \sqrt{-\dfrac{R}{2}}} + \frac{\varkappa - \lambda \sqrt{-\dfrac{R}{2}}}{\varkappa + \lambda \sqrt{-\dfrac{R}{2}}} = 0,$$

oder

$$\varkappa \varkappa' + \frac{R}{2} \lambda \lambda' = 0,$$

$$\varkappa' : \lambda' = -\frac{R}{2} \lambda : \varkappa.$$

Ist also das ursprüngliche Tripel

$$\varkappa f + \lambda Q = 0,$$

so ist das zugehörige harmonische:

$$\varkappa Q - \frac{R}{2} \lambda f = 0.$$

Die linke Seite dieser Gleichung ist nichts anderes als $Q_{\varkappa \lambda}$. Daher wird die Beziehung zwischen den beiden Tripeln eine wechselseitige und man kann den Satz aussprechen:

Die Paare $\varkappa f + \lambda Q = 0$, $Q_{\varkappa \lambda} = 0$ liegen harmonisch und sind die einzigen Systeme harmonischer Tripel.

Wenn $R = 0$, so fallen die Verschwindungselemente von Δ zusammen; mit ihnen vereinigen sich auch sämmtliche Elemente des Tripels $Q = 0$; die Reihe $\varkappa f + \lambda Q = 0$ besteht nicht mehr aus einer Schaar von Tripeln, sondern aus einem festen Doppelelement und einer einfachen Punktreihe. Ist endlich Δ mit allen seinen Coefficienten identisch Null, so entsteht überhaupt keine Reihe mehr; Q verschwindet identisch, und $f = 0$ giebt ein dreifaches Element.

§ 40. Formen vierter Ordnung.

Die Form vierter Ordnung werde symbolisch durch

$$f = a_x{}^4 = b_x{}^4 \ldots$$

dargestellt. Sie giebt durch Ueberschiebung über sich selbst zu den beiden Formen

$$H = (a b)^2 a_x{}^2 b_x{}^2 = H_x{}^4 \ldots$$
$$i = (a b)^4$$

Veranlassung, von denen die erstere, H, wieder von der vierten Ordnung, die zweite, i, eine Invariante ist.*

Um die Ueberschiebungen von f über H zu untersuchen, bilden wir zunächst die Polaren von H. Die erste ist

$$H_{x}^{3}\, H_{y} = \tfrac{1}{2}\, (ab)^{2}\, (a_{x}^{2}\, b_{x}\, b_{y} + a_{x}\, a_{y}\, b_{x}^{2}),$$

oder da die beiden Theile der rechten Seite sich nur durch Vertauschung von a mit b unterscheiden und demnach identisch sind:

$$(1) \qquad H_{x}^{3}\, H_{y} = (ab)^{2}\, a_{x}^{2}\, b_{x}\, b_{y}.$$

Die zweite Polare wird:

$$\begin{aligned} H_{x}^{2}\, H_{y}^{2} &= \tfrac{1}{3}\, (ab)^{2}\, \{a_{x}^{2}\, b_{y}^{2} + 2\, a_{x}\, a_{y}\, b_{x}\, b_{y}\} \\ &= (ab)^{2}\, a_{x}^{2}\, b_{y}^{2} - \tfrac{2}{3}\, (ab)^{2}\, a_{x}\, b_{y}\, (a_{x}\, b_{y} - b_{x}\, a_{y}). \end{aligned}$$

Nun ist nach § 15. (VII):

$$a_{x}\, b_{y} - b_{x}\, a_{y} = (ab)\, (xy);$$

also

$$(ab)^{2}\, a_{x}\, b_{y}\, (a_{x}\, b_{y} - b_{x}\, a_{y}) = (ab)^{3}\, a_{x}\, b_{y}\, .\, (xy).$$

Vertauscht man aber in $(ab)^{3}\, a_{x}\, b_{y}$ die Symbole a und b, und setzt für den ursprünglichen Ausdruck die Hälfte seiner Summe mit dem neugebildeten, so wird

$$\begin{aligned} (ab)^{3}\, a_{x}\, b_{y}\, .\, (xy) &= \tfrac{1}{2}\, (ab)^{3}\, (a_{x}\, b_{y} - b_{x}\, a_{y})\, (xy) \\ &= \tfrac{1}{2}\, (ab)^{4}\, (xy)^{2} = \frac{i}{2}\, (xy)^{2}; \end{aligned}$$

und der symbolische Ausdruck für die zweite Polare von H ist also:

$$(2) \qquad H_{x}^{2}\, H_{y}^{2} = (ab)^{2}\, a_{x}^{2}\, b_{y}^{2} - \frac{i}{3}\, (xy)^{2},$$

eine Formel, welche auch aus den allgemeinen Formeln am Ende des § 8. folgt, wenn man darin f durch $(ab)^{2}\, a_{x}^{2}\, b_{y}^{2}$ ersetzt.

Die dritte und vierte Polare entsteht aus der ersten und aus H selbst, indem man die y mit den x vertauscht.

Ersetzen wir nun in den Polaren y_{1}, y_{2} durch $-c_{2}$, c_{1}, und multipliciren jedesmal mit der betreffenden Potenz von c_{x}, so erhalten wir die folgenden Ueberschiebungen von H mit f:

---

* Ist
$$f = a_{0}\, x_{1}^{4} + 4\, a_{1}\, x_{1}^{3}\, x_{2} + 6\, a_{2}\, x_{1}^{2}\, x_{2}^{2} + 4\, a_{3}\, x_{1}\, x_{2}^{3} + a_{4}\, x_{2}^{4},$$
so hat man
$$H = 2 \begin{vmatrix} a_{0}\, x_{1}^{2} + 2\, a_{1}\, x_{1}\, x_{2} + a_{2}\, x_{2}^{2} & a_{1}\, x_{1}^{2} + 2\, a_{2}\, x_{1}\, x_{2} + a_{3}\, x_{2}^{2} \\ a_{1}\, x_{1}^{2} + 2\, a_{2}\, x_{1}\, x_{2} + a_{3}\, x_{2}^{2} & a_{2}\, x_{1}^{2} + 2\, a_{3}\, x_{1}\, x_{2} + a_{4}\, x_{2}^{2} \end{vmatrix}$$
$$\begin{aligned} = 2\, \{&(a_{0}\, a_{2} - a_{1}^{2})\, x_{1}^{4} + 2\, (a_{0}\, a_{3} - a_{1}\, a_{2})\, x_{1}^{3}\, x_{2} + (a_{0}\, a_{4} + 2\, a_{1}\, a_{3} - 3\, a_{2}^{2})\, x_{1}^{2}\, x_{2}^{2} \\ &+ 2\, (a_{1}\, a_{4} - a_{2}\, a_{3})\, x_{1}\, x_{2}^{3} + (a_{2}\, a_{4} - a_{3}^{2})\, x_{2}^{4}\}. \end{aligned}$$
$$i = 2\, (a_{0}\, a_{4} - 4\, a_{1}\, a_{3} + 3\, a_{2}^{2}).$$

$$(3) \qquad T = (cH)\, c_x^3\, H_x^3 = (ab)^2\, (cb)\, a_x^2\, b_x\, c_x^3 = T_x^6$$

$$(4) \qquad (cH)^2\, c_x^2\, H_x^2 = (ab)^2\, (ac)^2\, b_x^2\, c_x^2 - \frac{i}{3}\, f$$

$$(5) \qquad (cH)^3\, c_x\, H_x = (ab)^2\, (ca)^2\, (cb)\, b_x\, c_x$$

$$(6) \qquad j = (cH)^4 \qquad = (ab)^2\, (ac)^2\, (bc)^2.$$

Von diesen Bildungen geben nur die Formeln (3) und (6) neue Formen, eine Form 6ter Ordnung, Functionaldeterminante von f und H, und eine Invariante j; beide dritten Grades in den Coefficienten.[*]

Die dritte Ueberschiebung von c mit H verschwindet identisch, wie man aus (5) sofort sieht; denn die rechte Seite von (5) ändert ihr Zeichen durch die unwesentliche Vertauschung von b mit c.

Dagegen drückt sich die zweite Ueberschiebung (4) durch die andern Formen aus. Lässt man nämlich in die Formel (III) § 15. a, b, c Symbole einer biquadratischen Form f bedeuten, und zieht gleichbedeutende Terme zusammen, so erhält man:

$$(7) \qquad (ab)^2\, (ac)^2\, b_x^2\, c_x^2 = \tfrac{1}{2}\, a_x^4\, (bc)^4 = \tfrac{1}{2}\, i\,f.$$

Die Formel (4) geht daher sofort in die folgende über:

$$(8) \qquad (cH)^2\, c_x^2\, H_x^2 = \frac{i}{6}\, f,$$

eine Formel, von welcher weiterhin Gebrauch zu machen sein wird.

Man kann aus den obigen Formeln folgende Sätze ableiten, deren wir uns später bedienen werden:

> 1. Eine Form, welche den symbolischen Factor $(ab)^2$ hat, besteht theils aus Ueberschiebungen von H mit Formen niedern Grades, theils aus Gliedern, welche den wirklichen Factor i besitzen.

> 2. Eine Form, welche den symbolischen Factor $(ab)^3$ hat, besitzt immer den wirklichen Factor i.

> 3. Eine Form, welche den symbolischen Factor $(aH)^2$ hat, zerfällt in Theile, die entweder den wirklichen Factor i, oder den wirklichen Factor j haben.

---

[*] Ausgeführt:

$$T = (a_0^2\, a_3 - 3\, a_0\, a_1\, a_2 + 2\, a_1^3)\, x_1^6 + (a_0^2\, a_4 + 2\, a_0\, a_1\, a_3 - 9\, a_0\, a_2^2 + 6\, a_1^2\, a_2)\, x_1^5\, x_2$$
$$+\, 5\, (a_0\, a_1\, a_4 - 3\, a_0\, a_2\, a_3 + 2\, a_1^2\, a_3)\, x_1^4\, x_2^2 + 10\, (a_1^2\, a_4 - a_0\, a_3^2)\, x_1^3\, x_2^3$$
$$+\, 5\, (-a_0\, a_3\, a_4 + 3\, a_1\, a_2\, a_4 - 2\, a_1\, a_3^2)\, x_1^2\, x_2^4 + (9\, a_4\, a_2^2 - a_4^2\, a_0 - 2\, a_1\, a_3\, a_4 - 6\, a_3^2\, a_2)\, x_1\, x_2^5$$
$$+\, (3\, a_2\, a_3\, a_4 - a_1\, a_4^2 - 2\, a_3^3)\, x_2^6.$$

$$j = 6 \begin{vmatrix} a_0 & a_1 & a_2 \\ a_1 & a_2 & a_3 \\ a_2 & a_3 & a_4 \end{vmatrix} = 6\, \{a_0\, a_2\, a_4 + 2\, a_1\, a_2\, a_3 - a_2^3 - a_0\, a_3^2 - a_1^2\, a_4\}.$$

4. **Eine Form, welche den symbolischen Factor·$(aH)^3$ hat, besitzt den wirklichen Factor j.**

Diese Sätze folgen sofort mit Hülfe des Satzes 6. § 30. Denn von nichtverschwindenden Formen enthalten kein anderes Symbol und den symbolischen Factor

$$(ab)^2 \quad \text{nur } H \text{ und } i,$$

$$(ab)^3 \quad \text{nur } i,$$

$$(aH)^2 \quad \text{nur } \frac{if}{6} \text{ und } j,$$

$$(aH)^3 \quad \text{nur } j.$$

Die hier entwickelten Formen f, H, T, i, j sind die einzigen, welche in der Theorie der biquadratischen Formen auftreten, wie weiter unten bewiesen werden soll.

§ 41. Die zusammengesetzte Function $\varkappa f + \lambda H$.

In ähnlicher Weise wie bei den Formen dritter Ordnung die cubische Covariante Q zur Bildung der zusammengesetzten Function $\varkappa f + \lambda Q$ führte, ist es hier die biquadratische Covariante H, welche mit f zusammen eine zusammengesetzte Form $\varkappa f + \lambda H$ begründet, deren Covarianten und Invarianten

$$H_{\varkappa\lambda}, \quad T_{\varkappa\lambda}, \quad i_{\varkappa\lambda}, \quad j_{\varkappa\lambda}$$

jetzt untersucht werden sollen.

Bezeichnen wir durch a_0 bis a_4 die Coefficienten von f, durch α_0 bis α_4 die von H. Durch $\delta\varphi$ bezeichnen wir hier die auf eine Covariante oder Invariante anzuwendende Operation

$$\delta\varphi = \Sigma\, \alpha_i \frac{\partial\varphi}{\partial a_i}.$$

Es sollen zunächst, ganz analog der in § 36. angewandten Methode, die Ausdrücke δH, δi, δj gebildet werden. Nach den a. a. O. entwickelten Regeln erhält man:

$$\text{(1)} \qquad \delta H = 2\,(cH)^2\, c_x{}^2\, H_x{}^2 = \frac{i}{3} f \qquad [\text{§ 40. (8).}]$$

$$\delta i = 2\,(cH)^4 = 2j. \qquad [\text{§ 40. (6).}]$$

Ferner ist, indem man die Formel für δH benutzt:

$$\delta j = \delta\,(cH)^4 = (H'H)^4 + \frac{i}{3}\,(ca)^4$$

$$= \frac{i^2}{3} + (H'H)^4.$$

Den Werth von $(H'H)^4 = i_H$ erhält man, wenn man in der Formel

$$H_x'^4 = (ab)^2\, a_x{}^2\, b_x{}^2$$

für x_1, x_2 die Symbole H_2, $-H_1$ setzt. Daher wird

$$i_H = (H'H)^4 = (ab)^2\, (aH)^2\, (bH)^2.$$

Aber diese Bildung entsteht wieder aus § 40. (8):

$$(aH)^2\, a_x{}^2\, H_x{}^2 = \frac{i}{6}\, f,$$

wenn man x_1, x_2 durch b_2, $-b_1$ ersetzt. Es ist also

$$(H'H)^4 = \frac{i}{6}\, (ab)^4 = \frac{i^2}{6},$$

und somit endlich

$$(2) \qquad\qquad \delta j = \frac{i^2}{2}.$$

Die Form H steht, wie früher Q, mit der Grundform in einer Art von Reciprocitätsverhältniss, indem δf auf H, δH wieder auf f führt. Man kann nun die in § 36. zur Berechnung von $\varphi_{\varkappa\lambda}$ angegebene Formel hier ohne Weiteres anwenden, nur dass an Stelle des dort auftretenden Factors $-\dfrac{R}{2}$, welcher δQ von f unterschied, hier der Factor $\dfrac{i}{3}$ auftritt, um welchen nach (1) δH von f verschieden ist. Wenn also φ eine Covariante oder Invariante μ^{ten} Grades in den Coefficienten bedeutet, so ist

$$\varphi_{\varkappa\lambda} = \varphi \cdot \varkappa^\mu + \varphi_1 \cdot \varkappa^{\mu-1}\lambda + \varphi_2 \cdot \varkappa^{\mu-2}\lambda^2 + \ldots,$$

und zugleich:

$$\varkappa\,\frac{\partial\,\varphi_{\varkappa\lambda}}{\partial\,\lambda} + \frac{i}{3}\,\lambda\,\frac{\partial\,\varphi_{\varkappa\lambda}}{\partial\,\varkappa} = \delta\,\varphi_{\varkappa\lambda}$$
$$= \delta\,\varphi \cdot \varkappa^\mu + \delta\,\varphi_1 \cdot \varkappa^{\mu-1}\lambda + \delta\,\varphi_2 \cdot \varkappa^{\mu-2}\lambda^2 + \ldots\,.$$

Führt man also die Differentialquotienten von $\varphi_{\varkappa\lambda}$ ein, so erhält man, wie a. a. O., durch Vergleichung der Coefficienten die Formeln, welche zur successiven Berechnung von φ_1, $\varphi_2 \ldots$ dienen:

$$\varphi_1 = \delta\,\varphi$$
$$2\,\varphi_2 = \delta\,\varphi_1 - \frac{\mu\,i}{3}\,\varphi$$
$$3\,\varphi_3 = \delta\,\varphi_2 - \frac{\mu\,i}{3}\,\varphi_1$$
$$4\,\varphi_4 = \delta\,\varphi_3 - \frac{\mu\,i}{3}\,\varphi_2$$

$$\cdot\ \cdot\ \cdot\ \cdot\ \cdot\ \cdot\ \cdot\ \cdot\ \cdot\ \cdot$$

Wenden wir diese Formeln auf H an, wo $\mu = 2$. Das obige Formelsystem giebt:

$$H_1 = \delta H = \frac{i}{3} f$$

$$2 H_2 = \delta H_1 - \frac{2i}{3} H,$$

und da

$$\delta H_1 = \tfrac{1}{3}(i\,\delta f + f\,\delta i) = \tfrac{1}{3}(i H + 2jf),$$

so hat man

(3) $$H_2 = \tfrac{1}{6}(2jf - iH).$$

Der Ausdruck von $H_{\varkappa\lambda}$ wird also:

$$H_{\varkappa\lambda} = H\varkappa^2 + H_1 \varkappa\lambda + H_2 \lambda^2$$
$$= H\left(\varkappa^2 - \frac{i}{6}\lambda^2\right) + f\left(\frac{i}{3}\varkappa\lambda + \frac{j}{3}\lambda^2\right).$$

Dieser Ausdruck stellt sich übersichtlicher dar, wenn man die cubische Form $\Omega(\varkappa, \lambda)$ durch die Gleichung

(4) $$\Omega = \varkappa^3 - \frac{i}{2}\varkappa\lambda^2 - \frac{j}{3}\lambda^3$$

einführt; mit Hülfe derselben verwandelt die Darstellung von $H_{\varkappa\lambda}$ sich in folgende:

(5) $$H_{\varkappa\lambda} = \tfrac{1}{3}\left\{ H\frac{\partial\Omega}{\partial\varkappa} - f\frac{\partial\Omega}{\partial\lambda}\right\}.$$

Nachdem diese Formel einmal gewonnen ist, braucht man für die anderen Bildungen nun nicht mehr denselben Weg einzuschlagen, sondern kann sie direct aus der Formel (5) entwickeln. Was zunächst $T_{\varkappa\lambda}$ angeht, so ist seiner Entstehung nach

$$T_{\varkappa\lambda} = \tfrac{1}{16}\begin{vmatrix} \dfrac{\partial(\varkappa f + \lambda H)}{\partial x_1} & \dfrac{\partial H_{\varkappa\lambda}}{\partial x_1} \\[2ex] \dfrac{\partial(\varkappa f + \lambda H)}{\partial x_2} & \dfrac{\partial H_{\varkappa\lambda}}{\partial x_2} \end{vmatrix}$$

$$= \frac{1}{3.16}\begin{vmatrix} \varkappa\dfrac{\partial f}{\partial x_1} + \lambda\dfrac{\partial H}{\partial x_1} & -\dfrac{\partial\Omega}{\partial\lambda}\dfrac{\partial f}{\partial x_1} + \dfrac{\partial\Omega}{\partial\varkappa}\dfrac{\partial H}{\partial x_1} \\[2ex] \varkappa\dfrac{\partial f}{\partial x_2} + \lambda\dfrac{\partial H}{\partial x_2} & -\dfrac{\partial\Omega}{\partial\lambda}\dfrac{\partial f}{\partial x_2} + \dfrac{\partial\Omega}{\partial\varkappa}\dfrac{\partial H}{\partial x_1} \end{vmatrix}$$

$$= \frac{1}{3.16}\begin{vmatrix} \varkappa & -\dfrac{\partial\Omega}{\partial\lambda} \\[2ex] \lambda & \dfrac{\partial\Omega}{\partial\varkappa} \end{vmatrix} \cdot \begin{vmatrix} \dfrac{\partial f}{\partial x_1} & \dfrac{\partial f}{\partial x_2} \\[2ex] \dfrac{\partial H}{\partial x_1} & \dfrac{\partial H}{\partial x_2} \end{vmatrix} = \Omega\, T.$$

Die Form T, für die zusammengesetzte Function gebildet, ist also der für die einfache Function gebildeten bis auf den Factor Ω gleich:

$$(6) \qquad T_{\varkappa\lambda} = \Omega\, T.$$

Zur Ableitung der Formeln für $i_{\varkappa\lambda}$ und $j_{\varkappa\lambda}$ kann man sich eines allgemeineren Verfahrens bedienen, welches auf folgender Betrachtung beruht.

Sei φ irgend eine Covariante oder Invariante, $\varphi_{\varkappa\lambda}$ und $(\delta\varphi)_{\varkappa\lambda}$ dasjenige, was aus φ und $\delta\varphi$ entsteht, wenn man diese Formen für die zusammengesetzte Function $\varkappa f + \lambda H$ bildet. Es ist dann, um $(\delta\varphi)_{\varkappa\lambda}$ zu bilden, nöthig, die Differentialquotienten von $\varphi_{\varkappa\lambda}$ nach den Coefficienten der zusammengesetzten Function mit den entsprechenden Coefficienten von $H_{\varkappa\lambda}$ zu multipliciren und die Summe aller solcher Producte zu bilden. Aber die Coefficienten von $H_{\varkappa\lambda}$ sind die Ausdrücke

$$\tfrac{1}{3}\left(\frac{\partial\,\Omega}{\partial\,\varkappa}\,\alpha_i - \frac{\partial\,\Omega}{\partial\,\lambda}\,a_i \right);$$

daher hat man

$$(7) \qquad (\delta\varphi)_{\varkappa\lambda} = \tfrac{1}{3}\sum \frac{\partial\,\varphi_{\varkappa\lambda}}{\partial\,(\varkappa\,a_i + \lambda\,\alpha_i)}\left(\frac{\partial\,\Omega}{\partial\,\varkappa}\,\alpha_i - \frac{\partial\,\Omega}{\partial\,\lambda}\,a_i \right)$$
$$= \tfrac{1}{3}\left\{ \frac{\partial\,\Omega}{\partial\,\varkappa}\,\frac{\partial\,\varphi_{\varkappa\lambda}}{\partial\,\lambda} - \frac{\partial\,\Omega}{\partial\,\lambda}\,\frac{\partial\,\varphi_{\varkappa\lambda}}{\partial\,\varkappa} \right\}.$$

Man erhält also den Ausdruck von $\delta\varphi$ für die zusammengesetzte Function, wenn man die Functionaldeterminante von Ω und φ durch 3 dividirt.

Setzen wir $\varphi = H$, so wird nach (1) $\delta\varphi = \dfrac{i}{3}f$. Daher ist aus (7):

$$i_{\varkappa\lambda}(\varkappa f + \lambda H) = \begin{vmatrix} \dfrac{\partial\,\Omega}{\partial\,\varkappa} & \dfrac{\partial\,H_{\varkappa\lambda}}{\partial\,\varkappa} \\[2mm] \dfrac{\partial\,\Omega}{\partial\,\lambda} & \dfrac{\partial\,H_{\varkappa\lambda}}{\partial\,\lambda} \end{vmatrix}$$

Führt man hier für $H_{\varkappa\lambda}$ seinen Werth ein, und drückt die ersten Differentialquotienten von Ω durch die zweiten aus, so hat man:

$$i_{\varkappa\lambda}(\varkappa f + \lambda H) = \tfrac{1}{6}\begin{vmatrix} \varkappa\dfrac{\partial^2\,\Omega}{\partial\,\varkappa^2} + \lambda\dfrac{\partial^2\,\Omega}{\partial\,\varkappa\,\partial\,\lambda} & H\dfrac{\partial^2\,\Omega}{\partial\,\varkappa^2} - f\dfrac{\partial^2\,\Omega}{\partial\,\varkappa\,\partial\,\lambda} \\[3mm] \varkappa\dfrac{\partial^2\,\Omega}{\partial\,\varkappa\,\partial\,\lambda} + \lambda\dfrac{\partial^2\,\Omega}{\partial\,\lambda^2} & H\dfrac{\partial^2\,\Omega}{\partial\,\varkappa\,\partial\,\lambda} - f\dfrac{\partial^2\,\Omega}{\partial\,\lambda^2} \end{vmatrix}$$
$$= \tfrac{1}{6}\begin{vmatrix} \dfrac{\partial^2\,\Omega}{\partial\,\varkappa^2} & \dfrac{\partial^2\,\Omega}{\partial\,\varkappa\,\partial\,\lambda} \\[3mm] \dfrac{\partial^2\,\Omega}{\partial\,\varkappa\,\partial\,\lambda} & \dfrac{\partial^2\,\Omega}{\partial\,\lambda^2} \end{vmatrix}\cdot\begin{vmatrix} \varkappa & H \\[2mm] \lambda & -f \end{vmatrix},$$

also indem man den Factor $\varkappa f + \lambda H$ beiderseits auslässt:

$$(8) \qquad i_{\varkappa\lambda} = -\tfrac{1}{6} \begin{vmatrix} \dfrac{\partial^2 \Omega}{\partial \varkappa^2} & \dfrac{\partial^2 \Omega}{\partial \varkappa\, \partial \lambda} \\[2ex] \dfrac{\partial^2 \Omega}{\partial \varkappa\, \partial \lambda} & \dfrac{\partial^2 \Omega}{\partial \lambda^2} \end{vmatrix} *.$$

Betrachten wir nun Ω als binäre Form dritter Ordnung in $\varkappa$, λ, und bezeichnen durch Δ_Ω die ihr zugehörige Form Δ, so kann man dieser Gleichung auch die Form geben:

$$(9) \qquad i_{\varkappa\lambda} = -\, 3\, \Delta_\Omega.$$

Endlich haben wir, um $j_{\varkappa\lambda}$ zu bilden, nur die Formel (7) wieder anzuwenden, indem wir $\varphi = i$, also $\delta\varphi = 2j$ setzen. Es ist daraus:

$$j_{\varkappa\lambda} = \tfrac{1}{6}\left(\frac{\partial \Omega}{\partial \varkappa} \frac{\partial i_{\varkappa\lambda}}{\partial \lambda} - \frac{\partial \Omega}{\partial \lambda} \frac{\partial i_{\varkappa\lambda}}{\partial \varkappa} \right) **,$$

oder nach (9):

$$= -\tfrac{1}{2}\left(\frac{\partial \Omega}{\partial \varkappa} \frac{\partial \Delta_\Omega}{\partial \lambda} - \frac{\partial \Omega}{\partial \lambda} \frac{\partial \Delta_\Omega}{\partial \varkappa} \right),$$

und wenn wir nun auch Q_Ω ähnlich wie oben Δ_Ω einführen:

$$(10) \qquad j_{\varkappa\lambda} = -\, 3\, Q_\Omega.$$

Aus der Gleichung (7) § 35.

$$Q^2 = -\tfrac{1}{2}\,(\Delta^3 + R\,f^2)$$

folgt noch, dass eine gewisse Verbindung von i und j besonders einfache Eigenschaften besitzt; es ist die, welche R_Ω wird. Man hat nämlich aus (10)

$$(11) \qquad \Delta_\Omega = -\tfrac{1}{3}\left\{ i\varkappa^2 + 2j\varkappa\lambda + \frac{i^2}{6}\lambda^2 \right\},$$

daher

$$(12) \qquad R_\Omega = \tfrac{1}{27}\,(i^3 - 6j^2).$$

Dieser Ausdruck, welcher bis auf einen Zahlenfactor mit dem in § 29. gefundenen übereinstimmt, kann als die **Discriminante** von f betrachtet werden.

---

* Ausgerechnet:

$$i_{\varkappa\lambda} = i\varkappa^2 + 2j\varkappa\lambda + \frac{i^2}{6}\lambda^2.$$

** Ausgerechnet:

$$j_{\varkappa\lambda} = j\varkappa^3 + \frac{i^2}{2}\varkappa^2\lambda + \frac{ij}{2}\varkappa\lambda^2 + \left(\frac{j^2}{3} - \frac{i^3}{36} \right)\lambda^3,$$

daher insbesondere für $\varkappa = 0$, $\lambda = 1$:

$$j_H = \frac{j^2}{3} - \frac{i^3}{36} \quad \text{(vgl. § 29.)}.$$

Setzt man die Werthe von Q_Ω (10), Δ_Ω (9), R_Ω (12) durch $j_{\varkappa\lambda}$, $i_{\varkappa\lambda}$ ausgedrückt in die Relation zwischen Q_Ω, R_Ω, Δ_Ω, Ω, so ergiebt sich

$$(13) \qquad i^3_{\varkappa\lambda} - 6\,j^2_{\varkappa\lambda} = \Omega^2\,(i^3 - 6\,j^2).$$

Die Verbindung $i^3 - 6\,j^2$ theilt also mit T die Eigenschaft, sich bis auf einen Factor zu reproduciren, wenn man sie für die zusammengesetzte Function bildet.

Die Formeln

$$(14) \qquad \begin{aligned}
H_{\varkappa\lambda} &= \tfrac{1}{3}\left(H\,\frac{\partial\,\Omega}{\partial\,\varkappa} - f\,\frac{\partial\,\Omega}{\partial\,\lambda}\right) \\
T_{\varkappa\lambda} &= \Omega\,.\,T \\
i_{\varkappa\lambda} &= -3\,\Delta_\Omega \\
j_{\varkappa\lambda} &= -3\,Q_\Omega \\
i^3_{\varkappa\lambda} - 6\,j^2_{\varkappa\lambda} &= \Omega^2\,(i^3 - 6\,j^2) \\
\Omega &= \varkappa^3 - \frac{i}{2}\,\varkappa\lambda^2 - \frac{j}{3}\,\lambda^3
\end{aligned}$$

umfassen die ganze Theorie der zusammengesetzten Function $\varkappa f + \lambda H$.

§ 42. Die Form T.

Wie bei den cubischen Formen das Quadrat von Q, so drückt sich hier das Quadrat von T durch die übrigen Formen aus, also wieder das Quadrat der einzigen Form ungeraden Charakters (§ 16.) durch die Formen geraden Charakters.

Man bedient sich, um diese Formel herzustellen, der Formel § 35. (10), durch welche das Quadrat der Functionaldeterminante zweier Formen auf die zweiten Ueberschiebungen derselben über sich selbst und über einander zurückgeführt ist. Nach jener Formel hat man für unsern Fall:

$$T^2 = -\tfrac{1}{2}\{H^2\,.\,(ab)^2\,a_x^2\,b_x^2 - 2\,Hf\,.\,(Ha)^2\,H_x^2\,a_x^2 + f^2\,.\,(HH')^2\,H_x\,H_x'^2\}.$$

Von den drei hier auftretenden Bildungen ist die erste H selbst; die zweite ist nach § 40. (8) gleich $\dfrac{i}{6}\,f$. Die letzte endlich ist die Form H für H selbst gebildet; sie entsteht aus $H_{\varkappa\lambda}$, wenn man $\varkappa = 0$, $\lambda = 1$ setzt. Da nun

$$\begin{aligned}
\tfrac{1}{3}\,\frac{\partial\,\Omega}{\partial\,\varkappa} &= \varkappa^2 - \frac{i}{6}\,\lambda^2 \\
\tfrac{1}{3}\,\frac{\partial\,\Omega}{\partial\,\lambda} &= -\frac{i}{3}\,\varkappa\lambda - \frac{j}{3}\,\lambda^2,
\end{aligned}$$

so hat man

$$H_{01} = - H \cdot \frac{i}{6} + f \cdot \frac{j}{3} \, ,$$

und indem man dies in die Formel für T^2 einführt, findet man:

$$T^2 = - \tfrac{1}{2} \left\{ H^3 - \frac{i}{2} H f^2 + \frac{j}{3} f^3 \right\} .$$

Der eingeklammerte Theil rechts geht aus der Formel für Ω:

$$\Omega(\varkappa, \lambda) = \varkappa^3 - \frac{i}{2} \varkappa \lambda^2 - \frac{j}{3} \lambda^3$$

hervor, indem man $\varkappa = H$, $\lambda = -f$ setzt. Man kann also das Quadrat von T durch die Function Ω ausdrücken mittelst der Formel:

$$(1) \qquad\qquad T^2 = - \tfrac{1}{2} \Omega(H, -f).$$

Ich knüpfe hieran die Bestimmung der Ueberschiebungen von T mit f und H. Man braucht übrigens nur erstere zu berechnen, und erhält dann die letztern durch die Operation δ, indem man beachtet, dass $\delta T = 0$, dass also die Coefficienten von T dieser Operation nicht unterworfen zu werden brauchen.

Die erste Ueberschiebung von T über f und H lässt sich auf mannigfache Weise ermitteln. Um den Zusammenhang des Resultats mit anderen Bildungen zu übersehen, geht man am Besten von der Gleichung (1) aus, welche T^2 durch f und H ausdrückt:

$$T^2 = - \tfrac{1}{2} \Omega(H, -f) = - \tfrac{1}{2} \left\{ H^3 - \frac{i}{2} H f^2 + \frac{j}{3} f^3 \right\} .$$

Indem man f oder H einmal über diese Gleichung schiebt, hat man:

$$T \cdot (aT)\, a_x{}^3\, T_x{}^5 = - \tfrac{1}{6} \frac{\partial \, \Omega\,(H, -f)}{\partial H} (aH)\, a_x{}^3 H_x{}^3$$

$$T \cdot (HT)\, H_x{}^3\, T_x{}^3 = \tfrac{1}{6} \frac{\partial \, \Omega\,(H, -f)}{\partial f} (aH)\, a_x{}^3 H_x{}^3 ,$$

also indem man den Factor T beiderseits auslässt:

$$(2) \quad
\begin{aligned}
(aT)\, a_x{}^3\, T_x{}^5 &= - \tfrac{1}{6} \frac{\partial \, \Omega\,(H, -f)}{\partial H} = - \frac{H^2}{2} + \frac{if^2}{12} \\[2ex]
(HT)\, H_x{}^3\, T_x{}^5 &= \tfrac{1}{6} \frac{\partial \, \Omega\,(H, -f)}{\partial f} = - \frac{iHf}{6} + \frac{jf^2}{6} .
\end{aligned}$$

Die Darstellung der übrigen Ueberschiebungen von f und H mit T knüpft man am Besten an die Entwickelung der Covariante mit zwei Reihen von Veränderlichen

$$a_y{}^4 H_x{}^4 - a_x{}^4 H_y{}^4$$

an. Nach der Tafel des § 8. hat man für diese die nach Potenzen von (xy) fortschreitende Reihe:

$$(3) \qquad a_x{}^4 H_y{}^4 - a_y{}^4 H_x{}^4 = \varDelta^4 \varphi + 2 (xy) \varDelta^3 \psi + \tfrac{12}{7} (xy)^2 \varDelta^2 \chi$$
$$+ \tfrac{4}{5} (xy)^3 \varDelta \vartheta + \tfrac{1}{5} (xy)^4 \omega.$$

Die Formen φ, ψ, χ, ϑ, ω entstehen aus der links befindlichen Form, indem man dieselbe 0, 1, 2, 3, 4 mal der Operation Ω (§ 6.) unterwirft, und dann die y gleich den x setzt. Durch Anwendung der Operation Ω ergeben sich die Bildungen

$$a_x{}^4 H_y{}^4 - a_y{}^4 H_x{}^4; \quad (aH)(a_x{}^3 H_y{}^3 + a_y{}^3 H_x{}^3);$$
$$(aH)^2 (a_x{}^2 H_y{}^2 - a_y{}^2 H_x{}^2); \quad (aH)^3 (a_x H_y + a_y H_x); \quad 0.$$

Man erhält also, indem man die y den x gleichsetzt:

$$\varphi = 0, \quad \psi = 2T, \quad \chi = 0, \quad \vartheta = 0, \quad \omega = 0,$$

und es entsteht somit aus (3) die bemerkenswerthe Gleichung:

$$(4) \qquad a_x{}^4 H_y{}^4 - a_y{}^4 H_x{}^4 = 4 (xy) . T_x{}^3 T_y{}^3.$$

Differenzirt man diese Gleichung nach den y und multiplicirt mit den x, so ergeben sich daraus weiter die Gleichungen:

$$(5) \qquad H_y{}^3 H_x \, a_x{}^4 - H_x{}^4 a_y{}^3 a_x = 3 (xy) T_x{}^4 T_y{}^2$$
$$(6) \qquad H_y{}^2 H_x{}^2 a_a{}^4 - H_x{}^4 a_y{}^2 a_x{}^2 = 2 (xy) T_x{}^5 T_y.$$

Setzt man nun in (6) $y_2 = b_1$, $y_1 = -b_2$, so erhält man nochmals die erste Gleichung (2); ebenso aber erhält man aus (5) und (4) die Gleichungen:

$$(7) \qquad \begin{aligned} (bT)^2 b_x{}^2 T_x{}^4 &= 0 \\ (bT)^3 b_x \, T_x{}^3 &= - \frac{iH - jf}{4}, \end{aligned}$$

und indem man diese Gleichungen der Operation δ unterwirft:

$$(8) \qquad \begin{aligned} (HT)^2 H_x{}^2 T_x{}^4 &= 0 \\ (HT)^3 H_x \, T_x{}^3 &= - \tfrac{1}{4} \left(jH - \frac{i^2}{6} f \right). \end{aligned}$$

Endlich hat man, da $T = (aH) a_x{}^3 H_x{}^3$ ist, für die vierte Ueberschiebung von f mit T einen Ausdruck, welcher aus den folgenden Theilen besteht:

$$(aH)(bH)(ab)^3 H_x{}^2$$
$$(aH)(bH)^3 (ab) \, a_x{}^2$$
$$(aH)(bH)^2 (ab)^2 a_x H_x.$$

Alle diese Theile verschwinden; der erste, weil er durch Vertauschung von a mit b das Zeichen ändert; der zweite als die zweite Ueberschiebung von f über die verschwindende Covariante

$$(bH)^3 b_x H_x;$$

der dritte als dritte Ueberschiebung von H über $(ab)^2\, a_x^2\, b_x^2$, also über sich selbst. Sonach hat man:

$$(9) \qquad \begin{aligned} (aT)^4\ T_x^2 &= 0, \text{ und also auch} \\ (HT)^4\, T_x^2 &= 0. \end{aligned}$$

An diese Ueberschiebungen knüpfen sich folgende Sätze:

1. Jede Form, welche den symbolischen Factor $(aT)^2$ hat, zerfällt in Glieder, welche theils i, theils j zum wirklichen Factor haben.

2. Jede Form, welche den symbolischen Factor $(HT)^2$ hat, zerfällt in Glieder, welche theils j, theils i^2 zum wirklichen Factor haben.

3. Jede Form, welche den symbolischen Factor $(aT)^4$ oder $(HT)^4$ hat, verschwindet identisch.

Der Beweis dieser Sätze folgt aus dem Satze 6. des § 30.; denn die einzigen Formen, welche den symbolischen Factor $(aT)^2$ haben und kein anderes Symbol enthalten, sind:

$$(aT)^2\, a_x^2\, T_x^4, \quad (aT)^3\, a_x\, T_x^3, \quad (aT)^4\, T_x^2,$$

Formen, die entweder verschwinden, oder theils den Factor i, theils den Factor j enthalten. Ebenso sind

$$(HT)^2\, H_x^2\, T_x^4, \quad (HT)^3\, H_x\, T_x^3, \quad (HT)^4\, T_x^2$$

die einzigen Formen, welche den symbolischen Factor $(HT)^2$ und kein anderes Symbol enthalten; diese Formen aber verschwinden entweder oder sie enthalten theils j, theils i^2 als Factor.

§ 43. Beweis, dass ausser f, H, T, i, j keine Invarianten und Covarianten von f existiren.

Die im Vorhergehenden entwickelten Resultate genügen, um den Beweis zu liefern, dass i, j die einzigen Invarianten, f, H, T die einzigen Covarianten von f sind. Dieser Satz wird wie der entsprechende über die cubischen Formen (§ 37.) bewiesen. Er ist richtig für die Formen ersten Grades. Wir nehmen ihn bis zu den Formen $(m-1)^{\text{ten}}$ Grades einschliesslich als bewiesen an, und zeigen, dass er dann auch für die Formen m^{ten} Grades richtig ist. Wir benutzen dabei das im Vorhergehenden gewonnene Resultat, dass die Ueberschiebungen von f und H über sich selbst, über einander und über T auf keine neuen Bildungen führen.

Man hat also zu zeigen, dass die Formen m^{ter} Ordnung sich aus Producten von f, H, T, i, j zusammensetzen, wenn die Formen

$(m-1)^{\text{ter}}$ Ordnung diese Eigenschaft haben. Erstere entstehen aus diesen durch Ueberschieben von f. Man hat also die vier Ueberschiebungen von f über die Formen

$$(1) \qquad\qquad f^{\alpha}\, H^{\beta}\, T^{\gamma}$$

$(\alpha + 2\beta + 3\gamma = m - 1)$ zu untersuchen; doch kann man, da T^2 durch f, H, i, j ausdrückbar ist, γ immer gleich Null oder 1 annehmen.

Die erste Ueberschiebung von f über das Product (1) führt nur auf Producte der f, H, T, multiplicirt mit den ersten Ueberschiebungen von f über die einzelnen Formen f, H, T, also auf nichts Neues.

Die zweite Ueberschiebung führt auf Terme, die ausser f, H, T noch zweite Ueberschiebungen von f über f oder H oder T enthalten und also bekannt sind, und auf Terme der Form

$$(2) \qquad\qquad (\varphi a)\,(\psi a)\, \varphi_x{}^{n-1}\, \psi_x{}^{p-1}\, a_x{}^2,$$

multiplicirt mit Producten der f, H, T, wobei φ, ψ irgend welche der Formen f, H, T bedeuten. Der Ausdruck (2) ist zu untersuchen, sobald er selbst vom Grade m ist; sobald also (1) nur aus den Factoren φ, ψ bestand. Aber nach der Formel

$$(3) \qquad (\varphi a)\,(\psi a)\, \varphi_x\, \psi_x = \tfrac{1}{2}\left\{ (\varphi a)^2\, \psi_x{}^2 + (\psi a)^2\, \varphi_x{}^2 - (\varphi \psi)^2\, a_x{}^2 \right\}$$

löst sich (2) in zerfallende Terme auf, also in Producte von Ausdrücken, welche bekannt sind.

Die dritte Ueberschiebung führt auf Terme, die ausser f, H, T noch folgende drei Arten von Bildungen enthalten können:

     1. dritte Ueberschiebungen von f über f, H, T;

     2. Ausdrücke der Form $(\varphi a)^2\,(\psi a)\, \varphi_x{}^{n-2}\, \psi_x{}^{p-1}\, a_x$;

     3. Ausdrücke der Form $(\varphi a)\,(\psi a)\,(\chi a)\, \varphi_x{}^{n-1}\, \psi_x{}^{p-1}\, \chi_x{}^{q-1}\, a_x$,

wo wieder φ, ψ, χ irgend welche der Formen f, H, T sind. Die Ausdrücke 1. sind bekannt, die Ausdrücke 3. reduciren sich mit Hülfe der Gleichung (3). Die Ausdrücke 2. könnten Neues geben, sobald das Product $(m-1)^{\text{ten}}$ Grades nur $\varphi \cdot \psi$ wäre, und müssen also untersucht werden. Nach §§ 40. und 42. tritt aber in diesen Ausdrücken Folgendes ein:

Ist $\varphi = f$, so besteht der Ausdruck aus einer Ueberschiebung von H mit ψ, also aus einer bekannten Covariante, und aus Theilen mit dem Factor i, die somit in ihren anderen Factoren von niederem Grade, also bekannt sind. Ist aber $\varphi = H$ oder $\varphi = T$, so enthält der Ausdruck theils den Factor i, theils den Factor j, und besteht also gleichfalls aus Producten niederer Formen.

Die dritten Ueberschiebungen können also nichts Neues geben.

Endlich führen die vierten Ueberschiebungen, ausser auf Producte von f, H, T, auf Ausdrücke folgender Art:

1. Vierte Ueberschiebung von f mit f, H, T;
2. Ausdrücke der Form $(\varphi a)^3 (\psi a) \varphi_x{}^{n-3} \psi_x{}^{p-1}$;
3. Ausdrücke der Form $(\varphi a)^2 (\psi a)^2 \varphi_x{}^{n-2} \psi_x{}^{p-2}$;
4. Ausdrücke der Form $(\varphi a)^2 (\psi a)(\chi a) \varphi_x{}^{n-2} \psi_x{}^{p-1} \chi_x{}^{q-1}$;
5. Ausdrücke der Form $(\varphi a)(\psi a)(\chi a)(\vartheta a) \varphi_x{}^{n-1} \psi_x{}^{p-1} \chi_x{}^{q-1} \vartheta_x{}^{r-1}$,

wo wieder φ, ψ, χ, ϑ irgend welche der Formen f, H, T sind. Die Formen unter 1. sind bekannt; die anderen könnten möglicherweise Neues geben, sobald das ganze Product nur aus den Factoren $\varphi . \psi$, bez. $\varphi . \psi . \chi$ oder $\varphi . \psi . \chi . \vartheta$ bestünde. Nun aber reducirt man die Ausdrücke 5. sofort mittelst der Gleichung (3), die Ausdrücke 4. mittelst derselben, wenn man darin nur ψ, χ an Stelle von φ, ψ setzt. Es bleiben also noch die Ausdrücke 2., 3. zu betrachten.

Die Ausdrücke 2. enthalten immer, wegen der in §§ 40. 42. bewiesenen Sätze, theils i, theils j als Factor Von den Ausdrücken 3. gilt dasselbe, ausser wenn $\varphi = f$; dann können sie zum Theil durch Ueberschiebungen von H über ψ, also über f, H oder T, entstanden sein. Da auch diese nur auf Bekanntes führen, so ist der Beweis des Satzes hiermit geliefert.

Man erhält also in der That keine anderen Invarianten als i, j, keine anderen Covarianten als f, H, T. —

Ich werde diesen Satz bei den Ueberschiebungen von T über sich selbst, welche noch nicht gebildet wurden, benutzen.

Bezeichnen wir, um die zweite Ueberschiebung von T über sich selbst zu bilden, durch $\varphi_y{}^4$ die Form

$$(4) \qquad \varphi_y{}^4 = a_y{}^4 H_x{}^4 - a_x{}^4 H_y{}^4 = - 4 (xy) T_x{}^3 T_y{}^3 \qquad [\S\ 42.\ (4)].$$

Setzt man darin $y_2 = \varphi_1$, $y_1 = - \varphi_2$, so kommt:

$$(5) \qquad i_\varphi = (\varphi \varphi')^4 = - 4 (\varphi T)^3 T_x{}^3 \varphi_x.$$

Aber zugleich hat man aus (4):

$$\varphi_y{}^3 \varphi_x = - 3 (xy) T_x{}^4 T_y{}^2,$$

und daher, wenn man $y_1 = T_2'$, $y_2 = - T_1'$ setzt und mit $T_x{}'^3$ multiplicirt:

$$(\varphi T')^3 T_x{}'^3 \varphi_x = 3 T_x{}^4 T_x{}'^4 (T T')^2.$$

'Die zweite Ueberschiebung von T über sich selbst hat also den Ausdruck:

$$(6) \qquad (T T')^2 T_x{}^4 T_x{}'^4 = - \tfrac{1}{12} i_\varphi,$$

oder, wenn man, um i zu bilden, in $i_{\varkappa f + \lambda H} = i_{\varkappa \lambda}$ (§ 41.) H für $\varkappa$, $- f$ für λ setzt:

$$(7) \qquad (T T')^2 T_x{}^4 T_x{}'^4 = - \tfrac{1}{12} \left(i H^2 - 2 j H f + \frac{i^2}{6} f^2 \right).$$

Die vierte Ueberschiebung von T über sich selbst muss nothwendig verschwinden. Dieselbe ist nämlich eine Form vierter Ordnung und sechsten Grades, muss also nach dem Vorigen die Gestalt haben:

$$p \cdot ijf + q \cdot i^2 H,$$

wo p, q Zahlencoefficienten sind. Da aber diese Form sich aus den Coefficienten von T zusammensetzt, so muss sie die Eigenschaft haben, zu verschwinden, wenn man sie der Operation δ unterwirft. Daher muss man haben:

$$0 = p \cdot \delta\,(ijf) + q \cdot \delta\,(i^2 H)$$
$$= p\left(ijH + 2j^2 f + \frac{i^3}{2}f\right) + q\left(4\,ijH + \frac{i^3}{3}f\right),$$

daher $p = 0$, $q = 0$, was zu beweisen. Man hat sonach die Gleichung

$$(8) \qquad (TT')^4\,T_x{}^2\,T_x'{}^2 = 0.$$

Endlich ist noch die sechste Ueberschiebung von T über sich selbst zu bilden. Da

$$T_x'{}^6 = (aH)\,a_x{}^3\,H_x{}^3,$$

so hat man:

$$(TT')^6 = (aH)\,(aT)^3\,(HT)^3.$$

Dies kann als die vierte Ueberschiebung von H über die Form

$$-(aT)^3\,a_x\,T_x{}^3 = \tfrac{1}{4}\,(iH - jf) \qquad\qquad (6)$$

angesehen werden. Da nun

$$(HH')^4 = \frac{i^2}{6}\,, \quad (aH)^4 = j,$$

so ist

$$(9) \qquad (TT')^6 = \tfrac{1}{4}\left(\frac{i^3}{6} - j^2\right) = \tfrac{9}{8}\,R_\Omega\,;$$

die sechste Ueberschiebung von T über sich selbst unterscheidet sich von der Discriminante nur um einen numerischen Factor. Eine Controle liefert wieder der Umstand, dass der Ausdruck durch Anwendung der Operation δ verschwinden muss.

§ 44. Die Auflösung der cubischen Gleichung $\Omega = 0$.

Die Auflösung der biquadratischen Gleichungen $f = 0$ und $\varkappa f + \lambda H = 0$ knüpft sich an die Auflösung der cubischen Gleichung

$$\Omega\,(\varkappa,\,\lambda) = 0.$$

Die Wurzeln dieser Gleichung seien

$$\frac{\varkappa}{\lambda} = m, \quad \frac{\varkappa}{\lambda} = m', \quad \frac{\varkappa}{\lambda} = m'',$$

so dass

$$\Omega = (\varkappa - m\,\lambda)\,(\varkappa - m'\lambda)\,(\varkappa - m''\lambda)$$

gesetzt werden kann. Setzt man in diesem Ausdrucke H, $-f$ für $\varkappa$, λ, so erhält man nach § 42. (1) $-2\,T^2$, und es ist also:

$$(1) \qquad T^2 = -\tfrac{1}{2}\,(H + mf)\,(H + m'f)\,(H + m''f).$$

Was die Bestimmung der Grössen m, m', m'' angeht, so kann man, da in Ω der erste Coefficient 1, der zweite 0 ist, sich der Cardano'schen Formel bedienen. Ich werde zeigen, wie dieselbe Auflösung auch aus derjenigen hervorgeht, welche für die allgemeine Form der cubischen Gleichung in § 38. gegeben ist.

Man hat

$$\Omega \;\; = x^3 - \frac{i}{2}\,\varkappa\,\lambda^2 - \frac{j}{3}\,\lambda^3$$

$$\Delta_\Omega = -\tfrac{1}{3}\left(i\varkappa^2 + 2j\,\varkappa\,\lambda + \frac{i^2}{6}\,\lambda^2\right)$$

$$Q_\Omega = -\tfrac{1}{3}\left[j\,\varkappa^3 + \frac{i^2}{2}\,\varkappa^2\,\lambda + \frac{i\,j}{2}\,\varkappa\,\lambda^2 + \left(\frac{j^2}{3} - \frac{i^3}{36}\right)\lambda^3\right]$$

$$R_\Omega = \tfrac{1}{27}\,(i^3 - 6\,j^2).$$

Nach der in § 38. gegebenen Methode bildet man nun die linearen Ausdrücke

$$\xi = \sqrt[3]{\frac{Q + f\sqrt{-\dfrac{R}{2}}}{2}} = \varkappa\sqrt[3]{-\frac{j}{6} + \tfrac{1}{2}\sqrt{-\frac{R}{2}}} - \frac{\dfrac{i^2}{36}\,\lambda}{\sqrt[3]{-\dfrac{j}{6} + \tfrac{1}{2}\sqrt{-\dfrac{R}{2}}}^{\,2}}$$

$$\eta = \sqrt[3]{\frac{Q - f\sqrt{-\dfrac{R}{2}}}{2}} = \varkappa\sqrt[3]{-\frac{j}{6} - \tfrac{1}{2}\sqrt{-\frac{R}{2}}} - \frac{\dfrac{i^2}{36}\,\lambda}{\sqrt[3]{-\dfrac{j}{6} - \tfrac{1}{2}\sqrt{-\dfrac{R}{2}}}^{\,2}},$$

wo nur der Einfachheit wegen der Index Ω überall ausgelassen ist. Bestimmt man nun den Sinn der Cubikwurzeln

$$(2) \qquad \begin{aligned} A &= \sqrt[3]{-\frac{j}{6} + \tfrac{1}{2}\sqrt{-\frac{R}{2}}} \\[2mm] B &= \sqrt[3]{-\frac{j}{6} - \tfrac{1}{2}\sqrt{-\frac{R}{2}}} \end{aligned}$$

so, dass

$$A \,.\, B = \sqrt[3]{\frac{j^2}{36} + \frac{R}{8}} = \frac{i}{6},$$

so kann man in den Formeln für ξ und η

$$\frac{1}{A^2} = \frac{36\,B^2}{i^2}, \quad \frac{1}{B^2} = \frac{36\,A^2}{i^2}$$

setzen, und erhält also:

$$\xi = \varkappa A - \lambda B^2$$
$$\eta = \varkappa B - \lambda A^2.$$

Die linearen Factoren von $\Omega\,(\varkappa,\lambda)$ sind nun

$$\xi - \eta, \quad \xi - \varepsilon\,\eta, \quad \xi - \varepsilon^2\,\eta,$$

wo ε eine imaginäre dritte Wurzel der Einheit. Also hat man, wenn $\xi - \varepsilon^i\,\eta = 0$ gesetzt wird:

$$\varkappa\,(A - \varepsilon^i B) = \lambda\,(B^2 - \varepsilon^i A^2)$$

oder

$$\frac{\varkappa}{\lambda} = \frac{B^2 - \varepsilon^i A^2}{A - \varepsilon^i B} = -\,(\varepsilon^i A + \varepsilon^{-i} B).$$

Die drei Wurzeln der cubischen Gleichung $\Omega = 0$ sind also:

$$(3) \qquad \begin{aligned} m &= -(\ A + \ B) \\ m' &= -(\varepsilon\ A + \varepsilon^2 B) \\ m'' &= -(\varepsilon^2 A + \varepsilon\ B), \end{aligned}$$

wie die Cardano'sche Formel es angiebt.

Die Gleichung (1) lehrt nun, dass das Product

$$(H + mf)\,(H + m'f)\,(H + m''f)$$

das vollständige Quadrat eines Ausdrucks von der sechsten Ordnung ist. Aber keiner der drei biquadratischen Factoren hat im Allgemeinen [und die Formel § 42. (1) gilt immer] mit den anderen einen linearen Factor gemein, da sonst auch f und H denselben gemein haben müssten. Daher muss jeder der biquadratischen Factoren an und für sich das vollständige Quadrat eines Ausdrucks von der zweiten Ordnung sein, und man kann also drei quadratische Formen φ, ψ, χ finden, so dass

$$(4) \qquad \begin{aligned} H + m f &= -2\,\varphi^2 \\ H + m' f &= -2\,\psi^2 \\ H + m'' f &= -2\,\chi^2. \end{aligned}$$

$$(5) \qquad T = 2\,\varphi\,\psi\,\chi.$$

Um in jedem besonderen Falle die Coefficienten der Functionen φ zu bestimmen, kann man ähnlich verfahren, wie in § 38. bei der Bestimmung der Coefficienten von ξ und η. Ist K eine Form vierter Ordnung, von welcher wir wissen, dass sie das Quadrat einer quadratischen Form φ ist, und hat man

$$K = a_0\,x_1^4 + 4\,a_1\,x_1^3\,x_2 + 6\,a_2\,x_1^2\,x_2^2 + 4\,a_3\,x_1\,x_2^3 + a_4\,x_2^4$$
$$\varphi = \alpha_0\,x^2 + 2\,\alpha_1\,x_1\,x_2 + \alpha_2\,x_2^2,$$

so finden die Gleichungen statt:

$$a_0 = \alpha_0{}^2$$
$$a_1 = \alpha_0\,\alpha_1$$
$$a_2 = \tfrac{1}{3}\,(\alpha_0\,\alpha_2 + 2\,\alpha_1{}^2)$$
$$a_3 = \alpha_1\,\alpha_2$$
$$a_4 = \alpha_2{}^2\,;$$

man kann also etwa aus der ersten α_0 durch Wurzelziehen berechnen, und findet dann aus der zweiten α_1, aus der dritten α_2 rational durch α_0 und die Coefficienten von K ausgedrückt.

Wir dürfen also die Formen

$$(6) \qquad \varphi = \sqrt{-\frac{H + m\,f}{2}}$$
$$\psi = \sqrt{-\frac{H + m'\,f}{2}}$$
$$\chi = \sqrt{-\frac{H + m''\,f}{2}}$$

als bekannte quadratische Formen ansehen. Die Vorzeichen sind bei zweien derselben beliebig, bei der dritten dann durch die Gleichung (5) bestimmt. Es giebt also nur vier Arten, die Functionen φ, ψ, χ ihrem Vorzeichen nach zu bestimmen. Und es giebt keine zwei dieser Bestimmungsarten, welche durch Aenderung der Vorzeichen aller drei Functionen in einander übergehen, da die Gleichung (5) das Vorzeichen des Products aller φ unveränderlich giebt; vielmehr sind je zwei Systeme der φ, ψ, χ durch die Vorzeichen zweier Functionen von einander verschieden.

§ 45. Die quadratischen Factoren von T.

Durch die Gleichungen (4), (5) des vorigen Paragraphen ist die Form T als eine sehr specielle Form sechster Ordnung charakterisirt. Denn die Form T hat die Eigenschaft, durch Lösung einer cubischen Gleichung ($\Omega = 0$) in drei quadratische Factoren aufgelöst zu werden. Die Gleichung $T = 0$ ist also eine durch Wurzelziehen lösbare Gleichung sechsten Grades.

Zwischen den quadratischen Functionen φ, ψ, χ bestehen aber noch in Folge der Gleichungen §§ 42. 44. sehr bemerkenswerthe Relationen. Bilden wir die Functionaldeterminante irgend zweier, z. B. der ersten beiden Gleichungen § 44. (4), dividirt durch 16, d. h. die erste Ueberschiebung der Formen rechts und links in diesen Gleichungen, so erhalten wir:

$$\frac{1}{16}\begin{vmatrix}\dfrac{\partial H}{\partial x_1}+m\,\dfrac{\partial f}{\partial x_1} & \dfrac{\partial H}{\partial x_1}+m'\,\dfrac{\partial f}{\partial x_1}\\[2mm] \dfrac{\partial H}{\partial x_2}+m\,\dfrac{\partial f}{\partial x_2} & \dfrac{\partial H}{\partial x_2}+m'\,\dfrac{\partial f}{\partial x_2}\end{vmatrix}=4\,\varphi\,.\,\psi\,.\,(\varphi\,\psi)\,\varphi_x\,\psi_x,$$

$$=(m'-m)\,\frac{1}{16}\begin{vmatrix}\dfrac{\partial H}{\partial x_1} & \dfrac{\partial f}{\partial x_1}\\[2mm]\dfrac{\partial H}{\partial x_2} & \dfrac{\partial f}{\partial x_2}\end{vmatrix}=(m-m')\,T.$$

Setzen wir hier für T seinen Werth aus § 44. (5), so kann man den Factor $2\,\varphi\,.\,\psi$ auf beiden Seiten auslassen, und erhält also **die Functionaldeterminante zweier der Formen** φ, ψ, χ **durch die dritte ausgedrückt.** So hat man die drei Gleichungen:

$$\tag{1}\begin{aligned}2\,(\psi\,\chi)\,\psi_x\,\chi_x&=(m'-m'')\,.\,\varphi\\ 2\,(\chi\,\varphi)\,\chi_x\,\varphi_x&=(m''-m)\,.\,\psi\\ 2\,(\varphi\,\psi)\,\varphi_x\,\psi_x&=(m-m')\,.\,\chi.\end{aligned}$$

Bilden wir jetzt die erste Ueberschiebung dieser Gleichungen mit φ, ψ, χ selbst. Rechts entsteht Null, wenn die beiden Functionen bei der Ueberschiebung dieselben sind; sind beide Functionen verschieden, so kann man die entstehende Form durch die Gleichungen (1) wieder auf φ, ψ, χ selbst zurückführen. Links benutzen wir die Gleichung § 35. (5), welche für die erste Ueberschiebung einer Form χ über die erste Ueberschiebung von φ und ψ gebildet ist, und welche hier in die folgende Gleichung übergeht $[\Omega=(\varphi\,\psi)\,\varphi_x\,\psi_x]$:

$$(\Omega\,\chi)\,\Omega_x\,\chi_x=-\tfrac{1}{2}\{\varphi\,(\psi\,\chi)^2-\psi\,(\varphi\,\chi)^2\}.$$

Bezeichnen wir durch A_{ik} die 6 Invarianten von φ, ψ, χ:

$$\begin{aligned}A_{00}&=(\varphi\,\varphi')^2 & A_{12}&=(\psi\,\chi)^2\\ A_{11}&=(\psi\,\psi')^2 & A_{20}&=(\chi\,\varphi)^2\\ A_{22}&=(\chi\,\chi')^2 & A_{01}&=(\varphi\,\psi)^2,\end{aligned}$$

so erhalten wir nunmehr aus (1) folgende Gleichungen:

$$\begin{aligned}0&=A_{02}\,\psi-A_{01}\,\chi\\[1mm]-\frac{(m-m')\,(m-m'')}{2}\,\chi&=A_{00}\,\chi-A_{20}\,\varphi\\[1mm]-\frac{(m-m')\,(m-m'')}{2}\,\psi&=A_{00}\,\psi-A_{01}\,\varphi\\[1mm]-\frac{(m'-m'')\,(m'-m)}{2}\,\chi&=A_{11}\,\chi-A_{12}\,\psi\\[1mm]0&=A_{10}\,\chi-A_{12}\,\varphi\\[1mm]-\frac{(m'-m'')\,(m'-m)}{2}\,\varphi&=A_{11}\,\varphi-A_{10}\,\psi\end{aligned}$$

$$- \frac{(m'' - m)(m'' - m')}{2} \psi = A_{22} \psi - A_{12} \chi$$

$$- \frac{(m'' - m)(m'' - m')}{2} \varphi = A_{22} \varphi - A_{20} \chi$$

$$0 \qquad\qquad = A_{21} \varphi - A_{20} \psi.$$

Da nun im Allgemeinen nicht zwei der Formen φ, ψ, χ einen Factor gemein haben, den sonst auch f und H gemein haben müsste, so folgt hieraus:

$$(2) \qquad \begin{aligned} A_{00} &= -\tfrac{1}{2}(m - m')(m - m'') & A_{12} &= 0 \\ A_{11} &= -\tfrac{1}{2}(m' - m'')(m' - m) & A_{20} &= 0 \\ A_{22} &= -\tfrac{1}{2}(m'' - m)(m'' - m') & A_{01} &= 0. \end{aligned}$$

Endlich erhält man noch, indem man eine der Formen φ, ψ, χ zweimal über die entsprechende Gleichung (1) schiebt, den Werth der aus allen drei Formen φ, ψ, χ zusammengesetzten Invariante:

$$K = -(\varphi\psi)(\psi\chi)(\chi\varphi)$$
$$= \frac{m' - m''}{2} A_{00} = \frac{m'' - m}{2} A_{11} = \frac{m - m'}{2} A_{22}$$
$$= \tfrac{1}{4}(m - m')(m' - m'')(m'' - m).$$

Ferner findet sich aus § 44. (3) mit Berücksichtigung der Gleichung $1 + \varepsilon + \varepsilon^2 = 0$:

$$\begin{aligned} m \; - m' &= (\varepsilon - 1)(A - B\varepsilon^2) \\ m' - m'' &= (\varepsilon - 1)\varepsilon(A - B) \\ m'' - m &= (1 - \varepsilon^2)(A - B\varepsilon), \end{aligned}$$

und daher hat man die Werthe:

$$(3) \qquad \begin{aligned} A_{00} &= -\tfrac{3}{2}\,(A^2 + AB + B^2) \\ A_{11} &= -\tfrac{3}{2}\varepsilon^2(A^2 + \varepsilon AB + \varepsilon^2 B^2) \\ A_{22} &= -\tfrac{3}{2}\varepsilon\,(A^2 + \varepsilon^2 AB + \varepsilon\, B^2) \\ K &= \tfrac{3}{4}\varepsilon(1 - \varepsilon)(A^3 - B^3), \end{aligned}$$

oder mit Benutzung der Werthe von A, B:

$$(4) \qquad K = \tfrac{3}{4}\varepsilon(1 - \varepsilon)\sqrt{-\frac{R}{2}}.$$

Die vorigen Betrachtungen stützen sich wesentlich darauf, dass die cubische Gleichung im allgemeinen Falle keine gleichen Wurzeln hat, dass also R im Allgemeinen nicht verschwindet. Es ist leicht zu zeigen, dass die andere Voraussetzung, dass nämlich H und f keinen gemeinschaftlichen Factor besitzen, hiermit zusammenfällt. Fragen wir, welche Bedingung eintreten muss, damit H und f einen gemeinsamen Factor besitzen. Alsdann müssen auch φ, ψ, χ denselben Factor haben; sobald er verschwindet, muss also auch $\varphi_x^2 = 0$,

$\psi_x{}^2 = 0$ sein, die Resultante von ψ und ψ muss verschwinden. Die Resultante zweier Formen φ, ψ von der zweiten Ordnung ist aber nach p. 89 gleich

$$(\varphi\,\varphi')^2 \cdot (\psi\,\psi')^2 - (\varphi\,\psi')^2 \cdot (\psi\,\varphi')^2,$$

oder hier

$$A_{00}\,A_{11} - A_{01}{}^2.$$

Da nun im vorliegenden Falle A_{01} identisch verschwindet, so müsste A_{00} oder A_{11} verschwinden, d. h. es müssten zwei der m gleich werden und daher $R = 0$. Die Resultante von $f = 0$, $H = 0$ ist also eine Potenz von R; und zwar, da sie die Coefficienten beider Formen biquadratisch, also im Ganzen die Coefficienten von f zur zwölften Ordnung enthalten muss, ist sie R^2.

§ 46. Auflösung der biquadratischen Gleichungen.

Unter der Voraussetzung, dass R von Null verschieden sei, führen nun die Gleichungen § 44. (6) zur Lösung der Gleichung vierter Ordnung

$$(1) \qquad\qquad \varkappa f + \lambda H = 0.$$

In Folge dieser Gleichung hat man

$$f : H = \lambda : - \varkappa,$$

und daher, wenn ϱ eine unbestimmte Grösse bezeichnet, aus § 44. (6):

$$(2) \qquad
\begin{aligned}
\varphi &= \varrho\,\sqrt{\varkappa - m\,\lambda} \\
\psi &= \varrho\,\sqrt{\varkappa - m'\,\lambda} \\
\chi &= \varrho\,\sqrt{\varkappa - m''\,\lambda} .
\end{aligned}$$

In diesen Gleichungen stehen links quadratische Functionen der x_1, x_2; diese Gleichungen geben daher, indem sie nach $x_1{}^2$, $x_1 x_2$, $x_2{}^2$ aufgelöst werden, die Verhältnisse dieser Grössen und daher auch ein Verhältniss $\dfrac{x_1}{x_2}$, für welches die Gleichung (1) besteht. Auch sieht man sofort, dass es vier Bestimmungsarten dieses Verhältnisses giebt. Denn die Vorzeichen von $\sqrt{\varkappa - m\,\lambda}$, $\sqrt{\varkappa - m'\,\lambda}$, $\sqrt{\varkappa - m''\,\lambda}$ gestatten im Ganzen acht Combinationen. Von diesen führen aber immer solche zwei auf denselben Werth $\dfrac{x_1}{x_2}$, bei welchen alle Wurzeln entgegengesetzte Vorzeichen haben, ein Unterschied, der sich durch Aenderung der ganz willkürlichen Grösse ϱ sofort aufheben lässt.

Bezeichnen wir den Werth des Verhältnisses $\dfrac{x_1}{x_2}$, für welchen $\varkappa f + \lambda H$ verschwindet, durch $\dfrac{y_1}{y_2}$, und bezeichnen wir ferner durch

α_0, α_1, α_2, β_0, β_1, β_2, γ_0, γ_1, γ_2 die Coefficienten φ, ψ, χ, so werden die drei Gleichungen (2) folgende:

$$(3) \qquad \begin{aligned} \alpha_0 y_1{}^2 + 2\,\alpha_1 y_1 y_2 + \alpha_2 y_2{}^2 &= \varrho \sqrt{\varkappa - m\lambda} \\ \beta_0 y_1{}^2 + 2\,\beta_1 y_1 y_2 + \beta_2 y_2{}^2 &= \varrho \sqrt{\varkappa - m'\lambda} \\ \gamma_0 y_1{}^2 + 2\,\gamma_1 y_1 y_2 + \gamma_2 y_2{}^2 &= \varrho \sqrt{\varkappa - m''\lambda}\,. \end{aligned}$$

Setzen wir die hieraus berechneten Werthe von $y_1{}^2$, $y_1 y_2$, $y_2{}^2$ in die linke Seite der Identität:

$$(4) \qquad x_2{}^2 y_1{}^2 - 2\,x_1 x_2 y_1 y_2 + x_1{}^2 y_2{}^2 = (xy)^2$$

ein, so erhalten wir rechts das Quadrat eines linearen Factors von $\varkappa f + \lambda H$. Indem wir aber aus (3), (4) die Grössen $y_1{}^2$, $2 y_1 y_2$, $y_2{}^2$ eliminiren, erhalten wir die Gleichung

$$0 = \begin{vmatrix} \alpha_0 & \alpha_1 & \alpha_2 & \varrho \sqrt{\varkappa - m\lambda} \\ \beta_0 & \beta_1 & \beta_2 & \varrho \sqrt{\varkappa - m'\lambda} \\ \gamma_0 & \gamma_1 & \gamma_2 & \varrho \sqrt{\varkappa - m''\lambda} \\ x_2 & -x_1 x_2 & x_1{}^2 & (xy)^2 \end{vmatrix}\,.$$

oder geordnet:

$$(5) \qquad \frac{(xy)^2}{\varrho} \cdot \begin{vmatrix} \alpha_0 & \alpha_1 & \alpha_2 \\ \beta_0 & \beta_1 & \beta_2 \\ \gamma_0 & \gamma_1 & \gamma_2 \end{vmatrix} = \sqrt{\varkappa - m\lambda} \begin{vmatrix} x_2{}^2 & -x_1 x_2 & x_1{}^2 \\ \beta_0 & \beta_1 & \beta_2 \\ \gamma_0 & \gamma_1 & \gamma_2 \end{vmatrix}$$

$$+ \sqrt{\varkappa - m'\lambda} \begin{vmatrix} \alpha_0 & \alpha_1 & \alpha_2 \\ x_2{}^2 & -x_1 x_2 & x_1{}^2 \\ \gamma_0 & \gamma_1 & \gamma_2 \end{vmatrix} + \sqrt{\varkappa - m''\lambda} \begin{vmatrix} \alpha_0 & \alpha_1 & \alpha_2 \\ \beta_0 & \beta_1 & \beta_2 \\ x_2{}^2 & -x_1 x_2 & x_1{}^2 \end{vmatrix}\,.$$

Die drei Determinanten rechts entstehen aus der Determinante links, indem man immer eine Reihe von Coefficienten durch $x_2{}^2$, $-x_1 x_2$, $x^2{}_1$ ersetzt. Die Determinante links ist, wenn man die Symbole von φ, ψ, χ einführt:

$$\begin{vmatrix} \varphi_1{}^2 & \varphi_1 \varphi_2 & \varphi_2{}^2 \\ \psi_1{}^2 & \psi_1 \psi_2 & \psi_2{}^2 \\ \chi_1{}^2 & \chi_1 \chi_2 & \chi_2{}^2 \end{vmatrix},$$

ein Ausdruck, welcher offenbar mit jedem der Ausdrücke

$$(\varphi \psi), \quad (\psi \chi), \quad (\chi \varphi)$$

verschwindet, und also von dem Producte dieser Grössen nur numerisch verschieden sein kann; in der That lehrt die Bestimmung und Vergleichung irgend eines Gliedes, dass jene Determinante gleich

$$- (\varphi \psi)(\psi \chi)(\chi \varphi) = K$$

ist.

Ersetzt man je eine Coefficientenreihe durch $x_2{}^2$, $-x_1 x_2$, $x_1{}^2$, oder je eine Art von Symbolen durch x_2, $-x_1$, so erhält man die Werthe der drei anderen Determinanten:

$$(\psi\chi)\,\psi_x\,\chi_x = \frac{m'-m''}{2}\cdot\varphi$$

$$(\chi\varphi)\,\chi_x\,\varphi_x = \frac{m''-m}{2}\cdot\psi$$

$$(\varphi\psi)\,\varphi_x\,\psi_x = \frac{m-m'}{2}\cdot\chi.$$

Man sieht also, dass in der That die Bestimmung des linearen Factors (xy) durch die Gleichung (5) immer möglich ist, wenn nur K, d. h. R von Null verschieden; und dass dann (indem wir von einem gleichgültigen Factor abstrahiren)

$$(6)\qquad (xy)^2 = (m'-m'')\,\varphi\,\sqrt{\varkappa-m\,\lambda} + (m''-m)\,\psi\,\sqrt{\varkappa-m'\,\lambda}$$
$$+ (m-m')\,\chi\,\sqrt{\varkappa-m''\,\lambda}$$

gesetzt werden kann, ein Ausdruck, dessen rechte Seite nothwendig das Quadrat einer linearen Function ist.

Für die Auflösung der Gleichung $\varkappa f + \lambda H = 0$ ist es hinreichend, das Quadrat dieses linearen Factors der Gleichung zu kennen, indem die Verhältnisse von $y_1{}^2$, $y_1\,y_2$, $y_2{}^2$ und also auch $\dfrac{y_1}{y_2}$ dann bekannt sind.

Man braucht also nur, indem man die linke Seite von (6) durch

$$\alpha_{11}\,x_1{}^2 + 2\,\alpha_{12}\,x_1\,x_2 + \alpha_{22}\,x_2{}^2$$

bezeichnet, aus (6) die Gleichungen

$$y_2{}^2 = \alpha_{11}, \quad y_1\,y_2 = -\,\alpha_{12}, \quad y_2{}^2 = \alpha_{22}$$

abzuleiten; der Quotient

$$\frac{y_1}{y_2} = -\,\frac{\alpha_{11}}{\alpha_{12}} = -\,\frac{\alpha_{22}}{\alpha_{12}}$$

ist dann eine Wurzel von $f = 0$.

Aber es ist von Interesse, die Auflösung der biquadratischen Gleichung $\varkappa f + \lambda H = 0$ auf eine Identität zurückzuführen, welche die linke Seite der Gleichung in ihre vier linearen Factoren zerlegt zeigt. Diese Identität ist nach dem Vorigen von der Form

$$(7)\qquad\qquad M\,(\varkappa f + \lambda H)$$

$$= \sqrt{(m'-m'')\,\varphi\,\sqrt{\varkappa-m\,\lambda} + (m''-m)\,\psi\,\sqrt{\varkappa-m'\,\lambda} + (m-m')\,\chi\,\sqrt{\varkappa-m''\,\lambda}}$$

$$\cdot \sqrt{(m'-m'')\,\varphi\,\sqrt{\varkappa-m\,\lambda} - (m''-m)\,\psi\,\sqrt{\varkappa-m'\,\lambda} + (m-m')\,\chi\,\sqrt{\varkappa-m''\,\lambda}}$$

$$\cdot \sqrt{(m'-m'')\,\varphi\,\sqrt{\varkappa-m\,\lambda} + (m''-m)\,\psi\,\sqrt{\varkappa-m'\,\lambda} - (m-m')\,\chi\,\sqrt{\varkappa-m''\,\lambda}}$$

$$\cdot \sqrt{(m'-m'')\,\varphi\,\sqrt{\varkappa-m\,\lambda} - (m''-m)\,\psi\,\sqrt{\varkappa-m'\,\lambda} - (m-m')\,\chi\,\sqrt{\varkappa-m''\,\lambda}},$$

wobei noch für φ, ψ, χ die Werthe aus § 44. (6) einzusetzen sind. Es handelt sich nur noch um die Bestimmung der Constante M. Dieselbe erfolgt sehr leicht, wenn man in der obigen Gleichung ein Werthsystem x_1, x_2 einführt, für welches eine der Formen φ, ψ, χ, etwa φ, verschwindet. Für dieselbe reducirt sich die obige Gleichung auf

$$(8) \quad M(\varkappa f + \lambda H) = (m'' - m)^2 \, \psi^2 (\varkappa - m' \lambda) - (m - m')^2 \, \chi^2 (\varkappa - m'' \lambda);$$

zugleich wird nach § 44. (6)

$$H = -mf, \quad \psi = \sqrt{\frac{m - m'}{2}} \cdot f, \quad \chi = \sqrt{\frac{m - m''}{2}} \cdot f,$$

daher, wenn man dies in (8) einführt und durch f dividirt:

$$M(\varkappa - m\lambda) = \tfrac{1}{2}(m - m')(m - m'')\{(m - m'')(\varkappa - m'\lambda) + (m' - m)(\varkappa - m''\lambda)\}$$
$$= \tfrac{1}{2}(m - m')(m - m'')(m' - m'')(\varkappa - m\lambda),$$

oder

$$(9) \quad M = \tfrac{1}{2}(m - m')(m - m'')(m' - m'') = -2K = -\tfrac{3}{2}\varepsilon(1 - \varepsilon)\sqrt{-\frac{R}{2}}.$$

Aus dem Vorhergehenden sieht man, dass, sobald R nicht verschwindet, die vier Lösungen der biquadratischen Gleichung

$$\varkappa f + \lambda H = 0$$

aus den vier Gleichungen

$$(10) \quad (m' - m'')\,\varphi\,\sqrt{\varkappa - m\lambda} \pm (m'' - m)\,\psi\,\sqrt{\varkappa - m'\lambda}$$
$$\pm (m - m')\,\chi\,\sqrt{\varkappa - m''\lambda} = 0$$

gefunden werden, deren linke Theile Quadrate linearer Ausdrücke in den x sind.

In diesem Falle sind, ausgenommen wenn $\frac{\varkappa}{\lambda}$ einen der Werthe m, m', m'' annimmt, die vier Wurzeln der Gleichung immer verschieden. Denn sollten zwei gleich werden, etwa die in (10) durch die Zeichenfolgen

$$+\ +\ +$$
$$+\ -\ -$$

repräsentirten, so müssten zugleich die Gleichungen bestehen:

$$\varphi = 0$$
$$(m'' - m)\,\psi\,\sqrt{\varkappa - m'\lambda} + (m - m')\,\chi\,\sqrt{\varkappa - m''\lambda} = 0,$$

oder die Resultante dieser beiden Formen zweiten Grades müsste verschwinden. Nun ist die simultane Invariante dieser beiden Formen aus A_{01} und A_{02} zusammengesetzt und daher identisch Null; die Resultante reducirt sich daher auf das Product der Invariante von φ mit der Invariante der zweiten quadratischen Form. Erstere verschwindet nicht, da sonst zwei m einander gleich sein müssten, also $R = 0$. Die zweite ist die zweite Ueberschiebung der zweiten quadratischen Form über sich selbst; aber die Form

$$\alpha\,\psi + \beta\,\chi$$

zweimal über sich selbst geschoben, giebt

$$\alpha^2\,(\psi\psi')^2 + \alpha\beta\,(\chi\psi')^2 + \alpha\beta\,(\chi'\psi)^2 + \beta^2\,(\chi\chi')^2,$$

also hier

$$(m''-m)^2\,(\varkappa - m'\lambda)\,A_{11} + (m-m')^2\,(\varkappa - m''\lambda)\,A_{22}$$

$$= \frac{(m-m')\,(m'-m'')\,(m''-m)}{2}\,\{\,(m''-m)\,(\varkappa - m'\lambda) + (m-m')\,(\varkappa - m''\lambda)\,\}$$

$$= \frac{(m-m')\,(m''-m)\,(m'-m'')^2}{2}\,(\varkappa - m\lambda).$$

Auch dieser Ausdruck also kann nicht verschwinden, da weder zwei m einander gleich sind, noch $\dfrac{\varkappa}{\lambda} = m$ sein sollte.

§ 47. Die quadratischen Factoren von f.

Auf die cubische Resolvente

$$m^3 - \frac{i}{2}\,m - \frac{j}{3} = 0$$

wird man noch auf eine andere Art geführt, nämlich indem man direct die Aufgabe zu lösen versucht, eine biquadratische Form f in zwei quadratische Factoren aufzulösen.

Setzt man nämlich

$$f = (\alpha_0\,x_1^2 + 2\,\alpha_1\,x_1\,x_2 + \alpha_2\,x_2^2)\,(\beta_0\,x_1^2 + 2\,\beta_1\,x_1\,x_2 + \beta_2\,x_2^2),$$

so erhält man durch Vergleichung der beiderseitigen Coefficienten:

$$(1) \qquad \begin{aligned} a_0 &= \alpha_0\,\beta_0 \\ 2\,a_1 &= \alpha_0\,\beta_1 + \beta_0\,\alpha_1 \\ 6\,a_2 &= \alpha_0\,\beta_2 + \beta_0\,\alpha_2 + 4\,\alpha_1\,\beta_1 \\ 2\,a_3 &= \alpha_1\,\beta_2 + \beta_1\,\alpha_2 \\ a_4 &= \alpha_2\,\beta_2. \end{aligned}$$

Führt man nun eine Grösse m ein, so dass die mittlere dieser Gleichungen in die beiden:

$$\alpha_0\,\beta_2 + \beta_0\,\alpha_2 = 2\,a_2 - 2\,m$$

$$\alpha_1\,\beta_1 = a_2 + \frac{m}{2}$$

zerlegt wird, so findet man m aus der Bemerkung, dass die Determinante

$$\begin{vmatrix} \alpha_0\beta_0+\beta_0\alpha_0 & \alpha_1\beta_0+\beta_1\alpha_0 & \alpha_2\beta_0+\beta_2\alpha_0 \\ \alpha_0\beta_1+\beta_0\alpha_1 & \alpha_1\beta_1+\beta_1\alpha_1 & \alpha_2\beta_1+\beta_2\alpha_1 \\ \alpha_0\beta_2+\beta_0\alpha_2 & \alpha_1\beta_2+\beta_1\alpha_2 & \alpha_2\beta_2+\beta_2\alpha_2 \end{vmatrix}$$

$$= \begin{vmatrix} \alpha_0 & \beta_0 & 0 \\ \alpha_1 & \beta_1 & 0 \\ \alpha_2 & \beta_2 & 0 \end{vmatrix} \cdot \begin{vmatrix} \beta_0 & \alpha_0 & 0 \\ \beta_1 & \alpha_1 & 0 \\ \beta_2 & \alpha_2 & 0 \end{vmatrix}$$

identisch verschwindet. Setzt man hier für die Elemente derselben ihre Werthe aus (1) und dividirt überall durch 2, so erhält man die Gleichung für m:

$$0 = \begin{vmatrix} a_0 & a_1 & a_2-m \\ a_1 & a_2+\dfrac{m}{2} & a_3 \\ a_2-m & a_3 & a_4 \end{vmatrix} = -\tfrac{1}{2}\left(m^3 - \dfrac{i}{2}\,m - \dfrac{j}{3}\right),$$

was wieder unsere cubische Resolvente ist.

Die Zerlegung von f aber finden wir sodann ohne Weiteres aus den Gleichungen § 44. (4):

$$\begin{aligned} H+m\ f &= -2\,\varphi^2 \\ H+m'\ f &= -2\,\psi^2 \\ H+m''f &= -2\,\chi^2, \end{aligned} \tag{2}$$

aus welchen sich die drei Zerlegungen ergeben:

$$\begin{aligned} f &= \frac{2}{m'-m''}\,(\chi^2-\psi^2) = \frac{2}{m'-m''}\,(\chi-\psi)(\chi+\psi) \\ &= \frac{2}{m''-m}\,(\varphi^2-\chi^2) = \frac{2}{m''-m}\,(\varphi-\chi)(\varphi+\chi) \\ &= \frac{2}{m-m'}\,(\psi^2-\varphi^2) = \frac{2}{m-m'}\,(\psi-\varphi)(\psi+\varphi). \end{aligned} \tag{3}$$

Indem man diese Darstellung zu Grunde legt, kann man die Auflösung der Gleichung vierten Grades $f=0$ so ausdrücken, dass die vier linearen Factoren von f die gemeinsamen linearen Factoren der folgenden vier Tripel von Gleichungen sind:

$$\begin{array}{llll} 1. & \psi-\varphi=0, & \varphi-\chi=0, & \chi-\psi=0 \\ 2. & \psi-\varphi=0, & \varphi+\chi=0, & \chi+\psi=0 \\ 3. & \psi+\varphi=0, & \varphi-\chi=0, & \chi+\psi=0 \\ 4. & \psi+\varphi=0, & \varphi+\chi=0, & \chi-\psi=0. \end{array} \tag{4}$$

Man benutzt diese Gleichungen bequem zur Discussion der Realität der Wurzeln bei einer Gleichung mit reellen Coefficienten.

Hat in diesem Falle die cubische Resolvente eine reelle Wurzel m und zwei conjugirt imaginäre m', m'' (was nach § 38. für negative Werthe von R_Ω, also nach § 41. (12) für negative Werthe von i^3-6j^2

eintritt), so sind ψ und χ ihrer Entstehung nach conjugirt imaginär, also, wegen der Gleichung

(5) $$T = 2\,\varphi\,\psi\,\chi$$

φ reell. Demnach kann man

$$\psi = u + v\sqrt{-1}, \quad \chi = u - v\sqrt{-1}$$

setzen, und die Gleichungen (4) verwandeln sich in:

$$
\begin{aligned}
&1. & u \quad\ - \varphi &= 0, & v &= 0\\
&2. & v\sqrt{-1} - \varphi &= 0, & u &= 0\\
&3. & v\sqrt{-1} + \varphi &= 0, & u &= 0\\
&4. & u \quad\ + \varphi &= 0, & v &= 0.
\end{aligned}
$$

Da nun ψ und χ keinen Factor gemein haben, so können u, v nicht zugleich verschwinden. Daher ist die gemeinsame Lösung der Systeme 2. oder 3. nothwendig imaginär; die von 1. oder 4. sind reell.

Bei negativem Werthe von $i^3 - 6\,j^2$ hat die biquadratische Gleichung also zwei reelle und zwei imaginäre Wurzeln.

Ist dagegen $i^3 - 6\,j^2$ positiv, so hat die cubische Resolvente drei reelle Wurzeln m, m', m''. Daher sind φ^2, ψ^2, χ^2 reell, und es werden nun zwei Fälle möglich. Entweder sind φ, ψ, χ selbst reell, und in diesem Falle also auch alle gemeinsamen Lösungen der Systeme 4. und damit die Wurzeln der biquadratischen Gleichung. Oder zwei der Ausdrücke φ, ψ, χ erhalten den Factor $\sqrt{-1}$, so dass etwa

$$\psi = \psi'\sqrt{-1}, \quad \chi = \chi'\sqrt{-1}.$$

In diesem Falle verwandeln die Systeme (4) sich in folgende:

$$
\begin{aligned}
&1. & \psi'\sqrt{-1} - \varphi &= 0, & \varphi - \chi'\sqrt{-1} &= 0, & \chi' - \psi' &= 0\\
&2. & \psi'\sqrt{-1} - \varphi &= 0, & \varphi + \chi'\sqrt{-1} &= 0, & \chi' + \psi' &= 0\\
&3. & \psi'\sqrt{-1} + \varphi &= 0, & \varphi - \chi'\sqrt{-1} &= 0, & \chi' + \psi' &= 0\\
&4. & \psi'\sqrt{-1} + \varphi &= 0, & \varphi + \chi'\sqrt{-1} &= 0, & \chi' - \psi' &= 0.
\end{aligned}
$$

Daher sind in diesem Falle sämmtliche gemeinsame Lösungen der Systeme 4. imaginär, und also auch alle Wurzeln von $f = 0$ imaginär.

Ist also $i^3 - 6\,j^2$ positiv, so hat die Gleichung $f = 0$ entweder vier reelle, oder vier imaginäre Wurzeln.

Die Unterscheidung der beiden letzten Fälle ergiebt sich sofort, wenn man eine cubische Gleichung aufstellt, deren Wurzeln φ^2, ψ^2, χ^2 sind. Diese Gleichung ist wegen der Gleichungen (2):

$$z^3 + \tfrac{3}{2}Hz^2 + \left(\tfrac{3}{4}H^2 - \tfrac{i}{8}f^2\right)z - \frac{T^2}{4} = 0.$$

In dem Falle, mit welchem wir es hier zu thun haben, hat diese Gleichung stets reelle Wurzeln; und zwar drei positive, wenn $f=0$ lauter reelle, zwei negative und eine positive, wenn $f=0$ lauter imaginäre Wurzeln hat. Im ersten Falle muss also $\frac{3}{2}\,H$ negativ, $\frac{3}{4}\,H^2 - \frac{i}{8}\,f^2$ positiv sein, im zweiten Falle müssen beide Ausdrücke gleiches Zeichen haben. Und so haben wir folgenden Satz:

Wenn $i^3 - 6j^2 > 0$, so haben die Werthe der Formen H und $H^2 - \frac{i}{6}\,f^2$ bei beliebigen reellen Werthen der x entweder stets verschiedene Vorzeichen, und dann hat die Gleichung $f=0$ lauter reelle Wurzeln, oder dieselben haben stets gleiche Vorzeichen, und dann hat die Gleichung $f=0$ lauter imaginäre Wurzeln.

§ 48. Ausnahmefälle.

Gehen wir nun zur Betrachtung des Falles über, in welchem $R=0$, und zwar möge $m''=m'$ werden. Es ist also m' eine Doppelwurzel, m eine einfache Wurzel von $\Omega=0$; m und m' seien noch verschieden. Wegen der Gleichung $R=0$, d. h. $i^3 - 6j^2 = 0$, wird

$$\Omega = \left(\varkappa + \frac{j}{i}\,\lambda\right)^2 \left(\varkappa - \frac{2j}{i}\,\lambda\right),$$

also

(1)
$$m' = -\frac{j}{i}\,, \qquad m = 2\,\frac{j}{i}\,.$$

Nach § 44. (6) ist in diesem Falle $\chi = \psi$; zugleich aber $A_{11} = A_{22} = 0$ [§ 45. (2)], also der gemeinschaftliche Ausdruck von ψ und χ entweder das Quadrat eines linearen Ausdrucks ξ, oder identisch Null. Beide Fälle sind getrennt zu behandeln.

Ist $\psi = \chi = \xi^2$ von Null verschieden, so hat man nach § 44. (4)

$$H + m'f = -2\,\xi^4;$$

es ist also eine Verbindung von H und f die vierte Potenz eines linearen Ausdrucks. Aber ferner ist $A_{01} = 0$, was hier in

$$(\varphi\,\xi)^2 = 0$$

übergeht. Es verschwindet also φ, wenn man $x_1 = \xi_2$, $x_2 = -\xi_1$ setzt; φ muss daher den Factor ξ besitzen, und man hat daher

$$\varphi = \xi\,\eta,$$

wo η ein von ξ verschiedener linearer Ausdruck ist. Die zweite Ueberschiebung nämlich von φ über sich selbst ist jetzt

$$(\varphi\,\xi)\,(\varphi\,\eta) = \tfrac{1}{2}\,\{(\xi\,\xi)\,(\eta\,\eta) - (\xi\,\eta)^2\} = -\tfrac{1}{2}\,(\xi\,\eta)^2,$$

und daher

$$(\xi\,\eta)^2 = -2\,A_{00} = (m - m')^2,$$

also von Null verschieden.

Die Gleichungen § 44. (4), (5) verwandeln sich sonach in die folgenden:

$$
\begin{aligned}
H + m\,f &= H + 2\,\frac{j}{i}\,f = -2\,\xi^2\,\eta^2 \\[4pt]
H + m'f &= H - \frac{j}{i}\,f = -2\,\xi^4 \\[4pt]
T &= 2\,\xi^5\,\eta.
\end{aligned}
$$

(2)

Aus diesen Gleichungen erhält man:

$$
\begin{aligned}
f &= \tfrac{2}{3}\,\frac{i}{j}\,\xi^2\,(\xi^2 - \eta^2) \\[4pt]
H &= -\tfrac{2}{3}\,\xi^2\,(2\,\xi^2 + \eta^2).
\end{aligned}
$$

Durch das Verschwinden von $R = \tfrac{1}{27}\,(i^3 - 6\,j^2)$ **erhält also** f **eine Doppelwurzel** $(\xi = 0)$; R **ist also die Discriminante, was auch in § 29. gefunden wurde. Der Doppelfactor von** f **ist auch ein solcher von** H, **und ein fünffacher von** T.

Die Lösung der biquadratischen Gleichung $\varkappa f + \lambda H = 0$ erfolgt in diesem Falle dadurch, dass man zunächst aus der Gleichung

$$H - \frac{j}{i}\,f = 0,$$

deren linker Theil ein Biquadrat ist, die Doppelwurzel $\xi = 0$ bestimmt. Ist

$$H - \frac{j}{i}\,f = b_0\,x_1^4 + 4\,b_1\,x_1^3\,x_2 + \ldots = (\xi_1\,x_1 + \xi_2\,x_2)^4,$$

so ist

$$\xi_1^4 = b_0, \quad \xi_1^3\,\xi_2 = b_1, \quad \ldots$$

also

$$\frac{\xi_2}{\xi_1} = \frac{b_1}{b_0},$$

und die Doppelwurzel ist daher $-\dfrac{b_0}{b_1}$. Die übrigbleibende quadratische Gleichung ist dann

$$\frac{\varkappa f + \lambda H}{\xi^2} = \frac{2}{3j}\,\{(\varkappa i - 2\lambda j)\,\xi^2 - (\varkappa i + \lambda j)\,\eta^2\}.$$

Bestimmt man also $\dfrac{\xi}{\eta}$ aus der Gleichung

$$\frac{\xi^2}{\eta^2} = \frac{iH - jf}{iH + 2jf},$$

so geben die linearen Gleichungen

$$\xi \pm \sqrt{\frac{i\varkappa + j\lambda}{i\varkappa - 2j\lambda}} \cdot \eta = 0$$

die beiden ungleichen Wurzeln von $\varkappa f + \lambda H = 0$. —

Ist zweitens $\psi = \chi$ identisch Null, so sind H und f nur noch durch einen Factor verschieden, und zwar ist aus § 44. (4), (5):

$$H = \frac{j}{i} f, \quad T = 0.$$

Das ganze System $\varkappa f + \lambda H = 0$ ist also, abgesehen von dem Falle $\frac{\varkappa}{\lambda} = -\frac{j}{i}$, in welchem der Ausdruck identisch verschwindet, auf $f = 0$ reducirt. Zugleich liefert die erste Gleichung § 44. (4)

$$f = -\frac{2i}{3j}\,\varphi^2.$$

Demnach wird f das Quadrat eines quadratischen Ausdrucks; $f = 0$ hat zwei verschiedene Doppelwurzeln. Und zwar ist die Bedingung, dass H von f nur durch einen Factor verschieden sei, dafür in der That ausreichend, da die Gleichungen § 44. (4) dann immer dieses Resultat geben, und da dann auch immer R von selbst verschwindet, dessen Quadrat, wie oben gezeigt, die Resultante von f und H ist. Man kann also den Satz aussprechen:

> Wenn H von f nur um einen constanten Factor verschieden ist, dann, und nur dann ist f das Quadrat eines Ausdrucks zweiter Ordnung.

Die Bedingungen dafür, dass f zwei Doppelwurzeln besitze, werden also dadurch ausgedrückt, dass man die Coefficienten von H denen von f proportional setzt. Es involvirt dies zwei Beziehungen zwischen den Coefficienten; aber, wie in den meisten ähnlichen Fällen, wird dies nicht etwa durch das Verschwinden zweier Invarianten, sondern durch Beziehungen zwischen den Coefficienten von Covarianten ausgedrückt, und zwar durch eine zu grosse Anzahl von Gleichungen, welche neben einander bestehen können, aber von denen keine überflüssig ist. Auf solche Erscheinungen wurde auf p. 91 bereits hingewiesen; hier liegt ein weiteres Beispiel vor. —

Wir kommen endlich zu dem Falle, wo alle drei Wurzeln m, m', m'' der cubischen Gleichung $\Omega = 0$ einander gleich werden. Da der

zweite Coefficient der Gleichung, die Summe der Wurzeln also, verschwindet, so ist nothwendig in diesem Falle

$$m = m' = m'' = 0,$$

und die Gleichung $\Omega = 0$ muss sich auf $\varkappa^3 = 0$ reduciren; man hat
daher auch

$$i = 0, \quad j = 0.$$

Aus den Gleichungen § 45. (2) sehen wir, dass A_{00}, A_{11}, A_{22} verschwinden. Die quadratische Form $\varphi = \psi = \chi$ ist also entweder das
Quadrat eines linearen Ausdrucks, oder identisch Null. Hiernach
haben wir zwei Fälle zu unterscheiden, die wir nach den Gleichungen
§ 44. (4) auch so ausdrücken können: Entweder ist H das Biquadrat
eines linearen Ausdrucks:

$$H = \xi^4,$$

oder es ist H identisch Null.

Die Gleichungen $i = 0$, $j = 0$ folgen umgekehrt wieder aus der
Bedingung, dass H ein Biquadrat sei, und um so mehr, wenn es
identisch verschwindet. Denn erstlich ist, wenn $H = \xi^4$, die Invariante
i, für H gebildet, gleich $(\xi\xi)^4$, also identisch Null; dieselbe ist aber
der Coefficient von λ^2 in $i_{\varkappa\lambda}$ [§ 41. (8)], welcher bis auf einen Zahlenfactor gleich i^2 ist. Es verschwindet sonach i; und in Folge der
Gleichung $R = 0$ oder $i^3 - 6j^2 = 0$ auch j.

Es verschwindet aber nach § 40. (8) mit i auch die zweite Ueberschiebung von f mit H, welche, wenn $H = \xi^4$, den Ausdruck annimmt:

$$(c\,\xi)^2\, c_x{}^2 \cdot \xi_x{}^2 = 0.$$

Setzen wir also den ersten Fall voraus, in welchem ξ nicht identisch verschwindet, so muss identisch

$$(c\,\xi)^2\, c_x{}^2 = 0$$

sein, also auch $(c\xi)^4 = 0$; es muss f den Factor ξ zu irgend einer
Potenz enthalten. Setzen wir

$$f = \xi \cdot u,$$

wo u eine Form dritter Ordnung ist. Schieben wir dies zweimal
über ξ, so bleibt der Factor ξ immer ungeändert; es muss also die
zweite Ueberschiebung von u mit ξ verschwinden, d. h. u muss wieder den Factor ξ enthalten,

$$\varphi = \xi \cdot v, \quad f = \xi^2 \cdot v,$$

wo ψ von der zweiten Ordnung ist. Endlich, wenn wir ξ wiederum
zweimal über dieses Product schieben und das Resultat gleich Null
setzen, bleibt, dass die zweite Ueberschiebung von v mit ξ, welche

eine Constante ist, verschwindet. Man hat also $v = \xi \cdot \eta$, und endlich

$$f = \xi^3 \cdot \eta.$$

Diese Form hat in der That eine Covariante H, welche ein Biquadrat ist. Denn denken wir uns ξ und η als neue Veränderliche eingeführt, so ist die Form H gleich der in Bezug auf die neuen Veränderlichen gebildeten Form, multiplicirt mit dem Quadrate der Substitutionsdeterminante, also

$$H = \tfrac{1}{72} (\xi \eta)^2 \begin{vmatrix} \dfrac{\partial^2 f}{\partial \xi^2} & \dfrac{\partial^2 f}{\partial \xi \, \partial \eta} \\[2ex] \dfrac{\partial^2 f}{\partial \xi \, \partial \eta} & \dfrac{\partial^2 f}{\partial \eta^2} \end{vmatrix}$$

$$= - \tfrac{1}{8} (\xi \eta)^2 \cdot \xi^4.$$

Wenn also H ein Biquadrat ist, ohne identisch zu verschwinden, so hat man $i = 0$, $j = 0$, und f hat einen dreifachen Factor; so wie umgekehrt im letzteren Falle immer H ein Biquadrat, und $i = 0$, $j = 0$ ist.

Ist endlich H identisch gleich Null, so verschwinden alle seine Coefficienten; es ist also (vgl. § 40.):

$$a_0 a_2 - a_1^2 = 0$$
$$a_0 a_3 - a_1 a_2 = 0$$
$$a_0 a_4 + 2 a_1 a_3 - 3 a_2^2 = 0$$
$$a_1 a_4 - a_2 a_3 = 0$$
$$a_2 a_4 - a_3^2 = 0.$$

Ist hier $a_0 = 0$, so verschwindet auch a_1, a_2, a_3 und f wird x_2^4. Ist a_0 von Null verschieden, so ist

$$a_2 = \frac{a_1^2}{a_0}, \quad a_3 = \frac{a_1^3}{a_0^2}, \quad a_4 = \frac{a_1^4}{a_0^3},$$

also

$$f = a_0 \left(x_1 + \frac{a_1}{a_0} x_2 \right)^4.$$

Wenn $H = 0$, so ist also f immer das Biquadrat eines linearen Ausdrucks. Dass umgekehrt in diesem Falle H und alle anderen Bildungen verschwinden, lehrt die symbolische Darstellung, welche für diesen Fall in die wirkliche übergeht, und bei welcher daher alle symbolischen Determinanten verschwinden.

Hiermit ist der Kreis der möglichen besonderen Fälle einer biquadratischen Form erschöpft.

Kehren wir zu dem allgemeinen Falle zurück,

§ 49. Kanonische Darstellung der biquadratischen Form.

Unter einer kanonischen Darstellung einer binären Form verstehen wir eine Darstellung derselben durch Einführung neuer Veränderlichen, bei welcher die Zahl der nicht numerischen Coefficienten auf ein Minimum reducirt wird. Da die Anzahl der Constanten einer linearen Transformation nur 4 beträgt, so ist es klar, dass die kanonische Darstellung höchstens 4 nichtnumerische Coefficienten weniger enthalten kann, als die allgemeine Darstellung der Form. Die kanonische Darstellung ist daher auch hauptsächlich bei niederen Formen von Interesse, wo diese Verminderung schon eine erwähnenswerthe ist. So ist die Darstellung der cubischen Formen durch den Ausdruck $\xi^3 - \eta^3$ als eine kanonische zu bezeichnen. Eine solche kanonische Darstellung soll nun für die Formen vierter Ordnung geliefert werden.

Als neue Veränderliche der kanonischen Darstellung empfiehlt es sich hier, die linearen Factoren einer der quadratischen Formen φ, ψ, χ einzuführen, so dass eine kanonische Darstellung dieser Art auf drei verschiedene Arten möglich ist.

Wenn wir etwa die Factoren von φ, durch ξ, η bezeichnet, als neue Veränderliche einführen, so nehmen die Formen ψ, χ Gestalten an, welche dadurch charakterisirt werden, dass die simultanen Invarianten A_{01} und A_{02} verschwinden. Eine solche Invariante hat, wenn a_0, a_1, a_2 die Coefficienten der einen, α_0, α_1, α_2 die der anderen in ihr auftretenden Form bedeuten, den Ausdruck $a_0\,\alpha_2 - 2\,a_1\,\alpha_1 + a_2\,\alpha_0$ (vgl. p. 4.). Bilden wir daher A_{01} und A_{02} für die neuen Veränderlichen, in denen bei φ nur das mittlere Glied existirt, so reducirt der Ausdruck des Verschwindens von A_{01} und A_{02} sich darauf, dass in der neuen Form die mittleren Coefficienten von ψ und χ verschwinden. Die Formen ψ, χ drücken sich also durch die Quadrate von ξ und η aus. Benutzen wir nun die Gleichungen § 44. (4), um H, f durch ξ, η auszudrücken, so folgt, dass auch diese Formen nur gerade Potenzen von ξ und η enthalten können.

In der kanonischen Form, deren Möglichkeit hierdurch bewiesen ist, können also nur noch die Biquadrate und das Product der Quadrate von ξ und η vorkommen. Indem wir ξ und η um passend gewählte Factoren ändern, können wir noch die Coefficienten von ξ^4 und η^4 (die, wenn keine Doppelwurzel von $f = 0$ existiren soll, niemals verschwinden können) gleich 1 machen; indessen ist es zweckmässiger, sie nur gleich zu machen, und also die folgende kanonische Darstellung von f anzunehmen:

$$(1) \qquad\qquad f = p\,(\xi^4 + \eta^4) + 6q\,\xi^2\eta^2.$$

Man kann nun sich die Aufgabe stellen, direct diese kanonische Darstellung für eine gegebene Form f zu finden. Es muss dieses nach dem Vorigen mit der Aufsuchung der Formen φ, ψ, χ genau zusammenhängen; dass es andererseits mit der Auflösung der biquadratischen Gleichung $f = 0$ zusammenhängt, sieht man schon daraus, dass, wenn die kanonische Darstellung einmal gelungen ist, zur Auflösung der Gleichung $f = 0$ nur noch Quadratwurzeln erfordert werden. In der That, ist f in der Form (1) gegeben, so hat man sofort aus $f = 0$:

$$(\xi^2 + \eta^2)\,\sqrt{p} = \xi\eta\,\sqrt{-6q + 2p}$$
$$(\xi^2 - \eta^2)\,\sqrt{p} = \xi\eta\,\sqrt{-6q - 2p}$$

oder auch, indem man addirt oder abzieht und mit ξ oder η dividirt:

$$(2) \qquad \begin{aligned} 2\xi\,\sqrt{p} &= \eta\,(\sqrt{-6q + 2p} + \sqrt{-6q - 2p}) \\ 2\eta\,\sqrt{p} &= \xi\,(\sqrt{-6q + 2p} - \sqrt{-6q - 2p}). \end{aligned}$$

Diese Gleichungen geben in verschiedener Form dieselbe Lösung der biquadratischen Gleichung $f = 0$; man erhält daraus die übrigen, indem man die Vorzeichen der Quadratwurzeln ändert.

Gehen wir von der kanonischen Form aus, so ist es sehr leicht, alle Covarianten und Invarianten in Bezug auf die neuen Veränderlichen ξ, η zu bilden; wir wollen sie durch beigesetzte obere Striche bezeichnen; sie unterscheiden sich von den ursprünglichen Bildungen nur durch entsprechende Potenzen der Transformationsdeterminante $(\xi\eta)$.

Zunächst hat man

$$(3) \qquad H = (\xi\eta)^2\,H' = (\xi\eta)^2 \cdot 2 \begin{vmatrix} p\,\xi^2 + q\,\eta^2 & 2\,q\,\xi\eta \\ 2\,q\,\xi\eta & q\,\xi^2 + p\,\eta^2 \end{vmatrix}$$
$$= (\xi\eta)^2 \{ 2pq\,(\xi^4 + \eta^4) + 2\,(p^2 - 3q^2)\,\xi^2\eta^2 \}.$$

Man sieht hier, dass die kanonische Form von H derjenigen von f ganz analog ist. Denken wir uns p, q und den Werth von $(\xi\eta)^2$ gefunden, so kann man aus (1) und (3) die Ausdrücke $(\xi^2 + \eta^2)^2$, $(\xi^2 - \eta^2)^2$ und $2\,\xi^2\eta^2$ bestimmen, und erhält dann die folgenden Gleichungen, welche mit den oben § 44. (4) gegebenen Bestimmungen von φ^2, ψ^2, χ^2 wesentlich identisch sind:

$$(4) \qquad \begin{aligned} H - 2\,q\,(\xi\eta)^2 f &= (\xi\eta)^2\,(p^2 - 9\,q^2) \cdot 2\,\xi^2\,\eta^2 \\ H + (q + p)\,(\xi\eta)^2 f &= (\xi\eta)^2\,(3\,pq + p^2)\,(\xi^2 + \eta^2)^2 \\ H + (q - p)\,(\xi\eta)^2 f &= (\xi\eta)^2\,(3\,pq - p^2)\,(\xi^2 - \eta^2)^2, \end{aligned}$$

und aus welchen man ξ^2 und η^2 sofort ausdrücken kann. Die erhaltenen Ausdrücke für ξ^2, η^2 sind bestimmt, abgesehen von einer möglichen Vertauschung und von einer gleichzeitigen Zeichenänderung beider, was auf die Darstellung (1) keinen Einfluss hat und daher gleichgültig bleibt.

Von den Grössen q, p ist eine, wie schon oben bemerkt, willkürlich. Das Verhältniss $\frac{q}{p}$ aber, so wie $(\xi\eta)^2$, findet man, indem man die Werthe der Invarianten i und j in der kanonischen Darstellung bildet. Benutzt man die in § 40. gegebenen Ausrechnungen von i und j, so erhält man:

$$i = (\xi\eta)^4\, i' = (\xi\eta)^4 \cdot 2\,(p^2 + 3\,q^2)$$
$$j = (\xi\eta)^6\, j' = (\xi\eta)^6 \cdot 6\,q\,(p^2 - q^2).$$

Aus diesen Gleichungen folgt:

$$(5) \qquad (\xi\eta)^2 = \frac{p^2 + 3\,q^2}{3\,q\,(p^2 - q^2)} \cdot \frac{j}{i}\,,$$

$$(6) \qquad \frac{i^3}{j^2} = \frac{2\,(p^2 + 3\,q^2)^3}{9\,q^2\,(p^2 - q^2)^2}.$$

Die eine dieser Gleichungen liefert den Werth von $(\xi\eta)^2$, die andere eine cubische Gleichung zur Bestimmung von $\frac{p^2}{q^2}$. Dass nur das Quadrat dieser Grösse bestimmt wird, erklärt sich dadurch, dass die Gleichung (1) ungeändert bleibt, wenn q in $-q$ verwandelt wird, sobald nur gleichzeitig $\eta\sqrt{-1}$ an Stelle von η gesetzt wird.

Die cubische Gleichung (6) lässt sich durch eine einfache Substitution in die cubische Gleichung $\Omega = 0$ überführen. Setzt man nämlich

$$(7) \qquad \frac{p^2}{q^2} = \frac{3\,im - 6\,j}{3\,im + 2\,j}\,,$$

so geht die Gleichung (6) in

$$m^3 - \frac{i}{2}\,m - \frac{j}{3} = 0$$

über. Die Gleichung (7) verbindet daher die drei Werthe von $\frac{p^2}{q^2}$ mit den Wurzeln m, m', m'' von $\Omega = 0$.

Benutzt man die Gleichung (7), so verwandelt (5) sich in

$$(8) \qquad (\xi\eta)^2 \cdot q = -\frac{m}{2}.$$

Durch die Gleichungen (7), (8) und (4) ist die kanonische Darstellung von f vollständig geliefert.

§ 50. Die absolute Invariante und das Doppelverhältniss.

Die in der Gleichung § 49. (6) auftretende Grösse $\dfrac{i^3}{j^2}$ hat die
Eigenschaft, sich bei linearer Transformation gar nicht zu ändern,
und sie ist die einzige Invariantenverbindung, welche diese Eigen-
schaft haben kann. Sie ist daher eine absolute Invariante im
Sinne des § 21., und theilt diese Eigenschaft mit dem Doppelverhält-
niss, welches aus den vier der biquadratischen Form zugeordneten
Elementen gebildet werden kann. Ich werde jetzt die algebraische
Beziehung entwickeln, welche zwischen diesen beiden Grössen besteht.

Setzt man in den Formeln (2) des vorigen Paragraphen für den
Augenblick der Kürze wegen

$$\alpha = \frac{\sqrt{-6\,q+2\,p}}{2\,\sqrt{p}}, \qquad \beta = \frac{\sqrt{-6\,q-2\,p}}{2\,\sqrt{p}},$$

so sind die vier linearen Factoren von f durch die Gleichungen dargestellt:

$$\xi - (\alpha + \beta)\,\eta = 0$$
$$\xi + (\alpha + \beta)\,\eta = 0$$
$$\xi - (\alpha - \beta)\,\eta = 0$$
$$\xi + (\alpha - \beta)\,\eta = 0.$$

Eines der Doppelverhältnisse, welche aus den entsprechenden
vier Elementen einer Punktreihe oder eines Strahlbüschels gebildet
werden können, hat dann nach § 25. den Werth:

$$\frac{\dfrac{(\alpha + \beta) + (\alpha - \beta)}{(\alpha + \beta) - (\alpha - \beta)}}{\dfrac{-(\alpha + \beta) + (\alpha - \beta)}{-(\alpha + \beta) - (\alpha - \beta)}} = \frac{\alpha^2}{\beta^2},$$

und es ist, wenn wir diesen Werth durch σ bezeichnen,

$$\sigma = \frac{3\,q - p}{3\,q + p}.$$

Das Verhältniss $\dfrac{q}{p}$ steht also mit dem Doppelverhältniss σ in
einem linearen Zusammenhange. Drückt man $\dfrac{q}{p}$ durch σ aus:

$$\frac{q}{p} = \frac{1 + \sigma}{3\,(1 - \sigma)},$$

und führt dies in die Gleichung § 49. (6) ein, so erhält man die
Beziehung zwischen der absoluten Invariante und dem
Doppelverhältnisse:

$$(1) \qquad \frac{i^3}{j^2} = 24 \, \frac{(1 - \sigma + \sigma^2)^3}{(1 + \sigma)^2 \, (2 - \sigma)^2 \, (1 - 2\,\sigma)^2} \cdot$$

Dieses ist für σ eine Gleichung sechsten Grades; ein Umstand, welcher der Thatsache entspricht, dass aus vier Elementen sich sechs Doppelverhältnisse bilden lassen. Die sechs Wurzeln dieser Gleichung müssen daher so mit einander verbunden sein, dass, wenn σ irgend eine derselben ist, die übrigen die Werthe annehmen:

$$\frac{1}{\sigma}, \quad 1 - \sigma, \quad \frac{1}{1 - \sigma}, \quad \frac{\sigma - 1}{\sigma}, \quad \frac{\sigma}{\sigma - 1} \cdot$$

Man findet dies in der That bestätigt; denn die Gleichung (1) ändert sich nicht, wenn man an Stelle von σ eine dieser fünf Grössen einführt.

Die Auflösung der Gleichung (1) erfolgt dadurch, dass man dieselbe auf die cubische Gleichung $\Omega = 0$ und auf quadratische Gleichungen zurückführt. Indem man nämlich den oben erhaltenen Werth von $\dfrac{q}{p}$ in die Gleichung § 49. (7) einführt, kann man dieser die Form geben:

$$(2) \qquad m = - 2 \, \frac{j}{i} \cdot \frac{1 - \sigma + \sigma^2}{2 - \sigma \,.\, 1 - 2\,\sigma} \cdot$$

Die rechte Seite ändert sich nicht, wenn man σ durch $\dfrac{1}{\sigma}$ ersetzt; man hat also, indem man für m die Wurzeln der cubischen Gleichung $\Omega = 0$ einführt, drei quadratische Gleichungen in σ vor sich, welche drei Werthepaare dieses Doppelverhältnisses ergeben; und zwar stehen immer zwei Werthe eines Paares in der Beziehung zu einander, dass wenn σ der eine ist, $\dfrac{1}{\sigma}$ der andere wird.

Umgekehrt erhält man, wenn man in (2) σ durch $1 - \sigma$ oder durch $\dfrac{\sigma - 1}{\sigma}$ ersetzt, die drei Wurzeln der cubischen Resolvente durch ein Doppelverhältniss σ ausgedrückt:

$$(3) \qquad \begin{aligned} m &= - \frac{2\,j}{i} \cdot \frac{1 - \sigma + \sigma^2}{2 - \sigma \,.\, 1 - 2\,\sigma} \\[1ex] m' &= + \frac{2\,j}{i} \cdot \frac{1 - \sigma + \sigma^2}{1 + \sigma \,.\, 1 - 2\,\sigma} \\[1ex] m'' &= - \frac{2\,j}{i} \cdot \frac{1 - \sigma + \sigma^2}{1 + \sigma \,.\, 2 - \sigma} \cdot \; \text{---} \end{aligned}$$

Die Gleichung (1) erlaubt die Beantwortung der Frage, unter welchen Umständen einer der ausgezeichneten Werthe des Doppelverhältnisses eintrete, welche in § 21. erwähnt sind.

Der Werth $\sigma = 1$, bei welchem zwei Factoren von f zusammenfallen müssen, führt selbstverständlich auf das Verschwinden der Discriminante. In der That, setzt man $\sigma = 1$, so erhält man aus (1)

$$i^3 = 6\,j^2.$$

Sollen die vier der Gleichung $f = 0$ entsprechenden Elemente dagegen harmonisch liegen, so hat man $\sigma = -1, 2$ oder $\tfrac{1}{2}$. In allen diesen Fällen verschwindet in (1) der Nenner. Die Bedingung der harmonischen Lage ist also

$$j = 0.$$

Soll endlich das Doppelverhältniss äquianharmonisch werden, so muss σ eine imaginäre dritte Wurzel aus (1), also $\sigma^2 - \sigma + 1 = 0$ sein; der Zähler in (1) muss verschwinden. Die Bedingung der äquianharmonischen Lage ist also

$$i = 0.$$

Diese beiden Fälle geben nicht zu so grossen Modificationen in der Auflösung von $\varkappa f + \lambda H = 0$ Veranlassung, wie das Verschwinden der Discriminante. Doch ist die dabei auftretende Vereinfachung immerhin erheblich. Die Gleichung $\Omega = 0$ verwandelt sich bei der harmonischen Lage in

$$m^3 - \frac{i}{2}\,m = 0,$$

so dass

$$m = 0, \qquad m' = \sqrt{\frac{i}{2}}, \qquad m'' = -\sqrt{\frac{i}{2}};$$

bei der äquianharmonischen dagegen in

$$m^3 - \frac{j}{3} = 0,$$

so dass

$$m = \sqrt[3]{\frac{j}{3}}, \qquad m' = \varepsilon\,\sqrt[3]{\frac{j}{3}}, \qquad m'' = \varepsilon^2\,\sqrt[3]{\frac{j}{3}}.$$

Im ersten Falle wird also die cubische Gleichung reducibel, im zweiten geht sie in eine reine über. Im ersten Falle ist

$$\varphi = \sqrt{-\frac{H}{2}}$$

$$\psi = \sqrt{-\frac{H + f\sqrt{\frac{i}{2}}}{2}}$$

$$\chi = \sqrt{-\frac{H - f\sqrt{\frac{i}{2}}}{2}};$$

es ist also H selbst ein Quadrat; und das Quadrat eines linearen
Factors von $\varkappa f + \lambda H$ ist:

$$2\,\varphi\,\sqrt{\varkappa} \pm \psi\,\sqrt{\varkappa - \lambda\sqrt{\tfrac{i}{2}}} \pm \chi\,\sqrt{\varkappa + \lambda\sqrt{\tfrac{i}{2}}}\,.$$

Im zweiten Falle hat man

$$\varphi = \sqrt{\frac{H + f\,\sqrt[3]{\tfrac{j}{3}}}{2}}$$

$$\psi = \sqrt{\frac{H + \varepsilon\,f\,\sqrt[3]{\tfrac{j}{3}}}{2}}$$

$$\chi = \sqrt{\frac{H + \varepsilon^2 f\,\sqrt[3]{\tfrac{j}{3}}}{2}}\,,$$

und das Quadrat eines linearen Factors von $\varkappa f + \lambda H$ ist:

$$\varphi\,\sqrt{\varkappa - \lambda\sqrt[3]{\tfrac{j}{3}}} \pm \varepsilon\,\psi\,\sqrt{\varkappa - \varepsilon\,\lambda\sqrt[3]{\tfrac{j}{3}}} \pm \varepsilon^2\,\chi\,\sqrt{\varkappa - \varepsilon^2\,\lambda\sqrt[3]{\tfrac{j}{3}}}\,.$$

Indem wir das Vorhergehende auf die zusammengesetzte Form
$\varkappa f + \lambda H$ anwenden, gelangen wir zu folgenden Resultaten.

Unter den Formen $\varkappa f + \lambda H$ giebt es 6, bei denen ein
Doppelverhältniss von gegebener Grösse eintritt. Dieselben bestimmen sich durch die Gleichung

(4)
$$i^3{}_{\varkappa\lambda} = c \cdot j^2{}_{\varkappa\lambda},$$

wo nach (1)

$$c = 24\,\frac{(1 - \sigma + \sigma^2)^3}{(1 + \sigma)^2\,(2 - \sigma)^2\,(1 - 2\sigma)^2},$$

wenn σ das gegebene Doppelverhältniss ist. Nach § 41. (9), (10) kann
man der Gleichung (4) auch die Form geben:

(5)
$$3\,\Delta^3{}_{\Omega} + c \cdot Q^2{}_{\Omega} = 0,$$

oder wenn man die Relation zwischen den Covarianten cubischer Formen berücksichtigt [§ 35. (7)]:

$$(c - 6)\,Q^2{}_{\Omega} = 3\,R\,\Omega^2.$$

Diese Gleichung sechsten Grades zerlegt sich also sofort in die beiden
cubischen Factoren:

(6)
$$Q_{\Omega} = \pm\,\Omega\,\sqrt{\cdot\,\frac{3\,R}{c - 6}}\,.$$

Die sechs Lösungen der Gleichung (4) zerfallen also in zwei Gruppen zu drei. Insbesondere aber sind folgende Fälle hervorzuheben:

1. Für $c=6$, wo das Doppelverhältniss 1 wird, geht (6) in $\Omega=0$ über. Die sechs Lösungen von (4) fallen in drei Doppellösungen zusammen; und zwar sind dies keine anderen, als

$$H+mf=0, \quad H+m'f=0, \quad H+m''f=0,$$

oder

$$\varphi^2=0, \quad \psi^2=0, \quad \chi^2=0.$$

In der Gleichung $\varkappa f+\lambda H=0$ können also im Allgemeinen nicht zwei Lösungen zusammenfallen, ohne dass auch die beiden anderen zusammenfallen.

2. Für $c=\infty$ erhalten wir $Q_\Omega=0$; wird also das gegebene Doppelverhältniss -1, so fallen abermals die sechs Lösungen in drei Doppellösungen zusammen. Die Gleichung $\varkappa f+\lambda H=0$ giebt in drei Fällen ein harmonisches System.

3. Für $c=0$ giebt (5) $\Delta_\Omega=0$. Wird also das gegebene Doppelverhältniss äquianharmonisch, so giebt (5) zwei dreifache Lösungen. Die Gleichung $\varkappa f+\lambda H=0$ giebt also nur in zwei Fällen ein äquianharmonisches System.

Es ist bemerkenswerth, dass die Lösungen aller unter (4) oder (6) enthaltenen Fälle wieder im Wesentlichen nur die Lösungen der Gleichung $\Omega=0$ erfordern, indem sie durch die Betrachtungen des § 38. unter einander verbunden sind. —

Die Gleichungen (3) geben noch bemerkenswerthe Resultate, wenn man die Wurzeln der Gleichung $f=0$ einführt. Es seien α, β, γ, δ die drei Werthe, welche $\dfrac{x_1}{x_2}$ für $f=0$ annimmt. Setzt man alsdann*

$$(7) \quad u=(\alpha-\beta)(\gamma-\delta), \quad v=(\alpha-\gamma)(\delta-\beta), \quad w=(\alpha-\delta)(\beta-\gamma),$$

so hat man

$$(8) \qquad u+v+w=0,$$

und wenn

$$(9) \qquad \sigma=\frac{\alpha-\gamma\,.\,\delta-\beta}{\alpha-\delta\,.\,\gamma-\beta}=-\frac{v}{w}$$

gesetzt wird, so verwandeln sich mit Hilfe von (8) die Gleichungen (3) in folgende:

---

* Vgl. Hermite in Crelle's Journal Bd. 52.

$$m = \frac{j}{i} \cdot \frac{u^2 + v^2 + w^2}{u - v \cdot u - w}$$

$$(10) \qquad m' = \frac{j}{i} \cdot \frac{u^2 + v^2 + w^2}{v - w \cdot v - u}$$

$$m'' = \frac{j}{i} \cdot \frac{u^2 + v^2 + w^2}{w - u \cdot w - v},$$

während (1) in

$$(11) \qquad \frac{i^3}{j^2} = 3 \cdot \frac{(u^2 + v^2 + w^2)^3}{(u - v)^2 (v - w)^2 (w - u)^2}$$

übergeht.

Theilt man nun die letzte Gleichuug in die beiden:

$$(12) \qquad \begin{aligned} i &= 3\,\varkappa^2\,(u^2 + v^2 + w^2) \\ j &= 3\,\varkappa^3\,(u - v)\,(v - w)\,(w - u), \end{aligned}$$

so überzeugt man sich leicht, indem man in der Gleichung

$$i = 2\,(a_0\,a_4 - 4\,a_1\,a_3 + 3\,a_2^2)\;,$$

die Coefficienten durch a_0 und die symmetrischen Functionen der α, β, γ, δ ersetzt, dass eine Gleichung von der Form der ersten Gleichung (12) entsteht, und dass daher in dieser $\varkappa$ nur um eine numerische Constante von a_0 verschieden ist. Setzt man, um diese zu finden, $\beta = \alpha$, $\gamma = \delta = 0$, so erhält man $f = a_0\,x_2^2\,(x_1 - \alpha x_2)^2$, also $a_2 = \dfrac{a_0\,\alpha^2}{6}$, $a_3 = 0$, $a_4 = 0$, daher

$$i = \frac{a_0^2\,\alpha^4}{6}, \qquad j = -\frac{a_0^3\,\alpha^6}{36},$$

aber zugleich $u = 0$, $v = -\alpha^2$, $w = \alpha^2$, also

$$i = 6\,\varkappa^2\,\alpha^4, \qquad j = -6\,\varkappa^3\,\alpha^6,$$

daher $\varkappa = \dfrac{a_0}{6}$. Die Gleichungen (12) geben nun:

$$(13) \qquad \begin{aligned} i &= \frac{a_0^2}{12}\,(u^2 + v^2 + w^2) \\[1ex] j &= \frac{a_0^3}{72}\,(u - v)\,(v - w)\,(w - u). \end{aligned}$$

Sodann aber erhält man aus (10) die folgenden einfachen Beziehungen zwischen den Wurzeln der cubischen Resolvente und denen der Gleichung $f = 0$ selbst:

$$m = \frac{a_0}{6}\,(w - v)$$

$$(14) \qquad m' = \frac{a_0}{6}\,(u - w)$$

$$m'' = \frac{a_0}{6}\,(v - u).$$

§ 51. Geometrische Interpretation.

Die Gleichung $f = 0$ bestimmt vier Elemente, welche ein Quadrupel heissen mögen. Auch $H = 0$ bestimmt ein Quadrupel, und die Gleichung $\varkappa f + \lambda H = 0$ bestimmt eine einfach unendliche Schaar von Quadrupeln, wenn man dem Quotienten $\dfrac{\varkappa}{\lambda}$ allmälig alle möglichen Werthe beilegt. Jedes Element des geometrischen Gebildes (Punktreihe oder Strahlbüschel) gehört nur einem Quadrupel an, sobald R nicht verschwindet, was wir zunächst voraussetzen wollen. Denn sind x_1, x_2 gegeben und haben f, H keinen gemeinsamen Factor, so ist $\dfrac{\varkappa}{\lambda}$ durch die Gleichung

$$\varkappa f + \lambda H = 0$$

immer eindeutig bestimmt.

Die Verschwindungselemente von T stehen zu den Elementen dieser Quadrupelschaar in einer festen und eigenthümlichen Beziehung. In § 49. haben wir gesehen, dass, wenn wir die Elemente eines der quadratischen Factoren von T als Grundelemente einführten, sowohl die andern Factoren von T als $\varkappa f + \lambda H$ selbst nur gerade Potenzen der Veränderlichen enthielten. Die beiden anderen quadratischen Factoren von T haben also dann die Form

$$(1) \qquad\qquad \xi^2 - \varrho^2 \eta^2$$

und in zwei eben solche Factoren zerlegt sich $\varkappa f + \lambda H$. Aber nach § 25. (7) stellt diese Gleichung ein Elementepaar einer Involution dar, welche $\xi = 0$ und $\eta = 0$ zu Doppelementen haben. Daher können wir folgende Sätze aussprechen:

> Die drei quadratischen Factoren von T repräsentiren drei Elementepaare, von denen je zwei zu einander harmonisch sind.

> In Bezug auf die Elemente eines jeden dieser Factoren zerlegt sich jedes Quadrupel der Schaar $\varkappa f + \lambda H = 0$ in zwei Elementepaare, welche zu jenen beiden harmonisch sind, so dass den drei quadratischen Factoren von T die drei Zerlegungen der vier Elemente von $\varkappa f + \lambda H = 0$ entsprechen.

> Betrachtet man also die Elemente eines der drei quadratischen Factoren von T als Doppelelemente einer Involution, so gehören derselben als Elementepaare sowohl zweimal zwei Elemente jedes Quadrupels $\varkappa f + \lambda H$, als die der beiden anderen quadratischen Factoren von T an.

Durch die Eigenschaft, mit zwei Elementepaaren eines Quadrupels harmonisch zu sein, ist ein quadratischer Factor von T vollkommen definirt. In der That giebt es immer nur ein Elementepaar, welches zu zwei gegebenen Elementepaaren harmonisch ist. Sind nämlich die gegebenen Elementepaare durch die Gleichungen

$$(2) \qquad \begin{aligned} \alpha_0\, x_1{}^2 + 2\,\alpha_1\, x_1\, x_2 + \alpha_2\, x_2{}^2 &= 0 \\ \beta_0\, x_1{}^2 + 2\,\beta_1\, x_1\, x_2 + \beta_2\, x_2{}^2 &= 0 \end{aligned}$$

bestimmt, so muss ein drittes, zu beiden harmonisches Paar

$$(3) \qquad \gamma_0\, x_1{}^2 + 2\,\gamma_1\, x_1\, x_2 + \gamma_2\, x_2{}^2 = 0$$

den beiden Bedingungen genügen:

$$(4) \qquad \begin{aligned} \alpha_0\, \gamma_2 - 2\,\alpha_1\, \gamma_1 + \alpha_2\, \gamma_0 &= 0 \\ \beta_0\, \gamma_2 - 2\,\beta_1\, \gamma_1 + \beta_2\, \gamma_0 &= 0, \end{aligned}$$

welche aussagen (vgl. § 49.), dass, wenn man die Verschwindungselemente von (3) als Grundelemente einführt, die Gleichungen (2) nur noch die Quadrate der neuen Veränderlichen enthalten. Durch die Gleichungen (4) aber sind die Verhältnisse der γ eindeutig bestimmt.

In Bezug auf jede Combination von vier Elementen hat man also aus dem Vorigen den Satz:

> Theilt man auf die drei möglichen Arten vier Elemente in zwei Paare, und sucht jedesmal das zu beiden Paaren harmonische Paar, so sind die entstehenden drei Paare auch unter einander harmonisch.

Bemerken wir ferner, dass zur Charakterisirung von T die Eigenschaft völlig ausreicht, dass je zwei seiner quadratischen Factoren ein harmonisches System geben. Für $T = 0$ folgt aus § 49. (4) die Form

$$\xi\, \eta\, (\xi^4 - \eta^4) = 0,$$

wobei die Factoren eines seiner quadratischen Factoren zu Grunde gelegt sind. Auf die Form aber kann man jedes System von drei Elementepaaren bringen, von denen je zwei zusammen ein harmonisches System bilden. Nehmen wir nämlich eines als $\xi\,\eta$ an, so werden die anderen durch

$$a\, \xi^2 + b\, \eta^2$$
$$\alpha\, \xi^2 + \beta\, \eta^2$$

dargestellt, und damit diese zusammen ein harmonisches System bilden, ist die Bedingung zu erfüllen:

$$a\, \beta + b\, \alpha = 0,$$

also

$$\alpha = \mu\, a, \quad \beta = -\mu\, b.$$

Das Product dieser beiden Factoren ist also, von einer Constanten abgesehen,

$$a^2\,\xi^4 - b^2\,\eta^4,$$

oder, wenn man $\dfrac{\xi}{\sqrt{a}}$, $\dfrac{\eta}{\sqrt{b}}$ an Stelle von ξ und η treten lässt, $\xi^4 - \eta^4$, wie es sein sollte.

> Ist ein System von drei zu einander harmonischen Elementenpaaren gegeben, so bilden alle Quadrupel, deren verschiedene Zerlegungen jedesmal zwei zu einem der gegebenen harmonischen Paare liefern, eine Schaar $\varkappa f + \lambda H = 0$, für welche die zugehörige Gleichung $T = 0$ die gegebenen drei Paare giebt.

Dass nämlich das Product der die gegebenen drei Paare darstellenden quadratischen Formen als eine Form T betrachtet werden könne, ist schon oben gezeigt. Um nun einzusehen, dass ausser der Quadrupelschaar $\varkappa f + \lambda H$ keine anderen Quadrupel existiren, welche der obigen Bedingung genügen, braucht man nur zu zeigen, dass jedes Element nur in einem Quadrupel vorkommen kann; da sodann ein Quadrupel $\varkappa f + \lambda H$ existirt, welchem dies Element angehört, so kann es keine anderen Quadrupel geben. Nun ist aber in der That ein den obigen Bedingungen genügendes Quadrupel durch eines seiner Elemente völlig bestimmt; die drei anderen findet man, wenn man zu ihm und einem der drei gegebenen Paare das vierte harmonische Element sucht. Damit ist der obige Satz bewiesen.

Aus den Sätzen des vorigen Paragraphen folgt nun weiter:

> Unter den Quadrupeln, welche zu drei gegebenen gegenseitig harmonischen Elementenpaaren in der Beziehung des vorigen Satzes stehen, giebt es keines als die doppelt gerechneten Paare selbst, für welches zwei Elemente zusammenfallen, zwei die äquianharmonisch, drei welche harmonisch sind; endlich sechs, welche ein irgendwie gegebenes anderes Doppelverhältniss besitzen.

Hierbei ist immer vorausgesetzt, dass R nicht verschwindet. Tritt dieses ein, so fallen nach § 48. zwei der drei Paare von T in ein Paar zusammen, und die dieses Doppelpaar bildenden Elemente vereinigen sich zugleich. Das hierdurch ausgezeichnete Element ($\xi = 0$) ist zugleich Doppelelement aller Quadrupel $\varkappa f + \lambda H$, so dass von jedem Quadrupel nur zwei Elemente übrig bleiben; sie bilden eine Involution, deren Doppelelemente durch den ungleichen quadratischen Factor von T gegeben werden.

Insbesondere kann aber das Doppelpaar identisch verschwinden, so dass nur ein Paar von T übrig bleibt. In diesem Falle werden alle Quadrupel $\varkappa f + \lambda H = 0$ identisch; und zwar fallen sie mit jenem Paar, doppelt gerechnet, zusammen.

Ist nicht blos $R = 0$, sondern verschwinden i und j identisch, so enthält die Schaar $\varkappa f + \lambda H = 0$ ein festes dreifaches Element und ein bewegliches einfaches. Ist endlich zugleich H identisch Null, so besteht f aus einem vierfach zu rechnenden Elemente, und alle Elemente der Schaar $\varkappa f + \lambda H = 0$ fallen mit demselben zusammen. —

Ich bemerke noch, dass der in § 39. eingeführte Begriff der cyclischen Projectivität hier wiederum auftritt. Ist nämlich $j = 0$, so kann man dem Doppelverhältniss σ in § 50. den Werth -1 geben, und es wird daher für die kanonische Form $q = 0$, so dass

$$f = \xi^4 + \eta^4$$

gesetzt werden kann. Da die hieraus für $f = 0$ folgenden Werthe von $\dfrac{\xi}{\eta}$ die vierten Wurzeln aus einer Zahl (hier -1) sind, so bilden die der Form f zugeordneten Elemente ein cyclisch-projectivisches System in Bezug auf die festen Elemente $\xi = 0$, $\eta = 0$, d. h. in Bezug auf eines der Elementepaare von $T = 0$.

Dagegen zeigt die oben gegebene Form von T, dass immer zwei Paare von $T = 0$ ein cyclisch-projectivisches System bilden in Bezug auf die Elemente des dritten Paares.

Fünfter Abschnitt.

Simultane Grundformen.

§ 52. Covarianten und Invarianten simultaner Systeme.

Schon in § 31. wurde bewiesen, dass die Covarianten und Invarianten simultaner Formen durch Ueberschiebung der Covarianten der einzelnen Formen entstehen, denen dann nur noch die Invarianten der einzelnen Formen hinzuzufügen sind. Auch bei diesen Bildungen tritt der Begriff eines vollständigen Systems von Invarianten und Covarianten auf, indem wir durch diesen Ausdruck wieder ein System von Formen bezeichnen, durch welche alle nur denkbaren simultanen Bildungen sich als ganze Functionen mit numerischen Coefficienten ausdrücken lassen.

In dem Vorigen zeigte sich wenigstens in den Beispielen die Richtigkeit des früher angedeuteten Satzes, dass nämlich bei den Covarianten und Invarianten einer einzelnen Form ein endliches vollständiges System existire. So führten die Formen zweiter Ordnung nur auf Combinationen von f und D, die Formen dritter Ordnung nur auf Combinationen von f, Δ, Q, R, die Formen vierter Ordnung nur auf Combinationen von f, H, T, i, j.

Wir werden nun den folgenden Satz beweisen:

> Wenn zwei simultane Formensysteme, f, φ, ψ ... und F, Φ, Ψ ... jedes für sich auf ein endliches vollständiges System simultaner Covarianten und Invarianten führen, so sind auch die simultanen Covarianten und Invarianten aller dieser Formen zusammen als ganze Functionen eines endlichen vollständigen Systems ausdrückbar.*

---

* Diesen Satz, sowie im Wesentlichen den Gang der folgenden Untersuchungen gab Hr. Gordan im 2. Bd. der math. Annalen. Dass alle Invarianten einer Form als ganze Functionen einer gewissen Anzahl ausgedrückt werden können, wurde mit Hülfe ganz anderer Methoden in einzelnen Fällen schon sonst bewiesen; für eine biquadratische Form, vgl. Salmon, Lessons, 2ᵈ ed. p. 169; für die Form fünfter Ordnung, vgl. Hermite, sur la résolution de l'équation du cinquième dégrè; für einige simultane Systeme, vgl. Bessel, math. Annalen, Bd. I. p. 173.

Da wir im Vorigen die Existenz eines endlichen vollständigen Systems bei den einzelnen Formen zweiter, dritter und vierter Ordnung nachgewiesen haben, da sie ferner bei Formen erster Ordnung wegen des in § 5. Bewiesenen selbstverständlich ist, so folgt zunächst aus dem obigen Satze, dass auch noch Combinationen irgend zweier Formen der ersten vier Ordnungen auf endliche vollständige Systeme führen, und durch fortgesetzte Anwendung des Satzes erkennt man, dass überhaupt jedes System simultaner Formen ein endliches vollständiges System von Invarianten und Covarianten besitzt, sobald in dem Systeme nur Formen der ersten vier Ordnungen vorkommen.

Um den Satz zu beweisen, schlage ich folgenden Weg ein. Das vollständige System, welches aus den Formen f, φ, $\psi \ldots$ hervorgeht, mag durch die Formen

$$A_1, \quad A_2 \ldots A_\mu; \quad B_1, \quad B_2 \ldots B_\nu$$

dargestellt werden, unter denen die A Covarianten, die B Invarianten bedeuten. Ebenso sei das aus F, Φ, $\Psi \ldots$ hervorgehende vollständige System:

$$C_1, \quad C_2 \ldots C_\varrho; \quad D_1, \quad D_2 \ldots D_\sigma,$$

wo wieder die C Covarianten, die D Invarianten bedeuten. Nach § 31. erhält man nun alle ausser diesen aus dem simultanen System

$$f, \varphi, \psi \ldots; \quad F, \Phi, \Psi \ldots$$

hervorgehenden Formen, wenn man auf alle Arten die Ueberschiebungen von Producten

$$A_1^{\alpha_1} . A_2^{\alpha_2} \ldots A_\mu^{\alpha_\mu}$$

über Producte

$$C_1^{\gamma_1} . C_2^{\gamma_2} \ldots C_\varrho^{\gamma_\varrho}$$

bildet. Die Anzahl dieser Bildungen ist unendlich gross, da zunächst für die Grösse der Zahlen α und γ keine Grenze vorliegt. Nur bezüglich der Höhe der anzuwendenden Ueberschiebungen stellt sich eine untere Grenze heraus, welche eingehalten werden muss, wenn man nicht zerfallende Formen erhalten will. Ist $\varkappa$ die Höhe der Ueberschiebung, so hat man von beiden Producten die $\varkappa^{\text{ten}}$ Polaren zu bilden; ist also in einem der beiden Producte die Anzahl von Factoren ($\alpha_1 + \alpha_2 \ldots + \alpha_\mu$ und $\gamma_1 + \gamma_2 \ldots + \gamma_\varrho$) grösser als $\varkappa$, so zerfällt die betreffende Polare in Theile, welche einige C oder A als Factoren enthalten, indem durch die zur Polarenbildung nöthige Differentiation immer höchstens $\varkappa$ Factoren afficirt werden können. Es zerfällt also dann auch die Ueberschiebung in Theile, welche einzelne C oder A zu Factoren haben, und das Resultat kann daher aus niedrigeren Bildungen zusammengesetzt werden. Man braucht also auf die obigen Producte nur Ueberschiebungen anzuwenden, welche wenigstens so hoch sind, wie die höchste der

Zahlen $\alpha_1 + \alpha_2 \ldots + \alpha_\mu$ und $\gamma_1 + \gamma_2 \ldots + \gamma_\varrho$. Andererseits ist eine obere Grenze für $\varkappa$ immer dadurch gegeben, dass $\varkappa$ die Ordnung des niedrigsten der überzuschiebenden Producte nicht überschreiten kann.

Dennoch würde das aus diesen Ueberschiebungen hervorgehende combinirte System unendlich viele Formen enthalten. Aber es wird gezeigt werden, dass man an Stelle der Ueberschiebungen, von denen die Rede war, gewisse Theile derselben setzen kann, welche man noch in mannigfach verschiedener Weise wählen darf. Indem man eine Ueberschiebung durch einen solchen weiterhin zu definirenden Theil ersetzt, erhält man bei geschickter Wahl derselben in der grossen Mehrzahl der Fälle an Stelle der Ueberschiebung eine Bildung, welche das Product niederer Formen ist, daher nichts Neues giebt und ausgelassen werden darf. Die übrigbleibenden Bildungen sind dann nur noch in endlicher Zahl vorhanden und sind das gesuchte combinirte System, dessen Endlichkeit damit bewiesen ist.

Um den hier angedeuteten Weg verfolgen zu können, ist es zunächst erforderlich, die Operation des Ueberschiebens für den Fall genauer zu betrachten, in welchem beide über einander zu schiebende Formen als irgend welche wirkliche oder symbolische Producte gegeben sind, und die oben erwähnten Theile von Ueberschiebungen zu definiren. Dies soll im folgenden Paragraphen geschehen.

§ 53. Ueberschiebungen symbolischer Producte und Theile derselben.

Es seien a_x, b_x ... die symbolischen linearen Factoren der einen Form, welche theils gleich, theils verschieden und theils Symbole von Grundformen, theils solche von Covarianten sein können. Zum Zwecke der $\varkappa^{\text{ten}}$ Ueberschiebung wird zunächst die $\varkappa^{\text{te}}$ Polare gebildet (§ 30.); es wird also in dem gegebenen Ausdruck überall statt x_1, x_2 gesetzt $x_1 + \lambda y_1$, $x_2 + \lambda y_2$, und, von einem gewissen numerischen Factor abgesehen, der Coefficient von $\lambda^\varkappa$ genommen. Derselbe besteht aus einer Summe von Termen, welche mit positiven Zahlen multiplicirt sind und welche sämmtlich aus dem ursprünglichen symbolischen Producte dadurch hervorgehen, dass man in $\varkappa$ linearen Factoren desselben x_1, x_2 durch y_1, y_2 ersetzt.

Ist sodann $\Theta_x{}^m$ die zweite gegebene Form, mag diese ein Product mehrerer Formen sein oder nicht, so hat man in jedem einzelnen Gliede der beschriebenen Polare y_1, y_2 durch Θ_2, $-\Theta_1$ zu ersetzen und mit $\Theta_x{}^{m-\varkappa}$ zu multipliciren.

Die Ueberschiebung ist also hierdurch auf eine erste Art in eine Reihe von Gliedern zerlegt, welche alle, abgesehen von positiven numerischen Factoren, aus dem ursprünglichen Ausdrucke der ersten Form entstehen, indem man $\varkappa$ der Grössen

$$a_x, \quad b_x \ldots$$

durch

$$(a\,\Theta), \quad (b\,\Theta) \ldots$$

ersetzt, und mit $\Theta_x{}^{m-\varkappa}$ multiplicirt.

Nach den Sätzen des § 31. [Formel (3)] kann man ein solches Glied der Ueberschiebung durch die Ueberschiebung selbst und niedere Ueberschiebungen ausdrücken, indem die dort durch φ bezeichnete Form von selbst immer wieder diejenige erste Form wird, von der wir ausgingen, und von deren Polare ein Glied zur Bildung des fraglichen Gliedes der Ueberschiebung benutzt wurde. Man erhält sie nach den dort angegebenen Regeln, wenn man in dem fraglichen Theil der Polare die y durch die x ersetzt, wodurch man in der That zu der ursprünglichen Function zurückkehrt. Sprechen wir also den Satz aus:

1. Wenn man, statt eine Ueberschiebung

$$(\varphi\,\Theta)^{\varkappa}\,\varphi_x{}^{\mu-\varkappa}\,\Theta_x{}^{m-\varkappa}$$

zu bilden, in einem Gliede der $\varkappa^{\text{ten}}$ Polare von φ die y_1, y_2 durch $\Theta_2, -\Theta_1$ ersetzt und mit $\Theta_x{}^{m-\varkappa}$ multiplicirt, so unterscheidet sich die entstehende Form von der betreffenden Ueberschiebung nur durch Glieder, welche niedrigere Ueberschiebungen (als die $\varkappa^{\text{ten}}$) von Θ mit anderen Formen sind.

Wenn wir nun auf diese Weise die Ueberschiebung in eine Anzahl von Gliedern zerlegten, indem wir an Stelle der einen von beiden Functionen ihren Ausdruck als symbolisches oder wirkliches Product setzten, so können wir zweitens jedes der erhaltenen Glieder weiter zerlegen, indem wir auch die zweite Function durch ihren Ausdruck als wirkliches oder symbolisches Product ersetzen. Eines der oben erhaltenen Glieder entsteht aus $\Theta_x{}^m$ auf folgende Weise. Bilden wir mit Hilfe von $\varkappa$ Reihen von Veränderlichen $y, z \ldots$ die $\varkappa^{\text{te}}$ Polare

$$\Theta_x{}^{m-\varkappa}\,\Theta_y\,\Theta_z \ldots$$

und setzen wir nun an Stelle von $y_1, y_2;\ z_1, z_2 \ldots$ beziehungsweise $a_1, -a_2;\ b_1, -b_2 \ldots$, multipliciren wir endlich mit demjenigen symbolischen Ausdrucke, welcher in dem Gliede der Ueberschiebung alle Θ nicht enthaltenden Factoren umfasst, so erhalten wir das gegebene Glied der Ueberschiebung.

Bilden wir nun diese Polare $\Theta_x{}^{m-\varkappa}\,\Theta_y\,\Theta_z \ldots$ Zu diesem Zwecke nehmen wir in

$$\Theta^m_{x+\lambda y+\mu z}\ldots$$

den Coefficienten von $\lambda\,.\,\mu\ldots$ Setzen wir an Stelle von Θ den Ausdruck dieser Form durch andere Symbole, und seien

$$\alpha_x \, \beta_x \, \gamma_x \ldots$$

die dabei auftretenden linearen Factoren, welche theils gleich, theils verschieden und theils ursprüngliche Symbole, theils Symbole von Covarianten sein können, so besteht diese Polare wieder aus einer Anzahl von Gliedern, welche mit positiven Zahlen multiplicirt sind, und deren jedes entsteht, indem wir in irgend $\varkappa$ der symbolischen Factoren α_x, β_x, $\gamma_x \ldots$ von Θ die x beziehungsweise durch die y, $z \ldots$ ersetzen.

Wenn man also irgend zwei als symbolische Producte gegebene Formen φ, Θ über einander schiebt, so erhält man eine Summe symbolischer Producte, welche einzeln dadurch entstehen, dass man $\varkappa$ der linearen symbolischen Factoren

$$a_x, \ b_x \ldots$$

von φ gewissen $\varkappa$ linearen symbolischen Factoren

$$\alpha_x, \ \beta_x \ldots$$

von Θ einzeln zuordnet, aus entsprechenden immer die Determinanten

$$(a\,\alpha), \ (b\,\beta) \ldots$$

bildet, und das Product derselben mit den übrigen symbolischen Factoren von φ und Θ multiplicirt. Die $\varkappa^{\text{te}}$ Ueberschiebung von φ mit Θ ist das Aggregat der beschriebenen einzelnen Theile, jeder mit einer positiven Zahl multiplicirt. Solche symbolische Producte, wie sie eben beschrieben wurden, sollen schlechthin Theile der Ueberschiebung heissen.

Ein solcher Theil einer Ueberschiebung besteht aus drei Gruppen von Factoren; erstens aus einer Reihe von Factoren, welche φ enthielt, zweitens aus einer Reihe von Factoren, welche Θ enthielt, drittens aus den $\varkappa$ Factoren

$$(a\,\alpha), \ (b\,\beta), \ (c\,\gamma) \ldots .$$

Die letzteren sind die einzigen, welche die in φ und die in Θ vorkommenden Symbole gleichzeitig enthalten.

Ist umgekehrt ein symbolischer Ausdruck

$$M \,.\, N \,.\, (a\,\alpha)\,(b\,\beta)\,(c\,\gamma) \ldots$$

gegeben, in welchem M die Symbole α, β, $\gamma \ldots$ nicht enthält, und N die Symbole a, b, $c \ldots$ nicht enthält, so kann derselbe immer als Theil der $\varkappa^{\text{ten}}$ Ueberschiebung der beiden Formen

$$\varphi = M \,.\, a_x \, b_x \, c_x \ldots, \quad \Theta = N \,.\, \alpha_x \, \beta_x \, \gamma_x \ldots$$

angesehen werden.

2. Die Summe der positiven Zahlen, mit denen die Theile der Ueberschiebung multiplicirt werden müssen, um die ganze Ueberschiebung zu erhalten, ist gleich 1.

Dieser Satz ist sehr leicht zu beweisen. Denn diese positiven Zahlen sind von der Natur der symbolischen in φ, Θ auftretenden Symbole unabhängig und hängen allein von den Ordnungen derselben und der Zahl $\varkappa$ ab. Nimmt man nun $\varphi = a_x{}^\mu$, $\Theta = \alpha_x{}^m$ an, so werden alle Theile der Ueberschiebung einander gleich und man erhält also die ganze Ueberschiebung gleich einem Theile derselben, multiplicirt mit der Summe jener positiven Zahlen. Aber jeder Theil der Ueberschiebung ist auch ihr selbst gleich, nämlich gleich ·

$$(a\,\alpha)^\varkappa\, a_x{}^{\mu-\varkappa}\, \alpha_x{}^{m-\varkappa}\,;$$

daher muss die Summe jener positiven Zahlen gleich 1 sein.

Hieran knüpft sich sofort der folgende wichtige Satz, der gewissermassen eine Fortsetzung des Satzes 1. ist.

> 3. Die Differenz zwischen der $\varkappa^{\text{ten}}$ Ueberschiebung von φ und Θ und einem der oben beschriebenen Theile derselben setzt sich aus niederen Ueberschiebungen verschiedener Functionenpaare φ', Θ'; φ'', Θ'' ... zusammen, von denen die einen $(\varphi', \varphi'' \ldots)$ nur die in φ auftretenden, die anderen $(\Theta', \Theta'' \ldots)$ nur die in Θ auftretenden Symbole enthalten.

Sind nämlich P, P_1, $P_2 \ldots$ die Theile der Ueberschiebung, U diese selbst, so hat man

$$U = c\,P + c_1\,P_1 + c_2\,P_2 \ldots$$

und $c + c_1 + c_2 \ldots = 1$, daher

$$U - P = U - (c + c_1 + c_2 \ldots)\,P = c_1\,(P_1 - P) + c_2\,(P_2 - P) \ldots$$

Die Differenz, von welcher in dem Satze gesprochen wird, setzt sich also aus Differenzen je zweier Theile der Ueberschiebungen zusammen. Der zu beweisende Satz ist daher auf den folgenden zurückgeführt:

> 4. Die Differenz zwischen zwei Theilen der $\varkappa^{\text{ten}}$ Ueberschiebung von φ und Θ lässt sich immer aus niederen Ueberschiebungen von Functionenpaaren φ', Θ'; φ'', $\Theta'' \ldots$ zusammensetzen, von denen die φ', φ'' nur die Symbole enthalten, welche in φ, dagegen Θ', Θ'' nur diejenigen, welche in Θ vorkommen.

Die verschiedenen Theile der Ueberschiebung unterscheiden sich nämlich nur durch die Art, wie unter den verschiedenen linearen Factoren

$$a_x,\ b_x,\ c_x \ldots$$

einerseits und

$$\alpha_x,\ \beta_x,\ \gamma_x \ldots$$

andererseits je $\varkappa$ ausgewählt und einander zugeordnet sind. Durch Einschaltung anderer Theile der Ueberschiebung kann man also die Differenz

$$P_1 - P = P_1 - P_\lambda + P_\lambda - P_\varrho \ldots . + P_\sigma - P$$

immer in solche Differenzen zerlegen, die sich nur durch verschiedene Benutzung eines Buchstabenpaares unterscheiden; es ist also nur nöthig, für solche Differenzen den Satz zu beweisen. Nun kann dieser Unterschied bei einer Differenz $P_\lambda - P_\varrho$ auf dreierlei Art eintreten, nämlich:

1. Bei P_λ gehört ein Symbol a zu den herausgehobenen, ein Symbol b nicht, während dies bei P_ϱ umgekehrt ist. Man hat also eine Gleichung folgender Form, in welcher M den gemeinschaftlichen symbolischen Factor von P_λ und P_ϱ bedeutet:

$$P_\lambda - P_\varrho = M \cdot [b_x (a\alpha) - a_x (b\alpha)].$$

Dies giebt aber

$$P_\lambda - P_\varrho = M (ab) \alpha_x.$$

Die Differenz $P_\lambda - P_\varrho$ enthält also Symbole a, $b \ldots$ mit Symbolen α, $\beta \ldots$ nur noch in $\varkappa - 1$ symbolischen Factoren verbunden, ist also Theil der $(\varkappa - 1)^{\text{ten}}$ Ueberschiebung einer Function φ' über eine Function Θ'.

2. Derselbe Unterschied tritt in Bezug auf zwei Factoren α_x, β_x ein; dieser Fall wird genau wie der vorige behandelt, und führt zu demselben Resultat.

3. Die herausgehobenen Factoren sind beidemal dieselben, es ist aber einmal a mit α, b mit β, das andere Mal a mit β, b mit α verbunden. Man hat also:

$$P_\lambda - P_\varrho = M \cdot \{ (a\alpha) (b\beta) - (a\beta) (b\alpha) \}$$
$$= M \cdot (ab) (\alpha\beta);$$

was wieder auf denselben Schluss führt.

Bewiesen ist hierdurch ohne Weiteres folgender Satz:

> 5. Die Differenz zwischen zwei Theilen der $\varkappa^{\text{ten}}$ Ueberschiebung von φ mit Θ setzt sich aus Theilen der $(\varkappa - 1)^{\text{ten}}$ Ueberschiebungen von φ', Θ; φ'', Θ'' etc. zusammen (die Charakterisirung der letztern Functionen wie bei Satz 3. und 4.).

Hieraus folgt aber auch endlich die Richtigkeit von Satz 3. Denn in Satz 5. kann man die Theile der $(\varkappa - 1)^{\text{ten}}$ Ueberschiebung durch diese selbst und Differenzen ihrer Theile ersetzen. Nehmen wir also an, der Satz 3., dass solche Differenzen durch niedere Ueberschiebungen ausdrückbar sind, sei für Theile der $(\varkappa - 1)^{\text{ten}}$ Ueberschiebungen bewiesen; der Satz 5. lehrt dann, dass 3. auch für Theile der $\varkappa^{\text{ten}}$ Ueberschiebung richtig sei. Für Theile der ersten Ueberschiebung aber ist der Satz 3. richtig; denn die Theile der nullten, auf welche 5 für diesen Fall führen würde, sind nullte Ueberschiebungen, d. h. Producte φ', Θ'; φ'', Θ'' ... selbst. Die Richtigkeit des Satzes 3. ist also hierdurch allgemein dargethan.

§ 54. Simultane Systeme besitzen ein endliches vollständiges Formensystem, wenn die einzelnen Formen ein solches besitzen.

Die vorstehenden Untersuchungen führen nun von selbst dazu, wie die Covarianten und Invarianten simultaner Systeme anzuordnen sind. Der Allgemeinheit wegen nehme ich wie oben an, dass die Covarianten bez. Invarianten

$$A_1, A_2 \ldots A_\mu; \quad B_1, B_2 \ldots B_\nu$$

ein vollständiges Formensystem für die simultanen Grundformen

$$f, \varphi, \psi \ldots,$$

und ebenso

$$C_1, C_2 \ldots C_\varrho; \quad D_1, D_2 \ldots D_\sigma$$

ein solches für die simultanen Grundformen

$$F, \Phi, \Psi \ldots$$

bilden. Die Covarianten und Invarianten, welche bei dem vereinigten System

$$f, \varphi, \psi \ldots; \quad F, \Phi, \Psi \ldots$$

zu den vorigen noch hinzutreten, erhält man nach § 31. durch die Ueberschiebungen der Formen

$$A_1^{\alpha_1} . A_2^{\alpha_2} \ldots A_\mu^{\alpha_\mu}$$

über die Formen:

$$C_1^{\gamma_1} . C_2^{\gamma_2} \ldots C_\varrho^{\gamma_\varrho}.$$

Diese Ueberschiebungen, deren Zahl unendlich gross ist, und denen ich die Formen A, B, C, D selbst zugeselle, ordne ich zunächst nach der Gesammtdimension, welche dieselben in Bezug auf die Coefficienten sämmtlicher zu Grunde gelegten Formen besitzen.

Formen gleicher Gesammtdimension ordne ich weiter unter sich nach der Höhe der Ueberschiebung, mittelst deren sie aus den oben angeführten Producten entstanden sind, wobei die nullte (Product) nicht ausgeschlossen ist.

Wie endlich die Anordnung der Bildungen in diesen untergeordneten Gruppen stattfindet, ist gleichgiltig.

Bezeichnen wir der Deutlichkeit wegen die Ordnungen der Formen

$$A_1, A_2 \ldots; \quad C_1, C_2 \ldots$$

durch

$$a_1, a_2 \ldots; \quad c_1, c_2 \ldots,$$

ihre Gesammtdimension in den Coefficienten der Grundformen durch

$$r_1, r_2 \ldots; \quad s_1, s_2 \ldots.$$

Dann hängt die Stellung der ν^{ten} Ueberschiebung der Producte

$$A_1^{\alpha_1}.A_2^{\alpha_2} \ldots; \quad C_1^{\gamma_1}.C_2^{\gamma_2} \ldots$$

über einander von den beiden Zahlen ν und

$$\mu = r_1 a_1 + r_2 a_2 + \ldots + s_1 c_1 + s_2 c_2 + \ldots$$

ab, und die ganze Anordnung der Ueberschiebungen geschieht der folgenden Tafel gemäss, in welcher die jeder Gruppe angehörigen Formen durch

$$\varphi_{\mu\nu}, \quad \varphi'_{\mu\nu}, \quad \varphi''_{\mu\nu} \ldots$$

bezeichnet sind:

μ	ν	Formen:
1	0	$\varphi_{10},\ \varphi'_{10},\ \varphi''_{10} \ldots$
2	0	$\varphi_{20},\ \varphi'_{20},\ \varphi''_{20} \ldots$
	1	$\varphi_{21},\ \varphi'_{21},\ \varphi''_{21} \ldots$
	2	$\varphi_{22},\ \varphi'_{22},\ \varphi''_{22} \ldots$
	$\ldots$	$\ldots\ldots$
	$\ldots$	$\ldots\ldots$
3	0	$\varphi_{30},\ \varphi'_{30},\ \varphi''_{30} \ldots$
	1	$\varphi_{31},\ \varphi'_{31},\ \varphi''_{31} \ldots$
	2	$\varphi_{32},\ \varphi'_{32},\ \varphi''_{32} \ldots$
	$\ldots$	$\ldots\ldots$
$\ldots$	$\ldots$	$\ldots\ldots$

Dass in der ersten Abtheilung dieser Tafel neben $\mu = 1$ nur der einzige Werth $\nu = 0$ steht, begründet sich leicht; denn unter $\mu = 1$ können überhaupt nur die Grundformen selbst enthalten sein, die dann durch Ueberschiebung nicht entstanden sein können; doch können sie füglich unter die nullten Ueberschiebungen gerechnet werden, wie im Folgenden geschehen soll. Ebenso soll jede der Formen A, B, C, D in der Tafel bei den nullten Ueberschiebungen mit aufgezählt werden. Sie haben mit diesen insofern gemeinsame Natur, als auch diese als ganze Functionen der A, B, C, D unmittelbar ausdrückbar werden.

Man übersieht nun sofort, dass die Vollständigkeit dieses Systems in keiner Weise leidet, wenn man jede Form der Tafel um eine ganze mit numerischen Coefficienten versehene Function solcher Formen vermehrt, welche in früheren Gruppen vorkommen; wenn man also an Stelle von $\varphi_{\mu\nu}{}^{(\varrho)}$ die Form setzt:

$$\psi_{\mu\nu}{}^{(\varrho)} = \varphi_{\mu\nu}{}^{(\varrho)} + G,$$

wo G eine ganze Function solcher Formen φ bedeutet, bei denen entweder der erste Index kleiner als μ, oder der erste gleich μ, der zweite aber kleiner als ν ist. Man kann nämlich, wenn die ψ so definirt sind, auch umgekehrt die Formen φ successive als ganze Functionen der ψ ausdrücken; und wenn man also davon ausging, dass alle nur denkbaren simultanen Covarianten und Invarianten der combinirten Systeme sich als ganze Functionender φ ausdrücken lassen, so folgt, dass sie auch als ganze Functionen der ψ ausdrückbar sind.

Nach den Sätzen des vorigen Paragraphen erhält man aber ein System der ψ, wenn man jede Ueberschiebung φ durch einen ihrer dort beschriebenen Theile ersetzt. Es ist dabei gleichgiltig, ob bei der Bildung dieser Theile die Symbole der A, bez. C, erhalten bleiben, oder ob dieselben theilweise oder ganz in Symbole früherer A, bez. C, aufgelöst werden. Immer unterscheidet sich nach dem Frühern ein solcher Theil von der Ueberschiebung φ nur um Glieder, welche durch niedere Ueberschiebungen von nur Symbole der A enthaltenden Formen über solche entstehen, welche nur Symbole der C enthalten. Da nun die A, B und die C, D vollständige Formensysteme bilden, so zerfallen diese niederen Ueberschiebungen in solche von Producten der A, B über Producte der C, D. Sind hierbei wirkliche Factoren B, D vorhanden, so zerfällt eine solche niedere Ueberschiebung in Producte von B, D mit Formen von niederem μ; ist kein Factor B, D vorhanden, so hat doch die Ueberschiebung ein niederes ν, während der Werth von μ derselbe wie bei φ geblieben ist. Ein Theil der Ueberschiebung φ unterscheidet sich also von φ nur um eine ganze Function früherer φ, und hat daher den Charakter einer Form ψ.

Somit kann man den Satz aussprechen:

1. Alle simultanen Invarianten und Covarianten des combinirten Systems lassen sich als ganze Functionen desjenigen Formensystems ψ darstellen, welches man erhält, indem man von jeder Ueberschiebung eines Productes von A über ein Product von C irgend einen Theil wählt, und die so erhaltenen Formen ψ den Formen A, B, C, D hinzufügt.

Auch das System der ψ ist noch unendlich gross. Aber wenn es sich nur darum handelt, ein System von Formen zu finden, durch

welches alle Invarianten und Covarianten des combinirten Systems
sich als ganze Functionen ausdrücken lassen, so kann man in dem
Systeme der ψ jede Form übergehen, welche als ganze Function von
früher in diesem System auftretenden Formen ausdrückbar ist.

Existirt nun in irgend einer Ueberschiebung φ ein Theil, welcher
in Factoren zerfällt, so kann dieser als das betreffende ψ gewählt
werden. Dasselbe zerfällt in das Product zweier Formen von niederem Gesammtgrade; jeder dieser Factoren aber ist durch Formen ψ
darstellbar, und diese Formen ψ gehören also niederern Zahlen μ an,
kommen daher in der Tafel früher vor. Sonach ist ein solches ψ
durch frühere ψ ausdrückbar, und darf demnach ausgelassen werden.

Durch diesen Umstand wird das übrigbleibende System der ψ
ausserordentlich beschränkt; es lässt sich zeigen, dass es immer ein
endliches ist, während das ursprüngliche unendlich gross war; womit
denn die Existenz endlicher simultaner Systeme von Invarianten und
Covarianten für ein solches combinirtes Formensystem nachgewiesen ist.

Sprechen wir zunächst den Satz aus:

2. Alle Covarianten und Invarianten der Systeme
A_1, A_2 ...; B_1, B_2 ...; C_1, C_2 ...; D_1, D_2 ... lassen sich
aus Producten der A, B, C, D und aus solchen
Ueberschiebungen von Producten der A über Producte der C (oder Theilen derselben) zusammensetzen,
in denen kein zerfallender Theil vorkommt.

Um nun hieraus die Endlichkeit des combinirten Systems abzuleiten, kann man folgenden Satz aufstellen:

3. Wenn in einer Ueberschiebung der Producte
$$A_1^{\alpha_1} \cdot A_2^{\alpha_2} \ldots, \quad C_1^{\gamma_1} \cdot C_2^{\gamma_2} \ldots$$
kein zerfallendes Glied vorkommen soll, so darf
keines der α grösser sein als die Summe der Ordnungen c_1, c_2 ... aller Functionen C, und umgekehrt
darf keines der γ grösser sein als die Summe der
Ordnungen a_1, a_2 ... aller Functionen A.

Nehmen wir, um diesen Satz zu beweisen, an, es sei eines der α,
etwa α_1, grösser als die Summe der c (also, da jedes c wenigstens
1 ist, nothwendig $\alpha_1 > 1$), und zeigen wir, dass dann nothwendig ein
zerfallendes Glied in der Ueberschiebung vorkommt. Ist in diesem
Falle die Höhe ν der Ueberschiebung nicht grösser als a_1 $(\alpha_1 - 1)$,
so tritt ohne Weiteres ein zerfallendes Glied auf; denn man kann
alsdann die ν^{te} Ueberschiebung schon auf den Factor $A_1^{\alpha_1-1}$ des
ersten Productes anwenden, so dass auf diese Weise ein Theil der
Ueberschiebung entsteht, welcher $A_1 \cdot A_2^{\alpha_2} \ldots$ als Factor enthält. Es

ist also nur noch der Fall zu betrachten, wo die Höhe ν der Ueberschiebung grösser ist als $a_1 (\alpha_1 - 1)$, also gleich oder grösser als $a_1 (c_1 + c_2 \ldots)$, da α_1 wenigstens um 1 grösser als $c_1 + c_2 \ldots$ ist. Andererseits ist, damit die Ueberschiebung überhaupt möglich sei, ν gleich oder kleiner als die Ordnung des zweiten Products, daher gleich oder kleiner als $c_1 \gamma_1 + c_2 \gamma_2 \ldots$. Man hat somit, indem man die Grenzen vergleicht, in welche ν eingeschlossen ist:

$$c_1 \gamma_1 + c_2 \gamma_2 \ldots \gtreqqless a_1 (c_1 + c_2 \ldots),$$

oder

$$c_1 (\gamma_1 - a_1) + c_2 (\gamma_2 - a_1) + \ldots \gtreqqless 0.$$

Mindestens eine der Zahlen $\gamma_1 - a_1$, $\gamma_2 - a_1 \ldots$, muss also $\gtreqqless 0$ sein. Sei $\gamma_1 - a_1$ eine solche, dann ist

$$\gamma_1 \gtreqqless a_1,$$

und zugleich wegen der Voraussetzung

$$\alpha_1 \gtreqqless c_1.$$

Die beiden über einander zu schiebenden Producte haben also die Form

$$A_1^{c_1} . M \text{ und } C_1^{a_1} . N.$$

Die Höhe ν der Ueberschiebung ist nach dem Vorigen wenigstens gleich $a_1 (c_1 + c_2 \ldots)$, also auch wenigstens gleich $a_1 c_1$, und man hat also etwa

$$\nu = a_1 c_1 + h,$$

wo h Null oder positiv ist. Nun kann man ein Glied dieser Ueberschiebung dadurch bilden, dass man zunächst $A_1^{c_1}$ und $C_1^{a_1}$ für sich $a_1 . c_1$ mal über einander schiebt, wodurch eine Invariante J entsteht, und ausserdem M und N noch h mal über einander schiebt, was immer möglich sein muss, wenn eine Ueberschiebung von der geforderten Höhe überhaupt stattfinden konnte. Man hat also ein Glied der Ueberschiebung gebildet, welches eine Invariante J als Factor enthält.

Hierdurch ist einmal der Satz 3. bewiesen, andererseits aber auch gezeigt, dass, um alle Invarianten und Covarianten des combinirten Systems zu erhalten, es nur nöthig ist, eine endliche Anzahl von Producten über einander zu schieben, insofern die Zahlen α, γ bestimmte endlich gegebene obere Grenzen nicht überschreiten dürfen. Und so kann man folgende Sätze aussprechen:

4. Wenn zwei Formensysteme f, φ, $\psi \ldots$ und F, Φ, $\Psi \ldots$ jedes für sich auf ein endliches vollständiges System simultaner Covarianten und Invarianten führen, so sind auch die simultanen Covarianten und Invarianten aller dieser Formen zusammen als

ganze Functionen eines endlichen vollständigen Systems ausdrückbar.

5. Sind A_1, A_2 ... die Covarianten, B_1, B_2 ... die Invarianten des ersten, C_1, C_2 ... die Covarianten und D_1, D_2 ... die Invarianten des zweiten Systems, so erhält man alle zur Vervollständigung des gemeinsamen vollständigen Systems erforderlichen Formen, wenn man die Ueberschiebungen der Producte

$$A_1{}^{\alpha_1}.A_2{}^{\alpha_2}\ldots;\quad C_1{}^{\gamma_1}.C_2{}^{\gamma_2}\ldots$$

[bez. die oben (S. 183) definirten Theile von solchen] bildet, wobei keines der α grösser als die Summe der Ordnungen aller C, keines der γ grösser als die Summe der Ordnungen aller A sein darf.

Es ist hervorzuheben, dass das auf solche Weise construirte System simultaner Formen noch überflüssige Formen enthalten kann, welche sich als ganze und rationale Functionen der übrigen ausdrücken lassen. Der zweite der obigen Sätze giebt also für die Grösse des entstehenden Systems von Invarianten und Covarianten nur eine obere Grenze.

Wenn man die Sätze 4. 5. wiederholt anwendet, so kann man von einzelnen Grundformen zu demjenigen System fortschreiten, bei welchem alle zugleich zu Grunde gelegt sind. Man hat also den Satz:

6. Wenn die Formen f, φ, ψ ... einzeln endliche vollständige Systeme von Invarianten und Covarianten besitzen, so führt auch die Combination dieser Formen auf ein endliches System.

Insbesondere ist durch die Untersuchungen des vierten Abschnitts schon folgender Satz erwiesen:

7. Simultane Formen, deren keine die vierte Ordnung überschreitet, haben ein endliches vollständiges System von Invarianten und Covarianten.

Einige solcher Systeme sollen jetzt etwas genauer betrachtet werden.

§ 55. Simultane Systeme, in denen ausser andern auch lineare Grundformen auftreten.

Denken wir uns ein System von Covarianten und Invarianten

$$A_1, A_2\ldots;\quad B_1, B_2\ldots,$$

welche für gewisse Grundformen φ, ψ ... ein vollständiges System bilden. Nehmen wir an, es trete zu diesen Grundformen eine weitere, lineare, hinzu, und untersuchen wir, welche Erweiterung das vollständige System der Covarianten und Invarianten nunmehr erfahren muss.

Die hinzutretende lineare Grundform sei

$$f = a_1 x_1 + a_2 x_2.$$

Nach dem Vorigen darf hier keine der Zahlen α_1 grösser als 1 angenommen werden; man erhält also alle Formen des neuen simultanen Systems, wenn man die Ueberschiebungen, oder Theile der Ueberschiebungen, der Producte verschiedener A über Potenzen von f bildet. Hierbei ist erstlich klar, dass die Höhe der Ueberschiebung immer gleich dem Exponenten der Potenz von f genommen werden muss, wenn nicht eine Potenz von f als Factor übrig bleiben soll. Man hat also nur f^ϱ ϱ mal über Producte von A zu schieben. Nun erhält man die Glieder dieser Ueberschiebung, indem man in ϱ symbolischen Factoren des Productes x_1 und x_2 durch a_2 und $-a_1$ ersetzt. Daher entsteht aus einem Product mehrerer A immer wieder ein Product solcher Formen, die aus den einzelnen A hervorgehen, und man sieht also, dass man nur die einzelnen A über Potenzen von f, oder, was hier dasselbe sagen will, wiederholt über f zu schieben hat.

Ist also $A = A_x{}^m$ irgend eines der A_i, so gehen hieraus durch Ueberschiebung mit f die Formen hervor:

$$A_x{}^{m-1}(Aa), \quad A_x{}^{m-2}(Aa)^2, \quad A_x{}^{m-3}(Aa)^3 \ldots$$

Alle diese Formen entstehen aus den Polaren

$$A_x{}^{m-1}A_y, \quad A_x{}^{m-2}A_y{}^2, \quad A_x{}^{m-3}A_y{}^3 \ldots,$$

indem man darin y_1, y_2 durch a_2, $-a_1$ ersetzt. Man kann also folgenden Satz aussprechen:

Bilden die Formen

$$A_1, \; A_2 \ldots; \quad B_1, \; B_2 \ldots$$

das vollständige System der Covarianten und Invarianten der Grundformen φ, $\psi \ldots$, und wird das System der Grundformen um eine lineare Form

$$f = a_1 x_1 + a_2 x_2$$

erweitert, so treten zu dem vollständigen Systeme ausser f nur diejenigen Formen hinzu, welche entstehen, wenn man in den Polaren der A die y_1, y_2 durch a_2, $-a_1$ ersetzt.

Es ist hiernach leicht, auch die Vergrösserung anzugeben, welche durch Hinzufügung einer beliebig grossen Zahl linearer Formen bei dem vollständigen System eintritt.

Waren unter den Formen φ, ψ ... schon lineare enthalten, so geben diese bei Anwendung des obigen Satzes nur immer zu **einer** Polare, also auch nur zu **einer** Bildung Veranlassung, nämlich zu der Determinante der frühern und der neuen linearen Form. Waren aber ferner unter den A schon Formen enthalten, welche durch Hinzufügung einer linearen Form zu früheren entstanden waren, also Formen, welche mittelst des obigen Satzes aus Polaren hervorgehen, so geben diese bei Zufügung einer weitern linearen Form zu erneuerter Polarenbildung Veranlassung, d. h. sie führen auf Bildungen, welche aus Polaren mit mehreren Reihen von Veränderlichen entstehen, indem man statt derselben die Coefficienten verschiedener linearen Formen einführt. (Wegen des erweiterten Begriffs der Polare vgl. § 10.) Setzt man also φ, ψ ... als nicht linear voraus, und bilden die Formen

$$A_1, A_2 \ldots, \quad B_1, B_2 \ldots$$

das vollständige System ihrer Covarianten und Invarianten, so erweitert nach Zufügung einer Anzahl linearer Formen sich das vollständige System um folgende Bildungen:

1. Die linearen Formen selbst.

2. Die zwischen je zweien gebildeten Determinanten.

3. Die Formen, welche aus den mit mehreren Reihen von Veränderlichen y_1, y_2; z_1, z_2 ... gebildeten Polaren von A_1, A_2 ... entstehen, indem man y_1, y_2; z_1, z_2 ... durch die Coefficienten a_2, $-a_1$; b_2, $-b_1$ ... der hinzugefügten linearen Formen ersetzt.

Nach der Entstehungsweise der Polaren kann man die letzteren Bildungen auch dadurch ableiten, dass man in A_1, A_2 ... statt x_1, x_2 die Grössen

$$x_1 + \lambda\, a_2 + \mu\, b_2 \ldots, \quad x_2 - \lambda\, a_1 - \mu\, b_1 \ldots$$

setzt, und die Coefficienten der verschiedenen Potenzen von λ, μ ... einzeln bildet.

Wenn insbesondere nur **lineare** Formen gegeben sind, kommt man auf die Sätze des § 9. zurück.

§ 56. Simultane Systeme, in denen ausser anderen Grundformen eine quadratische vorkommt.

In ganz ähnlicher Weise kann man die Erweiterung angeben, welche das vollständige System der simultanen Covarianten und Invarianten φ, ψ ... durch den Zutritt einer neuen Grundform **zweiter** Ordnung

$$f = a_x{}^2 = b_x{}^2 \ldots$$

erfährt. Sind wieder A_1, A_2 ... die Covarianten des vollständigen Systems, so hat man nur $A_1{}^{\alpha_1} A_2{}^{\alpha_2}$ ... über Potenzen von f zu schieben, da f selbst keine weiteren Covarianten mit sich führt.

Soll die Ueberschiebung keinen zerfallenden Theil enthalten, so muss ihre Höhe ν von der Gesammtordnung jedes der überzuschiebenden Producte um weniger unterschieden sein, als die Ordnung des niedrigsten Factors desselben beträgt. Daher kann die Höhe der Ueberschiebung von $A_1{}^{\alpha_1} A_2{}^{\alpha_2}$ ... über nur f^ϱ 2ϱ oder $2\varrho - 1$ sein.

Sei nun A irgend eine Covariante gerader Ordnung $2k$, und

$$A_1{}^{\alpha_1} A_2{}^{\alpha_2} \ldots = A . M;$$

betrachten wir die $(2\varrho - 1)^{\text{te}}$ und die $(2\varrho)^{\text{te}}$ Ueberschiebung dieses Ausdrucks mit f^ϱ. Ist ϱ kleiner als k, so existirt immer ein Theil der Ueberschiebung, bei welchem f^ϱ nur über den Factor A geschoben ist; wird aber ϱ gleich oder grösser als k, etwa

$$\varrho = k + h,$$

und bilden wir nun die $(2\varrho - 1)^{\text{te}}$, bez. $(2\varrho)^{\text{te}}$ Ueberschiebung von $A . M$ mit f^{k+h}, so muss $A . M$ wenigstens von der Ordnung $2\varrho - 1 = 2k + 2h - 1$, bez. $2\varrho = 2k + 2h$, also M wenigstens von der Ordnung $2h - 1$, bez. $2h$ sein. Es existirt daher immer ein Theil der Ueberschiebung, welcher in das Product der $(2k)^{\text{ten}}$ Ueberschiebung von A mit f^k, und der $(2h - 1)^{\text{ten}}$, bez. $(2h)^{\text{ten}}$, von M über f^h zerfällt.

Man erhält also durch Ueberschieben von f^ϱ über das Product mehrerer Formen, deren eine wenigstens von gerader Ordnung ist, nie etwas neues; Formen gerader Ordnung also, welche in dem System der A enthalten sind, geben nur folgende Bildungen, welche aus der Ueberschiebung von f^ϱ über diese Formen selbst entstehen:

$$A \text{ von der Ordnung } 2k:$$

erste und zweite   Ueberschiebung von f über A

dritte und vierte   Ueberschiebung von f^2 über A

$$\ldots \ldots \ldots$$

$(2k - 1)^{\text{te}}$ und $(2k)^{\text{te}}$ Ueberschiebung von f^k über A.

Betrachten wir nun statt einer Form A von gerader Ordnung eine Form ungerader Ordnung, und schieben wieder f^ϱ über ein Product $A . M$, welches aus lauter Factoren von ungerader Ordnung besteht.

Die Ordnung von A sei $2k - 1$. Ist nun ϱ gleich $1, 2 \ldots k-1$, oder $\varrho = k$ und die Höhe der Ueberschiebung $2k - 1$, so existirt wieder immer ein Theil der Ueberschiebung, in welchem nur A über f^ϱ geschoben ist, ein Theil, welcher also zerfällt, sobald M von 1 verschieden ist.

Ist dagegen $\varrho = k$ und die Höhe der Ueberschiebung $2k$, oder ist $\varrho > k$, so müssen wir einen zweiten Factor A' des Products zu Hilfe nehmen, dessen Ordnung $2k'-1$ sein muss. Da das Product AA' gerade ist, so enthalten nach dem Vorigen alle Ueberschiebungen Theile, welche in Factoren zerfallen, sobald das Product AM aus mehr als diesen beiden Factoren besteht. Wir haben also nur noch Ueberschiebungen von f^{ϱ} über Producte zweier ungerader Formen zu untersuchen.

Ist nun ϱ kleiner also $k+k'-1$, etwa $k+k'-1-h$, als auch die Höhe der Ueberschiebung $2k+2k'-2h-3$ oder $2k+2k'-2h-2$, so kann man immer einen Theil der Ueberschiebung bilden, dessen einer Factor die $(2k-2)^{\mathrm{te}}$ Ueberschiebung von A über f^{k-1} ist, während der andere aus der $(2k'-2h-1)^{\mathrm{ten}}$, bez. $(2k'-2h)^{\mathrm{ten}}$ Ueberschiebung von A' über $f^{k'-h}$ besteht. Jede solche Ueberschiebung giebt also nichts neues; es bleibt also nur die $(k+k'-1)^{\mathrm{te}}$ Potenz von f noch $2k+2k'-3$, bez. $2k+2k'-2$ mal über $A.A'$ zu schieben. Aber auch von diesen beiden Ueberschiebungen enthält die erstere einen zerfallenden Theil, dessen Factoren die $(2k-2)^{\mathrm{te}}$ Ueberschiebung von f^{k-1} über A und die $(2k'-1)^{\mathrm{te}}$ von $f^{k'}$ über A' ist. Es bleibt also nur die eine $(2k+2k'-2)^{\mathrm{te}}$ Ueberschiebung übrig.

Von den ungeraden Formen rühren also nunmehr folgende Bildungen her:

1. A von der Ordnung $2k-1$:

> erste und zweite Ueberschiebung von f über A
>
> dritte und vierte Ueberschiebung von f^2 über A
>
> $\cdot\ \cdot\ \cdot\ \cdot\ \cdot\ \cdot\ \cdot$
>
> $(2k-1)^{\mathrm{te}}$ Ueberschiebung von f^k über A.

2. A von der Ordnung $2k-1$, A' von der Ordnung $2k'-1$ (wobei A und A' auch identisch sein können):

> $(2k+2k'-2)^{\mathrm{te}}$ Ueberschiebung von $f^{k+k'-1}$ über AA'.

Die letzten Bildungen sind ausschliesslich Invarianten. Von diesen abgesehen, erhält man also alles, indem man Potenzen von f über die einzelnen Formen des Systems schiebt.

Es ist nicht bewiesen, dass unter den hier aufgezählten Formen nicht einige in Folge der besonderen Eigenschaften des Systems der A durch die anderen ausdrückbar und daher auszulassen seien. Dies tritt vielmehr oft wirklich ein. Ein solcher Fall, der eine weitgehende Bedeutung hat, ist folgender:

> Wenn eine Form A die erste Ueberschiebung zweier Formen $\varphi = \varphi_x^r$, $\psi = \psi_x^s$ ist, und f^k eine Potenz von f, deren Ordnung die von A nicht über-

trifft, so enthält die $(2k-1)^{\text{te}}$ Ueberschiebung von f^k mit A einen zerfallenden Theil, und ist daher auszulassen. Nur wenn r und s gerade sind, muss die Ordnung von f kleiner als die von A sein, damit dies eintrete.

Es ist nämlich

$$A = (\varphi\psi)\,\varphi_x{}^{r-1}\,\psi_x{}^{s-1}.$$

Schiebt man hierüber $f^k = a_x{}^2 . b_x{}^2 . c_x{}^2 \ldots$, wo $2k \gtrless r+s-2$, und zwar $2k-1$ mal, so bleibt erstlich ein symbolischer Factor a_x zurück; in einem Theile der Ueberschiebung können wir dann das andere a_x mit einem φ_x zu (φa) vereinigen; denn wenigstens eine der Zahlen r, s muss grösser als 1 sein, wenn nicht $k = 0$ sein soll. Sodann bleibt noch das symbolische Product $\varphi_x{}^{r-2}\,\psi_x{}^{s-1}$ übrig, welches $2k-2$ mal über f^{k-1} zu schieben ist. Dabei ist nun die Ordnung $r+s-3$ des Products jedenfalls grösser als $2k-2$, die Ordnung von f^{k-1}, und zwar, wenn $r+s-3$ gerade, wenigstens um 2 grösser. In Folge dessen kann man bei einem Theile der Ueberschiebung die Factoren $b_x{}^2$, $c_x{}^2 \ldots$ so auf $\varphi_x{}^{r-2}\,\psi_x{}^{s-1}$ vertheilen, dass dasselbe der Symbole b, c auch immer mit demselben der Symbole φ, ψ vereinigt wird. Denn ist eine der Zahlen $r-2$, $s-1$ gerade, die andere ungerade, so ist ihre Summe wenigstens um 1 grösser als die Zahl der symbolischen Factoren b_x, $c_x \ldots$, und man kann in derjenigen der Potenzen $\varphi_x{}^{r-2}$, $\psi_x{}^{s-1}$, welche von ungerader Ordnung ist, einen Factor bei Seite setzen, und auf die eine der übrigbleibenden jetzt geraden Potenzen eine gewisse Zahl der quadratischen Factoren $b_x{}^2$, $c_x{}^2 \ldots$, auf die andere die übrigen vertheilen. Sind beide Potenzen von ungerader Ordnung, so ist ihre Summe um 2 grösser als die der zu vertheilenden Factoren b_x, $c_x \ldots$, und man kann also einen Factor φ_x so wie einen Factor ψ_x absondern, und dann wie oben verfahren; endlich, wenn beide Potenzen gerade sind, kann dasselbe ohne Weiteres geschehen, nachdem noch ein Factor $\psi_x{}^2$ abgesondert ist.

Der auf diese Weise entstandene Theil der Ueberschiebung hat also die Form

$$(\varphi\psi)\,(\varphi a)\,a_x . \Phi . \Psi,$$

wo Φ das Symbol ψ nicht enthält, Ψ das Symbol φ nicht enthält, und wo Φ und Ψ keines der Symbole b, $c \ldots$ gemein haben. Aber wenn s gerade, $s-1$ ungerade war, so wurde noch ein symbolischer Factor ψ_x abgesondert; war s ungerade und r gerade, sogar $\psi_x{}^2$. Nur in dem Falle war dies nicht der Fall, wo r und s gleichzeitig ungerade waren; denn in diesem Falle musste oben φ_x abgesondert werden. Wollen wir also den Factor ψ_x hervorrufen, so müssen wir uns, wie in dem Satze vorgesehen, bei gleichzeitig ungeradem r und s auf den Fall beschränken, wo $2k < r + s - 2$, also $2k \lessgtr r + s - 4$, wodurch denn wieder ein Factor ψ_x^2 frei wird. Unter dieser Beschränkung nimmt also der betrachtete Ausdruck die symbolische Form

$$(\varphi \psi)(\varphi a) a_x . \Phi . \Psi . \psi_x$$

an; und wegen der identischen Gleichung

$$(\varphi \psi)(\varphi a) \psi_x a_x = \tfrac{1}{2} \{ (\varphi \psi)^2 a_x^2 + (\varphi a)^2 \psi_x^2 - (\psi a)^2 \varphi_x^2 \}$$

geht dies in die zerfallende Form

$$\tfrac{1}{2} \{ f . (\varphi \psi)^2 \Phi \Psi + (\varphi a)^2 \Phi . \psi_x^2 \Psi - (\psi a)^2 \Psi . \varphi_x^2 \Phi \}$$

über, wodurch der Satz bewiesen ist.

§ 57. Simultanes System zweier quadratischer Formen.

Besteht insbesondere das gegebene System aus einer quadratischen Form

$$\varphi = b_x^2 = b'^2_x \ldots ,$$

welche nur zu der einen Invariante

$$D = (b b')^2$$

Veranlassung giebt, und wird nun die ebenfalls quadratische Form

$$f = a_x^2 = a'^2_x \ldots$$

mit ihrer Invariante

$$D'' = (a a')^2$$

hinzugefügt, so besteht das System der simultanen Covarianten beider Formen nach dem Vorigen noch aus den folgenden weiteren Bildungen:

Erste und zweite Ueberschiebung von f über φ:

$$\vartheta = (a b) a_x b_x, \quad D' = (a b)^2.$$

Das ganze vollständige System enthält also nur die drei Invarianten D, D', D'' und ausser den Grundformen f, φ eine weitere quadratische Covariante, ihre Functionaldeterminante ϑ. Zwischen diesen Formen besteht eine Relation, welche aus der Gleichung (10) des § 35. abzuschreiben ist; vermöge derselben kann das Quadrat der Functionaldeterminante ausgedrückt werden durch die Gleichung:

$$(1) \qquad \vartheta^2 = - \tfrac{1}{2}(D f^2 - 2 D' f \varphi + D'' \varphi^2),$$

so dass auch hier, wie früher schon, das Quadrat der einzigen Form ungeraden Charakters (§ 16.) sich als ganze Function der Formen geraden Charakters darstellt.

Die Bedeutungen der Invarianten D, D', D'' sind im Vorhergehenden schon gelegentlich festgestellt worden. Bedeuten $f = 0$, $\varphi = 0$ zwei Elementepaare der geometrischen Interpretation, so ist $D = 0$

die Bedingung dafür, dass die Elemente von $\varphi = 0$ zusammenfallen, $D'' = 0$ dieselbe Bedingung für die Elemente von $f = 0$. $D' = 0$ sagt aus, dass die Elemente von $f = 0$ zu denen von $\varphi = 0$ harmonisch liegen (vgl. S. 166, 176). Ein Beweis dafür, welcher aus der Betrachtung des Doppelverhältnisses der Elemente von $f = 0$ und $\varphi = 0$ fliesst, wird unten gegeben werden. Man übersieht diese Bedeutung von D' aber sofort, wenn man sich etwa die Verschwindungselemente von φ als Grundelemente eingeführt denkt. Dann hat in φ nur der mittlere Coefficient einen von Null verschiedenen Werth und D' reducirt sich in der ausgerechneten Form bis auf einen constanten Factor auf den mittleren Coefficienten von f. Mit D' verschwindet also dieser (wenn φ nicht identisch Null ist) und umgekehrt. Dass aber f bei dieser Wahl der Grundelemente nur die Quadrate enthält ist die Bedingung der harmonischen Lage [§ 25. (7)].

Die Gleichung $\vartheta = 0$ stellt, wenn ϑ nicht ein Quadrat ist, ein Elementepaar dar, welches zu den Verschwindungselemeten sowohl von f, als von φ harmonisch ist.

Um dies zu beweisen, braucht man nur zu zeigen, dass die simultane Invariante von ϑ und f, sowie die von ϑ gegen φ verschwindet Der Symmetrie wegen ist nur das eine nöthig zu beweisen. Die simultane Invariante von ϑ und f entsteht, wenn man in $\vartheta = (a\,b)\,a_x\,b_x$ die Grössen x_1, x_2 durch die Symbole a'_2, $-a'_1$ von f ersetzt; sie ist also

$$(a\,b)\,(a\,a')\,(b\,a'),$$

was durch Vertauschung von a mit a' das Zeichen ändert und also in der That identisch verschwindet.

In § 27. wurde aber gezeigt, dass die Discriminante von ϑ zu gleich die Resultante von f und φ ist. Die oben über ϑ gemacht Voraussetzung ist also mit der andern identisch, dass f und φ keine gemeinsamen linearen Factor besitzen.

Wählt man die Verschwindungselemente von ϑ zu Grundpunkte so enthalten sowohl f als φ nur noch die Quadrate der Veränderliche was die Lösung der bekannten Aufgabe ergiebt, zwei quadratisch Formen f und φ gleichzeitig als Aggregate zweier Quadrate darzu stellen. Dass diese Aufgabe nur eine Lösung zulässt, folgt hier auc daraus, dass durch die Bedingung der harmonischen Lage zu f und die Verhältnisse der Coefficienten von ϑ vollkommen und eindeuti bestimmt sind.

Bezeichnet man die Verschwindungselemente von ϑ durch $\xi = \eta = 0$, und setzt

$$(2) \qquad\qquad \vartheta = \sqrt{-\frac{D}{2}} \cdot \xi\,\eta,$$

so kann man der Gleichung (1) die Form geben:

$$(3) \qquad \xi^2 \eta^2 = (f + \lambda \varphi)(f + \lambda' \varphi),$$

wo λ, λ' die Wurzeln der quadratischen Gleichung

$$(4) \qquad D \lambda^2 + 2 D' \lambda + D'' = 0$$

sind. Da nun in diesem Falle, wie gezeigt, f und φ keinen gemeinschaftlichen Factor haben, so folgt aus (3), dass $f + \lambda \varphi$ und $f + \lambda' \varphi$ jedes für sich Quadrate linearer Ausdrücke sein müssen, und dass man also setzen kann

$$(5) \qquad \begin{aligned} f + \lambda \, \varphi &= \xi^2 \\ f + \lambda' \varphi &= \eta^2, \end{aligned}$$

wodurch denn die Coefficienten von ξ, η bis auf das Vorzeichen völlig bestimmt sind. Die Bestimmung der Verschwindungselemente von ϑ geschieht also so, dass man zunächst die quadratische Gleichung (4) löst, und dann aus den Gleichungen

$$\begin{aligned} \xi &= \sqrt{f + \lambda \, \varphi} \\ \eta &= \sqrt{f + \lambda' \varphi} \end{aligned}$$

die Ausdrücke ξ, η selbst findet.

Aus (5) folgt weiter

$$(6) \qquad \begin{aligned} \varphi &= \frac{\xi^2 - \eta^2}{\lambda - \lambda'} \\ f &= -\frac{\lambda' \xi^2 - \lambda \eta^2}{\lambda - \lambda'}, \end{aligned}$$

was die Darstellung der Formen f und φ durch Aggregate von Quadraten ist. Diese Darstellung ist immer möglich, sobald $\lambda - \lambda'$ nicht verschwindet, d. h. sobald die Discriminante

$$D D'' - D'^2$$

der Gleichung (4) nicht gleich Null ist. Diese aber ist nach § 27. (29) zugleich die Resultante von f und φ, deren Verschwinden oben schon ausgeschlossen wurde.

Aus (6) folgt auch

$$f + \mu \varphi = \frac{(\mu - \lambda') \xi^2 - (\mu - \lambda) \eta^2}{\lambda - \lambda'}.$$

Die ganze durch $f + \mu \varphi = 0$ dargestellte Reihe von Elementepaaren ist also durch die Quadrate von ξ und η ausgedrückt, d. h. diese Reihe bildet die Involution, deren Doppelelemente durch $\vartheta = 0$ bestimmt werden; wie denn auch umgekehrt jedes Paar dieser Reihe

$$\xi^2 + \varkappa \eta^2 = 0$$

in der Form

$$f + \mu \varphi = 0$$

enthalten ist, wobei

$$\varkappa = -\frac{\mu - \lambda}{\mu - \lambda'}, \qquad \mu = \frac{\lambda + \varkappa\lambda'}{1 + \varkappa}. \; -$$

Nimmt man f und φ in der Form (6), so sind die Verschwindungselemente beider Functionen durch die Gleichungen gegeben:

$$\xi - \eta = 0 \qquad \xi - \sqrt{\frac{\lambda}{\lambda'}}\,\eta = 0$$

$$\xi + \eta = 0 \qquad \xi + \sqrt{\frac{\lambda}{\lambda'}}\,\eta = 0.$$

Ein Doppelverhältniss dieser Paare ist (§ 25.):

$$\alpha = \frac{\dfrac{\sqrt{\frac{\lambda}{\lambda'}} - 1}{\sqrt{\frac{\lambda}{\lambda'}} + 1}}{\dfrac{-\sqrt{\frac{\lambda}{\lambda'}} - 1}{-\sqrt{\frac{\lambda}{\lambda'}} + 1}} = \left(\frac{\sqrt{\lambda} - \sqrt{\lambda'}}{\sqrt{\lambda} + \sqrt{\lambda'}}\right)^2;$$

sollen die Elemente der Paare nicht getrennt werden, so giebt es ausser $\dfrac{1}{\alpha}$ keinen Werth dieses Doppelverhältnisses mehr. Die Grösse α muss sich also direct durch eine reciproke quadratische Gleichung darstellen lassen. Bemerkt man, dass nach (4)

$$1 : \lambda + \lambda' : \lambda\lambda' = D : -2\,D' : D'',$$

so erhält man

$$\alpha + \frac{1}{\alpha} = \frac{(\sqrt{\lambda} - \sqrt{\lambda'})^4 + (\sqrt{\lambda} + \sqrt{\lambda'})^4}{(\lambda - \lambda')^2}$$

$$= 2\,\frac{(\lambda + \lambda')^2 + 4\,\lambda\lambda'}{(\lambda + \lambda')^2 - 4\,\lambda\lambda'} = 2\,\frac{D'^2 + D\,D''}{D'^2 - D\,D''};$$

α und $\dfrac{1}{\alpha}$ sind also die Wurzeln der quadratischen Gleichung

$$\alpha^2 - 2\,\alpha\,\frac{D'^2 + D\,D''}{D'^2 - D\,D''} + 1 = 0,$$

oder

$$(7) \qquad\qquad D'^2\,(\alpha - 1)^2 - D\,D''\,(\alpha + 1)^2 = 0.$$

Diese Gleichung bestätigt das im Eingange über die Bedeutung von D, D', D'' Gesagte; denn mit $\alpha = 1$ wird D oder D'' zu Null, zwei Elemente eines Paares fallen zusammen; für $\alpha = -1$ wird $D' = 0$, und dadurch wird also die harmonische Lage der Elementepaare angezeigt. Denkt man sich aber unter α irgend einen beliebig gegebenen constanten Werth, so enthält die Formel (7) folgenden Satz:

Die Bedingung dafür, dass zwei Punktepaare ein Doppelverhältniss α bilden sollen, ist durch die Invariantenrelation (7) gegeben.

Ich schliesse dem Obigen noch folgende oft zu benutzende algebraische Sätze an:

Die erste Ueberschiebung der Functionaldeterminante

$$\vartheta = (ab)\, a_x\, b_x$$

über eine der sie constituirenden Functionen ist:

$$(\vartheta a)\, \vartheta_x\, a_x = \tfrac{1}{2}\, (D\varphi - D'f).$$

Man hat nämlich:

$$(\vartheta a')\, \vartheta_x\, a'_x = \tfrac{1}{2}\, a'_x\, (ab)\, \{\,(aa')\, b_x + (ba')\, a_x\,\},$$

oder wenn man im ersten Gliede $a\,a'$ vertauscht, im zweiten die Identität II. anwendet:

$$(\vartheta a')\, \vartheta_x\, a'_x = \tfrac{1}{4}\, (aa')^2\, b_x{}^2 - \tfrac{1}{2}\, \{\,(ab)^2\, a'_x{}^2 - \tfrac{1}{2}\, (aa')^2\, b_x{}^2\,\}$$
$$= \tfrac{1}{2}\, (D\varphi - D'f)$$

wie oben.

Die zweite Ueberschiebung von f oder φ mit ϑ verschwindet, wie oben schon bewiesen wurde.

Die Invariante von ϑ ist

$$(\vartheta\vartheta')^2 = \tfrac{1}{2}\, (DD'' - D'^2).$$

Die hierzu gehörige Rechnung ist in § 27. gegeben worden, indem beide Ausdrücke der negativen durch 2 dividirten Resultante R der beiden Formen gleich gefunden wurden.

§ 58. Simultane Invarianten und Covarianten einer beliebigen Anzahl quadratischer Formen.

Im Vorigen wurde gezeigt, dass das vollständige System von Invarianten und Covarianten zweier simultanen quadratischen Formen

$$f = a_x{}^2 = a'_x{}^2 \ldots$$
$$\varphi = b_x{}^2 = b'_x{}^2 \ldots$$

ausser den Grundformen selbst nur noch die Covariante

$$\vartheta = (ab)\, a_x\, b_x,$$

und ausserdem die Invarianten

$$(aa')^2, \quad (ab)^2, \quad (bb')^2$$

enthält. Fügt man nun eine weitere quadratische Grundform hinzu:

$$\psi = c_x{}^2 = c'_x{}^2 \ldots,$$

so tritt zunächst die Invariante

$$(c\,c')^2$$

auf, sodann aber sind nach § 56. die ersten und zweiten Ueberschiebungen von f, φ, ϑ mit ψ zu bilden. Was die ersten Ueberschiebungen betrifft, so sind die von f oder φ mit ψ der Form ϑ analog; die erste Ueberschiebung von ψ mit ϑ aber kann übergangen werden, da sie nach § 35. (5) sich durch f, φ, ψ und deren zweite Ueberschiebungen ausdrückt. Von den zweiten Ueberschiebungen sind die ersten beiden analog zu $(a\,b)^2$, nämlich $(a\,c)^2$ und $(b\,c)^2$; die zweite Ueberschiebung von ψ mit ϑ aber liefert die Invariante

$$(a\,b)\,(a\,c)\,(b\,c),$$

welche linear für die Coefficienten aller darin auftretenden Functionen ist, und durch Vertauschung der Coefficienten irgend zweier dieser Functionen nur das Zeichen ändert.

Man sieht, dass hierbei Covarianten von neuem Charakter nicht entstanden sind, und man schliesst daher, dass bei der Hinzufügung weiterer quadratischer Grundformen solche auch nicht mehr auftreten können.

Ein beliebiges System quadratischer Grundformen

$$\begin{aligned}
f_1 &= a_x{}^2 = a'_x{}^2 \ldots \\
f_2 &= b_x{}^2 = b'_x{}^2 \ldots \\
&\;\cdot\;\cdot\;\cdot\;\cdot\;\cdot\;\cdot\;\cdot \\
f_n &= m_x{}^2 = m'_x{}^2 \ldots
\end{aligned}$$

führt daher ausser diesen Formen selbst auf folgende Bildungen, mit denen das vollständige System ihrer Invarianten und Covarianten abgeschlossen ist:

1. Die $\dfrac{n\,.\,n-1}{2}$ Functionaldeterminanten D_{ik}, deren Typus ist:

$$\vartheta_{12} = (a\,b)\,a_x\,b_x.$$

2. Die $\dfrac{n\,.\,n+1}{2}$ Invarianten ϑ_{ik} (wo i auch gleich k sein kann), deren Typus ist:

$$D_{11} = (a\,a')^2, \quad D_{12} = (a\,b)^2.$$

3. Die $\dfrac{n\,.\,n-1\,.\,n-2}{1\,.\,2\,.\,3}$ Invarianten R_{ikh}, deren Typus ist:

$$R_{123} = -\,(a\,b)\,(b\,c)\,(c\,a).$$

Von diesen Formen sind die unter 1. und 3. aufgeführten ungeraden Charakters, die anderen geraden Charakters. Es tritt aber auch hier, ähnlich wie in frühern Fällen, der Umstand hinzu, dass ein Product zweier ungeraden Formen immer durch gerade Formen ausdrückbar ist, so dass in dem Ausdrucke irgend einer Covariante oder Invariante durch die Formen des vollständigen Systems diese ungeraden Formen schliesslich nur linear auftreten.

Um die in Frage stehenden Relationen abzuleiten, kann man sich der Bemerkung bedienen, dass sowohl ϑ_{ik} als R_{ikh} in Form einer Determinante darstellbar ist. Man hat

$$(1) \quad \vartheta_{12} = \begin{vmatrix} a_1^2 & b_1^2 & x_2^2 \\ a_1 a_2 & b_1 b_2 & -x_1 x_2 \\ a_2^2 & b_2^2 & x_1^2 \end{vmatrix}$$

$$R_{123} = \begin{vmatrix} a_1^2 & b_1^2 & c_1^2 \\ a_1 a_2 & b_1 b_2 & c_1 c_2 \\ a_2^2 & b_2^2 & c_2^2 \end{vmatrix},$$

und es entsteht also R_{123} aus ϑ_{12}, wenn man x_1, x_2 durch c_2, $-c_1$ ersetzt. Betrachten wir nun das Product

$$2\,\vartheta_{12}(x_1, x_2) \cdot \vartheta_{45}(y_1, y_2) = \begin{vmatrix} a_1^2 & b_1^2 & x_2^2 \\ a_1 a_2 & b_1 b_2 & -x_1 x_2 \\ a_2^2 & b_2^2 & x_1^2 \end{vmatrix} \begin{vmatrix} d_2^2 & e_2^2 & y_1^2 \\ -2 d_1 d_2 & -2 e_1 e_2 & 2 y_1 y_2 \\ d_1^2 & e_1^2 & y_2^2 \end{vmatrix}.$$

Wenn man die beiden Determinanten nach der gewöhnlichen Regel multiplicirt, und zwar, indem man die Vertikalreihen combinirt, so erhält man:

$$2\,\vartheta_{12}(x_1, x_2) \cdot \vartheta_{45}(y_1, y_2) = \begin{vmatrix} D_{14} & D_{15} & f_1(y_1, y_2) \\ D_{24} & D_{25} & f_2(y_1, y_2) \\ f_4(x_1, x_2) & f_4(x_1, x_2) & (xy)^2 \end{vmatrix}.$$

Diese Formel giebt ihrer Ableitung nach ganz allgemein:

$$(2) \quad 2\,\vartheta_{\varkappa\lambda}(x_1, x_2) \cdot \vartheta_{\varrho\sigma}(y_1, y_2) = \begin{vmatrix} D_{\varkappa\varrho} & D_{\varkappa\sigma} & f_\varkappa(y_1, y_2) \\ D_{\lambda\varrho} & D_{\lambda\sigma} & f_\lambda(y_1, y_2) \\ f_\varrho(x_1, x_2) & f_\sigma(x_1, x_2) & (xy)^2 \end{vmatrix},$$

und zwar ist es dabei offenbar gleichgiltig, ob unter den Indices $\varkappa$, λ, ϱ, σ sich gleiche befinden oder nicht. Setzen wir $y_1 = x_1$, $y_2 = x_2$, so verwandelt sich, indem wir die Argumente jetzt auslassen, die Formel (2) in

$$(3) \quad 2\,\vartheta_{\varkappa\lambda}\,\vartheta_{\varrho\sigma} = \begin{vmatrix} D_{\varkappa\varrho} & D_{\varkappa\sigma} & f_\varkappa \\ D_{\lambda\varrho} & D_{\lambda\sigma} & f_\lambda \\ f_\varrho & f_\sigma & 0 \end{vmatrix}.$$

Mit Hilfe dieser Formel drückt sich das Product irgend zweier ϑ durch gerade Formen aus; die im vorigen Paragraphen benutzte Formel für ϑ^2 ist ein specieller Fall derselben. Vgl. auch § 35. (11).

Setzt man in (2) für y_1, y_2 die Symbole p_2, $-p_1$ irgend einer Form f_τ, so verwandelt sich $f_\varkappa(y_1, y_2)$ in $D_{\varkappa\tau}$ etc., und $\vartheta_{\varrho\sigma}(y_1, y_2)$ geht in $R_{\varrho\sigma\tau}$ über; man hat also:

$$(4) \qquad 2\,\vartheta_{\varkappa\lambda} \cdot R_{\varrho\sigma\tau} = \begin{vmatrix} D_{\varkappa\varrho} & D_{\varkappa\sigma} & D_{\varkappa\tau} \\ D_{\lambda\varrho} & D_{\lambda\sigma} & D_{\lambda\tau} \\ f_\varrho & f_\sigma & f_\tau \end{vmatrix}.$$

Setzt man endlich hierin auch noch für x_1, x_2 die Symbole q_2, $-q_1$ einer Form f_μ, so gehen f_ϱ, f_σ, f_τ, $\vartheta_{\varkappa\lambda}$ in $D_{\mu\varrho}$, $D_{\mu\sigma}$, $D_{\mu\tau}$, $-R_{\varkappa\lambda\mu}$ über, und man hat:

$$(5) \qquad 2\,R_{\varkappa\lambda\mu}\,R_{\varrho\sigma\tau} = \begin{vmatrix} D_{\varkappa\varrho} & D_{\varkappa\sigma} & D_{\varkappa\tau} \\ D_{\lambda\varrho} & D_{\lambda\sigma} & D_{\lambda\tau} \\ D_{\mu\varrho} & D_{\mu\sigma} & D_{\mu\tau} \end{vmatrix}.$$

Die drei Gleichungen (3), (4), (5) liefern die Relationen, um welche es sich handelt.

Ausser diesen Relationen kann man noch eine grosse Anzahl anderer aufstellen, welche zwar als Folgen derselben aufgefasst werden können, aber sich durch ihre einfache Form auszeichnen und leicht direct ableitbar sind. Die Identität

$$(6) \qquad 0 = \begin{vmatrix} a_1\,a_x & a_2\,a_x & a_x{}^2 \\ b_1\,b_x & b_2\,b_x & b_x{}^2 \\ c_1\,c_x & c_2\,c_x & c_x{}^2 \end{vmatrix}$$

liefert, nach der letzten Vertikalreihe geordnet, die Relation:

$$(7) \qquad f_\varkappa\,\vartheta_{\lambda\mu} + f_\lambda\,\vartheta_{\mu\varkappa} + f_\mu\,\vartheta_{\varkappa\lambda} = 0,$$

welche in Bezug auf die f einerseits und die entsprechenden ϑ andererseits linear ist. Die Identität

$$0 = \begin{vmatrix} a_1{}^2 & a_1\,a_2 & a_2{}^2 & a_x{}^2 \\ b_1{}^2 & b_1\,b_2 & b_2{}^2 & b_x{}^2 \\ c_1{}^2 & c_1\,c_2 & c_2{}^2 & c_x{}^2 \\ d_1{}^2 & d_1\,d_2 & d_2{}^2 & d_x{}^2 \end{vmatrix}$$

liefert, nach der letzten Vertikalreihe geordnet, die lineare Relation, welche zwischen je vier Formen f besteht, und deren Coefficienten die R sind:

$$(8) \qquad f_\varkappa\,R_{\lambda\mu\nu} - f_\lambda\,R_{\mu\nu\varkappa} + f_\mu\,R_{\nu\varkappa\lambda} - f_\nu\,R_{\varkappa\lambda\mu} = 0.$$

Endlich giebt die Identität:

$$0 = \begin{vmatrix} a_1{}^2 & a_1\,a_2 & a_2{}^2 & 0 \\ b_1{}^2 & b_1\,b_2 & b_2{}^2 & 0 \\ c_1{}^2 & c_1\,c_2 & c_2{}^2 & 0 \\ x_2{}^2 & -x_1\,x_2 & x_1{}^2 & 0 \end{vmatrix} \cdot \begin{vmatrix} d_2{}^2 & -2\,d_1\,d_2 & d_1{}^2 & 0 \\ e_2{}^2 & -2\,e_1\,e_2 & e_1{}^2 & 0 \\ g_2{}^2 & -2\,g_1\,g_2 & g_1{}^2 & 0 \\ x_1{}^2 & 2\,x_1\,x_2 & x_2{}^2 & 0 \end{vmatrix},$$

indem man die beiden Determinanten durch Combination der Horizontalreihen multiplicirt, **Relationen zwischen den geraden Formen allein**, welche quadratisch in den f sind und deren Coefficienten sich aus den D zusammensetzen. Diese Relationen haben, wie man durch die Ausführung der Multiplication sofort sieht, die Gestalt:

$$(9) \qquad 0 = \begin{vmatrix} D_{\varkappa\varrho} & D_{\varkappa\sigma} & D_{\varkappa\tau} & f_\varkappa \\ D_{\lambda\varrho} & D_{\lambda\sigma} & D_{\lambda\tau} & f_\lambda \\ D_{\mu\varrho} & D_{\mu\sigma} & D_{\mu\tau} & f_\mu \\ f_\varrho & f_\sigma & f_\tau & 0 \end{vmatrix}.$$

Die Relation (7) kann man aber auch aus (3) ableiten, (8) aus (4), (9) aus (3) und (4) zusammen. Wesentlich neue Beziehungen geben also diese Gleichungen nicht.

Doch ist es von Interesse, die Gleichungen (7), (9) in folgender Weise nochmals abzuleiten.

Betrachtet man an Stelle der rechten Seite von (6) den Ausdruck

$$\begin{vmatrix} a_1\,a_x & a_2\,a_x & a_y{}^2 \\ b_1\,b_x & b_2\,b_x & b_y{}^2 \\ c_1\,c_x & c_2\,c_x & c_y{}^2 \end{vmatrix} = f_\varkappa\,(y)\,\vartheta_{\lambda\mu} + f_\lambda\,(y)\,\vartheta_{\mu\varkappa} + f_\mu\,(y)\,\vartheta_{\varkappa\lambda},$$

so kann man denselben in die Factoren zerlegen:

$$\begin{vmatrix} a_1{}^2 & a_1\,a_2 & a_2{}^2 \\ b_1{}^2 & b_1\,b_2 & b_2{}^2 \\ c_1{}^2 & c_1\,c_2 & c_2{}^2 \end{vmatrix} \cdot \begin{vmatrix} x_1 & x_2 & 0 \\ 0 & x_1 & x_2 \\ y_1{}^2 & 2\,y_1 y_2 & y_2{}^2 \end{vmatrix} = R_{\varkappa\lambda\mu}\cdot(xy)^2,$$

und es besteht also die Gleichung:

$$(10) \qquad f_\varkappa\,(y)\,\vartheta_{\lambda\mu} + f_\lambda\,(y)\,\vartheta_{\mu\varkappa} + f_\mu\,(y)\,\vartheta_{\varkappa\lambda} = R_{\varkappa\lambda\mu}\cdot(xy)^2.$$

Setzt man in dieser $x = y$, so kommt man auf (7) zurück. Setzt man aber der Reihe nach für y_2, $-y_1$ die Symbole von f_ϱ, f_σ, f_τ ein, so findet man die drei Gleichungen:

$$(11) \qquad \begin{aligned} R_{\varkappa\lambda\mu}\cdot f_\varrho &= D_{\varkappa\varrho}\,\vartheta_{\lambda\mu} + D_{\lambda\varrho}\,\vartheta_{\mu\varkappa} + D_{\mu\varrho}\,\vartheta_{\varkappa\lambda} \\ R_{\varkappa\lambda\mu}\cdot f_\sigma &= D_{\varkappa\sigma}\,\vartheta_{\lambda\mu} + D_{\lambda\sigma}\,\vartheta_{\mu\varkappa} + D_{\mu\sigma}\,\vartheta_{\varkappa\lambda} \\ R_{\varkappa\lambda\mu}\cdot f_\tau &= D_{\varkappa\tau}\,\vartheta_{\lambda\mu} + D_{\lambda\tau}\,\vartheta_{\mu\varkappa} + D_{\mu\tau}\,\vartheta_{\varkappa\lambda}. \end{aligned}$$

Eliminirt man aus diesen Gleichungen und (7) die Grössen $R_{\varkappa\lambda\mu}$, $\vartheta_{\lambda\mu}$, $\vartheta_{\mu\varkappa}$, $\vartheta_{\varkappa\lambda}$, so erhält man wieder die Gleichung (9). —

Die weiteren, aus den gegebenen Formen entstehenden Bildungen, müssen sich durch die Formen des vollständigen Systems ausdrücken. Es sind nun von Interesse dabei zunächst diejenigen Formen, welche aus den durch ϑ_{ik}, D_{ik}, R_{ikh} bezeichneten Bildungen entstehen, wenn man in denselben eine oder mehrere der constituirenden Functionen durch Functionaldeterminanten ersetzt. Wir wollen dies dadurch ausdrücken, dass wir an Stelle des Index der zu ersetzenden

Function die Indices setzen, welche den constituirenden Functionen der Functionaldeterminante entsprechen, so dass z. B. $D_{ik,\,h}$ die Invariante bedeutet, welche aus Combination der Functionaldeterminante ϑ_{ik}, mit der Function f_h entsteht. Es sind also folgende Bildungen zu untersuchen:

$$\vartheta_{12,\,3}; \quad \vartheta_{12,\,34}; \quad D_{12,\,3}; \quad D_{12,\,34}; \quad R_{12,\,3,\,4}; \quad R_{12,\,34,\,5}; \quad R_{12,\,34,\,56}.$$

Die Symbole der mit den Indices 1, 2 ... bezeichneten Functionen sollen durh a, b ... in alphabetischer Ordnung bezeichnet werden. Nach der Formel (5) des § 35. hat man zunächst:

$$(12) \qquad \vartheta_{12,\,3} = \tfrac{1}{2}\,(f_2\,D_{13} - f_1\,D_{23});$$

ferner hat man nach der Definition der ϑ und R:

$$(13) \qquad D_{12,\,3} = (a\,b)\,(a\,c)\,(b\,c) = R_{123}.$$

Ersetzt man nun in (12) die Function f_3 durch die Functionaldeterminante ϑ_{34}, so kommt:

$$(14) \qquad \vartheta_{12,\,34} = \tfrac{1}{2}\,(f_2\,D_{1,\,34} - f_1\,D_{2,\,34}) = \tfrac{1}{2}\,(f_2\,R_{134} - f_1\,R_{234}).$$

Der Ausdruck kann nur sein Zeichen ändern, wenn man 1, 2 mit 3, 4 vertauscht; die Gleichsetzung der beiden so erhaltenen Ausdrücke von $\vartheta_{12,\,34}$ führt auf die Gleichung (8) zurück.

Den Ausdruck $R_{12,\,3,\,4}$ können wir als die zweite Ueberschiebung von $\vartheta_{12,\,3}$ mit f_4 betrachten. In Folge der Gleichung (12) hat man also:

$$(15) \qquad R_{12,\,3,\,4} = \tfrac{1}{2}\,(D_{13}\,D_{24} - D_{14}\,D_{23}).$$

Hieraus findet man nun auch sofort den Werth von $D_{12,\,34}$; denn es ist nach (13):

$$(16) \qquad D_{12,\,34} = R_{1,\,2,\,34} = \tfrac{1}{2}\,(D_{13}\,D_{24} - D_{23}\,D_{14}).$$

Setzt man nun in (15) ϑ_{34} für f_3, f_5 für f_4, so erhält man mit Hilfe von (13):

$$(17) \quad R_{12,\,34,\,5} = \tfrac{1}{2}\,(D_{25}\,D_{1,\,34} - D_{15}\,D_{2,\,34}) = \tfrac{1}{2}\,(D_{25}\,R_{134} - D_{15}\,R_{234}).$$

Auch dieser Ausdruck kann nur das Zeichen ändern, wenn man 1, 2 mit 3, 4 vertauscht. Indem man die beiden so erhaltenen Ausdrücke von $R_{12,\,34,\,5}$ einander gleich setzt, erhält man die zwischen den D und R stattfindende Beziehung

$$(18) \qquad D_{15}\,R_{234} - D_{25}\,R_{134} + D_{35}\,R_{412} - D_{45}\,R_{312} = 0,$$

welche auch aus (8) abgeleitet werden kann, indem man ein f zweimal über jene Gleichung schiebt.

Endlich erhält man, indem man in (17) f_5 durch ϑ_{56} ersetzt und (13) benutzt:

(19) $$R_{12,\,34,\,56} = \tfrac{1}{2}\,(R_{256}\,R_{134} - R_{156}\,R_{234}).$$

Durch Vertauschung der Paare 12, 34, 56, wobei $R_{12,\,34,\,56}$ nur das Zeichen ändert, erhält man zwei mit der obigen gleichberechtigte Darstellungen; die Gleichsetzung der rechten Seiten führt auf quadratische Relationen zwischen den R von der Form:

(20) $$R_{156}\,R_{234} - R_{256}\,R_{134} + R_{356}\,R_{124} - R_{456}\,R_{123} = 0,$$

welche auch abgeleitet werden können, indem man ein ϑ zweimal über (8) schiebt, und welche identisch erfüllt werden, wenn man für die Producte der R ihre Ausdrücke in den D (5) setzt.

Setzen wir für den Augenblick voraus, was später bewiesen werden wird, dass die Zahl der von einander unabhängigen Invarianten des Systems um 3 kleiner ist als die Zahl aller Coefficienten, so sind von den $\dfrac{n\,.\,n+1}{2}$ Formen D nur $3n-3$ völlig unabhängig von einander, und es müssen Relationen zwischen den D bestehen, von welchen

$$\frac{n\,.\,n+1}{2} - (3n-3) = \frac{n-2\,.\,n-3}{2}$$

von einander unabhängig sind. Es ist nun leicht zu zeigen, dass diese wirklich existiren, und dass man sogar durch die $3n-3$ Invarianten

(21)
$$\begin{matrix}
D_{11} & D_{12} & D_{22} \\
D_{31} & D_{32} & D_{33} \\
D_{41} & D_{42} & D_{43} \\
\cdot\ \cdot\ \cdot\ \cdot\ \cdot\ \cdot \\
D_{n1} & D_{n2} & D_{n3}
\end{matrix}$$

alle übrigen rational ausdrücken kann. Aus der Multiplication der beiden verschwindenden Determinanten:

$$\begin{vmatrix}
a_1^2 & a_1 a_2 & a_2^2 & 0 \\
b_1^2 & b_1 b_2 & b_2^2 & 0 \\
c_1^2 & c_1 c_2 & c_2^2 & 0 \\
k_1^2 & k_1 k_2 & k_2^2 & 0
\end{vmatrix}
\begin{vmatrix}
a_2^2 & -2 a_1 a_2 & a_1^2 & 0 \\
b_2^2 & -2 b_1 b_2 & b_1^2 & 0 \\
c_2^2 & -2 c_1 c_2 & c_1^2 & 0 \\
h_2^2 & -2 h_1 h_2 & h_1^2 & 0
\end{vmatrix}$$

folgt nämlich identisch:

(22)
$$0 = \begin{vmatrix}
D_{11} & D_{12} & D_{13} & D_{1\,h} \\
D_{21} & D_{22} & D_{23} & D_{2\,h} \\
D_{31} & D_{32} & D_{33} & D_{3\,h} \\
D_{k\,1} & D_{k\,2} & D_{k\,3} & D_{k\,h}
\end{vmatrix}.$$

In dieser Gleichung kommen nur Invarianten des Systems (21) vor, ausgenommen D_{kh}, welches linear auftritt, und man kann also dieses immer durch jene Grössen ausdrücken, vorausgesetzt natürlich, was bei der allgemeinen Betrachtung gestattet ist, dass der Coefficient

von $\overset{*}{D}_{kh}$ nicht verschwindet. Dieser Coefficient aber ist nach (5)
$2\,R^2_{123}$; eine solche Art, die D auszudrücken, ist also immer gestattet,
sobald nur eine einzige der Invarianten R von Null verschieden ist,
d. h sobald sich nur nicht das ganze System der Functionen f aus
nur zweien derselben linear zusammensetzt.

Da die geometrische Bedeutung der übrigen Formen schon oben
entwickelt ist, so bleibt nur noch übrig, von der geometrischen Bedeutung der Gleichung

$$R_{123} = 0$$

zu handeln, welche, wenn sie besteht, eine Beziehung zwischen drei
quadratischen Formen aussagt. Nun ist nach dem Vorigen ϑ_{12} eine
Form, deren Verschwindungselemente zu denen von f_1 und f_2 harmonisch sind; ferner entstand R_{123} als zweite Ueberschiebung von
ϑ_{12} mit f_3. Verschwindet also dieser Ausdruck, so sind die Verschwindungselemente von ϑ_{12} auch harmonisch zu denen von f_3,
d. h. die Verschwindungselemente von f_1, f_2, f_3 sind gleichzeitig harmonisch zu einem Elementepaar, sind also Paare einer Involution,
deren Doppelelemente das letztere giebt. Die Gleichung

$$R_{123} = 0$$

bedeutet also, dass f_1, f_2, f_3 Punktepaare der nämlichen
Involution geben.

Dieser Satz lässt sich auch umkehren. Denn sind die aus $f_1 = 0$,
$f_2 = 0$, $f_3 = 0$ erhaltenen Elementepaare Glieder einer Involution, so
kann man den drei Functionen f_1, f_2, f_3 die Form geben:

$$f_1 = \alpha_1\,\xi^2 + \beta_1\,\eta^2$$
$$f_2 = \alpha_2\,\xi^2 + \beta_2\,\eta^2$$
$$f_3 = \alpha_3\,\xi^2 + \beta_3\,\eta^2;$$

dass aber für diese Annahme R_{123} verschwindet, lehrt die Determi-
nantenform (1) augenblicklich, da in dieser die Coefficienten einer
Reihe sämmtlich gleich Null sind, sobald man R_{123} in Bezug auf die
neuen Veränderlichen ξ, η bildet.

§ 59. Simultane Covarianten und Invarianten einer quadratischen und einer cubischen Form.

Wendet man die Principien des § 56. auf die Combination einer
quadratischen und einer cubischen Form an, so erhält man Folgendes.

Das System einer cubischen Form φ besteht aus den Covarianten
Δ (quadratisch), Q (cubisch) und der Invariante R (§ 34.). Man hat
also nur die eine Covariante Δ, welche von gerader Ordnung ist,

und nach dem angeführten Paragraphen erhält man daraus zunächst zwei simultane Bildungen, die beiden Ueberschiebungen von f mit Δ. Ist symbolisch

$$f = a_x{}^2 = b_x{}^2 \ldots$$
$$\varphi = \alpha_x{}^3 = \beta_x{}^3 \ldots$$
$$\Delta = \Delta_x{}^2 = \Delta'_x{}^2 \ldots$$
$$Q = Q_x{}^3 = Q'_x{}^3 \ldots,$$

so sind diese beiden Bildungen durch

$$(1) \qquad (a\,\Delta)\, a_x\, \Delta_x, \quad (a\,\Delta)^2$$

gegeben.

Nächst diesen hat man die erste und zweite Ueberschiebung von f über φ und Q, sowie die dritte von f^2 über φ und Q zu bilden; von diesen ist nur die erste Ueberschiebung von f über Q auszulassen, da Q eine Functionaldeterminante ist (§ 35.). Man hat also zweitens die Bildungen:

$$(2) \quad (a\,\alpha)\, a_x\, \alpha_x{}^2, \; (a\,\alpha)^2\, \alpha_x, \; (a\,Q)^2\, Q_x, \; (a\,\alpha)^2\, (b\,\alpha)\, b_x, \; (a\,Q)^2\, (b\,Q)\, b_x.$$

Endlich hat man noch die sechsten Ueberschiebungen von φ^2, $\varphi\, Q$, Q^2 über f^3 zu bilden, drei Invarianten. Aber von diesen kann die letzte übergangen werden; denn da Q^2 sich durch Δ, R, φ ausdrückt (§ 35.), so setzt sich diese Ueberschiebung aus den sechsten Ueberschiebungen von f^3 über φ^2 und Δ^3 zusammen. Von diesen ist die erstere schon eine der noch zu behandelnden; die zweite ist auszulassen, da sie einen zerfallenden Theil besitzt, der entsteht, indem man jeden Factor f zweimal über einen der Factoren Δ schiebt. Wählt man statt der sechsten Ueberschiebungen von φ^2, $\varphi\, Q$ über f^3 noch passende Theile derselben, so hat man endlich folgende Bildungen vor sich:

$$(3) \qquad (a\,\alpha)^2\, (b\,\beta)^2\, (c\,\alpha)\, (c\,\beta), \quad (a\,\alpha)^2\, (b\,Q)^2\, (c\,\alpha)\, (c\,Q).$$

Hiernach besteht das vollständige System der Invarianten und Covarianten aus 15 Formen. Einige derselben stellen sich einfacher dar, wenn man die Coefficienten der unter (2) entwickelten linearen Covarianten

$$p = p_x = (a\,\alpha)^2\, \alpha_x$$
$$r = r_x = (a\,Q)^2\, Q_x$$

einführt. Alsdann werden diese 15 Formen folgende:

Invarianten: $D = (ab)^2$, $R = (\Delta\,\Delta')^2$, $E = (a\,\Delta)^2$, $F = (ap)^2$, $M = (ap)\,(ar)$, darunter die letzte eine Form ungeraden Charakters.

Lineare Covarianten: p, r, $q = (ap)\, a_x$, $s = (ar)\, a_x$. Darunter sind r und q Formen ungeraden Charakters, die letztere als Functionaldeterminante von Formen geraden Charakters, die erste, weil Q eine Form ungeraden Charakters ist.

Quadratische Covarianten: f, Δ, $\Omega = (a\,\Delta)\,a_x\,\Delta_x$, das letzte eine Form ungeraden Charakters.

Cubische Covarianten: φ, Q, $\vartheta = (a\,\alpha)\,a_x\,\alpha_x^2$, die letzten beiden Formen ungeraden Charakters.

Es ist sehr leicht, Relationen anzugeben, welche zwischen diesen 15 Formen eintreten, z. B. indem man die Quadrate und Producte der Formen ungeraden Charakters durch Formen geraden Charakters ausdrückt. Ich werde mich späterer Anwendung wegen hier mit den Beziehungen beschäftigen, welche zwischen den Invarianten und zwischen den linearen Covarianten eintreten. Die letzteren Beziehungen erhält man dadurch, dass man die Determinanten untersucht, welche aus den Coefficienten je zweier gebildet werden. Es sind die folgenden:

$$(4)\qquad
\begin{aligned}
(p\,q) &= - (a\,p)^2 = - F; & (p\,r) &= L; \\
(p\,s) &= - (a\,r)(a\,p) = - M; & (q\,r) &= (a\,p)(a\,r) = M; \\
(q\,s) &= (a\,p)(b\,r)(a\,b) = \tfrac{1}{2}(a\,b)^2\,(p\,r) = \tfrac{1}{2}\,D\,L; \\
(r\,s) &= - (a\,r)^2 = - N.
\end{aligned}$$

Es bleibt also übrig, die hier neu eingeführten Invarianten

$$L = (p\,r); \quad N = (a\,r)^2$$

durch D, R, E, F, M auszudrücken. Wird dann schliesslich noch M^2 durch die Invarianten D, R, E, F dargestellt, so hat man alle Invariantenrelationen vor sich.

Die Darstellung von L, N knüpft sich an eine von der oben gegebenen abweichende Darstellung der Covariante r an. Es war

$$r = (a\,Q)^2\,Q_x, \quad Q = (\alpha\,\Delta)\,\alpha_x^2\,\Delta_x. \qquad [\S\ 34.\ (6).]$$

Aber die Form Q hat nach § 35. die Eigenschaft, dass

$$(5)\qquad Q_y^2\,Q_x = (\alpha\,\Delta)\,\alpha_y^2\,\Delta_x.$$

Setzt man also a_2, $-a_1$ an Stelle von y_1, y_2, so hat man:

$$(6)\qquad r = (\alpha\,\Delta)\,(a\,\alpha)^2\,\Delta_x,$$

oder wenn man $p = \alpha_x\,(a\,\alpha)^2$ einführt:

$$(7)\qquad r = (p\,\Delta)\,\Delta_x.$$

Nimmt man nun r in der Form (6), so hat man

$$\begin{aligned}
L = (p\,r) &= (\alpha\,\Delta)\,(a\,\alpha)^2\,(p\,\Delta) \\
&= (\alpha\,\Delta)\,(\beta\,\Delta)\,(a\,\alpha)^2\,(b\,\beta)^2,
\end{aligned}$$

oder wenn man das Product $(a\,\alpha)(b\,\beta)$ mittelst der Identität § 15. (IV) transformirt:

$$L = (\alpha\,\Delta)\,(\beta\,\Delta)\,(a\,\alpha)\,(b\,\beta)\,\{(a\,\beta)(b\,\alpha) + (a\,b)(\alpha\,\beta)\}.$$

Im zweiten Theile dieses Ausdrucks vertauscht man a mit b und nimmt die halbe Summe der alten und neuen Gestalt; man erhält dann

$$\tfrac{1}{2}(\alpha\Delta)(\beta\Delta)(ab)(\alpha\beta)\{(a\alpha)(b\beta)-(\alpha\beta)(b\alpha)\}$$
$$=\tfrac{1}{2}(\alpha\Delta)(\beta\Delta)(ab)^2(\alpha\beta)^2=\tfrac{1}{2}DR.$$

Im ersten Theile wendet man die Identität an [§ 15. (V)]:

$$(\alpha\Delta)(\beta\Delta)(\alpha a)(\beta a)=\tfrac{1}{2}\{(\alpha\Delta)^2(\beta a)^2+(\alpha a)^2(\beta\Delta)^2-(a\Delta)^2(\alpha\beta)^2\},$$

und beachtet, dass alles mit $(\alpha\Delta)^2$ oder $(\beta\Delta)^2$ Multiplicirte nach der Theorie der cubischen Formen verschwindet (§ 34.); es bleibt dann

$$-\tfrac{1}{2}(a\Delta)^2\cdot(b\alpha)(b\beta)(\alpha\beta)^2=-\tfrac{1}{2}E^2,$$

also

$$(8)\qquad L=\frac{DR-E^2}{2}.$$

Sodann ist, mit Benutzung der Form (7):

$$N=(ar)^2=(p\Delta)(p\Delta')(a\Delta)(a\Delta'),$$

oder nach der Identität (V):

$$N=\tfrac{1}{2}\{(p\Delta)^2(a\Delta')^2+(p\Delta')^2(a\Delta)^2-(ap)^2(\Delta\Delta')^2\},$$

das heisst

$$(9)\qquad N=EL-\tfrac{1}{2}FR.$$

Die Determinanten (4) der linearen Covarianten sind also nun durch die Invarianten der Tafel ausgedrückt. Aber man hat auch, indem man in die Identität

$$-(ps)(qr)=(pq)(rs)-(pr)(qs)$$

die Ausdrücke (4) einsetzt:

$$M^2=FN-\tfrac{1}{2}DL^2,$$

oder mit Hilfe des Ausdrucks für N:

$$(10)\qquad M^2=-\tfrac{1}{2}\{DL^2-2ELF+RF^2\}.$$

Auf anderem Wege gelangt man zu dieser Formel, wenn man von dem Ausdruck der Functionaldeterminante Ω durch f und Δ ausgeht:

$$\Omega^2=-\tfrac{1}{2}(D\Delta^2-2Ef\Delta+Rf^2).\qquad\text{[§ 57. (1).]}$$

Setzt man in dieser Gleichung $x_1=p_2$, $x_2=-p_1$, so geht f in F, Δ in L über, und Ω verwandelt sich in

$$(a\Delta)(ap)(\Delta p)=-(ap)(ar)=-M,$$

so dass sich die Gleichung (10) unmittelbar ergiebt.

Die in § 27. gegebene Resultante der cubischen und der quadratischen Form wird

$$(p\,a)^2 - 2\,D\,(\Delta\,a)^2 = F - 2\,D\,E. \; -$$

Sehen wir, was aus den Formen des oben angegebenen vollständigen Systems wird, wenn man darin die cubische Form φ durch die in § 36. untersuchte zusammengesetzte Form $\varkappa\,\varphi + \lambda\,Q$ ersetzt.* Die hierbei entstehenden Formen bezeichne ich durch angehängte Indices $\varkappa\,\lambda$. Nur auf f und D hat diese Veränderung keinen Einfluss; dagegen ist nach § 36.

$$\varphi_{\varkappa\lambda} = \varkappa\,\varphi + \lambda\,Q$$
$$\Delta_{\varkappa\lambda} = \Theta.\,\Delta$$
$$Q_{\varkappa\lambda} = \frac{\Theta}{2}\left(Q\,\frac{\partial\,\Theta}{\partial\,\varkappa} - \varphi\,\frac{\partial\,\Theta}{\partial\,\lambda}\right)$$
$$R_{\varkappa\lambda} = \Theta^2\,R,$$

wobei Θ die in $\varkappa$, λ quadratische Form

$$\Theta = \varkappa^2 + \frac{R}{2}\,\lambda^2$$

bezeichnet. Nach den Definitionen von p, q, r, s wird nun sofort in Folge dieser Gleichungen:

$$p_{\varkappa\lambda} = \varkappa p + \lambda r, \quad r_{\varkappa\lambda} = \frac{\Theta}{2}\left(r\,\frac{\partial\,\Theta}{\partial\,\varkappa} - p\,\frac{\partial\,\Theta}{\partial\,\lambda}\right)$$
$$q_{\varkappa\lambda} = \varkappa q + \lambda s, \quad s_{\varkappa\lambda} = \frac{\Theta}{2}\left(s\,\frac{\partial\,\Theta}{\partial\,\varkappa} - r\,\frac{\partial\,\Theta}{\partial\,\lambda}\right).$$

Ebenso erhält man für die höheren simultanen Covarianten die Ausdrücke:

$$\Omega_{\varkappa\lambda} = \Theta.\,\Omega, \quad \vartheta_{\varkappa\lambda} = \varkappa\,\vartheta + \lambda\,(a\,Q)\,Q_x^2\,a_x,$$

oder wenn man die erste Ueberschiebung von f über die Functionaldeterminante Q nach § 35. (5) behandelt:

$$\vartheta_{\varkappa\lambda} = \varkappa\,\vartheta + \frac{\lambda}{2}\,(E\,\varphi - p\,\Delta).$$

Endlich werden die noch fehlenden Invarianten:

$$E_{\varkappa\lambda} = \Theta\,.\,E, \quad F_{\varkappa\lambda} = \varkappa^2\,F + 2\,\varkappa\,\lambda\,M + \lambda^2\,N$$
$$M_{\varkappa\lambda} = \frac{\Theta}{2}\left\{\frac{\partial\,\Theta}{\partial\,\varkappa}\,\frac{\partial\,F_{\varkappa\lambda}}{\partial\,\lambda} - \frac{\partial\,\Theta}{\partial\,\lambda}\,\frac{\partial\,F_{\varkappa\lambda}}{\partial\,\varkappa}\right\}.$$

§ 60. Formensystem einer quadratischen und einer biquadratischen Form.

Das vollständige System einer quadratischen und einer biquadratischen Form** ist verhältnissmässig leicht zu bilden, weil nach § 56. dabei f niemals über Producte von Covarianten der biquadra-

---

* Vgl. die Abh. des Verfassers, Borchardt's Journal Bd. 68, S. 162.

** Ueber die Theorie dieser Formen vgl. die Arbeiten von Bessel und von Harbordt im 1. Bd. der mathem. Annalen, sowie von Brioschi, ebenda Bd. III.

tischen Form zu schieben ist, da letztere sämmtlich von gerader Ordnung sind. Das System umfasst also folgende Bildungen:

Die quadratische Form f mit ihrer Invariante D;

die biquadratische Form φ mit ihren Covarianten H, T und ihren Invarianten i, j;

die erste und zweite Ueberschiebung von f, die dritte und vierte von f^2 über φ und H;

die zweite Ueberschiebung von f, die dritte und vierte von f^2, die fünfte und sechste von f^3 über T.

Dass von diesen Formen noch einige ausgelassen werden können, zeigt sich sofort, wenn wir, wie es erlaubt ist, einige der Ueberschiebungen durch passend gewählte Theile derselben ersetzen. Da

$$T = (\alpha H)\,\alpha_x{}^3\,H_x{}^3,$$

so können wir an Stelle der zweiten Ueberschiebung von T mit f denjenigen Theil der Ueberschiebung setzen, welcher die Form

$$(\alpha H)\,(\alpha a)^2\,\alpha_x\,H_x{}^3$$

hat; oder, wenn die zweiten Ueberschiebungen von φ und H mit f durch

$$\psi = (a\,\alpha)^2\,\alpha_x{}^2$$
$$\chi = (a\,H)^2\,H_x{}^2$$

bezeichnet werden, die Form

$$K = (\psi H)\,\psi_x\,H_x{}^3,$$

also die Functionaldeterminante von ψ mit H. An Stelle der dritten und vierten Ueberschiebung von T mit f^3 kann man die Theile setzen:

$$(\alpha H)\,(\alpha a)^2\,(Hb)\,b_x\,H_x{}^2\,\alpha_x = (\psi H)\,(Hb)\,b_x\,\psi_x\,H_x{}^2$$
$$(\alpha H)\,(\alpha a)^2\,(Hb)^2\,H_x\,\alpha_x \;\;= (\psi \chi)\,\psi_x\,\chi_x.$$

Da nach der Identität (II) des § 15.

$$(\psi H)\,(Hb)\,b_x\,\psi_x\,H_x{}^2 = -\tfrac{1}{2}\,H_x{}^2\,\{(Hb)^2\,\psi_x{}^2 + (H\psi)^2\,b_x{}^2 - (\psi b)^2\,H_x{}^2\},$$

so besteht die erste dieser beiden Formen aus lauter zerfallenden Theilen und kann daher übergangen werden; die zweite

$$\tau = (\psi \chi)\,\psi_x\,\chi_x$$

ist die Functionaldeterminante von ψ und χ. — An Stelle der fünften und sechsten Ueberschiebung von T über f^3 kann man die Theile setzen:

$$(\alpha H)\,(\alpha a)^2\,(Hb)^2\,(\alpha c)\,c_x\,H_x = (\psi \chi)\,(\psi c)\,c_x\,\chi_x$$
$$(\alpha H)\,(\alpha a)^2\,(Hb)^2\,(\alpha c)\,(H c) = (\psi \chi)\,(\psi c)\,(\chi c).$$

Von dieser Form ist wieder wegen der Gleichung

$$(\psi \chi)\,(\psi c)\,c_x\,\chi_x = \tfrac{1}{2}\,\{(\psi \chi)^2\,c_x{}^2 + (\psi c)^2\,\chi_x{}^2 - (\chi c)^2\,\psi_x{}^2\}$$

die erstere aus lauter zerfallenden Theilen zusammengesetzt und daher auszulassen. Die zweite ist die simultane Invariante der drei quadratischen Formen f, ψ, χ, oder, was dasselbe ist, die zweite Ueberschiebung von τ über f.

Und so umfasst denn das Formensystem folgende 18 Bildungen:

6 Invarianten, nämlich ausser i und j die 4 Invarianten der quadratischen Formen f, ψ, χ:

$$D = (ab)^2$$
$$A = (\alpha a)^2 (\alpha b)^2 = (\psi \alpha)^2,$$
$$B = (Ha)^2 (Hb)^2 = (\chi a)^2$$
$$C = (\psi \chi) (\psi a) (\chi a) = (\tau a)^2.$$

6 quadratische Covarianten, nämlich f, ψ, χ und ihre ersten Ueberschiebungen

$$\Psi = (\psi a) \psi_x a_x, \quad \mathsf{X} = (\chi a) \chi_x a_x, \quad \tau = (\psi \chi) \psi_x \chi_x.$$

5 biquadratische Covarianten, nämlich φ, H und die Functionaldeterminanten

$$L = (\alpha a) \alpha_x^3 a_x, \quad M = (Ha) H_x^3 a_x, \quad K = (\psi H) \psi_x H_x^3.$$

1 Covariante sechster Ordnung, T.

Von diesen sind C, Ψ, X, τ, L, M, K, T ungeraden Charakters.

An Stelle von $(\psi H) \psi_x H_x^3$ hätte auch die gleichberechtigte Form

$$(\chi \alpha) \chi_x \alpha_x^3$$

eingeführt werden können; denn es ist

$$(\psi H) \psi_x H_x^3 + (\chi \alpha) \chi_x \alpha_x^3 = (a \alpha)^2 (\alpha H) \alpha_x H_x^3 - (a H)^2 (\alpha H) H_x \alpha_x^3$$
$$= - (\alpha H)^2 \alpha_x H_x \{(a \alpha) H_x + (a H) \alpha_x\} a_x$$

gleich der ersten Ueberschiebung von f über $(\alpha H)^2 \alpha_x^2 H_x^2$, multiplicirt mit 2; und da nach § 40. (8)

$$(\alpha H)^2 \alpha_x^2 H_x^2 = \frac{i}{6} \varphi,$$

so hat man

$$(\psi H) \psi_x H_x^3 + (\chi a) \chi_x \alpha_x^3 = \frac{i}{3} (\alpha a) \alpha_x^3 a_x = \frac{i}{3} L$$

durch andere Formen des Systems ausgedrückt. Man führt daher am passendsten die Differenz

$$N = (\psi H) \psi_x H_x^3 - (\chi \alpha) \chi_x \alpha_x^3$$

ein.

Man erhält leicht eine grosse Anzahl von Beziehungen zwischen den 18 Formen desSystems, indem man die Quadrate und Producte der Formen ungeraden Charakters durch die Formen geraden Charakters ausdrückt. Ich will nur die Invariantenbeziehung entwickeln, welche C^2 durch i, j, D, A, B ausdrückt, und werde die Invarianten darstellen, welche durch zweite Ueberschiebung der 6 quadratischen Covarianten über sich selbst und über einander entstehen. Nach Analogie mit Früherem würden diese durch D_{ff}, $D_{f\psi} \ldots$ zu bezeichnen sein, während C die Invariante

$$C = R_{f\psi\chi}$$

wäre. Aus letzterem Umstande ergiebt sich sofort nach § 58. (5):

(1)
$$C^2 = \tfrac{1}{2} \begin{vmatrix} D_{ff} & D_{f\psi} & D_{f\chi} \\ D_{\psi f} & D_{\psi\psi} & D_{\psi\chi} \\ D_{\chi f} & D_{\chi\psi} & D_{\chi\chi} \end{vmatrix}.$$

Nun ist ferner

(2)
$$D_{ff} = D, \quad D_{f\psi} = A, \quad D_{f\chi} = B.$$

Die anderen drei constituirenden Elemente der Determinante (1) erhält man aus $D_{\psi\psi}$ mit Hilfe der hier wiederum anzuwendenden Operation δ des § 41. In Folge derselben ist (vgl. die Formeln des § 41.)

$$\delta D = 0, \quad \delta A = B, \delta B = \frac{i}{3} A, \delta i = 2j, \quad \delta j = \frac{i^2}{2}, \quad \delta C = 0,$$

$$\delta f = 0, \quad \delta \varphi = H, \delta H = \frac{i}{3}\varphi, \delta \psi = \chi, \quad \delta \chi = \frac{i}{3}\psi, \delta \Psi = X,$$

$$\delta X = \frac{i}{3}\Psi, \quad \delta\tau = 0, \quad \delta L = M, \quad \delta M = \frac{i}{3}L, \delta N = 0, \quad \delta T = 0.$$

Nun ist

$$D_{\psi\psi} = (\psi\psi')^2 = (a\alpha)^2 (b\beta)^2 (\alpha\beta)^2,$$

und da nach § 40. (2)

$$(\alpha\beta)^2 \alpha_x{}^2 \beta_y{}^2 = H_x{}^2 H_y{}^2 + \frac{i}{3}(xy)^2,$$

so erhält man, indem man $x_1 = a_2,\ x_2 = -a_1,\ y_1 = b_2,\ y_2 = -b_1$ setzt:

$$D_{\psi\psi} = (Ha)^2 (Hb)^2 + \frac{i}{3}(ab)^2,$$

oder

(3)
$$D_{\psi\psi} = B + \frac{iD}{3}.$$

Unterwirft man nun diesen Ausdruck der Operation δ, so hat man

$$\delta D_{\psi\psi} = 2 D_{\psi\chi} = \frac{iA}{3} + \frac{2jD}{3},$$

also

(4)
$$D_{\psi\chi} = \frac{iA}{6} + \frac{jD}{3};$$

und ferner:

$$\delta D_{\psi\chi} = D_{\chi\chi} + \frac{i}{3} D_{\psi\psi} = \frac{jA}{3} + \frac{iB}{6} + \frac{i^2 D}{6},$$

also

(5)
$$D_{\chi\chi} = \frac{jA}{3} - \frac{iB}{6} + \frac{i^2 D}{18}.$$

Der Ausdruck von C^2 ist also durch die Formel gegeben:

(6)
$$C^2 = \tfrac{1}{2} \begin{vmatrix} D & A & B \\ A & B + \dfrac{iD}{3} & \dfrac{iA}{6} + \dfrac{jD}{3} \\ B & \dfrac{iA}{6} + \dfrac{jD}{3} & \dfrac{jA}{3} - \dfrac{iB}{6} + \dfrac{i^2 D}{18} \end{vmatrix}.$$

Was die zweiten Ueberschiebungen von f, ψ, χ über Ψ, X, τ angeht, so hat man nach § 58.:

(7) $D_{f\Psi}=0,\ D_{fX}=0,\ D_{\psi\Psi}=0,\ D_{\chi X}=0,\ D_{\psi\tau}=0,\ D_{\chi\tau}=0,$

und ferner nach der Definition:

(8) $$C=D_{f\tau}=-D_{\chi\Psi}=D_{\psi X}.$$

Endlich hat man nach § 58. (16):

$$D_{\Psi\Psi}=\tfrac{1}{2}\,(D_{\psi\psi}\,D_{ff}-D^2{}_{\psi f})$$
$$D_{\Psi X}=\tfrac{1}{2}\,(D_{\psi\chi}\,D_{ff}-D_{\psi f}\,D_{\chi f})$$
$$D_{XX}=\tfrac{1}{2}\,(D_{\chi\chi}\,D_{ff}-D^2{}_{\chi f})$$
$$D_{\Psi\tau}=\tfrac{1}{2}\,(D_{\psi\chi}\,D_{\chi f}-D_{\psi\chi}\,D_{f\psi})$$
$$D_{X\tau}=\tfrac{1}{2}\,(D_{\psi\chi}\,D_{\chi f}-D_{f\psi}\,D_{\chi\chi})$$
$$D_{\tau\tau}=\tfrac{1}{2}\,(D_{\psi\psi}\,D_{\chi\chi}-D^2{}_{\psi\chi});$$

die mit $\tfrac{1}{2}$ multiplicirten Klammern sind die Unterdeterminanten der in (6) gleich $2\,C^2$ gefundenen Determinante.

Ich bemerke noch, dass die in § 27. gebildete Resultante der biquadratischen und der quadratischen Form hier die Gestalt annimmt:

$$R=A^2-4\,DD_{\psi\psi}+2\,D^2 i=A^2-4\,DB+\tfrac{2}{3}\,i\,D^2.\ -$$

Die Invariante C, welche allein unter den Invarianten eine Form ungeraden Charakters ist, giebt, wenn sie verschwindet, eine einfache Beziehung zwischen f und φ an; eine Eigenschaft, welche C bis auf einen numerischen Factor definirt. Man kann nämlich folgenden Satz aussprechen:

> Wenn C verschwindet, so existirt (und nur dann) eine solche quadratische Form g, dass φ als quadratische Function von f und g ausgedrückt werden kann.*

Ist nämlich φ eine quadratische Function von f und g, so kann man φ in zwei quadratische Factoren zerlegen, welche lineare Functionen von f und g sind. Diese Zerlegung muss mit einer derjenigen übereinstimmen, welche aus den Gleichungen (3) des § 47. hervorgehen, und bei welcher die Form vierter Ordnung auf drei verschiedene Weisen so in quadratische Factoren zerlegt wird, dass diese linear sich aus zweien der irrationalen quadratischen Covarianten von φ zusammensetzen. Seien diese irrationalen quadratischen Covarianten ψ, ψ', ψ'', so hat man demnach entweder

$$f=\alpha\,\psi+\beta\,\psi',\ \text{oder}\ f=\alpha\,\psi'+\beta\,\psi'',\ \text{oder}\ f=\alpha\,\psi''+\beta\,\psi.$$

hiebt man über jede dieser Gleichungen zweimal diejenige der
rmen ψ, welche nicht in ihr vorkommt, so verschwindet nach § 45.
jedesmal die rechte Seite; man hat also für f die Bedingung

$$(a\,\psi)^2 \cdot (b\,\psi')^2 \cdot (c\,\psi'')^2 = 0.$$

e Form links ist jetzt rational; sie enthält die Coefficienten von f
bisch, die von φ, da die ψ von der Dimension $\sqrt{\overline{H}}$ sind, ebenfalls
bisch; sie ist also von C nur durch einen numerischen Factor ver-
hieden. Man kann nämlich die betrachtete Form als Glied der
chsten Ueberschiebung von f^3 über die Covariante $T = 2\,\psi\,\psi'\,\psi''$ von
auffassen. Diese Ueberschiebung besteht ausser einem solchen
heile dann noch aus Theilen der Form

$$(a\,\psi)\,(a\,\psi')\,(b\,\psi)\,(b\,\psi')\,(c\,\psi'')^2$$
$$= \tfrac{1}{2}\,\{(a\,\psi)^2\,(b\,\psi')^2 + (b\,\psi)^2\,(a\,\psi')^2 - (\psi\,\psi')^2\,(a\,b)^2\}\,(c\,\psi'')^2,$$

elche, da $(\psi\,\psi')^2 = 0$, auf den ersten Theil zurückkommen; und aus
heilen der Form

$$(a\,\psi)\,(a\,\psi')\,(b\,\psi')\,(b\,\psi'')\,(c\,\psi'')\,(c\,\psi)$$
$$= (a\,\psi)\,(a\,\psi')\,(b\,\psi')\,(c\,\psi'')\,\{(b\,\psi)\,(c\,\psi'') + (b\,c)\,(\psi\,\psi'')\}\,.$$

ier hat rechts das erste Glied die vorige Form, und kommt also auch
uf den ersten Theil zurück; das zweite kann, indem man die Sym-
ole b, c vertauscht, durch

$$\tfrac{1}{2}\,(b\,c)^2 \cdot (a\,\psi)\,(a\,\psi') \cdot (\psi''\,\psi)\,(\psi''\,\psi')$$
$$= \tfrac{1}{4}\,(b\,c)^2\,\{(a\,\psi)^2\,(\psi'\,\psi'')^2 + (a\,\psi')^2\,(\psi\,\psi'')^2 - (a\,\psi'')^2\,(\psi\,\psi')^2\}$$

rsetzt werden, was verschwindet. Man sieht also, dass unsere In-
ariante sich von der sechsten Ueberschiebung der Form T über f^3
ur um einen numerischen Factor unterscheidet, also rational ist. Es
tellt sonach in der That $C = 0$ die fragliche Bedingung dar. —

Ich werde nun untersuchen, was aus den Bildungen des vollstän-
ligen Systems wird, wenn man in denselben statt der biquadratischen
Form φ die in § 41. untersuchte zusammengesetzte Form $\varkappa\,\varphi + \lambda\,H$
einführt. Von den 18 Formen des Systems werden f und D hierdurch
nicht geändert; benutzt man wie in § 41. den Ausdruck

$$\Omega = \varkappa^3 - \frac{i}{2}\,\varkappa\,\lambda^2 - \frac{j}{3}\,\lambda^3,$$

so wird [vgl. § 41. (14)]:

$$\varphi_{\varkappa\lambda} = \varkappa\,\varphi + \lambda\,H$$
$$H_{\varkappa\lambda} = \tfrac{1}{3}\left(H\,\frac{\partial\Omega}{\partial\varkappa} - \varphi\,\frac{\partial\Omega}{\partial\lambda}\right)$$
$$T_{\varkappa\lambda} = \Omega\,.\,T$$
$$i_{\varkappa\lambda} = -\tfrac{1}{6}\left\{\frac{\partial^2\Omega}{\partial\varkappa^2}\frac{\partial^2\Omega}{\partial\lambda^2} - \left(\frac{\partial^2\Omega}{\partial\varkappa\,\partial\lambda}\right)^2\right\}$$
$$j_{\varkappa\lambda} = \tfrac{1}{6}\left(\frac{\partial\Omega}{\partial\varkappa}\,\frac{\partial i_{\varkappa\lambda}}{\partial\lambda} - \frac{\partial\Omega}{\partial\lambda}\,\frac{\partial i_{\varkappa\lambda}}{\partial\varkappa}\right).$$

Von den übrigen Functionen haben die durch Ueberschiebungen von f über φ entstehenden hier offenbar denselben Charakter wie $\varphi_{\varkappa\lambda}$, die durch Ueberschiebungen mit H entstehenden denselben wie $H_{\varkappa\lambda}$. Es ist also

$$\psi_{\varkappa\lambda} = \varkappa\,\psi + \lambda\,\chi \qquad \chi_{\varkappa\lambda} = \tfrac{1}{3}\left(\chi\,\frac{\partial\Omega}{\partial\varkappa} - \psi\,\frac{\partial\Omega}{\partial\lambda}\right)$$

$$L_{\varkappa\lambda} = \varkappa\,L + \lambda\,M \qquad M_{\varkappa\lambda} = \tfrac{1}{3}\left(M\,\frac{\partial\Omega}{\partial\varkappa} - L\,\frac{\partial\Omega}{\partial\lambda}\right)$$

$$A_{\varkappa\lambda} = \varkappa\,A + \lambda\,B \qquad B_{\varkappa\lambda} = \tfrac{1}{3}\left(B\,\frac{\partial\Omega}{\partial\varkappa} - A\,\frac{\partial\Omega}{\partial\lambda}\right).$$

Es bleiben also nur die Formen $\tau_{\varkappa\lambda}$, $N_{\varkappa\lambda}$, $C_{\varkappa\lambda}$ zu untersuchen. Nun ist nach der Definition:

$$\tau_{\varkappa\lambda} = \tfrac{1}{4}\begin{vmatrix} \dfrac{\partial\psi_{\varkappa\lambda}}{\partial x_1} & \dfrac{\partial\chi_{\varkappa\lambda}}{\partial x_1} \\[2ex] \dfrac{\partial\psi_{\varkappa\lambda}}{\partial x_2} & \dfrac{\partial\chi_{\varkappa\lambda}}{\partial x_2} \end{vmatrix} = \tfrac{1}{12}\begin{vmatrix} \varkappa\,\dfrac{\partial\psi}{\partial x_1} + \lambda\,\dfrac{\partial\chi}{\partial x_1} & -\dfrac{\partial\Omega}{\partial\lambda}\dfrac{\partial\psi}{\partial x_1} + \dfrac{\partial\Omega}{\partial\varkappa}\dfrac{\partial\chi}{\partial x_1} \\[2ex] \varkappa\,\dfrac{\partial\psi}{\partial x_2} + \lambda\,\dfrac{\partial\chi}{\partial x_2} & -\dfrac{\partial\Omega}{\partial\lambda}\dfrac{\partial\psi}{\partial x_2} + \dfrac{\partial\Omega}{\partial\varkappa}\dfrac{\partial\chi}{\partial x_2} \end{vmatrix}$$

$$= \tfrac{1}{12}\begin{vmatrix} \varkappa & \lambda \\[2ex] -\dfrac{\partial\Omega}{\partial\lambda} & \dfrac{\partial\Omega}{\partial\varkappa} \end{vmatrix}\begin{vmatrix} \dfrac{\partial\psi}{\partial x_1} & \dfrac{\partial\chi}{\partial x_1} \\[2ex] \dfrac{\partial\psi}{\partial x_2} & \dfrac{\partial\chi}{\partial x_2} \end{vmatrix} = \Omega\,.\,\tau,$$

so dass sich $\tau_{\varkappa\lambda}$ wie $T_{\varkappa\lambda}$ verhält. Da $C = (\tau\,a)^2$, so hat man auch

$$C_{\varkappa\lambda} = \Omega\,.\,C.$$

Endlich hat man auf dieselbe Weise wie bei τ:

$$N_{\varkappa\lambda} = \tfrac{1}{8}\begin{vmatrix} \dfrac{\partial\psi_{\varkappa\lambda}}{\partial x_1} & \dfrac{\partial H_{\varkappa\lambda}}{\partial x_1} \\[2ex] \dfrac{\partial\psi_{\varkappa\lambda}}{\partial x_2} & \dfrac{\partial H_{\lambda}}{\partial x_2} \end{vmatrix} - \begin{vmatrix} \dfrac{\partial\chi_{\varkappa\lambda}}{\partial x_1} & \dfrac{\partial\varphi_{\varkappa\lambda}}{\partial x_1} \\[2ex] \dfrac{\partial\chi_{\varkappa\lambda}}{\partial x_2} & \dfrac{\partial\varphi_{\varkappa\lambda}}{\partial x_2} \end{vmatrix}$$

$$= \Omega\,.\,N.$$

Auch diese Form theilt also den Charakter von T. —

Die vorliegenden Formen bieten noch eine interessante Seite dar, indem man die Bildungen verfolgt, welche durch wiederholte zweite Ueberschiebungen von φ und H über f entstehen. Diese Formen bilden ein unendlich grosses System von quadratischen Covarianten, welche sich sämmtlich aus f, ψ, χ durch Multiplication mit Invarianten zusammensetzen lassen. Ist F irgend eine quadratische Form, symbolisch durch $F_x{}^2$ bezeichnet, so kann man die Bildungen

$$P\,(F) = (\alpha\,F)^2\,\alpha_x{}^2, \qquad Q\,(F) = (\Delta\,F)^2\,\Delta_x{}^2$$

als durch die Differentialoperationen P, Q aus F abgeleitet betrachten; und die in Frage stehende Reihe von Covarianten erhält man also durch beliebig oft und in beliebiger Folge ausgeführte Anwendung dieser Operationen auf f. Nun findet zunächst der Satz statt, dass die Operationen P und Q vertauschbar sind, dass also

$$P\,Q\,(F) = Q\,P\,(F).$$

Es ist nämlich

$$\begin{aligned}
P\,Q\,(F) - Q\,P\,(F) &= (\Delta F)^2\,(\Delta\alpha)^2\,\alpha_x{}^2 - (\alpha F)^2\,(\Delta\alpha)^2\,\Delta_x{}^2 \\
&= (\Delta\alpha)^2\,[(\Delta F)^2\,\alpha_x{}^2 - (\alpha F)^2\,\Delta_x{}^2] \\
&= (\Delta\alpha)^3\,F_x\,.\,\{(\Delta F)\,\alpha_x + (\alpha F)\,\Delta_x\}.
\end{aligned}$$

Dies aber ist die erste Ueberschiebung von F über die quadratische Covariante $(\Delta\alpha)^3\,\Delta_x\,\alpha_x$, welche nach der Theorie der biquadratischen Formen identisch verschwindet. Daher verschwindet auch die obige Differenz, wie zu beweisen war.

Wegen dieser Vertauschbarkeit genügt es also, die Bildungen zu betrachten, in welchen zuerst ausschliesslich die eine Operation, sodann ausschliesslich die andere angewandt wird, also die Covarianten

$$P^\mu\,Q^\nu\,(f).$$

Aber diese wiederum sind die Entwickelungscoefficienten des Ausdrucks, welcher entsteht, wenn man auf f ausschliesslich die Operation

$$P_{\varkappa\lambda} = \varkappa\,P + \lambda\,Q$$

anwendet. Es genügt also die Reihe der Bildungen

$$(1) \qquad\qquad P\,(f),\ P^2\,(f),\ P^3\,(f)\ldots$$

zu betrachten und in diesen schliesslich P durch $P_{\varkappa\lambda}$, d. h. φ durch $\varkappa\,\varphi + \lambda\,H$ zu ersetzen. Nun gilt für diese Reihe der Satz:

> Jede Form der Reihe (1) ist dieselbe lineare Combination der um zwei und drei Stellen ihr vorangehenden Formen.

Es ist nämlich nach den Formeln am Ende von § 8.:

$$(\alpha\beta)^2\,(\alpha\gamma)^2\,\beta_x{}^2\,\gamma_y{}^2 = \varDelta^2\,D^2\,\{(\alpha\beta)^2\,(\alpha\gamma)^2\,\beta_x{}^2\,\gamma_x{}^2\} + \tfrac{1}{3}\,(\alpha\beta)^2\,(\alpha\gamma)^2\,(\beta\gamma)^2\,(xy)^2$$

oder nach § 40. (7):

$$= \frac{i}{2}\,\alpha_x{}^2\,\alpha_y{}^2 + \frac{j}{3}\,(xy)^2.$$

Setzt man nun $y_1 = a_2$, $y_2 = -a_1$, so geht diese Gleichung in

$$P^3\,(f) = \frac{i}{2}\,P\,(f) + \frac{j}{3}\,f$$

über. Unterwirft man aber diese Gleichung $\varkappa$ mal der Operation P, so erhält man:

$$(2) \qquad\qquad P^{\varkappa+3}\,(f) = \frac{i}{2}\,P^{\varkappa+1}\,(f) + \frac{j}{3}\,P^\varkappa\,(f),$$

eine Gleichung, welche den angegebenen Satz enthält.

Bezeichnen wir nun durch z eine beliebige Grösse, und durch Z den Ausdruck:

$$Z = P^3(f) + z\,P^4(f) + z^2\,P^5(f)\ldots,$$

so ist nach (2), indem man mit $z^\varkappa$ multiplicirt, nach $\varkappa$ summirt und der Kürze wegen $P(f) = P'$, $P^2(f) = P''$ setzt:

$$Z = \frac{i}{2}\,(P' + z\,P'' + z^2\,Z) + \frac{j}{3}\,(f + z\,P' + z^2\,P'' + z^3\,Z),$$

also

$$(3) \qquad Z = \frac{\dfrac{i}{2}\,(P' + z\,P'') + \dfrac{j}{3}\,(f + z\,P' + z^2\,P'')}{1 - \dfrac{z^2\,i}{2} - \dfrac{z^3\,j}{3}}$$

$$= \left[\frac{i}{2}\,(P' + z\,P'') + \frac{j}{3}\,(f + z\,P' + z^2\,P'')\right]$$

$$\cdot \left[1 + \left(\frac{z^2\,i}{2} + \frac{z^3\,j}{3}\right) + \left(\frac{z^2\,i}{2} + \frac{z^3\,j}{3}\right)^2 + \ldots\right].$$

Diese Formel liefert durch Vergleichung der Coefficienten von 1, z, $z^2 \ldots$ die Covarianten $P^3(f)$, $P^4(f) \ldots$ durch f, $P' = P(f)$, $P'' = P^2(f)$ ausgedrückt; und zwar wird:

$$(4) \qquad
\begin{aligned}
P^3(f) &= \frac{i}{2}\,P' + \frac{j}{3}\,f \\[4pt]
P^4(f) &= \frac{i}{2}\,P'' + \frac{j}{3}\,P' \\[4pt]
P^5(f) &= \frac{j}{3}\,P'' + \frac{i^2}{4}\,P' + \frac{i\,j}{6}\,f \\[4pt]
P^6(f) &= \frac{i^2}{4}\,P'' + \frac{i\,j}{3}\,P' + \frac{j^2}{9}\,f
\end{aligned}$$

$$\cdots\cdots\cdots$$

Es kommt also noch darauf an, P' und P'' zu bestimmen. Nun ist erstlich unmittelbar der Definition nach

$$P' = \psi.$$

Dann aber hat man nach § 40. (2)

$$(\alpha\beta)^2\,\alpha_x^2\,\beta_y^2 = H_x^2\,H_y^2 + \frac{i}{3}\,(xy)^2,$$

und daher, wenn man $y_1 = a_2$, $y_2 = -a_1$ setzt:

$$(5) \qquad P'' = Q(f) + \frac{i}{3}\,f = \chi + \frac{i}{3}\,f.$$

Setzt man nun in den Gleichungen (3) oder (4) $\varkappa\,\varphi + \lambda\,H$ an die Stelle von φ, so treten zugleich die Ausdrücke $i_{\varkappa\lambda}$ und $j_{\varkappa\lambda}$ an Stelle von i und j; an Stelle von P' tritt

$$P'_{\varkappa\lambda} = \varkappa\,P(f) + \lambda\,Q(f) = \varkappa\,\psi + \lambda\,\chi.$$

Es bleibt also nur noch $P''_{\varkappa\lambda} = \varkappa^2 P^2(f) + 2\varkappa\lambda\, PQ(f) + \lambda^2 Q^2(f)$ zu bestimmen. Aber nach der Gleichung (5) ist

$$P''_{\varkappa\lambda} = Q_{\varkappa\lambda}(f) + \frac{i_{\varkappa\lambda}}{3} f = \chi_{\varkappa\lambda} + \frac{i_{\varkappa\lambda}}{3} f,$$

oder nach oben gegebenen Formeln:

$$(6) \qquad P''_{\varkappa\lambda} = \tfrac{1}{3}\left(\chi\frac{\partial\Omega}{\partial\varkappa} - \psi\frac{\partial\Omega}{\partial\lambda}\right) + \frac{i_{\varkappa\lambda}}{3} f.$$

Hiermit sind alle zur Berechnung von $P^\mu Q^\nu(f)$ nöthigen Bestimmungen gegeben.

§ 61. Vollständiges System zweier cubischer Formen.

Als Beispiel eines simultanen Formensystems, bei welchem keine der Grundformen linear oder quadratisch ist, will ich noch das simultane System zweier cubischer Formen betrachten.*

Bezeichnen wir durch f und φ die beiden cubischen Grundformen, durch Δ, ∇ ihre quadratischen, durch Q, K ihre cubischen Covarianten, durch R, P ihre Discriminanten.

Die simultanen Covarianten und Invarianten entstehen aus denjenigen Ueberschiebungen von $f^\alpha \Delta^\beta Q^\gamma$ und $\varphi^{\alpha'} \nabla^{\beta'} \mathsf{K}^{\gamma'}$, welche keine zerfallenden Terme erhalten. Da indessen Δ^3 durch Q^2 und f^2, ∇^3 durch K^2 und φ^2 linear ausdrückbar ist, so genügt es, für die Zahlen β und β' die Werthe 0, 1, 2 zu setzen.

Da ferner f, Q, φ, K alle dieselbe Ordnung haben, so darf bei Ueberschiebungen von Producten mehrerer Factoren niemals beiderseits einer dieser Factoren erscheinen, da sonst ein zerfallender Term der Ueberschiebung gebildet werden könnte, in dessen einem Factor nur eine Ueberschiebung dieser Factoren aufträte. Ebenso wenig darf man eine einzelne jener vier Formen über ein Product schieben, welches eine derselben enthält.

Es sind demnach erstlich die Ueberschiebungen der einzelnen Formen f, Q über φ, K zu bilden, und zwar immer mit Uebergehung solcher erster Ueberschiebungen, bei denen eine der Functionaldeterminanten Q, K auftritt. So entstehen die folgenden Ueberschiebungen:

$$(1) \qquad \begin{aligned} &f \text{ über } \varphi, \text{ ein-, zwei- und dreimal;}\\ &f \text{ über } \mathsf{K}, \text{ zwei- und dreimal;}\\ &Q \text{ über } \varphi, \text{ zwei- und dreimal;}\\ &Q \text{ über } \mathsf{K}, \text{ zwei- und dreimal.} \end{aligned}$$

Ausser diesen sind dann nur noch Ueberschiebungen zu bilden, in denen einerseits eine Potenz von Δ oder ∇, andererseits f, Q oder φ, K steht; und Ueberschiebungen von Δ über ∇. Potenzen und

---

* Vgl. auch die Abh. des Verfassers, Borchardt's Journal Bd. 67, S. 360.

Producte der f, Q oder der φ, K braucht man nicht über ∇ oder ∇^2 (bez. Δ oder Δ^2) zu schieben, weil dabei immer ein Factor ∇ (bez. Δ) über einen der anderen Factoren allein geschoben werden könnte, also immer ein zerfallender Term herauskäme. Ebenso wenig hat man, da Δ und ∇ gleiche Ordnung haben, Potenzen von Δ über Potenzen von ∇ zu schieben. Den Formen (1) sind also nur noch folgende beizufügen:

$$
\begin{aligned}
&\Delta \ \text{über} \ \nabla, \ \text{ein- und zweimal;}\\
&f \ \text{über} \ \nabla, \ \text{ein- und zweimal;}\\
&\Delta \ \text{über} \ \varphi, \ \text{ein- und zweimal;}\\
&Q \ \text{über} \ \nabla, \ \text{zweimal;}\\
&\Delta \ \text{über} \ K, \ \text{zweimal;}\\
&f \ \text{über} \ \nabla^2, \ \text{dreimal;}\\
&Q \ \text{über} \ \nabla^2, \ \text{dreimal;}\\
&\Delta^2 \ \text{über} \ \varphi, \ \text{dreimal;}\\
&\Delta^2 \ \text{über} \ K, \ \text{dreimal.}
\end{aligned}
$$

(2)

Nimmt man die acht Formen

$$(3) \qquad f, \ \Delta, \ Q, \ R; \quad \varphi, \ \nabla, \ K, \ P$$

hinzu, so hat man im Ganzen 29 Formen, aus denen das System besteht; darunter sind sieben Invarianten, acht lineare Covarianten, sieben quadratische, sechs cubische und eine biquadratische. Nur eine dieser Formen wird sich als überflüssig erweisen; es ist diejenige quadratische Covariante, welche aus der zweiten Ueberschiebung von Q mit K entsteht.

Um eine bequemere Uebersicht und Darstellung der aufgezählten Formen zu gewinnen, gehen wir von den drei quadratischen Covarianten

$$\Delta, \quad \Theta = (a\,\alpha)^2\, a_x\,\alpha_x, \quad \nabla$$

aus, wo, wie später immer, a (bez. b, $c\ldots$) ein Symbol von f, α (bez. β, $\gamma\ldots$) ein Symbol von φ bezeichnet. Diese Formen entstehen als Coefficienten der quadratischen Covariante des combinirten Ausdrucks

$$f + \lambda\,\varphi,$$

so dass

$$(4) \qquad \Delta_{f+\lambda\varphi} = \Delta + 2\,\lambda\,\Theta + \lambda^2\,\nabla.$$

Wenn man diese Form zweimal über ihre Grundform $f + \lambda\,\varphi$ schiebt, so entsteht nach der Theorie der cubischen Formen identisch Null; und da die zweiten Ueberschiebungen von f mit Δ und von φ mit ∇ aus demselben Grunde schon für sich verschwinden, so bleibt nur, und zwar für jeden Werth von λ, die Gleichung:

$$0 = \lambda\,\{(\Delta\,\alpha)^2\,\alpha_x + 2\,(\Theta\,a)^2\,a_x\} + \lambda^2\,\{(\nabla\,a)^2\,a_x + 2\,(\Theta\,\alpha)^2\,\alpha_x\}.$$

Für die beiden einfachsten linearen Covarianten, welche durch die zweite Ueberschiebung von φ mit Δ und von f mit ∇ entstehen, erhält man daher die doppelte Definition:

$$(5) \qquad \begin{aligned} p &= (\Delta\,\alpha)^2\,\alpha_x = -\,2\,(\Theta\,a)^2\,a_x \\ \pi &= (\nabla\,a)^2\,a_x = -\,2\,(\Theta\,\alpha)^2\,\alpha_x. \end{aligned}$$

Die vier cubischen Covarianten, welche oben (ausser f und φ) auftreten, sind nichts anderes als die Functionaldeterminanten von f und φ gegen Δ und ∇. Die mit Θ gebildeten lassen sich leicht durch andere Formen ausdrücken.

Es ist ferner aus der Theorie der cubischen Formen bekannt, dass die Function

$$Q = (a\,\Delta)\,a_x{}^2\,\Delta_x$$

die besondere Eigenschaft hat, dass

$$(a\,\Delta)\,a_x{}^2\,\Delta_y = (a\,\Delta)\,a_x\,a_y\,\Delta_x.$$

Indem man sich dieser Eigenschaft bedient, kann man immer die mit Q und K auszuführenden Ueberschiebungen sofort durch Theile derselben ersetzen, und erhält mit Benutzung von (5) die folgenden quadratischen Covarianten:

$$\begin{aligned} (a\,K)^2\,a_x\,K_x &= (\alpha\,\nabla)\,(a\,\alpha)^2\,\nabla_x\,a_x = \tfrac{1}{2}\,(a\,\alpha)^2\,\nabla_x\,\{\,(\alpha\,\nabla)\,a_x + (a\,\nabla)\,\alpha_x\,\} \\ &\qquad + \tfrac{1}{2}\,(a\,\alpha)^2\,\nabla_x\,\{\,(\alpha\,\nabla)\,a_x - (a\,\nabla)\,\alpha_x\,\} \\ (\alpha\,Q)^2\,\alpha_x\,Q_x &= (a\,\Delta)\,(a\,\alpha)^2\,\Delta_x\,\alpha_x = \tfrac{1}{2}\,(a\,\alpha)^2\,\Delta_x\,\{\,(a\,\Delta)\,\alpha_x + (\alpha\,\Delta)\,a_x\,\} \\ &\qquad + \tfrac{1}{2}\,(a\,\alpha)^2\,\Delta_x\,\{\,(a\,\Delta)\,\alpha_x - (\alpha\,\Delta)\,a_x\,\}. \end{aligned}$$

In diesen Formeln sind die ersten Theile nichts anderes, als die ersten Ueberschiebungen von Θ mit ∇ und Δ; die letzten führen auf die Invariante

$$(6) \qquad J = (a\,\alpha)^3,\cdot$$

und man hat die Formeln:

$$\begin{aligned} (a\,K)^2\,a_x\,K_x &= (\Theta\,\nabla)\,\Theta_x\,\nabla_x - \tfrac{1}{2}\,J\,\nabla \\ (\alpha\,Q)^2\,\alpha_x\,Q_x &= (\Theta\,\Delta)\,\Theta_x\,\Delta_x + \tfrac{1}{2}\,J\,\Delta. \end{aligned}$$

An Stelle dieser Ueberschiebungen kann man also die ersten Ueberschiebungen von Θ mit Δ und ∇ zu Grunde legen; zu ihnen gruppirt sich die oben unter (2) erwähnte erste Ueberschiebung von Δ mit ∇.

Die dritten Ueberschiebungen von f mit K und von φ mit Q werden sofort:

$$(7) \qquad \begin{aligned} \Sigma &= (a\,K)^3 = (a\,\alpha)^2\,(a\,\nabla)\,(\alpha\,\nabla) = (\Theta\,\nabla)^2 \\ S &= (\alpha\,Q)^3 = (a\,\alpha)^2\,(\alpha\,\Delta)\,(a\,\Delta) = (\Theta\,\Delta)^2; \end{aligned}$$

sie sind die zweiten Ueberschiebungen von Θ mit ∇ und Δ, und ordnen sich daher den Invarianten

$$(8) \qquad R = (\Delta\,\Delta')^2, \quad \mathsf{P} = (\nabla\nabla')^2, \quad T = (\Delta\nabla)^2$$

zu. Die zweite Ueberschiebung von Θ über sich selbst setzt sich aus T und J^2 zusammen.

Die zweite Ueberschiebung von Q mit K ist, wie erwähnt, eine überflüssige Form. Sie hat den symbolischen Ausdruck

$$\begin{aligned} (Q\mathsf{K})^2 \, Q_x \, \mathsf{K}_x &= (a\,\Delta)\,(\alpha\nabla)\,(a\,\alpha)^2\,\Delta_x\,\nabla_x \\ &= \tfrac{1}{2}\,(a\,\alpha)^2\,\Delta_x\,\nabla_x \, \{\, (a\,\Delta)\,(\alpha\nabla) + (\alpha\,\Delta)\,(a\,\nabla)\,\} \\ &+ \tfrac{1}{2}\,(a\,\alpha)^2\,\Delta_x\,\nabla_x \, \{\, (a\,\Delta)\,(\alpha\nabla) - (a\,\nabla)\,(\alpha\,\Delta)\,\}. \end{aligned}$$

Der zweite Theil der rechten Seite wird $\tfrac{1}{2}\,J$, multiplicirt mit der ersten Ueberschiebung von Δ und ∇; der erste ist

$$(\Theta\,\Delta)\,(\Theta\,\nabla)\,\Delta_x\,\nabla_x = \tfrac{1}{2}\,\{\,(\Theta\,\Delta)^2\,\nabla_x{}^2 + (\Theta\,\nabla)^2\,\Delta_x{}^2 - (\Delta\nabla)^2\,\Theta_x{}^2\,\},$$

so dass in der That alles aus zerfallenden Gliedern besteht.

Dagegen hat die dritte Ueberschiebung von Q mit K den Ausdruck

$$\begin{aligned} (Q\mathsf{K})^3 &= (a\,\Delta)\,(\alpha\nabla)\,(a\,\alpha)^2\,(\Delta\nabla) \\ &= \tfrac{1}{2}\,(a\,\alpha)^2\,(\Delta\nabla) \, \{\, (a\,\Delta)\,(\alpha\nabla) + (\alpha\,\Delta)\,(a\,\nabla)\,\} \\ &+ \tfrac{1}{2}\,(a\,\alpha)^2\,(\Delta\nabla) \, \{\, (a\,\Delta)\,(\alpha\nabla) - (a\,\nabla)\,(\alpha\,\Delta)\,\} \\ &= \tfrac{1}{2}\,(\Theta\,\Delta)\,(\Theta\,\nabla)\,(\Delta\nabla) + \tfrac{1}{2}\,J\,T. \end{aligned}$$

Statt dieser Form kann man also die simultane Invariante

$$(9) \qquad \Omega = (\Theta\,\Delta)\,(\Theta\,\nabla)\,(\Delta\nabla)$$

der quadratischen Formen Θ, Δ, ∇ zu Grunde legen.

Es bleiben noch die linearen Covarianten zu behandeln, welche aus der zweiten Ueberschiebung von Q mit ∇ und K mit Δ, sowie aus der dritten Ueberschiebung von f oder Q über ∇^2, und von φ oder K über Δ^2 entstehen. Diese werden:

$$(10) \quad \begin{aligned} (Q\nabla)^2\,Q_x \qquad\quad &= (a\,\Delta)\,(a\nabla)^2\,\Delta_x = (\pi\,\Delta)\,\Delta_x \\ (\mathsf{K}\,\Delta)^2\,\mathsf{K}_x \qquad\quad &= (\alpha\,\nabla)\,(\alpha\,\Delta)^2\,\nabla_x = (p\,\nabla)\,\nabla_x \\ (a\,\nabla)^2\,(a\nabla')\,\nabla'_x \;\; &= (\pi\,\nabla)\,\nabla_x \\ (\alpha\,\Delta)^2\,(\alpha\,\Delta')\,\Delta'_x \;\; &= (p\,\Delta)\,\Delta_x \\ (Q\nabla)^2\,(Q\nabla')\,\nabla'_x &= (\pi\,\Delta)\,(\Delta\nabla)\,\nabla_x \\ (\mathsf{K}\,\Delta)^2\,(\mathsf{K}\,\Delta')\,\Delta'_x &= (p\,\nabla)\,(\nabla\Delta)\,\Delta_x. \end{aligned}$$

Das ganze Formensystem umfasst also nachfolgende Gebilde:

1. Die Grundformen f, φ, nebst ihrer ersten und zweiten Ueberschiebung (4 Formen);

2. die quadratischen Covarianten Δ, Θ, ∇, die ersten Ueberschiebungen derselben unter einander, ihre zweiten Ueberschiebungen mit Ausnahme von $(\Theta\,\Theta')^2$ und ihre simultane Invariante (12 Formen);

3. die ersten Ueberschiebungen von f und φ über Δ und ∇ (4 Formen);

4. acht lineare Covarianten, nämlich p und π, sowie die Ueberschiebungen derselben mit Δ, ∇ und die beiden Ueberschiebungen von einer der letzten mit Δ und einer anderen mit ∇.

Unter den sieben Invarianten sind zwei von ungeradem Charakter, nämlich J und Ω. Man kann die sämmtlichen zwischen den sieben Invarianten stattfindenden Beziehungen dadurch bilden, dass man $J.\Omega$ und Ω^2 durch die Invarianten geraden Charakters (zu denen auch noch J^2 zu rechnen ist) ausdrückt.

Nach der Formel (5) des § 58. ist

$$\Omega^2 = \tfrac{1}{2} \begin{vmatrix} (\Delta\Delta')^2 & (\Delta\Theta)^2 & (\Delta\nabla)^2 \\ (\Delta\Theta)^2 & (\Theta\Theta')^2 & (\Theta\nabla)^2 \\ (\Delta\nabla)^2 & (\Theta\nabla)^2 & (\nabla\nabla')^2 \end{vmatrix}.$$

Da alle anderen Elemente dieser Determinante schon bekannt sind, so bleibt nur noch $(\Theta\Theta')^2$ zu bilden. Es ist

$$\begin{aligned} (\Theta\Theta')^2 &= \tfrac{1}{2}(a\alpha)^2 (b\beta)^2 \{ (ab)(\alpha\beta) + (a\beta)(\alpha b) \} \\ &= (a\alpha)^2 (b\beta)^2 (ab)(\alpha\beta) - \tfrac{1}{2}(a\alpha)^2 (b\beta)^2 \{ (ab)(\alpha\beta) - (a\beta)(\alpha b) \} \\ &= (a\alpha)^2 (b\beta)^2 (ab)(\alpha\beta) - \tfrac{1}{4} J^2. \end{aligned}$$

Im ersten Theile rechts vertauscht man a mit b und erhält:

$$\begin{aligned} & \tfrac{1}{2}[(a\alpha)^2 (b\beta)^2 - (a\beta)^2 (b\alpha)^2](ab)(\alpha\beta) \\ &= \tfrac{1}{2}[(a\alpha)(b\beta) + (a\beta)(b\alpha)](ab)^2(\alpha\beta)^2 = (\Delta\nabla)^2. \end{aligned}$$

Es wird also endlich

$$(11) \qquad (\Theta\Theta')^2 = (\Delta\nabla)^2 - \tfrac{1}{4} J^2 = T - \tfrac{1}{4} J^2,$$

und damit der Ausdruck für Ω^2:

$$(12) \qquad \Omega^2 = \tfrac{1}{2} \begin{vmatrix} R & S & T \\ S & T - \tfrac{1}{4}J^2 & \Sigma \\ T & \Sigma & \mathsf{P} \end{vmatrix}.$$

Den Ausdruck von Ω, J nebst einer Zahl anderweitiger später zu benutzender Bestimmungen erhält man aus der Gleichung (22) des § 58. Diese Gleichung sagt aus, dass die Determinante aus den zweiten Ueberschiebungen zweier Systeme von je vier quadratischen Formen immer verschwindet. Als ein System dieser Functionen betrachte ich die Ausdrücke

$$\Delta, \quad \Theta, \quad \nabla, \quad \varkappa\, a_x^2 a_y + \lambda\, \alpha_x^2 \alpha_y,$$

als das andere System:

$$\Delta, \quad \Theta, \quad \nabla, \quad \varkappa'\, b_x^2 b_z + \lambda'\, \beta_x^2 \beta_z.$$

Die Elemente der verschwindenden Determinante sind erstlich die der Determinante (12); diese Determinante aber wird gerändert mit den zweiten Ueberschiebungen von Δ, Θ, ∇ mit $\varkappa\, a_x{}^2\, a_y + \lambda\, \alpha_x{}^2\, \alpha_y$ und $\varkappa'\, b_x{}^2\, b_z + \lambda'\, \beta_x{}^2\, \beta_z$, und endlich erscheint die zweite Ueberschiebung der letztgenannten beiden Formen in der Ecke. Die Elemente des einen Randes werden also

$$\varkappa\, (\Delta\, a)^2\, a_y + \lambda\, (\Delta\, \alpha)^2\, \alpha_y = \lambda\, p_y$$
$$\varkappa\, (\Theta\, a)^2\, a_y + \lambda\, (\Theta\, \alpha)^2\, \alpha_y = -\tfrac{1}{2}\, (\varkappa\, p_y + \lambda\, \pi_y)$$
$$\varkappa\, (\nabla\, a)^2\, a_y + \lambda\, (\nabla\, \alpha)^2\, \alpha_y = \varkappa\, \pi_y,$$

während die des anderen aus diesen erhalten werden, indem man $\varkappa'$, λ' an Stelle von $\varkappa$, λ und die z an Stelle der y setzt. Das Element der Ecke aber wird

$$\varkappa\varkappa'\, (a\, b)^2\, a_y\, b_z + \varkappa\, \lambda'\, (a\, \beta)^2\, a_y\, \beta_z + \varkappa'\, \lambda\, (\alpha\, b)^2\, \alpha_y\, b_z + \lambda\, \lambda'\, (\alpha\, \beta)^2\, \alpha_y\, \beta_z$$

oder

$$= \varkappa\varkappa'\, (a\, b)^2\, a_y\, b_z + \frac{\varkappa\,\lambda' + \varkappa'\,\lambda}{2}\, (a\, \beta)^2\, (a_y\, \beta_z + a_z\, \beta_y) + \lambda\,\lambda'\, (\alpha\,\beta)^2\, \alpha_y\, \beta_z$$
$$+ \frac{\varkappa\,\lambda' - \varkappa'\,\lambda}{2}\, (a\, \beta)^2\, (a_y\, \beta_z - a_z\, \beta_y)$$
$$= \varkappa\varkappa'\, \Delta_y\, \Delta_z \quad + (\varkappa\,\lambda' + \varkappa'\,\lambda)\, \Theta_y\, \Theta_z + \lambda\,\lambda'\, \nabla_y\, \nabla_z + \frac{\varkappa\,\lambda' - \varkappa'\,\lambda}{2}\, J \cdot (y\, z).$$

Sondert man das hiervon herrührende Glied der verschwindenden Determinante ab, so erhält man die gesuchte Gleichung nunmehr in folgender Form:

$$(13)\quad 2\,\Omega^2 . \left\{ \varkappa\varkappa'\, \Delta_y\, \Delta_z + (\varkappa\,\lambda' + \varkappa'\,\lambda)\, \Theta_y\, \Theta_z + \lambda\,\lambda'\, \nabla_y\, \nabla_z + \frac{\varkappa\,\lambda' - \varkappa'\,\lambda}{2}\, J .(y\,z) \right\}$$

$$= - \begin{vmatrix} R & S & T & \lambda\, p_y \\ S & T - \tfrac{1}{2}\, J^2 & \Sigma & -\tfrac{1}{2}\, (\varkappa\, p_y + \lambda\, \pi_y) \\ T & \Sigma & \mathsf{P} & \varkappa\, \pi_y \\ \lambda'\, p_z & -\tfrac{1}{2}\, (\varkappa'\, p_z + \lambda'\, \pi_z) & \varkappa'\, \pi_z & 0 \end{vmatrix}.$$

Auf beide Seiten dieser Gleichung, welche für alle Werthe von $\varkappa$, λ, $\varkappa'$, λ' bestehen muss, wende ich jetzt die Operation an:

$$\frac{\partial^2}{\partial\,\varkappa\, \partial\,\lambda'} - \frac{\partial^2}{\partial\,\varkappa'\, \partial\,\lambda} :$$

Es ergiebt sich dann:

$$(14)\quad 2\,\Omega^2 . J .(y\,z) = \left\{ -\left(S\,\Sigma - T^2 + \frac{T\, J^2}{2} \right) + \tfrac{1}{4}\, (R\,\mathsf{P} - T^2) \right\} (p_y\, \pi_z - p_z\, \pi_y).$$

Auf der rechten Seite wird

$$p_y\, \pi_z - p_z\, \pi_y = (p\,\pi)\, (y\,z),$$

so dass der Factor $(y\,z)$ beiderseits ausgelassen werden kann; ferner aber ist mit Benutzung der Ausdrücke (5):

$$(p\,\pi) = -2\,(\Delta\,\alpha)^2\,(\Theta\,\beta)^2\,(\alpha\,\beta)$$
$$= -(\alpha\,\beta)\,\{(\Delta\,\alpha)^2\,(\Theta\,\beta)^2 - (\Delta\,\beta)^2\,(\Theta\,\alpha)^2\}$$
$$= -(\alpha\,\beta)^2\,(\Delta\,\Theta)\,\{(\Delta\,\alpha)\,(\Theta\,\beta) + (\Delta\,\beta)\,(\Theta\,\alpha)\}$$
$$= -2\,(\Delta\,\Theta)\,(\Delta\,\nabla)\,(\Theta\,\nabla),$$

also nach (9):

(15)
$$(p\,\pi) = 2\,\Omega.$$

In Folge dessen geht aus (14) sofort die gesuchte Relation hervor:

(16)
$$-4\,J\,\Omega = 4\,S\,\Sigma - 3\,T^2 + 2\,T\,J^2 - R\,\mathsf{P}.$$

Obwohl nun durch die Gleichungen (12), (16) die Invarianten-relationen gegeben sind, so ist es doch von Wichtigkeit, den Inhalt der Gleichung (13) weiter zu entwickeln. Setzen wir in derselben überall x an Stelle von y und z, und zugleich $\varkappa' = \varkappa$, $\lambda' = \lambda$, so geht jene Gleichung in folgende über:

(17)
$$2\,\Omega^2\,\{\varkappa^2\,\Delta + 2\,\varkappa\,\lambda\,\Theta + \lambda^2\,\nabla\} = -\begin{vmatrix} R & S & T & \lambda p \\ S & T - \tfrac{1}{2}J^2 & \Sigma & -\tfrac{1}{2}(\varkappa p + \lambda\,\pi) \\ T & \Sigma & \mathsf{P} & \varkappa\,\pi \\ \lambda p & -\tfrac{1}{2}(\varkappa p + \lambda\,\pi) & \varkappa\,\pi & 0 \end{vmatrix}.$$

Wenn man nun der Kürze wegen für die Unterdeterminanten von

(18)
$$\begin{vmatrix} R & S & T \\ S & T - \tfrac{1}{2}J^2 & \Sigma \\ T & \Sigma & \mathsf{P} \end{vmatrix}$$

die Bezeichnungen einführt:

(19)
$$\begin{aligned} U_{11} &= \mathsf{P}\,T - \Sigma^2 - \tfrac{1}{2}J^2\,\mathsf{P}, & U_{23} &= S\,T - R\,\Sigma \\ U_{22} &= R\,\mathsf{P} - T^2, & U_{13} &= S\,\Sigma - T^2 + \tfrac{1}{2}J^2\,T \\ U_{33} &= R\,T - S^2 - \tfrac{1}{2}J^2\,R, & U_{12} &= \Sigma\,T - \mathsf{P}\,S, \end{aligned}$$

so nimmt (17) geordnet die Form an:

$$2\,\Omega^2\,(\varkappa^2\,\Delta + 2\,\varkappa\,\lambda\,\Theta + \lambda^2\,\nabla) = \lambda^2\,p^2\,U_{11} + \frac{(\varkappa p + \lambda\,\pi)^2}{4}\,U_{22} + \varkappa^2\,\pi^2\,U_{33}$$
$$- \lambda p\,(\varkappa p + \lambda\,\pi)\,U_{12} - \varkappa\,\pi\,(\varkappa p + \lambda\,\pi)\,U_{23} + 2\,\varkappa\,\lambda\,p\,\pi\,U_{13}.$$

Vergleicht man daher beiderseits die Coefficienten von $\varkappa^2$, $\varkappa\,\lambda$, λ^2, so erhält man:

$$2\,\Omega^2\,\Delta = \frac{U_{22}}{4}\,p^2 - U_{23}\,p\,\pi + U_{33}\,\pi^2$$

(20)
$$4\,\Omega^2\,\Theta = -\left\{ U_{12}\,p^2 - \left(2\,U_{13} + \frac{U_{22}}{2}\right)p\,\pi + U_{23}\,\pi^2 \right\}$$

$$2\,\Omega^2\,\nabla = U_{11}\,p^2 - U_{12}\,p\,\pi + \frac{U_{22}}{4}\,\pi^2.$$

Man hat hier Δ, Θ, ∇ durch p und π ausgedrückt; aber eben dies kann man noch auf eine andere Weise erreichen, indem man nämlich die symbolischen Ausdrücke Δ_x^2, Θ_x^2, ∇_x^2 mit $(p\pi)^2$ multiplicirt und dann jedesmal die Identität I. des § 15. anwendet. Es wird dann, mit Rücksicht auf (15):

$$
\begin{aligned}
4\,\Omega^2\,\Delta &= (\Delta\,\pi)^2\,p^2 - 2\,(\Delta\,\pi)\,(\Delta\,p)\,\pi p + (\Delta p)^2\,\pi^2 \\
(21)\qquad 4\,\Omega^2\,\Theta &= (\Theta\,\pi)^2\,p^2 - 2\,(\Theta\,\pi)\,(\Theta\,p)\,\pi p + (\Theta p)^2\,\pi^2 \\
4\,\Omega^2\,\nabla &= (\nabla\,\pi)^2\,p^2 - 2\,(\nabla\,\pi)\,(\nabla\,p)\,\pi p + (\nabla p)^2\,\pi^2,
\end{aligned}
$$

und indem man diese Gleichungen mit den Gleichungen (20) vergleicht, erhält man die Ausdrücke für die neun auf der rechten Seite von (21) befindlichen Invarianten, nämlich:

$$
\begin{aligned}
(\Delta\,\pi)^2 &= \frac{U_{22}}{2} & (\Delta\,\pi)\,(\Delta\,p) &= U_{23} & (\Delta p)^2 &= 2\,U_{33} \\[2mm]
(22)\quad (\Theta\,\pi)^2 &= -\,U_{12} & (\Theta\,\pi)\,(\Theta\,p) &= -\,U_{13} - \frac{U_{22}}{4} & (\Theta p)^2 &= -\,U_{23} \\[2mm]
(\nabla\,\pi)^2 &= 2\,U_{11} & (\nabla\,\pi)\,(\nabla\,p) &= -\,U_{12} & (\nabla p)^2 &= \frac{U_{22}}{2}.
\end{aligned}
$$

Die Invarianten, welche hier auf die fundamentalen zurückgeführt sind, enthalten zugleich die einfacheren unter den Determinanten, welche man aus den acht linearen Covarianten (5), (10) bilden kann. Wir werden auf diese später zurückkommen. Die Gleichung (16) aber geht mit Hilfe der Bezeichnungen (19) in die einfachere Gestalt über:

$$
(23)\qquad 4\,J\,\Omega = U_{22} - 4\,U_{13}.
$$

---

§ 62. Die Reduction des elliptischen Integrals erster Gattung auf die Normalform.

Ich gebe hier als Anhang die Anwendung der Theorie der binären Formen auf die Aufgabe, ein elliptisches Integral erster Gattung auf die Normalform zurückzuführen; eine Anwendung, welche theils von der Theorie der biquadratischen Formen, theils von der Theorie der simultanen quadratischen Formen Gebrauch macht.

Die Aufgabe ist folgende:

Das Integral

$$
\int \frac{dx}{\sqrt{X}},
$$

in welchem X eine Function vierten Grades von x mit reellen Coefficienten ist, und in welchem x ein

Intervall reeller Werthe stetig durchläuft, innerhalb dessen $\sqrt{X}$ stets reell ist, soll in das Integral

$$C \cdot \int \frac{dz}{\sqrt{z \cdot 1-z \cdot 1-\varkappa^2 z}}$$

übergeführt werden, in welchem C eine reelle Constante, $\varkappa^2$ eine positive Constante, welche kleiner
als 1, bedeutet, und z eine reelle positive Veränderliche, welche sich in dem Intervalle 0 bis 1
bewegt.

Setzt man $\frac{x_1}{x_2}$ für x, $\frac{z_1}{z_2}$ für z, so ist die zu erzielende Gleichung

$$(1) \qquad \int \frac{x_2\,dx_1 - x_1\,dx_2}{\sqrt{f(x_1, x_2)}} = C \cdot \int \frac{z_2\,dz_1 - z_1\,dz_2}{\sqrt{z_1 z_2 \cdot z_2 - z_1 \cdot z_2 - \varkappa^2 z_1}},$$

wo

$$f(x_1, x_2) = x_2^4 \cdot X$$

eine Form vierter Ordnung ist.

1. Sind die linearen Factoren von f reell[*], und sind der Grösse
nach geordnet

$$(2) \qquad \frac{x_1}{x_2} = \alpha,\ \beta,\ \gamma,\ \delta$$

die Wurzeln von $f = 0$, so ist die Aufgabe lösbar durch eine lineare
Beziehung zwischen $\frac{x_1}{x_2}$ und $\frac{z_1}{z_2}$, also durch eine lineare Transformation.
Es müssen dann die Elemente (2) den Elementen

$$(3) \qquad 0,\ 1,\ \frac{1}{\varkappa^2},\ \infty$$

in irgend einer cyklischen Vertauschung und entweder in directer
oder umgekehrter Folge projectivisch entsprechen, und zwar den Elementen 0 und 1 der Reihe (3) die Endpunkte des Intervalles, in
welchem $x = \frac{x_1}{x_2}$ sich befindet.

Da $\sqrt{f}$ reell sein soll, so muss, wenn der Coefficient von x_1
positiv ist, $\frac{x_1}{x_2}$ zwischen β und γ oder in dem Intervall $\delta \ldots \pm \infty \ldots \alpha$
liegen; wenn der Coefficient von x_1^4 negativ ist, zwischen α und β,
oder zwischen γ und δ.

---

[*] Vgl. Richelot in Crelle's Journal, Bd. 34, und Durège, Theorie der
elliptischen Functionen.

Es ergeben sich also folgende acht verschiedene Fälle des projectivischen Entsprechens:

$$0 \ldots z \ldots 1, \ \frac{1}{\varkappa^2}, \ \infty.$$

x wächst mit z
$\left.\begin{array}{l} \text{1. } \gamma \ldots x \ldots \beta, \quad \alpha, \quad \delta \\ \text{2. } \alpha \ldots x \ldots \delta, \quad \gamma, \quad \beta \end{array}\right\}$ der Coefficient von $x_1{}^4$ positiv,
$\left.\begin{array}{l} \text{3. } \beta \ldots x \ldots \alpha, \quad \delta, \quad \gamma \\ \text{4 } \delta \ldots x \ldots \gamma, \quad \beta, \quad \alpha \end{array}\right\}$ der Coefficient von $x_1{}^4$ negativ,

x wächst, während z abnimmt
$\left.\begin{array}{l} \text{5. } \beta \ldots x \ldots \gamma, \quad \delta, \quad \alpha \\ \text{6. } \delta \ldots x \ldots \alpha, \quad \beta, \quad \gamma \end{array}\right\}$ der Coefficient von $x_1{}^4$ positiv,
$\left.\begin{array}{l} \text{7. } \alpha \ldots x \ldots \beta, \quad \gamma, \quad \delta \\ \text{8. } \gamma \ldots x \ldots \delta, \quad \alpha, \quad \beta \end{array}\right\}$ der Coefficient von $x_1{}^4$ negativ.

Indem man das Doppelverhältniss von 0, z, 1, ∞ mit dem der jedesmal entsprechenden Elemente vergleicht, erhält man für z in den verschiedenen Fällen folgende Ausdrücke:

$$(4) \quad \begin{array}{llll} \text{1. } \dfrac{x-\gamma}{x-\delta}\cdot\dfrac{\beta-\delta}{\beta-\gamma}, & \text{2. } \dfrac{x-\alpha}{x-\beta}\cdot\dfrac{\delta-\beta}{\delta-\alpha}, & \text{3. } \dfrac{x-\beta}{x-\gamma}\cdot\dfrac{\alpha-\gamma}{\alpha-\beta}, & \text{4. } \dfrac{x-\delta}{x-\alpha}\cdot\dfrac{\gamma-\alpha}{\gamma-\delta}, \\[3ex] \text{5. } \dfrac{x-\beta}{x-\alpha}\cdot\dfrac{\gamma-\alpha}{\gamma-\beta}, & \text{6. } \dfrac{x-\delta}{x-\gamma}\cdot\dfrac{\alpha-\gamma}{\alpha-\delta}, & \text{7. } \dfrac{x-\alpha}{x-\delta}\cdot\dfrac{\beta-\delta}{\beta-\alpha}, & \text{8. } \dfrac{x-\gamma}{x-\beta}\cdot\dfrac{\delta-\beta}{\delta-\gamma}. \end{array}$$

Da ferner $z = \dfrac{1}{\varkappa^2}$ für den jedesmal in dem Ausdrucke von z nicht auftretenden der Werthe α, β, γ, δ wird, so hat man

$$(5) \quad \begin{aligned} \varkappa^2 &= \frac{\alpha-\delta \cdot \beta-\gamma}{\alpha-\gamma \cdot \beta-\delta} \text{ in den Fällen 1., 2., 5., 6.} \\[2ex] \varkappa^2 &= \frac{\alpha-\beta \cdot \gamma-\delta}{\alpha-\gamma \cdot \beta-\delta} \text{ in den Fällen 3., 4., 7., 8.} \end{aligned}$$

Diese Werthe von $\varkappa^2$ werden, wenn man die positiven Differenzen $\alpha-\beta$, $\beta-\gamma$, $\gamma-\delta$ durch p, q, r bezeichnet:

$$\frac{q\,(p+q+r)}{(p+q)(r+q)} \text{ und } \frac{p\,r}{(p+q)(r+q)},$$

also wirklich positiv und kleiner als 1; ihre Summe ist gleich 1; es sind zwei der aus den vier Elementen α, β, γ, δ zu bildenden Doppelverhältnisse, also Wurzeln der Gleichung § 50. (1).

Bezeichnen wir den absoluten Werth des Coefficienten von $x_1{}^4$ durch a, und betrachten wir die Quadratwurzeln in (1) sowie die Quadratwurzeln in den folgenden Formeln stets als positiv, so haben wir

$$(6) \quad \begin{aligned} C &= \frac{1}{\sqrt{a}} \cdot \frac{1}{\sqrt{\alpha - \gamma \cdot \beta - \delta}} \quad \text{in den Fällen 1., 2., 3., 4.} \\ C &= -\frac{1}{\sqrt{a}} \cdot \frac{1}{\sqrt{\alpha - \gamma \cdot \beta - \delta}} \quad \text{in den Fällen 5., 6., 7., 8.} \end{aligned}$$

Um diese Formeln abzuleiten, brauchen wir nur in (1) $x_2 = \varepsilon$ zu setzen, durch ε beiderseits zu dividiren und dann ε verschwinden zu lassen.

2. Auf diesen Fall können wir alle übrigen folgendermassen zurückführen.

Wir haben in § 47. gesehen, wie eine biquadratische Form f stets in reeller Weise in zwei quadratische Factoren zerlegt werden kann, was denn bei der Existenz von vier reellen Wurzeln auf drei Arten, in den übrigen Fällen nur auf eine Art geschehen kann. Sei also:

$$(7) \quad f = P \cdot Q.$$

Nun können wir nach § 57. P und Q durch eine gemeinsame lineare Substitution in Aggregate von Quadraten verwandeln. Da aber es sich hier darum handelt, dass alles reell werde, so setzen wir, etwas abweichend von den Gleichungen (5) des § 57.:

$$(8) \quad \begin{aligned} P + \lambda\, Q &= \varepsilon\, \xi^2 \\ P + \lambda'\, Q &= \varepsilon'\, \eta^2, \end{aligned}$$

wo ε und ε' gleich ± 1. Es sind dann λ und λ' die Wurzeln der quadratischen Gleichung, welche entsteht, indem man die Discriminante von $P + \lambda Q$ verschwinden lässt, also, nach den Bezeichnungen des § 58.:

$$(9) \quad D_{11} + 2\,\lambda\, D_{12} + \lambda^2\, D_{22} = 0.$$

Sind die Wurzeln dieser Gleichung reell, so kann man ε und ε' immer so wählen, dass auch ξ und η reell werden, und man hat dann

$$(10) \quad \begin{aligned} P &= -\frac{\varepsilon\, \lambda'\, \xi^2 - \varepsilon'\, \lambda\, \eta^2}{\lambda - \lambda'} \\ Q &= \frac{\varepsilon\, \xi^2 - \varepsilon'\, \eta^2}{\lambda - \lambda'}, \end{aligned}$$

$$(11) \quad f = -\frac{1}{(\lambda - \lambda')^2} \{\varepsilon\, \xi^2 - \varepsilon'\, \eta^2\}\, \{\varepsilon\, \lambda'\, \xi - \varepsilon'\, \lambda\, \eta^2\}.$$

Es entsteht also nur die Frage, ob man es immer so einrichten kann, dass die Wurzeln der Gleichung (9) reell werden oder dass

$$(12) \quad D^2{}_{12} - D_{11}\, D_{22} > 0.$$

Dieses unterliegt zunächst keinem Zweifel, wenn $f = 0$ zwei reelle und zwei imaginäre Wurzeln hat; in diesem Falle hat eine der Formen

P, Q reelle, die andere imaginäre Factoren, daher ist von den Grössen D_{11}, D_{22} eine positiv, die andere negativ, also die Ungleichung (12) erfüllt, weil links nur positive Glieder stehen.

Hat $f = 0$ lauter imaginäre Wurzeln, so kann man, abgesehen von einem constanten Factor, der links in (12) quadratisch auftritt und daher das Vorzeichen nicht ändert, immer annehmen, dass sowohl P als Q stets positiv seien; man kann also die Coefficienten dieser Formen durch

$$1, \quad p_1 \cos \alpha_1, \quad p_1^2,$$
$$1, \quad p_2 \cos \alpha_2, \quad p_2^2,$$

bezeichnen, und erhält:

$$D_{12}^2 - D_{11} D_{22} = (p_1^2 + p_2^2 - 2 p_1 p_2 \cos \alpha_1 \cos \alpha_2)^2 - 4 p_1^2 p_2^2 \sin^2 \alpha_1 \sin^2 \alpha_2$$
$$= \{ p_1^2 + p_2^2 - 2 p_1 p_2 \cos (\alpha_1 - \alpha_2) \}$$
$$\cdot \{ p_1^2 + p_2^2 - 2 p_1 p_2 \cos (\alpha_1 + \alpha_2) \},$$

also positiv, da beide Factoren dieses Ausdrucks positiv sind.

Sind endlich alle Wurzeln von $f = 0$ reell, etwa α, β, γ, δ, so kann man, abgesehen von einem constanten Factor, der in (12) nur quadratisch auftritt und also an dem Vorzeichen der linken Seite nichts ändert, die Coefficienten von P und Q durch

$$1, \quad -\frac{\alpha + \beta}{2}, \quad \alpha\beta$$
$$1, \quad -\frac{\gamma + \delta}{2}, \quad \gamma\delta$$

bezeichnen, und hat also

$$D_{12}^2 - D_{11} D_{22} = \left[\gamma\delta - \frac{(\alpha + \beta)(\gamma + \delta)}{2} + \alpha\beta \right]^2 - \tfrac{1}{4} (\alpha - \beta)^2 (\gamma - \delta)^2$$
$$= (\gamma\delta - \alpha\gamma - \beta\delta + \alpha\beta)(\gamma\delta - \alpha\delta - \beta\gamma + \alpha\beta)$$
$$= (\gamma - \beta)(\delta - \alpha)(\gamma - \alpha)(\delta - \beta).$$

Dies ist positiv, wenn γ und δ beide kleiner oder beide grösser als α, β sind; der Ausdruck ist aber auch positiv, wenn die Elemente eines dieser Paare zwischen denen des anderen liegen. Negativ ist der Ausdruck nur, wenn die Paare α, β und γ, δ verschränkt liegen. Für zwei der drei Zerlegungen von f in quadratische Factoren besteht also die Ungleichung (12) auch in diesem Falle.

Wir haben also gezeigt, wie in reeller Weise f in die Form (11) gebracht werden kann. Da nun

$$(x_2 \, d x_1 - x_2 \, d x_1) (\xi \eta) = \eta \, d\xi - \xi \, d\eta,$$

so wird

$$\int \frac{dx}{\sqrt{f}} = \frac{1}{(\xi\eta)} \int \frac{\eta \, d\xi - \xi \, d\eta}{\sqrt{ - \dfrac{(\varepsilon \xi^2 - \varepsilon' \eta^2)(\varepsilon \lambda' \xi^2 - \varepsilon' \lambda \eta^2)}{(\lambda - \lambda')^2} }},$$

oder wenn man

$$\frac{\xi^2}{\eta^2} = y$$

setzt:

$$\int \frac{dx}{\sqrt{f}} = \frac{1}{2\,(\xi\eta)} \int \frac{dy}{\sqrt{-\dfrac{1}{(\lambda-\lambda')^2}\cdot y\,(y-\varepsilon\varepsilon')\,(\lambda' y - \varepsilon\varepsilon'\lambda)}} \,.$$

Der Ausdruck unter dem Wurzelzeichen rechts verschwindet nun für die reellen Werthe

$$0, \quad \infty, \quad \varepsilon\varepsilon', \quad \varepsilon\varepsilon'\frac{\lambda}{\lambda'},$$

und die Aufgabe ist also auf den zuerst behandelten Fall zurückgeführt, wobei noch die wesentliche Einschränkung hinzutritt, dass y hier eine wesentlich positive Veränderliche ist, und dass daher einige der oben angeführten Fälle hier nicht eintreten können.

3. Man kann aber auch zunächst das Integral so umformen*, dass nur noch die Invarianten i und j in den Coefficienten der Wurzelgrösse auftreten, und dass zugleich unter der Quadratwurzel ein Ausdruck nur dritten Grades auftritt, dessen erster Coefficient positiv ist. Multiplicirt man Zähler und Nenner unter dem Integralzeichen mit

$$\frac{\partial H}{\partial x_1}\frac{\partial f}{\partial x_2} - \frac{\partial f}{\partial x_1}\frac{\partial H}{\partial x_2} = -16\,T,$$

so geht das Integral in

$$-\int \frac{f\,dH - H\,df}{4\,T\sqrt{f}} = -\tfrac{1}{4}\int \frac{f\,dH - H\,df}{\sqrt{f}\,\sqrt{-\tfrac{1}{2}\left(H^3 - \dfrac{i}{2}\,Hf^2 + \dfrac{j}{3}\,f^3\right)}}$$

über, oder, wenn man

$$\frac{H}{f} = -z$$

setzt, in

$$\tfrac{1}{4}\int \frac{dz}{\sqrt{\tfrac{1}{2}\left(z^3 - \dfrac{i}{2}\,z - \dfrac{j}{3}\right)}};$$

ein Integral, was man nun wieder nach den oben entwickelten Regeln behandeln kann.

Die Grenzen der Intervalle, innerhalb deren sich z bewegt, sind durch die Wurzeln der Gleichung

$$z^3 - \frac{i}{2}\,z - \frac{j}{3} = 0$$

gegeben, die entsprechenden Werthe von x also durch die reellen Wurzeln der Gleichungen

$$\varphi = 0, \quad \psi = 0, \quad \chi = 0.$$

* Vgl. Hermite in Crelles Journal, Bd. 52.

§ 63. Ein Problem, welches dem Problem der Wendepunkte einer Curve dritter Ordnung entspricht. Aufstellung einer Gleichung neunten Grades, von welcher dasselbe abhängt.

Als Anwendung der simultanen Theorie einer cubischen und einer quadratischen Form will ich hier ein Problem behandeln, auf welches man das Problem der Wendepunkte einer Curve dritter Ordnung zurückführen kann. Dieses Problem lautet folgendermassen:

Sind a, b, c drei gegebene Formen bez. erster, zweiter und dritter Ordnung, so soll eine lineare Form ξ gefunden werden, so dass

$$\xi^3 + 3\,a\,\xi^2 + 3\,b\,\xi + c$$

ein vollständiger Cubus wird.*

Um die Aufgabe zu vereinfachen, kann man zunächst $\xi + a$ an Stelle von ξ als die unbekannte lineare Form betrachten, und bezeichnet man diese wieder durch ξ, so kann man dem Problem die Form geben:

$$(1) \qquad \xi^3 - 3\,f\,\xi + 2\,\varphi = \eta^3,$$

wo f jetzt eine gegebene Form zweiter Ordnung, φ eine solche dritter Ordnung ist, η eine ebenfalls unbekannte lineare Form, welche aber, da nur ihr Cubus vorkommt, der Natur der Sache nach nur bis auf eine dritte Wurzel der Einheit bestimmt sein kann.

Das in der Gleichung (1) enthaltene Problem führt auf eine Gleichung neunten Grades, die man in folgender Weise aufstellen kann. Multipliciren wir die Gleichung (1) rechts und links mit $(\xi\eta)^3$, und berücksichtigen wir, dass:

$$(\xi\eta)^2\,f = (\xi\eta)^2\,a_x{}^2 = \{(a\eta)\,\xi - (a\xi)\,\eta\}^2$$
$$(\xi\eta)^3\,\varphi = (\xi\eta)^3\,\alpha_x{}^3 = \{(\alpha\eta)\,\xi - (\alpha\xi)\,\eta\}^3$$

so verwandelt sich die Gleichung (1) in:

$$(2) \quad \xi^3\,(\xi\eta)^3 - 3\,\xi\,(\xi\eta)\,\{(a\eta)\,\xi - (a\xi)\,\eta\}^2 + 2\,\{(\alpha\eta)\,\xi - (\alpha\xi)\,\eta\}^3 = \eta^3\,(\xi\eta)^3.$$

Diese Gleichung muss unabhängig von den Werthen der Veränderlichen ξ, η bestehen, und kann daher in die folgenden vier zerlegt werden:

---

* Aufstellung und Behandlung dieses Problems gab ich im vierzehnten Band der Abh. der kgl. Ges. zu Göttingen. Es mag hierbei zugleich erwähnt werden, dass ähnlich das Problem der Doppeltangenten einer Curve vierter Ordnung die Form annimmt:

Sind a, b, c, d gegebene Formen bez. erster, zweiter, dritter und vierter Ordnung, so soll eine lineare Function ξ so bestimmt werden, dass der Ausdruck

$$\xi^4 + 4\,a\,\xi^3 + 6\,b\,\xi^2 + 4\,c\,\xi + d$$

ein vollständiges Quadrat wird.

$$2 (\alpha\eta)^3 \quad= 3 (\xi\eta) (\alpha\eta)^2 - (\xi\eta)^3$$
$$2 (\alpha\eta)^2 (\alpha\xi) = 2 (\xi\eta) (\alpha\eta) (\alpha\xi)$$
$$(3) \qquad 2 (\alpha\eta) (\alpha\xi)^2 = (\xi\eta) (\alpha\xi)^2$$
$$2 (\alpha\xi)^3 \quad= - (\xi\eta)^3.$$

Nun kann man aus der dritten dieser Gleichungen, welche die η linear enthält, die Verhältnisse der η ausdrücken; man findet dann:

$$(4) \qquad \varkappa\,\eta_1 = 2 (\alpha\xi)^2 \alpha_1 - (\alpha\xi)^2 \xi_1$$
$$\varkappa\,\eta_2 = 2 (\alpha\xi)^2 \alpha_2 - (\alpha\xi)^2 \xi_2,$$

wo $\varkappa$ ein unbestimmter Factor. Es folgt daraus

$$(5) \qquad \varkappa (\xi\,\eta) = - 2 (\alpha\xi)^3 = - 2\,\varphi (\xi)$$

und indem man dies in die letzte Gleichung (3) einführt:

$$(6) \qquad \varkappa^3 = 4\,\varphi^2 (\xi).$$

Setzt man dagegen die Ausdrücke (4) in die ersten beiden Gleichungen (3) ein, so erhält man zwei Gleichungen für ξ_1, ξ_2, welche für diese Grössen nicht homogen sind, und aus welchen sich eine für dieselben homogene Gleichung herstellen lässt, die gesuchte Gleichung neunten Grades.

Multiplicirt man die genannten Gleichungen mit ξ_x und $-\eta_x$, so kann man sie beide durch die Summe derselben ersetzen, wenn man die neue Gleichung für alle Werthe von x_1, x_2 bestehen lässt. Diese Combination wird durch $(\xi\eta)$ theilbar, und es bleibt:

$$(7) \qquad 2 (\alpha\eta)^2 \alpha_x = 3 (\alpha\eta)^2 \xi_x - 2 (\alpha\eta) (\alpha\xi) \eta_x - (\xi\eta)^2 \xi_x.$$

Hier wollen wir nun die Werthe der η aus (4) einführen. Es ergiebt sich

$$\varkappa (\alpha\eta)(\alpha\xi) = 2 (\alpha\alpha) (\alpha\xi)^2 (\alpha\xi) - f (\xi) \cdot (\alpha\xi)^2$$
$$\varkappa^2 (\alpha\eta)^2 \quad = 4 (\alpha\alpha) (\alpha\beta) (\alpha\xi)^2 (\beta\xi)^2 - 4 f (\xi) \cdot (\alpha\alpha) (\alpha\xi)^2 (\alpha\xi)$$
$$(8) \qquad\qquad\qquad\qquad + f^2 (\xi) \cdot (\alpha\xi)^2$$
$$\varkappa^3 (\alpha\eta)^2 \alpha_x = 4 (\alpha\beta) (\alpha\gamma) (\beta\xi)^2 (\gamma\xi)^2 \alpha_x - 4 f (\xi) \cdot (\alpha\beta) (\beta\xi)^2 (\alpha\xi) \alpha_x$$
$$+ f^2 (\xi) \cdot (\alpha\xi)^2 \alpha_x.$$

Bezeichnet man durch f, φ etc. die betreffenden Formen, wenn darin $x_1 = \xi_2$, $x_2 = - \xi_1$ gesetzt wird, so werden die in diesen Formeln vorkommenden Ausdrücke (vgl. § 59.):

$$(\alpha\xi)^2 = f, \qquad (\alpha\xi)^3 = \varphi, \qquad (\alpha\alpha) (\alpha\xi) (\alpha\xi)^2 = \vartheta$$
$$(\alpha\alpha) (\alpha\beta) (\alpha\xi)^2 (\beta\xi)^2 = \tfrac{1}{2} (\alpha\xi) (\beta\xi) \{ (\alpha\alpha)^2 (\beta\xi)^2 + (\alpha\beta)^2 (\alpha\xi)^2 - (\alpha\beta)^2 (\alpha\xi)^2 \}$$
$$= p\,\varphi - \tfrac{1}{2} \Delta f$$
$$(\alpha\beta) (\beta\xi)^2 (\alpha\xi) \alpha_x \quad = \tfrac{1}{2} (\alpha\beta) (\alpha\xi) (\beta\xi) \{ (\beta\xi) \alpha_x - (\alpha\xi) \beta_x \}$$
$$= - \tfrac{1}{2} (\alpha\beta)^2 (\alpha\xi) (\beta\xi) \xi_x = - \tfrac{1}{2} \Delta \xi_x$$
$$(\alpha\beta)(\alpha\gamma)(\beta\xi)^2(\gamma\xi)^2 \alpha_x = \tfrac{1}{2} (\beta\xi) (\gamma\xi) \alpha_x \{ (\alpha\beta)^2 (\gamma\xi)^2 + (\alpha\gamma)^2 (\beta\xi)^2 - (\beta\gamma)^2 (\alpha\xi)^2 \}$$
$$= \Delta_x (\Delta\xi) \cdot \varphi - \tfrac{1}{2} (\alpha\xi)^2 \alpha_x \cdot \Delta.$$

Daher hat man aus (8):

$$\varkappa\,(a\,\eta)\,(a\,\xi) = 2\,\vartheta - f^2$$
$$\varkappa^2\,(a\,\eta)^2 = 4\,p\,\varphi - 2\,\Delta\,f - 4\,f\,\vartheta + f^3$$
$$\varkappa^3\,(a\,\eta)^2\,\alpha_x = 4\,\varphi\,(\Delta\,\xi)\,\Delta_x - 2\,\Delta\,(\alpha\,\xi)^2\,\alpha_x + 2\,f\,\Delta\,\xi_x + f^2\,(\alpha\,\xi)^2\,\alpha_x\,.$$

Die Gleichung (7) verwandelt sich nun in folgende:

$$8\,\varphi\,.\,(\Delta\,\xi)\,\Delta_x - 4\,\Delta\,.\,(\alpha\,\xi)^2\,\alpha_x + 4\,f\,\Delta\,\xi_x + 2\,f^2\,(\alpha\,\xi)^2\,\alpha_x$$
$$= 3\,(4\,p\,\varphi - 2\,\Delta\,f - 4\,f\vartheta + f^3)\,\xi_x - 2\,(2\,\vartheta - f^2)\,[2\,(\alpha\,\xi)^2\,\alpha_x - f\,.\,\xi_x] - 4\,\varphi^2\,.\,\xi_x$$

oder in:

$$(9) \quad 0 = 8\,\varphi\,(\Delta\,\xi)\,\Delta_x + (\alpha\,\xi)^2\,\alpha_x\,(8\,\vartheta - 4\,\Delta - 2\,f^2)$$
$$+ \xi_x\,(10\,f\,\Delta + 8\,f\,\vartheta - 12\,p\,\varphi - f^3 + 4\,\varphi^2).$$

Ich setze hierin erstlich $x_1 = \xi_2$, $x_2 = -\,\xi_1$; sie giebt dann

$$(10) \qquad\qquad 0 = 4\,\vartheta + 2\,\Delta - f^2.$$

Benutzt man aber diese Gleichung, so werden die ersten beiden der drei Glieder von (9):

$$8\,\varphi\,.\,\{(\Delta\,\xi)\,\Delta_x - \Delta\,.\,(\alpha\,\xi)^2\,\alpha_x\}$$
$$= 8\,(\alpha\,\xi)^2\,(\Delta\,\xi)\,\{(\alpha\,\xi)\,\Delta_x - (\Delta\,\xi)\,\alpha_x\}$$
$$= 8\,(\alpha\,\xi)^2\,(\Delta\,\xi)\,(\alpha\,\Delta)\,.\,\xi_x = 8\,Q\,.\,\xi_x.$$

Daher wird nunmehr (9) durch ξ_x theilbar, und es bleibt:

$$(11) \qquad 0 = 8\,Q + 10\,f\,\Delta + 8\,f\,\vartheta - 12\,p\,\varphi - f^3 + 4\,\varphi^2.$$

Aus den Gleichungen (11), (12) ist nun ein e Gleichung zu bilden, welche für die ξ homogen ist. Um die Ordnung der verschiedenen Glieder kenntlich zu machen, führe ich eine Grösse λ ein, deren Werth 1 ist, und mache in Bezug auf ξ_1, ξ_2, λ die Gleichungen (10), (11) homogen. Sie lauten dann:

$$(12) \quad \begin{aligned} 0 &= 2\,\Delta\,\lambda^2 + 4\,\vartheta\,\lambda - f^2 \\ 0 &= 8\,Q\,\lambda^3 + (10\,f\,\Delta - 12\,p\,\varphi)\,\lambda^2 + 8\,f\,\vartheta\,\lambda + (4\,\varphi^2 - f^3); \end{aligned}$$

an Stelle der letzteren kann man mit Benutzung der ersten auch setzen:

$$(13) \qquad 0 = 8\,Q\,\lambda^3 + 6\,(f\,\Delta - 2\,p\,\varphi)\,\lambda^2 + 4\,\varphi^2 + f^3.$$

Aus dieser und der ersten Gleichung (12) ist λ zu eliminiren. Wir haben hier zwei Formen bez. zweiter und dritter Ordnung vor uns:

$$(14) \quad \begin{aligned} u &= 2\,\Delta\,\lambda^2 + 4\,\vartheta\,\lambda - f^2 \\ v &= 8\,Q\,\lambda^3 + 6\,(f\,\Delta - 2\,p\,\varphi)\,\lambda^2 + (4\,\varphi^2 + f^3), \end{aligned}$$

in denen λ die Veränderliche vertritt, und deren Resultante gebildet werden soll. Bilden wir diese nach § 59.:

$$(15) \qquad\qquad F_{u,v} - 2\,D_u\,E_{u,v} = 0,$$

so erhalten wir eine Gleichung, welche, wie man leicht sieht, von der Ordnung 18 in den ξ ist. Aber man kann zeigen, dass sie den überflüssigen Factor φ^3 enthält, und also nach dessen Auslassung in die gesuchte Gleichung neunten Grades übergeht.

Zunächst ist aus (14):

$$D_u = -2\,(2\,\Delta f^2 + 4\,\vartheta^2);$$

aber nach § 35. (10):

$$\vartheta^2 = -\tfrac{1}{2}\,(\Delta f^2 - 2pf\varphi + D\,\varphi^2),$$

daher:

$$(16) \qquad D_u = 4\,\varphi\,(D\varphi - 2pf).$$

Ferner ist

$$\Delta_{uv} = -8\,(f\Delta - 2p\varphi)^2\,\lambda^2 + 4\,(4\,Q\lambda + f\Delta - 2p\varphi)\,(4\varphi^2 + f^3),$$

daher, wenn man λ^2, λ, 1 durch $-f^2$, $-2\,\vartheta$, $2\,\Delta$ ersetzt:

$$E_{u,\varphi} = 8f^2\,(f\Delta - 2p\varphi)^2 + 8\,(4\varphi^2 + f^3)\,(\Delta^2 f - 2p\varphi\Delta - 4\,Q\vartheta).$$

Bildet man nun das Product $Q\,.\,\vartheta$ zweier Functionaldeterminanten nach § 35. (11), so hat man:

$$Q\,\vartheta = \tfrac{1}{2}\,(\Delta^2 f - \Delta p\varphi + \varphi^2 E),$$

also

$$(17) \quad E_{u,v} = 16\,\varphi\,\{2f^2\,\varphi p^2 - 2f^3 p\Delta - 2\varphi f\Delta^2 - 4\varphi^3 E - f^3\varphi E\}.$$

Endlich ist

$$(18)\; p_{u,v} = 2\,\Delta\,(4\varphi^2 + f^3) - 8\,\vartheta\,(f\Delta - 2p\varphi)\,\lambda - f^2\,[8\,Q\lambda + 2\,(f\Delta - 2p\varphi)].$$

Aber da ϑ, Q, Ω die aus f, φ, Δ gebildeten Functionaldeterminanten sind:

$$\vartheta = (a\,\alpha)\,a_x\,\alpha_x{}^2, \quad Q = (\alpha\,\Delta)\,\alpha_x{}^2\,\Delta_x, \quad \Omega = (a\,\Delta)\,a_x\,\Delta_x,$$

so hat man

$$\vartheta\,\Delta + Q\,f - \Omega\,\varphi = 0,$$

und indem man den hieraus folgenden Ausdruck von $\vartheta\,\Delta + Q\,f$ in (18) einführt:

$$(19) \qquad p_{u,v} = 4\,\varphi\,\{2\,\lambda\,(2p\vartheta - f\Omega) + (2\,\Delta\varphi + pf^2)\}.$$

Demnach wird

$$(20)\; F_{u,v} = 32\,\varphi^2\,\{\Delta\,(2\,\Delta\varphi + pf^2)^2 - 4\,\vartheta\,(2\,\Delta\varphi + pf^2)\,(2p\vartheta - f\Omega) \\ - 2f^2\,(2p\vartheta - f\Omega)^2\}.$$

Die Ausdrücke (16), (17), (20) zeigen, dass aus der Gleichung (15) der überflüssige Factor $32\,\varphi^2$ ausgelassen werden kann; sie bleibt dann von der zwölften Ordnung.

Die so reducirte Gleichung

$$(21)\quad \Delta\,(2\,\Delta\varphi + pf^2)^2 - 4\,\vartheta\,(2\,\Delta\varphi + pf^2)\,(2p\vartheta - f\Omega) - 2f^2\,(2p\vartheta - f\Omega)^2 \\ - 4\,(D\varphi - 2pf)(2f^2\,\varphi p^2 - 2f^3 p\Delta - 2\varphi f\Delta^2 - 4\varphi^3 E - f^3\varphi E) = 0$$

erlaubt nun nochmals den Factor φ auszuscheiden, wodurch dann nur eine Gleichung neunten Grades übrig bleibt. Um dies einzusehen, übergehe ich in (21) alle mit φ multiplicirten Glieder; es bleibt dann

$$f^2 \{- 15 \Delta p^2 f^2 - 4 \vartheta p (2p \vartheta - f \Omega) - 2 (2p \vartheta - f \Omega)^2\}.$$

Der Ausdruck, welcher hier in der Klammer steht, ist durch φ theilbar. Wenn wir die Glieder mit φ übergehen, so können wir ϑ^2 durch $- \tfrac{1}{2} \Delta f^2$ ersetzen; ebenso, da nach § 35. (11)

$$\vartheta \Omega = - \tfrac{1}{2} (D \varphi \Delta - E f \varphi - p f \Delta)$$

gefunden wird, ersetzt man dann $\vartheta \Omega$ durch $\dfrac{p f \Delta}{2}$. Der obige Ausdruck verwandelt sich daher in

$$- f^4 (\Delta p^2 + \Omega^2).$$

Dass dieser Ausdruck durch φ theilbar ist, beruht auf einer anderen Darstellungsweise der Form Ω, indem

$$\Omega = (a \Delta) a_x \Delta_x = (\alpha \beta)^2 (a \alpha) a_x \beta_x = (\alpha \beta) (a \alpha) \beta_x \{(a \beta) \alpha_x - (a \alpha) \beta_x\},$$

oder, da der erste Theil rechts durch Vertauschung von α und β sein Zeichen ändert und demnach identisch verschwindet:

$$\Omega = (\beta p) \beta_x^2.$$

Man hat daher

$$\Omega^2 - \varphi . \alpha_x (\alpha p)^2$$
$$= - \tfrac{1}{2} \{\alpha_x^3 . \beta_x (\beta p)^2 - 2 \alpha_x^2 (\alpha p) \beta_x^2 (\beta p) + \beta_x^3 . \alpha_x (\alpha p)^2\}$$
$$= - \tfrac{1}{2} \alpha_x \beta_x [\alpha_x (\beta p) - \beta_x (\alpha p)]^2 = - \tfrac{1}{2} (\alpha \beta)^2 \alpha_x \beta_x . p^2$$
$$= - \tfrac{1}{2} \Delta p^2,$$

und es ist daher $\Omega^2 + \dfrac{\Delta p^2}{2}$ durch φ theilbar, was zu beweisen war.

Man kann also wirklich (21) durch Division mit φ auf eine Gleichung neunten Grades zurückführen, und zwar ist mit Hilfe der eben angegebenen Formeln die Ausführung ohne Schwierigkeit.

Dass die Gleichung neunten Grades

$$\frac{F_{u,v} - 2 D_u . E_{u,v}}{\varphi^3} = 0$$

nicht weiter reducirt werden kann, wird das Folgende lehren, während zugleich der besondere Charakter der Gleichung neunten Grades hervortritt.

§ 64. Gruppirung der Wurzeln der Gleichung neunten Grades gegen eine derselben.

Ich nehme jetzt eine der Lösungen des Problems als bekannt an und untersuche, wie die übrigen Lösungen zu dieser sich verhalten. Die bekannte Lösung sei durch die linearen Formen ξ, η gegeben;

ξ', η' seien die entsprechenden für eine andere Lösung. Man hat dann gleichzeitig

$$\text{(1)} \qquad \begin{aligned} 2\,\varphi &= 3\,f\,\xi - \xi^3 + \eta^3 \\ 2\,\varphi &= 3\,f\,\xi' - \xi'^3 + \eta'^3 \end{aligned}$$

(die Formen werden jetzt wieder mit den Argumenten x_1, x_2 geschrieben gedacht). Eliminiren wir φ, indem wir diese Form als durch die erste Gleichung (1) definirt ansehen, so haben wir:

$$\text{(2)} \qquad 0 = 3\,f\,(\xi - \xi') - (\xi^3 - \xi'^3) + \eta^3 - \eta'^3.$$

Es folgt hieraus, dass der lineare Factor $\xi - \xi'$ auch in $\eta^3 - \eta'^3$, also in einem der Factoren

$$\eta - \eta', \quad \eta - \varepsilon\,\eta', \quad \eta - \varepsilon^2\,\eta'$$

enthalten sein muss, wo ε eine imaginäre dritte Wurzel aus (1) bedeutet. In welchem dieser drei Factoren man $\xi - \xi'$ enthalten annimmt, ist gleichgiltig, vielmehr wird erst, wenn man darüber verfügt, η' vollständig bestimmt, während sonst nur sein Cubus bestimmt ist. Sei also e eine der Grössen 1, ε, ε^2, sei m eine Constante, und

$$\text{(3)} \qquad \eta - \frac{\eta'}{e} = m\,(\xi - \xi').$$

Man kann dann eine lineare Form z einführen, so dass

$$\text{(4)} \qquad \begin{aligned} \xi' &= \xi + z \\ \eta' &= e\,(\eta + m\,z). \end{aligned}$$

Setzt man diese Ausdrücke in (2) ein, so kann man durch z dividiren, und es bleibt die Gleichung:

$$\text{(5)} \qquad 3\,f = 3\,(\xi^2 - m\,\eta^2) + 3\,(\xi - m^2\,\eta)\,z + (1 - m^3)\,z^2.$$

Es ist nun m so zu bestimmen, dass dieser Gleichung durch eine lineare Form z genügt wird. Dazu ist nöthig, dass, wenn man die in z quadratische Gleichung (5) nach z auflöst:

$$\text{(6)} \qquad z = \frac{3}{2} \cdot \frac{\pm\,2\,\zeta - (\xi - m^2\,\eta)}{1 - m^3},$$

wo

$$\text{(7)} \qquad \zeta^2 = \frac{1 - m^3}{3}\,(f - \xi^3 + m\,\eta^2) + \tfrac{1}{4}\,(\xi - m^2\,\eta)^2,$$

ζ eine lineare Form, also der rechte Theil der Gleichung (7) ein vollständiges Quadrat werde. Die Grösse m muss also so bestimmt werden, dass die Discriminante des Ausdrucks rechts in (7) verschwinde. Da ζ^2 aus zwei Theilen besteht, deren zweiter ein Quadrat ist, so zerfällt diese Discriminante in zwei Glieder:

$$\left(\frac{1 - m^3}{3}\right)^2 \cdot D' + \frac{1 - m^3}{6}\,D'',$$

wo D' die Invariante der Form $f - \xi^2 + m\,\eta^2$, D'' die simultane dieser Form und der Form $(\xi - m^2\,\eta)^2$ ist. Bezeichnet man durch K, L, M die drei Ausdrücke

$$(8) \qquad K = (a\,\xi)^2, \quad L = (a\,\xi)(a\,\eta), \quad M = (a\,\eta)^2,$$

so wird

$$D' = D - 2\,(K - m\,M) - 2\,m\,(\xi\,\eta)^2$$
$$D'' = K - 2\,m^2\,L + m^4\,M + m\,(1 - m^3)\,(\xi\,\eta)^2.$$

Uebergeht man also den überflüssigen Factor $1 - m^3$, so wird die Gleichung, welche zur Bestimmung von m führt:

$$(9) \quad 0 = \frac{1 - m^3}{3}\,[D - 2\,K + 2\,m\,M - \tfrac{1}{2}\,m\,(\xi\,\eta)^2] + \tfrac{1}{2}\,(K - 2\,L\,m^2 + M\,m^4).$$

Sie ist vom vierten Grade; aber jedem m entsprechen nach (6) zwei verschiedene z, und also auch nach (4) zwei verschiedene ξ. Man findet also wirklich zu jeder gegebenen Lösung acht andere, so dass im Ganzen neun Lösungen existiren müssen; sodann aber ergeben die obigen Betrachtungen den Satz:

> In Bezug auf jede Lösung der Gleichung neunten Grades gruppiren sich die übrigen in vier Paare, welche mittelst einer biquadratischen Gleichung aus derselben gefunden werden.

Aber auch diese biquadratische Gleichung hat noch eine specielle Eigenschaft. Ordnet man (9) nach Potenzen von m, so erhält man:

$$[(\xi\,\eta)^4 - M]\,m^4 + 4\left(K - \frac{D}{2}\right)m^3 - 6\,L\,m^2$$
$$+ 4\,[M - \tfrac{1}{4}\,(\xi\,\eta)^2]\,m + (2\,D - K) = 0;$$

daher ist die erste Invariante der Gleichung:

$$i = 2\left\{[(\xi\,\eta)^2 - M]\,(2\,D - K) - [4\,M - (\xi\,\eta)^2]\left(K - \frac{D}{2}\right) + 3\,L^2\right\}$$
$$= 3\,D\,(\xi\,\eta)^2 - 6\,(K\,M - L^2).$$

Es ist aber

$$2\,(K\,M - L^2) = (a\,\xi)^2\,(b\,\eta)^2 - 2\,(a\,\xi)(a\,\eta)\,.\,(b\,\xi)(b\,\eta) + (b\,\xi)^2\,(a\,\eta)^2$$
$$= \{(a\,\xi)(b\,\eta) - (b\,\xi)(a\,\eta)\}^2$$
$$= (a\,b)^2\,(\xi\,\eta)^2 = D\,(\xi\,\eta)^2;$$

daher $i = 0$.

> Die erste Invariante der Gleichung (9) verschwindet.

Wendet man nun auf eine Gleichung

$$a\,m^4 + 4\,b\,m^3 + 6\,c\,m^2 + 4\,d\,m + e = 0$$

die lineare Substitution

$$(10) \qquad am = -b - \sigma$$

an, so geht dieselbe in die Form

$$(11) \qquad \sigma^4 + 6\alpha\sigma^2 + 4\beta\sigma + \gamma = 0$$

über; da aber $i = 0$, so wird

$$(12) \qquad \gamma = -3\alpha^2,$$

und die Werthe von α, β sind:

$$(13) \qquad \begin{aligned} \alpha &= ac - b^2 \\ \beta &= 3abc - da^2 - 2b^3. \end{aligned}$$

Im vorliegenden Falle wird die lineare Substitution (10):

$$(14) \qquad m = \frac{\dfrac{D}{2} - K - \sigma}{(\xi\eta)^2 - M},$$

und die Coefficienten der transformirten Gleichung sind:

$$(15) \qquad \begin{aligned} \alpha &= -L\,[(\xi\eta)^2 - M] - \left(K - \frac{D}{2}\right)^2 \\ \beta &= -3L\,[(\xi\eta)^2 - M]\left(K - \frac{D}{2}\right) - [M - \tfrac{1}{4}(\xi\eta)^2]\,[(\xi\eta)^2 - M]^2 \\ &\qquad - 2\left(K - \frac{D}{2}\right)^3. \end{aligned}$$

Diese Coefficienten lassen sich durch die simultanen Invarianten von f und φ allein ausdrücken.

Wenn man nämlich in dem Ausdrucke

$$f \cdot (\xi\eta)^2 = a_x^2\,(\xi\eta)^2 = [(a\xi)\,\eta - (a\eta)\,\xi]^2$$

die Ausdrücke (8) einführt, so hat man

$$(16) \qquad f \cdot (\xi\eta)^2 = K\eta^2 - 2L\xi\eta + M\eta^2;$$

daher auch

$$(17) \qquad \begin{aligned} 2\varphi\,(\xi\eta)^2 &= (\xi\eta)^2\,\{\,3f\xi - \xi^3 + \eta^3\,\} \\ &= [3M - (\xi\eta)^2]\,\xi^3 - 6L\xi^2\eta + 3K\xi\eta^2 + (\xi\eta)^2\,\eta^3. \end{aligned}$$

Bildet man nun an diesen Darstellungen die Covarianten und Invarianten von f und φ, so hat man zunächst wieder die schon oben abgeleitete Gleichung

$$(18) \qquad D \cdot (\xi\eta)^2 = 2(KM - L^2),$$

sodann aber

$$2p\,(\xi\eta)^2 = 4\xi(MN - L^2) - K\xi(\xi\eta)^2 + M\eta\,(\xi\eta)^2,$$

oder wenn man (18) benutzt und dann durch $(\xi\eta)^2$ dividirt:

$$(19) \qquad 2p = (2D - K)\,\xi + M\eta;$$

daher auch

$$(20) \quad 4\,F = K\,(2\,D - K)^2 + 2\,L\,M\,(2\,D - K) + M^3$$
$$= K^3 + M^3 - 2\,K\,L\,M + 4\,D\,(M\,L - K^2) + 4\,D^2\,K.$$

Für Δ hat man die Formel:

$$2\,\Delta\,(\xi\eta)^2 = \begin{vmatrix} 3\,M - (\xi\eta)^2 & -\,2\,L & \eta^2 \\ -\,2\,L & K & -\,\xi\eta \\ K & (\xi\eta)^2 & \xi^2 \end{vmatrix},$$

also, wenn man statt $\eta^2,\ -\,\xi\eta,\ \xi^2$ die Coefficienten von $f \cdot (\xi\eta)^2$ einsetzt:

$$2\,E\,(\xi\eta)^2 = \begin{vmatrix} 3\,M - (\xi\eta)^2 & -\,2\,L & M \\ -\,2\,L & K & -\,L \\ K & (\xi\eta)^2 & K \end{vmatrix}.$$

Man vereinfacht diesen Ausdruck, indem man die letzte Vertikalreihe von der ersten abzieht; es wird dann mit Hilfe von (18) der Ausdruck durch $(\xi\eta)^2$ theilbar, und man erhält:

$$(21) \qquad 2\,E = -\,K^2 + L\,M + K\,D - L\,(\xi\eta)^2.$$

Zur Darstellung von α genügt diese Gleichung und (18), denn es wird aus (15):

$$(22) \qquad \alpha = 2\,E - \frac{D^2}{4}\,.$$

Um β zu bilden, muss man auch noch den Ausdruck von R kennen. Diese Invariante entsteht, wenn man in Δ statt $\eta^2,\ -\,\xi\eta,\ \xi^2$ die Coefficienten von Δ selbst einführt, und man hat dann:

$$8\,R \cdot (\xi\eta)^2 = \begin{vmatrix} 3\,M - (\xi\eta)^2 & -\,2\,L & 6\,K\,M - 2\,K\,(\xi\eta)^2 - 8\,L^2 \\ -\,2\,L & K & 2\,K\,L + 3\,M\,(\xi\eta)^2 - (\xi\eta)^4 \\ K & (\xi\eta)^2 & -\,4\,L\,(\xi\eta)^2 - 2\,K^2 \end{vmatrix}.$$

Diese Gleichung wird durch $(\xi\eta)^2$ theilbar, wenn man die erste Vertikalreihe mit $2\,K$, die zweite mit $2\,L$ multiplicirt zur dritten addirt, und man findet dann

$$(23)\ \ 8\,R = \begin{vmatrix} 3\,M - (\xi\eta)^2 & -\,2\,L & 6\,D - 4\,K \\ -\,2\,L & K & 3\,M - (\xi\eta)^2 \\ K & (\xi\eta)^2 & -\,2\,L \end{vmatrix}$$
$$= 4\,K^3 + 8\,L^3 - 12\,K\,L\,M - 6\,D\,K^2$$
$$+ (\xi\eta)^2 \{ 12\,K\,L - 12\,D\,L - 9\,M^2 \} + 6\,M\,(\xi\eta)^4 - (\xi\eta)^6.$$

Aus diesem und den früheren Ausdrücken setzt sich nun β zusammen mittelst der Formel

$$(24) \qquad \beta = 5\,D\,E - 2\,R - 4\,F + \frac{D^3}{4}\,,$$

und die Gleichung vierten Grades (11) wird also:

$$(25) \qquad \sigma^4 + 6\left(2E - \frac{D^2}{4}\right)\sigma^2 + 4\left(5DE - 2R - 4F + \frac{D^3}{4}\right)\sigma$$
$$- 3\left(2E - \frac{D^2}{4}\right)^2 = 0.$$

§ 65. Die Systeme conjugirter Lösungen.

Die im Vorigen angestellten Betrachtungen zeigen, dass zwischen den Lösungen der Gleichung neunten Grades gewisse Beziehungen bestehen, welche den Charakter der Gleichung als einen speciellen erkennen lassen.

Zu jeder der neun Lösungen ordnen sich die übrigen paarweise. Ein solches Paar mit der ersten Lösung zusammen heisse ein System conjugirter Lösungen. Es lässt sich zeigen, dass die Zusammengehörigkeit dreier einem solchen System angehöriger Lösungen ξ, ξ', ξ'' nicht aufgehoben wird, wenn man von einer zweiten unter ihnen ausgeht; in Bezug auf diese ordnen sich die acht anderen Wurzeln nun abermals in Paare, und wiederum besteht ein Paar aus den anderen dem conjugirten System angehörigen Lösungen. Gehört also zu ξ das Paar ξ', ξ'', so gehört auch zu ξ' das Paar ξ'', ξ und zu ξ'' das Paar ξ, ξ'.

Die Lösungen eines zu ξ, η gehörigen Paares sind nämlich nach den Formeln (4) des vorigen Paragraphen bestimmt durch die Annahme, dass sie mit ξ, η durch Formeln folgender Art zusammenhängen:

$$(1) \qquad \begin{aligned} \xi' &= \xi + z & \xi'' &= \xi + z_1 \\ \eta' &= e\,(\eta + mz) & \eta'' &= e_1\,(\eta + mz_1). \end{aligned}$$

Diesen Formeln aber kann man auch die Gestalt geben:

$$(2) \qquad \begin{aligned} \xi &= \xi' - z & \xi'' &= \xi' + (z_1 - z) \\ \eta &= e^2\,(\eta' - mez) & \eta'' &= e^2 e_1\,[\eta' + me\,(z_1 - z)] \end{aligned}$$

oder:

$$(3) \qquad \begin{aligned} \xi &= \xi'' - z_1 & \xi' &= \xi'' + (z - z_1) \\ \eta &= e_1{}^2\,(\eta'' - me_1 z_1) & \eta' &= e_1{}^2 e\,[\eta'' + me_1\,(z - z_1)]. \end{aligned}$$

Alle diese Formeln haben ganz denselben Charakter. Man schliesst daraus also erstlich den Satz:

> Bilden die Lösungen ξ', ξ'' ein zu ξ gehöriges Paar, so bilden auch ξ, ξ'' ein zu ξ' gehöriges, und ξ, ξ' ein zu ξ'' gehöriges.

Dabei geht, wenn man von ξ' oder ξ'' statt von ξ ausgeht,

$$\begin{aligned} m \quad &\text{über in } me & &\text{bez. } me_1 \\ z,\ z_1 \quad &\text{über in } -z,\ z_1 - z & &\text{bez. } -z_1,\ z - z_1. \end{aligned}$$

Die Grösse m^3 ändert sich also gar nicht. — Durch den obigen Satz ist der Begriff eines Systems conjugirter Lösungen festgestellt.

Es ist nun weiter leicht zu zeigen, dass auch die zu m, ξ, η gehörige Wurzel σ der biquadratischen Gleichung (25) für drei conjugirte Lösungen denselben Werth hat. Nach der Formel (14) des vorigen Paragraphen müssen dann gleichzeitig, wenn K', M', K'', M'' aus K, M hervorgehen, indem man ξ', η' oder ξ'', η'' an Stelle von ξ, η setzt, die Gleichungen stattfinden:

$$(4) \qquad m = \frac{\frac{D}{2} - K - \sigma}{(\xi\eta)^2 - M}, \qquad em = \frac{\frac{D}{2} - K' - \sigma}{(\xi'\eta')^2 - M'}, \qquad e_1\, m = \frac{\frac{D}{2} - K'' - \sigma}{(\xi''\eta'')^2 - M''}.$$

Da die dritte Gleichung zu der ersten genau in derselben Beziehung steht wie die zweite, so genügt es, das gleichzeitige Bestehen der ersten und zweiten nachzuweisen. Nun war nach Formel (5) des vorigen Paragraphen:

$$(5) \qquad 3f = 3\,(\xi^2 - m\eta^2) + 3\,(\xi - m^2\eta)\,z + (1 - m^3)\,z^2.$$

Nun geht gleichzeitig ξ in ξ', η in η', m in me, z in $-z$ über; daher wird auch

$$(6) \qquad 3f = 3\,(\xi'^2 - em\eta'^2) - 3\,(\xi' - e^2 m^2\eta')\,z + (1 - m^3)\,z^2.$$

Setzt man in (5) für x_1, x_2 die Grössen ξ_2, $-\xi_1$ oder η_2, $-\eta_1$, in (6) ξ'_2, $-\xi'_1$, oder η'_2, $-\eta'_1$ ein, so erhält man die vier Gleichungen:

$$
\begin{aligned}
3\,K &= -\,3\,m\,(\xi\eta)^2 - 3\,m^2\,(\xi\eta)\,(\xi z) + (1-m^3)\,(\xi z)^2 \\
3\,M &= 3\,(\xi\eta)^2 + 3\,(\xi\eta)\,(z\eta) + (1-m^3)\,(z\eta)^2 \\
3\,K' &= -\,3\,em\,(\xi'\eta')^2 + 3\,e^2\,m^2\,(\xi'\eta')\,(\xi'z) + (1-m^3)\,(\xi'z)^2 \\
3\,M' &= 3\,(\xi'\eta')^2 - 3\,(\xi'\eta')\,(z\eta') + (1-m^3)\,(z\eta')^2.
\end{aligned}
$$

Es folgt daraus:

$$
\begin{aligned}
K - K' &= -\,m\,[(\xi\eta)^2 - c\,(\xi'\eta')^2] - m^2\,[(\xi\eta)\,(\xi z) + e^2\,(\xi'\eta')\,(\xi'z)] \\
&\qquad + \frac{1 - m^3}{3}\,[(\xi z)^2 - (\xi'z)^2]
\end{aligned}
$$

$$
\begin{aligned}
M - e\,M' &= [(\xi\eta)^2 - e\,(\xi'\eta')^2] + [(\xi\eta)\,(z\eta) + e\,(\xi'\eta')\,(z\eta')] \\
&\qquad + \frac{1 - m^3}{3}\,[(z\eta)^2 - (z\eta')^2].
\end{aligned}
$$

Nun ist aber wegen (1):

$$
\begin{aligned}
(\xi z)^2 - (\xi'z)^2 &= (\xi + \xi',\, z)\,(\xi - \xi',\, z) = 0 \\
(z\eta)^2 - e\,(z\eta')^2 &= (z,\, \eta + e^2\eta')\,(z,\, \eta - e^2\eta') = 0,
\end{aligned}
$$

und daher

$$
\begin{aligned}
(K - K') - m\,(M - e\,M') &= -\,2\,m\,[(\xi\eta)^2 - e\,(\xi'\eta')^2] \\
&\qquad + m\,(\xi\eta)\,(z,\, m\xi - \eta) + me\,(\xi'\eta')\,(z,\, em\xi' - \eta').
\end{aligned}
$$

Setzt man nun $\xi' - \xi$ für z, und bemerkt, dass

$$e\,m\,\xi' - \eta' = e\,(m\,\xi - \eta),$$

so nimmt diese Gleichung auch die Form an:

$$(K - K') - m\,(M - e\,M') = -\,2\,m\,[(\xi\eta)^2 - e\,(\xi'\eta')^2]$$
$$-\,m\,[\,e^2\,(\xi\eta)\,(\xi'\eta') - (\xi\eta)^2 - e^2\,(\xi\eta)\,(\xi'\eta') + e^2\,(\xi'\eta')^2\,]$$
$$=\,-\,m\,[(\xi\eta)^2 - e\,(\xi'\eta')^2\,],$$

oder man hat

$$m\,\{\,(\xi\eta)^2 - M\,\} + K = e\,m\,\{\,(\xi'\eta')^2 - M'\,\} + K'.$$

Dies ist aber die Gleichheit der Ausdrücke, welche in (4) gleich $\dfrac{D}{2} - \sigma$ werden; die beiden ersten Gleichungen (4) bestehen also zusammen, was zu beweisen war.

Man kann hieran folgende Betrachtungen knüpfen. Da einer Lösung gegenüber die acht anderen sich in vier völlig bestimmte Paare sondern, so folgt, dass, wenn von einem solchen Paare eine Lösung gewählt ist, die andere eindeutig bestimmt ist. Mit andern Worten, um ein System conjugirter Lösungen zu bilden, kann man zwei Lösungen beliebig wählen, die dritte aber ist dann eindeutig bestimmt. Es können also niemals zwei Systeme conjugirter Lösungen mehr als eine Lösung gemein haben.

Jede Lösung gehört vier Systemen an; aber umgekehrt umfasst jedes System drei Lösungen. Die Gesammtzahl aller Systeme erhält man also, wenn man die Zahl aller Combinationen der neun Lösungen zu zweien bildet, wobei denn aber jedes System dreimal vorkommt, so dass das Resultat durch 3 zu dividiren ist.

Es giebt also $\dfrac{9 \cdot 8}{2 \cdot 3} = 12$ Systeme conjugirter Lösungen.

Bezeichnet man nun die neun Lösungen durch die Zahlen 1 bis 9, und sind etwa 1, 2, 3 conjugirt, so gehört 1 noch drei anderen Systemen conjugirter Lösungen an, ebenso 2 und 3, und alle diese Systeme sind verschieden. Es giebt also im Ganzen zehn Systeme, in denen eine der Lösungen 1, 2, 3 vorkommt; daher giebt es nothwendig noch zwei Systeme, in denen keine derselben auftritt. Sei ein solches 4, 5, 6. Jede der Lösungen 4, 5, 6 kommt schon in dreien der zehn ersten Systeme vor, nämlich mit 1, 2 oder 3 combinirt. Daher giebt es nun auch kein weiteres System, welchem 4, 5 oder 6 angehören könnte. Die Lösungen 1, 2, 3, 4, 5, 6 kommen also nur in 11 Systemen vor. Das zwölfte System muss daher aus den Lösungen 7, 8, 9 gebildet werden. Man sieht so, dass die neun Lösungen in drei Systeme von conjugirten zerlegt werden können; es entsteht die Frage, auf wie viele Arten dies möglich ist.

Wenn wir das System 1, 2, 3 heraushoben, so bildeten die übrigen sechs Lösungen zwei vollkommen bestimmte Systeme; sie können nicht noch auf eine zweite Art in zwei Systeme zerlegbar sein, ohne dass eines der neuen Systeme zwei Lösungen mit einem der vorigen gemein hätte, was unmöglich ist. Gehen wir daher der Reihe nach von den vier Systemen aus, welche die Lösung 1 enthalten, so ergänzen sich dieselben jedesmal auf eindeutige Weise durch zwei andere Systeme zu der vollen Zahl aller Lösungen. Hieraus folgt:

> Die neun Lösungen sind auf vier verschiedene Arten in drei Systeme conjugirter Lösungen zerlegbar.

Da oben die vier Systeme, in denen eine bestimmte Lösung auftrat, von der biquadratischen Gleichung (25) § 64. abhängig waren, so folgt, dass von dieser Gleichung auch die vier Zerlegungen der neun Lösungen in Systeme abhängen müssen. Dies ist der innere Grund, weshalb die biquadratische Gleichung eine von der Ausgangslösung völlig unabhängige Form annehmen konnte. Zugleich aber zeigt sich, dass diese Gleichung die Grundlage für die Auflösung der Gleichung neunten Grades bilden muss. Und zwar sind ausser derselben nur cubische Gleichungen erforderlich; denn wenn durch eine Wurzel der biquadratischen Gleichung eine Zerlegungsart gegeben ist, so muss man die drei in ihr auftretenden Systeme durch eine cubische Gleichung finden können, und ebenso die einzelnen Lösungen jedes Systems. Um die Gleichung neunten Grades zu lösen, braucht man also eine Wurzel der biquadratischen Gleichung, sodann die Lösung der cubischen Gleichung, von welcher die drei entsprechenden Systeme abhängen; endlich aber nur zwei der cubischen Gleichungen, von denen die Lösungen der drei Systeme abhängen; da jede dem ersten System angehörige Lösung mit jeder dem zweiten angehörigen ein System bestimmt, dem nur eine bestimmte Lösung des dritten angehört, so sind die Lösungen des dritten Systems durch die Lösungen der beiden ersten bereits von einander getrennt und auf lineare Bestimmungen zurückgeführt.

Diese Gleichung neunten Grades ist eine Hesse'sche, indem sie diejenigen besonderen Eigenschaften besitzt, welche, wie Hr. Hesse gezeigt hat, einer Classe algebraisch auflösbarer Gleichungen neunten Grades zukommen.*

---

* Hesse in Crelles Journal, Bd. 34.

Es wird jetzt, um die Lösungen der Gleichung neunten Grades in unserem Falle zu finden, nothwendig, auf die Bildung der Systeme conjugirter Lösungen einzugehen.

Die Gleichung (3) des § 64. lässt sich auch erfüllen, indem man eine lineare Form t einführt, so dass

$$(7) \qquad \begin{aligned} \eta &= m\ (\xi + t) \\ \eta' &= e\,m\,(\xi' + t). \end{aligned}$$

Die Gleichungen (1) des gegenwärtigen Paragraphen liefern dann für die zu beiden conjugirte Lösung die Beziehung

$$(8) \qquad \eta'' = e_1\,m\,(\xi'' + t).$$

Es bestehen also für drei conjugirte Lösungen die identischen Gleichungen [§ 64. (1)]:

$$(9) \qquad \begin{aligned} 2\,\varphi &= 3\,f\,\xi \ - \xi^3 \ + m^3\,(\xi \ + t)^3 \\ 2\,\varphi &= 3\,f\,\xi' \ - \xi'^3 \ + m^3\,(\xi' \ + t)^3 \\ 2\,\varphi &= 3\,f\,\xi'' - \xi''^3 + m^3\,(\xi'' + t)^3. \end{aligned}$$

Mit anderen Worten, die für ξ cubische Gleichung

$$(10) \qquad 2\,\varphi = 3\,f\,\xi - \xi^3 + m^3\,(\xi + t)^3$$

muss drei in den x rationale Lösungen ξ, ξ', ξ'' haben.

Durch diese Bedingung ist, wie sich zeigen wird, sowohl m als t bestimmt.

Da aus (10) für die Summe der conjugirten Formen ξ, ξ', ξ'' die Formel

$$(11) \qquad \xi + \xi' + \xi'' = \frac{3\,m^3}{1 - m^3}\,t$$

hervorgeht, so kann man den Ausdrücken ξ, ξ', ξ'' die Gestalt geben:

$$(12) \qquad \begin{aligned} \xi \ &= \frac{m^3\,t + \mu + \nu}{1 - m^3} \\[2mm] \xi' &= \frac{m^3\,t + \varkappa\,\mu + \varkappa^2\,\nu}{1 - m^3} \\[2mm] \xi'' &= \frac{m^3\,t + \varkappa^2\,\mu + \varkappa\,\nu}{1 - m^3}, \end{aligned}$$

wo $\varkappa$ eine imaginäre dritte Wurzel der Einheit, μ, ν lineare Formen bedeuten. Die zugehörigen η werden dann nach (7), (8):

$$(13) \qquad \begin{aligned} \eta \ &= m\ \frac{t + \mu + \nu}{1 - m^3} \\[2mm] \eta' &= e\,m\ \frac{t + \varkappa\,\mu + \varkappa^2\,\nu}{1 - m^3} \\[2mm] \eta'' &= e^2\,m\ \frac{t + \varkappa^2\,\mu + \varkappa\,\nu}{1 - m^3}. \end{aligned}$$

Führt man die Ausdrücke (12) aber in die Gleichungen (9) ein, so nehmen dieselben die Gestalt an:

$$A + B(\mu + \nu) \quad = 0$$
$$A + B(\varkappa\mu + \varkappa^2\nu) = 0$$
$$A + B(\varkappa^2\mu + \varkappa\nu) = 0,$$

und zerfallen also in die Gleichungen

$$A = 0, \quad B = 0,$$

oder, indem man die Ausdrücke für A und B einführt, in die beiden Gleichungen:

$$(14) \qquad 2(1 - m^3)^2\,\varphi = 3\,m^3\,(1 - m^3)\,tf + m^3\,(1 + m^3)\,t^3 - \mu^3 - \nu^3$$
$$0 = (1 - m^3)\,f + m^3\,t^2 - \mu\nu.$$

Diese beiden Gleichungen, welche für alle Werthe der x bestehen müssen, liefern durch Vergleichung der beiderseitigen Coefficienten sieben Gleichungen, und genügen zur Bestimmung der sieben unbekannten Grössen, nämlich der Grösse m und der Coefficienten der linearen Formen t, μ, ν.

Die Grössen m, t, μ, ν entsprechen nach (12), (13) einem Systeme conjugirter ξ, η. Das in den Gleichungen (14) enthaltene Problem nimmt also in Bezug auf die Systeme dieselbe Stelle ein, wie das ursprüngliche Problem in Bezug auf die neun einzelnen Lösungen ξ.

§ 66. Lösung der Gleichung neunten Grades.

Wenn man in der zweiten Gleichung (14) an Stelle von x_1, x_2 die Grössenpaare μ_2, $-\mu_1$; ν_2, $-\nu_1$; t_1, $-t_2$ treten lässt, so erhält man die folgenden drei Gleichungen, welche jene Gleichung völlig ersetzen:

$$(1) \qquad \begin{aligned} m^3\,(t\mu)^2 + (1 - m^3)\,(a\mu)^2 &= 0 \\ m^3\,(t\nu)^2 + (1 - m^3)\,(a\nu)^2 &= 0 \\ (t\mu)(t\nu) - (1 - m^3)\,(at)^2 &= 0. \end{aligned}$$

Aus den ersten beiden ergiebt sich sofort die Gleichung, welche nur die Verhältnisse der t, der μ und der ν enthält:

$$0 = (t\mu)^2\,(a\nu)^2 - (t\nu)^2\,(a\mu)^2 = \{(t\mu)(a\nu) + (t\nu)(a\mu)\}\,(at)(\nu\mu),$$

oder, mit Auslassung des Factors $(\nu\mu)$:

$$(2) \qquad (at)(a\nu)\,.\,(t\mu) + (at)(a\mu)\,.\,(t\nu) = 0.$$

Wenn man die Gleichungen (14) nach f und φ auflöst:

$$(3) \qquad \begin{aligned} (1 - m^3)\,f &= \mu\nu - m^3\,t^2 \\ 2(1 - m^3)^2\,\varphi &= m^3\,(1 - 4\,m^3)\,t^3 - \mu^3 - \nu^3 + 3\,m^3\,\mu\nu\,t, \end{aligned}$$

so kann man den Inhalt der zweiten Gleichung nun auf folgende vier Gleichungen zwischen Constanten zurückführen. Wir setzen erstlich an Stelle von x_1, x_2 der Reihe nach die Grössenpaare t_2, $-t_1$; μ_2, $-\mu_1$; ν_2, $-\nu_1$, und erhalten:

$$(4) \quad \begin{aligned} 2\,(1-m^3)^2\,(\alpha\,t)^3 &= -\,(\mu\,t)^3 - (\nu\,t)^3 \\ 2\,(1-m^3)^2\,(\alpha\,\mu)^3 &= m^3\,(1-4\,m^3)\,(t\,\mu)^3 - (\nu\,\mu)^3 \\ 2\,(1-m^3)^2\,(\alpha\,\nu)^3 &= m^3\,(1-4\,m^3)\,(t\,\nu)^3 - (\mu\,\nu)^3. \end{aligned}$$

Sodann wenden wir auf die zweite Gleichung (3) hintereinander die Processe

$$y_1\,\frac{\partial}{\partial x_1} + y_2\,\frac{\partial}{\partial x_2}, \quad z_1\,\frac{\partial}{\partial x_1} + z_2\,\frac{\partial}{\partial x_2}$$

an und ersetzen dann die x durch t_2, $-t_1$, die y durch μ_2, $-\mu_1$, die z durch ν_2, $-\nu_1$. Es ergiebt sich die vierte Gleichung:

$$(5) \quad (\alpha\,t)\,(\alpha\,\mu)\,(\alpha\,\nu) = 0.$$

Diese Gleichung giebt den Gleichungen (4) gegenüber nichts Neues; denn wegen der Identität

$$t\,(\mu\,\nu) + \mu\,(\nu\,t) + \nu\,(t\,\mu) = 0$$

ist auch identisch

$$t^3\,(\mu\,\nu)^3 + \mu^3\,(\nu\,t)^3 + \nu^3\,(t\,\mu)^3 = 3\,\mu\,\nu\,t\,(\mu\,\nu)\,(\nu\,t)\,(t\,\nu),$$

und man führt (5) auf (4) zurück, indem man diese Gleichung dreimal über φ schiebt. Daher ist es nothwendig, noch andere Combinationen zu bilden. Wenn man die linken und rechten Theile der Gleichungen (3) zweimal über einander schiebt, so hat man:

$$\begin{aligned} 2\,(1-m^3)^3\,p &= m^3\,(1-5\,m^3)\,t\,(t\,\mu)\,(t\,\nu) \\ &\quad + m^3\,\{\,\mu\,(t\,\mu)^2 + \nu\,(t\,\nu)^2 - t\,(\mu\,\nu)^2\,\}, \end{aligned}$$

oder, wenn wir $x_1 = t_2$, $x_2 = -t_1$ setzen:

$$2\,(1-m^3)^3\,(p\,t) = m^3\,\{\,(\mu\,t)^3 + (\nu\,t)^3\,\},$$

und endlich, mit Anwendung der ersten Gleichung (4):

$$(6) \quad (1-m^3)\,(p\,t) = -\,m^3\,(\alpha\,t)^3.$$

Eine andere Combination, welche benutzt werden wird, entsteht, indem man in der ersten Gleichung (3) die x durch a_2, $-a_1$ ersetzt. Dann ergiebt sich:

$$(7) \quad (1-m^3)\,D = (a\,\mu)\,(a\,\nu) - m^3\,(a\,t)^2.$$

Nun nehmen die Gleichungen § 65. (4), welche den Zusammenhang von m mit σ angeben, indem man darin statt der ξ, η die

Ausdrücke (12), (13) des vorigen Paragraphen einführt, folgende Gestalt an:

$$m^3 \{ (t\mu) + (t\nu) \}^2 - m^3 \{ (at) + (a\mu) + (a\nu) \}^2$$
$$= (1-m^3)^2 \left(\frac{D}{2} - \sigma \right) - \{ m^3 (at) + (a\mu) + (a\nu) \}^2$$

$$m^3 \{ \varkappa (t\mu) + \varkappa^2 (t\nu) \}^2 - m^3 \{ (at) + \varkappa (a\mu) + \varkappa^2 (a\nu) \}^2$$
$$= (1-m^3)^2 \left(\frac{D}{2} - \sigma \right) - \{ m^3 (at) + \varkappa (a\mu) + \varkappa^2 (a\nu) \}^2$$

$$m^3 \{ \varkappa^2 (t\mu) + \varkappa (t\nu) \}^2 - m^3 \{ (at) + \varkappa^2 (a\mu) + \varkappa (a\nu) \}^2$$
$$= (1-m^3)^2 \left(\frac{D}{2} - \sigma \right) - \{ m^3 (at) + \varkappa^2 (a\mu) + \varkappa (a\nu) \}^2.$$

Diese Gleichungen kann man wegen der Eigenschaften der dritten Wurzeln der Einheit in die Form bringen:

$$U + \quad V + \quad W = 0$$
$$U + \varkappa \ V + \varkappa^2 \ W = 0$$
$$U + \varkappa^2 V + \varkappa \ W = 0,$$

und es folgt dann

$$U = 0, \quad V = 0, \quad W = 0.$$

Die beiden letzten dieser Gleichungen sind nichts anderes als die beiden ersten Gleichungen (1); die erste aber giebt:

$$2 \, m^3 (t\mu)(t\nu) - m^3 (1-m^3)(at)^2 + 2 (1-m^3)(a\mu)(a\nu)$$
$$= (1-m^3)^2 \left(\frac{1}{2} - \sigma \right),$$

oder, wenn man (7) und die letzte Gleichung (1) benutzt, und durch $1 - m^3$ dividirt:

$$(8) \qquad 0 = 3 \, m^3 (at)^2 + (1-m^3) \left(\frac{3D}{2} + \sigma \right).$$

Eliminirt man aber m aus dieser Gleichung und der Gleichung (6), so findet man:

$$(9) \qquad 3 (at)^2 (pt) - \left(\frac{3D}{2} + \sigma \right) (\alpha t)^3 = 0.$$

Diese Gleichung enthält keine andere Unbekannte mehr, als das Verhältniss $t_1 : t_2$, und dient also zu dessen Bestimmung, sobald σ gefunden ist.

Den vier Wurzeln σ der biquadratischen Gleichung § 64. (25) entsprechen also vier cubische Gleichungen (9), welche die drei einer solchen Wurzel zugeordneten Systeme conjugirter Lösungen liefern.

Die Auflösung der Gleichung neunten Grades ist hierdurch in ihren Grundzügen bereits gegeben. Aber die oben entwickelten

Formeln gestatten es, den weitern Verlauf der Auflösung zu verfolgen.

Wir können zunächst auch die Verhältnisse $\mu_1 : \mu_2$ und $\nu_1 : \nu_2$ auf eine einfache und merkwürdige Weise bestimmen. Sie erfolgt aus den Gleichungen (2) und (5). Die erstere kann man in die beiden Gleichungen auflösen:

$$(at)\,(a\mu) + \omega\,(t\mu) = 0$$
$$(at)\,(a\nu) - \omega\,(t\nu) = 0,$$

in welchen ω eine unbestimmte Grösse ist. Demnach kann man setzen:

$$(10) \qquad \begin{aligned} \mu_1 &= g\,\{\,a_1\,(at) + \omega\,t_1\,\} & \nu_1 &= h\,\{\,a_1\,(at) - \omega\,t_1\,\} \\ \mu_2 &= g\,\{\,a_2\,(at) + \omega\,t_2\,\} & \nu_2 &= h\,\{\,a_2\,(at) - \omega\,t_2\,\}, \end{aligned}$$

wo auch $g,\,h$ unbestimmte Grössen sind, welche auf die Verhältnisse $\mu_1 : \mu_2$, $\nu_1 : \nu_2$ keinen Einfluss haben. Führt man aber diese Ausdrücke der μ, ν in (5) ein, so erhält man:

$$(11) \qquad 0 = (\alpha a)\,(\alpha b)\,(at)\,(bt)\,(\alpha t) - \omega^2\,(\alpha t)^3.$$

Nach einer oft angewandten Identität ist aber

$$(\alpha a)\,(\alpha b)\,(at)\,(bt)\,(\alpha t) = \frac{(\alpha t)}{2}\,\{\,(\alpha a)^2\,(bt)^2 + (\alpha b)^2\,(at)^2 - (ab)^2\,(\alpha t)^2\,\}$$
$$= (pt)\cdot(at)^2 - \frac{D}{2}\,(\alpha t)^3,$$

und die Gleichung (11) geht daher in

$$0 = (pt)\cdot(at)^2 - \left(\omega^2 + \frac{D}{2}\right)(\alpha t)^3$$

über, oder mit Rücksicht auf (9) in:

$$(12) \qquad \omega^2 = \frac{\sigma}{3}.$$

Daher sind jetzt die Verhältnisse der μ, ν durch folgende einfache Gleichungen bestimmt:

$$(13) \qquad \begin{aligned} \mu_1 &= g\,\left\{a_1\,(at) + t_1\,\sqrt{\tfrac{\sigma}{3}}\right\} & \nu_1 &= h\,\left\{a_1\,(at) - t_1\,\sqrt{\tfrac{\sigma}{3}}\right\} \\ \mu_2 &= g\,\left\{a_2\,(at) + t_2\,\sqrt{\tfrac{\sigma}{3}}\right\} & \nu_2 &= h\,\left\{a_2\,(at) - t_2\,\sqrt{\tfrac{\sigma}{3}}\right\}. \end{aligned}$$

Man erhält demnach sämmtliche neun Lösungen ξ des ursprünglichen Problems, wenn man von einer bestimmten Wurzel σ der biquadratischen Gleichung ausgeht, und zunächst durch Lösung der cubischen Gleichung (9) die der Wurzel σ entsprechende Zerlegung der neun Lösungen in drei Systeme conjugirter Lösungen ausführt. Sind τ_1, τ_2 irgend welche Werthe für t_1, t_2, welche der

Gleichung (9) genügen, also eines jener drei Systeme bestimmen, so kann man

$$(14) \qquad t_1 = \varrho\,\tau_1, \quad t_2 = \varrho\,\tau_2$$

setzen, und die drei Lösungen des Systems werden dann:

$$(15)\quad
\begin{aligned}
\xi &= \varrho\,\frac{\left\{m^3 + (g-h)\sqrt{\dfrac{\sigma}{3}}\right\}\tau + (g+h)\,a_x\,(a\tau)}{1-m^3}\\[2ex]
\xi' &= \varrho\,\frac{\left\{m^3 + (\varkappa g - \varkappa^2 h)\sqrt{\dfrac{\sigma}{3}}\right\}\tau + (\varkappa g + \varkappa^2 h)\,a_x\,(a\tau)}{1-m^3}\\[2ex]
\xi' &= \varrho\,\frac{\left\{m^3 + (\varkappa^2 g - \varkappa h)\sqrt{\dfrac{\sigma}{3}}\right\}\tau + (\varkappa^2 g + \varkappa h)\,a_x\,(a\tau)}{1-m^3}\,.
\end{aligned}$$

Es bleiben nur noch die Constanten ϱ, g, h zu bestimmen. Zu diesem Zwecke hat man zunächst die Gleichungen, welche aus (1) hervorgehen, wenn man darin die Werthe (13), (14) der μ, ν, t einführt.

Ich werde im Folgenden durch den oberen Index Null immer andeuten, dass in einer Form $x_1 = \tau_2$, $x_2 = -\tau_1$ gesetzt werde. Es ist dann

$$(ab)\,(ac)\,(b\tau)\,(c\tau) = \tfrac{1}{2}\,(ab)^2\,(c\tau)^2 = \tfrac{1}{2}\,D\,f^0.$$

Daher

$$(16)\quad
\begin{aligned}
(t\mu) &= -\,g\,\varrho^2 f^0\\
(t\nu) &= -\,h\,\varrho^2 f^0\\
(a\mu)^2 &= g^2\,\varrho^2\left(\frac{D}{2}+\frac{\sigma}{3}\right)f^0\\
(a\nu)^2 &= h^2\,\varrho^2\left(\frac{D}{2}+\frac{\sigma}{3}\right)f^0\\
(a\mu)\,(a\nu) &= g\,h\,\varrho^2\left(\frac{D}{2}-\frac{\sigma}{3}\right)f^0;\\
(\mu\nu) &= -\,2\,g\,h\,\varrho^2 f^0\sqrt{\frac{\sigma}{3}}
\end{aligned}$$

und die Gleichungen (1) verwandeln sich also in folgende:

$$(17)\quad
\begin{aligned}
m^3\,\varrho^2\cdot f^0 + (1-m^3)\left(\frac{D}{2}+\frac{\sigma}{3}\right) &= 0\\
g\,h\,\varrho^2\cdot f^0 - (1-m^3) &= 0.
\end{aligned}$$

Diese Gleichungen drücken den Inhalt der ersten Gleichung (3) nunmehr vollständig aus. Um auch den Inhalt der zweiten Gleichung (3) vollständig auszudrücken, führe ich in diese Gleichung die Veränderlichen t und

$$\zeta = a_x \, (a\,t)$$

ein. Alsdann wird $(\zeta t) = (a\,t)^2 = \varrho^2 f^0$, und also:

$$(18) \quad \varrho^6 f^{0\,3} \, \varphi = (a\,t)^3 \, \zeta^3 - 3 \, (a\,t)^2 \, (a\,\zeta) . \, \zeta^2 \, t + 3 \, (a\,t) \, (a\,\zeta)^2 . \, \zeta \, t^2 - (a\,\zeta)^3 t^3.$$

Es handelt sich zunächst um die Bestimmung der Constanten der rechten Seite. Nun ist ohne Weiteres:

$$(19) \quad \begin{aligned} \cdot (a\,t)^3 \quad &= \varrho^3 \, \varphi^0 \\ (a\,t)^2 \, (a\,\zeta) &= (a\,t)^2 \, (a\,a) \, (a\,t) = -\, \varrho^3 \, \vartheta^0. \end{aligned}$$

Dagegen wird:

$$\begin{aligned} (a\,\zeta)^2 \, a_x &= (a\,a) \, (a\,b) \, (a\,t) \, (b\,t) \, a_x \\ &= \tfrac{1}{2} a_x \, \{ (a\,a)^2 \, (b\,t)^2 + (a\,b)^2 \, (a\,t)^2 - (a\,b)^2 \, (a\,t)^2 \} \\ &= p \, . \, (a\,t)^2 - \frac{D}{2} \, . \, (a\,t)^2 \, a_x \, ; \end{aligned}$$

daher:

$$(20) \quad \begin{aligned} (a\,\zeta)^2 \, (a\,t) &= \varrho^3 \left(p^0 \, f^0 - \frac{D}{2} \, \varphi^0 \right) \\ (a\,\zeta)^3 \quad &= (p\,b) \, (b\,t) \, . \, (a\,t)^2 - \frac{D}{2} \, (a\,t)^2 \, (a\,a) \, (a\,t) \\ &= \varrho^3 \left(-\, q^0 \, f^0 + \frac{D}{2} \, \vartheta^0 \right). \end{aligned}$$

Die Gleichung (3)

$$\begin{aligned} 2 \, (1 - m^3)^2 \, \varphi &= m^3 \, (1 - 4 \, m^3) \, t^3 - \mu^3 - \nu^3 + 3 \, m^3 \, \mu \, \nu \, t \\ &= m^3 \, (1 - 4 \, m^3) \, t^3 - g^3 \left(\xi + t \sqrt{\frac{\sigma}{3}} \right)^3 - h^3 \left(\xi - t \sqrt{\frac{\sigma}{3}} \right)^3 \\ &\quad + 3 \, m^3 \, t \left(\xi^2 - t^2 \, \frac{\sigma}{3} \right) \end{aligned}$$

zerfällt also mit Benutzung von (18), (19), (20) in die folgenden vier:

$$\begin{aligned} 2 \, (1 - m^3)^2 \, \varphi^0 \quad &= -\, \varrho^3 \, f^{0\,3} \, (g^3 + h^3) \\ 6 \, (1 - m^3)^2 \, \vartheta^0 \quad &= 3 \, \varrho^3 \, f^{0\,3} \left[-\, (g^3 - h^3) \sqrt{\frac{\sigma}{3}} + m^3 \, g \, h \right] \\ (21) \quad 6 \, (1 - m^3)^2 \left(p^0 \, f^0 - \frac{D}{2} \, \varphi^0 \right) &= -\, \varrho^3 \, f^{0\,3} \, \sigma \, (g^3 + h^3) \\ 2 \, (1 - m^3)^2 \left(q^0 \, f^0 - \frac{D}{2} \, \vartheta^0 \right) &= \varrho^3 \, f^{0\,3} \, (1 - 4 \, m^3) \, m^3 \\ &\quad -\, f^{0\,3} \, \varrho^3 \left[(g^3 - h^3) \frac{\sigma}{3} \sqrt{\frac{\sigma}{3}} + m^3 \, \sigma \, g \, h \right]. \end{aligned}$$

Von diesen Gleichungen giebt die dritte nichts Neues; denn mit der ersten combinirt, liefert sie nur die Gleichung (9), welche als erfüllt gilt. Die übrigen Gleichungen (21) kann man als Gleichungen ersten Grades für g^3, h^3, $g\,h$ betrachten, und indem man nach diesen

Grössen auflöst, erhält man g^3, h^3, gh ausgedrückt durch ϱ und m^3, und also, wenn man ϱ und m^3 als bekannt voraussetzt, g und h durch Cubikwurzeln, doch so, dass das Product beider gegeben, die Wahl der Cubikwurzeln also beschränkt ist.

Schreibt man die so aufgelösten Gleichungen:

$$g^3 = G, \quad h^3 = H, \quad gh = K,$$

wo G, H, K Functionen von m^3 und ϱ sind, so folgt daraus mit Rücksicht auf (17):

$$G H - K^3 = 0, \quad K \varrho^2 f^0 - (1 - m^3) = 0.$$

In diesen Gleichungen kann man nun vermöge der ersten Gleichung (17) m^3 durch ϱ^2 ausdrücken, und hat dann zwei Gleichungen vor sich, welche nur die Unbekannte ϱ enthalten, und welche hinreichen, um dieselbe eindeutig durch bekannte Grössen auszudrücken; womit denn zugleich m^3, sowie g^3, h^3 und gh durch bekannte Grössen ausgedrückt gegeben sind.*

Das Ausziehen der bei g oder h erforderlichen Cubikwurzel entspricht der Trennung der drei Lösungen (15), welche einem und demselben Systeme conjugirter Lösungen angehören.

---

* Man findet:

$$m^3 = \frac{p^0 \varrho^2}{p^0 \varrho^2 - \varphi^0}$$

$$\varrho = \frac{-3 p^0 f^{0\,2} + 2 \varphi^0 (\triangle^0 + D f^0)}{4 p^0 \vartheta^0 - 2 f^0 \Omega^0},$$

wie ich a. a. O. gezeigt habe.

Sechster Abschnitt.

Endlichkeit der Formensysteme.

---

§ 67. Satz über die Zerlegung jeder Covariante einer Form in zwei Theile von bestimmtem Charakter.[*]

Schon im vierten Abschnitt wurde nachgewiesen, dass die Anzahl der Covarianten und Invarianten eines vollständigen Systems bei einer Form f von zweiter, dritter oder vierter Ordnung eine endliche sei. Dasselbe soll im Folgenden für eine Form von beliebig hoher Ordnung bewiesen werden.

Denken wir uns, wie immer, die Formen der verschiedenen Ordnungen successive behandelt, also die Theorie der Formen bis zur $(n-1)^{\text{ten}}$ Ordnung einschliesslich gegeben, ehe die Theorie der Formen n^{ter} Ordnung begonnen wird, so zeichnen sich von vornherein unter den Covarianten einer Form n^{ter} Ordnung diejenigen aus, welche wir schon bei Formen von niedrigerem Grade kennen gelernt haben. Sei M irgend eine Covariante oder Invariante einer Form $(n-1)^{\text{ter}}$ Ordnung, und seien $a, b, c \ldots m$ die in ihrem symbolischen Ausdrucke auftretenden Symbole. Der Ausdruck

$$M \cdot a_x\, b_x\, c_x \ldots m_x$$

ist dann die allgemeine Gestalt der oben erwähnten Covarianten, eine Covariante einer Form n^{ter} Ordnung, welche schon bei niederen Formen aufgetreten ist. Für diese Covarianten ist es charakteristisch, dass jedes in ihnen auftretende Symbol durch wenigstens einen linearen symbolischen Factor vertreten ist. Umgekehrt kann offenbar jede Covariante, bei welcher jedes Symbol durch einen linearen Factor

---

[*] Die hier folgenden Untersuchungen schliessen sich an die Abhandlung von Herrn Gordan im zweiten Bande der mathem. Annalen an. Der Satz, dass jede Form ein endliches vollständiges System von Invarianten und Covarianten besitze, wurde von demselben zuerst in Borchardt's Journal, Bd. 69. gegeben, nachdem Hr. Cayley im 146. Bande der Philosophical Transactions zum entgegengesetzten Resultate gekommen war.

vertreten ist, auf eine schon bei niederer Ordnung auftretende Covariante zurückgeführt werden.

Wenn wir voraussetzen, dass man alle Covarianten und Invarianten einer Form $(n-1)^{\text{ter}}$ Ordnung durch ein endliches System von Invarianten und Covarianten ganz und rational ausdrücken kann, so folgt, dass die erwähnte Classe von Covarianten einer Form n^{ter} Ordnung dieselbe Eigenschaft besitzt, dass also alle diese aus der nächstvorhergehenden Ordnung herübergenommenen Formen sich durch eine endliche Anzahl von Covarianten und Invarianten der Form n^{ter} Ordnung ganz und rational ausdrücken lassen.*

Der Beweis für die Endlichkeit des Formensystems für eine Form n^{ter} Ordnung wird nun so geführt, dass man der soeben besprochenen

---

* Dabei ist nicht ausgeschlossen, dass nicht einige Covarianten der Form n^{ter} Ordnung, welche schon bei den Formen $(n-1)^{\text{ter}}$ Ordnung auftraten und dort dem vollständigen Systeme angehörten, bei den Formen n^{ter} Ordnung durch neue Formen ausdrückbar sein können und deswegen aus dem kleinsten vollständigen Systeme der Form n^{ter} Ordnung herausgehen. Ein bemerkenswerthes Beispiel bietet die bei den cubischen Formen auftretende Invariante

$$R = (ab)^2 (cd)^2 (ac) (bd).$$

Aus dieser entspringt bei den Formen vierter Ordnung die Bildung

$$R = (ab)^2 (cd)^2 (ac) (bd) \cdot a_x b_x c_x d_x,$$

welche mit Hilfe der neuen Formen i, j zerlegbar ist. Benutzt man nämlich die Identität:

$$(bd) a_x = (ad) b_x - (ab) d_x,$$

so wird

$$R = (ab)^2 (cd)^2 (ac) b_x c_x d_x \{(ad) b_x - (ab) d_x\}$$
$$= (ab)^2 (cd)^2 (ac) (ad) b_x{}^2 c_x d_x - (ab)^3 (cd)^2 (ac) b_x c_x d_x{}^2.$$

Vertauschen wir im zweiten Theile diesen Ausdruck a und b, so können wir für denselben setzen:

$$\tfrac{1}{2} (ab)^3 (cd)^2 c_x d_x{}^2 \{(ac) b_x - (bc) a_x\} = \tfrac{1}{2} (ab)^4 (cd)^2 c_x{}^2 d_x{}^2 = \tfrac{1}{2} i H;$$

aus dem ersten Theile von R aber erhalten wir durch Anwendung der Identität III. § 15.:

$$(ab^2 (cd)^2 b_x{}^2 \{(ac)^2 d_x{}^2 - \tfrac{1}{2} (cd)^2 a_x{}^2\} = (ab)^2 (ac)^2 (cd)^2 b_x{}^2 d_x{}^2 - \tfrac{1}{2} i H,$$

so dass

$$R = (ab)^2 (ac)^2 (cd)^2 b_x{}^2 d_x{}^2 - i H.$$

Vertauscht man nun in der Identität (2) § 40. x mit y, setzt $c_2, -c_1$ an Stelle von y_1, y_2 und multiplicirt mit $(cd)^2 d_x{}^2$, so ergiebt sich

$$(ab)^2 (ac)^2 (cd)^2 b_x{}^2 d_x{}^2 = (Hc)^2 (cd)^2 H_x{}^2 d_x{}^2 + \frac{i}{3} (cd)^2 c_x{}^2 d_x{}^2,$$

oder nach derselben Identität, indem man a, b durch d, e, die y durch $H_2, -H_1$ ersetzt und mit $H_x{}^2$ multiplicirt:

$$= (HH')^2 H_x{}^2 H'_x{}^2 + \tfrac{2}{3} i H$$
$$= \tfrac{1}{3} j f + \tfrac{1}{2} i H \qquad\qquad\qquad [\text{§ 41. (3).}]$$

und daher endlich:

$$R = \tfrac{1}{3} j f - \tfrac{1}{2} i H.$$

Classe von Covarianten (sie mögen A_1, $A_2 \ldots A_\mu$ sein) eine zweite ebenfalls endliche Gruppe von Covarianten C_1, $C_2 \ldots C_\varrho$ und Invarianten D_1, $D_2 \ldots D_\sigma$ gegenüberstellt, und zeigt, dass alle aus f entspringenden Bildungen auf Ueberschiebungen von Producten der A über Producte der C und auf die D zurückgeführt werden können; und man beweist ausserdem, ähnlich, wie es im vorigen Abschnitt bei der entsprechenden Gelegenheit geschah, dass die Anzahl der so entstehenden Neubildungen endlich sei. Als eine für den Gang des Beweises unwesentliche, aber für die Anwendung auf wirkliche Bildung von Formen um so wesentlichere Modification tritt dabei die Bemerkung ein, dass man an Stelle der von den Formen $(n-1)^{\text{ter}}$ Ordnung herübergenommenen Bildungen A, wenn $(n-1)$ nicht durch 4 theilbar ist, diejenigen setzen kann, die schon bei der nächstniedrigen durch 4 theilbaren Ordnung auftreten.

Das System der C und D ist nichts anderes als das Formensystem derjenigen Bildungen zweiten Grades $(ab)^\lambda a_x{}^{n-\lambda} b_x{}^{n-\lambda}$, deren Ordnung niedriger als n ist, und deren simultanes Formensystem daher der Voraussetzung nach ein endliches ist. Nur bei den Formen, deren Grad n durch 4 theilbar ist, existirt eine Form zweiten Grades, deren Ordnung gleich n ist, und dieser Fall erfordert noch besondere Betrachtungen.

Da die genannten Formen zweiten Grades aber sämmtlich den symbolischen Factor $(ab)^\lambda$ haben, wo $\lambda \gtrless \dfrac{n}{2}$, so wird die Einführung des Systems der C und D durch den folgenden Satz vorbereitet, dessen Beweis der Gegenstand des nächsten Paragraphen ist:

> Jede Covariante oder Invariante einer Form f der n^{ten} Ordnung kann in zwei Theile zerlegt werden, deren einer eine schon bei den Formen $(n-1)^{\text{ter}}$ Ordnung auftretende Bildung ist, und deren anderer den symbolischen Factor $(ab)^\lambda$ enthält, wo $\lambda \gtrless \dfrac{n}{2}$.

Da der erste dieser Theile nothwendig eine Covariante ist, so kann er bei Invarianten nicht auftreten; und für Invarianten insbesondere lautet der Satz also so:

> Jede Invariante einer Form n^{ter} Ordnung kann so dargestellt werden, dass sie den symbolischen Factor $(ab)^\lambda$ hat, wo $\lambda \gtrless \dfrac{n}{2}$.

Aber nicht nur für Invarianten ist jener erste Theil nothwendig Null, sondern auch für eine Classe von Covarianten. Derselbe lässt sich nämlich, wie wir sehen werden, immer so wählen, dass einer der linearen symbolischen Factoren zu höherer als der $\frac{n}{2}^{\text{ten}}$ Potenz vorkommt. Die Ordnung dieses Terms ist also immer grösser als $\frac{n}{2} + \varkappa - 1$, wo $\varkappa$ den Grad desselben in den Coefficienten von f bedeutet, oder, was dasselbe ist, die Anzahl der in ihm auftretenden Symbole. Dieser Term muss also fortfallen, sowie dieser Ungleichung nicht mehr genügt wird, also wenn die Ordnung der betrachteten Form gleich oder kleiner als $\frac{n}{2} + \varkappa - 1$ ist. Und es ergiebt sich also der Satz:

> Jede Covariante von f, deren Ordnung nicht um mehr als $\frac{n}{2} - 1$ grösser ist, als der Grad derselben in den Coefficienten von f, kann aus Gliedern zusammengesetzt werden, deren jedes einen symbolischen Factor $(ab)^{\lambda}$ enthält, wo $\lambda \geqq \frac{n}{2}$.

§ 68. Beweis der Zerlegbarkeit.

Um die vorstehenden Sätze zu beweisen, bezeichne ich durch Π irgend eine gegebene Covariante oder Invariante der Form f, welche vom $(m+1)^{\text{ten}}$ Grade in den Coefficienten sein mag. Nehmen wir an, der oben ausgesprochene Satz sei für Covarianten und Invarianten von m^{ten} oder von niederem Grade bewiesen, wie er für den ersten Grad (f selbst) evident ist. Ich werde zeigen, dass er dann auch für den $(m+1)^{\text{ten}}$ Grad richtig ist, womit er denn allgemein bewiesen ist.

Die Function Π entsteht nach § 31. als Aggregat von Ueberschiebungen der Form f über Covarianten des m^{ten} Grades. Von diesen nehmen wir den Satz als bewiesen an, und wollen ihn für Π selbst beweisen. Die verschiedenen Theile von Π entstehen also aus Ueberschiebungen von f über Formen, welche theils bereits den Factor $(ab)^{\lambda} \left(\lambda > \frac{n}{2} \right)$ enthalten, theils Covarianten sind, welche schon bei niederen Ordnungen auftraten. Was nun die erste Art von Ueberschiebungen betrifft, so verlieren sie den symbolischen Factor $(ab)^{\lambda}$ nicht, haben also schon die in dem Satze verlangte Form. Es handelt sich also nur noch um die zweite Art, also um Ueberschiebungen von f über Covarianten, welche schon bei früheren Ordnungen auftreten, und von diesen ist zu zeigen, dass sie immer die im Satze angegebene Form annehmen können.

Aber wie schon oben angedeutet, kann man zeigen, dass der Charakter dieser Covarianten noch mehr beschränkt werden kann; dahin nämlich, dass man annimmt, dieselben enthalten nicht nur jedem ihrer Symbole entsprechend einen linearen Factor, sondern jedes Glied derselben enthalte auch mindestens einen derselben zu einer höheren als der $\frac{n}{2}^{\text{ten}}$ Potenz. Covarianten, welche dieser Bedingung Genüge leisten, und welche vom h^{ten} Grade in den Coefficienten von f sind, mögen durch $\Sigma\, W_h$ bezeichnet werden, wo wir uns unter jedem einzelnen W_h ein der Bedingung genügendes symbolisches Product denken. Wir setzen also voraus, dass bis zum m^{ten} Grade in den Coefficienten inclusive alle Covarianten (bez. Invarianten) die Form

$$\Sigma\, W_h + (ab)^\lambda\, M_h \qquad\qquad \left(\lambda \gtreqqless \frac{n}{2}\right)$$

haben, und wollen zeigen, dass dann auch

$$\Pi = \Sigma\, W_{m+1} + (ab)^\lambda\, M_{m+1}.$$

Nach dem oben Gesagten ist also nur zu beweisen, dass jede Ueberschiebung von f über eine Form W_m wieder durch Formen W_{m+1} und durch Glieder darstellbar ist, welche den symbolischen Factor $(ab)^\lambda$ enthalten. Ist dieser Beweis geführt, so ist auch der oben angegebene Satz erwiesen.

Den Hilfssatz kann man nun folgendermassen einsehen. Dass er für die nullte Ueberschiebung richtig ist, sieht man sofort. Denn die nullte Ueberschiebung von f mit einem W_m ist $f \cdot W_m$, ein Ausdruck, welcher die Form W_{m+1} hat. Man kann also annehmen, der Satz sei für die $\varkappa^{\text{te}}$ Ueberschiebung von f mit W_m bewiesen, und hat nur zu zeigen, dass er dann auch für die $(\varkappa+1)^{\text{te}}$ richtig ist.

Nun besteht die $(\varkappa+1)^{\text{te}}$ Ueberschiebung von f mit einem W_m aus mehreren Theilen, welche sich dadurch von einander unterscheiden, dass jedesmal $(\varkappa+1)$ andere lineare $b_x, c_x \dots$ Factoren von W_m in (ba) $(ca)\dots$ verwandelt sind (§ 53.). Die Differenz zweier solcher Theile ist immer durch niedere Ueberschiebungen ausdrückbar (ebenda, Satz 4.), hat also der Voraussetzung nach bereits die verlangte Eigenschaft, sich aus Formen W_{m+1} und aus Gliedern mit dem symbolischen Factor $(ab)^\lambda$ zusammensetzen zu lassen. Man braucht also nur noch für einen Term der Ueberschiebung dasselbe zu zeigen. Ist symbolisch

$$W_m = N \cdot b_x{}^\varrho\, c_x\, d_x \dots,$$

wo $\varrho > \frac{n}{2}$, so ist der Term ·der Ueberschiebung, für welchen der Nachweis direct geliefert werden kann, derjenige, welcher bei möglichst ausschliesslicher Benutzung des symbolischen Factors $b_x{}^\varrho$ entsteht.

17*

Ist die Höhe der Ueberschiebung kleiner als $\frac{n}{2}$, also auch kleiner als ϱ, so ist dieser Term

$$N \cdot (b\,a)^{\varkappa}\, b_x{}^{\varrho-\varkappa}\, c_x\, d_x \ldots a_x{}^{n-\varkappa};$$

dabei ist $n-\varkappa > \frac{n}{2}$, also hat dieser Term die Form W_{m+1}. Ist dagegen $\varkappa \gtreqless \frac{n}{2}$, so erhält der Term den Factor $(b\,a)^{\frac{n}{2}}$, was denn wieder die verlangte Form giebt, ohne dass Ausdrücke W_{m+1} dabei auftreten.

Hiermit sind sämmtliche oben gegebene Sätze bewiesen.

Uebrigens dienen die Formen W, welche hier eingeführt wurden, nur dem gegenwärtigen Beweise, sowie dem Nachweise des am Ende des vorigen Paragraphen gegebenen Satzes. Im Folgenden ist es nicht nöthig, sich der in der Einführung der W liegenden Beschränkung zu bedienen; es genügt vielmehr der weniger aussagende, aber leichter auszusprechende Satz, dass alle Bildungen in Theile zerfallen, die aus den schon bei $n-1$ vorkommenden Bildungen entnommen sind, und aus Gliedern mit dem symbolischen Factor $(a\,b)^{\lambda}$, wo $\lambda > \frac{n}{2}$. In dieser Gestalt ist der Satz im vorigen Paragraphen ausgedrückt worden, und in dieser Gestalt wird er auch im Folgenden benutzt werden.

§ 69. Folgerungen aus dem Zerlegungssatze.

Nimmt man zu dem Obigen hinzu, dass eine Covariante oder Invariante, welche den Factor $(a\,b)^{2\varkappa-1}$ hat, immer in ein Aggregat solcher übergeführt werden kann, welche den Factor $(a\,b)^{2\varkappa}$ haben, so zeigt sich, dass das Verhalten der Covarianten einer Form n^{ter} Ordnung ein verschiedenes ist, je nach dem Reste, welchen n nach der Zahl 4 lässt. Der kleinste Werth der oben durch λ bezeichneten Zahl ist, je nachdem n die Form

$$n = 4h-3, \quad 4h-2, \quad 4h-1, \quad 4h$$

hat:

$$\lambda = 2h-1, \quad 2h-1, \quad 2h, \qquad 2h.$$

Aber durch die eben gemachte Bemerkung erhöht sich der ungerade Werth von λ in den ersten beiden Fällen um 1, so dass in allen vier Fällen als niedrigster Werth von λ die Zahl $2h$ angesehen werden kann.

Bezeichnen wir durch $\Pi_{\varkappa}$ eine Covariante oder Invariante, welche bei Formen $\varkappa^{\text{ter}}$ Ordnung auftritt, durch $\dot{a}, b \ldots m$ die in $\Pi_{\varkappa}$ auftretenden Symbole, so hat man hiernach folgende Gleichungen (wobei die Π mit verschiedenem Index ganz verschiedene, in keiner Weise gleichartige

Bildungen bezeichnen können, ein Π mit demselben Index in verschiedenen Gleichungen aber Gleiches oder Verschiedenes bedeuten kann):

$$\Pi_{4h} \;\; = \Pi_{4h-1} . a_x \, b_x \ldots m_x + (ab)^{2h} . M$$
$$\Pi_{4h-1} = \Pi_{4h-2} . a_x \, b_x \ldots m_x + (ab)^{2h} . M'$$
$$\Pi_{4h-2} = \Pi_{4h-3} . a_x \, b_x \ldots m_x + (ab)^{2h} . M''$$
$$\Pi_{4h-3} = \Pi_{4h-4} . a_x \, b_x \ldots m_x + (ab)^{2h} . M''',$$

d. h. es drückt sich eine Covariante einer Form $4h^{\text{ter}}$, $(4h-1)^{\text{ter}}$, $(4h-2)^{\text{ter}}$, $(4h-3)^{\text{ter}}$ Ordnung immer aus durch eine Summe, deren erster Theil aus Bildungen besteht, welche bereits bei den Formen der um je 1 niederen Ordnung auftreten, und deren zweiter Theil in allen seinen Gliedern den symbolischen Factor $(ab)^{2h}$ hat. Aber man kann diese so analogen Resultate combiniren, indem man die ersten Theile der Summe in jeder der Gleichungen mit Hilfe der folgenden modificirt, wobei sich denn freilich immer auch der zweite Theil ändert, insofern neue, mit dem symbolischen Factor $(ab)^{2h}$ behaftete Terme hinzutreten. Demnach kann man den Gleichungen die Gestalt geben:

$$\Pi_{4h-3} = \Pi_{4h-4} . a_x \; b_x \ldots m_x \; + (ab)^{2h} . N$$
$$\Pi_{4h-2} = \Pi_{4h-4} . a_x^2 \, b_x^2 \ldots m_x^2 + (ab)^{2h} . N'$$
$$\Pi_{4h-1} = \Pi_{4h-4} . a_x^3 \, b_x^3 \ldots m_x^3 + (ab)^{2h} . N''$$
$$\Pi_{4h} \;\; = \Pi_{4h-4} . a_x^4 \, b_x^4 \ldots m_x^4 + (ab)^{2h} . N''',$$

und hat also den Satz:

> Die Covarianten und Invarianten der Formen von den Ordnungen $4h-3$, $4h-2$, $4h-1$, $4h$ setzen sich aus Bildungen zusammen, welche schon bei den Formen $(4h-4)^{\text{ter}}$ Ordnung aufgetreten sind, und aus solchen, welche den symbolischen Factor $(ab)^{2h}$ haben.

Das letztere lässt sich nach § 31. noch anders ausdrücken. Denn wenn eine Bildung den symbolischen Factor $(ab)^{2h}$ hat, so entsteht sie durch Ueberschiebungen von Formen niederen Grades mit den Covarianten zweiten Grades, welche eben dieses Symbol enthalten, also mit den Formen:

$$(ab)^{2h} a_x^{n-2h} b_x^{n-2h}, \quad (ab)^{2h+2} a_x^{n-2h-2} b_x^{n-2h-2},$$
$$(ab)^{2h+4} a_x^{n-2h-4} b_x^{n-2h-4}, \ldots$$

Von diesen Formen ist nur bei $n = 4h$ die erste von der Ordnung n selbst; die anderen und in den übrigen Fällen auch die erste sind von niederer Ordnung. Die erste hat für

$$n = 4h-3, \quad 4h-2, \quad 4h-1, \quad 4h$$

die Ordnungen

$$4h-6, \quad 4h-4, \quad 4h-2, \quad 4h;$$

und da die Ordnungen der Formen zweiten Grades von 4 zu 4 fortschreiten, so giebt es keine unter den obigen nicht enthaltene, deren
Ordnung gleich oder kleiner wäre als n. Man kann daher auch den
folgenden Satz aussprechen:

> Alle Covarianten und Invarianten der Formen
> von der Ordnung $n = 4h - 3$, $4h - 2$, $4h - 1$, $4h$ zer-
> fallen in Covarianten, welche schon bei der Ordnung
> $4h - 4$ aufgetreten sind, und in Ueberschiebungen
> von Bildungen niederen Grades mit denjenigen
> Formen zweiten Grades, deren Ordnungen kleiner
> als n, bez. im letzten Falle gleich n sind.

**§ 70. Wenn alle Formen f bis zur $(n-1)^{\text{ten}}$ Ordnung endliche voll-
ständige Systeme von Invarianten und Covarianten besitzen, so haben
auch die Formen n^{ter} Ordnung solche. Beweis für die Fälle, wo n nicht
durch 4 theilbar ist.**

Mit Hilfe des obigen Satzes lässt sich nun ein grosser Theil des
Beweises für die Endlichkeit des vollständigen Formensystems von f
führen.

Nehmen wir an, es sei die Endlichkeit des Formensystems bereits
für alle Functionen bewiesen, welche von niederer als der n^{ten} Ordnung
sind. Es kommt dann nur darauf an, zu zeigen, dass auch für die
n^{te} Ordnung das Formensystem endlich ist; denn da die Endlichkeit
für die niederen Ordnungen bereits festgestellt ist, so ist sie dann
allgemein nachgewiesen.

Der Beweis, dass wirklich aus der Endlichkeit für Formen bis
zur Ordnung $n-1$ inclusive auch die Endlichkeit für die n^{te} Ordnung
folgt, lässt sich nun mittelst des Obigen immer führen, sobald n von
der Form $4h - 3$, $4h - 2$, $4h - 1$ ist, und erfordert nur eine Er-
gänzung, wenn $n = 4h$.

Nehmen wir also an, es sei n nicht durch 4 theilbar ($n = 4h - 3$,
$4h - 2$, $4h - 1$). Diejenigen schon bei $4h - 4$ auftretenden Formen,
welche nicht den symbolischen Factor $(ab)^{2h}$ enthalten, seien

$$A_1, \quad A_2 \ldots A_\mu.$$

Ihre Zahl ist der Voraussetzung nach endlich. Da sie erst durch
Hinzufügung von symbolischen Factoren $a_x b_x \ldots$ auch den Formen
n^{ter} Ordnung zugehören, so sind sie sämmtlich Covarianten.

Die zu f gehörigen Formen zweiten Grades sind in diesem Falle
sämmtlich von niederer als der n^{ten} Ordnung. Wenn man sie also
als unabhängige Grundformen betrachtet, so gehören ihnen endliche
vollständige Systeme von Covarianten und Invarianten zu; und auch
die aus ihnen zusammengesetzten simultanen Bildungen besitzen also

ein solches endliches vollständiges System (§ 54.). Dieses letztere
bestehe aus den Covarianten

$$C_1, \quad C_2 \ldots C_\varrho$$

und aus den Invarianten

$$D_1, \quad D_2 \ldots D_\sigma.$$

Der am Ende des vorigen Paragraphen gegebene Satz zeigt, dass
alle Covarianten und Invarianten von f aus Producten der A und aus
Formen sich zusammensetzen, welche durch Ueberschieben der niederen
Formen zweiten Grades über Covarianten von f, also über ebenso
zusammengesetzte Formen entstehen.. Durch Fortsetzung dieses Processes folgt leicht der Satz:

> 1. Jede Covariante von f ist additiv zusammen-
> gesetzt aus Producten der A und aus Termen, welche
> ausser Factoren D noch Ueberschiebungen von
> Producten der C über Producte der A enthalten.

Dieser Satz ist nämlich jedenfalls richtig für die Bildungen ersten
und zweiten Grades, welche theils den A, theils den C, D selbst
zugehören. Nehmen wir daher den Satz für Bildungen bis zum $(m-2)^{\text{ten}}$
Grade einschliesslich als erwiesen an und zeigen wir, dass er dann
auch für Formen vom m^{ten} Grade gilt, so ist er überhaupt bewiesen.
Nun zerlegt sich jede Covariante m^{ten} Grades nach dem Vorigen in
eine ganze rationale Function der A und in Ueberschiebungen der
niederen Formen zweiten Grades, also der einfachsten C (resp. D) über
Formen $(m-2)^{\text{ten}}$ Grades, während der Voraussetzung nach diese
Formen $(m-2)^{\text{ten}}$ Grades in Producte der A und in Ueberschiebungen
von Producten der C über Producte der A (nebst etwaigen Factoren D)
zerfallen. Jede Covariante m^{ten} Grades wird also aus dreierlei verschiedenartigen Theilen gebildet:

1. Producten der A,

2. Ueberschiebungen von Formen C über Producte der A,

3. Ueberschiebungen von Formen C über Ueberschiebungen von
Producten der C mit Producten der A, wobei die letzteren auch
Factoren D enthalten können.

Die Theile der ersten und zweiten Art haben schon die verlangte
Form, und auch der Voraussetzung nach jeder Theil dritter Art,
welcher Factoren D enthält, da nach Weglassung dieser Factoren
der Term von niederem Grade wird, also der Voraussetzung gemäss
die im Satze angegebene Form hat. Aber auch für Theile der dritten
Art, welche keinen solchen Factor enthalten, sieht man dasselbe
sogleich ein. Bezeichnen wir nämlich das in ihm vorkommende Product
der A durch φ_x^μ, so enthält die betrachtete Bildung ausser den C
nur noch das Symbol φ, kann also nach § 31. durch Ueberschiebungen

der Producte $\varphi_x{}^\mu$ mit Formen gebildet werden, welche nur die Symbole der C enthalten, also selbst Aggregate aus Producten der C, D sind; womit denn wieder die verlangte Form hergestellt ist.

Hiermit ist der obige Satz bewiesen.

2. Man kann nun aber weiter zeigen, dass an Stelle der hier auftretenden Ueberschiebungen von Producten der A über Producte der C immer Theile derselben gesetzt werden können; wie dies ähnlich in § 54. geschehen konnte. Es ist nur nöthig, zuvor genau festzustellen, was hier unter einem Theile einer Ueberschiebung zu verstehen ist. Bei der Untersuchung der simultanen Systeme, welche aus zwei von einander unabhängigen vollständigen Systemen entstehen (§ 54.), wurden die Theile der Ueberschiebungen so gebildet, dass in einem Producte von Formen des einen Systems jede Form entweder durch ihre eigenen Symbole ausgedrückt werden konnte, oder durch Symbole, welche niederen Formen desselben vollständigen Systems angehören, wie z. B. die Form T, welche bei den Formen vierter Ordnung auftritt, dabei ebensowohl durch das Symbol $T_x{}^6$, wie durch das Symbol $(aH)\,a_x{}^3\,b_x{}^3$ dargestellt werden konnte. In ähnlicher Weise müssen wir hier verfahren. Denn obgleich die Systeme der A und der C hier aus derselben Grundform entsprungen, also keineswegs von einander unabhängig sind, müssen wir sie hier doch als von einander unabhängig behandeln; wir dürfen also bei Bildung der Ueberschiebungen Symbole der A nur durch Symbole von niedrigeren Formen ausdrücken, welche selbst unter die A gehören, und Symbole der C nur durch solche, welche selbst unter die C gehören; so dass also stets ein ausschliesslilich die Symbole der A enthaltender Ausdruck über einen ausschliesslich die Symbole der C enthaltenden geschoben wird.

Bei dem Beweise tritt sodann dem Beweise des § 54. gegenüber der neue Umstand hinzu, dass die Formen C zwar, nicht aber die A ein vollständiges System bilden, vielmehr letztere nur ein solches sind bis auf additive Terme, welche den symbolischen Factor $(ab)^{2h}$ enthalten.

Um den Inhalt des ausgesprochenen Satzes zu verdeutlichen und zugleich den Beweis zu ermöglichen, denken wir uns alle in Rede stehenden Ueberschiebungen zusammen mit den Producten und Potenzen der Formen A, C, D selbst (nullte Ueberschiebungen) in einer gewissen sogleich anzugebenden Weise geordnet. Wenn nun gezeigt wird, dass die Differenz zwischen einer Ueberschiebung und einem ihrer Glieder in dem oben definirten Sinne sich durch Formen ausdrücken lässt, welche nach dieser Anordnung früher vorkommen, so folgt, dass das ganze System der Ueberschiebungen in seiner Vollständigkeit nicht geändert wird, wenn man jede Ueberschiebung

urch einen solchen Theil derselben ersetzt. Denn ist das System
er Ueberschiebungen ursprünglich etwa durch die Formen

$$U, \ V, \ W, \ T \ldots$$

gebildet, so führt man an deren Stelle jetzt die Theile der Ueberschiebungen:

$$U' = U, \quad V' = V - \alpha\, U, \quad W' = W - \beta\, V - \beta'\, U,$$
$$T' = T - \gamma\, W - \gamma'\, V - \gamma''\, U \ldots$$

ein, in welchen die α, β, $\gamma \ldots$ numerische Coefficienten bedeuten;
aus diesen aber lassen sich jene ersten wiederum zusammensetzen und
die letzteren bilden daher ein ebenso vollständiges System wie die
ersteren. Es bleibt also nur zu zeigen, dass bei einer gewissen Anordnung aller Ueberschiebungen die Differenz einer solchen und eines
ihrer Glieder ein Aggregat früherer Formen ist. Eine solche Anordnung ist folgende.

Wir ordnen (vgl. § 54.) die Producte der A, C, D, sowie die
Ueberschiebungen der Producte der A und C zunächst nach der
Gesammtordnung in den Coefficienten von f (aufsteigend).

Wir ordnen sie zweitens innerhalb dieser Gruppen nach dem Grade
in den Coefficienten von f, so weit sie von den A herrühren (aufsteigend).

Wir ordnen sie endlich in diesen Gruppen nach der Höhe der
Ueberschiebungen (aufsteigend).

Wie gleich hohe Ueberschiebungen innerhalb derselben Gruppe
weiter geordnet werden, ist gleichgiltig.

Nun ist nach § 53. die Differeuz zwischen der Ueberschiebung
eines Products der A über ein Product der C und einem der oben
definirten Theile einer solchen Ueberschiebung ein Aggregat von
niederen Ueberschiebungen. Bei jedem der in diesen niederen Ueberschiebungen auftretenden Functionenpaare enthält die eine Function
nur Symbole der A, und ihr Grad in den Coefficienten von f ist
gleich dem Grade des in der ursprünglichen Ueberschiebung auftretenden
Productes der A. Die zweite Function enthält nur Symbole der C,
und sie ist in Bezug auf die Coefficienten von f von demselben Grade,
wie das ursprünglich angewandte Product der C. Die letzte Function
ist also selbst ein Aggregat von Producten der C, D; die erstere
aber, eine aus den Symbolen der A zusammengesetzte Form, besteht
aus zwei Theilen. Einer dieser Theile ist ein Aggregat von Producten
der A; der andere besteht aus Ueberschiebungen von Producten der
C über Producte der A, wobei noch Factoren D hinzutreten können.

Die erwähnten niederen Ueberschiebungen zerfallen daher in
folgende Gruppen:

1) Niedere Ueberschiebungen von Producten der A über Producte der C; beide Producte sind in den Coefficienten von f von gleicher Ordnung wie die ursprünglichen, und diese Ueberschiebungen sind also der obigen Anordnung nach frühere Formen.

2) Theile, bei denen an Stelle der Producte der A Ueberschiebungen von Producten der A über Producte der C getreten sind. Diese Theile sind von demselben Gesammtgrade in den Coefficienten von f, wie die ursprüngliche Ueberschiebung; aber aus dem früher von den A herrührenden Grade sind Dimensionen ausgeschieden und in C übergegangen. Diese Theile werden also erzeugt durch Ueberschiebungen niederer Producte der A über höhere Producte der C, doch so, dass der Gesammtgrad erhalten bleibt. Auch diese also sind frühere Formen.

3) Theile, bei denen Factoren D ausgeschieden sind, welche also frühere Formen sind, weil sich der Gesammtgrad der übrigbleibenden Factoren erniedrigt hat.

Die fragliche Differenz ist also wirklich durch frühere Formen ausdrückbar, wie zu beweisen war.

3. Nach dem Vorigen konnten die Ueberschiebungen von Producten der A über Producte der C durch Theile derselben ersetzt werden. So oft nun ein in Factoren zerfallender Theil existirt, wählen wir diesen. Jede solche Ueberschiebung aber kann dann, als ausdrückbar durch niedere Formen, ausgelassen werden. Und man hat den Satz:

> Alle Covarianten und Invarianten von f sind ganze Functionen der A, C, D und derjenigen Ueberschiebungen der Producte der A über die Producte der C, in denen kein zerfallender Term vorkommt.

Da nun schon in § 54. bewiesen wurde, dass, wenn die A und die C endlich an Zahl sind, auch die Anzahl derjenigen Ueberschiebungen von Producten der A mit Producten der C eine endliche ist, welche kein zerfallendes Glied enthalten, so hat man nunmehr den Satz:

> Wenn die Formen $(4h-4)^{\text{ter}}$ Ordnung ein endliches vollständiges System von Invarianten und Covarianten besitzen, so kommt auch den Formen $(4h-3)^{\text{ter}}$, $(4h-2)^{\text{ter}}$, $(4h-1)^{\text{ter}}$ Ordnung ein solches zu.

Um die Endlichkeit des vollständigen Systems für jedes f zu beweisen, ist also nur noch nöthig, den Fall zu behandeln, wo n durch 4 theilbar ist, $n = 4h$, und wobei vorausgesetzt wird, dass für niedere Ordnungen der Beweis geliefert sei.

§ 71. Der Fall, wo n durch 4 theilbar ist. Eigenschaften der Covariante n^{ter} Ordnung und zweiten Grades.

Auf den Fall $n = 4\,h$ konnte der oben geführte Beweis nicht ausgedehnt werden, weil in diesem Falle unter den niederen Formen zweiten Grades sich die Form

$$K = k_x{}^n = (ab)^{2\,h}\, a_x{}^{2\,h}\, b_x{}^{2\,h}$$

befindet, welche selbst von der Ordnung n ist.

Um diesen Fall zu behandeln, werden wir das System der im Vorigen angewandten Formen A um eine endliche Anzahl gewisser anderer Formen vermehren, welche aus ihnen und aus K gebildet sind. Alsdann schliesst man K von der weiteren Benutzung aus und stellt dem erweiterten System der Formen A das System der Formen C, D gegenüber, welches aus den Formen

$$(ab)^{2h+2}\, a_x{}^{2h-2}\, b_x{}^{2\,h-2}, \quad (ab)^{2h+4}\, a_x{}^{2h-4}\, b_x{}^{2\,h-4} \ldots$$

entsteht. Diese sind wiederum sämmtlich von niederer Ordnung als n, und das aus ihnen gebildete System der C, D ist daher der Voraussetzung gemäss wiederum endlich. Man kann alsdann auf das erweiterte System der A und das System dieser C, D, zu denen noch eine unten zu definirende einzelne Invariante J tritt, dieselben Betrachtungen, wie im Vorigen anwenden, und erledigt so den Beweis mit Hilfe der nämlichen Principien.

Um aber zu dem erweiterten Systeme der A zu gelangen, ist es nöthig, einige die Form K betreffende Sätze vorauszuschicken.

1. Die Ueberschiebungen von K mit f, deren Höhe wenigstens gleich $2\,h$ ist, lassen sich aus Gliedern zusammensetzen, welche den symbolischen Factor $(ab)^{2h+2}$ enthalten, ausgenommen die $4\,h^{\text{te}}$ Ueberschiebung, welche die Invariante

$$J = (ab)^{2\,h}\, (ac)^{2\,h}\, (bc)^{2\,h}$$

liefert.

Es sind nämlich die Glieder der $(2\,h + \lambda)^{\text{ten}}$ Ueberschiebung von K mit f ($\lambda = 0, 1, 2 \ldots 2\,h - 1$) sämmtlich von der Form:

$$(1) \qquad G_\sigma = (ab)^{2\,h}\, (ac)^{2\,h-\sigma}\, (bc)^{\sigma+\lambda}\, a_x{}^{\sigma}\, b_x{}^{2h-\sigma-\lambda}\, c_x{}^{2h-\lambda}$$
$$(\sigma = 0, 1, 2 \ldots 2\,h - \lambda).$$

Daher hat die Differenz zweier Glieder, bei denen die Werthe von σ sich nur um 1 unterscheiden, den Factor

$$(ac)\, b_x - (bc)\, a_x = (ab)\, c_x;$$

eine solche Differenz enthält also den Factor $(ab)^{2h+1}$, aus welchem nach § 15. sich auch immer der Factor $(ab)^{2h+2}$ ableiten lässt. Kann

man daher noch zeigen, dass irgend eines der Glieder (1) ebenfalls
so geschrieben werden kann, dass $(ab)^{2h+2}$ als symbolischer Factor
auftritt, so lässt sich jedes so schreiben, indem es sich aus diesem
und den obigen Differenzen zusammensetzt, und daher ist dann auch
die ganze Ueberschiebung so darstellbar. Ein solches Glied ist nun
bei ungeradem λ:

$$G_0 = (ab)^{2h}\,(ac)^{2h}\,(bc)^{\lambda}\,b_x{}^{2h-\lambda}\,c_x{}^{2h-1},$$

welches durch Vertauschung von b mit c sein Zeichen ändert und also
identisch verschwindet   Bei geradem λ aber hat man aus

$$G_1 = (ab)^{2h}\,(ac)^{2h-1}(bc)^{\lambda+1}\,a_x\,b_x{}^{2h-\lambda-1}\,c_x{}^{2h-\lambda}$$

durch Vertauschung von a mit c und Addition beider Ausdrücke:

$$
\begin{aligned}
G_1 &= \tfrac{1}{2}\,(ac)^{2h-1}\,(ab)^{\lambda+1}\,(bc)^{\lambda+1}\,b_x{}^{2h-\lambda-1}\,a_x\,c_x \\
&\quad \cdot \{\,(ab)^{2h-\lambda-1}\,c_x{}^{2h-\lambda-1} + (bc)^{2h-\lambda-1}\,a_x{}^{2h-\lambda-1}\,\} \\
&= \tfrac{1}{2}\,(ac)^{2h-1}\,(ab)^{\lambda+1}\,(bc)^{\lambda+1}\,b_x{}^{2h-\lambda-1}\,a_x\,c_x \\
&\quad \cdot \{\,(bc)^{2h-\lambda-1}\,a_x{}^{2h-\lambda-1} - [(bc)\,a_x - (ac)\,b_x]^{2h-\lambda-1}\,\},
\end{aligned}
$$

oder, wenn man die Potenz von $(bc)\,a_x - (ac)\,b_x$ entwickelt:

$$G_1 = \frac{2h-\lambda-1}{2}\,(ac)^{2h}(ab)^{\lambda+1}\,(bc)^{2h-1}\,a_x{}^{2h-\lambda-1}\,b_x{}^{2h-\lambda-1}\,c_x + (ac)^{2h+1}\,M,$$

wo nun der Factor von $\dfrac{2h-\lambda-1}{2}$ rechts durch Vertauschung von a mit

c in G übergeht, während $(ac)^{2h+1}\,M$ nach § 15. in $(ac)^{2h+2}\,M'$ verwandelt werden kann.

Der Ausdruck $\left(\dfrac{2h-\lambda-1}{2} - 1\right) G_1 = \dfrac{2h-\lambda-3}{2}\,G_1$ nimmt also

den symbolischen Factor $(ab)^{2h+2}$ an und daher, da für gerades λ der
Factor $2h-\lambda-3$ nicht verschwindet, auch G_1 selbst. Diese Ableitung
setzt nur voraus, dass die in den Formeln als Exponent auftretende
Zahl $2h-\lambda-1$ nicht negativ sei. Der Fall $\lambda = 2h$ ist dadurch aus-
geschlossen, wie der Satz es auch aussagt. Der Satz ist also in allen
Theilen bewiesen.

An diesen Satz knüpft sich der folgende:

2. **Die Ueberschiebungen von K über sich selbst,
deren Höhe wenigstens gleich $2h$ ist, zerfallen in
Glieder, welche theils den symbolischen Factor
$(ab)^{2h+2}$, theils den Factor J enthalten.**

Die Glieder Γ_σ dieser Ueberschiebungen entstehen aus G_σ, indem
man c durch $\varkappa$ ersetzt; daher enthalten wie dort die Differenzen $\Gamma_\sigma - \Gamma_{\sigma+1}$
immer den symbolischen Factor $(ab)^{2h+2}$. Es ist also nur noch zu
zeigen, dass irgend ein Γ den Forderungen des Satzes genügt. Nun ist

$$\Gamma_0 = (ab)^{2h}\,(a\varkappa)^{2h}\,(b\varkappa)^{\lambda}\,b_x{}^{2h-\lambda}\,\varkappa_x{}^{2h-\lambda};$$

es enthält den Factor $(a\varkappa)^{2h}$ und entsteht also durch Ueberschiebung anderer Formen mit denjenigen, welche den symbolischen Factor $(a\varkappa)^{2h}$ und ausser a und $\varkappa$ kein weiteres Symbol enthalten. Dies aber sind die Formen, von denen im vorigen Satze ausgesprochen wurde, dass sie bis auf J den symbolischen Factor $(ab)^{2h+2}$ enthalten. Daher ist der obige Satz für Γ_0 und somit auch für die ganzen im Satze genannten Ueberschiebungen bewiesen.

Da jede den symbolischen Factor $(\varkappa\varkappa')^{2h}$ enthaltende Form durch Ueberschiebungen der hier behandelten Formen mit Formen niedern Grades entsteht, so kann man diesen Satz auch so aussprechen:

> Jede den symbolischen Factor $(\varkappa\varkappa')^{2h}$ enthaltende Form zerfällt in Glieder, welche theils den symbolischen Factor $(ab)^{2h+2}$, theils den wirklichen Factor J enthalten.

§ 72. Beweis der Existenz eines endlichen vollständigen Systems für den Fall, wo n durch 4 theilbar ist.

Bezeichnen wir nun wieder durch

$$A_1, \quad A_2, \ldots A_\mu$$

diejenigen Covarianten von f, welche schon bei den Formen $(4h-4)^{\text{ter}}$ Ordnung als Bildungen auftreten und welche nicht den symbolischen Factor $(ab)^{2h}$ enthalten. Ihre Zahl ist nach der Voraussetzung endlich.

Bilden wir dieselben Formen für K als Grundform, und scheiden wir alle diejenigen aus, welche den symbolischen Factor $(\varkappa\varkappa')^{2h}$ oder deren Glieder den symbolischen Factor $(ab)^{2h+2}$, resp. J, haben, so erhalten wir Bildungen, welche durch

$$A_1', \quad A_2', \ldots A_\nu'$$

bezeichnet werden mögen und zu welchen K selbst gehört.

Galt für die A der Satz, dass jede Covariante von f sich aus Producten der A und aus Formen zusammensetzt, welche den symbolischen Factor $(ab)^{2h}$ haben, so entspricht diesem, dass alle Covarianten von K sich aus Producten der A' und aus solchen Formen zusammensetzen, welche entweder den symbolischen Factor $(\varkappa\varkappa')^{2h}$ oder den symbolischen Factor $(ab)^{2h+2}$ haben. Aber von den letzten Bestimmungen kommt die erstere auf die letztere nach dem vorigen Paragraphen zurück, abgesehen von Gliedern, die den wirklichen Factor J haben. Man hat also den Satz:

> Alle Covarianten von K setzen sich aus Producten der A' zusammen, und aus Gliedern, welche theils den symbolischen Factor $(ab)^{2h+2}$, theils den wirklichen Factor J haben.

Aehnlich wie in § 70. beweist man nun eine Reihe von Sätzen über die Art und Weise, in welcher alle Invarianten und Covarianten von f sich ausdrücken lassen.

> 1. Jede Covariante oder Invariante von f setzt sich zusammen aus einer ganzen Function der A, der A' und der Ueberschiebungen von Producten der A über Producte der A', und aus Gliedern, welche den symbolischen Factor $(ab)^{2h+2}$ oder den wirklichen Factor J enthalten.

Dieser Satz ist richtig für die Bildungen ersten und zweiten Grades, welche theils den A, theils den A', C, D selbst angehören. Nehmen wir daher den Satz für Bildungen bis zum $(m-2)^{\text{ten}}$ Grade einschliesslich als erwiesen an und zeigen wir, dass er dann auch für Formen vom m^{ten} Grade gilt, so ist er überhaupt bewiesen. Nun zerlegt sich jede Covariante oder Invariante m^{ten} Grades nach dem Früheren in eine ganze rationale Function der A und in Terme, welche den symbolischen Factor $(ab)^{2h}$ haben, also aus Ueberschiebungen von Formen $(m-2)^{\text{ten}}$ Grades über K (welches den A' angehört) und über die niedern Formen zweiten Grades (welche zu den C gehören) entstanden sind.

Von den Formen $(m-2)^{\text{ten}}$ Grades, über welche K und die niederen Formen zweiten Grades hierbei geschoben werden, gilt der Voraussetzung nach bereits der zu beweisende Satz. Demnach besteht, indem wir die im Satz enthaltene Form insbesondere für die über K zu schiebenden Ausdrücke einsetzen, jede Invariante und Covariante aus Theilen folgender Art:

1. aus einer ganzen Function der A;

2. aus der Ueberschiebung von K (einem A') über eine ganze Function der A, A' und der Ueberschiebungen von Producten der A über Producte der A';

3. aus Gliedern, welche den symbolischen Factor $(ab)^{2h+2}$ oder den wirklichen Factor J haben.

Die erste und dritte Classe von Gliedern hat schon die verlangte Form; nur von der zweiten Classe ist noch zu reden.

Die Glieder dieser Classe kann man nach einem oft angewandten Satze aus Ueberschiebungen entstehen lassen, bei welchen immer eine nur aus Symbolen der A zusammengesetzte Form über eine nur aus Symbolen der A' zusammengesetzte geschoben wird; also, wenn wir die A und die A' wie zwei Systeme unabhängiger Formen behandeln, eine Covariante der A über eine Covariante der A'. Die letztere ist nach dem Vorigen bis auf Glieder mit den Factoren $(ab)^{2h+2}$ und J durch eine ganze Function der A' ersetzbar; und da die Glieder mit den Factoren $(ab)^{2h+2}$ und J in die dritte Classe gesetzt werden können, o bleiben in der zweiten Classe nur Ueberschiebungen von Producten der A' über Covarianten der A.

Die letztern, welche höchstens vom Grade $m-2$ sein können, bestehen der Annahme nach aus einer ganzen Function der A, der A' und der Ueberschiebungen von Producten der A über Producte der A', und aus Gliedern, welche den symbolischen Factor $(ab)^{2\lambda+2}$ oder den wirklichen Factor J besitzen. Scheiden wir also wieder aus, was schon den Forderungen des Satzes genügt, so bleiben nur diejenigen Glieder übrig, bei denen Producte der A' über Terme geschoben werden, welche nicht mehr ausschliesslich Producte der A sind, sondern nothwendig ausser Factoren A auch Factoren A' oder Ueberschiebungen von Producten der A über Producte der A' enthalten. Wenn wir also diese Glieder zweiter Classe wieder durch Ueberschiebungen von Producten der A' über Covarianten der A ersetzen, so sind wir bei dieser Betrachtung, von Ueberschiebungen der Producte der A' über Covarianten der A ausgehend, wieder zu solchen gekommen. Aber während der Gesammtgrad in den Coefficienten von f beidemal derselbe war, ist der von den A herrührende Theil des Gesammtgrades geringer geworden. Fahren wir also auf dieselbe Weise fort, so können wir die Glieder zweiter Classe, immer mit Ausscheidung von Termen, welche den Bedingungen des Satzes schon genügen, auf andere zurückführen, in denen immer höhere Producte der A' über immer niedrigere Covarianten der A geschoben werden. Man gelangt also endlich zu Gliedern, welche nur noch A', die A aber gar nicht mehr enthalten, und daher durch Producte der A' und durch Glieder der dritten Classe ersetzbar sind.

So sind also alle oben aufgeführten Glieder auf die im Satze angegebene Form zurückgeführt, und der Satz ist damit bewiesen.

> 2. In dem obigen Satze kann man die Ueberschiebungen von Producten der A über Producte der A' immer durch Theile derselben ersetzen.

Theile der Ueberschiebungen werden dabei nur so zu bilden sein, dass man die A entweder durch ihre eigenen Symbole oder wieder durch Symbole anderer A, aber nicht durch andere Symbole ausdrücken darf; das Entsprechende gilt in Bezug auf die A'.

Der Beweis wird ganz wie in § 70. geführt. Man zeigt, dass, wenn man eine bestimmte Anordnung der genannten Ueberschiebungen (die nullten eingeschlossen) voraussetzt, Theile der Ueberschiebungen sich von den ganzen nur durch Terme unterscheiden, welche theils sich aus früher auftretenden Ueberschiebungen zusammensetzen, theils den symbolischen Factor $(ab)^{2\lambda+2}$ oder den wirklichen Factor J enthalten. Bis auf die letztgenannten Glieder, welche überhaupt gleichgiltig sind, kann man also die ganzen Ueberschiebungen aus den für sie eintretenden Theilen zusammensetzen, wodurch der Satz bewiesen ist.

Die Anordnung ist, ganz entsprechend dem unter 2. § 70. Gesagten, folgende: Alle Ueberschiebungen von Producten der A über Producte der A', einschliesslich der A, A' und ihrer Producte selbst, ordnet man

1. nach dem Gesammtgrad in den Coefficienten von f (aufsteigend);

2. innerhalb dieser Gruppen nach dem Grade, soweit er von den A herrührt (aufsteigend);

3. innerhalb dieser secundären Gruppen nach der Höhe der Ueberschiebung (aufsteigend).

Nun ist nach § 53. die Differenz zwischen einer Ueberschiebung und einem ihrer Theile im oben definirten Sinne ein Aggregat aus niederen Ueberschiebungen von Covarianten der A über Covarianten der A'. Statt der letztern kann man bis auf Terme mit dem symbolischen Factor $(ab)^{2h+2}$ oder mit dem wirklichen Factor J Producte der A' setzen. Statt der erstern aber muss man entsprechend nicht nur Producte der A, sondern auch noch Aggregate der A, A' und der Ueberschiebungen von Producten der A über Producte der A' setzen. Die von den Producten der A herrührenden Bestandtheile des Aggregates kommen in der obigen Anordnung früher vor, weil sie in niederen Ueberschiebungen auftreten. Die anderen lassen sich auf Ueberschiebungen von Covarianten der A' über Covarianten der A zürückführen, bei denen der Grad, soweit er von den A herrührt, niedriger ist als in dem Aggregate selbst. Man ersetzt sie durch Ueberschiebungen von Producten der A' über Covarianten der A, und die Covarianten der A durch ganze Functionen der A, A' und der Ueberschiebungen von Producten der A über Producte der A'. Scheidet man hier nun die Theile aus, welche nur von Producten der A herrühren, so sind dieses der obigen Anordnung nach frühere Ueberschiebungen, weil der Grad, soweit er von den A herrührt, niedriger ist. Der Rest aber, welcher dann übrig bleibt, ist abermals, soweit die A noch darin vorkommen, von niederem Grade u. s. w.

Man gelangt also auf diesem Wege für die Differenz zwischen einer Ueberschiebung eines Products der A' über ein Product der A und zwischen einem Theile derselben zu einem Ausdruck, welcher zunächst aus einer niedern Ueberschiebung besteht, sodann aber aus einer Reihe von Ueberschiebungen der Producte der A' über Producte der A, bei denen die letzteren Producte immer niedrigern Grades werden, und welche also mit Producten der A' allein endigen muss. Jene Differenz ist also in früher auftretende Formen aufgelöst, wie es sein sollte.

3. Da nun wieder statt der Ueberschiebungen von Producten der A über Producte der A' Theile derselben gesetzt werden können, so kann man, so oft zerfallende existiren, immer diese wählen; und wenn man also eine möglichst geringe Zahl von Formen sucht, aus denen alle sich zusammensetzen lassen, so kann man diese ganz übergehen. Die Anzahl der übrigbleibenden Ueberschiebungen ist aber endlich, und man kann den Satz aussprechen:

> Bezeichnen wir durch A_1'', A_2'' ... A_ϱ'' die Formen A, A' und diejenigen ihrer Ueberschiebungen, welche kein zerfallendes Glied enthalten, so ist jede Covariante oder Invariante von f zusammengesetzt aus einer ganzen Function der endlichen Formenreihe A'' und aus Termen, welche den symbolischen Factor $(ab)^{2h+2}$ oder den wirklichen Factor J enthalten.

Hiermit ist der Unterschied aus dem Wege geräumt, welcher bisher zwischen den Formen einer durch 4 theilbaren Ordnung und den andern bestand; nämlich der Unterschied, dass unter den Formen zweiten Grades mit dem symbolischen Factor $(ab)^{2h}$ sich eine (K) befand, deren Ordnung gleich der von f war, deren vollständiges System also nicht als endlich vorausgesetzt werden durfte. Wir können den Beweis des § 70. jetzt sofort wörtlich wiederholen, wenn wir nur an Stelle der A das erweiterte System der A'', an Stelle der C, D das simultane Formensystem der Formen

$$(ab)^{2h+2} a_x^{2h-2} b_x^{2h-2}, \quad (ab)^{2h+1} a_x^{2h-4} b_x^{2h-4} \dots$$

setzen, den D aber noch die Invariante J hinzufügen.

Somit ist denn also überhaupt der Satz bewiesen:

> Jede binäre Form besitzt ein endliches vollständiges System von Invarianten und Covarianten.

Und indem wir die Sätze des § 54. hinzunehmen, haben wir ebenso für ein System von Formen den Satz:

> Jedes System simultaner binärer Formen besitzt ein endliches vollständiges System von Invarianten und Covarianten.

§ 73. Formensystem der Formen fünfter Ordnung.

Als Anwendung und Erläuterung der obigen Betrachtungen will ich die vollständigen Systeme der Formen fünfter und sechster Ordnung entwickeln, wobei denn zugleich einige Hauptpunkte aus der Theorie dieser Formen zu besprechen sein werden. Den allgemeinen Untersuchungen des Vorigen gegenüber handelt es sich nunmehr darum, aus den Systemen, wie sie allgemein entwickelt wurden, alle überflüssigen Formen auszuscheiden; und man wird sehen, wie schon bei den Formen sechster Ordnung die Zahl der auszuscheidenden Formen sehr gross ist und ihre Ausscheidung nicht unerhebliche Schwierigkeiten mit sich führt. Man sieht, wie auf diese Weise trotz der principiellen Erledigung der ganzen Frage für jede besondere Ordnung noch immerhin gewisse, dieser Ordnung eigenthümliche Aufgaben zu lösen bleiben, wenn man ein kleinstes vollständiges System angeben will.

Die Form fünften Grades

$$f = a_x^5$$

besitzt zwei Covarianten zweiten Grades:

$$H = (ab)^2\, a_x^3\, b_x^3, \quad i = (ab)^4\, a_x\, b_x = i_x^2.$$

Nach § 70. entstehen alle zu f gehörige Formen, indem man Producte von solchen Formen, welche schon bei Formen vierten Grades auftreten und welche den symbolischen Factor $(ab)^4$ nicht enthalten, über Producte von Formen schiebt, welche zu denjenigen aus f entstehenden Formen zweiten Grades gehören, deren Ordnung niedriger als n. Man sieht, dass diese niederen Formen zweiten Grades sich auf die Form i reduciren, und sie selbst liefert nur noch eine Invariante:

$$A = (i i')^2.$$

Dagegen bestehen die aus der vierten Ordnung herübergenommenen Formen aus den folgenden 5:

$$f, \quad H, \quad T = (ab)^2\, (ca)\, a_x^2\, b_x^3\, c_x^4, \quad i, \quad j = (ab)^2\, (ac)^2\, (bc)^2\, a_x\, b_x\, c_x.$$

Von diesen ist die vierte wegzulassen, da sie den symbolischen Factor $(ab)^4$ enthält. Aber auch die fünfte lässt sich so umformen, dass dieser Factor erscheint. Denn da aus der Identität

$$p + q + r = 0$$

die Gleichung

$$p^3 + q^3 + r^3 = 3\, p\, q\, r$$

folgt, so hat man, wenn

$$p = (bc)\, a_x, \quad q = (ca)\, b_x, \quad r = (ab)\, c_x$$

gesetzt wird:

$$(ab)\,(bc)\,(ca)\, a_x\, b_x\, c_x = \tfrac{1}{3} \{ (bc)^3\, a_x^3 + (ca)^3\, b_x^3 + (ab)^3\, c_x^3 \}.$$

Multiplicirt man dies mit $(ab)\,(bc)\,(ca)$, so entsteht links j, rechts aber erhält man drei gleiche Terme, und also

$$j = - (ab)^4\, (ac)\, (bc)\, c_x^3.$$

Diese Form enthält, wie man sieht, den Factor $(ab)^4$; sie entsteht übrigens als zweite Ueberschiebung von f über i und kann daher auch so geschrieben werden:

$$j = - (ia)^2\, a_x^3.$$

Es sind also nur die drei Formen f, H, T, deren Producte von der Form $f^\alpha\, H^\beta\, T^\gamma$ man über Potenzen von i zu schieben hat, um alle Formen des Systems von f zu finden; und von solchen Ueberschiebungen sind nur solche beizubehalten, in denen kein zerfallender Term vorkommt.

Nach dem, was in § 56. angegeben wurde, hat man zunächst Ueberschiebungen von i und seinen Potenzen über die einzelnen Formen f, H, T zu bilden, sodann aber noch gewisse Invarianten, welche durch Ueberschiebung einer Potenz von i über Producte ungerader Formen, $f.f$, $f.T$, $T.T$ entstehen. Die sämmtlichen auszuführenden Ueberschiebungen sind also folgende:

i über bez. f, H, T, erste und zweite,
i^2 über bez. f, $H.T$, dritte und vierte,
i^3 über f, fünfte,
i^3 über bez. H, T, fünfte und sechste,
i^4 über T, siebente und achte,
i^5 über T, neunte,
i^5 über f^2, zehnte,
i^7 über $f.T$, vierzehnte,
i^9 über T^2, achtzehnte.

Von diesen Ueberschiebungen sind folgende auszulassen, indem sie sich durch niedere Formen ausdrücken:

1. Die erste Ueberschiebung von i über T, die dritte von i^2 über T, die fünfte von i^3 über T, und die siebente von i^4 über T, weil T Functionaldeterminante ist (§ 56.).

2. Die letzte. In der Theorie der Formen vierter Ordnung lernten wir die Gleichung kennen:

$$T^2 = - \tfrac{1}{2} (H^3 - \tfrac{1}{2} i H f^2 + \tfrac{1}{3} j f^3).$$

18*

Nach der von uns eingeführten Bezeichnung besteht diese Gleichung fort, wenn wir unter T, H, f, i, j die in der Theorie der Formen fünfter Ordnung ebenso bezeichneten Formen verstehen. Die achtzehnte Ueberschiebung von i^9 über T^2 kann also aus den achtzehnten Ueberschiebungen von i^9 über

$$H^3, \quad iHf^2, \quad jf^3$$

zusammengesetzt werden. Diese drei aber sind sämmtlich auszulassen.

Was die achtzehnte Ueberschiebung von i^9 über H^3 betrifft, so gehört sie unter die Bildungen, deren System wir hier untersuchen, und muss ausgelassen werden, weil sie ein zerfallendes Glied enthält, die dritte Potenz der sechsten Ueberschiebung von i^3 über H.

Anders verhält es sich mit den achtzehnten Ueberschiebungen von i^9 über iHf^2 und jf^3. Die Formen iHf^2 und jf^3 sind hier nicht mehr in dem Schema $f^\alpha H^\beta T^\gamma$ enthalten; man kann also auch aus der Existenz zerfallender Glieder der Ueberschiebung nicht mehr ohne Weiteres folgern, dass die Bildung überflüssig sei, sondern man muss andere Schlüsse anwenden.

Erwägt man, dass $j = -(a\,i)^2\, a_x^3$, so sieht man, dass die beiden fraglichen Ueberschiebungen sich so darstellen lassen, dass zehn verschiedene Symbole von i und daneben nur Symbole von H und f vorkommen. Man schliesst daraus, dass diese Ueberschiebungen ersetzt werden können durch Ueberschiebungen von Hf^2 und f^4 über Covarianten von i, welche in Bezug auf die Coefficienten von i vom zehnten Grade, in den x von den Ordnungen 16 und 20 sind. Da nun alle Covarianten von i die Form $A^\varkappa i^\lambda$ haben, so ist für den erstern Fall

$$2\varkappa + \lambda = 10, \quad 2\lambda = 16,$$

d. h.

$$\lambda = 8, \quad \varkappa = 1,$$

für den zweiten

$$2\varkappa + \lambda = 10, \quad 2\lambda = 20,$$

d. h.

$$\lambda = 10, \quad \varkappa = 0.$$

Die erste dieser beiden Ueberschiebungen erhält also direct den Factor A und reducirt sich daher auf niedere Formen. Die andere führt auf die zwanzigste Ueberschiebung von i^{10} über f^4. Diese Bildung gehört dem betrachteten System von Ueberschiebungen an, aber sie ist auszulassen, da sie ein zerfallendes Glied enthält, das Quadrat der zehnten Ueberschiebung von i^5 über f^2.

Mit Uebergehung der genannten Formen erhält man nun folgendes

Vollständige Formensystem der Formen fünfter Ordnung.

Grad	Ordnung								
	0	1	2	3	4	5	6	7	9
1						f			
2			i				H		
3				$(i,f)_2$		$(i,f)_1$			T
4	A				$(i,H)_2$		$(i,H)_1$		
5		$(i^2,f)_4$		$(i^2,f)_3$				$(i,T)_2$	
6			$(i^2,H)_4$		$(i^2,H)_3$				
7		$(i^3,f)_5$				$(i^2,T)_4$			
8	$(i^3,H)_6$		$(i^3,H)_5$						
9				$(i^3,T)_6$					
11		$(i^4,T)_8$							
12	$(i^5,f^2)_{10}$								
13		$(i^5,T)_9$							
18	$(i^7,fT)_{14}$								

In dieser Tafel sind jedesmal nur die beiden übereinanderzuschiebenden Formen angegeben und die Höhe der Ueberschiebung durch einen untern Index angezeigt.

§ 74. Ersetzung der Formen, welche die Tafel enthält, durch andere.

Die Formen der vorstehenden Tafel kann man zum Theil durch andere ersetzen, indem man, den Sätzen des § 70. gemäss, die Ueberschiebung durch Theile derselben (in dem dort definirten Sinne) ersetzt.

Wir wollen nun diejenigen Formen angeben, welche an Stelle der wesentlichsten Formen der Tafel im Folgenden benutzt werden sollen. Es ist, wie oben gezeigt wurde,

$$(1) \qquad j = -\,(a\,i)^2\,a_x{}^3 = -\,(i,f)_2;$$

dies ist die niedrigste Covariante dritter Ordnung. An Stelle der zweiten quadratischen Covariante $(i^2,H)_4$ können wir nun das Glied setzen:

$$\tau = (a\,b)^2\,(a\,i)^2\,(b\,i')^2\,a_x\,b_x,$$

oder, wenn wir für $-(ai)^2\, a_h\, a_k\, a_m$ das Symbol $j_h\, j_k\, j_m$ setzen, und ähnlich für $-(bi)^2\, b_h\, b_k\, b_m$,

$$(2) \qquad \tau = (jj')^2\, j_x\, j'_x.$$

Diese Form ist also zugleich die quadratische Covariante der cubischen Form j.

Die dritte quadratische Covariante $(i^3, H)_5$ kann man ersetzen durch

$$\vartheta = -\,(ab)^2\,(ai)^2\,(bi')^2\,(ai'')\,b_x\,i''_x.$$

Dies ist die erste Ueberschiebung von τ mit i:

$$(3) \qquad \vartheta = (i\tau)\,i_x\,\tau_x.$$

Es folgt daraus nach der Formel (1) des § 57., dass ϑ^2 als quadratische Function von i, τ darstellbar ist:

$$(4) \qquad \vartheta^2 = -\tfrac{1}{2}\,\{A\,\tau^2 - 2\,B\,i\,\tau + C\,i^2\},$$

wo A, B, C die Invarianten bedeuten:

$$(5) \qquad A = (ii')^2, \quad B = (i\tau)^2, \quad C = (\tau\tau')^2.$$

Die Invariante A ist die in der Tafel ebenso bezeichnete. B kann an Stelle der zweiten, C an Stelle der dritten Invariante der Tafel eingeführt werden. Was B angeht, so ist ein Glied von $(i^3, H)_6$:

$$(ab)^2\,(ai)^2\,(bi')^2\,(ai'')\,(bi'') = (jj')^2\,(ji'')\,(j'i'') = (\tau i'')^2 = B.$$

An Stelle der in der Tafel vorkommenden Ueberschiebung $(i^5, f^2)_{10}$ betrachte ich zunächst das folgende Glied derselben:

$$(6) \qquad \begin{aligned} M &= (ai)\,(bi)\,(ai')^2\,(bi'')^2\,(ai''')^2\,(bi^{(4)})^2 \\ &= (ji)\,(j'i)\,(ji')^2\,(j'i'')^2. \end{aligned}$$

Diese Invariante, welche wir später mit C in Beziehung setzen werden, steht mit den linearen Covarianten in genauem Zusammenhang. Die einfachste lineare Covariante ist:

$$(7) \qquad \alpha = (i^2, f)_4 = (ia)^2\,(i'a)^2\,a_x = -\,(ji)^2\,j_x.$$

Die zweite ist die erste Ueberschiebung von α mit i:

$$(8) \qquad \beta = (i^3, f)_5 = (i'a)^2\,(i''a)^2\,(ia)\,i_x = (i\alpha)\,i_x.$$

Die Determinante dieser beiden aber ist

$$(9) \qquad M = (\alpha i)^2 = (\beta\alpha).$$

Die übrigen linearen Covarianten sind, aus $(i^4, T)_8$ und $(i^5, T)_9$:

$$\begin{aligned} \gamma &= (ab)^2\,(ac)\,(ai)^2\,(bi'')^2\,b_x \cdot (ci''')^2\,(ci^{(4)})^2 \\ &= (ab)^2\,(a\alpha)\,(ai')^2\,(bi'')^2\,b_x = (jj')^2\,(j\alpha)\,j'_x, \end{aligned}$$

oder endlich

$$(10) \qquad \gamma = (\tau\alpha)\,\tau_x;$$

und

$$(ab)^2 (ac) (ai')^2 (bi'')^2 (bi) i_x . (ci''')^2 (ci^{(1)})^2$$
$$= (ab)^2 (a\alpha) (ai')^2 (bi'')^2 (bi) i_x = (jj')^2 (j\alpha) (j'i) i_x$$
$$= (\tau\alpha) (\tau i) i_x$$
$$= \tfrac{1}{2} (i\tau) \{\tau_x (i\alpha) - i_x (\tau\alpha)\} - \tfrac{1}{2} (i\tau) \{\tau_x (i\alpha) + i_x (\tau\alpha)\}.$$

Der erste dieser beiden Theile ist $\tfrac{1}{2} B\alpha$; man kann daher an Stelle dieser linearen Covarianten den zweiten setzen, nur mit verändertem Vorzeichen:

$$(11) \qquad \delta = (\vartheta\alpha) \vartheta_x.$$

Die drei höheren linearen Covarianten sind also die ersten Ueberschiebungen der niedrigsten (α) mit den quadratischen Covarianten.

Ausser diesen Formen werden wir im Folgenden nur noch die letzte Invariante benutzen, welche in der Tafel durch $(i^7, fT)_{14}$ bezeichnet wurde. Sie ist vom achtzehnten Grade und nimmt daher, als von ungeradem Charakter, eine abgesonderte Stellung ein. Wir wählen, um diese Invariante auszudrücken, dasjenige Glied der Ueberschiebung $(i^7, fT)_{14}$, welches entsteht, wenn wir i^2 viermal über f schieben (α), sodann ein Glied der achten Ueberschiebungen von i^4 über T nehmen (γ), und das Product $\alpha\gamma$ zweimal über i schieben. So erhalten wir die Hermite'sche Invariante*:

$$R = (i\alpha) (i\gamma) = (i\alpha) (i\tau) (\tau\alpha),$$

oder kürzer:

$$(12) \qquad R = (\vartheta\alpha)^2.$$

§ 75. Invariantenrelationen.

Die im Vorstehenden betrachteten Formen führen auf eine Reihe von Invarianten, deren gegenseitige Beziehungen jetzt noch untersucht werden sollen und welche uns zugleich Gelegenheit zur Entwickelung einiger Relationen geben werden, deren wir später bedürfen, womit dann die Betrachtung der Formen fünfter Ordnung hier vorläufig abgeschlossen werden mag.

Wenn man in der Gleichung (4) α_2 und $-\alpha_1$ an Stelle von x_1 und x_2 setzt, so erhält man das Quadrat der Invariante ungeraden Charakters durch Invarianten geraden Charakters ausgedrückt; es wird nämlich

$$(1) \qquad R^2 = -\tfrac{1}{2}(AN^2 - 2BMN + CM^2).$$

Dabei ist $M = (i\alpha)^2$ die oben so bezeichnete Invariante; N ist analog gesetzt für

$$(2) \qquad N = (\tau\alpha)^2.$$

---

* Hermite in Cambr. and Dublin Math. Journal, Bd. 9.

Auch die Determinanten, welche die vier linearen Covarianten unter einander bilden:

$$(\beta\,\alpha), \quad (\gamma\,\alpha), \quad (\gamma\,\beta), \quad (\delta\,\alpha), \quad (\delta\,\beta), \quad (\delta\,\gamma)$$

kann man leicht durch die sechs Invarianten A, B, C, M, N, R ausdrücken. Es war schon oben

$$(3) \qquad\qquad\qquad (\beta\,\alpha) = M$$

gefunden. Sodann ist aus den Formeln (8), (10), (11) des vorigen Paragraphen

$$(4) \qquad \begin{aligned} (\gamma\,\alpha) &= (\tau\,\alpha)^2 &&= N \\ (\delta\,\alpha) &= (\vartheta\,\alpha)^2 &&= R \\ (\gamma\,\beta) &= (\tau\,\alpha)\,(\tau\,\beta) = (\tau\,\alpha)\,(\tau\,i)\,(i\,\alpha) &&= -R. \end{aligned}$$

Es bleiben also nur noch auszudrücken die beiden Invarianten

$$\begin{aligned} (\delta\,\beta) &= (\vartheta\,\alpha)\,(\vartheta\,i)\,(i\,\alpha) \\ (\delta\,\gamma) &= (\vartheta\,\alpha)\,(\vartheta\,\tau)\,(\tau\,\alpha). \end{aligned}$$

Sie entstehen aus den ersten Ueberschiebungen von ϑ mit i und τ, wenn man darin $x_1 = \alpha_2$, $x_2 = -\alpha_1$ setzt. Nun sind jene Ueberschiebungen, da ϑ selbst die erste Ueberschiebung von i mit τ ist, nach § 57.

$$(5) \qquad \begin{aligned} (\vartheta\,i)\ \vartheta_x\,i_x &= \tfrac{1}{2}\,\{\tau\,(i\,i')^2 - i\,(\tau\,i)^2\} = \tfrac{1}{2}\,(\tau A - i B) \\ (\vartheta\,\tau)\ \vartheta_x\,\tau_x &= \tfrac{1}{2}\,\{\tau\,(i\,\tau)^2 - i\,(\tau\,\tau')^2\} = \tfrac{1}{2}\,(\tau B - i C), \end{aligned}$$

und daher, wenn man nun $x_1 = \alpha_2$, $x_2 = -\alpha_1$ setzt:

$$(6) \qquad \begin{aligned} (\delta\,\beta) &= \tfrac{1}{2}\,(N A - M B) \\ (\delta\,\gamma) &= \tfrac{1}{2}\,(N B - M C). \end{aligned}$$

Die einzigen Invariantenrelationen, welche noch abzuleiten bleiben, sind sonach diejenigen, welche M und N mit A, B, C verbinden. Es wird sich zeigen, dass M und N sich als ganze Functionen von A, B, C auf einfache Weise darstellen.

Was zunächst N betrifft, so ist, wenn wir für α den Ausdruck $\alpha = -(j\,i)^2 j_x$ setzen:

$$\begin{aligned} N = (\tau\,\alpha)^2 &= (\tau\,j)\,(\tau\,j')\,(i\,j)^2\,(i'\,j')^2 \\ &= (\tau\,j)\,(\tau\,j')\,(i\,j)\,(i'\,j')\,\{(i\,i')\,(j\,j') + (i\,j')\,(i'\,j)\}. \end{aligned}$$

Im ersten dieser beiden Glieder vertauschen wir i mit i' und setzen für das ursprüngliche Glied die halbe Summe desselben und des neu entstandenen. Dann haben wir für dieses Glied:

$$\begin{aligned} \tfrac{1}{2}\,(\tau\,j)\,(\tau\,j')\,(i\,i')\,(j\,j')\,&\{(i\,j)\,(i'\,j') - (i\,j')\,(i'\,j)\} \\ &= \tfrac{1}{2}\,(\tau\,j)\,(\tau\,j')\,(i\,i')^2\,(j\,j')^2 = \tfrac{1}{2}\,A\,C. \end{aligned}$$

In dem zweiten Gliede von N setzen wir nach der Identität V. des § 15.

$$(\tau\,j)\,(\tau\,j')\,(i\,j)\,(i\,j') = \tfrac{1}{2}\,\{(\tau\,j)^2\,(i\,j')^2 + (\tau\,j')^2\,(i\,j)^2 - (\tau\,i)^2\,(j\,j')^2\}.$$

Bemerken wir aber, dass nach der Theorie der cubischen Formen $(\tau j)^2 j_x$ identisch Null ist, weil τ die quadratische Covariante von j, so können wir die mit $(\tau j)^2$, $(\tau j')^2$ behafteten Glieder auslassen und erhalten nur:

$$-\tfrac{1}{2} B \cdot (i'j) \cdot (i'j') \cdot (ij')^2 = -\tfrac{1}{2} B^2.$$

Es ist also

$$(7) \qquad N = \tfrac{1}{2}(AC - B^2).$$

Man kann aber N auch durch die Determinante von ϑ ausdrücken; denn setzt man in der ersten Gleichung (5) $x_1 = \tau_2$, $x_2 = -\tau_1$, so erhält man

$$\tfrac{1}{2}(AC - B^2) = (\vartheta i)(\vartheta \tau)(i\tau) = (\vartheta \vartheta')^2,$$

also auch:

$$(8) \qquad N = (\vartheta \vartheta')^2.$$

Als eigentliche Quelle dieser Umformungen ist ein Satz über die Form ϑ zu betrachten, nach welchem dieselbe zugleich durch die Form $j_x^2 (j\alpha)$, die erste Ueberschiebung von j mit α, dargestellt wird. Es ist nämlich, indem man $-j_x (ji)^2$ für α einführt:

$$j_x^2 (j\alpha) = -j_x^2 (jj')(j'i)^2$$
$$= -\tfrac{1}{2}(jj') \{ j_x^2 (j'i)^2 - j_x^2 (j'i)^2 \}$$
$$= \tfrac{1}{2}(jj')^2 i_x \{ j_x (j'i) + j'_x (ji) \}$$
$$= (\tau i) i_x \tau_x = -\vartheta.$$

Die Ueberschiebung von α mit j giebt die Form ϑ, nur mit entgegengesetztem Zeichen.

Daher

$$(\vartheta \vartheta')^2 = (jj')^2 (j\alpha)(j'\alpha) = (\tau \alpha)^2 = N.$$

Dass ausserdem

$$(\vartheta \vartheta')^2 = \tfrac{1}{2}(AC - B^2),$$

folgt direct aus der Theorie der Formen zweiter Ordnung, welches auch i und τ seien (§ 57. am Ende).

Schwieriger ist die Aufgabe, auch M durch A, B, C auszudrücken. Man gelangt zu ihrer Lösung mittelst einiger Hilfssätze. Der erste derselben heisst:

Die dritte Ueberschiebung von f über j verschwindet identisch.

Es ist nämlich diese Ueberschiebung

$$(ja)^3 a_x^2,$$

oder wenn man für j den Ausdruck $-(bi)^2 b_x^3$ setzt:

$$-(bi)^2 (ba)^3 a_x^2 = \tfrac{1}{2}(ab)^3 \{ a_x^2 (bi)^2 - b_x^2 (ai)^2 \}$$
$$= \tfrac{1}{2}(ab)^4 i_x \{ a_x (bi) + b_x (ai) \} = (ab)^4 a_x (bi) i_x = (i'i) i'_x i_x,$$

was identisch Null ist, wie zu beweisen war.

Wegen dieses Satzes kann man jedes Glied, in welchem der symbolische Factor $(ja)^3$ vorkommt, als identisch verschwindend übergehen.

Der zweite Hilfssatz bezieht sich auf die zweite Ueberschiebung von f über τ. Diese Form

$$(a\,\tau)^2\,a_x{}^3$$

kommt in der Tafel nicht vor. Da sie vom Grade 7 und der Ordnung 3 ist, so kann sie sich nur aus den Formen j, $(i^2,f)_3$, i, τ, α, β, A zusammensetzen. Doch sieht man sogleich, dass zu $(i^2,f)_3$, τ, β keine Formen existiren, welche, mit ihnen multiplicirt, jenen Grad und jene Ordnung geben. Es bleiben also nur die Producte Aj, $i\,\alpha$, welche diese Eigenschaft besitzen, mithin muss eine Gleichung der Form stattfinden:

$$(9) \qquad (a\,\tau)^2\,a_x{}^3 = p\,.\,Aj + q\,.\,i\,\alpha,$$

wo p, q reine Zahlen sind.

Schieben wir diese Gleichung dreimal über f, so verschwindet nach dem vorigen Hilfssatze das erste Glied rechts und man erhält:

$$(a\,\tau)^2\,(a\,b)^3\,b_x{}^2 = q\,.\,(i\,b)^2\,(\alpha\,b)\,b_x{}^2,$$

oder

$$\begin{aligned} q\,.\,(j\,\alpha)\,j_x{}^2 &= \tfrac{1}{2}\,(a\,b)^3\,[(a\,\tau)^2\,b_x{}^2 - (b\,\tau)^2\,a_x{}^2] \\ &= \tfrac{1}{2}\,(a\,b)^4\,\tau_x\,[(a\,\tau)\,b_x + (b\,\tau)\,a_x] \\ &= (a\,b)^4\,(a\,\tau)\,b_x\,\tau_x = (i\,\tau)\,i_x\,\tau_x = \vartheta. \end{aligned}$$

Hier ist nur nach den früheren Sätzen der Coefficient von q links gleich $-\vartheta$; es bleibt also

$$q = -1.$$

Um sodann p zu finden, schiebe ich i zweimal über die Gleichung (9). Links kommt dann

$$(a\,\tau)^2\,(a\,i)^2\,a_x = -(j\,\tau)^2\,j_x,$$

was nach der Theorie der cubischen Formen identisch verschwindet; rechts aber erhält man

$$0 = p\,A\,(j\,i)^2\,i_x + \frac{q}{3}\,\{(i\,i')^2\,\alpha_x + 2\,(i\,i')\,(\alpha\,i')\,i_x\}.$$

Nun ist $(j\,i)^2\,i_x = -\alpha$ und

$$2\,(i\,i')\,(\alpha\,i')\,i_x = (i\,i')\,[(\alpha\,i')\,i_x - (\alpha\,i)\,i'_x] = (i\,i')^2\,\alpha_x = A\,\alpha.$$

Daher geht die Gleichung über in

$$0 = -p\,A\,\alpha + \tfrac{2}{3}\,q\,A\,\alpha,$$

oder man hat

$$p = \tfrac{2}{3}\,q = -\tfrac{2}{3}.$$

Die zweite Ueberschiebung von f über τ hat den Ausdruck:

$$(10) \qquad (a\,\tau)^2\,a_x{}^3 = -\tfrac{2}{3}\,Aj - i\,\alpha.$$

Um nun die gesuchte Invariantenrelation zu finden, schieben wir diese Gleichung zuerst zweimal über j und erhalten:

$$(a\tau)^2 (aj)^2 a_x j_x = -\tfrac{2}{3} A\tau - \tfrac{1}{3} [(ij)^2 \alpha_x j_x + 2 (ij)(\alpha j) i_x j_x].$$

Diese neue Gleichung schieben wir nun zweimal über i. Dann ergiebt sich

$$(a\tau)^2 (aj)^2 (ai)(ji) = -\tfrac{2}{3} AB - \tfrac{1}{3}\{-(\alpha i)^2 + 2 (ij)(\alpha j)(ii')(ji')\}.$$

Das dritte Glied rechts verschwindet, weil es durch Vertauschung von i mit i' das Zeichen wechselt; das zweite ist $\dfrac{M}{3}$. Rechts aber steht:

$$(a\tau)^2 (aj)^2 (ai)(ji) = (a\tau)(aj)^2 (ai) [(ai)(j\tau) + (aj)(\tau i)].$$

Das zweite Glied ist auszulassen, weil es den Factor $(aj)^3$ besitzt; das erste wird, weil $j = -(ai)^2 a_x^3$:

$$(a\tau)(aj)^2 (ai)^2 (j\tau) = -(j'\tau)(j\tau)(j'j)^2 = -(\tau'\tau)^2 = -C.$$

Und man hat daher die gesuchte Relation ausgedrückt durch die Gleichung:

$$(11) \qquad\qquad 3C + M = 2AB.$$

In Folge dieser Gleichung kann man, wie auf S. 278 erwähnt, auch C an Stelle von M als fundamentale Invariante benutzen.

§ 76. Formensystem der Formen sechster Ordnung.

Bei den Formen sechster Ordnung sind von der vierten Ordnung nur dieselben Formen herüberzunehmen, wie bei der fünften, nämlich

$$(1) \qquad f = a_x^6, \quad H = (ab)^2 a_x^4 b_x^4, \quad T = (ab)^2 (cb) a_x^4 b_x^3 c_x^5;$$

denn

$$j = (ab)^2 (ac)^2 (bc)^2 a_x^2 b_x^2 c_x^2$$

geht wie dort in die Form (§ 73.)

$$j = -(ab)^4 (ac)(bc) a_x b_x c_x^4$$

über, welche wie

$$i = (ab)^4 a_x^2 b_x^2$$

den symbolischen Factor $(ab)^4$ enthält.

Die Formen zweiten Grades, welche von niedrigerer Ordnung als f sind, werden hier:

$$(2) \qquad\qquad i = (ab)^4 a_x^2 b_x^2, \quad A = (ab)^6.$$

Die biquadratische Form i veranlasst sofort die Bildungen

$$(3) \qquad \begin{aligned} &\Delta = (ii')^2 i_x^2 i'^2_x, \quad B = (ii')^4, \\ &\mathbf{T} = (ii')^2 (i''i) i_x i'^2_x i''^3_x, \\ &\mathbf{C} = (ii')^2 (i'i'')^2 (i''i)^2. \end{aligned}$$

Die sämmtlichen Covarianten und Invarianten von f bestehen also aus den Formen (1), (2), (3) und aus Ueberschiebungen von Producten $f^\alpha H^\beta T^\gamma$ über Producte $i^\rho \Delta^q \mathbf{T}^r$.

Aber das System von Formen, welches man auf diese Weise erhalten würde, wäre sehr gross, und enthielte eine Menge überflüssiger Formen. Die mühsamen und wenig interessanten Reductionen, welche nöthig sein würden, um alle diese überflüssigen Bildungen auszuscheiden, kann man mittelst einer Betrachtung umgehen, welche gewissermassen eine fortgesetzte Anwendung derjenigen Principien enthält, die zum Beweise der Endlichkeit des vollständigen Formensystems führten. Der Vorzug der Einfachheit, welchen die entsprechende Untersuchung bei den Formen fünfter Ordnung besass, rührte wesentlich daher, dass dem System $f^\alpha H^\beta T^\gamma$ nur das Formensystem einer quadratischen Form i, also nur Potenzen einer Form gegenüber gestellt wurden, während hier auch das zweite System $i^p \Delta^q T^r$ einen verwickeltern Charakter hat. Man kann nun folgenden Weg einschlagen, um hier ähnliche Vortheile zu erreichen, wie sie bei den Formen fünfter Ordnung eintraten. Man vermehrt das System f, H, T um einige Formen; zeigt dann aber, dass alsdann alle Bildungen durch Ueberschiebungen von Producten dieses erweiterten Systems über Potenzen einer quadratischen Covariante l entstehen, welche in den Coefficienten von f von drittem Grade ist. Indem man also das zweite System nicht mehr aus den Covarianten zweiten Grades entwickelt, sondern auf solche vom dritten Grade eingeht, muss man allerdings das erste System, welches sonst nur die aus der vierten Ordnung herübergenommenen Formen enthielt, erweitern; aber dieser Umstand wird bei weitem durch den Vortheil überwogen, dass das zweite System dann wieder nur aus einer einzigen quadratischen Form besteht.

Um die in Frage stehende Betrachtung durchzuführen, ist es nöthig, einen ganz ähnlichen Gang zu verfolgen, wie in dem allgemeinen Beweise. Zur Vorbereitung aber muss ich einige Sätze angeben, welche sich auf gewisse Eigenschaften von i beziehen. Es sind folgende:

       1. Die dritte Ueberschiebung von f mit i verschwindet identisch.

Man hat nämlich

$$(c\,i)^3\, c_x{}^3\, i_x = (a\,b)^4\, (c\,a)^2\, (c\,b)\, c_x{}^3\, b_x$$
$$= (a\,b)^3\, (c\,a)^2\, (c\,b)\, c_x{}^2\, b_x \{(a\,c)\, b_x + (c\,b)\, a_x\}.$$

Beide Theile dieses Ausdrucks verschwinden, der erste, weil er bei Vertauschung von b mit c, der zweite, weil er bei Vertauschung von a mit b das Zeichen ändert.

       2. Die biquadratische Covariante von i setzt sich aus dem Producte $A\,.\,i$ und aus der zweiten

Ueberschiebung von f mit der einfachsten quadratischen Covariante

$$l = (a\,i)^4\, a_x^2$$

zusammen.

Nach der Identität (III) des § 15. ist nämlich:

$$0 = (a\,b)^2 \left\{ (a\,b)^4\, i_x^4 + (a\,i)^4\, b_x^4 + (b\,i)^4\, a_x^4 - 2\,(a\,b)^2\,(a\,i)^2\, b_x^2\, i_x^2 \right.$$
$$\left. - 2\,(a\,b)^2\,(b\,i)^2\, a_x^2\, i_x^2 - 2\,(a\,i)^2\,(b\,i)^2\, a_x^2\, b_x^2 \right\},$$

oder

$$(4)\quad 0 = A\cdot i + 2\,(a\,l)^2\, a_x^4 - 4\,(a\,b)^4\,(a\,i)^2\, b_x^2\, i_x^2 - 2\,(a\,b)^2\,(a\,i)^2\,(b\,i)^2\, a_x^2\, b_x^2.$$

Die letzten beiden Glieder dieser Gleichung kann man nun anders ausdrücken. Schieben wir f dreimal über die nach Satz 1. verschwindende Covariante $(a\,i)^3\, a_x^3\, i_x$, so erhalten wir

$$0 = (a\,i)^3 \left\{ (a\,b)^3\, i_x\, b_x^3 + 3\,(a\,b)^2\,(i\,b)\, a_x\, b_x^3 \right\};$$

oder wenn im ersten Theile a mit b vertauscht, sodann aber das Product $(a\,i)\,(b\,i)\, a_x\, b_x$ mittelst der Identität (II) § 15. umgeformt wird:

$$0 = \tfrac{1}{2}\,(a\,b)^4\, i_x^2 \left\{ (a\,i)^2\, b_x^2 + (b\,i)^2\, a_x^2 + (a\,i)\,(b\,i)\, a_x\, b_x \right\}$$
$$- 3\,(a\,i)^2\,(a\,b)^2\, b_x^2\,(a\,i)\,(b\,i)\, a_x\, b_x$$
$$= \tfrac{1}{2}\,(a\,b)^4\, i_x^2 \left\{ 3\,(a\,i)^2\, b_x^2 - \tfrac{1}{2}\,(a\,b)^2\, i_x^2 \right\}$$
$$- \tfrac{3}{2}\,(a\,i)^2\,(a\,b)^2\, b_x^2 \left\{ (a\,i)^2\, b_x^2 + (b\,i)^2\, a_x^2 - (a\,b)^2\, i_x^2 \right\}$$

oder:

$$(5)\quad 0 = 3\,(a\,b)^4\,(a\,i)^2\, b_x^2\, i_x^2 - \frac{A\,i}{4} - \tfrac{3}{2}\,(l\,b)^2\, b_x^4$$
$$- \tfrac{3}{2}\,(a\,i)^2\,(b\,i)^2\,(a\,b)^2\, a_x^2\, b_x^2.$$

Führen wir hieraus den Werth des letzten Gliedes in die Gleichung (4) ein, so erhalten wir nach Divison mit 4:

$$(6)\quad 0 = \frac{A\,i}{3} + (a\,l)^2\, a_x^4 - 2\,(a\,b)^4\,(a\,i)^2\, b_x^2\, i_x^2.$$

Es ist endlich

$$\Delta = (i\,i')^2\, i_x^2\, i'^2_x = \tfrac{1}{3}\,(a\,b)^4 \left\{ (a\,i)^2\, b_x^2 + 2\,(a\,i)\,(b\,i)\, a_x\, b_x \right\} i_x^2,$$

oder, wieder mit Anwendung von § 15. (II):

$$\Delta = \tfrac{1}{3}\,(a\,b)^4 \left\{ 3\,(a\,i)^2\, b_x^2 - (a\,b)^2\, i_x^2 \right\} i_x^2,$$

also

$$(7)\quad (a\,b)^4\,(a\,i)^2\, b_x^2\, i_x^2 = \Delta + \frac{A\,i}{3}\cdot$$

Führt man dies noch in (6) ein, so hat man die gesuchte Beziehung:

$$(8)\quad (a\,l)^2\, a_x^4 - 2\,\Delta - \frac{A\,i}{3} = 0,$$

vermöge deren Δ sich durch Ai und durch die zweite Ueberschiebung von f über l ausdrückt. —

Entwickeln wir nun die Anwendung, welche diese Formel auf die Theorie der Formen sechster Ordnung gestattet.

1. Es war der Ausgangspunkt für die Aufstellung des vollständigen Systems, dass alle Formen desselben, abgesehen von A, durch Ueberschiebungen der Covarianten von i über Ausdrücke der Form $f^\alpha H^\beta T^\gamma$ entstanden. Nun zeigt sich aus (8), dass bis auf Glieder, welche die Coefficienten von l enthalten, die erste Covariante Δ von i auf i zurückführt. Schieben wir (8) einmal über i, so zeigt sich, dass die zweite Covariante $\mathbf{T}$ von i geradezu nur aus Termen besteht, welche die Coefficienten von l enthalten. Lassen wir also Terme, welche die l enthalten, jedesmal aus, so bleiben nur Ueberschiebungen von Potenzen von i mit $f^\alpha H^\beta T^\gamma$ übrig, welche man zu bilden hat. Auch von den Invarianten von i braucht man die erste, B, allein; denn nach der Theorie der Formen vierter Ordnung drückt sich C durch $(\Delta i)^4$ aus, und dieses wiederum kommt nach (8) auf AB und Glieder zurück, welche Coefficienten von l enthalten. Man kann daher sofort den Satz aussprechen:

> Jede Covariante oder Invariante von f ist bis auf Glieder, welche die Coefficienten von l enthalten, eine ganze Function von
>
> (9) $\qquad\qquad f, \quad H, \quad T, \quad A, \quad i, \quad B$
>
> und von den Ueberschiebungen von Potenzen der Covariante i über Ausdrücke der Form $f^\alpha H^\beta T^\gamma$.

Da im früher entwickelten vollständigen Systeme, aus welchem dieser Satz mit Hilfe von (8) sich ergiebt, nur solche Ueberschiebungen von Potenzen der Covariante i über $f^\alpha H^\beta T^\gamma$ auftraten, welche kein zerfallendes Glied enthielten, die übrigen aber durch Theile (im Sinne des § 70.) ersetzt werden durften, so gilt dasselbe auch hier noch. Zugleich können wir hier alle Bildungen auslassen, welche etwa das Symbol l enthalten sollten. Dies tritt z. B. ein bei allen Ueberschiebungen, welche den symbolischen Factor $(ai)^3$ enthalten; denn diese enthalten die Coefficienten der Form

$$(a\,i)^3 \, a_x{}^3 \, i_y.$$

Während nun aus dem Verschwinden der Covariante $(ai)^3 \, a_x{}^3 \, i_x$ folgt:

$$(ai)^3 \, a_x{}^3 \, i_y + 3\,(ai)^3 \, a_x{}^2 \, a_y \, i_x = 0,$$

hat man andererseits:

$$(ai)^3 \, a_x{}^3 \, i_y - (ai)^3 \, a_x{}^2 \, a_y \, i_x = (ai)^4 \, a_x{}^2 \, (xy) = l\,(xy),$$

also

$$(a\,i)^3\,a_x{}^3\,i_y = \frac{l}{4}\,(x\,y).$$

Die Coefficienten des Ausdrucks links setzen sich also aus den Coefficienten von l zusammen, und demnach kann jedes $(a\,i)^3$ enthaltende Glied ausgelassen werden, sobald es sich nur darum handelt, die Formen bis auf Glieder zu bilden, welche die Coefficienten von l enthalten.

2. Entwickeln wir zunächst die übrig bleibenden Ueberschiebungen von i^ϱ über $f^\alpha H^\beta T^\gamma$. Da H von der achten, T von der zwölften Ordnung ist, also die Ordnungen beider durch die von i theilbar sind, so braucht man nur über H und T einzeln Potenzen von i zu schieben, da sonst immer zerfallende Glieder erzeugt werden können. Dagegen muss man i^ϱ ausserdem über f und f^2 schieben, denn erst die Ordnung von f^2 ist durch 4 theilbar.

Aber wenn man i oder eine Potenz von i mehr als zweimal über eine der Formen

$$f = a_x{}^6, \quad H = (a\,b)^2\,a_x{}^4\,b_x{}^4, \quad T = (a\,H)\,a_x{}^5\,H_x{}^7,$$

oder über eine Potenz von f schiebt, so entsteht immer ein Glied, welches den symbolischen Factor $(a\,i)^3$ hat. Demnach sind überhaupt nur beizubehalten die Ueberschiebungen:

(10)
$$\begin{aligned}
&i \text{ über } f, \text{ ein- und zweimal};\\
&i \text{ über } H, \text{ ein- und zweimal};\\
&i \text{ über } T, \text{ zweimal}.
\end{aligned}$$

Die erste Ueberschiebung von i über T fällt aus, weil T Functionaldeterminante ist.

Aber auch von den Formen (10) kann man die beiden letzten noch als überflüssig nachweisen. Die zweite Ueberschiebung von H mit i kann ersetzt werden durch das Glied

$$(a\,b)^2\,(a\,i)^2\,i_x{}^2\,a_x{}^2\,b_x{}^4,$$

für welches man nach der Identität (III) § 15. die Gleichung hat:

$$2\,(a\,b)^2\,(a\,i)^2\,i_x{}^2\,a_x{}^2\,b_x{}^4 = a_x{}^2\,b_x{}^2\,[\tfrac{1}{2}\,(a\,b)^4\,i_x{}^4 + (a\,i)^4\,b_x{}^4 - (a\,i)^2\,(b\,i)^2\,a_x{}^2\,b_x{}^2].$$

Von den Termen rechts ist der erste $\tfrac{1}{2}\,i^2$, der zweite $l\,.\,f$, der dritte wird nach (5), (6) auf $A\,.\,i$ und Terme, welche das Symbol l enthalten, zurückgeführt. Dieses Glied und damit die ganze Ueberschiebung ist also auszulassen.

Da, wie oben bemerkt, die dritte und vierte Ueberschiebung von i mit H auszulassen ist, so folgt, dass die Formen

(11)
$$(H\,i)^2\,H_x{}^6\,i_x{}^2, \quad (H\,i)^3\,H_x{}^5\,i_x, \quad (H\,i)^4\,H_x{}^4,$$

also überhaupt alle den symbolischen Factor $(Hi)^2$ und kein weiteres Symbol enthaltenden Formen bis auf Glieder, welche das Symbol l enthalten, durch

$$(12) \qquad\qquad H, \quad A, \quad i$$

ausgedrückt werden können; T, $(Hi)\,H_x^7\,i_x^3$ und $(Ti)^2\,T_x^{10}\,i_x^2$ kommen dabei, als von zu hoher Ordnung, nicht in Betracht, f, B und die beiden Ueberschiebungen $(ai)\,a_x^5\,i_x$ und $(ai)^2\,a_x^4\,i_x^2$ nicht, weil keine Combination der Formen (9), (10) existirt, welche, mit jenen multiplicirt, Ordnung und Grad einer der Formen (11) haben könnte. Die Formen (11) aber haben nach § 31. Satz 6. die Eigenschaft, dass alle das Symbol $(Hi)^2$ enthaltenden Bildungen sich durch Ueberschiebungen mit ihnen darstellen lassen. Dies führt zum Beweise dafür, dass die letzte der Formen (10) ebenfalls überflüssig ist. Sie kann, da $T = (aH)\,a_x^5\,H_x^7$, ersetzt werden durch den Theil

$$(aH)\,(Hi)^2\,a_x^5\,H_x^5\,i_x^2.$$

Es ist aber, wenn $\varphi = (Hi)^2\,H_x^6\,i_x^2$ gesetzt wird:

$$6\,(Hi)^2\,H_x^5\,i_x^2\,H_y + 2\,(Hi)^2\,H_x^6\,i_x\,i_y = 8\,\varphi_x^7\,\varphi_y$$
$$(Hi)^2\,H_x^5\,i_x^2\,H_y - \quad (Hi)^2\,H_x^6\,i_x\,i_y = (Hi)^3\,H_x^5\,i_x\,(yx),$$

also

$$(Hi)^2\,H_x^5\,i_x^2\,H_y = \varphi_x^7\,\varphi_y + \tfrac{1}{4}\,(Hi)^3\,H_x^5\,i_x\,.\,(yx).$$

Setzt man nun $y_1 = -\,a_2$, $y_2 = a_1$ und multiplicirt mit a_x^5, so entsteht links der gesuchte Ausdruck; rechts ist das zweite Glied nach dem Obigen bis auf Terme, welche das Symbol l enthalten, das Product von f mit einer Combination der Formen (12), das erste aber die erste Ueberschiebung von f mit φ. Dieses Glied muss sich also aus den Grössen (12) und aus ihren ersten Ueberschiebungen mit f zusammensetzen. Aber die letzteren führen auf T und $(ai)\,a_x^5\,i_x^3$, also auf schon bekannte unter den Formen (9), (10). Das an Stelle von $(aH)\,a_x^5\,H_x^7$ gesetzte Glied ist also durch die anderen Formen bis auf Terme, die das Symbol l enthalten, darstellbar, und kann demnach ausgelassen werden.

So kann man jetzt folgenden Satz aussprechen:

> Jede Covariante oder Invariante von f ist bis auf Glieder, welche das Symbol l enthalten, eine ganze Function von
>
> $$(13) \quad f, \; H, \; T, \; A, \; i, \; B, \; (ai)\,a_x^5\,i_x^3, \; (ai)^2\,a_x^4\,i_x^2, \; (Hi)\,H_x^7\,i_x^3.$$

3. Man knüpft nun leicht hieran den Beweis des Satzes:

> Jede Covariante und Invariante von f ist eine ganze Function der Functionen (13), der Form l, ihrer Discriminante $A_{ll} = (ll')^2$, und der Ueber-

schiebungen von Potenzen von l über Producte der Formen (13).

Ein Glied, welches das Symbol l enthält, kann nur den Factor A_{ll} haben oder durch Ueberschiebung von l über eine Form niedern Grades entstanden sein. Nehmen wir nun an, der fragliche Satz sei bis zu Covarianten und Invarianten $(m-3)^{\text{ten}}$ Grades bewiesen. Er gilt dann auch für Formen m^{ten} Grades, wie jetzt gezeigt werden soll. Es besteht nach dem Gesagten jede Covariante oder Invariante m^{ten} Grades aus drei Theilen:

1) aus einer ganzen Function der Formen (13);

2) aus einer Form $(m-6)^{\text{ten}}$ Grades, multiplicirt mit A_{ll}; diese Form hat die im Satze angegebene Form nach der Voraussetzung;

3) aus Ueberschiebungen von l über Formen $(m-3)^{\text{ten}}$ Grades.

Da letztere nach der Voraussetzung die im Satze angenommene Form haben, so zerfallen die unter 3. angegebenen Terme wieder in drei Classen:

1) Ueberschiebungen von l über Producte der Formen (13);

2) Terme mit dem Factor A_{ll}; diese beiden Classen haben, die erste der Definition, die zweite der Voraussetzung nach die im Satze angegebene Form;

3) Ueberschiebungen von l über Ueberschiebungen, bei denen Potenzen von l über Producte der Formen (13) geschoben sind. Aber diese kann man nach § 31. auf Ueberschiebungen derselben Producte über Covarianten von l, also auf Ausdrücke zurückführen, welche theils den Factor A_{ll} haben, theils Ueberschiebungen von Potenzen von l über Producte der Formen (13) sind. Alle diese Ausdrücke aber haben die im Satze angegebene Form.

Es ist also nur noch zu zeigen, dass für $m = 1, 2, 3$ der Satz richtig ist. Da aber jede Covariante oder Invariante von einer ganzen Function der Formen (13) sich nur durch Terme unterschied, welche das Symbol l enthalten, welches eine Form dritten Grades repräsentirt, so können solche Terme bei den Covarianten und Invarianten ersten und zweiten Grades überhaupt nicht, bei denen dritten Grades nur durch die Form l repräsentirt auftreten, womit denn der Satz bewiesen ist.

4. Statt der im vorigen Satze angewandten Ueberschiebungen kann man Theile derselben benutzen. Diese Theile müssen nur, analog der in § 70. gegebenen Definition, so gebildet werden, dass das Symbol l niemals in andere Symbole auf-

gelöst wird. Der Beweis wird wie der entsprechende in § 70. geführt. Es wird gezeigt, dass, eine bestimmte Anordnung der Ueberschiebungen (die nullten eingeschlossen) vorausgesetzt, die Differenz zwischen einer Ueberschiebung und einem ihrer Theile stets durch frühere Formen ausdrückbar ist. Die Anordnung geschieht

1. nach dem Gesammtgrade α;

2. nach dem Grad β, soweit er von den Formen (13) herrührt;

3. nach der Höhe γ der Ueberschiebung.

Wir setzen den Satz als bewiesen voraus, bis zu einem gewissen Werthe von α exclusive, bei diesem Werthe von α bis zu einem gewissen Werthe von β exclusive, bei diesen Werthen von α und β bis zu einem gewissen Werthe von γ exclusive, und beweisen, dass er dann auch für diesen Werth von γ gilt.

Die zu betrachtende Differenz zwischen der γ^{ten} Ueberschiebung und einem ihrer Theile drückt sich nach § 53. durch niedere Ueberschiebungen von Formen, welche nur die Symbole der Formen (13) enthalten, über Formen aus, welche nur Symbole von l enthalten. Letztere sind A_{ll} oder Potenzen von l. Tritt A_{ll} vor, so bleibt der andere Factor eine Covariante niederen Grades, und für die in ihr auftretenden Ueberschiebungen gilt also der Satz der Annahme nach. Hat man es dagegen mit der Ueberschiebung einer Potenz von l über eine niedere Form zu thun, so ersetzt man diese, dem vorigen Satze nach, durch eine ganze Function der Formen (13) und durch Theile, welche das Symbol l erhalten. Die Theile der Ueberschiebung, welche von der ganzen Function herrühren, genügen also den Forderungen des Satzes der Annahme nach, weil die Ueberschiebung eine niedere ist; die anderen Theile, weil sie höhere Dimensionen in den l, daher niedere in den Formen (13) haben. Alle Theile der Differenz genügen also den Forderungen des Satzes, wie zu beweisen war.

Da der Satz für die ersten drei Grade offenbar richtig ist (denn für sie existiren noch keine Ueberschiebungen der behandelten Art), so ist er überhaupt richtig.

5. Aus dem vorigen Satze folgt nun sofort, dass man nur diejenigen Ueberschiebungen von Potenzen der Covariante l über Producte von Formen (13) beizubehalten hat, welche keine zerfallenden Glieder haben. Da l quadratisch ist, alle Formen (13) aber gerader Ordnung sind, so braucht man demnach nur Potenzen von l über die einzelnen Formen (13) zu schieben (vgl. § 56.). Es entstehen so folgende Ueberschiebungen, bei welchen nur die ungeraden Ueberschiebungen über Functionaldeterminanten, dem am Ende des § 56. bewiesenen Satze entsprechend, schon ausgelassen sind:

$$(2\varrho - 1)^{\text{te}} \text{ und } 2\varrho^{\text{te}} \text{ von } l^{\varrho} \text{ über } f, \qquad \varrho = 1, 2, 3;$$

$$\text{„ \quad „ \quad „ \quad „ \quad „ \quad „ } H, \qquad \varrho = 1, 2, 3, 4;$$

$$2\varrho^{\text{te}} \text{ „ \quad „ \quad „ } T, \qquad \varrho = 1, 2, 3, 4, 5, 6;$$

$$\text{(I)} \quad (2\varrho - 1)^{\text{te}} \text{ und } 2\varrho^{\text{te}} \text{ „ \quad „ \quad „ } i, \qquad \varrho = 1, 2;$$

$$2\varrho^{\text{te}} \text{ „ \quad „ \quad „ } (a\,i)\,a_x^5\,i_x^3, \qquad \varrho = 1, 2, 3, 4;$$

$$(2\varrho - 1)^{\text{te}} \text{ und } 2\varrho^{\text{te}} \text{ „ \quad „ \quad „ } (a\,i)^2\,a_x^4\,i_x^2, \qquad \varrho = 1, 2, 3;$$

$$2\varrho^{\text{te}} \text{ „ \quad „ \quad „ } (H\,i)\,H_x^7\,i_x^3, \qquad \varrho = 1, 2, 3, 4, 5.$$

An Stelle jeder dieser Ueberschiebungen kann man auch einen Theil derselben setzen; man sieht dann, dass sehr viele dieser Formen noch überflüssig sind.

§ 77. Reduction des Systems der aus einer Form sechsten Grades entspringenden Bildungen.

Man kann zeigen, dass folgende Ueberschiebungen sich aus niederen Formen zusammensetzen:

1. die zweite Ueberschiebung von H mit l;
2. die zweite Ueberschiebung von $p = (a\,i)^2\,a_x^4\,i_x^2$ mit l;
3. die vierte Ueberschiebung von i mit l^2.

Hieraus folgt dann, dass ausser diesen noch eine grosse Zahl der unter (I) aufgeführten Formen auszulassen sind. Man beweist zunächst leicht den Satz:

> Wenn eine Summe von Producten einer Anzahl von Formen, unter denen sich keine lineare befindet, ein- oder zweimal über eine quadratische Form geschoben wird, so entsteht wieder eine Summe von Producten.

Für erste Ueberschiebungen ist dies an und für sich klar. Bei den zweiten aber entstehen aus jedem Producte $\varphi \cdot \psi$ einerseits Terme, welche einen der Factoren φ, ψ und die zweite Ueberschiebung des anderen über l zu Factoren haben; andererseits Terme der Form

$$(\varphi\, l)\,(\psi\, l)\,\varphi_x^{m-1}\,\psi_x^{n-1},$$

was durch die identische Gleichung

$$(\varphi\, l)\,(\psi\, l)\,\varphi_x\,\psi_x = \tfrac{1}{2}\{(\varphi\, l)^2\,\psi_x^2 + (\psi\, l)^2\,\varphi_x^2 - (\varphi\,\psi)^2\,l_x^2\}$$

in:

$$\tfrac{1}{2}\{\psi \cdot (\varphi\, l)^2\,\varphi_x^{m-2} + \varphi \cdot (\psi\, l)^2\,\psi_x^{n-2} - l \cdot (\varphi\,\psi)^2\,\varphi_x^{m-1}\,\psi_x^{n-1}\},$$

also in ein Aggregat von Producten übergeht, wie zu beweisen war.

Da in der vorliegenden Untersuchung immer nur Formen gerader Ordnung auftreten, so tritt die im Satze erwähnte Ausnahme hier niemals auf.

Aus diesem Satze folgt, dass die höheren Ueberschiebungen von H mit Potenzen von l ausgelassen werden können. Denn dieselben haben die symbolische Form:

$$(Hl)^2 (Hl') H_x^5 l'_x, \qquad (Hl)^2 (Hl')^2 H_x^4,$$
$$(Hl)^2 (Hl') (Hl'') H_x^3 l''_x, \qquad (Hl)^2 (Hl')^2 (Hl'')^2 H_x^2$$
$$\text{etc.}$$

Von diesen entstehen die ersten aus Ueberschiebung von l über die Form $(Hl)^2 H_x^6$, welche, wie weiterhin gezeigt werden soll, zerfällt, und sind demnach selbst Summen von Producten; die folgenden aus Ueberschiebung von l über die zerfallende Form $(Hl)^2 (Hl')^2 H_x^4$ u. s. w.

Ganz ebenso ist es mit den Ueberschiebungen der Potenzen von l über $p = (ai)^2 a_x^4 i_x^2$; auch diese können, indem $(pl)^2 p_x^4$ zerfällt, bis auf die erste ausgelassen werden.

Aber auch für die Ueberschiebungen von l mit

$$T = (aH) a_x^5 H_x^7, \quad S = (Hi) H_x^7 i_x^3$$

lässt sich dasselbe zeigen. Man kann nämlich die zweiten Ueberschiebungen von T und S mit l durch die Theile

$$T' = (aH) a_x^5 (Hl)^2 H_x^5, \quad S' = (Hi) i_x^3 (Hl)^2 H_x^5$$

ersetzen; und da dieses nichts anderes als die ersten Ueberschiebungen von f und i mit der zerfallenden Form $(Hl)^2 H_x^6$ sind, so können sie ausgelassen werden. Nun darf man aber ferner die vierten Ueberschiebungen von T und S mit l^2 durch die zweiten von l mit T' und S' ersetzen, die sechsten von T und S mit l^3 durch die vierten von l^2 mit T' und S' etc., so dass man lauter zerfallende und auszulassende Formen erhält. Diese Ersetzbarkeit ist nicht ohne weiteres klar; denn man darf im Allgemeinen nicht Ueberschiebungen durch Theile ersetzen, bei deren Bildung Symbole, wie die von T', S', benutzt werden, welche die Symbole der über einander zu schiebenden Systeme [hier l einerseits und die Formen (13) andererseits] gemischt enthalten. Dass es hier erlaubt ist, die Formen in der genannten Weise zu ersetzen, sieht man an einer derselben folgendermassen ein; bei den andern ist es genau ebenso.

Die vierte Ueberschiebung von T mit l^2 kann durch die Theile

$$\Gamma_1 = (aH) (Hl)^2 (Hl')^2 a_x^5 H_x^3, \quad \Gamma_2 = (aH) (Hl)^2 (Hl') (al') \alpha_x^4 H_x^4 \text{ etc.}$$

beliebig ersetzt werden. Diese Ausdrücke sind aber auch zugleich die Theile der zweiten Ueberschiebung von T' über l, und zwar kommen unter den Γ sämmtliche Theile derselben vor, wenn T' in der symbolischen Form

$$T' = (aH)\,(Hl)^2\,a_x^5\,H_x^5$$

gegeben wird. Daher ist

$$(T'l)^2\,T'^8_x = \alpha_1\,\Gamma_1 + \alpha_2\,\Gamma_2 + \dots,$$

wo

$$\alpha_1 + \alpha_2 \dots = 1,$$

oder

$$(T'l)^2\,T'^8_x = \Gamma_1 + (\Gamma_2 - \Gamma_1)\,\alpha_2 + (\Gamma_3 - \Gamma_1)\,\alpha_3 \dots.$$

Da nun die Differenzen der Γ durch frühere Formen (im Sinne der auf S. 290 getroffenen Anordnung) ausdrückbar sind, so ist auch Γ_1 oder die Ueberschiebung, welche Γ_1 vertritt, durch die zweite Ueberschiebung von T' mit l ersetzbar, was zu beweisen war. Dass für die folgenden Ueberschiebungen dasselbe gilt, liegt auf der Hand; ebenso ist es mit den aus S entstehenden Bildungen.

Es kommt also nur noch darauf an, das Zerfallen der Formen

$$(Hl)^2\,H_x^6,\quad (pl)^2\,p_x^4,\quad (il)^2\,(il')^2$$

nachzuweisen.

1. Die Form $(Hl)^2\,H_x^6$. Entwickeln wir nun nach den Formeln am Ende des § 8. den Ausdruck $(ab)^2\,a_x^4\,b_x^2\,b_y^2$, so erhalten wir

$$(ab)^2\,a_x^4\,b_x^2\,b_y^2 = \varDelta^2\,\varphi + \tfrac{3}{2}\,(xy)\,\varDelta\,\psi + \tfrac{5}{7}\,(xy)^2\,\chi,$$

wo

$$\varphi = (ab)^2\,a_x^4\,b_x^4 = H,\quad \psi = \tfrac{2}{3}\,(ab)^3\,a_x^3\,b_x^3 = 0,$$
$$\chi = \tfrac{2}{5}\,(ab)^4\,a_x^2\,b_x^2 = \tfrac{2}{5}\,i,$$

also

$$(ab)^2\,a_x^4\,b_x^2\,b_y^2 = H_x^6\,H_y^2 + \tfrac{2}{7}\,(xy)^2\cdot i.$$

Setzen wir nun $y_1 = l_2$, $y_2 = -l_1$, so wird aus dieser Gleichung:

$$(1)\qquad H_x^6\,(Hl)^2 = (ab)^2\,a_x^4\,b_x^2\,(bl)^2 - \tfrac{2}{7}\,i\cdot l.$$

Aber der Term $(ab)^2\,a_x^4\,b_x^2\,(bl)^2$ ist die zweite Ueberschiebung von f über die Covariante $(bl)^2\,b_x^4$, welche nach § 76. (8) den Ausdruck hat:

$$(bl)^2\,b_x^4 = 2\,\Delta + \frac{A\,i}{3}.$$

Daher wird auch nach (1):

$$(2)\qquad H_x^6\,(Hl)^2 = 2\,(\Delta a)^2\,\Delta_x^2\,a_x^4 + \tfrac{1}{3}\,Ap - \tfrac{2}{7}\,il.$$

Es bleibt der Term $(\Delta a)^2\,\Delta_x^2\,a_x^4$ zu untersuchen.

Zu diesem Zwecke entwickeln wir zunächst nach der Tafel des § 8. den Ausdruck $(ii')\,i_x^3\,i'^3_y$ und erhalten

$$(ii')\,i_x^3\,i'^3_y = \tfrac{3}{2}\,(xy)\,\varDelta^2\,\psi + \tfrac{1}{4}\,(xy)^3\,\omega,$$

wo

$$\psi = (ii')^2\,i_x^3\,i'^2_x = \Delta,\quad \omega = (ii')^4 = B,$$

so dass endlich:

$$(ii')\, i_x{}^3\, i'_y{}^3 = \tfrac{3}{2}\, (xy)\, \Delta_x{}^2 \Delta_y{}^2 + \frac{B}{4}\, (xy)^3.$$

Setzt man hierin $y_1 = a_2$, $y_2 = -a_1$ und multiplicirt mit $a_x{}^3$, so hat man:

$$(3) \qquad (ii')\, (ai')^3\, i_x{}^3\, a_x{}^3 = \tfrac{3}{2}\, (a\Delta)^2 \Delta_x{}^2\, a_x{}^4 + \frac{Bf}{4}\,.$$

Aber der Ausdruck links entsteht aus

$$(ai)^3\, a_x{}^3\, i_y,$$

wenn man darin $y_1 = i'_2$, $y_2 = -i'_1$ setzt und mit $i'_x{}^3$ multiplicirt. Da nun, wie in § 76. bewiesen wurde, die Form $(ai)^3\, a_x{}^3\, i_x$ identisch verschwindet, so erhält man mit Anwendung der Tafel des § 8.:

$$(ai)^3\, a_x{}^3\, i_y = \tfrac{3}{4}\, (xy) \cdot (ai)^4\, a_x{}^2 = \tfrac{3}{4}\, l \cdot (xy).$$

Man hat daher durch die angegebene Operation:

$$(4) \qquad (ai)^3\, (ii')\, a_x{}^3\, i'_x{}^3 = -\tfrac{3}{4}\, l \cdot i.$$

Aus (3) findet man also, indem man den Werth des Ausdrucks (4) einträgt:

$$(5) \qquad (a\Delta)^2\, \Delta_x{}^2\, a_x{}^4 = -\frac{i\,l}{2} - \frac{Bf}{6}\,,$$

und hat daher aus (2) die gesuchte Darstellung:

$$(6) \qquad H_x{}^6\, (Hl)^2 = \frac{Ap - Bf}{3} - \tfrac{9}{7}\, il.$$

2. Die Form $(pl)^2\, p_x{}^4$. Nach der Tafel des § 8. hat man:

$$(ai)^2\, a_x{}^2\, a_y{}^2\, i_x{}^2 = \Delta^2\, \varphi + \tfrac{4}{3}\, (xy)\, \Delta\, \psi + \tfrac{3}{5}\, (xy)^2\, \chi,$$

wo

$$\varphi = (ai)^2\, a_x{}^4\, i_x{}^2 = p, \qquad \psi = -\tfrac{1}{2}\, (ai)^3\, a_x{}^3\, i_x = 0, \qquad \chi = \tfrac{1}{6}\, (ai)^4\, a_x{}^2 = \tfrac{1}{6}\, l,$$

also

$$(ai)^2\, a_x{}^2\, a_y{}^2\, i_x{}^2 = p_x{}^4\, p_y{}^2 + \tfrac{1}{10}\, l \cdot (xy)^2.$$

Setzt man hierin $y_1 = l_2$, $y_2 = -l_1$, so wird:

$$(7) \qquad (ai)^2\, a_x{}^2\, (al)^2\, i_x{}^2 = (pl)^2\, p_x{}^4 + \tfrac{1}{10}\, l^2.$$

Die linke Seite ist die zweite Ueberschiebung von i mit

$$(al)^2\, a_x{}^4 = 2\Delta + \frac{Ai}{3}\,,$$

und indem man dies in (7) einträgt, findet man:

$$(pl)^2\, p_x{}^4 = 2\, (i\Delta)^2\, i_x{}^2\, \Delta_x{}^2 + \frac{A\Delta}{3} - \tfrac{1}{10}\, l^2.$$

Endlich weiss man nach der Theorie der biquadratischen Formen [§ 40. (8)], dass

$$(i\Delta)^2 i_x{}^2 \Delta_x{}^2 = \frac{Bi}{6}.$$

Daher wird endlich die gesuchte Formel:

$$(8) \qquad (pl)^2 p_x{}^4 = \frac{Bi + \Delta A}{3} - \frac{l^2}{10}.$$

3. Die Invariante $(il)^2 (il')^2$.

Aus der Tafel des § 8. erhält man die Formel:

$$(ab)^4 a_x{}^2 b_y{}^2 = i_x{}^2 i_y{}^2 + \tfrac{1}{3} A (xy)^2.$$

Setzt man darin $y_1 = l_2$, $y_2 = -l_1$, $y_1 = l'_2$, $y_2 = -l'_1$, so ergiebt sich

$$(9) \qquad (ab)^4 (al)^2 (bl')^2 = (il)^2 (il')^2 + \tfrac{1}{3} A \cdot A_{ll}.$$

Hier steht rechts die gesuchte Form, links die vierte Ueberschiebung von

$$(al)^2 a_x{}^4 = 2\Delta + \frac{Ai}{3}$$

über sich selbst, also:

$$4 (\Delta\Delta')^4 + \frac{4A}{3} (i\Delta)^4 + \frac{A^2}{9} (ii')^4.$$

Nach der Theorie der biquadratischen Formen ist

$$(\Delta\Delta')^4 = \frac{B^2}{6}, \quad (i\Delta)^4 = C,$$

so dass (9) in

$$(10) \qquad (il)^2 (il')^2 = \tfrac{2}{3} B^2 + \tfrac{4}{3} A C + \tfrac{1}{9} A^2 B - \tfrac{1}{3} A A_{ll}$$

übergeht. Hierdurch ist eine Zerlegung unserer Invariante in niedere Formen schon gegeben; um sie durch möglichst wenige Bildungen auszudrücken, muss man noch C auf A_{ll} zurückführen, was oben schon als möglich angedeutet wurde. Die Formel für diese Reduction, welche wir später brauchen, mag hier gleich gegeben werden. Schiebt man nämlich i viermal über die Gleichung

$$(al)^2 a_x{}^4 = 2\Delta + \frac{Ai}{3},$$

so kommt

$$(al)^2 (ai)^4 = 2 (i\Delta)^4 + \frac{A}{3} (ii')^4;$$

links steht aber nichts anderes als A_{ll}, und man hat also die Beziehung

$$(11) \qquad A_{ll} = 2 C + \tfrac{1}{3} A B.$$

Die Formel (10) nimmt hierdurch die einfachere Gestalt an:

$$(12) \qquad (il)^2 (il')^2 = \tfrac{2}{3} (B^2 + AC).$$

Das ganze vollständige System der Form sechster Ordnung besteht nunmehr aus 26 Bildungen, welche man in der folgenden Tafel zusammenfassen kann, in welcher die Höhe der Ueberschiebungen immer durch den beigesetzten Index angezeigt wird:

Grad	Ordnung						
	0	2	4	6	8	10	12
1				f			
2	A		i		H		
3		l		p	(f, i)		T
4	B		$(f, l)_2$	(f, l)		(H, i)	
5		$(i, l)_2$	(i, l)		(H, l)		
6	A_{ll}			(p, l) $((f, i), l)_2$			
7		$(f, l^2)_4$	$(f, l^2)_3$				
8		$(i, l^2)_3$					
9			$((f, i), l^2)_4$				
10	$(f, l^3)_6$	$(f, l^3)_5$					
12		$((f, i), l^3)_6$					
15	$((f, i), l^4)_8$						

§ 78. Die Invarianten und die quadratischen Covarianten der Formen sechster Ordnung.

Ich werde jetzt die sechs quadratischen Covarianten näher untersuchen, wobei denn zugleich die Invarianten behandelt werden müssen.

Wenn man, von l ausgehend, successive die quadratischen Covarianten bildet:

$$(1) \qquad m = (il)^2 i_x^2, \quad n = (im)^2 i_x^2, \quad q = (in)^2 i_x^2 \ldots,$$

so gelangt man zu einer Reihe von Ausdrücken, von denen der erste in der Tafel vorkommt, von denen der zweite an Stelle der vierten Ueberschiebung von l^2 über f gesetzt werden kann, und von denen die übrigen die bemerkenswerthe Eigenschaft haben, aus l, m, n auf sehr einfache Weise linear zusammensetzbar zu sein.

Was zunächst die Ersetzung von $(al)^2 (al')^2 a_x^2$ durch n anbetrifft, so folgt aus der oft benutzten Gleichung

$$(al)^2 a_x^4 = 2\Delta + \frac{Ai}{3},$$

indem man dieselbe zweimal über l schiebt:

$$(al)^2 (al')^2 a_x^2 = 2(\Delta l)^2 \Delta_x^2 + \frac{A}{3}(il)^2 i_x^2$$

$$= 2(\Delta l)^2 \Delta_x^2 + \frac{Am}{3}.$$

Man kann also $(al)^2 (al')^2 a_x^2$ in der Tafel durch $(\Delta l)^2 \Delta_x^2$ ersetzen. Da sodann aber, nach einer schon oben benutzten Formel aus der Theorie der biquadratischen Formen [§ 40. (2)]

$$(ii')^2 i_x^2 i'_y{}^2 = \Delta_x^2 \Delta_y^2 + \frac{B}{2}(xy)^2,$$

so folgt, indem man $y_1 = l_2$, $y_2 = -l_1$ setzt:

$$(ii')^2 i_x^2 (i'l)^2 = (im)^2 i_x^2 = n = \Delta_x^2 (\Delta l)^2 + \frac{Bl}{2},$$

d. h. $\Delta_x^2 (\Delta l)^2$ ist durch n ersetzbar, was zu beweisen war.

Führen wir also l, m, n als fundamentale quadratische Covarianten ein. Die übrigen in der Tafel enthaltenen sind dann durch deren Functionaldeterminanten ersetzbar. Es ist nämlich erstens:

$$(i, l^2)_3 = (il)^2 (il') l'_x i_x = (ml') l'_x m_x.$$

Sodann kann $(f, l^2)_5$ als erste Ueberschiebung von $(f, l^2)_4$ mit l betrachtet werden. Da nun $(f, l^2)_4$, wie soeben gezeigt, bis auf Glieder von der Form Bl und Am durch n ersetzbar ist, so ist auch seine erste Ueberschiebung mit l bis auf ein Glied von der Form $B.(ml) m_x l_x$, also überhaupt, durch $(nl) n_x l_x$ ersetzbar.

Endlich ist nach den allgemeinen Regeln die Form $((f, i), l^3)_6$, also die sechste Ueberschiebung von $(ai) a_x^5 l_x^3$ mit l^3, durch das Glied

$$(ai)(al')^2 (al'')^2 (il)^2 a_x i_x$$

ersetzbar. Dieses aber ist die erste Ueberschiebung von $(il)^2 i_x^2 = m$ mit $(al')^2 (al'')^2 a_x^2$; und da letzteres sich von n nur um Terme Bl, Am unterscheidet, so ist auch der obige Ausdruck von $(nm) n_x m_x$ nur um einen Term der Form $A.(ml) m_x l_x$ verschieden und kann also durch $(nm) n_x m_x$ ersetzt werden.

Bilden wir nun die Covariante

$$q = (in)^2 i_x^2 = (ii')^2 (i'm)^2 i_x^2 = (ii')^2 (i'i'')^2 (i''l)^2 i_x^2.$$

Nach den Formeln der Tafel des § 8. ist

$$(ii')^2 (i'i'')^2 i_x^2 i''_y{}^2 = \varDelta^2 \varphi + \tfrac{1}{3}(xy)^2 \psi,$$

wo

$$\varphi = (i\,i')^2\,(i'\,i'')^2\,{i''}_x^2\,i_x^2 = \frac{Bi}{2} \qquad\qquad [\S\ 40.\ (7).]$$

$$\psi = (i\,i')^2\,(i'\,i'')^2\,(i\,i'')^2 = C,$$

also

$$(i\,i')^2\,(i'\,i'')^2\,i_x^2\,{i''}_y^2 = \tfrac{1}{2}\,B\,.\,i_x^2\,i_y^2 + \tfrac{1}{3}\,C\,.\,(xy)^2.$$

Setzt man nun $y_1 = l_2,\ y_2 = -\,l_1$, so wird hieraus:

$$(2) \qquad\qquad q = \tfrac{1}{2}\,Bm + \tfrac{1}{3}\,Cl.$$

Bemerken wir, dass wir bei Ableitung dieser Formel von den Eigenschaften der Form l gar keinen Gebrauch gemacht, sondern den Beweis lediglich auf das Gesetz der Bildungen (1) gestützt haben. Die Formel (2) gilt also nicht nur für die Formen l, m, q, sondern für je drei Formen der Reihe (1), welche ähnliche Stellungen zu einander einnehmen. Und so darf man den Satz aussprechen:

> In der Reihe (1) drückt sich jede Covariante durch die zweit- und drittvorhergehende mittelst der Formel (2) aus.

Wenn nun die quadratischen Covarianten der Form sechster Ordnung mit den aus den simultanen Formen l, m, n hervorgehenden quadratischen Covarianten identificirt werden, so können ebenso die höheren Invarianten der Form sechster Ordnung aus den Invarianten dieses simultanen Systems hergestellt werden, zwischen denen dann freilich Beziehungen eintreten, welche in den Beziehungen von l, m, n zu der Grundform sechster Ordnung ihre Begründung finden.

Bezeichnen wir die durch gegenseitige zweite Ueberschiebung von l, m, n erzeugten Invarianten durch

$$(3) \qquad \begin{aligned} A_{ll} &= (l\,l')^2 & A_{mn} &= (m\,n)^2 \\ A_{mm} &= (m\,m')^2 & A_{nl} &= (n\,l)^2 \\ A_{nn} &= (n\,n')^2 & A_{lm} &= (l\,m)^2, \end{aligned}$$

endlich die aus allen gebildete Invariante ungeraden Charakters durch

$$(4) \qquad\qquad R = -\,(l\,m)\,(m\,n)\,(n\,l).$$

Die Form A_{ll} findet sich schon in der Tafel. Die Bildung $(f,\ l^3)_6$ hingegen, oder

$$(a\,l)^2\,(a\,l')^2\,(a\,l'')^2$$

geht durch zweite Ueberschiebung von l mit $(a\,l)^2\,(a\,l')^2\,a_x^2$ hervor, also mit einer Form, welche von n nur um Glieder Am, Bl unterschieden ist. Diese Form kann also bis auf Term $A\,(m\,l)^2$, $B\,(l\,l)^2$, also überhaupt, durch

$$(5) \qquad\qquad D = (n\,l)^2 = A_{nl}$$

ersetzt werden. Wenn wir jetzt A, B, C, D, R als die fundamentalen Invarianten betrachten, so ist zunächst A_{ll} durch § 77. (11), dann A_{nl} durch (5) gegeben. Es ist aber auch

$$(nl)^2 = (im)^2 (il)^2 = (mm')^2 = A_{mm},$$

daher auch

(6) $$A_{mm} = D.$$

Ferner, indem man (2) zweimal über l oder m schiebt:

$$(7) \quad \begin{aligned} (ql)^2 &= (in)^2 (il)^2 = (mn)^2 = A_{mn} = \tfrac{1}{2} B A_{ml} + \tfrac{1}{3} C A_{ll} \\ (qm)^2 &= (in)^2 (im)^2 = (nn)^2 = A_{nn} = \tfrac{1}{2} B A_{mm} + \tfrac{1}{3} C A_{ml} \end{aligned}$$

Es ist also nur A_{ml} noch auszudrücken; dies aber ist die schon in § 77. behandelte Invariante

(8) $$A_{ml} = (il)^2 (il')^2 = \tfrac{2}{3} (B^2 + AC).$$

Führen wir also überall A, B, C, D ein, so erhalten wir für diese simultanen Invarianten von l, m, n folgende Tafel:

$$(9) \quad \begin{aligned} A_{ll} &= 2C + \tfrac{1}{3} AB & A_{mn} &= \tfrac{1}{3} B(B^2 + AC) + \tfrac{1}{3} C(2C + \tfrac{1}{3} AB) \\ A_{mm} &= D & A_{nl} &= D \\ A_{nn} &= \tfrac{1}{2} BD + \tfrac{2}{9} C(B^2 + AC) & A_{lm} &= \tfrac{2}{3}(B^2 + AC). \end{aligned}$$

Durch diese drückt sich das Quadrat von R mittelst der Formel § 58. (5) aus:

$$(10) \quad R^2 = \tfrac{1}{2} \begin{vmatrix} A_{ll} & A_{lm} & A_{ln} \\ A_{ml} & A_{mm} & A_{mn} \\ A_{nl} & A_{nm} & A_{nn} \end{vmatrix}.$$

Und R ist zugleich an Stelle der letzten Invariante der Tafel $((f, i), l^4)_8$ zu setzen; denn es ist wie diese vom 15. Grade und ungeraden Charakters, und kann also da es eine andere Invariante ungeraden Charakters nicht giebt, von dieser nur durch einen Zahlenfactor verschieden sein.

Die Gleichung (10) stellt so zugleich die einzige Beziehung dar, welche zwischen den Invarianten A, B, C, D, R eintritt. Zwischen den A, B, C, D und l, m, n tritt eine Gleichung ein, welche l, m, n quadratisch enthält und nach § 58. (9) die Gestalt hat:

$$0 = \begin{vmatrix} A_{ll} & A_{lm} & A_{ln} & l \\ A_{ml} & A_{mm} & A_{mn} & m \\ A_{nl} & A_{nm} & A_{nn} & n \\ l & m & n & 0 \end{vmatrix}.$$

Durch diese Untersuchungen sind die wesentlichsten derjenigen Beziehungen gegeben, von welchen ich später Gebrauch machen werde.

Siebenter Abschnitt.

Typische Darstellungen.

---

§ 79. Ueber die Anzahl der Parameter, von welchen die Invarianten und Covarianten eines Systems abhängen.

Die vier willkürlichen Grössen, welche eine lineare Substitution mit sich führt, kann man im Allgemeinen so bestimmen, dass vier Coefficienten einer gegebenen Form n^{ten} Grades, f, nach der Transformation gegebene Werthe annehmen. Dabei müssen nur gewisse Werthsysteme ausgeschlossen werden, durch deren Auftreten eine specielle Invarianteneigenschaft herbeigeführt wird; wie denn z. B. die beiden ersten Coefficienten niemals gleichzeitig verschwinden können, ohne dass die Discriminante verschwindet, was durch lineare Transformation nicht erreichbar ist.

Nehmen wir etwa irgend zwei der Verschwindungselemente der Function zu Grundelementen $\xi = 0$, $\eta = 0$. Dann verschwinden in der transformirten Form das erste und das letzte Glied von f, so dass das Product der neuen Veränderlichen $\xi . \eta$ ein Factor von f wird. Indem wir noch diese Veränderlichen um constante Factoren passend ändern, können wir es ferner erreichen, dass in der übrig bleibenden Function $(n-2)^{\text{ter}}$ Ordnung die äussersten Coefficienten gegebene Werthe annehmen, wofern nicht etwa einer von diesen, oder beide, verschwinden, was nur bei dem Verschwinden der Discriminante eintreten kann. Wir können also, wenn nur die Discriminante nicht verschwindet, mithin immer, so lange die Coefficienten als ganz beliebig gedacht werden, der Function f die Form geben:

$$(1) \qquad f = \xi\,\eta\,[\xi^{n-2} + \varkappa\,\xi^{n-3}\,\eta \ldots + \varrho\,\xi\,\eta^{n-3} + \eta^{n-2}]\,.$$

Hier ist die Anzahl der Coefficienten von f nur noch gleich $n-3$, um die Anzahl der Substitutionscoefficienten kleiner als die ursprüngliche Zahl der in f enthaltenen Coefficienten.

Wenn man sich f in der Form (1) gegeben denkt, so sind die Coefficienten $\varkappa, \lambda \ldots$ beliebig und von einander unabhängig. Zwischen diesen Coefficienten kann daher auch im allgemeinen Falle keine Beziehung stattfinden.

Bildet man nun eine Invariante von f, einmal aus der ursprünglichen Form (J), einmal aus der transformirten Form (1) (J'), und ist r die Substitutionsdeterminante, so hat man

$$J = r^m . J',$$

d. h. J ist eine ganze rationale Function von r, $\varkappa$, $\lambda \ldots \varrho$. Man hat also den Satz:

> Alle Invarianten einer Form n^{ten} Grades f lassen sich als ganze rationale Functionen von $n-2$ willkürlichen Grössen darstellen, von deren einer nur immer eine Potenz als Nenner auftritt.

Führt man die Veränderlichen ξ, η in irgend eine andere Function φ der p^{ten} Ordnung ein, so behält diese $p+1$ willkürliche Coefficienten. Daher gilt für simultane Invarianten der folgende Satz:

> Alle simultanen Invarianten eines Systems von Grundformen f, φ, $\psi \ldots$ lassen sich als ganze Functionen von so viel willkürlichen Parametern ausdrücken, als die Zahl der Coefficienten in diesen Formen beträgt, weniger 3.

Es könnte nun die Frage entstehen, ob diese Parameter nicht bei solchen Darstellungen nur immer in einer geringeren Anzahl fester Verbindungen auftreten, so dass die Invarianten in der That nur von einer kleineren Anzahl von Parametern abhingen. Dass dies nicht so ist, sieht man aus folgender Betrachtung.

Die Aufgabe, eine Form f in die Form (1) zu bringen, ist völlig bestimmt und auf $n . n - 1$ verschiedene Arten lösbar, indem man je zwei der linearen Factoren von f zu Formen ξ, η wählt; diese Arten gruppiren sich übrigens in $\dfrac{n . n - 1}{2}$ Paare, so dass die Lösungen eines Paares sich nur durch Vertauschung von ξ mit η von einander unterscheiden. Hat man die linearen Factoren, welche benutzt werden sollen, gewählt und bezeichnet sie durch $\varrho\,\xi$, $\sigma\,\eta$, so nimmt f zunächst die Form an:

$$f = \varrho^{n-1}\,\sigma . a\,\xi^{n-1}.\eta + \ldots + \varrho\,\sigma^{n-1} . b\,\xi\,\eta^{n-1},$$

und man setzt noch

$$(2) \qquad \varrho^{n-1}\sigma = \frac{1}{a}, \quad \varrho\,\sigma^{n-1} = \frac{1}{b}.$$

Man hat, um ϱ und σ zu finden, eine $n(n-2)^{\text{te}}$ Wurzel zu ziehen und demnach für jede der $\dfrac{n . n - 1}{2}$ Lösungen noch $n . n - 2$

Unterfälle, welche aber in der That sich auf nur $n-2$ reduciren. Irgend ein Coefficient nämlich der transformirten Function f besteht ausser einem bekannten Theile aus $\varrho^{n-i}\sigma^i$, was nach (2) in

$$\frac{\varrho^{n-i}}{a^i\,\varrho^{n\,i-i}} = \frac{1}{a^i\,\varrho^{(i-1)\,n}}$$

übergeht und also rational von ϱ^n abhängt; diese Grösse aber ist aus (2) durch die Gleichung $(n-2)^{\text{ten}}$ Grades gegeben:

$$(3) \qquad (\varrho^n)^{n-2} = \frac{b}{a^{n-1}}.$$

Man könnte hiernach die Aufgabe, f in die Form (1) zu bringen, sich in der Weise behandelt denken, dass man die Grösse $\tau = \varrho^n$ sucht. Diese Grösse, welche im Ganzen $n\,.\,n-1\,.\,n-2$ Werthe annehmen kann, ist durch eine Gleichung von diesem Grade gegeben, deren Coefficienten ganze homogene rationale Functionen der gegebenen Coefficienten von f sind. Aber da immer $n-2$ Werthe von τ sich der Gleichung (3) wegen nur durch $(n-2)^{\text{te}}$ Wurzeln der Einheit unterscheiden können, so darf diese Gleichung nur Potenzen von τ^{n-2} enthalten, d. h. sie muss die Form haben $[p = n\,(n-1)]$:

$$(4) \qquad A\,(\tau^{n-2})^p + A_1\,(\tau^{n-2})^{p-1} + A_2\,(\tau^{n-2})^{p-3}\ldots + A_p = 0,$$

in welcher die A ganze homogene Functionen der Coefficienten von f sind.

Zu jedem Werthe von τ gehört nur ein System der Grössen $\varkappa$, $\lambda\ldots$, der Coefficienten von f in seiner transformirten Gestalt; und zwar sind diese Grössen bis auf die oben durch $a,\,\ldots b$ bezeichneten Factoren, welche nur von der Wahl der ξ, η, also von τ^{n-2} abhängen, gleich den Grössen

$$\frac{1}{\varrho^n},\ \frac{1}{\varrho^{2n}}\cdots,\ \frac{1}{\varrho^{(n-3)\,n}}$$

oder gleich

$$\frac{1}{\tau},\ \frac{1}{\tau^2}\cdots,\ \frac{1}{\tau^{n-3}}$$

Man hat also

$$\varkappa = \frac{1}{\tau}\cdot\frac{B_1\,(\tau^{n-2})^{p-1} + B_2\,(\tau^{n-2})^{p-2}\ldots}{B}$$

$$\lambda = \frac{1}{\tau^2}\cdot\frac{C_1\,(\tau^{n-2})^{p-1} + C_2\,(\tau^{n-2})^{p-2}\ldots}{C}$$

$$\ldots\ldots\ldots,$$

wo die $B, C\ldots$ wieder ganze homogene Functionen der Coefficienten von f sind, oder auch, indem man diese Gleichungen mit bezüglich mit der $(n-3)^{\text{ten}}$, $(n-4)^{\text{ten}}$ etc. der ersten multiplicirt, und die Potenzen von τ mittelst der Gleichuug (4) reducirt:

$$B' \cdot \varkappa^{n-3} \cdot \varkappa = B'_1 \, (\tau^{n-2})^{p-1} + B'_2 \, (\tau^{n-2})^{p-2} \ldots$$

(5)
$$C' \cdot \varkappa^{n-4} \cdot \lambda = C'_1 \, (\tau^{n-2})^{p-1} + C'_2 \, (\tau^{n-2})^{p-2} \ldots$$

$$\ldots \ldots \ldots,$$

wo die B', C' ähnliche Bedeutungen haben.

Denken wir uns nun auf f eine lineare Transformation angewandt, so bleiben die linearen Functionen $\varrho\,\xi$, $\sigma\,\eta$ völlig ungeändert, also auch die Coefficienten a, b, aus denen ϱ, σ sich bestimmten, und endlich, wegen der Gleichung (3), auch τ^{n-2}. Durch eine lineare Transformation wird demnach keine der p Wurzeln der Gleichung (4) geändert, und die Quotienten

$$\frac{A_1}{A}, \quad \frac{A_2}{A} \ldots, \quad \frac{A_p}{A},$$

welche rationale Functionen der Coefficienten von f sind, müssen diese Eigenschaft theilen.

Ferner haben die links in den Gleichungen (5) auftretenden Grössen

$$\varkappa^{n-3} \cdot \varkappa, \quad \varkappa^{n-4} \cdot \lambda \ldots$$

die Eigenschaft, sich durch $a, \ldots b$ und die $(n-2)^{\text{te}}$ Potenz von τ auszudrücken, also durch eine lineare Transformation von f ebenfalls nicht geändert zu werden. Denken wir uns nun, durch eine lineare Transformation von f gingen B', $B'_1 \ldots$ in B', $\mathsf{B}'_1 \ldots$ über, ebenso C', $C'_1 \ldots$ in Γ', Γ'_1 u. s. w. Man hätte dann beispielsweise aus der ersten Gleichung (5)

$$\left(\frac{B'_1}{B'} - \frac{\mathsf{B}'_1}{\mathsf{B}'}\right) (\tau^{n-2})^{p-1} + \left(\frac{B'_2}{B'} - \frac{\mathsf{B}'_2}{\mathsf{B}'}\right) (\tau^{n-3})^{p-2} + \ldots + \left(\frac{B'_p}{B'} - \frac{\mathsf{B}'_p}{\mathsf{B}'}\right) = 0.$$

Diese Gleichung muss für die p Werthe von τ^{n-2} bestehen, welche der Gleichung (4) genügen, und da diese im Allgemeinen sämmtlich verschieden sind, so würde man die p Gleichungen, welche so entstehen, als p von einander unabhängige homogene und lineare Gleichungen mit den Unbekannten

$$\frac{B'_1}{B'} - \frac{\mathsf{B}'_1}{\mathsf{B}'}, \quad \frac{B'_2}{B'} - \frac{\mathsf{B}'_2}{\mathsf{B}'}, \ldots \frac{B'_p}{B'} - \frac{\mathsf{B}'_p}{\mathsf{B}'}$$

ansehen können und daraus schliessen, dass diese Unbekannten sämmtlich verschwinden müssen, weil die Determinante des Systems, das Differenzenproduct der τ^{n-2}, nicht verschwindet. Man hat also

$$\frac{B'_1}{B'} = \frac{\mathsf{B}'_1}{\mathsf{B}'}, \quad \frac{B'_2}{B'} = \frac{\mathsf{B}'_2}{\mathsf{B}'}, \ldots$$

und ebenso:

$$\frac{C'_1}{C'} = \frac{\Gamma'_1}{\Gamma'}, \quad \frac{C'_2}{C'} = \frac{\Gamma'_2}{\Gamma'}, \ldots \text{ u. s. w.,}$$

d. h. auch die Quotienten

$$\frac{B'_1}{B'}, \ \frac{B'_2}{B'} \cdots, \quad \frac{C'_1}{C'}, \ \frac{C'_2}{C'}, \ \ldots \ \text{u. s. w.},$$

werden durch lineare Transformation nicht geändert.

Nun wird im nächsten Paragraphen der folgende Satz nachgewiesen werden, welcher zugleich die Invarianten in einem neuen Lichte erscheinen lässt:

> Jeder Quotient zweier Functionen P, Q der Coefficienten simultaner Formen f, φ, $\psi \ldots$, welcher sich durch lineare Transformation der Formen nicht ändert und dessen Zähler und Nenner homogen für jede der Coefficientenreihen sind, ist der Quotient zweier Invarianten.

Aus den Gleichungen (5) folgt, indem wir diesen Satz als bewiesen voraussetzen, dass $\varkappa$, $\lambda \ldots$ irrationale Functionen der Invarianten von f sind. Da nun $\varkappa$, $\lambda \ldots$ dem Obigen zufolge ein System von $n-3$ ganz willkürlichen Grössen bilden, so können auch die Invarianten

$$\frac{B'_1}{B'}, \ \frac{B'_2}{B'} \cdots, \quad \frac{C'_1}{C'}, \ \frac{C'_2}{C'} \cdots, \ \text{u. s. w.}$$

nicht von weniger als $n-3$ Parametern abhängen.

Was nun die Grössen B', $B_1' \ldots$, C', $C_1' \ldots$ selbst anbetrifft, so dürfen wir immer voraussetzen, dass wenigstens je einer der Quotienten

$$\frac{B'_i}{B'}, \ \frac{C'_i}{C'} \cdots$$

in Zähler und Nenner keinen gemeinschaftlichen Theiler besitzt. Daher sind nach dem angeführten Hilfssatze B', $C' \ldots$ Invarianten, und also auch alle B'_i, $C'_i \ldots$ Diese Grössen selbst hängen, ausser von den ersterwähnten $n-3$ Parametern, noch von der Determinante der ξ, η ab, von welcher sie eine Potenz als Factor enthalten. Von dieser Determinante hängen die Quotienten $\dfrac{B'_i}{B'}$, $\dfrac{C'_i}{C'} \ldots$ nicht ab; denn durch lineare Transformation kann man der Determinante jeden beliebigen Werth geben, während jene Grössen sich nicht ändern. Diese Determinante ist also ein $(n-2)^{\text{ter}}$ Parameter und die Invarianten B'_i, $C'_i \ldots$ hängen also von $n-2$ Parametern ab, was zu beweisen war.

Ich will an den obigen Satz, unter der Voraussetzung, dass auch der Hilfssatz nachgewiesen sei, einige Bemerkungen knüpfen.

Da alle Invarianten eines simultanen Systems nur von $k-3$ Parametern abhängen, wenn k die Anzahl aller Coefficienten beträgt, so muss zwischen je $k-2$ Invarianten immer eine Relation stattfinden. Man erhält also alle Beziehungen, welche zwischen den Invarianten eines Systems stattfinden, deren Zahl etwa i sein mag, wenn man $i - k + 3$ Beziehungen zwischen $k - 3$ fest gewählten und je einer der übrigen ableitet. Diese Beziehungen werden im Allgemeinen nicht so beschaffen sein, dass man etwa alle übrigen Invarianten durch $k - 3$ rational ausdrücken könnte; ja es wird im Allgemeinen kein System von $k - 3$ Invarianten existiren, welches dieser Forderung Genüge leistet.

Da nach § 4. Covarianten immer als Invarianten aufgefasst werden können, bei deren Bildung das System der Grundformen nur um eine lineare Form, das System der Coefficienten also um zwei vermehrt ist, so folgt daraus, dass alle Covarianten und Invarianten eines simultanen Systems immer als Ausdrücke mit $k - 1$ Parametern angesehen werden dürfen und dass also zwischen je k Covarianten, bez. Invarianten eine Relation existirt. Ist h die Gesammtzahl aller Covarianten und Invarianten des Systems, so giebt es also $h - k + 1$ von einander unabhängige Relationen, welche etwa wieder zwischen $k - 1$ fest gewählten und je einer anderen Form bestehen können.

Wenn man die Veränderlichen ξ, η einführt und nun die Covarianten und Invarianten bildet, so kommt man in der That auf Functionen von $k - 1$ Parametern; zu den $k - 3$ bei Invarianten auftretenden kommen noch ξ und η hinzu.

Bezüglich des ganzen Systems der Invarianten und Covarianten wird nun weiterhin der Satz nachgewiesen werden:

> Man kann immer $k - 1$ Covarianten und Invarianten so wählen, dass durch sie jede andere Covariante oder Invariante sich rational ausdrückt, wobei immer nur eine Potenz von **einer** jener $k - 1$ Formen den Nenner bildet.

Dieses System von $k - 1$ Formen lässt sich einfach angeben.

§ 80. Partielle Differentialgleichungen, denen die Covarianten und Invarianten eines simultanen Systems genügen.

Der Zweck, den wir bei dem Folgenden im Auge haben, besteht in dem Beweise des im vorigen Paragraphen angeführten Hilfssatzes. Aber bei der Führung dieses Beweises werden sich einige an und für sich interessante Momente ergeben.

Bezeichnen wir durch P und Q zwei ganze rationale Functionen der Coefficienten simultaner Formen f, φ, ψ ..., homogen für jede der Coefficientenreihen. Dieselben Functionen, aus den Coefficienten der linear transformirten Functionen gebildet, seien P', Q'. Nehmen wir an, es sei für jede lineare Transformation mit nicht verschwindender Determinante

$$\frac{P}{Q} = \frac{P'}{Q'},$$

und zwar mögen P und Q keinen gemeinsamen Theiler besitzen. Es folgt dann

$$P' = m\,P$$
$$Q' = m\,Q,$$

und da die transformirten Coefficienten lineare Functionen der ursprünglichen sind, so stimmen die Dimensionen von P und P' oder von Q und Q' in Bezug auf die Coefficienten der gegebenen Formen f, φ, $\psi \ldots$ überein; m kann daher nur noch eine ganze Function der Transformationscoefficienten sein.

Wir werden nun folgenden Satz beweisen:

Wenn eine ganze rationale Function P der Coefficienten von f, φ, $\psi \ldots$, welche für jede dieser Coefficientenreihen homogen ist, die Eigenschaft hat, dass die für die linear transformirten Functionen gebildete Function P' sich von P nur durch einen von den Transformationscoefficienten abhängigen Factor unterscheidet, so ist dieser Factor eine Potenz der Transformationsdeterminante und P eine Invariante.

Bezeichnen wir die Coefficienten der verschiedenen gegebenen Formen f, φ, $\psi \ldots$ beziehungsweise durch

$$
\begin{array}{lll}
a_0, & a_1, & a_2 \ldots \\
b_0, & b_1, & b_2 \ldots \\
c_0, & c_1, & c_2 \ldots \\
\multicolumn{3}{c}{\cdots \cdots \cdots}
\end{array}
$$

die Coefficienten der transformirten Formen durch beigesetzte obere Striche. Ist n die Ordnung von f, und sind

$$
(1) \qquad
\begin{aligned}
x_1 &= \alpha_1\,\xi + \beta_1\,\eta \\
x_2 &= \alpha_2\,\xi + \beta_2\,\eta
\end{aligned}
$$

die Transformationsformeln, so ist

$$(2) \quad f = a_0\,x_1^{\,n} + \frac{n}{1}\,a_1\,x_1^{\,n-1}\,x_2 \ldots = a'_0\,\xi^n + \frac{n}{1}\,a'_1\,\xi^{n-1}\,\eta + \ldots,$$

und die a'_i daher linear in den a_i, von der n^{ten} Ordnung in den α; ähnlich sind die doppelten Darstellungen von φ, $\psi \ldots$

Als unabhängige Veränderliche können wir hierbei die folgenden Grössen auffassen:

1. Die ursprünglichen Coefficienten der Formen f, φ, $\psi \ldots$, deren Gesammtzahl k sein mag.

2. Die neuen Veränderlichen ξ, η.

3. Die Substitutionscoefficienten α, β.

Die neuen Coefficienten und die ursprünglichen Veränderlichen erscheinen als Functionen dieser Grössen. Aber es ist charakteristisch, dass die $k + 6$ Grössen a_i, $b_i \ldots$, ξ, η, α_i, β_i nur in $k + 2$ Functionen a'_i, $b'_i \ldots$, x_i auftreten. Ich werde nun ein System von Differentialen angeben, welches man den unabhängigen Veränderlichen beilegen kann und für welches die Differentiale von x_1, x_2 verschwinden, während die Differentiale der k Functionen a'_i, $b'_i \ldots$ sechs einfache Werthesysteme annehmen. Setzen wir, indem wir durch dt irgend eine unendlich kleine Grösse bezeichnen:

$$(3) \qquad \begin{aligned} d\alpha_1 &= (p\alpha_1 + q\beta_1)\, dt & d\beta_1 &= (r\alpha_1 + s\beta_1)\, dt \\ d\alpha_2 &= (p\alpha_2 + q\beta_2)\, dt & d\beta_2 &= (r\alpha_2 + s\beta_2)\, dt, \end{aligned}$$

so wird aus (1):

$$\begin{aligned} dx_1 &= \alpha_1\, [d\xi + (p\xi + r\eta)\, dt] + \beta_1\, [d\eta + (q\xi + s\eta)\, dt] \\ dx_2 &= \alpha_2\, [d\xi + (p\xi + r\eta)\, dt] + \beta_2\, [d\eta + (q\xi + s\eta)\, dt]. \end{aligned}$$

Daher hat man

$$dx_1 = 0, \quad dx_2 = 0,$$

wenn man $d\xi$, $d\eta$ aus den Gleichungen bestimmt:

$$(4) \qquad \begin{aligned} d\xi &= -(p\xi + r\eta)\, dt \\ d\eta &= -(q\xi + s\eta)\, dt. \end{aligned}$$

In diesen Formeln sind p, q, r, s noch ganz willkürliche Grössen.

Sehen wir nun, welche Werthe die Differentiale der a'_i, $b'_i \ldots$ annehmen; wobei es hinreicht, eine der Formen, etwa f, zu betrachten.

Wenn wir die Gleichung (2) differenziren und statt der Differentiale die oben angegebenen besonderen Werthe setzen, so erhalten wir:

$$\begin{aligned} 0 &= \frac{\partial f}{\partial \xi}\, d\xi + \frac{\partial f}{\partial \eta}\, d\eta + \xi^n\, d a'_0 + \frac{n}{1}\, \xi^{n-1}\, \eta\, d a'_1 \ldots \\ &= \xi^n\, d a'_0 + \frac{n}{1}\, \xi^{n-1}\, \eta\, d a'_1 \ldots \\ &\quad - \left\{ (p\xi + r\eta)\, \frac{\partial f}{\partial \xi} + (q\xi + s\eta)\, \frac{\partial f}{\partial \eta} \right\} dt. \end{aligned}$$

Setzen wir nun die Coefficienten der verschiedenen Potenzen von ξ, η einzeln gleich Null, so finden wir für die Differentiale der a' folgende Ausdrücke:

20*

$$d\,a'_0 = \left[\,n \cdot p\,a'_0 \qquad\qquad\qquad\qquad +n \cdot q\,a'_1\,\right] dt$$

$$\frac{n}{1}\,d\,a'_1 = \left[\,n \cdot \frac{n-1}{1}\,p\,a'_1 \qquad +n\,r\,a'_0 \qquad +n \cdot \frac{n-1}{1}\,q\,a'_2\right.$$

$$\left. +n\,s\,a'_1\,\right] dt$$

$$\frac{n \cdot n-1}{1\cdot 2}\,d\,a'_2 = \left[\,n \cdot \frac{n-1 \cdot n-2}{1\cdot 2}\,p\,a'_2 +n \cdot \frac{n-1}{1}\,r\,a'_1 +n \cdot \frac{n-1 \cdot n-2}{1\cdot 2}\,q\,a'_3\right.$$

$$\left. +n \cdot \frac{n-1}{1}\,s\,a'_2\right] dt$$

$$\cdot\ \cdot\ \cdot\ \cdot\ \cdot\ \cdot\ \cdot\ \cdot\ \cdot\ \cdot$$

oder auch:

$$(5)\quad
\begin{aligned}
d\,a'_0 &= & n\,(p\,a'_0 + q\,a'_1) \\
d\,a'_1 &= (n-1)\,(p\,a'_1 + q\,a'_2) + & (r\,a'_0 \ + s\,a'_1) \\
d\,a'_2 &= (n-2)\,(p\,a'_2 + q\,a'_3) + 2\,(r\,a'_1 \ + s\,a'_2) \\
& \cdot\ \cdot\ \cdot\ \cdot\ \cdot\ \cdot & \\
d\,a'_n &= & n\,(r\,a'_{n-1} + s\,a'_n).
\end{aligned}$$

Differenziren wir nun die Relation

$$P' = m\,P,$$

in welcher P' dieselbe Function der a'_i ist, wie P von den a_i, und m eine Function der α, β allein; an Stelle der Differentiale setzen wir die einfachen Ausdrücke (3), (5). Dabei bleibt P constant; dm wird

$$\frac{\partial m}{\partial \alpha_1}\,d\,\alpha_1 + \frac{\partial m}{\partial \alpha_2}\,d\,\alpha_2 + \frac{\partial m}{\partial \beta_1}\,d\,\beta_1 + \frac{\partial m}{\partial \beta_2}\,d\,\beta_2$$

$$= \left[\,(p\,\alpha_1 + q\,\beta_1)\frac{\partial m}{\partial \alpha_1} + (p\,\alpha_2 + q\,\beta_2)\frac{\partial m}{\partial \alpha_2}\right.$$

$$\left. + (r\,\alpha_1 + s\,\beta_1)\frac{\partial m}{\partial \beta_1} + (r\,\alpha_2 + s\,\beta_2)\frac{\partial m}{\partial \beta_2}\right] dt.$$

Man erhält also, mit Beseitigung des Factors dt die Gleichung:

$$(6)\quad
\begin{aligned}
P&\left[\,(p\,\alpha_1 + q\,\beta_1)\frac{\partial m}{\partial \alpha_1} + (p\,\alpha_2 + q\,\beta_2)\frac{\partial m}{\partial \alpha_2}\right. \\
&\qquad\qquad \left. + (r\,\alpha_1 + s\,\beta_1)\frac{\partial m}{\partial \beta_1} + (r\,\alpha_2 + s\,\beta_2)\frac{\partial m}{\partial \beta_2}\right] \\
&= \mathbf{S}\sum_{h=0}^{h=n}\frac{\partial P'}{\partial a'_h}\,[(n-h)\,(p\,a'_h + q\,a'_{h+1}) + h\,(r\,a'_{h-1} + s\,a'_h)].
\end{aligned}$$

In der rechten Seite dieser Gleichung bezieht sich die Summe Σ auf die verschiedenen Coefficienten ein er Function; die Summe S dagegen auf die verschiedenen Functionen f, φ, $\psi \ldots$, so dass die verschiedenen Glieder dieser Summe sich ergeben, wenn man in dem ausgeschriebenen Gliede statt der a die b, $c \ldots$, und statt der Ordnung n von f die Ordnungen von φ, $\psi \ldots$ setzt.

Die Gleichung (6) repräsentirt vier verschiedene Gleichungen, welche man erhält, indem man die Coefficienten von p, q, r, s einzeln gleich Null setzt; nämlich die Gleichungen:

$$(7)\quad\begin{aligned}
P\left(\alpha_1\frac{\partial m}{\partial \alpha_1}+\alpha_2\frac{\partial m}{\partial \alpha_2}\right)&=S\left(na'_0\frac{\partial P'}{\partial a'_0}+(n-1)a'_1\frac{\partial P'}{\partial a'_1}\ldots+a'_{n-1}\frac{\partial P'}{\partial a'_{n-1}}\right)\\
P\left(\beta_1\frac{\partial m}{\partial \alpha_1}+\beta_2\frac{\partial m}{\partial \alpha_2}\right)&=S\left(na'_1\frac{\partial P'}{\partial a'_0}+(n-1)a'_2\frac{\partial P'}{\partial a'_1}\ldots+a'_n\frac{\partial P'}{\partial a'_{n-1}}\right)\\
P\left(\alpha_1\frac{\partial m}{\partial \beta_1}+\alpha_2\frac{\partial m}{\partial \beta_2}\right)&=S\left(a'_0\frac{\partial P'}{\partial a'_1}+2a'_1\frac{\partial P'}{\partial a'_2}\ldots+na'_{n-1}\frac{\partial P'}{\partial a'_n}\right)\\
P\left(\beta_1\frac{\partial m}{\partial \beta_1}+\beta_2\frac{\partial m}{\partial \beta_2}\right)&=S\left(a'_1\frac{\partial P'}{\partial a'_1}+2a'_2\frac{\partial P'}{\partial a'_2}\ldots+na'_n\frac{\partial P'}{\partial a'_n}\right).
\end{aligned}$$

Die Substitutionscoefficienten kommen hier explicite nur in den eingeklammerten Factoren der linken Seite vor. Geht man von der allgemeinen linearen Substitution zu derjenigen über, für welche $x_1=\xi$, $x_2=\eta$, also überhaupt $a'_i=a_i$, $b'_i=b_i\ldots$, wird, so hat man nur

$$\alpha_1=1,\quad \alpha_2=0,\quad \beta_1=0,\quad \beta_2=1$$

zu setzen. Die eingeklammerten Factoren links gehen in gewisse numerische Werthe

$$\left(\frac{\partial m}{\partial \alpha_1}\right)=\alpha,\quad \left(\frac{\partial m}{\partial \alpha_2}\right)=\beta,\quad \left(\frac{\partial m}{\partial \beta_1}\right)=\gamma,\quad \left(\frac{\partial m}{\partial \beta_2}\right)=\delta$$

über, welche weiterhin bestimmt werden sollen; und indem noch P' sich auf P reducirt, erhält man das folgende System partieller Differentialgleichungen, welchem jede durch die Gleichung $P'=mP$ definirte Function der Coefficienten von f, φ, $\psi\ldots$ genügen muss:

$$(8)\quad\begin{aligned}
\alpha P&=S\left(na_0\frac{\partial P}{\partial a_0}+(n-1)a_1\frac{\partial P}{\partial a_1}\ldots+a_{n-1}\frac{\partial P}{\partial a_{n-1}}\right)\\
\beta P&=S\left(na_1\frac{\partial P}{\partial a_0}+(n-1)a_2\frac{\partial P}{\partial a_1}\ldots+a_n\frac{\partial P}{\partial a_{n-1}}\right)\\
\gamma P&=S\left(a_0\frac{\partial P}{\partial a_1}+2a_1\frac{\partial P}{\partial a_2}\ldots+na_{n-1}\frac{\partial P}{\partial a_n}\right)\\
\delta P&=S\left(a_1\frac{\partial P}{\partial a_1}+2a_2\frac{\partial P}{\partial a_2}\ldots+na_n\frac{\partial P}{\partial a_n}\right).
\end{aligned}$$

Es ist eine besondere Eigenschaft dieser vier Gleichungen, dass sie gemeinsame Lösungen gestatten, deren Existenz wir aus der Existenz der Invarianten kennen. Aber sie gestatten dieselben nur für besondere Werthe von α, β, γ, δ, wie wir jetzt zeigen werden.

Bezeichnen wir durch $\Phi(P)$ und $\Psi(P)$ irgend zwei lineare Combinationen der Differentialoperationen, welche auf der rechten Seite dieser Gleichungen stehen; es sei also

$$(9) \quad \begin{aligned} \Phi\,(P) &= S\left(A_0 \frac{\partial P}{\partial a_0} + A_1 \frac{\partial P}{\partial a_1} + A_2 \frac{\partial P}{\partial a_2} \cdots \right) \\ \Psi\,(P) &= S\left(A'_0 \frac{\partial P}{\partial a_0} + A'_1 \frac{\partial P}{\partial a_1} + A'_2 \frac{\partial P}{\partial a_2} \cdots \right), \end{aligned}$$

wo

$$\begin{aligned} A_h &= (n-h)\,(p\,a_h + q\,a_{h+1}) + h\,(r\,a_{h-1} + s\,a_h) \\ A'_h &= (n-h)\,(p'\,a_h + q'\,a_{h+1}) + h\,(r'\,a_{h-1} + s'\,a_h), \end{aligned}$$

und ähnlich B_h, B'_h, C_h, $C'_h \ldots$, den Functionen φ, $\psi \ldots$ entsprechend, während p, q, r, s, p', q', r', s' ganz beliebige Grössen bezeichnen sollen.

     Die Operationen Φ und Ψ haben die Eigenschaft, dass

$$(10) \qquad \Phi\,[\Psi\,(P)] - \Psi\,[\Phi\,(P)] = X\,(P)$$

wieder ein Ausdruck der Form $\Phi\,(P)$ oder $\Psi\,(P)$ ist, dass also, wenn man beide Operationen nach einander anwendet, aber in entgegengesetzter Reihenfolge, die Differenz der entstehenden Ausdrücke sich aus den rechten Theilen der Gleichungen (8) wieder linear zusammensetzt.

Man beweist diesen Satz bequem in folgender Weise. Bei der Bildung der Gleichung (10) entstehen zwei Arten von Termen; die einen enthalten erste, die andern zweite Differentialquotienten. Die Glieder der letzten Art heben sich gegen einander auf, indem in der Differenz sich immer zwei Terme der Form

$$A_h\,B_k\,\frac{\partial^2 P}{\partial a_h\,\partial a_k} - B_k\,A_h\,\frac{\partial^2 P}{\partial a_k\,\partial a_h}$$

zu Null vereinigen. Die linke Seite des Ausdrucks (10) hat also zunächst wirklich die Eigenschaft, nur erste Differentialquotienten von P zu enthalten; es bleiben dabei diejenigen Glieder von $\Phi\,[\Psi\,(P)]$ und $\Psi\,[\Phi\,(P)]$ stehen, welche von der Differentiation der Coefficienten A, $A' \ldots$ herrühren, so dass

$$X\,(P) = S\left\{ \frac{\partial P}{\partial a_0}[\Phi\,(A'_0) - \Psi\,(A_0)] + \frac{\partial P}{\partial a_1}[\Phi\,(A'_1) - \Psi\,(A_1)] + \ldots \right\}.$$

Da nun die A_h nur von den a_h, nicht aber von den Coefficienten der übrigen Functionen abhängen, so ergeben bei der Bildung von $\Phi\,(A'_h) - \Psi\,(A_h)$ auch nur diejenigen Theile der Operationen Φ, Ψ etwas von Null Verschiedenes, bei welchen nach den a_h differenzirt wird. Es ist also

$$\Phi\,(A'_h) - \Psi\,(A_h) = A_0 \frac{\partial A'_h}{\partial a_0} + A_1 \frac{\partial A'_h}{\partial a_1} + \ldots - A'_0 \frac{\partial A_h}{\partial a_0} - A'_1 \frac{\partial A_h}{\partial a_1} \cdots,$$

und demnach:

$$(11)\ \mathsf{X}(P) = \mathsf{S} \sum_{h=0}^{h=n} \frac{\partial P}{\partial a_h} \left\{ A_0 \frac{\partial A'_h}{\partial a_0} + A_1 \frac{\partial A'_h}{\partial a_1} + \dots - A'_0 \frac{\partial A_h}{\partial a_0} - A'_1 \frac{\partial A_h}{\partial a_1} \right\}.$$

$$= \mathsf{S} \sum_{h=0}^{h=n} \sum_{k=0}^{k=n} \left(A_k \frac{\partial A'_h}{\partial a_k} - A'_k \frac{\partial A_h}{\partial a_k} \right) \frac{\partial P}{\partial a_h}.$$

Um diesen Ausdruck nun in übersichtlicher Form darzustellen, bemerke man Folgendes.

Die unter dem Summenzeichen der rechten Theile der Gleichungen (8) befindlichen Ausdrücke gehen, wenn man

$$\frac{\partial P}{\partial a_0}, \quad \frac{\partial P}{\partial a_1}, \quad \frac{\partial P}{\partial a_2} \dots$$

durch

$$y_1{}^n, \quad \frac{n}{1}\, y_1{}^{n-1}\, y_2, \quad \frac{n \cdot n - 1}{1 \cdot 2}\, y_1{}^{n-2}\, y_2{}^2 \dots$$

ersetzt, in die Ausdrücke

$$y_1 \frac{\partial f}{\partial y_1}, \quad y_1 \frac{\partial f}{\partial y_2}, \quad y_2 \frac{\partial f}{\partial y_1}, \quad y_2 \frac{\partial f}{\partial y_2},$$

in welchen f immer mit den Argumenten y_1, y_2 geschrieben gedacht wird.

Betrachtet man also die Gleichungen

$$(12)\quad \begin{aligned} \frac{\partial P}{\partial a_0} &= y_1{}^n \\[1ex] \frac{\partial P}{\partial a_1} &= \frac{n}{1} y_1{}^{n-1}\, y_2 \\[1ex] \frac{\partial P}{\partial a_2} &= \frac{n \cdot n - 1}{1 \cdot 2} y_1{}^{n-2}\, y_2{}^2 \\[1ex] & \cdots \cdots \cdots \end{aligned}$$

als symbolische Gleichungen, welche die n^{ten} Dimensionen der y symbolisch definiren, so nehmen die Gleichungen (8) die symbolische Form an:

$$(13)\quad \begin{aligned} \alpha\, P &= \mathsf{S}\, y_1 \frac{\partial f}{\partial y_1} \\[1ex] \beta\, P &= \mathsf{S}\, y_1 \frac{\partial f}{\partial y_2} \\[1ex] \gamma\, P &= \mathsf{S}\, y_2 \frac{\partial f}{\partial y_1} \\[1ex] \delta\, P &= \mathsf{S}\, y_2 \frac{\partial f}{\partial y_2}. \end{aligned}$$

Die unter den Summenzeichen der Gleichungen (9) enthaltenen Ausdrücke erhält man, wenn man die in (8) oder (13) enthaltenen Ausdrücke mit p, q, r, s, bez. p', q', r', s' multiplicirt und addirt; es ist also symbolisch:

$$\text{(14)} \quad \begin{aligned} \Sigma\, A_h \frac{\partial P}{\partial a_h} &= (p\, y_1 + r\, y_2)\frac{\partial f}{\partial y_1} + (q\, y_1 + s\, y_2)\frac{\partial f}{\partial y_2} \\ \Sigma\, A'_h \frac{\partial P}{\partial a_h} &= (p'\, y_1 + r'\, y_2)\frac{\partial f}{\partial y_1} + (q'\, y_1 + s'\, y_2)\frac{\partial f}{\partial y_2}. \end{aligned}$$

Da hierbei nur die Differentialquotienten von P, nicht aber die Coefficienten a_h symbolisch verändert sind, so kann man diese Ausdrücke in die Gleichung (11) einführen und daher symbolisch setzen:

$$\text{(15)} \quad \mathsf{X}\,(P)$$

$$= \mathsf{S} \sum_{k=0}^{k=n} A_k \frac{\partial}{\partial a_k}\left\{(p'\,y_1 + r'\,y_2)\frac{\partial f}{\partial y_1} + (q'\,y_1 + s'\,y_2)\frac{\partial f}{\partial y_2}\right\}$$

$$- \mathsf{S} \sum_{k=0}^{k=n} A'_k \frac{\partial}{\partial a_k}\left\{(p\,y_1 + r\,y_2)\frac{\partial f}{\partial y_1} + (q'\,y_1 + s'\,y_2)\frac{\partial f}{\partial y_2}\right\}$$

$$= \mathsf{S}\left\{(p'\,y_1 + r'\,y_2)\frac{\partial}{\partial y_1}\left(\sum_{k=0}^{k=n} A_k \frac{\partial f}{\partial a_k}\right) + (q'\,y_1 + s'\,y_2)\frac{\partial}{\partial y_2}\left(\sum_{k=0}^{k=n} A_k \frac{\partial f}{\partial a_k}\right)\right\}$$

$$- \mathsf{S}\left\{(p\,y_1 + r\,y_2)\frac{\partial}{\partial y_1}\left(\sum_{k=0}^{k=n} A'_k \frac{\partial f}{\partial a_k}\right) + (q\,y_1 + s\,y_2)\frac{\partial}{\partial y_2}\left(\sum_{k=0}^{k=n} A'_k \frac{\partial f}{\partial a_k}\right)\right\}.$$

Die beiden hier vorkommenden Summen

$$\Sigma A_k \frac{\partial f}{\partial a_k}, \qquad \Sigma A'_k \frac{\partial f}{\partial a_k}$$

haben sehr einfach anzugebende Werthe. Denn die Gleichungen (12), welche symbolisch in Bezug auf irgend eine Function P sind, werden wirkliche, wenn man P durch f ersetzt; jene beiden Summen sind also wirklich gleich den Ausdrücken (14), und die Gleichung (15) verwandelt sich demnach in folgende:

$$\begin{aligned} \mathsf{X}\,(P) = &\;\mathsf{S}\,(p'\,y_1 + r'\,y_2)\frac{\partial}{\partial y_1}\left\{(p\,y_1 + r\,y_2)\frac{\partial f}{\partial y_1} + (q\,y_1 + s\,y_2)\frac{\partial f}{\partial y_2}\right\} \\ &+ \mathsf{S}\,(q'\,y_1 + s'\,y_2)\frac{\partial}{\partial y_2}\left\{(p\,y_1 + r\,y_2)\frac{\partial f}{\partial y_1} + (q\,y_1 + s\,y_2)\frac{\partial f}{\partial y_2}\right\} \\ &- \mathsf{S}\,(p\,y_1 + r\,y_2)\frac{\partial}{\partial y_1}\left\{(p'\,y_1 + r'\,y_2)\frac{\partial f}{\partial y_1} + (q'\,y_1 + s'\,y_2)\frac{\partial f}{\partial y_2}\right\} \\ &- \mathsf{S}\,(q\,y_1 + s\,y_2)\frac{\partial}{\partial y_2}\left\{(p'\,y_1 + r'\,y_2)\frac{\partial f}{\partial y_1} + (q'\,y_1 + s'\,y_2)\frac{\partial f}{\partial y_2}\right\}. \end{aligned}$$

Bei der Ausrechnung dieser Ausdrücke sieht man sogleich, dass die mit zweiten Differentialquotienten von f behafteten Glieder sich aufheben, und es bleibt daher übrig:

$$\mathsf{X}(P) = (p\,r' - r\,p')\,\mathsf{S}\,y_2\,\frac{\partial f}{\partial y_1} + (q\,p' - s\,p')\,\mathsf{S}\,y_1\,\frac{\partial f}{\partial y_2}$$
$$+ (q\,r' - r\,q')\,\mathsf{S}\,y_2\,\frac{\partial f}{\partial y_2}$$
(16)
$$+ (r\,q' - q\,r')\,\mathsf{S}\,y_1\,\frac{\partial f}{\partial y_1} + (r\,s' - s\,r')\,\mathsf{S}\,y_2\,\frac{\partial f}{\partial y_1}$$
$$+ (s\,q' - q\,s')\,\mathsf{S}\,y_1\,\frac{\partial f}{\partial y_2}.$$

Diese Formel beweist, dass wirklich, wie oben behauptet, der Ausdruck

(17) $$\mathsf{X}(P) = \Phi\,[\Psi\,(P)] - \Psi\,[\Phi\,(P)]$$

sich aus den rechten Theilen der Gleichungen (8) zusammensetzt, da die Ausdrücke rechts in (13), welche jene symbolisch vertreten, hier direct vorkommen.

In Folge der Gleichungen (8) ist aber ferner:
$$\Phi\,(P) = (\alpha\,p + \beta\,q + \gamma\,r + \delta\,s)\,P$$
$$\Psi\,(P) = (\alpha\,p' + \beta\,q' + \gamma\,r' + \delta\,s')\,P,$$
daher
$$\Phi\,[\Psi\,(P)] - \Psi\,[\Phi\,(P)]$$
$$= (\alpha\,p' + \beta\,q' + \gamma\,r' + \delta\,s')\,\Phi\,(P) - (\alpha\,p + \beta\,q + \gamma\,r + \delta\,s)\,\Psi\,(P) = 0.$$

Mit Hilfe der Gleichungen (8) verschwindet also der Ausdruck
$$\Phi\,[\Psi\,(P)] - \Psi\,[\Phi\,(P)]$$
identisch; es ist also auch für jede Function P
$$\mathsf{X}(P) = 0$$

oder wenn man in (16) für die Summen ihre Werthe aus (13) setzt, und den Factor P auslässt:

(18)
$$0 = (r\,q' - q\,r')\,(\alpha - \delta) + [(p\,r' - r\,p') + (r\,s' - s\,r')]\,\gamma$$
$$+ [(q\,p' - p\,q') + (s\,q' - q\,s')]\,\beta.$$

Diese Gleichung muss für alle Werthe von p, q, r, s und p', q', r', s' bestehen; daher ist nothwendig

(19) $$\alpha = \delta, \quad \beta = 0, \quad \gamma = 0.$$

Die erste dieser Gleichungen findet man, wenn man p, p' und s, s' gleich Null setzt, die zweite, wenn man r, r', und die dritte, wenn man q, q' verschwinden lässt.

Mit Hilfe der Gleichungen (19) verwandeln sich nun die Gleichungen (8) in folgende:

$$
(20)\quad
\begin{aligned}
S\left(n\,a_0\frac{\partial P}{\partial a_0}+(n-1)\,a_1\frac{\partial P}{\partial a_1}\ldots+\;a_{n-1}\frac{\partial P}{\partial a_{n-1}}\right)&=\alpha\,P\\[4pt]
S\left(n\,a_1\frac{\partial P}{\partial a_0}+(n-1)\,a_2\frac{\partial P}{\partial a_1}\ldots+\;a_n\;\frac{\partial P}{\partial a_{n-1}}\right)&=0\\[4pt]
S\left(\;a_0\frac{\partial P}{\partial a_1}+\;\;2\,a_1\frac{\partial P}{\partial a_2}\ldots+n\,a_{n-1}\frac{\partial P}{\partial a_n}\right)&=0\\[4pt]
S\left(\;a_1\frac{\partial P}{\partial a_1}+\;\;2\,a_2\frac{\partial P}{\partial a_2}\ldots+n\,a_n\;\frac{\partial P}{\partial a_n}\right)&=\alpha\,P.
\end{aligned}
$$

Auch die Bedeutung der Grösse α ist aus diesen Gleichungen leicht zu erkennen. Addirt man die erste und die letzte, so findet man:

$$
2\,\alpha\,P=S\,n\left(a_0\frac{\partial P}{\partial a_0}+a_1\frac{\partial P}{\partial a_1}+\ldots+a_n\frac{\partial P}{\partial a_n}\right).
$$

Ist also P vom Grade g_1, $g_2\ldots$ beziehungsweise in den Coefficienten von f, φ, $\psi\ldots$, und sind n_1, $n_2\ldots$ die Ordnungen dieser Functionen, so verwandelt sich dies in:

$$
2\,\alpha\,P=n_1\,g_1\,P+n_2\,g_2\,P+\ldots,
$$

oder man hat:

$$
\alpha=\tfrac{1}{2}\,(n_1\,g_1+n_2\,g_2+\ldots),
$$

so dass α mit der in § 15. mit λ bezeichneten Zahl (für Invarianten) übereinstimmt.

Mit Hilfe der Gleichungen (20) ist es nun leicht, zu zeigen, dass jede Function P eine Invariante ist, und dass in der Gleichung $P'=m\,P$ immer m eine Potenz der Transformationsdeterminante bedeutet.

Da die Gleichungen (20) eine bestimmte Wahl der Veränderlichen nicht voraussetzen, so bestehen sie auch nach jeder linearen Transformation, d. h. sie hören nicht auf zu bestehen, wenn man P, a_i durch P', a'_i ersetzt. Gehen wir also auf die Gleichungen (7) zurück, so können wir für ihre rechten Theile die Ausdrücke

$$
\alpha\,P'=\alpha\,m\,P,\quad 0,\quad 0,\quad \alpha\,P'=\alpha\,m\,P
$$

setzen; und indem wir den Factor P auslassen, haben wir nunmehr folgende Differentialgleichungen für m:

$$
\begin{aligned}
\alpha_1\frac{\partial m}{\partial \alpha_1}+\alpha_2\frac{\partial m}{\partial \alpha_2}&=\alpha\,m\\[4pt]
\beta_1\frac{\partial m}{\partial \alpha_1}+\beta_2\frac{\partial m}{\partial \alpha_2}&=0\\[4pt]
\alpha_1\frac{\partial m}{\partial \beta_1}+\alpha_2\frac{\partial m}{\partial \beta_2}&=0\\[4pt]
\beta_1\frac{\partial m}{\partial \beta_1}+\beta_2\frac{\partial m}{\partial \beta_2}&=\alpha\,m.
\end{aligned}
$$

Bezeichnen wir, wie sonst, durch r die Substitutionsdeterminante

$$r = \alpha_1 \beta_2 - \beta_1 \alpha_2,$$

so erhalten wir aus den obigen Gleichungen die Werthe der Differentialquotienten von $\log m$:

$$\frac{\partial \log m}{\partial \alpha_1} = \frac{\alpha}{r} \frac{\partial r}{\partial \alpha_1} \qquad \frac{\partial \log m}{\partial \alpha_2} = \frac{\alpha}{r} \frac{\partial r}{\partial \alpha_2}$$

$$\frac{\partial \log m}{\partial \beta_1} = \frac{\alpha}{r} \frac{\partial r}{\partial \beta_1} \qquad \frac{\partial \log m}{\partial \beta_2} = \frac{\alpha}{r} \frac{\partial r}{\partial \beta_2};$$

daher ist

$$d \log m = \alpha \, d \log r, \quad m = c \cdot r^\alpha.$$

Die Gleichung für P geht also in

$$P' = c r^\alpha \cdot P$$

über. Aber für die identische Substitution $\alpha_1 = 1$, $\alpha_2 = 0$, $\beta_1 = 0$, $\beta_2 = 1$, ist $P = P'$, $r = 1$, also auch $c = 1$, und demnach

$$P' = r^\alpha \cdot P,$$

daher P eine Invariante, was zu beweisen war.

Hiermit ist denn auch zugleich der in § 79. ausgesprochene Hilfssatz bewiesen. Denn demselben zufolge sollte eine rationale Function der Coefficienten $\dfrac{P}{Q}$, welche durch lineare Transformation sich nicht ändert, der Quotient zweier Invarianten sein. Es wurde aber im Anfange dieses Paragraphen gezeigt, dass dann P, Q bei linearer Transformation sich nur um einen von den Coefficienten der Formen unabhängigen Factor ändern können, und soeben sah man, dass dieser Factor nur eine Potenz der Transformationsdeterminante sein kann. Jener Hilfssatz ist also bewiesen.

Den in § 79. ausgesprochenen Sätzen ist jetzt noch der folgende hinzuzufügen:

Jede Invariante simultaner Formen f, φ, $\psi \ldots$ genügt den vier partiellen Differentialgleichungen (20)*. —

Es ist schon wiederholt erwähnt, dass die Covarianten unter simultanen Invarianten mit einbegriffen sind. Will man indessen die Gleichungen (20) für Covarianten so aufstellen, dass die der Differentiation nach den Veränderlichen entsprechenden Glieder abgesondert erscheinen, so braucht man nur, wenn x_1, x_2; x'_1, x'_2 etc. die in der

---

* Diese partiellen Differentialgleichungen gab Cayley in Crelle's Journal Bd. 47. Sie bilden den Ausgangspunkt für Aronhold's Begründung der Invariantentheorie (Borchardt's Journal, Bd. 62). Siehe auch die Abhandlungen des Verf. in Borchardt's Journal, Bd. 59, S. 1 und Bd. 65, S. 257.

Covariante auftretenden Reihen von Veränderlichen sind, aus den Summen links Glieder auszusondern, welche linearen Formen mit den Coefficienten $x_2, -x_1; x'_2, -x'_1$ etc. entsprechen. Für solche Glieder ist $n=1$, und a_0, a_1 sind durch $x_2, -x_1$ etc. zu ersetzen. Es treten also aus den vier Summen (20) folgende Glieder heraus, in denen die Summenzeichen sich auf die verschiedenen Reihen von Veränderlichen beziehen:

$$S\, x_2 \frac{\partial P}{\partial x_2}, \quad -S\, x_1 \frac{\partial P}{\partial x_2}, \quad -S\, x_2 \frac{\partial P}{\partial x_1}, \quad S\, x_1 \frac{\partial P}{\partial x_1},$$

oder auch, wenn $m, m' \ldots$ die Ordnungen der Covariante P in den $x, x' \ldots$ bezeichnen:

$$\Sigma m . P - S\, x_1 \frac{\partial P}{\partial x_1}, \quad -S\, x_1 \frac{\partial P}{\partial x_2}, \quad -S\, x_2 \frac{\partial P}{\partial x_1}, \quad \Sigma m . P - S\, x_2 \frac{\partial P}{\partial x_2}.$$

Setzt man ausserdem in (20) $\Sigma m + \alpha$ an Stelle von α, so erhält man für eine Covariante P die folgenden Differentialgleichungen:

$$S\left(n\, a_0 \frac{\partial P}{\partial a_0} + (n-1)\, a_1 \frac{\partial P}{\partial a_1} \ldots\right) \quad -S\, x_1 \frac{\partial P}{\partial x_1} = \alpha P$$

$$S\left(n\, a_1 \frac{\partial P}{\partial a_0} + (n-1)\, a_2 \frac{\partial P}{\partial a_1} \ldots\right) \quad -S\, x_1 \frac{\partial P}{\partial x_2} = 0$$

$$S\left(\quad a_0 \frac{\partial P}{\partial a_1} + \qquad 2\, a_1 \frac{\partial P}{\partial a_2} \ldots\right) \quad -S\, x_2 \frac{\partial P}{\partial x_1} = 0$$

$$S\left(\quad a_1 \frac{\partial P}{\partial a_1} + \qquad 2\, a_2 \frac{\partial P}{\partial a_2} \ldots\right) \quad -S\, x_2 \frac{\partial P}{\partial x_2} = \alpha P.$$

Die Bedeutung der hier durch α bezeichneten Zahl ergiebt sich wieder, wenn man die erste und letzte Gleichung addirt, und es findet sich mit Beibehaltung der früheren Bezeichnungen:

$$\alpha = \tfrac{1}{2}\left(g_1\, n_1 + g_2\, n_2 \ldots - \Sigma m\right),$$

abermals übereinstimmend mit der Zahl λ des § 16.

Ich erwähne noch eines Satzes, welcher als eine Art veränderten Ausdrucks für die Differentialgleichungen (20) aufgefasst werden kann, sobald dieselbe sich nur auf eine Form beziehen. Bilden wir aus einer Invariante P einer Form f die Covariante

$$(21) \qquad Q = \frac{\partial P}{\partial a_0} x_2{}^n - \frac{\partial P}{\partial a_1} x_2{}^{n-1} x_1 + \frac{\partial P}{\partial a_2} x_2{}^{n-2} x_1{}^2 + - \ldots.$$

Dass dies eine Covariante ist, folgt aus § 3., denn P ist nach den Coefficienten von f differenzirt, und die Differentialquotienten sind mit den Coefficienten der Form gleich hoher Ordnung

$$(x_2\, z_1 - x_1\, z_2)^n$$

(die z als die Veränderlichen angesehen) multiplicirt worden. Vermöge der symbolischen Bezeichnung (12) geht Q in die Form

$$(yx)^n$$

über, und schiebt man dies $(n-1)$mal über $f = a_x{}^n$, so erhält man

$$R = (yx) \cdot a_y{}^{n-1} a_x = \frac{1}{n} (y_1 x_2 - y_2 x_1) \left(x_1 \frac{\partial f(y)}{\partial y_1} + x_2 \frac{\partial f(y)}{\partial y_2} \right)$$

$$= \frac{1}{n} \left\{ x_1 x_2 \left(y_1 \frac{\partial f}{\partial y_1} - y_2 \frac{\partial f}{\partial y_2} \right) + x_2{}^2 \cdot y_1 \frac{\partial f}{\partial y_2} - x_1{}^2 \cdot y_2 \frac{\partial f}{\partial y_1} \right\} .$$

Inzwischen nehmen die Gleichungen (20) nach (13) die symbolische Form an:

$$y_1 \frac{\partial f}{\partial y_1} = \alpha P, \quad y_1 \frac{\partial f}{\partial y_2} = 0, \quad y_2 \frac{\partial f}{\partial y_1} = 0, \quad y_2 \frac{\partial f}{\partial y_2} = \alpha P,$$

so dass man identisch erhält:

$$R = 0.$$

Man kann also folgenden Satz aussprechen[*]:

  Bildet man aus einer Invariante P einer Form n^{ter} Ordnung die Covariante

$$Q = \frac{\partial P}{\partial a_0} x_2{}^n - \frac{\partial P}{\partial a_1} x_2{}^{n-1} x_1 + \frac{\partial P}{\partial a_2} x_2{}^{n-2} x_1{}^2 + \cdots ,$$

so ist die $(n-1)^{\text{te}}$ Ueberschiebung dieser Covariante mit f identisch Null.

Die n^{te} Ueberschiebung würde

$$\frac{\partial P}{\partial a_0} a_0 + \frac{\partial P}{\partial a_1} a_1 + \cdots ,$$

also P multiplicirt mit einer Zahl geben.

§ 81. Typische Darstellung und associirte Formen.

Nach dem Vorigen kann man alle Invarianten eines simultanen Systems mit k Coefficienten durch $k-3$ Parameter ausdrücken. Man kann also auch alle Invarianten als Functionen von solchen $k-3$ Invarianten auffassen, zwischen denen selbst keine Relation besteht. Aber diese Functionen sind im Allgemeinen irrational.

Ebenso kann man alle Covarianten durch $k-1$ Parameter darstellen; man kann sich also alle Covarianten als Functionen von zwei Covarianten und $k-3$ Invarianten, oder allgemeiner als Functionen von $k-1$ Covarianten denken. Auch diese Functionen sind im Allgemeinen irrational.

Setzen wir die Bedingung der Rationalität voran, so können wir die Aufgabe stellen:

---

[*] Ich verdanke denselben einer Mittheilung des Hrn. Gordan.

Alle Covarianten und Invarianten eines simultanen Systems sollen durch $k+\lambda-1$ Covarianten bez. Invarianten rational ausgedrückt werden, während zwischen den letztern λ Relationen bestehen.

Diese Aufgabe wird auf unendlich mannigfaltige Weise gelöst durch die Theorie der associirten Formen.[*]

Betrachten wir irgend zwei Covarianten der simultanen Formen f, φ, $\psi \ldots$, welche zwei Reihen von Veränderlichen enthalten, und zwar y_1, y_2 linear, x_1, x_2 zu beliebig hoher Ordnung. Diese Covarianten ξ, η sind nach § 8. immer zusammengesetzt aus der ersten Polare einer Covariante mit einer Reihe von Veränderlichen, und aus der identischen Covariante (xy), haben also die Form

$$\frac{1}{\mu}\left(y_1 \frac{\partial M}{\partial x_1} + y_2 \frac{\partial M}{\partial x_2}\right) + K\,(xy),$$

wo M und K Covarianten mit einer Reihe von Veränderlichen sind und μ die Ordnung von M bedeutet. Die Ausdrücke

$$(1)\qquad \begin{aligned} \xi &= \xi_1\, y_1 + \xi_2\, y_2 \\ \eta &= \eta_1\, y_1 + \eta_2\, y_2 \end{aligned}$$

sind, wenn wir auf die Veränderlichkeit von x_1, x_2 für den Augenblick keine Rücksicht nehmen, neue Veränderliche, welche wir mit Hilfe der Substitution (1) an Stelle von y_1 und y_2 einführen können. Wir erhalten dadurch die Formen f, φ, $\psi \ldots$, wenn dieselben mit den Veränderlichen y geschrieben werden, transformirt in Functionen der ξ, η, deren Coefficienten von x_1, x_2 abhängen. Betrachten wir irgend eine dieser Formen, etwa f, genauer, und führen die Transformation an derselben aus. Man hat

$$a_y \cdot (\xi\eta) = (a\eta)\,\xi - (a\xi)\,\eta.$$

Ist also symbolisch

$$f(y) = a_y{}^n,$$

so ist die transformirte Form von f durch die Gleichung gegeben:

$$(2)\qquad \begin{aligned} (\xi\eta)^n \cdot f(y) &= \{(a\eta)\,\xi - (a\xi)\,\eta\}^n \\ &= A_0\,\xi^n - \frac{n}{1}\,A_1\,\xi^{n-1}\,\eta + \frac{n.\,n-1}{1.2}\,A_2\,\xi^{n-2}\,\eta^2 - + \ldots. \end{aligned}$$

Wir nennen diese Darstellung von f eine typische[**], insofern darin die Veränderlichen sowohl als die Coefficienten Covarianten sind.

---

[*] Diesen Begriff stellte (in etwas speciellerer Fassung) Hermite auf, Cambr. and Dublin, math. Journal 1854 und Crelle's Journal Bd. 52. Vgl. auch Brioschi, Annali di matem. tom. I., S. 296.

[**] Auch dieser Begriff rührt von Hermite her (vgl. die in der vorigen Anmerkung citirten Abhandlungen). Doch wandte derselbe ihn hauptsächlich in einer etwas andern Form an, indem er die linearen Factoren einer quadratischen Covariante, also irrationale Formen, als typische Veränderliche einführte.

Das letztere ist leicht einzusehen. In dem Ausdrucke (2) kommen $n+2$ Coefficienten vor, die Grössen:

$$
\begin{aligned}
D &= (\xi\,\eta) \\
A_0 &= (a\,\eta)^n \\
A_1 &= (a\,\eta)^{n-1}\,(a\,\xi) \\
A_2 &= (a\,\eta)^{n-2}\,(a\,\xi)^2 \\
&\cdots\cdots\cdots \\
A_n &= \qquad\qquad (a\,\xi)^n .
\end{aligned}
$$

(3)

Nun verhalten sich in Bezug auf lineare Transformationen die Coefficienten ξ_1, ξ_2; η_1, η_2 wie Coefficienten linearer Formen. Geht z. B. bei linearer Transformation ξ in $\xi' = r^\lambda \cdot \xi$ über, und sind

$$
\begin{aligned}
y_1 &= \alpha_{11}\,z_1 + \alpha_{12}\,z_2 \\
y_2 &= \alpha_{21}\,z_1 + \alpha_{22}\,z_2
\end{aligned}
$$

die Transformationsformeln, so hat man

$$
\xi' = \xi'_1\,z_1 + \xi'_2\,z_2 = r^\lambda \left\{ \xi_1\,(\alpha_{11}\,z_1 + \alpha_{12}\,z_2) + \xi_2\,(\alpha_{21}\,z_1 + \alpha_{22}\,z_2) \right\},
$$

also

$$
\begin{aligned}
\xi'_1 &= r^\lambda\,(\xi_1\,\alpha_{11} + \xi_2\,\alpha_{21}) \\
\xi'_2 &= r^\lambda\,(\xi_1\,\alpha_{12} + \xi_2\,\alpha_{22}).
\end{aligned}
$$

Dies sind dieselben Transformationsformeln, welche für lineare Formen mit constanten Coefficienten oder für die Symbole a gelten, nur dass noch der Factor r^λ hinzutritt. Hierdurch übersieht man sofort, dass die Ausdrücke (3) die Invarianteneigenschaft besitzen.

Den Gleichungen (2), (3) entsprechend, erhalten wir andere, welche sich auf φ, $\psi \ldots$ beziehen. Dabei bleibt D ungeändert; an Stelle der A aber treten andere Covarianten B, $C \ldots$. Die Anzahl aller A, B, $C \ldots$ ist gleich der Anzahl k sämmtlicher in f, φ, $\psi \ldots$ vorkommenden Coefficienten.

Setzt man, wie oben als die allgemeine Annahme bezeichnet wurde:

$$
\begin{aligned}
\xi &= \frac{1}{\mu}\left(y_1\,\frac{\partial M}{\partial x_1} + y_2\,\frac{\partial M}{\partial x_2}\right) + K\,(xy) \\
\eta &= \frac{1}{\nu}\left(y_1\,\frac{\partial N}{\partial x_1} + y_2\,\frac{\partial N}{\partial x_2}\right) + L\,(xy),
\end{aligned}
$$

wo K, L, M, N Covarianten mit einer Reihe von Veränderlichen, μ, ν die Ordnungen von M, N sind, so wird, wenn man die y durch die x ersetzt:

$$
\begin{aligned}
\xi_1\,x_1 + \xi_2\,x_2 &= M \\
\eta_1\,x_1 + \eta_2\,x_2 &= N,
\end{aligned}
$$

und man kann folgenden Satz aussprechen:

Die $k+3$ Formen

$$
D,\; A_0,\; A_1 \ldots,\; B_1,\; B_2 \ldots,\; M,\; N
$$

sind associirte Formen, d. h. solche, durch welche
alle Invarianten und Covarianten des simultanen
Systems f, φ, ψ ... sich rational ausdrücken lassen.

Bildet man nämlich irgend eine Invariante oder Covariante der
Form $f(y)$, so erhält man im Falle einer Invariante dieselbe direct
ausgedrückt durch D und die A, B ...; im Falle einer Covariante kommen in der Bildung auch noch ξ, η vor. Da ferner die Transformationsdeterminante beim Uebergange von den ursprünglichen Veränderlichen zu ξ, η ebenfalls D ist, so wird, wenn man die ursprünglichen
Coefficienten durch a, b ... bezeichnet, die Invarianteneigenschaft
ausgedrückt durch eine Gleichung der Form:

$$D^\lambda \cdot \Pi\,(a_0,\ a_1 \ldots;\ \ b_0,\ b_1 \ldots;\ \ \ldots;\ y_1,\ y_2)$$
$$= \Pi\,(A_0, -A_1 \ldots;\ \ B_0, -B_1 \ldots;\ \ \ldots;\ \xi,\ \eta),$$

wo nur, wenn Π eine Invariante ist, links y_1, y_2, rechts ξ, η fehlen.
Es wird also

1. jede Invariante von f eine rationale Function der A, B ...
   und von D, und zwar ist der Nenner eine Potenz von D
   allein;
2. jede Covariante, geschrieben mit den Veränderlichen y_1, y_2,
   eine rationale Function der A, B ... und von D, ξ, η, und
   zwar ist der Nenner eine Potenz von D allein.

Setzt man aber x_1, x_2 an Stelle von y_1, y_2, so verwandelt sich
die obige Gleichung in folgende:

$$D^\lambda \cdot \Pi\,(a_0,\ a_1 \ldots;\ \ b_0,\ b_1 \ldots;\ \ \ldots;\ x_1,\ x_2)$$
$$= \Pi\,(A_0, -A_1 \ldots;\ \ B_0, -B_1 \ldots;\ \ \ldots;\ M,\ N),$$

und man erhält also jede Covariante, geschrieben mit den x, als
rationale Function der A, B ... und von D, M, N, und zwar ist
der Nenner wieder nur eine Potenz von D.

Hiermit ist nicht nur der obige Satz bewiesen, sondern auch zugleich die Form gegeben, in welcher die Covariante Π durch die
associirten Formen sich ausdrückt. Man erhält den Ausdruck
einer Covariante (bez. Invariante) durch die associirten
Formen, wenn man in denselben die Coefficienten durch
die A, B ..., die Veränderlichen durch M, N ersetzt und
durch die passende Potenz von D dividirt.

Es handelt sich also zunächst nur noch um die Auffindung der
vier Relationen, welche zwischen den $k+3$ associirten Formen bestehen müssen. Man findet dieselben, indem man die Covarianten ξ
und η für die transformirten Formen bildet, wo denn den Veränderlichen x_1, x_2 die Ausdrücke M, N, den Veränderlichen y_1, y_2 die
Ausdrücke ξ, η entsprechen. Vergleichen wir die ursprünglichen

Bildungen von ξ, η mit den aus der Form (2) von f gewonnenen, so erhalten wir Gleichungen von der Form:

$$\xi \cdot D^{\lambda} = P \xi + Q \eta$$
$$\eta \cdot D^{\mu} = R \xi + S \eta,$$

wo P, Q, R, S ganze Functionen der A, $B \ldots$ sind. Aus Vergleichung der Coefficienten folgen hieraus die vier gesuchten Relationen:

$$(4) \qquad P = D^{\lambda}, \quad Q = 0, \quad R = 0, \quad S = D^{\mu}.$$

Man kann sich leicht überzeugen, dass diese Gleichungen vier von einander unabhängige Bestimmungen enthalten. Denn in Folge derselben sind ξ, η wirklich diejenigen Covarianten, als welche wir sie vorausgesetzt haben; wenn man also die D, A, $B \ldots$ zunächst als ganz beliebig voraussetzt, und nur die Gleichungen (4) zwischen ihnen annimmt, so müssen die Gleichungen (2) und die entsprechenden wirklich die gesuchten typischen Darstellungen geben, weil mit denselben Covarianten ξ, η überhaupt nur eine Darstellung möglich ist. Es folgt daraus, dass auch die A, B etc. nur in Folge der Relationen (4) schon die symbolischen Ausdrücke (3) annehmen müssen, und dass also weitere Relationen nicht vorhanden sein können. Die Gleichungen (4) bilden also die einzigen vorhandenen Relationen, und da es solcher vier geben muss, so müssen jene vier Gleichungen nothwendig von einander unabhängig sein.

§ 82. Einfachstes System associirter Formen.

Während die Gleichungen (4), welche zwischen den associirten Formen bestehen, im Allgemeinen verwickelter Natur sind, so kommt es doch vor, dass zwischen den associirten Formen einige in die Augen fallende Beziehungen von vornherein ersichtlich sind, und diese können dann die Relationen (4) des vorigen Paragraphen zum Theil oder gänzlich ersetzen.

Eine besondere Beachtung verdient ein Fall — der einzige seiner Art —, in welchem eine Reduction der Bedingungsgleichungen (4) in sehr einfacher Weise eintritt, der Fall nämlich, wo eine der Covarianten ξ, η, etwa η, von den Coefficienten gar nicht abhängt, sondern sich auf die identische Covariante (xy) reducirt. Ist

$$(1) \qquad \eta = (xy),$$

so wird

$$(2) \qquad D = (\xi \eta) = \xi_1 x_1 + \xi_2 x_2 = M,$$

und die Coefficienten A haben die Werthe (wie ähnlich auch die B u. s. w.):

$$A_0 = a_x{}^n = f$$
$$(3) \qquad A_1 = a_x{}^{n-1} (a\,\xi)$$
$$A_2 = a_x{}^{n-2} (a\,\xi)^2$$
$$\cdots\cdots$$

Ferner ist N identisch gleich Null. Die Gleichungen $N=0$, $D=M$ ersetzen zwei der vier Gleichungen (4) des vorigen Paragraphen. In diesem Falle hängt also alles von den $k+1$ Grössen A, $B \ldots$, M ab, unter denen diesmal die gegebenen Formen selbst sich befinden. Bildet man ξ und η für die transformirten Formen, so erhält man für ξ wieder eine Gleichung der Form

$$\xi \cdot M^\lambda = P\,\xi + Q\,\eta,$$

und daher die Relationen

$$(4) \qquad P = M^\lambda, \quad Q = 0.$$

Aus der Bildung von η aber findet sich nur die Identität

$$(\xi\,\eta) = M\,(xy);$$

und in der That können zwischen den $k+1$ Covarianten (2), (3) auch nur zwei Relationen bestehen, welche durch (4) gegeben sind.

Bildet man nun eine Covariante oder Invariante für die ursprüngliche und für die typische Form, so ergiebt sich eine Relation der Form

$$M^\lambda \cdot \Pi\,(a_0,\ a_1 \ldots; \quad b_0,\ b_1 \ldots; \quad \ldots; \quad y_1,\ y_2)$$
$$= \Pi\,(f,\ -A_1 \ldots; \quad \varphi,\ -B_1 \ldots; \quad \ldots; \quad \xi,\ \eta),$$

und wenn man $y_1 = x_1$, $y_2 = x_2$ setzt, geht dieselbe über in:

$$M^\lambda \cdot \Pi\,(a_0,\ a_1 \ldots; \quad b_0,\ b_1 \ldots; \quad \ldots; \quad x_1,\ x_2)$$
$$= \Pi\,(f,\ -A_1 \ldots; \quad \varphi,\ -B_1 \ldots; \quad \ldots; \quad M,\ 0).$$

Man bildet also die Darstellung von Π durch die associirten Formen, indem man statt der Coefficienten a, $b \ldots$ die Ausdrücke

$$f,\ -A_1,\ A_2 \ldots; \quad \varphi,\ -B_1,\ B_2 \ldots; \quad \ldots,$$

statt der Veränderlichen aber M und 0 setzt. Dies lässt sich noch anders ausdrücken. Setzt man Null für die zweite Veränderliche, so reducirt sich Π auf seinen ersten Coefficienten, multiplicirt mit einer Potenz von M. Indem man durch diese dividirt, kann man die Regel so ausdrücken:

> Man bildet eine Covariante, indem man in ihrem ersten Coefficienten die a, $b \ldots$ durch f, $-A_1$, $A_2 \ldots$; φ, $-B_1$, $B_2 \ldots$; $\ldots$ ersetzt und durch die passende Potenz von M dividirt.

Bei einer Invariante tritt an Stelle dieses ersten Coefficienten die Invariante selbst.

Man erhält also alle Formen als ganze Functionen der k Bildungen

$$f,\ -A_1,\ A_2 \ldots; \quad \varphi,\ -B_1,\ B_2 \ldots; \quad \ldots$$

mit Nennern, welche Potenzen einer $(k+1)^{\text{ten}}$ Grösse M sind. Zwischen diesen $k+1$ associirten Formen bestehen zwei Gleichungen (4), deren eine eine Potenz von M durch die übrigen Grössen ausdrückt, während die andere M nicht mehr enthält.

Endlich kann man auch die Relationen (4) noch beseitigen, indem man die erste Polare einer der Formen f, φ, $\psi \ldots$ selbst als Veränderliche ξ einführt. Setzt man

$$(5) \qquad \xi = \frac{1}{n}\left(\frac{\partial f}{\partial x_1} y_1 + \frac{\partial f}{\partial x_2} y_2 \right),$$

so ist die Transformationsdeterminante

$$D = M = f;$$

die Ausdrücke der B, $C \ldots$ erfahren keine wesentliche Abänderung; aber die ersten beiden A werden

$$A_0 = f$$
$$A_1 = a_x{}^{n-1}\,(a\xi) = 0.$$

Man hat hier schon vier Relationen vor sich, nämlich

$$D = M, \quad A_0 = M, \quad A_1 = 0, \quad N = 0,$$

welche die Stelle der vier Relationen (4) des vorigen Paragraphen einnehmen, und auf deren zwei man auch geführt wird, wenn man nach Analogie der Gleichungen (4) ξ für die transformirte Function bildet. Man hat also den Satz:

Setzt man im Vorigen

$$\xi_1 = \frac{1}{n}\frac{\partial f}{\partial x_1}, \qquad \xi_2 = \frac{1}{n}\frac{\partial f}{\partial x_2},$$

so lassen sich alle Covarianten und Invarianten des simultanen Systems durch die B, $C \ldots$ und durch f, A_2, $A_3 \ldots A_n$, im Ganzen durch $k-1$ Covarianten, zwischen denen Relationen nicht mehr bestehen, rational so ausdrücken, dass nur noch jedesmal eine Potenz von f im Nenner erscheint.

Die oben gegebene Regel über die Bildung einer Covariante (bez. Invariante) drückt sich nun aber so aus:

Man erhält eine Bildung Π, wenn man im ersten Coefficienten derselben die Coefficienten der ursprünglichen Formen durch

$$f,\ 0,\ A_2 \ldots; \quad \varphi,\ -B_1,\ B_2 \ldots; \quad \ldots$$

ersetzt und durch eine entsprechende Potenz von f dividirt.

Es ist bemerkenswerth, dass die hier benutzte Transformation immer möglich bleibt, wie speciell die Functionen f, φ, $\psi \ldots$ auch gewählt sein mögen, da man immer voraussetzen darf, dass von den gegebenen Functionen keine identisch verschwindet.

Die letzte im Vorigen auseinandergesetzte typische Darstellung beweist den am Ende des § 79. gegebenen Satz. Denn in der That sind hier nur $k-1$ associirte Formen vorhanden, durch welche alle, mit Nennern von der Form f^λ, rational sich ausdrücken, und Bedingungen zwischen diesen Formen bestehen nicht mehr.

§ 83. Recursionsformel für die Coefficienten gewisser typischer Darstellungen.

Wenn man von der Substitution ausgeht:

$$(1) \qquad \xi = \frac{1}{\mu}\left(\frac{\partial M}{\partial x_1}y_1 + \frac{\partial M}{\partial x_2}y_2\right), \quad \eta = (xy),$$

welche den zweiten und dritten der im Vorigen behandelten Fälle umfasst, so kann man für die Bildung der dabei auftretenden typischen Coefficienten eine Recursionsformel angeben. Es ist genügend, an einer der Grundformen, etwa an f, dies zu beweisen. Für den dritten und wichtigsten der oben behandelten Fälle ergiebt sich aus derselben das bemerkenswerthe Resultat, dass alle Coefficienten A durch f theilbar werden.

Die typische Darstellung war für diesen Fall in der Formel enthalten:

$$(2) \quad M^n \cdot f(y) = A_0\,\xi^n - \frac{n}{1}A_1\,\xi^{n-1}\,\eta + \frac{n\cdot n-1}{1\cdot 2}A_2\,\xi^{n-1}\,\eta^2 - + \dots,$$

wo

$$(3) \qquad \begin{aligned} A_0 &= a_x{}^n \quad = f \\ A_1 &= a_x{}^{n-1}\,(a\,\xi) \\ A_2 &= a_x{}^{n-2}\,(a\,\xi)^2 \\ & \quad \cdot\ \cdot\ \cdot\ \cdot\ \cdot\ \cdot \end{aligned}$$

Bilden wir nun den Ausdruck

$$\frac{\partial A_h}{\partial x_1}\xi_2 - \frac{\partial A_h}{\partial x_2}\xi_1 = \frac{1}{\mu}\left(\frac{\partial A_h}{\partial x_1}\frac{\partial M}{\partial x_2} - \frac{\partial A_h}{\partial x_2}\frac{\partial M}{\partial x_1}\right).$$

Wenn man für A_h seinen symbolischen Ausdruck einführt, so geht dieser Ausdruck über in:

$$(4) \qquad \frac{\partial A_h}{\partial x_1}\xi_2 - \frac{\partial A_h}{\partial x_2}\xi_1 = (n-h)\,a_x{}^{n-h-1}\,(a\,\xi)^{h+1}$$

$$+\, h\,a_x{}^{n-h}\,(a\,\xi)^{h-1}\left(\frac{\partial (a\,\xi)}{\partial x_1}\xi_2 - \frac{\partial (a\,\xi)}{\partial x_2}\xi_1\right),$$

wo der erste Theil rechts gleich $(n-h)\,A_{h+1}$ ist.

Es sei nun symbolisch

$$M = \alpha_x{}^\mu = \beta_x{}^\mu \dots,$$

also

$$\xi_1 = \alpha_1 \, \alpha_x{}^{\mu-1}, \quad \xi_2 = \alpha_2 \, \alpha_x{}^{\mu-1}, \quad (a\,\xi) = (a\,\alpha)\, \alpha_x{}^{\mu-1}.$$

Demnach wird

$$\frac{\partial (a\,\xi)}{\partial x_1}\, \xi_2 - \frac{\partial (a\,\xi)}{\partial x_2}\, \xi_1 = (\mu - 1)\,(a\,\alpha)\, \alpha_x{}^{\mu-2}\,(\alpha\,\xi)$$
$$= (\mu-1)\,(a\,\alpha)\,(\alpha\,\beta)\, \alpha_x{}^{\mu-2}\, \beta_x{}^{\mu-1}.$$

Vertauscht man aber rechts α mit β und setzt dann für die rechte Seite die halbe Summe des ursprünglichen und des neuen Ausdrucks, so hat man:

$$\frac{\partial (a\,\xi)}{\partial x_1}\, \xi_2 - \frac{\partial (a\,\xi)}{\partial x_2}\, \xi_1 = \frac{\mu-1}{2}\,(\alpha\,\beta)\, \alpha_x{}^{\mu-2}\, \beta_x{}^{\mu-2}\, \{\,(a\,\alpha)\,\beta_x - (a\,\beta)\,\alpha_x\,\}$$
$$= -\frac{\mu-1}{2}\, a_x\,(\alpha\,\beta)^2\, \alpha_x{}^{\mu-2}\, \beta_x{}^{\mu-2}.$$

Der Ausdruck

$$\mathrm{M} = (\alpha\,\beta)^2\, \alpha_x{}^{\mu-2}\, \beta_x{}^{\mu-2}$$

ist eine aus M entspringende Covariante. Führt man diese ein, so ist

$$\frac{\partial (a\,\xi)}{\partial x_1}\, \xi_2 - \frac{\partial (a\,\xi)}{\partial x_2}\, \xi_1 = -\frac{\mu-1}{2}\, a_x \cdot \mathrm{M},$$

und daher aus (4):

$$(5) \qquad \frac{\partial A_h}{\partial x_1}\, \xi_2 - \frac{\partial A_h}{\partial x_2}\, \xi_1 = (n-h)\, A_{h+1} - \frac{h\,(\mu-1)}{2}\, \mathrm{M}\, A_{h-1},$$

was die gesuchte recurrente Formel giebt; denn man erhält daraus A_{h+1} durch A_{h-1}, A_h und die Differentialquotienten des letzteren ausgedrückt:

$$(6) \qquad A_{h+1} = \frac{1}{n-h}\left(\frac{\partial A_h}{\partial x_1}\, \xi_2 - \frac{\partial A_h}{\partial x_2}\, \xi_1 \right) + \frac{h\,(\mu-1)}{2\,(n-h)}\, \mathrm{M}\, A_{h-1}.$$

Wenn, wie im dritten Falle des vorigen Paragraphen, $M = f$, so wird M nichts anderes als die zweite Ueberschiebung von f über sich selbst, welche hier durch Δ bezeichnet sein mag:

$$(7) \qquad\qquad \Delta = (a\,b)^2\, a_x{}^{n-2}\, b_x{}^{n-2},$$

und die recurrente Formel wird also:

$$(8) \qquad A_{h+1} = \frac{1}{n-h}\left(\frac{\partial A_h}{\partial x_1}\, \frac{\partial f}{\partial x_2} - \frac{\partial A_h}{\partial x_2}\, \frac{\partial f}{\partial x_1} \right) + \frac{h\,(n-1)}{2\,(n-h)}\, \Delta\, A_{h-1}.$$

Es ist leicht ersichtlich, dass in Folge dieser Formel alle A durch f theilbar werden. Die ersten sind es, da $A_0 = f$, $A_1 = 0$. Nehmen wir also an, es sei gezeigt, dass A_h und A_{h-1} durch f theilbar seien; die Formel (8) lehrt dann, dass A_{h+1} ebenfalls den Factor f enthalte, und demnach muss diese Eigenschaft allen A zukommen. Setzt man nämlich für jeden Werth von h

$$A_h = f \cdot \varphi_h,$$

so ist

$$\varphi_0 = 1, \quad \varphi_1 = 0;$$

sodann wird

$$\frac{\partial A_h}{\partial x_1}\,\xi_2 - \frac{\partial A_h}{\partial x_2}\,\xi_1 = \varphi_h\left(\frac{\partial f}{\partial x_1}\,\xi_2 - \frac{\partial f}{\partial x_2}\,\xi_1\right) + f\cdot\left(\frac{\partial \varphi_h}{\partial x_1}\,\xi_2 - \frac{\partial \varphi_h}{\partial x_2}\,\xi_1\right),$$

oder, da der erste Theil wegen der Bedeutung der ξ identisch verschwindet:

$$\frac{\partial A_h}{\partial x_1}\,\xi_2 - \frac{\partial A_h}{\partial x_2}\,\xi_1 = f\cdot\left(\frac{\partial \varphi_h}{\partial x_1}\,\xi_2 - \frac{\partial \varphi_h}{\partial x_2}\,\xi_1\right).$$

Daher ist in (8) der Werth von A_{h+1} wirklich durch f theilbar, und zwar erhält man aus jener Formel jetzt für die φ die Recursionsformel:

$$(9) \qquad \varphi_{h+1} = \frac{1}{n-h}\left\{\frac{\partial \varphi_h}{\partial x_1}\,\xi_2 - \frac{\partial \varphi_h}{\partial x_2}\,\xi_1\right\} + \frac{h\,(n-1)}{2\,(n-h)}\,\Delta\cdot\varphi_{h-1}.$$

Durch Einführung der φ verwandelt sich nun die typische Darstellung von $f(y)$ in folgende:

$$f^{n-1}\cdot f(y) = \xi^n + \frac{n\,.\,n-1}{1\,.\,2}\,\varphi_2\,\xi^{n-2}\eta^2 - \frac{n\,.\,n-1\,.\,n-2}{1\,.\,2\,.\,3}\,\varphi_3\,\xi^{n-3}\eta^3 \ldots \pm \varphi_n\,\eta^n,$$

und alle Covarianten und Invarianten von f sind durch die $n-1$ Covarianten

$$f,\quad \varphi_2,\quad \varphi_3\ldots\varphi_n$$

rational und zwar so ausdrückbar, dass nur jedesmal eine Potenz von f als Nenner erscheint.

§ 84. Die independente Darstellung der Functionen φ.

Bei der grossen Wichtigkeit der Formen φ ist es wünschenswerth, sie auch independent darzustellen. Hierzu gelangt man auf folgende Art.

Es ist symbolisch

$$A_h = f\cdot\varphi_h = a_x^{\,n-h}\,(a\,\xi)^h \qquad\qquad (h\overline{>}2).$$

Ich werde nun in zweien der Factoren $(a\,\xi)$ für die ξ ihre symbolischen Ausdrücke (2) setzen. Alsdann ist

$$f\cdot\varphi_h = a_x^{\,n-h}\,(a\,\xi)^{h-2}\,(a\,b)\,(a\,c)\,b_x^{\,n-1}\,c_x^{\,n-1},$$

oder wenn man die Identität II. § 15. anwendet:

$$f\cdot\varphi_h = \tfrac{1}{2}\,a_x^{\,n-h}\,(a\,\xi)^{h-2}\,b_x^{\,n-2}\,c_x^{\,n-2}\left\{(a\,b)^2\,c_x^{\,2} + (a\,c)^2\,b_x^{\,2} - (b\,c)^2\,a_x^{\,2}\right\}$$
$$= f\cdot a_x^{\,n-h}\,(a\,\xi)^{h-2}\,(a\,b)^2\,b_x^{\,n-2} - \tfrac{1}{2}\,\Delta\cdot A_{h-2}$$
$$= f\cdot\left\{a_x^{\,n-h}\,(a\,\xi)^{h-2}\,(a\,b)^2\,b_x^{\,n-2} - \tfrac{1}{2}\,\Delta\cdot\varphi_{h-2}\right\}.$$

Bezeichnet man also durch ψ_h die Covariante:

$$(1) \qquad\qquad \psi_h = (a\,b)^2\,(a\,\xi)^{h-2}\,a_x^{\,n-h}\,b_x^{\,n-2},$$

welche von der Ordnung

$$(n-1)\,(h-2) + n - h + n - 2 = h\,(n-2)$$

ist, so hat man für φ_h die Formel:

$$(2) \qquad \varphi_h = \psi_h - \tfrac{1}{2}\Delta . \varphi_{h-2}.$$

Diese Recursionsformel aber gestattet leicht die independente Darstellung der φ; denn indem man in (2) für φ_{h-2} seinen Werth in φ_{h-4} und ψ_{h-2} einsetzt u. s. w., erhält man:

$$(3) \qquad \varphi_h = \psi_h - \tfrac{1}{2}\Delta\,\psi_{h-2} + \tfrac{1}{4}\Delta^2\,\psi_{h-4} - \tfrac{1}{8}\Delta^3\,\psi_{h-6} \ldots,$$

eine Formel, welche die independente Darstellung der φ vollständig liefert, wenn man noch bemerkt, dass wegen der Gleichungen $\varphi_0 = 1$, $\varphi_1 = 0$ die Gleichung (2) für φ_2 und φ_3 giebt:

$$\varphi_3 = \psi_3$$
$$\varphi_2 = \psi_2 - \tfrac{1}{2}\Delta.$$

Die Gleichung (3) endigt also für ungerade h mit ψ_3; für gerade h kann man sie bis ψ_0 fortsetzen, aber dann $\psi_0 = 1$ annehmen; oder man kann überhaupt den Gleichungen (1) noch die beiden willkürlichen Bestimmungen hinzufügen:

$$(4) \qquad \psi_0 = 1, \quad \psi_1 = 0,$$

und in der rechten Seite von (3) die Glieder so lange fortsetzen, als die Indices nicht negativ werden.

Bemerken wir noch, dass

$$\psi_2 = (ab)^2\,a_x{}^{n-2}\,b_x{}^{n-2} = \Delta,$$

so können wir jetzt folgenden Satz aussprechen:

Alle Covarianten und Invarianten von f sind rationale Functionen der n Covarianten

$$f, \ \Delta, \ \psi_3, \ \psi_4 \ldots, \ \psi_n \quad [\psi_h = (ab)^2\,(a\xi)^{h-2}\,a_x{}^{n-h}\,b_x{}^{n-2}],$$

wobei immer der Nenner nur eine Potenz von f ist.

Indem man das bei dieser Darstellung der φ angewandte Verfahren weiter benutzt, wird es nun möglich, allgemein ein einfachstes Formensystem anzugeben, durch welches man rational mit Potenzen von f im Nenner alle Invarianten und Covarianten ausdrücken kann. Die Untersuchung, welche wir zu diesem Zwecke ausführen, besteht aus zwei Theilen; in dem ersten werden allgemein Endformeln gegeben, durch welche man die φ oder ψ auf ein einfacheres Formensystem zurückführt. Eine weitere Reduction, welche dann zweitens erfolgt, gestattet eine Angabe von Endformeln nicht mehr, liefert aber ein Formensystem, welches offenbar eine Reduction nicht mehr zulässt.

Wenn man die oben für den Zusammenhang der φ mit den ψ entwickelten Gleichungen in eine zusammenfassen will, so kann dies folgendermassen geschehen. Die Gleichungen

$$\varphi_2 = \psi_2 - \tfrac{1}{2}\,\Delta$$
$$\varphi_3 = \psi_3$$
$$\text{(5)} \qquad \varphi_4 = \psi_4 - \tfrac{1}{2}\,\Delta\,\varphi_2$$
$$\varphi_5 = \psi_5 - \tfrac{1}{2}\,\Delta\,\varphi_3$$
$$\cdots \cdots \cdots$$

kann man sich bis in's Unendliche fortgesetzt denken, wobei denn
immer nur die $n-1$ ersten Gleichungen für den vorliegenden Zweck
eine Bedeutung haben. Multiplicirt man die Gleichungen (5) mit 1,
z, $z^2 \ldots$ und summirt, so erhält man:

$$\varphi_2 + \varphi_3\,z + \varphi_4\,z^2 \ldots = \psi_2 + \psi_3\,z + \psi_4\,z^2 \ldots$$
$$- \tfrac{1}{2}\,\Delta\,\{1 + z^2\,(\varphi_2 + \varphi_3\,z + \varphi_4\,z^2 \ldots)\},$$

und daher:

$$\text{(6)} \qquad \varphi_2 + \varphi_3\,z + \varphi_4\,z^2 \ldots = \frac{-\tfrac{1}{2}\,\Delta + (\psi_2 + \psi_3\,z + \psi_4\,z^2 \ldots)}{1 + \tfrac{1}{2}\,\Delta\,z^2}.$$

**Die Formen φ sind also die ersten $n-1$ Coef-
ficienten bei der Entwickelung des Ausdrucks rechts
nach aufsteigenden Potenzen von z.**

Wenn wir nun die Formen ψ_2 und ψ_3 ausnehmen, so können wir
für die übrigen ψ Formeln aufstellen, welche den Reductionsformeln
(5) der φ ganz analog sind. Ist $h \gtreqqless 4$, so kann man in dem Ausdrucke:

$$\psi_h = (a\,b)^2\,(a\,\xi)^{h-2}\,a_x^{\,n-h}\,b_x^{\,n-2}$$

abermals für zwei Factoren $(a\,\xi)$ ihre Werthe einführen und erhält,
ganz wie bei der Reduction der φ:

$$\psi_h = (a\,b)^2\,(a\,\xi)^{h-4}\,(a\,c)\,(a\,d)\,a_x^{\,n-h}\,b_x^{\,n-2}\,c_x^{\,n-1}\,d_x^{\,n-1}$$
$$= (a\,b)^2\,(a\,\xi)^{h-4}\,a_x^{\,n-h}\,b_x^{\,n-2}\,c_x^{\,n-2}\,d_x^{\,n-2}\,\{(a\,c)^2\,d_x^{\,2} - \tfrac{1}{2}\,(c\,d)^2\,a_x^{\,2}\}$$
$$= f\,.\,(a\,b)^2\,(a\,c)^2\,(a\,\xi)^{h-4}\,a_x^{\,n-h}\,b_x^{\,n-2}\,c_x^{\,n-2} - \tfrac{1}{2}\,\Delta\,\psi_{h-2}\,.$$

Führt man also die Bezeichnung ein:

$$\text{(7)} \qquad \chi_h = (a\,b)^2\,(a\,c)^2\,(a\,\xi)^{h-4}\,a_x^{\,n-h}\,b_x^{\,n-2}\,c_x^{\,n-2}$$
$$(h \gtreqqless 4),$$

so hat man die Gleichungen:

$$\psi_4 = f\,.\,\chi_4 - \tfrac{1}{2}\,\Delta\,\psi_2$$
$$\psi_5 = f\,.\,\chi_5 - \tfrac{1}{2}\,\Delta\,\psi_3$$
$$\psi_6 = f\,.\,\chi_6 - \tfrac{1}{2}\,\Delta\,\psi_6,$$
$$\cdots \cdots \cdots$$

und es sind daher, indem man ganz wie oben verfährt, ψ_4, $\psi_5 \ldots$
die ersten $n-3$ Entwickelungscoefficienten der Reihe:

$$\text{(8)} \quad \psi_4 + \psi_5\,z + \psi_6\,z^2 \ldots = \frac{-\tfrac{1}{2}\,\Delta\,(\psi_2 + \psi_3\,z) + f\,(\chi_4 + \chi_5\,z + \chi_6\,z^2 \ldots)}{1 + \tfrac{1}{2}\,\Delta\,z^2}.$$

Ganz ebenso kann man nun die Formen χ_h behandeln, für welche $h \gtrless 6$. Setzt man

$$(9) \qquad \vartheta_h = (a\,b)^2\,(a\,c)^2\,(a\,d)^2\,(a\,\xi)^{h-6}\,a_x{}^{n-h}\,b_x{}^{n-2}\,c_x{}^{n-2}\,d_x{}^{n-2},$$

so hat man die Reductionsformeln:

$$\chi_6 = f \cdot \vartheta_6 - \tfrac{1}{2}\,\Delta\,\chi_4$$
$$\chi_7 = f \cdot \vartheta_7 - \tfrac{1}{2}\,\Delta\,\chi_5$$
$$\chi_8 = f \cdot \vartheta_8 - \tfrac{1}{2}\,\Delta\,\chi_6$$
$$\cdots\cdots\cdots$$

und χ_6, $\chi_7 \ldots$ sind also die $n-5$ ersten Entwickelungscoefficienten des Ausdrucks:

$$(10) \quad \chi_6 + \chi_7\,z + \chi_8\,z^2 \ldots = \frac{-\tfrac{1}{2}\,\Delta\,(\chi_4 + \chi_5\,z) + f\,(\vartheta_6 + \vartheta_7\,z + \vartheta_8\,z^2 \ldots)}{1 + \tfrac{1}{2}\,\Delta\,z^2}.$$

Indem man so fortfährt, erhält man eine Reihe von Gleichungen (6), (8), (10):

$$\varphi_2 + \varphi_3\,z + \varphi_4\,z^2 \ldots = \frac{-\tfrac{1}{2}\,\Delta + (\psi_2 + \psi_3\,z + \psi_4\,z^2 \ldots)}{1 + \tfrac{1}{2}\,\Delta\,z^2}$$

$$\psi_4 + \psi_5\,z + \psi_6\,z^2 \ldots = \frac{-\tfrac{1}{2}\,\Delta\,(\psi_2 + \psi_3\,z) + f\,(\chi_4 + \chi_5\,z + \chi_6\,z^2 \ldots)}{1 + \tfrac{1}{2}\,\Delta\,z^2}$$

$$\chi_6 + \chi_7\,z + \chi_8\,z^2 \ldots = \frac{-\tfrac{1}{2}\,\Delta\,(\chi_4 + \chi_5\,z) + f\,(\vartheta_6 + \vartheta_7\,z + \vartheta_8\,z^2 \ldots)}{1 + \tfrac{1}{2}\,\Delta\,z^2}$$

$$\cdots\cdots\cdots$$

Multiplicirt man dieselben der Reihe nach mit

$$1, \quad \frac{z^2}{1 + \tfrac{1}{2}\,\Delta\,z^2}, \quad \frac{f\,z^4}{(1 + \tfrac{1}{2}\,\Delta\,z^2)^2}, \quad \frac{f^2\,z^6}{(1 + \tfrac{1}{2}\,\Delta\,z^2)^3}, \ldots$$

und addirt, so bleibt, mit Weglassung der sich aufhebenden Terme:

$$(11) \qquad \varphi_2 + \varphi_3\,z + \varphi_4\,z^2 \ldots$$
$$= \frac{-\tfrac{1}{2}\,\Delta}{1 + \tfrac{1}{2}\,\Delta\,z^2} + \frac{\psi_2 + \psi_3\,z}{(1 + \tfrac{1}{2}\,\Delta\,z^2)^2} + \frac{f\,z^2\,(\chi_4 + \chi_5\,z)}{(1 + \tfrac{1}{2}\,\Delta\,z^2)^3} + \frac{f^2\,z^4\,(\vartheta_6 + \vartheta_7\,z)}{(1 + \tfrac{1}{2}\,\Delta\,z^2)^4} + \cdots.$$

Mit Hilfe dieser Formel drücken sich die Functionen φ durch die Formen

$$(12) \qquad \Delta = \psi_2, \ \psi_3, \ \chi_4, \ \chi_5, \ \vartheta_6, \ \vartheta_7 \ldots$$

aus. Um die darin liegende Vereinfachung abzuschätzen, bemerke man, dass Grad (in den Coefficienten) und Ordnung (in den Veränderlichen) bei den φ die folgenden sind:

	φ_2	φ_3	φ_4	φ_5	φ_6	φ_7	$\ldots$
Grad:	2	3	4	5	6	7	$\ldots$
Ordnung:	$2n-4$	$3n-6$	$4n-8$	$5n-10$	$6n-12$	$7n-14$	$\ldots,$

dagegen bei der neu eingeführten Reihe von Formen:

	ψ_2	ψ_3	χ_4	χ_5	ϑ_6	ϑ_7	...
Grad:	2	3	3	4	4	5	...
Ordnung:	$2n-4$	$3n-6$	$3n-8$	$4n-10$	$4n-12$	$5n-14$	...

Entwickelt man die rechte Seite des Ausdrucks (7), so hat man

$$
\begin{aligned}
\varphi_2 + \varphi_3 z + \varphi_4 z^2 \ldots = \quad & -\tfrac{1}{2}\Delta\left(1 - \tfrac{1}{2}\Delta z^2 + \tfrac{1}{4}\Delta^2 z^4 - \tfrac{1}{8}\Delta^3 z^6 \ldots\right) \\
+ \quad & (\psi_2 + \psi_3 z)\left(1 - \tfrac{2}{2}\Delta z^2 + \tfrac{3}{4}\Delta^2 z^4 - \tfrac{4}{8}\Delta^3 z^6 \ldots\right) \\
+ f z^2 \quad & (\chi_4 + \chi_5 z)\left(1 - \tfrac{3}{2}\Delta z^2 + \tfrac{6}{4}\Delta^2 z^4 - \tfrac{10}{8}\Delta^3 z^6 \ldots\right) \\
+ f^2 z^4 \quad & (\vartheta_6 + \vartheta_7 z)\left(1 - \tfrac{4}{2}\Delta z^2 + \tfrac{10}{4}\Delta^2 z^4 - \tfrac{20}{8}\Delta^3 z^6 \ldots\right)
\end{aligned}
$$

$$\ldots\ldots\ldots,$$

und daher, mit Rücksicht darauf, dass $\Delta = \psi_2$:

$$
\begin{aligned}
\varphi_2 &= \tfrac{1}{2}\psi_2 \\
\varphi_3 &= \psi_3 \\
\varphi_4 &= -\tfrac{3}{4}\psi_2^2 + f\chi_4 \\
\varphi_5 &= -\psi_2\psi_3 + f\chi_5 \\
\varphi_6 &= \tfrac{5}{8}\psi_2^3 \quad - \tfrac{3}{2}\psi_2 f\chi_4 + f^2\vartheta_6 \\
\varphi_7 &= \tfrac{3}{4}\psi_2^2\psi_3 - \tfrac{3}{2}\psi_2 f\chi_5 + f^2\vartheta_7,
\end{aligned}
$$

$$\ldots\ldots\ldots$$

wo das Bildungsgesetz minder übersichtlich ist.

Sprechen wir den in Obigem enthaltenen Satz folgendermassen aus:

Alle Invarianten und Covarianten von f sind bis auf Nenner von der Form f^λ ganze rationale Functionen der folgenden n Bildungen:

$$
\begin{aligned}
f& \\
\psi_2 &= (ab)^2\, a_x{}^{n-2}\, b_x{}^{n-2} \\
\psi_3 &= (ab)^2\,(a\xi)\, a_x{}^{n-3}\, b_x{}^{n-2} \\
\chi_4 &= (ab)^2\,(ac)^2\, a_x{}^{n-4}\, b_x{}^{n-2}\, c_x{}^{n-2} \\
\chi_5 &= (ab)^2\,(ac)^2\,(a\xi)\, a_x{}^{n-5}\, b_x{}^{n-2}\, c_x{}^{n-2} \\
\vartheta_6 &= (ab)^2\,(ac)^2\,(ad)^2\, a_x{}^{n-6}\, b_x{}^{n-2}\, c_x{}^{n-2}\, d_x{}^{n-2} \\
\vartheta_7 &= (ab)^2\,(ac)^2\,(ad)^2\,(a\xi)\, a_x{}^{n-7}\, b_x{}^{n-2}\, c_x{}^{n-2}\, d_x{}^{n-2}
\end{aligned}
$$

$$\ldots\ldots\ldots$$

§ 85. Das einfachste System associirter Formen.

Eine viel wesentlichere Grad- und Ordnungserniedrigung der Formen, durch welche sich alles ausdrücken lässt, erhält man aber durch folgende Betrachtung.

Die Formen ψ_2, ψ_3, χ_4, $\chi_5 \ldots$, auf welche oben alles zurückgeführt wurde, mit Ausnahme der letzten von allen, haben die

Eigenschaft, dass jedes darin auftretende Symbol auch durch einen linearen symbolischen Factor vertreten ist. Denken wir uns die Formen der Reihe nach für $n = 1, 2, 3 \ldots$ entwickelt, so tritt also bei jedem folgenden Werthe von n nur eine wesentlich neue Form auf, die letzte; die anderen aber sind aus den Formen des um 1 niedrigeren n dadurch ableitbar, dass man in jedem der symbolischen Ausdrücke das Product aller seinen Symbolen entsprechenden linearen Factoren als Factor hinzufügt. So kommen bei $n = 2$ nur

$$f = a_x^2 \text{ und } \psi_2 = D = (ab)^2$$

vor; aus diesen werden bei $n = 3$ die Formen

$$f = a_x^3, \quad \psi_2 = \Delta = (ab)^2 a_x b_x,$$

und es tritt die neue Form

$$\psi_3 = -Q = -(ab)^2 (ca) b_x c_x^2$$

auf u. s. w. Jede Covariante einer Form n^{ter} Ordnung, bei welcher alle Symbole auch durch lineare Factoren vertreten sind, kommt schon, mit je einem linearen Factor weniger für jedes Symbol, bei den Formen $(n-1)^{\text{ter}}$ Ordnung vor, und ist dort durch f und die den Formen $(n-1)^{\text{ter}}$ Ordnung entsprechende Reihe von Formen $\psi, \chi \ldots$, mit einem Nenner f^λ rational ausdrückbar; daher ist eine solche bei den Formen n^{ter} Ordnung durch die entsprechenden Formen $\psi, \chi \ldots$ ausdrückbar, d. h. man bedarf bei einer solchen Covariante nicht der letzten, bei den Formen n^{ter} Ordnung neu auftretenden Bildung, welche zugleich nur in dem letzten Coefficienten ihrer typischen Form vorkommt.

Man kann also sagen, dass jede Covariante, in welcher jedes Symbol durch einen linearen Factor vertreten ist, bereits durch die ersten $n-1$ der Formen $f, \psi_2, \psi_3, \chi_4, \chi_5 \ldots$ als rationale Function mit einem Nenner f^λ ausgedrückt werden kann; ebenso jede Covariante, in welcher jedes Symbol durch das Quadrat des betreffenden linearen Factors vertreten ist, durch die ersten $n-2$ der Formen $f, \psi_2, \psi_3, \chi_4, \chi_5 \ldots$ u. s. w. Da aber umgekehrt aus den letzten Formeln des vorigen Paragraphen ψ_2 durch f, φ_2; ψ_3 durch f, φ_2, φ_3; χ_4 durch $f, \varphi_2, \varphi_3, \varphi_4$ etc. als ganze Functionen dividirt durch Potenzen von f ausgedrückt werden können, so kann man in dem soeben ausgesprochenen Satze auch statt der ersten $n-1$, $n-2$ etc. der Formen $f, \psi_2, \psi_3, \chi_4, \chi_5 \ldots$ immer sagen: die ersten $n-1$, $n-2$ etc. Coefficienten der typischen Darstellung.

Man kann daher nun auch den letzten bei den Formen n^{ter} Ordnung auftretenden Coefficienten φ_n oder die ihn vertretende Form der Reihe $f, \psi_2, \psi_3, \chi_4, \chi_5 \ldots$ in dieser Reihe durch eine andere

Form ersetzen, welche sich von der ursprünglichen durch ein Glied unterscheidet, in welchem jedes Symbol durch einen linearen Factor vertreten ist und welches also schon als rationale Function mit einem Nenner f^λ durch die vorhergehenden Glieder der Reihe ausgedrückt werden kann. Dann aber überzeugt man sich leicht, dass durch Zufügung solcher Terme die betreffende Form wiederholt durch f theilbar gemacht und also auf eine nach Grad und Ordnung wesentlich niedrigere Covariante zurückgeführt werden kann.

Betrachten wir zunächst den Fall, wo n gerade ist. In diesem Falle ist die neu hinzutretende Bildung von der Form

$$(ab)^2 (ac)^2 (ad)^2 \ldots (am)^2 \, b_x{}^{n-2} \, c_x{}^{n-2} \, d_x{}^{n-2} \, m_x{}^{n-2}.$$

Setzen wir dann für $(ac)^2 \, b_x{}^2$ seinen Werth:

$$(ac)^2 \, b_x{}^2 = \{ (ab) \, c_x + (bc) \, a_x \}^2,$$

so brauchen wir davon nur den Term

$$(ab)^2 \, c_x{}^2$$

zu berücksichtigen; denn das von den übrigen Termen Herrührende enthält den symbolischen Factor $a_x \, b_x \, c_x \ldots$ und kann also übergangen werden. An Stelle der obigen Form kann man also eine setzen, welche den Factor $c_x{}^n = f$ enthält, und mit Uebergehung desselben bleibt dann die Form übrig:

$$(ab)^4 (ad)^2 \ldots (am)^2 \, b_x{}^{n-4} \, d_x{}^{n-2} \ldots m_x{}^{n-2}.$$

Verführt man nun mit $(ad)^2 \, b_x{}^2$ ebenso wie oben mit $(ab)^2 \, b_x{}^2$, so kann man, mit Hinweglassung von Termen, welche übergangen werden dürfen, und mit Auslassung eines Factors f, statt der obigen die Form einführen:

$$(ab)^6 (ac)^2 \ldots (am)^2 \, b_x{}^{n-6} \, c_x{}^{n-2} \ldots m_x{}^{n-2}.$$

So kann man, da die Zahl der Symbole $b, c \ldots m$ gleich $\dfrac{n-2}{2}$ ist, fortfahren, bis man zu der Form

$$(ab)^{n-2} (am)^2 \, b_x{}^2 \, m_x{}^{n-2}$$

gelangt. Bei dieser kann man noch einen Factor $(am) \, b_x$ durch $(ab) \, m_x + (bm) \, a_x$ ersetzen und den letzten Theil auslassen, weil er $a_x \, b_x \, m_x$ enthält. Es bleibt also

$$(ab)^{n-1} (am) \, b_x \, m_x{}^{n-1}.$$

Da nun $n-1$ ungerade ist, so erhält man durch Vertauschung von a mit b, indem man für den obigen Ausdruck die halbe Summe zweier gleicher einführt:

$$\tfrac{1}{2} (ab)^{n-1} \, m_x{}^{n-1} \{ (am) \, b_x - (bm) \, a_x \}$$
$$= \tfrac{1}{2} (ab)^n \cdot m_x{}^n = \tfrac{1}{2} f \cdot (ab)^n.$$

Es bleibt also endlich die einfachste Invariante $(ab)^n$ der Form n^{ter} Ordnung übrig; und diese ist das einfachste Gebilde, welches als neue Form eingeführt werden kann. Bei den Formen höherer Ordnung treten für sie die Covarianten

$$(ab)^n a_x b_x, \quad (ab)^n a_x^2 b_x^2 \ldots,$$

ein.

Alle geraden Formen geben, wie man sieht, bei dieser Untersuchung nur zu Covarianten oder Invarianten Veranlassung, welche in den Coefficienten vom zweiten Grade sind. So trat bei den Formen zweiter Ordnung $(ab)^2$ auf, bei den Formen vierter Ordnung $(ab)^4$.

Gehen wir nun zu dem Falle eines ungeraden n über. Hier ist die zu betrachtende neue Bildung:

$$(ab)^2 (ac)^2 \ldots (am)^2 (a\xi) b_x^{n-2} c_x^{n-2} \ldots m_x^{n-2}.$$

Wir können, indem wir ganz wie oben verfahren, an Stelle dieser Form die Form

$$(ab)^{n-1} (a\xi) b_x$$

einführen, die Functionaldeterminante von $(ab)^{n-1} a_x b_x$ mit f. Für Formen von höherer als der n^{ten} Ordnung tritt an Stelle derselben

$$(ab)^{n-1} (a\xi) a_x^{\lambda-1} b_x^{\lambda},$$

was nicht aufhört (bis auf einen numerischen Factor) die Functionaldeterminante von f mit der Form zweiten Grades in den Coefficienten.

$$(ab)^{n-1} a_x^{\lambda} b_x^{\lambda}$$

zu sein.

Und so können wir denn endlich folgenden Satz aussprechen:

Alle Covarianten und Invarianten einer Form f von der n^{ten} Ordnung sind durch die folgenden einfachsten Formen als rationale Functionen mit Nennern f^{λ} darstellbar:

1. f selbst,

2. die Formen zweiten Grades in den Coefficienten

$$(ab)^2 a_x^{n-2} b_x^{n-2}, \quad (ab)^4 a_x^{n-4} b_x^{n-4} \ldots,$$

3. die Functionaldeterminanten der letzteren mit f.

Von diesen Formen sind die unter (2) angeführten von den Ordnungen

$$2n-4, \; 2n-8, \; 2n-12 \ldots,$$

die unter (3) angeführten von den Ordnungen

$$3n-6, \; 3n-10, \; 3n-14 \ldots.$$

Die letzteren sind sämmtlich Formen ungeraden Charakters.

§ 86. Methode zur Berechnung der Coefficienten φ. Die typischen Darstellungen bis zur sechsten Ordnung.

Um nun wirklich die Coefficienten φ und damit auch alle anderen Invarianten und Covarianten durch das vorhin angegebene einfachste System auszudrücken, kann man folgenden Weg einschlagen.[*]

Der grösseren Uebersichtlichkeit wegen bezeichne ich die Formen des einfachsten Systems associirter Formen durch σ, τ, so dass

$$\sigma_1 = (ab)^2\, a_x^{n-2}\, b_x^{n-2} \qquad\qquad \tau_1 = (ab)^2\,(ac)\, a_x^{n-3}\quad b_x^{n-2}\, c_x^{n-1}$$
$$\sigma_2 = (ab)^4\, a_x^{n-4}\, b_x^{n-4} \qquad\qquad \tau_2 = (ab)^4\,(ac)\, a_x^{n-5}\quad b_x^{n-4}\, c_x^{n-1}$$
$$\cdot\ \cdot\ \cdot\ \cdot\ \cdot\ \cdot \qquad\qquad\qquad \cdot\ \cdot\ \cdot\ \cdot\ \cdot\ \cdot$$
$$\sigma_i = (ab)^{2i}\, a_x^{n-2i}\, b_x^{n-2i} \qquad\qquad \tau_i = (ab)^{2i}\,(ac)\, a_x^{n-2i-1}\, b_x^{n-2i}\, c_x^{n-1}$$
$$\cdot\ \cdot\ \cdot\ \cdot\ \cdot\ \cdot \qquad\qquad\qquad \cdot\ \cdot\ \cdot\ \cdot\ \cdot\ \cdot\ ,$$

wo denn σ_1 die früher durch Δ bezeichnete Form ist. Man bilde nun diese Ausdrücke für die typische Form. Nach einem in § 82. gegebenen Satze hat man, um eine Covariante für die typische Form zu bilden, nur in dem ersten Coefficienten derselben die Coefficienten von f durch die Coefficienten f, 0, A_2, $-A_3 \ldots$ der typischen Form zu ersetzen und durch eine passende Potenz von f zu dividiren. Da inzwischen gezeigt wurde, dass

$$A_2 = f \cdot \varphi_2, \quad A_3 = f \cdot \varphi_3 \ldots,$$

so kann man diesen Satz jetzt dahin aussprechen, dass in jenem Coefficienten die Coefficienten von f durch die Ausdrücke

$$(1) \qquad\qquad 1,\ 0,\ \varphi_2,\ \varphi_3 \ldots$$

zu ersetzen sind und sodann durch eine passende Potenz von f dividirt werden muss.

Ist nun

$$f = a_0\, x_1^n + \frac{n}{1}\, a_1\, x_1^{n-1}\, x_2 + \frac{n \cdot n-1}{1\,.\,2}\, a_2\, x_1^{n-2}\, x_2^2 + \ldots + a_n\, x_2^n,$$

und setzt man zugleich

$$\sigma_i = s_0^{(i)} x_1^{2n-4i} + \frac{2n-4i}{1}\, s_1^{(i)}\, x_1^{2n-4i-1}\, x_2$$
$$+ \frac{2n-4i \cdot 2n-4i-1}{1.2}\, s_2^{(i)}\, x_1^{2n-4i-2}\, x_2^2 \ldots,$$

so erhält man durch Bildung der ersten Ueberschiebung von f mit σ_i:

$$\tau_i = (a_1 x_1^{n-1} + \ldots)(s_0^{(i)} x_1^{2n-4i-1} + \ldots) - (a_0 x_1^{n-1} + \ldots)(s_1^{(i)} x_1^{2n-4i-1} + \ldots)$$
$$= (a_1 s_0^{(i)} - a_0 s_1^{(i)})\, x_1^{2n-4i-2} + \ldots$$

---

[*] Ich verdanke die hier folgende Methode einer schriftlichen Mittheilung von Herrn Brioschi.

Man erhält daher τ_i, wenn man in dem Ausdrucke $a_0 s_1^{(i)} - a_1 s_0^{(i)}$ statt der a die Grössen (1) einsetzt und durch eine passende Potenz von f dividirt. Dabei aber ist a_1 durch 0, a_0 durch 1 zu ersetzen; man braucht also, statt im ersten Coefficienten von τ_i diese Ersetzung vorzunehmen, dieselbe nur an $-s_1^{(i)}$, dem negativ genommenen zweiten Coefficienten von σ_i, auszuführen.

Nun ist, als $(2i)^{\text{te}}$ Ueberschiebung von f über sich selbst:

$$\sigma_i = \left(a_0 x_1^{n-2i} + \frac{n-2i}{1} a_1 x_1^{n-2i-1} x_2 \ldots\right)$$
$$\cdot \left(a_{2i} x_1^{n-2i} + \frac{n-2i}{1} a_{2i+1} x_1^{n-2i-1} x_2 \ldots\right)$$
$$- \frac{2i}{1} \left(a_1 x_1^{n-2i} + \frac{n-2i}{1} a_2 x_1^{n-2i-1} x_2 \ldots\right)$$
$$\cdot \left(a_{2i-1} x_1^{n-2i} + \frac{n-2i}{1} a_{2i} x_1^{n-2i-1} x_2 \ldots\right)$$
$$+ \frac{2i \cdot 2i-1}{1} \left(a_2 x_1^{n-2i} + \frac{n-2i}{1} a_3 x_1^{n-2i-1} x_2 \ldots\right)$$
$$\cdot \left(a_{2i-2} x_1^{n-2i} + \frac{n-2i}{1} a_{2i-1} x_1^{n-2i-1} x_2 \ldots\right)$$
$$\cdot \quad \cdot \quad \cdot \quad \cdot \quad \cdot \quad \cdot \quad \cdot \quad \cdot$$
$$+ \left(a_{2i} x_1^{n-2i} + \frac{n-2i}{1} a_{2i+1} x_1^{n-2i-1} x_2 \ldots\right)$$
$$\cdot \left(a_0 x_1^{n-2i} + \frac{n-2i}{1} a_1 x_1^{n-2i-1} x_2 \ldots\right),$$

daher

$$s_0^{(i)} = a_0 a_{2i} \quad - \frac{2i}{1} a_1 a_{2i-1} + \frac{2i \cdot 2i-1}{1 \cdot 2} a_2 a_{2i-2} \ldots + a_{2i} a_0$$
$$s_1^{(i)} = a_0 a_{2i+1} - \frac{2i}{1} a_1 a_{2i} + \frac{2i \cdot 2i-1}{1 \cdot 2} a_2 a_{2i-1} \ldots + a_{2i} a_1,$$

oder, wenn man gleichartige Terme zusammenzieht:

$$s_0^{(i)} = 2 \left\{ a_0 a_{2i} - \frac{2i}{1} a_1 a_{2i-1} + \frac{2i \cdot 2i-1}{1 \cdot 2} a_2 a_{2i-2} \ldots \right.$$
$$\left. + \frac{(-1)^i}{2} \cdot \frac{2i \cdot 2i-1 \ldots i+1}{1 \cdot 2 \ldots i} a_i^2 \right\}$$
$$s_1^{(i)} = a_0 a_{2i+1} - \frac{2i-1}{1} a_1 a_{2i} + \frac{2i \cdot 2i-3}{1 \cdot 2} a_2 a_{2i-1}$$
$$- \frac{2i \cdot 2i-1 \cdot 2i-5}{1 \cdot 2 \cdot 3} a_3 a_{2i-2} \ldots + (-1)^i \frac{2i \cdot 2i-1 \ldots i+2 \cdot 1}{1 \cdot 2 \ldots i} a_i a_{i+1}.$$

Setzt man nun hierin die Grössen (1) an Stelle der a, so werden die Ausdrücke rechts von der Ordnung der Ausdrücke φ_{2i} und φ_{2i+1}, also beziehungsweise von den Ordnungen $2i (n-2)$ und $(2i+1)(n-2)$

(vgl. S. 329), während σ_i und τ_i von den Ordnungen $2n-4i$ und $3n-4i-2$ sind. Die hinzuzufügenden Potenzen von f sind also:

$$\text{bei } \sigma_i: \qquad \frac{2i(n-2)-(2n-4i)}{n} = 2i-2$$

$$\text{bei } \tau_i: \qquad \frac{(2i+1)(n-2)-(3n-4i-2)}{n} = 2i-2,$$

und die Ausdrücke der σ, τ durch die φ werden durch die Gleichungen gegeben:

$$\tfrac{1}{2}\sigma_i \cdot f^{2i-2} = \varphi_{2i} + \frac{2i \cdot 2i-1}{1 \cdot 2}\varphi_2\varphi_{2i-2} - \frac{2i \cdot 2i-1 \cdot 2i-2}{1 \cdot 2 \cdot 3}\varphi_3\varphi_{2i-3}$$

$$+ \ldots \frac{(-1)^i}{2} \cdot \frac{2i \cdot 2i-1 \ldots i+1}{1 \cdot 2 \ldots i}\varphi_i^2$$

$$\tau_i \cdot f^{2i-2} = \varphi_{2i-1} + \frac{2i \cdot 2i-3}{1 \cdot 2}\varphi_2\varphi_{2i-1} - \frac{2i \cdot 2i-1 \cdot 2i-5}{1 \cdot 2 \cdot 3}\varphi_3\varphi_{2i-2}$$

$$+ \ldots (-1)^i \cdot \frac{2i \cdot 2i-1 \ldots i+2 \cdot 1}{1 \cdot 2 \cdot 3 \ldots i}\varphi_i\varphi_{i+1}.$$

Diese Formeln gestatten es, successive die verschiedenen φ durch die σ, τ auszudrücken, und indem dieses möglich wird, geben sie zugleich einen unmittelbaren Beweis dafür, dass alle Covarianten und Invarianten von f als ganze rationale Functionen von f und den σ, τ, nur jedesmal durch eine Potenz von f dividirt, ausgedrückt werden können.

Da die φ hier successive berechnet werden, so enthält φ_{2i} nur die σ bis σ_i, die τ bis zu τ_{i-1} einschliesslich; dagegen enthält φ_{2i+1} die σ bis zu σ_i und die τ bis zu τ_i einschliesslich. Inzwischen bemerkt man, dass die Differenz

$$\varphi_{2i} - \tfrac{1}{2}\sigma_i f^{2i-2}$$

die früheren φ nach den obigen Formeln nur bis zu φ_{2i-2}, und dass die Differenz

$$\varphi_{2i+1} - \tau_i \cdot f^{2i-2}$$

die φ nur bis zu φ_{2i-1} enthält. Daher kann die erste Differenz, wenn man alles durch die σ, τ ausdrückt, diese Grössen nur bis zu σ_{i-1}, τ_{i-2}, die zweite Differenz dieselbe nur bis zu σ_{i-1}, τ_{i-1} enthalten. Und man hat also den Satz:

> Die Ausdrücke der typischen Coefficienten φ haben die Form:
>
> $$\varphi_{2i} \quad = \tfrac{1}{2}\sigma_i f^{2i-2} + \Pi_{2i} \quad (f, \sigma_1, \sigma_2 \ldots, \sigma_{i-1}, \tau_1, \tau_2 \ldots, \tau_{i-2})$$
> $$\varphi_{2i+1} = \tau_i f^{2i-2} + \Pi_{2i+1}(f, \sigma_1, \sigma_2 \ldots, \sigma_{i-1}, \tau_1, \tau_2 \ldots, \tau_{i-1}),$$
>
> wo die Π ganze Functionen bezeichnen.

Die Gleichungen

$$\tfrac{1}{2}\,\sigma_1\,f^0 = \varphi_2$$
$$\tfrac{1}{2}\,\sigma_2\,f^2 = \varphi_4 + 3\,\varphi_2{}^2$$
$$\tfrac{1}{2}\,\sigma_3\,f^4 = \varphi_6 + 15\,\varphi_2\,\varphi_4 - 10\,\varphi_3{}^2$$
$$\tfrac{1}{2}\,\sigma_4\,f^6 = \varphi_8 + 28\,\varphi_2\,\varphi_6 - 56\,\varphi_3\,\varphi_5 + 35\,\varphi_4{}^2$$
$$\cdot\;\cdot\;\cdot\;\cdot\;\cdot\;\cdot\;\cdot\;\cdot\;\cdot\;\cdot\;\cdot$$

$$\tau_1\,f^0 = \varphi_3$$
$$\tau_2\,f^2 = \varphi_5 + 2\,\varphi_2\,\varphi_3$$
$$\tau_3\,f^4 = \varphi_7 + 9\,\varphi_2\,\varphi_5 - 5\,\varphi_3\,\varphi_4$$
$$\tau_4\,f^6 = \varphi_9 + 20\,\varphi_2\,\varphi_7 - 28\,\varphi_3\,\varphi_6 + 14\,\varphi_4\,\varphi_5$$
$$\cdot\;\cdot\;\cdot\;\cdot\;\cdot\;\cdot\;\cdot\;\cdot\;\cdot\;\cdot\;\cdot$$

geben aufgelöst folgende Ausdrücke der ersten φ:

$$\varphi_2 = \tfrac{1}{2}\,\sigma_1$$
$$\varphi_3 = \tau_1$$
$$\varphi_4 = \tfrac{1}{2}\,\sigma_2\,f^2 - \tfrac{3}{4}\,\sigma_1{}^2$$
$$\varphi_5 = \tau_2\,f^2 - \sigma_1\,\tau_1$$
$$\varphi_6 = \tfrac{1}{2}\,\sigma_3\,f^4 - \tfrac{15}{4}\,\sigma_1\,\sigma_2\,f^2 + \tfrac{45}{8}\,\sigma_1{}^3 + 10\,\tau_1{}^2$$
$$\varphi_7 = \tau_3\,f^4 + \left(\tfrac{5}{2}\,\tau_1\,\sigma_2 - \tfrac{9}{2}\,\sigma_1\,\tau_2\right)f^2 + \tfrac{3}{4}\,\sigma_1{}^2\,\tau_1$$
$$\varphi_8 = \tfrac{1}{2}\,\sigma_4\,f^6 - \left(7\,\sigma_1\,\sigma_3 + \tfrac{35}{4}\,\sigma_2{}^2\right)f^4 + \left(\tfrac{315}{4}\,\sigma_1{}^2\,\sigma_2 + 56\,\tau_1\,\tau_2\right)f^2$$
$$- \left(\tfrac{1575}{16}\,\sigma_1{}^4 - 196\,\sigma_1\,\tau_1{}^2\right)$$
$$\cdot\;\cdot\;\cdot\;\cdot\;\cdot\;\cdot\;\cdot\;\cdot\;\cdot\;\cdot$$

Die fraglichen typischen Darstellungen werden daher für die ersten Ordnungen folgende:

$\underline{n=2.}$ Hier wird $\sigma_1 = D$, also

$$f \cdot f(y) = \xi^2 + \frac{D}{2}\,\eta^2,$$

wie in § 33.

$\underline{n=3.}$ Es wird $\sigma_1 = \Delta$, $\tau_1 = -Q$, also·

$$f^2 \cdot f(y) = \xi^3 + \tfrac{3}{2}\,\Delta\,\xi\,\eta^2 + Q\,\eta^3.$$

Alle Invarianten und Covarianten von f drücken sich also durch f, Δ, Q aus. In der That bleibt nur noch R übrig; bildet man dasselbe für die rechte Seite nach der ausgerechneten Form (§ 34. Anm.), so hat man

$$R \cdot f^\lambda = -\Delta^3 - 2\,Q^2.$$

Die Vergleichung der Ordnungen giebt $\lambda = 2$, also

$$R = -\frac{\Delta^3 + 2\,Q^2}{f^2},$$

was nichts anderes als die Gleichung (7) des § 35. ist.

$\underline{n=4.}$ Man hat

$$\sigma_1 = H, \quad \tau_1 = -T, \quad \sigma_2 = i,$$

also

$$f^3 \cdot f(y) = \xi^4 + 3\,H\,\xi^2\,\eta^2 + 4\,T\,\xi\,\eta^3 + \left(\frac{i\,f^2}{2} - \tfrac{3}{4}\,H^2\right)\eta^4.$$

Alle Covarianten und Invarianten drücken sich also durch f, H, T, i aus. Es ist nur j noch übrig, und indem man es für die rechte Seite bildet, findet man

$$j \cdot f^{\lambda} = 6 \cdot \begin{vmatrix} 1 & 0 & \dfrac{H}{2} \\[2mm] 0 & \dfrac{H}{2} & T \\[2mm] \dfrac{H}{2} & T & \dfrac{i\,f^2}{2} - \dfrac{3\,H^2}{4} \end{vmatrix},$$

also $\lambda = 3$, und

$$j = 3\,\frac{\dfrac{i}{2}\,H f^2 - H^3 - 2\,T^2}{f^3};$$

was die Formel (1) des § 42. ist.

$n = 5$. Man hat, indem nach Analogie des § 73. die übrigen Bezeichnungen beibehalten werden, nur noch die neue Form

$$q = (ab)^4 (ca)\,\alpha_x\,b_x{}^2\,c_x{}^5 = (ci)\,c_x{}^5\,i_x{}^3$$

hinzuzufügen; dann ist $\tau_2 = -q$,

$$\varphi_5 = -f^2 q + H T,$$

und die typische Darstellung wird:

$$f^4 \cdot f(y) = \xi^4 + 5\,H\,\xi^3\,\eta^2 + 10\,T\,\xi^2\,\eta^3 + 5\left(\frac{i}{2}\,f^2 - \tfrac{3}{4}\,H^2\right)\xi\,\eta^4$$
$$+ (q\,f^2 - H\,T)\,\eta^5.$$

$n = 6$. Hier tritt die Invariante $A = \sigma_2$ (§ 76.) hinzu, und die typische Form wird:

$$f^5 \cdot f(y) = \xi^6 + \tfrac{15}{2}\,H\,\xi^4\,\eta^2 + 20\,T\,\xi^3\,\eta^3 + 15\left(\frac{i}{2}\,f^2 - \tfrac{3}{4}\,H^2\right)\xi^2\,\eta^4$$
$$+ 6\,(q\,f^2 - H\,T)\,\xi\,\eta^5 + \left(\frac{A}{2}\,f^4 - \tfrac{15}{4}\,i\,H f^2 + \tfrac{45}{8}\,H^3 + 10\,T^2\right)\eta^6.$$

§ 87. Anwendung der typischen Darstellung auf die Lösung von Gleichungen.

Wenn man unter x_1, x_2 irgend welche constanten Werthe versteht, so hat die Substitution

$$\xi = \tfrac{1}{2}\left[y_1\,f'(x_1) + y_2\,f'(x_2)\right], \qquad \eta = x_1\,y_2 - x_2\,y_1$$

die Eigenschaft, die Gleichung $f = 0$ von ihrem zweiten Terme zu befreien.

1. Bei quadratischen Gleichungen, wo nach § 86. die neue Form

$$f(x)\,f(y) = \xi^2 + \frac{\Delta}{2}\,\eta^2$$

wird, hat man an Stelle von $f(y) = 0$ sofort die **reine** quadratische Gleichung

$$\xi^2 + \frac{\Delta}{2}\,\eta^2 = 0,$$

also

$$\xi = \pm \sqrt{-\frac{\Delta}{2}}\,\eta,$$

oder

$$\tfrac{1}{2}\left[y_1 f'(x_1) + y_2 f'(x_2)\right] = \sqrt{-\frac{\Delta}{2}}\cdot (x_1 y_2 - y_1 x_2),$$

und daher, was auch x_1, x_2 sein mögen:

$$\frac{y_1}{y_2} = - \frac{\tfrac{1}{2} f'(x_2) + x_1 \sqrt{-\dfrac{\Delta}{2}}}{\tfrac{1}{2} f'(x_1) - x_2 \sqrt{-\dfrac{\Delta}{2}}},$$

was mit der in § 33. gegebenen Lösung übereinstimmt.

2. Bei cubischen Gleichungen wird nach § 86. die neue Gleichung:

$$(1) \qquad \xi^3 + \tfrac{3}{2}\Delta\,\xi\,\eta^2 + Q\,\eta^3 = 0.$$

Diese Gleichung kann, wie in § 44., durch entsprechende Modification der in § 38. gegebenen Lösung, oder direct durch die Cardanosche Formel gelöst werden. Man erhält dann

$$(2) \qquad \frac{\xi}{\eta} = \varepsilon^i A + \varepsilon^{2i} B,$$

wo ε eine dritte Wurzel der Einheit ist, und, durch Einsetzen in (1), nach den gewöhnlichen Regeln:

$$(3) \qquad \begin{aligned} A^3 + B^3 &= -Q \\ A\,B &= -\frac{\Delta}{2}; \end{aligned}$$

daher sind A^3 und B^3 die Wurzeln der Gleichung

$$z^2 - Q z - \frac{\Delta^3}{8} = 0,$$

und es wird

$$A^3 = \frac{Q}{2} + \sqrt{\frac{Q^2}{4} + \frac{\Delta^3}{8}}$$

$$B^3 = \frac{Q}{2} - \sqrt{\frac{Q^2}{4} + \frac{\Delta^3}{8}}\,.$$

Aber nach der Theorie der cubischen Formen ist

$$\Delta^3 + 2\,Q^2 + Rf^2 = 0,$$

daher

$$\sqrt{\frac{Q^2}{4} + \frac{\Delta^3}{8}} = \tfrac{1}{2} f \sqrt{-\frac{R}{2}}.$$

Die Grössen A und B sind also durch die Gleichungen

$$(4) \qquad \begin{aligned} A^3 &= \tfrac{1}{2}\left(Q + f\sqrt{-\frac{R}{2}}\right) \\ B^3 &= \tfrac{1}{2}\left(Q - f\sqrt{-\frac{R}{2}}\right) \end{aligned}$$

nebst der Bedingung

$$(5) \qquad A\,B = -\frac{\Delta}{2},$$

welche die Wahl der Cubikwurzel von B^3 an die von A^3 knüpft, gegeben; sodann aber findet man nach (2) $\dfrac{y_1}{y_2}$ aus der Gleichung:

$$(6) \qquad \tfrac{1}{3}\frac{y_1\,f'(x_1) + y_2\,f'(x_2)}{x_1\,y_2 - y_1\,x_2} = \varepsilon^i A + \varepsilon^{2i} B.$$

Die Lösung giebt, ganz analog der für die quadratischen Gleichungen aufgestellten, eine unendliche Anzahl gleichberechtigter Auflösungen, welche nur durch die Wahl des willkürlichen Parameters $\dfrac{x_1}{x_2}$ von einander verschieden sind.*

Eine andere Darstellung der Auflösung der cubischen Gleichungen (1) erhält man, indem man für die x eines der Werthepaare α, β setzt, für welche Δ verschwindet. Die Gleichung (1) verwandelt sich dann in eine reine cubische Gleichung, und man hat daher

$$\frac{\xi}{\eta} = -\sqrt[3]{Q},$$

wo die dritte Wurzel jeden ihrer drei Werthe annehmen kann. Die Lösung der cubischen Gleichung nimmt also dann die beiden Formen an:

$$\begin{aligned} \tfrac{1}{3}\frac{y_1\,f'(\alpha_1) + y_2\,f'(\alpha_2)}{\alpha_1\,y_2 - y_1\,\alpha_2} &= -\sqrt[3]{Q(\alpha)} \\ \tfrac{1}{3}\frac{y_1\,f'(\beta_1) + y_2\,f'(\beta_2)}{\beta_1\,y_2 - y_1\,\beta_2} &= -\sqrt[3]{Q(\beta)}. \end{aligned}$$

3. Bei biquadratischen Gleichungen ist die transformirte Gestalt nach § 86.:

$$(7) \qquad 0 = \xi^4 + 3H\xi^2\eta^2 + 4T\xi\eta^3 + \left(\frac{i\,f^2}{2} - \tfrac{3}{4}H^2\right)\eta^4.$$

---

* Gundelfinger, Math. Ann. Bd. 3, S. 272.

Setzt man nun, nach Euler's Methode:

$$(8) \qquad \frac{\xi}{\eta} = A + B + C,$$

so kann man die Gleichung (7) in folgende drei zerlegen, welche dann die Grössen A, B, C vollständig bestimmen:

$$(9) \qquad \begin{aligned} A\,B\,C &= -\frac{T}{2} \\ A^2 + B^2 + C^2 &= -\tfrac{3}{2}H \\ A^2 B^2 + B^2 C^2 + C^2 A^2 &= \frac{3H^2}{4} - \frac{if^2}{8}. \end{aligned}$$

Daher sind A^2, B^2, C^2 die Wurzeln der cubischen Gleichung

$$(10) \qquad z^3 + \tfrac{3}{2}Hz^2 + \left(\frac{3H^2}{4} - \frac{if^2}{8}\right) z - \frac{T^2}{4} = 0,$$

während ausserdem zwischen A, B, C selbst die Zeichenbestimmung

$$(11) \qquad A\,B\,C = -\frac{T}{2}$$

besteht. Setzt man aber in (10)

$$(12) \qquad z = -\frac{H + mf}{2},$$

und führt dadurch die neue Unbekannte m ein, so verwandelt sich, wenn man zugleich die Identität

$$T^2 = -\tfrac{1}{4}\left(H^3 - \frac{i}{2}Hf^2 - \frac{j}{3}f^3\right)$$

berücksichtigt, die Gleichung (10) in die cubische Resolvente des § 44., nämlich

$$(13) \qquad m^3 - \frac{i}{2}m - \frac{j}{3} = 0.$$

Man hat also, wenn wieder m, m', m'' die Wurzeln dieser Gleichung sind:

$$(14) \qquad \begin{aligned} A &= \sqrt{-\frac{H + m\,f}{2}} \\ B &= \sqrt{-\frac{H + m'f}{2}} \\ C &= \sqrt{-\frac{H + m''f}{2}}, \end{aligned}$$

wo für die Vorzeichen der Quadratwurzeln noch die Bedingung (10) besteht.

Man sieht, dass A, B, C nichts anderes sind, als die Werthe welche die irrationalen quadratischen Covarianten von f für das beliebige Werthepaar x_1, x_2 annehmen. Daher kann man diese Lösung der biquadratischen Gleichung endlich in folgender Form schreiben[*]:

$$(15) \qquad \tfrac{1}{4}\,\frac{y_1 f'(x_1) + y_2 f'(x_2)}{x_1 y_2 - y_1 x_2} = \pm\, \varphi(x) \pm \psi(x) \pm \chi(x),$$

wo

$$(16) \qquad \pm\, \varphi(x) \cdot \pm\, \psi(x) \cdot \pm\, \chi(x) = -\frac{T}{2}\,.$$

Für die wirkliche Darstellung der Lösung haben die hier erwähnten Formen vor den im Frühern gegebenen wesentliche Vorzüge. Ich will die Formeln (15), (16) auf eine an und für sich interessante Gleichung anwenden, die Modulargleichung für die Transformation dritter Ordnung der elliptischen Functionen. Nach Fundam. S. 23 ist dieselbe

$$(17) \qquad u^4 - v^4 + 2\,u\,v\,(1 - u^2 v^2) = 0,$$

wo $u = \sqrt[4]{\varkappa}$, $v = \sqrt[4]{\lambda}$, und wo $\varkappa$ den gegebenen, λ den gesuchten Modul bedeutet. Führt man den reciproken Werth t des Multiplicators M ein, so geschieht dies mittelst der linearen Transformation (Fundam. S. 25)

$$(18) \qquad t = \frac{1}{M} = \frac{v + 2\,u^3}{v},$$

und die Gleichung (17) verwandelt sich dadurch in

$$(19) \qquad f = t^4 - 6\,t^2 + 8\,(1 - 2\varkappa^2)\,t - 3 = 0.$$

Für dieselbe ist $i = 0$,

$$(20) \qquad j = 6 \begin{vmatrix} 1 & 0 & -1 \\ 0 & -1 & 2(1-2\varkappa^2) \\ -1 & 2(1-2\varkappa^2) & -3 \end{vmatrix} = 96\,\varkappa^2\varkappa'^2,$$

wenn $\varkappa'^2 = 1 - \varkappa^2$; daher aus (13)

$$(21) \qquad m = \sqrt[3]{\frac{j}{3}} = 2\sqrt[3]{4\,\varkappa^2\varkappa'^2}.$$

Zugleich ist

$$(22) \quad H = -2\,t^4 + 8\,(1 - 2\varkappa^2)\,t^3 - 12\,t^2 + 8\,(1 - 2\varkappa^2)\,t + 16\,\varkappa^2\varkappa'^2.$$

Setzt man also in (15) $x_1 = 1$, $x_2 = 0$, so hat man:

$$(23) \quad t = \frac{1}{M} = \sqrt{1 - \sqrt[3]{4\,\varkappa^2\varkappa'^2}} + \sqrt{1 - \varepsilon\sqrt[3]{4\,\varkappa^2\varkappa'^2}} + \sqrt{1 - \varepsilon^2\sqrt[3]{4\,\varkappa^2\varkappa'^2}},$$

---

[*] Aronhold in Crelle's Journal, Bd. 52.

Um die Zeichenbestimmung (16) zu finden, muss man noch den ersten Coefficienten von T (weil $x_1 = 1$, $x_2 = 0$) bilden, welcher gleich

$$\begin{vmatrix} 1 & 0 \\ -2 & 2\,(1 - 2\,x^2) \end{vmatrix} = 2\,(1 - 2\,x^2)$$

ist. Die Vorzeichen der Wurzeln sind also so zu nehmen, dass

$$\sqrt{1 - \sqrt[3]{4\,x^2\,x'^2}} \cdot \sqrt{1 - \varepsilon\sqrt[3]{4\,x^2\,x'^2}} \cdot \sqrt{1 - \varepsilon^2\sqrt[3]{4\,x^2\,x'^2}} = 2\,x^2 - 1.$$

§ 88. Andere typische Darstellung des Formensystems der Formen dritter und vierter Ordnung.

Wenn es sich darum handelt, nicht nur die Grundform, sondern auch ihre Covarianten in typischen Veränderlichen darzustellen, so können andere Substitutionen, als die im Vorigen behandelten, den Vorzug einfachster Eigenschaften besitzen. Bei den Formen dritter Ordnung ist es die Substitution

$$(1) \qquad \xi = \Delta_x\,\Delta_y, \quad \eta = (xy),$$

bei den Formen vierter Ordnung die Substitution

$$(2) \qquad \xi = T_x^5\,T_y, \quad \eta = (xy),$$

welche am einfachsten zum Ziele führt. In beiden Fällen haben die neuen Veränderlichen die Eigenschaft, Null zu geben, wenn man sie dem Prozesse δ unterwirft, so dass, um Q, resp. H zu finden, es nur nöthig ist, die Coefficienten der typischen Darstellung von f diesem Prozesse zu unterwerfen, während andererseits Δ und T unmittelbar aus den Formeln des § 86. gefunden werden. Doch ist es auch für die ersteren Formeln nicht erforderlich, auf den Prozess δ zurückzugehen, wenn man sofort die Darstellung der zusammengesetzten Formen $x f + \lambda Q$, bez. $x f + \lambda H$ unternimmt. Zur Bestimmung der Coefficienten in deren Darstellungen führt die recurrente Formel des § 83.

Es sei nämlich $F = F_x^m$ irgend eine Form, und

$$\xi = \varphi_x^{u-1}\,\varphi_y, \quad \eta = (xy)$$

eine aus Anwendung einer beliebigen andern, nur nicht linearen, Form φ entspringende Substitution. Es wird dann

$$\varphi \cdot F(y) = \xi \cdot F(x) - (F\xi)\,F_x^{m-1} \cdot \eta,$$

und daher

$$\varphi^m \cdot F(y) = B_0\,\xi^m - \frac{n}{1}\,B_1\,\xi^{m-1}\,\eta + \frac{m \cdot m - 1}{1 \cdot 2}\,B_2\,\xi^{m-2}\,\eta^2 \cdots,$$

wo

$$(3) \qquad \begin{aligned} B_0 &= F_x{}^m \\ B_1 &= F_x{}^{m-1}\,(F\,\xi) \\ B_2 &= F_x{}^{m-1}\,(F\,\xi)^2. \end{aligned}$$

. . . .

Die Methode, eine recurrente Formel für die B zu finden, kann nun aus § 83. ohne Weiteres entlehnt werden. Denn da.a. a. O. eine Beziehung zwischen den dort durch f, M bezeichneten Formen in keiner Weise benutzt wurde, so bleibt das Resultat auch für den vorliegenden Fall bestehen, in welchem f, M nur durch F, φ ersetzt werden. Man hat also die recurrente Formel:

$$(4) \qquad B_{h+1} = \frac{2}{m-h}\left(\frac{\partial B_h}{\partial x_1}\xi_2 - \frac{\partial B_h}{\partial x_2}\xi_1\right) + \frac{h\,(\mu-1)}{2\,(m-h)}\,\Phi\,B_{h-1},$$

wo Φ die Covariante

$$(5) \qquad \Phi = (\varphi\,\varphi')^2\,\varphi_x{}^{\mu-2}\,\varphi'_x{}^{\mu-2}$$

bedeutet. Ich wende dieselbe jetzt auf die fragliche Darstellung der Formen dritter und vierter Ordnung an.

1. Cubische Formen. Zunächst wird durch Anwendung der Substitution (1) nach § 86.:

$$(6) \qquad \Delta\,.\,\Delta\,(y) = \xi^2 + \frac{R}{2}\,\eta^2.$$

Sodann ist

$$(7) \qquad \Delta^3\,(\varkappa f + \lambda\,Q) = B_0\,\xi^3 - 3\,B_1\,\xi^2\,\eta + 3\,B_2\,\xi\,\eta^2 - B_3\,\eta^3,$$

und zwar hat man nach (3), (4) $(\Phi = R)$:

$$B_0 = \varkappa f + \lambda\,Q$$

$$B_1 = \tfrac{1}{6}\left\{\frac{\partial\,.\,\varkappa f + \lambda\,Q}{\partial x_1}\frac{\partial\,\Delta}{\partial x_2} - \frac{\partial\,.\,\varkappa f + \lambda\,Q}{\partial x_2}\frac{\partial\,\Delta}{\partial x_1}\right\}$$

$$= \varkappa\,(a\,\Delta)\,a_x{}^2\,\Delta_x + \lambda\,(Q\,\Delta)\,Q_x{}^2\,\Delta_x$$

$$= \varkappa\,Q - \frac{R}{2}\,\lambda f \qquad\qquad\qquad [\text{§ 36. (3).}]$$

$$B_2 = \tfrac{3}{2}\left[\varkappa\,(Q\,\Delta)\,Q_x{}^2\,\Delta_x - \frac{R}{2}\,\lambda\,(a\,\Delta)\,a_x{}^2\,\Delta_x\right] + \tfrac{1}{4}\,R\,(\varkappa f + \lambda\,Q)$$

$$= -\frac{R}{2}\,(\varkappa f + \lambda\,Q)$$

$$B_3 = -\frac{3\,R}{2}\,[\varkappa\,(a\,\Delta)\,a_x{}^2\,\Delta_x + \lambda\,(Q\,\Delta)\,Q_x{}^2\,\Delta_x] + R\left(\varkappa\,Q - \frac{R}{2}\,\lambda f\right)$$

$$= -\frac{R}{2}\left(\varkappa\,Q - \frac{R}{2}\,\lambda f\right).$$

Die typische Darstellung von $\varkappa f + \lambda Q$ wird also:

$$\Delta^3 (\varkappa f + \lambda Q) = (\varkappa f + \lambda Q)\left(\xi^3 - \frac{3R}{2}\xi\eta^2\right) - \left(\varkappa Q - \frac{R}{2}\lambda f\right)\left(3\xi^2\eta - \frac{R}{2}\eta^3\right).$$

Sie zerfällt in die beiden Gleichungen:

$$(8)\qquad
\begin{aligned}
\Delta^3 f &= f\left(\xi^3 - \frac{3R}{2}\xi\eta^2\right) - Q\left(3\xi^2\eta - \frac{R}{2}\eta^3\right)\\[2mm]
\Delta^3 Q &= Q\left(\xi^3 - \frac{3R}{2}\xi\eta^2\right) + \frac{Rf}{2}\left(3\xi^2\eta - \frac{R}{2}\eta^3\right)
\end{aligned}$$

2. **Biquadratische Formen.** Zur Darstellung von T mittelst der Substitution (2) benutzen wir die letzte Gleichung des § 86., indem wir T an Stelle der dort durch f bezeichneten Form treten lassen. Es ist zunächst zu erörtern, was an Stelle der dort durch H, T, i, q, A bezeichneten Formen zu setzen ist. Hierzu benutzt man die Formeln des § 43. Bezeichnen wir durch I und J die nach den y genommenen Invarianten der Form

$$H \cdot f(y) - f \cdot H(y),$$

welche aus $i_{\varkappa\lambda}$, $j_{\varkappa\lambda}$ dadurch hervorgehen, dass H für $\varkappa$, $-f$ für λ gesetzt wird, so hat man nach § 43. (7) für die in § 86. durch H bezeichnete Form den Ausdruck:

$$(T T')^2 T_x{}^4 T'_x{}^4 = - \tfrac{1}{12} I.$$

Die in § 86. durch T bezeichnete Form ist die erste Ueberschiebung dieser Form mit T:

$$-\frac{1}{12 \cdot 6 \cdot 8}\left\{\frac{\partial T}{\partial x_1}\frac{\partial I}{\partial x_2} - \frac{\partial T}{\partial x_2}\frac{\partial I}{\partial x_1}\right\}$$

$$= -\frac{1}{12 \cdot 6 \cdot 8}\left\{\frac{\partial I}{\partial f}\left(\frac{\partial T}{\partial x_1}\frac{\partial f}{\partial x_2} - \frac{\partial T}{\partial x_2}\frac{\partial f}{\partial x_1}\right) + \frac{\partial I}{\partial H}\left(\frac{\partial T}{\partial x_1}\frac{\partial H}{\partial x_2} - \frac{\partial T}{\partial x_2}\frac{\partial H}{\partial x_1}\right)\right\}.$$

Aber nach § 42. (2) hat man:

$$\frac{\partial T}{\partial x_1}\frac{\partial f}{\partial x_2} - \frac{\partial T}{\partial x_2}\frac{\partial f}{\partial x_1} = 4\frac{\partial \Omega(H, -f)}{\partial H}$$

$$\frac{\partial T}{\partial x_1}\frac{\partial H}{\partial x_2} - \frac{\partial T}{\partial x_2}\frac{\partial H}{\partial x_1} = -4\frac{\partial \Omega(H, -f)}{\partial f},$$

und der gesuchte Ausdruck wird also:

$$= -\tfrac{1}{144}\left\{\frac{\partial I}{\partial f}\frac{\partial \Omega(H, -f)}{\partial H} - \frac{\partial I}{\partial H}\frac{\partial \Omega(H, -f)}{\partial f}\right\}$$

$$= \tfrac{1}{144}\left\{\frac{\partial i_{\varkappa\lambda}}{\partial \lambda}\frac{\partial \Omega(\varkappa, \lambda)}{\partial \varkappa} - \frac{\partial I_{\varkappa\lambda}}{\partial \varkappa}\frac{\partial \Omega(\varkappa, \lambda)}{\partial \lambda}\right\}_{\varkappa = H,\; \lambda = -f}$$

$$= \tfrac{1}{24} J. \quad (\S\ 41.)$$

Die an Stelle von i (§ 86.) zu setzende vierte Ueberschiebung von T über sich selbst verschwindet nach § 43. identisch; ebenso also auch die an Stelle von q (§ 86.) tretende erste Ueberschiebung dieser Form mit T. Dagegen wird die sechste Ueberschiebung A von T über sich selbst, nach § 43.:

$$A = \tfrac{1}{4}\left(\frac{i^3}{6} - j^2\right).$$

Da aber für $\varkappa = H$, $\lambda = -f$, T^2 in $-\tfrac{1}{2}\Omega$ übergeht, und nach § 41.:

$$\left(\frac{i^3}{6} - j^3\right)\Omega^2 = \frac{i^3\varkappa\lambda}{6} - j^2\varkappa\lambda,$$

so wird auch

$$T^4 \cdot A = \tfrac{1}{16}\left(\frac{i^3}{6} - j^2\right)\Omega^2\,(H, -f)$$

$$= \tfrac{1}{16}\left(\frac{I^3}{6} - J^2\right).$$

Wenden wir jetzt die letzte Formel des § 86. an, so erhalten wir für T die Darstellung:

$$(9) \qquad T^5 \cdot T(y) = \xi^6 - \tfrac{5}{16} I \xi^4 \eta^2 + \tfrac{5}{6} J \xi^3 \eta^3 - \tfrac{5}{64} I^2 \xi^2 \eta^4$$

$$+ \tfrac{1}{48} I J \xi \eta^5 + \left(\frac{I^3}{512} - \frac{J^2}{72}\right)\eta^6.$$

Um die Darstellung von $\varkappa f + \lambda H$ zu finden, wendet man wieder die Formel (4) an. Es ist

$$T^4\,(\varkappa f + \lambda H) = B_0\,\xi^4 - 4 B_1\,\xi^3\,\eta + 6 B_2\,\xi^2\,\eta^2 - 4 B_3\,\xi\,\eta^3 + B_4\,\eta^4.$$

Dabei ist

$$B_0 = \varkappa f + \lambda H, \quad \Phi = (T T')^2\,T_x^4\,T_x'^4 = -\frac{I}{12}.$$

Man vereinfacht die Aufsuchung der folgenden Coefficienten sehr durch folgende Vorbetrachtung. Setzen wir der Kürze wegen

$$u = \varkappa f + \lambda H$$

$$v = \varkappa\,\frac{\partial\Omega}{\partial H} - \lambda\,\frac{\partial\Omega}{\partial f},$$

wo Ω immer mit den Argumenten H, $-f$ geschrieben gedacht wird, so ist

$$\frac{\partial u}{\partial x_1}\,\xi_2 - \frac{\partial u}{\partial x_2}\,\xi_1 = 4\,[\varkappa\,(a\,T)\,a_x^3\,T_x^5 + \lambda\,(H T)\,H_x^3\,T_x^5],$$

oder nach § 42.:

$$(10) \qquad\qquad \frac{\partial u}{\partial x_1}\,\xi_2 - \frac{\partial u}{\partial x_2}\,\xi_1 = -\tfrac{2}{3}\,v.$$

Ferner:

$$\frac{\partial v}{\partial x_1}\xi_2 - \frac{\partial v}{\partial x_2}\xi_1 = \tfrac{1}{6}\left\{\left(\varkappa\frac{\partial^2\Omega}{\partial H^2}-\lambda\frac{\partial^2\,\partial\Omega}{\partial f\partial H}\right)\left(\frac{\partial H}{\partial x_1}\frac{\partial T}{\partial x_2}-\frac{\partial H}{\partial x_2}\frac{\partial T}{\partial x_1}\right)\right.$$
$$\left.+\left(\varkappa\frac{\partial^2\Omega}{\partial H\partial f}-\lambda\frac{\partial^2\Omega}{\partial f^2}\right)\left(\frac{\partial f}{\partial x_1}\frac{\partial T}{\partial x_2}-\frac{\partial H}{\partial x_2}\frac{\partial T}{\partial x_1}\right)\right\}$$
$$=\tfrac{2}{3}\left\{\left(\varkappa\frac{\partial^2\Omega}{\partial H^2}-\lambda\frac{\partial^2\Omega}{\partial f\partial H}\right)\frac{\partial\Omega}{\partial f}-\left(\varkappa\frac{\partial^2\Omega}{\partial H\partial f}-\lambda\frac{\partial^2\Omega}{\partial f^2}\right)\frac{\partial\Omega}{\partial H}\right\}.$$

Der in der grossen Klammer befindliche Ausdruck kann aber auch die Form erhalten:

$$\tfrac{1}{2}\begin{vmatrix}\varkappa\dfrac{\partial^2\Omega}{\partial H^2}-\lambda\dfrac{\partial^2\Omega}{\partial f\partial H} & H\dfrac{\partial^2\Omega}{\partial H^2}+f\dfrac{\partial^2\Omega}{\partial H\partial f}\\[2mm] \varkappa\dfrac{\partial^2\Omega}{\partial f\partial H}-\lambda\dfrac{\partial^2\Omega}{\partial f^2} & H\dfrac{\partial^2\Omega}{\partial H\partial f}+f\dfrac{\partial^2\Omega}{\partial f^2}\end{vmatrix}$$

$$=\tfrac{1}{2}(\varkappa f+\lambda H)\begin{vmatrix}\dfrac{\partial^2\Omega}{\partial H^2} & \dfrac{\partial^2\Omega}{\partial f\partial H}\\[2mm] \dfrac{\partial^2\Omega}{\partial f\partial H} & \dfrac{\partial^2\Omega}{\partial f^2}\end{vmatrix}=-3I(\varkappa f+\lambda H)\ [\S\,41.\,(8)],$$

so dass endlich

$$(11)\qquad\qquad \frac{\partial v}{\partial x_1}\xi_2-\frac{\partial v}{\partial x_2}\xi_1=-2I\,u.$$

Hieraus folgt, dass man setzen kann:

$$(12)\qquad\qquad B_h=C_h\,u+D_h\,v,\quad C_0=1,\quad D_0=0,$$

wo C_h und D_h ganze Functionen von f, H sind, welche $\varkappa$, λ nicht mehr enthalten.

In der That, es verwandelt sich die recurrente Formel (4) mit Anwendung der Gleichungen (10), (11) in:

$$C_{h+1}\,u+D_{h+1}\,v=\frac{1}{4-h}\left\{\left(\frac{\partial C_h}{\partial x_1}\xi_2-\frac{\partial C_h}{\partial x_2}\xi_1-2ID_h\right)u\right.$$
$$\left.+\left(\frac{\partial D_h}{\partial x_1}\xi_2-\frac{\partial D_h}{\partial x_2}\xi_1-\tfrac{2}{3}C_h\right)v\right\}$$
$$-\frac{5h}{24(4-h)}I\cdot(C_{h-1}u+D_{h-1}v),$$

eine Gleichung, welche sofort in die beiden zerfällt:

$$C_{h+1}=\frac{1}{4-h}\left(\frac{\partial C_h}{\partial x_1}\xi_2-\frac{\partial C_h}{\partial x_2}\xi_1-2ID_h\right)-\frac{5h}{24(4-h)}IC_{h-1}$$
$$D_{h+1}=\frac{1}{4-h}\left(\frac{\partial D_h}{\partial x_1}\xi_2-\frac{\partial D_h}{\partial x_2}\xi_1-\tfrac{2}{3}C_h\right)-\frac{5h}{24(4-h)}ID_{h-1}.$$

Betrachtet man aber die C und D, wie oben angegeben, als Functionen von f und H, so ist weiter:

$$\frac{\partial C_h}{\partial x_1}\,\xi_2 - \frac{\partial C_h}{\partial x_2}\,\xi_1 = 4\left\{\frac{\partial C_h}{\partial f}\,(a\,T)\,a_x{}^3\,T_x{}^5 + \frac{\partial C_h}{\partial H}\,(H\,T)\,H_x{}^3\,T_x{}^5\right\}$$

$$= -\tfrac{2}{3}\left(\frac{\partial C_h}{\partial f}\,\frac{\partial \Omega}{\partial H} - \frac{\partial C_h}{\partial H}\,\frac{\partial \Omega}{\partial f}\right)$$

$$\frac{\partial D_h}{\partial x_1}\,\xi_2 - \frac{\partial D_h}{\partial x_2}\,\xi_1 = 4\left\{\frac{\partial D_h}{\partial f}\,(a\,T)\,a_x{}^3\,T_x{}^5 + \frac{\partial D_h}{\partial H}\,(H\,T)\,H_x{}^3\,T_x{}^5\right\}$$

$$= -\tfrac{2}{3}\left(\frac{\partial D_h}{\partial f}\,\frac{\partial \Omega}{\partial H} - \frac{\partial D_h}{\partial H}\,\frac{\partial \Omega}{\partial f}\right),$$

und die recurrenten Formeln werden also:

$$(13)\qquad
\begin{aligned}
C_{h+1} &= -\frac{2}{3\,(4-h)}\left\{\frac{\partial C_h}{\partial f}\,\frac{\partial \Omega}{\partial H} - \frac{\partial C_h}{\partial H}\,\frac{\partial \Omega}{\partial f} + 3\,I D_h\right\} - \frac{5\,h}{24\,(4-h)}\,I\,C_{h-1}\\[2mm]
D_{h+1} &= -\frac{2}{3\,(4-h)}\left\{\frac{\partial D_h}{\partial f}\,\frac{\partial \Omega}{\partial H} - \frac{\partial D_h}{\partial H}\,\frac{\partial \Omega}{\partial f} + C_h\right\} - \frac{5\,h}{24\,(4-h)}\,I\,D_{h-1}.
\end{aligned}$$

Führt man nun aus (12) die Werthe $C_0 = 1$, $D_0 = 0$ ein, so erhält man weiter:

$$(14)\qquad
\begin{aligned}
C_1 &= 0, \quad D_1 = -\tfrac{1}{6},\\[1mm]
C_2 &= \frac{I}{24}, \quad D_2 = 0,\\[1mm]
C_3 &= -\frac{1}{72}\left(\frac{\partial I}{\partial f}\,\frac{\partial \Omega}{\partial H} - \frac{\partial I}{\partial H}\,\frac{\partial \Omega}{\partial f}\right) = \frac{J}{12} \qquad\text{(vgl. oben)}\\[1mm]
D_3 &= \frac{I}{48}\\[1mm]
C_4 &= -\frac{1}{18}\left(\frac{\partial J}{\partial f}\,\frac{\partial \Omega}{\partial H} - \frac{\partial J}{\partial H}\,\frac{\partial \Omega}{\partial f}\right) - \frac{13\,I^2}{8\,.\,24}\\[1mm]
D_4 &= -\frac{2}{3\,.\,48}\left(\frac{\partial I}{\partial f}\,\frac{\partial \Omega}{\partial H} - \frac{\partial I}{\partial H}\,\frac{\partial \Omega}{\partial f}\right) - \frac{J}{18} = \frac{J}{36}.
\end{aligned}$$

Es bleibt nur noch der erste Theil von C_4 umzuformen. Man hatte mit Bezug auf $\varkappa$, λ als Veränderliche in § 41.

$$i_{\varkappa\lambda} = -3\,\Delta_\Omega$$
$$j_{\varkappa\lambda} = -3\,Q_\Omega.$$

Setzt man also für den Augenblick symbolisch

$$\Omega = \omega_\varkappa{}^3,$$

so wird

$$i_{\varkappa\lambda} = -3\,(w\,w')^2\,w_\varkappa\,w'_\varkappa = -3\,\Delta_\varkappa{}^2$$
$$j_{\varkappa\lambda} = -3\,(w\,\Delta)\,w_\varkappa{}^2\,\Delta_\varkappa = -3\,Q_\varkappa{}^3,$$

mithin

$$\tfrac{1}{6}\left(\frac{\partial j}{\partial \varkappa}\,\frac{\partial w}{\partial \lambda} - \frac{\partial j}{\partial \lambda}\,\frac{\partial w}{\partial \varkappa}\right) = -3\,(Q\,w)\,Q_\varkappa{}^2\,w_\varkappa{}^2 = -\tfrac{3}{2}\,\Delta_\varkappa{}^2\,\Delta_\varkappa{}'^2$$

$$= -\tfrac{1}{6}\,i_{\varkappa\lambda}{}^2. \qquad\qquad [\S\ 35.\ (2).]$$

Setzt man also $\varkappa = H$, $\lambda = -f$, so ergiebt sich

$$\frac{\partial J}{\partial f}\frac{\partial \Omega}{\partial H} - \frac{\partial J}{\partial H}\frac{\partial \Omega}{\partial f} = -\tfrac{3}{2} I^2,$$

und somit:

$$(15) \qquad\qquad C_4 = \frac{I^2}{64}.$$

Fassen wir nunmehr alles zusammen, so haben wir:

$$B_0 = \quad \varkappa f + \lambda H$$

$$B_1 = \qquad\qquad - \tfrac{1}{6}\left(\varkappa\frac{\partial \Omega}{\partial H} - \lambda\frac{\partial \Omega}{\partial f}\right)$$

$$B_2 = \frac{I}{24}\,(\varkappa f + \lambda H)$$

$$B_3 = \frac{J}{12}\,(\varkappa f + \lambda H) + \frac{I}{48}\left(\varkappa\frac{\partial \Omega}{\partial H} - \lambda\frac{\partial \Omega}{\partial f}\right)$$

$$B_4 = \frac{I^2}{64}\,(\varkappa f + \lambda H) + \frac{J}{36}\left(\varkappa\frac{\partial \Omega}{\partial H} - \lambda\frac{\partial \Omega}{\partial f}\right).$$

Die typische Darstellung von $\varkappa f + \lambda H$ wird also:

$$T^4\,[\varkappa f(y) + \lambda H(y)] = (\varkappa f + \lambda H)\left(\xi^4 + \frac{I}{4}\xi^2\eta^2 - \frac{J}{3}\xi\eta^3 + \frac{I^2}{64}\eta^4\right)$$
$$+ \left(\varkappa\frac{\partial \Omega}{\partial H} - \lambda\frac{\partial \Omega}{\partial f}\right)\left\{\tfrac{2}{3}\xi^3\eta - \frac{I}{12}\xi\eta^3 + \frac{J}{36}\eta^4\right\},$$

oder man hat:

$$T^4 \cdot f(y) = f\left(\xi^4 + \frac{I}{4}\xi^2\eta^2 - \frac{J}{3}\xi\eta^3 + \frac{I^2}{64}\eta^4\right)$$
$$+ \frac{\partial \Omega}{\partial H}\left(\tfrac{2}{3}\xi^3\eta - \frac{I}{12}\xi\eta^3 + \frac{J}{36}\eta^4\right)$$

$$T^4 \cdot H(y) = H\left(\xi^4 + \frac{I}{4}\xi^2\eta^2 - \frac{J}{3}\xi\eta^3 + \frac{I^2}{64}\eta^4\right)$$
$$- \frac{\partial \Omega}{\partial f}\left(\tfrac{2}{3}\xi^3\eta - \frac{I}{12}\xi\eta^3 + \frac{J}{36}\eta^4\right).$$

§ 89. Ueber die Aufgabe, zu gegebenen Elementen ein letztes zu finden, so dass eine bestimmte Invariante des ganzen Systems verschwindet.

Im Folgenden werde ich eine Anwendung der typischen Darstellungen geben, welche für die Untersuchung der Natur von Invarianten von der grössten Wichtigkeit ist. Um nämlich die Bedeutung des Verschwindens einer Invariante J zu erkennen, welche einem Systeme von Formen f, φ ... simultan zugehört, kann man die Elemente, welche den Gleichungen $f = 0$, $\psi = 0$ ... zugehören, bis auf eines (etwa von f) als bekannt voraussetzen und nun die Frage stellen:

Wie bestimmt man das letzte der Gleichung $f=0$ zügehörige Element so, dass eine gegebene simultane Invariante J von f, ψ ... verschwindet?

Man kann in Folge dieser Fragestellung f als das Product einer unbekannten linearen Form η mit einer gegebenen Form F einer um 1 niedrigeren Ordnung ansehen; und indem man diesen Ausdruck $\eta \cdot F$ in die Invariante, welche verschwinden soll, an Stelle von f einführt, erhält man aus $J = 0$ eine Gleichung für das Verhältniss der Coefficienten von η, eine Gleichung von ebenso hohem Grade in Bezug auf diese Unbekannte, als J es in Bezug auf die Coefficienten von f war.

Diese Gleichung hat in vielen Fällen bemerkenswerthe Eigenschaften und dient dazu, die Eigenschaften von J zu beleuchten. Ich will zunächst nur zweier Fälle gedenken, in denen das Resultat von vornherein klar und daher eine Untersuchung weiter nicht nöthig ist; ich meine die Fälle, in denen J eine Resultante oder Discriminante ist.

Wenn J die Resultante von f und ψ ist und wir voraussetzen, dass die Resultante von F und φ nicht verschwindet, so kann J nur dadurch verschwinden, dass η ein Factor von φ wird. Ist also symbolisch $\psi = \psi_y{}^m$, so ist die gesuchte Gleichung

$$(\psi \eta)^m = 0.$$

Ist J die Discriminante von f und verschwindet nicht schon die Discriminante von F, so kann J nur gleich Null werden, wenn η Factor von F ist, und die gesuchte Gleichung ist also, wenn $F = F_y{}^{n-1}$ gesetzt wird:

$$(F\eta)^{n-1} = 0.$$

Um nun in anderen Fällen die gesuchte Gleichung zu finden, werde ich durch x das Verschwindungselement von η bezeichnen, so dass

$$\eta = (xy),$$

und werde in F, φ ... als zweite Veränderliche

$$\xi = F_x{}^{n-2} F_y$$

einführen. Man hat dann nach § 83.

$$
\begin{aligned}
F^{n-2} \cdot F(y) &= \xi^{n-1} + \frac{n-1 \cdot n-2}{1 \cdot 2}\, \varphi_2\, \xi^{n-3}\, \eta^2 \\
&\quad - \frac{n-1 \cdot n-2 \cdot n-3}{1 \cdot 2 \cdot 3}\, \varphi_3\, \xi^{n-4}\, \eta^3 \ldots , \\
F^m \quad \cdot \psi(y) &= B_0\, \xi^m - \frac{m}{1}\, B_1\, \xi^{m-1}\, \eta + \frac{m \cdot m-1}{1 \cdot 2}\, B_2\, \xi^{n-2}\, \eta^2 \ldots \\
&\qquad \cdots \cdots
\end{aligned}
$$

$$(1)$$

Die Form f aber kann durch den Ausdruck gegeben angesehen werden:

$$(2) \quad F^{n-2} \cdot f(y) = n\, \eta \left\{ \xi^{n-1} + \frac{n-1 \cdot n-2}{1 \cdot 2}\, \varphi_2\, \xi^{n-3}\, \eta^2 - \frac{n-1 \cdot n-2 \cdot n-3}{1 \cdot 2 \cdot 3}\, \varphi_3\, \xi^{n-4}\, \eta^3 \ldots \right\}$$

und die Coefficienten der transformirten Form f sind also:

$$0, \quad 1, \quad 0, \quad 3\varphi_2, \quad -4\varphi_3, \quad 5\varphi_4 \ldots$$

Waren nun ursprünglich $a_0, a_1 \ldots;\ b_0, b_1 \ldots;\ \ldots$ die Coefficienten von $f,\ \varphi \ldots$, und

$$J = \Pi\, (a_0, a_1 \ldots;\ b_0, b_1 \ldots;\ \ldots),$$

so erhält man nur eine Potenz von F als überflüssigen Factor, wenn man statt der Coefficienten $a, b \ldots$ die der Darstellungen (1), (2) setzt. Die gesuchte Gleichung ist daher:

$$0 = \frac{\Pi\, (0, 1, 0, -3\varphi_2 \ldots;\ B_0, -B_1 \ldots;\ \ldots)}{F^\lambda}.$$

Ich werde diese Art, die Endgleichung zu bilden, auf Fälle anwenden, in welchen es sich nur um Invarianten einer einzigen Form f handelt.

I.

> Zu drei gegebenen Elementen soll ein viertes gefunden werden, so dass für die Gruppe aller entweder i oder j verschwindet.

Man hat für F eine Form dritter Ordnung in der typischen Darstellung (§ 86.)

$$F^2 \cdot F(y) = \xi^3 + \tfrac{3}{2}\, \Delta\, \xi\, \eta^2 + Q\, \eta^3$$

zu setzen. Soll nun i verschwinden, so hat man in der Gleichung,

$$i = 2\,(a_0\, a_4 - 4\, a_1\, a_3 + 3\, a_2{}^2)$$

zu setzen:

$$a_0 = 0,\quad a_1 = 1,\quad a_2 = 0,\quad a_3 = \tfrac{3}{2}\, \Delta,\quad a_4 = -4\, Q.$$

Man erhält also

$$\Delta = 0,$$

und hat den Satz:

> Es giebt zu drei gegebenen Elementen immer zwei, deren jedes mit denselben ein cyclisch projectivisches System bilden kann; dies sind die Verschwindungselemente der zur Gruppe der drei gehörigen Covariante Δ.

Soll dagegen j verschwinden, so hat man in

$$j = 6 \begin{vmatrix} a_0 & a_1 & a_2 \\ a_1 & a_2 & a_3 \\ a_2 & a_3 & a_4 \end{vmatrix}$$

jene Werthe der a einzusetzen, und findet also

$$Q = 0.$$

Dies giebt den Satz:

> Zu drei gegebenen Elementen kann man auf drei Arten das vierte harmonische bilden. Diese drei vierten harmonischen Elemente entsprechen der zu der Gruppe jener drei gehörigen Covariante Q.

Man kann hiernach die in § 39. gegebene geometrische Interpretation der cubischen Formen in folgender Weise ergänzen: Zu den Elementen der Gruppe construirt man die drei vierten harmonischen, welche Q bilden. Sie geben mit den ersten drei Paare einer Involution, und indem man deren Doppelelemente sucht, erhält man die Elemente von Δ.

II.

> Zu vier gegebenen Elementen soll ein fünftes gesucht werden, so dass eine der Invarianten der Gruppe aller fünf verschwindet.

Bemerken wir zunächst folgendes Allgemeine. Wenn wir eine der vier Invarianten A, B, C, R verschwinden lassen, so erhalten wir Gleichungen der Ordnungen 4, 8, 12, 18. Nun können nach dem Vorigen sich diese Gleichungen nur durch rationale Functionen der zu der Form vierter Ordnung gehörigen Covarianten F, H, T ausdrücken, welche von den Ordnungen 4, 8, 6 sind. Da noch T^2 durch F, H ausdrückbar ist, so folgt, dass

$A = 0$ auf eine lineare Gleichung zwischen F, H,

$B = 0$ auf eine quadratische Gleichung zwischen F, H,

$C = 0$ auf eine cubische Gleichung zwischen F, H,

$R = 0$ auf T, multiplicirt mit einer cubischen Gleichung zwischen F und H

führen muss. Daher hat man den Satz:

> Die Aufgabe, zu vier gegebenen ein fünftes Element so zu bestimmen, dass A, B, C oder R* verschwindet, führt jederzeit auf algebraisch lösbare Gleichungen.

---

* Ebenso, wenn etwa M oder N verschwinden soll.

Und zwar kann man hinzufügen, dass die Lösungen sich immer gruppenweise aus den Quadrupeln der Reihe $\varkappa F + \lambda H$ zusammensetzen, welche nur (bei $T = 0$) gelegentlich, wenn ein solches Quadrupel in ein doppelt zu rechnendes Paar ausartet, durch dieses selbst ersetzt werden kann.

Da nach § 86. hier:

$$F^3 \cdot F(y) = \xi^4 + 3 H \xi^2 \eta^2 + 4 T \xi \eta^3 + \left(\frac{i F^2}{2} - \tfrac{3}{4} H^2\right) \eta^4,$$

so hat man, um die Gleichungen $A = 0$ etc. nach der oben gegebenen Methode zu bilden, statt der Coefficienten von f folgende Ausdrücke zu setzen:

$$0,\ 1,\ 0,\ \frac{3H}{2},\ -4T,\ 5\left(\frac{i F^2}{2} - \tfrac{3}{4} H^2\right).$$

Bezeichnen wir durch i'', j'', A' etc. die Covarianten der Form fünften Grades, gebildet für die rechte Seite der typischen Darstellung und für ξ, η als Veränderliche, so haben wir:

$$(3) \qquad \begin{aligned} i'' &= -12 H \xi^2 + 24 T \xi \eta + (5 i F^2 + 6 H^2) \eta^2, \\ A' &= -24 \{ H (5 i F^2 + 6 H^2) + 12 T^2 \}, \end{aligned}$$

oder, wenn wir für T^2 seinen Werth aus der Formel:

$$T^2 = -\tfrac{1}{2}\left(H^3 - \frac{i}{2} H f^2 + \frac{j}{3} f^3 \right)$$

setzen:

$$(4) \qquad A' = -48\, F^2\, (4 i H - j F).$$

Die vier Elemente, für welche $A = 0$, werden also aus der Gleichung gefunden:

$$0 = 4 i H - j F.$$

Man erhält sodann, indem man j'' nach § 73. bildet:

$$(5) \qquad j'' = 6 \left\{ 4 T \xi^3 + \left(6 H^2 - \frac{5 i F^2}{2} \right) \xi^2 \eta - 6 H T \xi \eta^2 \right. \\ \left. + \left(\frac{8 j F^3}{3} - \frac{i F^2 H}{4} - H^3 \right) \eta^3 \right\},$$

und daraus

$$(6)\ \tau' = 2 F^2 \left\{ \begin{aligned} &\xi^2 (48 j H F + 48 i H^2 - 25 i^2 F^2) \\ &- T \xi \eta (96 i H - 16.24 j F) \\ &+ \eta^2 (12.18 j F H^2 - 24 i H^3 - 80 i j F^3 + \frac{15}{2} i^2 H F^2) \end{aligned} \right\},$$

mithin durch zweite Ueberschiebung von τ' und i'':

$$(7) \qquad B' = 2 F^4 \{ 18 (4 i H - j F)^2 - 125 F^2 (i^3 - 6 j^2) \}.$$

Beiläufig ergiebt sich aus (4), (7), dass die Invariante achten Grades

$$\frac{A'^2}{64} - B' = 250\, F'^6 \cdot (i^3 - 6 j^2)$$

immer und nur dann verschwindet, wenn zwei der vier gegebenen Punkte zusammenfallen oder wenn der fünfte mit einem von jenen zusammenfällt. Daher ist $A'^2 - 64\, B'$ die **Discriminante** der Form fünfter Ordnung.

Die Gleichung $B' = 0$ ist zwar quadratisch für H, F, zerfällt aber, wie man sieht, sofort in zwei Factoren, so dass man den Satz aussprechen kann:

Die 2.4 Elemente, für welche $B = 0$, werden aus den beiden durch verschiedene Wahl der Quadratwurzel entstehenden Gleichungen

$$4\,i\,H - j\,F = \pm\, \tfrac{5}{3} \sqrt{\tfrac{5}{2} (i^3 - 6 j^2)} \cdot F$$

gefunden.

Sodann ergiebt sich aus τ' seine Discriminante

$$C' = 8\; F^6 \{ H^3\, (8.48\,i^3 + 24.25.48\,j^2) - H^2\, F . 48 . 81 . i^2 j$$
$$- H F^2 \left(7.48.48\, i j^2 + \frac{15.25}{2}\, i^4 \right) + F^3\, (25.80\, i^3 j + 8.24.32 j^3) \}.$$

Die 3.4 Elemente, für welche $C = 0$, werden also aus der cubischen Gleichung

$$0 = H^3 \;\; (8.48\,i^3 + 24.25.48\,j^2) - H^2\, F . 48 . 81\, i^2 j$$
$$- H F^2 \left(7.48.48.\, i j^2 + \frac{15.25}{2}\, i^4 \right) + F^3\, (25.80\, i^3 j + 8.24.32 j^3)$$

gefunden.

Um schliesslich R zu erhalten, bilden wir aus i' und τ' die erste Ueberschiebung:

$$\vartheta' = 10\, F^3 \{ 12\, \xi^2\, T\, (-48\, j H + 5 i^2 F)$$
$$+ \xi\,\eta\, (-12.12.4.\, j H^3 - 36\, i^2\, H^2\, F + 48.3\, i j H F^2 + 25\, i^3\, F^3)$$
$$+ 12\, \eta^2\, T\, (24\, j H^2 + \frac{11}{2}\, i^2 H F - 32\, i j F^2) \},$$

sowie, da $\alpha = -(i j)^2 j_x$ war, aus i und j die zweite Ueberschiebung

$$\alpha' = 5\, F^2\, [-48\, T\, i\, \xi + \{48\, H j F - 24\, i\, H^2 + 5\, i^2\, F^2\} \eta],$$

und haben dann aus $R = (\vartheta\,\alpha)^2$ die Bestimmung:

$$R' = 250 . 12 .\, T\, F^9\, [- H^3 . 48 . 48\, (48\, j^3 + 14\, i^3 j)$$
$$+ 6 . 48\, H^2\, F\, (24\, i^2 j^2 + 7\, i^5) - 48.243.\, H F^2 . i^4 j$$
$$+ F^3\, (625\, i^6 + 32.48.8\, i^3 j^2)].$$

Die 18 Elemente, für welche R verschwindet, bestehen also

1. aus den 6 Elementen von $T=0$,
2. aus drei Quadrupeln, welche durch die cubische Gleichung

$$0 = -H^3 \cdot 48^2 (48 j^3 + 14 i^3 j) + 6 \cdot 48 H^2 F (24 i^2 j^2 + 7 i^5)$$
$$- 48 \cdot 243 \cdot H F^2 i^4 j + F^3 (625 i^6 + 32 \cdot 48 \cdot 8 \cdot i^3 j^2)$$

gefunden werden.

Wenn der fünfte Factor der Gleichung fünften Grades ein Factor von $T=0$ ist, so heisst dieses nach der Theorie der biquadratischen Formen, dass er einem Doppelelemente einer der Involutionen entspricht, welche durch die Zerlegungen der gegebenen vier Elemente in zwei Paare gegeben sind (vgl. § 51.). Man sieht also, dass R verschwindet, wenn ein Factor der Gleichung fünften Grades bei einer bestimmten Sonderung der anderen vier in zwei Paare eines der zu beiden Paaren gleichzeitig harmonischen Elemente ist. Wir werden auf diese Eigenschaft von R bei einer anderen Gelegenheit in Zusammenhang mit der Auflösung der Gleichung fünften Grades zurückkommen, welche für $R=0$ in algebraischer Form möglich wird. Aber R verschwindet offenbar nicht nur, wenn der hier bevorzugte fünfte Factor den vier gegebenen gegenüber die angeführte Eigenschaft hat, sondern auch noch, wenn dieselbe für einen der vier gegebenen Factoren eintritt, gegenüber der Combination der drei andern gegebenen und des gesuchten. Dieser Fall ist es, bei welchem in dem oben gegebenen Ausdruck von R' nicht der Factor T, sondern der in H und f cubische Factor verschwindet.

Wir können nunmehr die Gleichung $R=0$ auch auf eine Beziehung zwischen Doppelverhältnissen zurückführen. Bezeichnen wir durch a, b zwei von fünf Punkten, durch c, d zwei andere, durch x den fünften. Es verschwindet R, wenn ein sechster Punkt y existirt, so dass x, y sowohl zu a, b, als zu c, d harmonisch sind. Unter dieser Voraussetzung bestehen die Gleichungen

$$\frac{(y\,a)}{(y\,b)} = -\frac{(x\,a)}{(x\,b)}, \qquad \frac{(y\,c)}{(y\,d)} = -\frac{(x\,c)}{(x\,d)}.$$

Aus diesen erhält man eine Beziehung zwischen x, a, b, c, d, indem man y eliminirt. Multiplicirt man die zweite Gleichung links in Zähler und Nenner mit $(a\,b)$ und wendet die Identität § 15. IV. an, so erhält man:

$$\frac{(y\,a)\,(b\,c) - (y\,b)\,(a\,c)}{(y\,a)\,(b\,d) - (y\,b)\,(a\,d)} = -\frac{(x\,c)}{(x\,d)};$$

daher, indem man das Verhältniss $(y\,a):(y\,b)$ aus der ersten Gleichung einträgt:

$$\frac{(x\,a)\,(b\,c) + (x\,b)\,(a\,c)}{(x\,a)\,(b\,d) + (x\,b)\,(a\,d)} = -\frac{(x\,c)}{(x\,d)},$$

oder

$$(8) \qquad (x\,a)\,(x\,d)\,(b\,c) + (x\,b)\,(x\,d)\,(a\,c)$$
$$+ (x\,a)\,(x\,c)\,(b\,d) + (x\,b)\,(x\,c)\,(a\,d) = 0.$$

Diese Gleichung ist quadratisch in x und liefert die oben durch x, y bezeichneten Punkte. Sie ist ferner symmetrisch für a, b einerseits, für c, d andererseits, und endlich für die Paare a, b und c, d als solche. Die linke Seite der Gleichung nimmt also durch Vertauschung der a, b, c, d, x im Ganzen nur 15 verschiedene Ausdrücke an; das Product aller ist vom Grade 18 in Bezug auf jede der Reihen und stellt bis auf einen numerischen Factor die Invariante R der Form fünften Grades

$$(a\,y)\,(b\,y\,(c\,y)\,(d\,y)\,(x\,y)$$

dar, welche durch ihre Verschwindungselemente gegeben ist.

Uebrigens kann man mit Verletzung der erwähnten Symmetrie die linke Seite von (8) in mannigfacher Weise einfacher darstellen, z. B. in der Form

$$2\,\{\,(x\,b)\,(x\,d)\,(a\,c) + (x\,a)\,(x\,c)\,(b\,d)\,\}.{}^{*}$$

Eine andere Frage, deren Lösung die vorliegenden Formeln ohne Weiteres ergeben, ist die nach dem projectivischen Charakter desjenigen Systems von fünf Elementen, welches durch vier beliebige $(F=0)$ und ein fünftes gegeben ist, für welches die zu jenen vier gehörige biquadratische Covariante (H) verschwindet. In diesem Falle muss eine gewisse Invariantenbeziehung eintreten. Man erhält sie, wenn man in den obigen Ausdrücken von A', B', C' überall $H=0$ setzt und dann F, i, j eliminirt. Auf diese Weise erhält man leicht

$$3\,C = 4\,A\,(A^2-B),$$

welches die gesuchte Beziehung ist.

---

* Die Zerlegung von R in diese Factoren gab Hermite in Borchardt's Journal, Bd 59, S. 304.

Achter Abschnitt.

Typische Darstellung von Formen ungerader Ordnung mittelst linearer Covarianten.

---

§ 90. Typische Darstellung von Formen, deren eine wenigstens von ungerader Ordnung ist, mittelst linearer Covarianten.

Im Vorigen (§ 81.) haben wir typische Darstellungen gebildet, indem wir als Veränderliche zwei Covarianten ξ, η mit zwei Reihen von Veränderlichen x_1, x_2 und y_1, y_2 einführten, deren letztere nur linear auftraten. Die simultanen Functionen f, $\varphi \ldots$, geschrieben mit den y, liessen sich dann als Functionen von ξ, η ausdrücken, deren Coefficienten Covarianten waren, mit einem gemeinschaftlichen Nenner, welcher gleichfalls Covariante ist.

Ist wenigstens ein e Form des Systems von ungerader Ordnung, so kann man, so lange ihre Coefficienten nicht besonderen Bedingungen genügen, an Stelle von ξ, η lineare Covarianten setzen und erhält dann f, $\varphi \ldots$ ausgedrückt durch diese, während die Coefficienten der typischen Darstellung Constante, also Invarianten werden. Da man in ξ, η hier stets nur eine Reihe von Veränderlichen hat, so wollen wir diese durch x_1, x_2 bezeichnen. Ist D die Determinante von ξ, η, so hat man also

$$D^n . f^n = [(\xi\eta) . a_x]^n = \{(a\eta)\,\xi_x - (a\xi)\,\eta_x\}^n$$

$$= A_n \xi^n - \frac{n}{1} A_{n-1} \xi^{n-1} \eta + \frac{n \cdot n-1}{1 \cdot 2} A_{n-2} \xi^{n-2} \eta^2 \ldots,$$

wo A_k die Invariante

$$A_k = (a\xi)^{n-k} (a\eta)^k$$

bedeutet, und wo $D = (\xi\eta)$; analog bei den übrigen Formen des Systems.

Ich werde zunächst beweisen, dass im Allgemeinen eine Form f von ungerader Ordnung $n\,(>3)$ wenigstens zwei lineare Covarianten besitzt, deren Determinante nicht verschwindet. Es genügt, wenn für irgend eine besondere Form $(2h+1)^{\text{ter}}$ Ordnung dieses gezeigt wird.

Denn bildet man mittelst allgemeiner Prozesse zwei lineare Covarianten einer solchen **speciellen** Form und findet, dass deren Determinante nicht verschwindet, so kann um so weniger die Determinante derjenigen linearen Covarianten verschwinden, welche vermöge derselben allgemeinen Prozesse aus der **allgemeinen** Form $(2h+1)^{\text{ter}}$ Ordnung entstehen.

Man kann nun lineare Covarianten leicht wirklich bilden, wenn man in einer Form $(2h+1)^{\text{ter}}$ Ordnung nur die beiden ersten, die beiden letzten und die beiden mittleren Coefficienten beibehält, alle übrigen aber gleich Null annimmt; ja man kann auch noch diese übriggebliebenen Coefficienten symmetrisch gleich annehmen; die weitere Bestimmung derselben bleibt vorbehalten. Ausgeschlossen ist nur der Fall der Formen dritter Ordnung, für welche die beibehaltenen sechs Terme nicht mehr alle verschieden sind; dass aber für diese keine linearen Covarianten existiren, wissen wir bereits. Es sei also $h > 1$,[*]

$$f = a\,(x^{2h+1}+y^{2h+1}) + (2h+1)\,b\,(x^{2h}y+y^{2h}x) + \lambda c\,(x^{h+1}y^h+y^{h+1}x^h),$$

wo λ der Kürze wegen für den Binomialcoefficienten

$$\lambda = \frac{2h+1\,.\,2h\,\ldots\,h+2}{1\,.\,2\,\ldots\,h}$$

gesetzt ist. Bilden wir nun die quadratische Covariante ψ, deren Symbol $(ab)^{2h}\,a_x\,b_x$ ist. Wir erhalten sie nach § 30. aus den durch $2h+1\,.\,2h\,.\,2h-1\,\ldots\,2$ dividirten $2h^{\text{ten}}$ Differentialquotienten von f, welche folgende sind:

$$a\,x+b\,y, \quad b\,x, \quad \ldots, \quad c\,y, \quad c\,(x+y), \quad c\,x, \quad \ldots, \quad b\,y, \quad a\,y+b\,x;$$

und es wird also

$$\psi = 2\,\{(a\,x+b\,y)\,(a\,y+b\,x) - 2h\,.\,b^2\,x\,y + (-1)^{h-1}\,\varrho\,c^2\,x\,y$$
$$+ (-1)^h\,\frac{\sigma}{2}\,c^2\,(x+y)^2\}$$
$$= (2\,ab+\sigma c^2)\,(x^2+y^2) + 2\,\{a^2+b^2-2hb^2+(-1)^{h-1}\varrho\,c^2$$
$$+ (-1)^h\,\sigma\,c^2\}\,x\,y,$$

wo ϱ, σ die Binomialcoefficienten

$$\varrho = \frac{2h\,.\,2h-1\,\ldots\,h+2}{1\,.\,2\,\ldots\,h-1}, \qquad \sigma = \frac{2h\,.\,2h-1\,\ldots\,h+1}{1\,.\,2\,\ldots\,h}$$

bedeuten. Nun kann man offenbar die Coefficienten a und b so bestimmen, dass

$$2\,ab+\sigma c^2 = 0, \quad a^2+b^2-2hb^2+(-1)^{h-1}\varrho\,c^2+(-1)^h\,\sigma\,c^2 = 1.$$

---

[*] Einer leichten Modification bedarf die folgende Rechnung auch noch für $h=2$; da sie indessen auf der Hand liegt, kann sie hier übergangen werden.

Dann ist

$$\psi = 2\,x\,y;$$

und indem wir ψ wiederholt zweimal über f schieben, brauchen wir (von einem nicht verschwindenden Zahlenfactor abgesehen) immer nur f zweimal nach x und y zu differenziren. Daher erhalten wir zuletzt die lineare Covariante

$$\xi = c\,(x+y),$$

und indem wir diese noch einmal über ψ schieben, die zweite:

$$\eta = c\,(x-y).$$

Man hat also zwei lineare Covarianten vor sich, deren Determinante nicht verschwindet. Es ist dabei nur auf die Leichtigkeit der Bildung, keineswegs darauf Rücksicht genommen, ob ξ und η in den Coefficienten von f möglichst niedrig seien, was keineswegs der Fall ist.

Es hat also, wenn $n > 3$, schon eine einzelne Form ungerader Ordnung im Allgemeinen zwei lineare Covarianten der verlangten Art, also auch jedes System, in welchem sie auftritt.

Enthält ein System ausser geraden Formen nur eine lineare oder cubische Form, oder beides, so überzeugt man sich leicht, dass man Ueberschiebungen von Potenzen derselben über einander oder über die Formen gerader Ordnung bilden kann, welche im Allgemeinen die erforderlichen linearen Covarianten liefern.

So sehen wir denn, dass bei einzelnen Formen von $n = 5$ an aufwärts typische Darstellungen dieser Art im Allgemeinen möglich sind, bei Systemen, sobald überhaupt wenigstens eine Form ungerader Ordnung auftritt. Und zwar geschieht dies auch bei specieller Wahl der Coefficienten immer so lange, als noch zwei lineare Covarianten existiren, deren Determinante nicht Null ist.

Ist wieder k die Anzahl aller in der gegebenen Form ihrer Ordnung nach vorkommenden Coefficienten, so treten in der typischen Form $k+1$ Invarianten auf; zwischen diesen müssen vier Relationen bestehen. Man findet sie, wie in § 81. angegeben ist, indem man nämlich die Covarianten ξ, η aus der typischen Form bildet und dann die Bedingungen dafür aufstellt, dass diese ξ und η selbst seien.

Es folgt daraus sofort folgender Satz, welcher für die Invarianten eine ähnliche Bedeutung hat, wie für Invarianten und Covarianten zusammen die oben aus der typischen Darstellung gezogenen Folgerungen:

Alle Invarianten eines simultanen Systems $f, \varphi \ldots$, welches wenigstens eine Form ungerader Ordnung enthält, lassen sich als Brüche darstellen, deren

Zähler ganze rationale Functionen von gewissen (bei einer einzigen Form n^{ter} Ordnung von $n+1$) Invarianten sind, während im Nenner jedesmal eine Potenz einer bestimmten $(k+1)^{\text{ten}}$ steht.

Diese $k+1$ Invarianten, durch welche hier alles ausgedrückt wird, haben verhältnissmässig hohe Grade in Bezug auf die Coefficienten der constituirenden Formen. Will man aber durch einfachere Invarianten alle anderen rational ausdrücken, so bedarf man dazu im Allgemeinen einer grösseren Zahl.

§ 91. Zurückführung der Coefficienten solcher typischen Darstellungen auf niedrigere Invarianten.

Schon im vorigen Paragraphen zeigte sich als nächstliegendes Beispiel der Fall, wo die zweite lineare Covariante als erste Ueberschiebung der ersten linearen Covariante ξ mit einer quadratischen Covariante ψ entstand. In diesem Falle kann man gewisse Reductionsformeln aufstellen, welche dazu dienen, die grösste Zahl der typischen Coefficienten auf niedere Invarianten zurückzuführen. Es genügt hierbei eine Form des Systems zu betrachten.

Möge die quadratische Covariante ψ jetzt eine ganz beliebige sein; immer wollen wir in Verbindung mit f die folgenden, der Ordnung nach absteigenden Covarianten betrachten, welche durch wiederholte zweite Ueberschiebung von ψ über f entstehen:

$$f = a_x{}^m \qquad\qquad = \frac{1}{D^m}\left\{ A_m \quad \xi^m \quad - \frac{m}{1} A_{m-1}\xi^{m-1}\eta +-\cdots\right\}$$

$$\varphi = \varphi_x{}^{m-2} = (a\,\psi)^2\, a_x{}^{m-2} = \frac{1}{D^m}\left\{ B_{m-2}\,\xi^{m-2} - \frac{m-2}{1} B_{m-3}\xi^{m-3}\eta +-\cdots\right\}$$

$$\chi = \chi_x{}^{m-4} = (\varphi\,\psi)^2\, \varphi_x{}^{m-4} = \frac{1}{D^m}\left\{ C_{m-4}\,\xi^{m-4} - \frac{m-4}{1} C_{m-5}\xi^{m-5}\eta +-\cdots\right\}$$

$$\vartheta = \vartheta_x{}^{m-6} = (\chi\,\psi)^2\, \chi_x{}^{m-6} = \frac{1}{D^m}\left\{ D_{m-6}\,\xi^{m-6} - \frac{m-6}{1} D_{m-7}\xi^{m-7}\eta +-\cdots\right\}$$

$$\cdots\cdots$$

Die $A, B, C, D \ldots$ sind dabei durch folgende Formeln gegeben:

$$A_k = (a\,\xi)^{m-k}\, (a\,\eta)^k$$
$$B_k = (a\,\psi)^2\, (a\,\xi)^{m-2-k}\, (a\,\eta)^k$$
$$C_k = (a\,\psi)^2\, (a\,\psi')^2\, (a\,\xi)^{m-4-k}\, (a\,\eta)^k$$
$$D_k = (a\,\psi)^2\, (a\,\psi')^2\, (a\,\psi'')^2\, (a\,\xi)^{m-6-k}\, (a\,\eta)^k$$

$$\cdots\cdots$$

Nun ist

$$\eta = (\psi\,\xi)\,\psi_x,$$

daher

$$\eta^2 = (\psi\,\xi)\,(\psi'\,\xi)\,\psi_x\,\psi'_x,$$

oder nach der Identität II. des § 15.:

$$\eta^2 = (\psi\,\xi)^2 \cdot \psi'_x - \tfrac{1}{2}\,(\psi\,\psi')^2 \cdot \xi_x{}^2.$$

Aber es ist

$$(\psi\,\xi)^2 = -(\xi\,\eta) = -D\,;$$

setzen wir noch

$$(\psi\,\psi')^2 = \Delta,$$

so haben wir die Relation

$$\eta^2 + \psi \cdot D + \tfrac{1}{2}\,\xi^2 \cdot \Delta = 0.$$

Aus dieser Gleichung erhalten wir sofort Relationen zwischen den A_k, B_k ..., wenn wir in derselben x_2 durch a_1, x_1 durch $-a_2$ ersetzen und sodann die Gleichung mit den Ausdrücken

$$(a\,\xi)^{m-k}\,(a\,\eta)^{k-2}$$
$$(a\,\psi)^2\,(a\,\xi)^{m-2-k}\,(a\,\eta)^{k-2}$$
$$(a\,\psi)^2\,(a\,\psi')^2\,(a\,\xi)^{m-4-k}\,(a\,\eta)^{k-2}$$
$$\cdot\ \cdot\ \cdot\ \cdot\ \cdot\ \cdot$$

multipliciren. Es ergeben sich dann folgende Beziehungen, in deren jeder eine höhere Invariante in niedere zerlegt erscheint:

$$0 = A_k + D \cdot B_{k-2} + \tfrac{1}{2}\Delta \cdot A_{k-2}$$
$$0 = B_k + D \cdot C_{k-2} + \tfrac{1}{2}\Delta \cdot B_{k-2}$$
$$0 = C_k + D \cdot D_{k-2} + \tfrac{1}{2}\Delta \cdot C_{k-2}$$
$$\cdot\ \cdot\ \cdot\ \cdot\ \cdot\ \cdot$$

Mit Hilfe dieser Formeln drücken sich schliesslich die Coefficienten der typischen Darstellung von f durch folgende $m+3$ Invarianten aus:

$$\Delta,\ D,\ A_0,\ A_1,\ B_0,\ B_1,\ C_0,\ C_1 \ldots,$$

welche grösstentheils von wesentlich niederer Ordnung sind als die Coefficienten der typischen Form.

Alle Invarianten von f allein sind daher gleichfalls rationale Functionen dieser $m+3$ Grössen, deren Nenner nur Potenzen von D sind; und da die übrigen Formen φ ... noch beliebig gewählt werden können, so sind die Invarianten von f auf unendlich viele Weisen so darstellbar.

Betrachten wir insbesondere eine Form f ungerader Ordnung $m = 2n+1$ für sich, und sind ξ, η lineare Covarianten dieser Form allein, so hat man nach den Betrachtungen des vorigen Paragraphen durch $m+1$, nach den jetzigen durch $m+2$, aber verhältnissmässig niedrige, Invarianten alle anderen rational so ausgedrückt, dass nur Potenzen von einer derselben in den Nennern auftreten.

Ich will als Beispiel die Formen fünfter Ordnung benutzen. Für diese hat man die Coefficientenreihe zu betrachten:

$$A_5, \; A_4, \; A_3, \; A_2, \; A_1, \; A_0; \quad B_3, \; B_2, \; B_1, \; B_0; \quad C_1, \; C_0;$$

und man hat die Relationen:

$$A_5 + D B_3 + \tfrac{1}{2} \Delta A_3 = 0$$
$$A_4 + D B_2 + \tfrac{1}{2} \Delta A_2 = 0 \quad\quad B_3 + D C_1 + \tfrac{1}{2} \Delta B_1 = 0$$
$$A_3 + D B_1 + \tfrac{1}{2} \Delta A_1 = 0 \quad\quad B_2 + D C_0 + \tfrac{1}{2} \Delta B_0 = 0.$$
$$A_2 + D B_0 + \tfrac{1}{2} \Delta A_0 = 0$$

Man drückt daher alles durch

$$D, \; \Delta, \; A_0, \; A_1, \; B_0, \; B_1, \; C_0, \; C_1$$

mit Hilfe folgender Formeln aus:

$$
\begin{aligned}
&A_2 = -D B_0 - \tfrac{1}{2} \Delta A_0 \quad\quad B_2 = -D C_0 - \tfrac{1}{2} \Delta B_0 \\
&A_3 = -D B_1 - \tfrac{1}{2} \Delta A_1 \quad\quad B_3 = -D C_1 - \tfrac{1}{2} \Delta B_1 \\
&A_4 = D^2 C_0 + D \Delta B_0 + \tfrac{1}{4} \Delta^2 A_0 \\
&A_5 = D^2 C_1 + D \Delta B_1 + \tfrac{1}{4} \Delta^2 A_1.
\end{aligned}
\tag{1}
$$

§ 92. Ueber die Bedingungen, unter welchen Formen durch lineare Substitution in einander übergeführt werden können.

Mit der soeben behandelten Classe typischer Darstellungen steht in genauem Zusammenhange die Frage, ob zwei gegebene binäre Formen oder Systeme von solchen durch lineare Transformation in einander übergeführt werden können, und wenn dies der Fall sein sollte, auf welche Weise die Ueberführung geleistet werden kann.

Um zunächst die Wichtigkeit dieser Frage in das rechte Licht zu stellen, knüpfe ich an den Begriff der sogenannten canonischen Formen an, welcher in specieller Fassung schon in § 49. benutzt wurde. Unter einer canonischen Form versteht man eine vorausbestimmte Gestalt, welche einer oder mehreren Formen durch lineare Transformation gegeben werden soll, und bei welcher die Coefficienten vorherbestimmte rationale Functionen von so viel willkürlichen Parametern sind, als das Formensystem von einander unabhängige absolute Invarianten besitzt. In solcher Weise war $\xi^3 + \eta^3$ eine canonische Form für eine cubische (§ 38.), war $\xi^4 + 6 \varkappa \xi^2 \eta^2 + \eta^4$ (§ 49.) eine solche für eine biquadratische Form; $\xi^2 + \eta^2$ und $\lambda \xi^2 + \mu \eta^2$ waren canonische Formen für zwei simultane quadratische Formen (§ 57.).

Das Problem, einem vorgelegten Functionensystem eine bestimmte canonische Form zu geben, zerfällt in zwei Theile, in die Bestimmung der in den Coefficienten enthaltenen Parameter, und in die Bestimmung der linearen Substitution. Was erstere angeht, so hat man für sie die Gleichungen, welche aus der Gleichsetzung der absoluten Invarianten für die gegebene und die canonische Gestalt der Formen entspringen [vgl. die Gleichung (6) in § 49.]. Diese Gleichungen enthalten der Voraussetzung nach eine ihrer Anzahl gleichkommende Zahl von Unbekannten, die Parameter der canonischen Form. Ist die canonische Form richtig gewählt, so müssen diese Gleichungen lösbar sein, und werden dann im Allgemeinen zur Bestimmung der Parameter hinreichen. Sollten diese Gleichungen aber einander widersprechen, so ist die angenommene canonische Form überhaupt im Allgemeinen nicht zulässig.

Sind die Parameter der gedachten Gleichungen gemäss bestimmt, so handelt es sich um die Bestimmung der Substitutionscoefficienten. Man kann leicht hinreichend viele Gleichungen für die Substitutionscoefficienten in folgender Weise erhalten. Zunächst bildet man irgend eine Invariante für die gegebenen (J) und für die canonische Form (J'). Da eine Gleichung der Form

$$J' = r^\lambda J$$

zwischen beiden besteht, so findet man daraus die Transformationsdeterminante. Ist ferner $\varphi\,(x_1, x_2)$ eine Covariante der gegebenen, $\varphi'\,(\xi, \eta)$ die entsprechende Covariante der transformirten Formen, so hat man auch

$$\varphi'\,(\xi, \eta) = r^\lambda\,\varphi\,(x_1, x_2).$$

Eine solche Gleichung besteht unabhängig von den Werthen der x_1, x_2, und sie enthält keine Unbekannten mehr, als die in ξ, η linear auftretenden Substitutionscoefficienten. Entwickelt man daher beiderseits nach Potenzen von x_1, x_2 und vergleicht die Coefficienten, so erhält man Gleichungen für die Substitutionscoefficienten.

Aber es entsteht die Frage, ob diese Gleichungen immer verträglich sind. In der That hat man hier genau das Problem vor sich, welches im Eingange bezeichnet wurde. Die Coefficienten der gegebenen und der canonischen Formen sind jetzt bekannt; die absoluten Invarianten beider sind einander gleich; es entsteht die Frage, ob oder wann unter solchen Verhältnissen eine lineare Substitution angegeben werden kann, welche die gegebenen Formen in die canonischen überführt.

Betrachten wir, ganz abgesehen von der Anwendung auf canonische Formen, die im Eingange gestellte Frage, so bleibt immer Vorbedingung für die Möglichkeit einer solchen Ueberführung die Gleichheit der absoluten Invarianten, d. h. entsprechend gebildeter Quotienten von Potenzen von Invarianten, deren Zähler und

Nenner gleichen Grad in den Coefficienten besitzen. Sind z. B. i, j die Invarianten einer biquadratischen Form f, i', j' die einer andern f', so ist die nothwendige Bedingung, welche erfüllt sein muss, damit f durch lineare Substitution in f' übergeführt werden könne,

$$\frac{i^3}{j^2} = \frac{i'^3}{j'^2},$$

oder besser, so muss eine solche von Null verschiedene Grösse gefunden werden können, dass

$$i' = i \cdot r^4$$
$$j' = j \cdot r^6,$$

wo dann r die Determinante der Substitution ist.

Aber diese Bedingung, wiewohl nothwendig, ist nicht immer hinreichend. Sobald nicht i, j, bez. i', j' gleichzeitig verschwinden und sobald $\frac{i^3}{j^2}$, $\frac{i'^3}{j'^2}$ von 6 verschieden sind, so haben nach § 50. (1) die vier durch $f = 0$ oder $f' = 0$ dargestellten Elemente dieselben völlig bestimmten Doppelverhältnisse, unter denen der Werth 1 nicht vorkommt, so dass zusammenfallende Elemente in den Gruppen nicht existiren. Bei der Gleichheit der Doppelverhältnisse sind dann die Formen linear in einander überführbar; man braucht nur nach § 49. f und f' auf die Form

$$f(x_1, x_2) = p\left[\xi^4 + \eta^4 + 6\,\frac{q}{p}\,\xi^2\,\eta^2\right]$$

$$f'(y_1, y_2) = p'\left[\xi'^4 + \eta'^4 + 6\,\frac{q'}{p'}\,\xi'^2\,\eta'^2\right]$$

zu bringen, wo $\dfrac{q}{p} = \dfrac{q'}{p'}$ eine Wurzel der Gleichung [§ 49. (6)]

$$\frac{2\,(p^2 + 3\,q^2)^3}{9\,q^2\,(p^2 - q^2)^2} = \frac{i^3}{j^2} = \frac{i'^3}{j'^2}$$

ist, und

$$\xi\sqrt[4]{p} = \xi'\sqrt[4]{p'}, \quad \eta\sqrt[4]{p} = \eta'\sqrt[4]{p'}$$

ist dann die lineare Substitution, mit deren Hilfe f in f' übergeht.

Wenn aber $\dfrac{i^3}{j^2} = \dfrac{i'^3}{j'^2} = 6$, oder wenn $i = 0$, $j = 0$, $i' = 0$, $j' = 0$, so sagen die Invarianten nur aus, dass in einem Falle zwei, im andern drei Wurzeln jeder Elementengruppe zusammenfallen. Aber dabei ist nicht ausgeschlossen, dass nicht im ersten Falle noch ein zweites Paar von Wurzeln sich bei einer Gruppe vereinigen kann, ohne dass dies bei der andern zu geschehen braucht, und im zweiten Falle kann sich bei einer Gruppe noch die vierte Wurzel mit den drei ersten vereinigen, ohne dass dies bei der andern zu geschehen braucht. Man sieht also, dass in diesem Falle, obgleich die Invariantenbeziehung stattfindet, doch die Ueberführung der einen Form in die andere durch lineare Substitution unmöglich werden kann, so dass in diesen Fällen eine genauere Untersuchung der Eigenschaften von f nothwendig wird.

Aehnlich ist es schon bei den cubischen Formen, wo freilich, da keine absolute Invariante existirt, eine Vorbedingung wie die oben gedachte, nicht zu erfüllen ist. Damit zwei cubische Formen linear in einander transformirbar seien, genügt es schon, dass ihre Invarianten R, R' von Null verschieden seien. Denn wie in § 38. gezeigt, kann man den Formen f, f' dann immer die Form geben:

$$f\,(x_1,\, x_2) = \xi^3 + \eta^3$$
$$f'\,(y_1,\, y_2) = \xi'^3 + \eta'^3,$$

und indem man nun die lineare Substitution

$$\xi = \xi', \quad \eta = \eta'$$

anwendet, wird f in f' übergeführt. Auch hier wieder hört diese Möglichkeit auf, nothwendig zu bestehen, sobald R (und dann nothwendig auch R') verschwindet. Denn dieses umfasst sowohl das Zusammenfallen von zwei wie das von drei Elementen einer Gruppe, und die Transformation wird unmöglich, sobald f und f' sich nach dieser Richtung verschieden verhalten.

Im Allgemeinen kann man nun hier folgenden Satz aussprechen:

Wenn zwei Formensysteme f, φ...; f', φ'... gleiche absolute Invarianten besitzen; wenn ferner das System f, φ... zwei lineare Covarianten ξ, η von nicht verschwindender Determinante besitzt und die entsprechenden ξ_y, η_y des Systems f', φ'... ebenfalls eine nicht verschwindende Determinante haben, so lässt sich durch die lineare Substitution

$$\xi'_y = \mu \cdot \xi_x$$
$$\eta'_y = \nu \cdot \eta_x,$$

in welcher μ, ν Constanten bedeuten, das System f', φ'... in das System f, φ... überführen.

In allen anderen Fällen ist eine besondere Untersuchung nöthig; doch betrifft sie immer nur sehr specielle Formen, da das Nichtvorhandensein zweier linearer Covarianten von nicht verschwindender Determinante immer schon eine grössere Anzahl von besonderen Werthen der Invarianten voraussetzt.

Damit lineare Covarianten existiren, muss man voraussetzen, dass wenigstens eine der Formen jedes Systems von ungerader Ordnung sei. Denn wir nehmen ausdrücklich an, dass die linearen Covarianten, von denen hier Gebrauch gemacht wird, durch allgemein anwendbare Bildungsprozesse entstehen, und also bei **allgemeiner** Wahl der f, $\varphi \ldots$ immer vorhanden sind. Solche können aus lauter Formen gerader Ordnung niemals entstehen, während allerdings bei **specieller Wahl** der Coefficienten auch lineare Covarianten (etwa indem eine sonst quadratische Covariante in rationale Factoren zerfällt) auftreten können, welche indessen hier ausgeschlossen bleiben.

Ein entsprechender Satz für ein System von lauter geraden Formen wird weiter unten gegeben werden.

Der Beweis des obigen Satzes wird folgendermassen geführt. Da ξ, η eine nicht verschwindende Determinante D haben, so kann man sie zur Herstellung einer typischen Form benutzen, und erhält:

$$(1) \qquad D^n \cdot f(x_1, x_2) = A_n\, \xi_x{}^n - \frac{n}{1}\, A_{n-1}\, \xi_x{}^{n-1}\, \eta_x + \ldots,$$

sowie entsprechend:

$$(2) \qquad D'^n \cdot f'(y_1, y_2) = A'_n\, \xi'_y{}^n - \frac{n}{1}\, A'_{n-1}\, \xi'_y{}^{n-1}\, \eta'_y + \ldots;$$

analoge Gleichungen gelten für φ, φ' etc.

Nun wird vorausgesetzt, dass die absoluten Invarianten beider Systeme einander gleich seien, oder, was dasselbe ist, dass zwischen den Invarianten des einen und den entsprechenden des andern Gleichungen bestehen, wie zwischen den Invarianten gegebener und linear transformirter Functionen. Sind also n, $n' \ldots$ die Ordnungen von f, $\varphi \ldots$, J eine Invariante, welche in Bezug auf die Coefficienten jener Functionen die Grade g, $g' \ldots$ besitzt, J' die entsprechende für f', $\varphi' \ldots$, so muss eine allen Invarianten gemeinsame Grösse r existiren, so dass (vgl. § 16.)

$$(3) \qquad J' = J \cdot r^{\frac{ng + n'g' + \ldots}{2}}$$

Seien ferner k, $k' \ldots$ die Grade von ξ; l, $l' \ldots$ die von η. Dann sind in Bezug auf die einzelnen Functionen f, $\varphi \ldots$ die Grade von D, A_n, $A_{n-1} \ldots$ folgende:

	f	φ	$\ldots$
D	$k + l$	$k' + l'$	$\ldots$
A_n	$nk + 1$	$n\,k'$	$\ldots$
A_{n-1}	$(n-1)\,k + l + 1$	$(n-1)\,k' + l'$	$\ldots$
A_{n-2}	$(n-2)\,k + 2l + 1$	$(n-2)\,k' + 2\,l'$	$\ldots$

$$\ldots \ldots \ldots \ldots \ldots$$

Man hat also, der Gleichung (3) entsprechend:

$$\text{(4)}\quad
\begin{aligned}
D' &= D \cdot r^{\frac{n(k+l)+n'(k'+l')\ldots}{2}}\\[4pt]
A'_n &= A_n \cdot r^{\frac{n(nk+1)+n'.nk'+\ldots}{2}}\\[4pt]
A'_{n-1} &= A_{n-1}\cdot r^{\frac{n((n-1)k+l+1)+n'((n-1)k'+l')+\ldots}{2}}\\[4pt]
A'_{n-2} &= A_{n-2}\cdot r^{\frac{n((n-2)k+2l+1)+n'((n-2)k'+2l')+\ldots}{2}}
\end{aligned}$$

$$\cdots\cdots\cdots$$

Dividirt man also die Gleichung (2) durch

$$r^{n\,\frac{n(k+l)+n'(k'+l')\ldots+1}{2}},$$

so erhält man

$$\text{(5)}\qquad \frac{D^n\cdot f'(y_1,y_2)}{r^{\frac{n}{2}}} = A_n\left(\frac{\xi'_y}{r^\varrho}\right)^n - \frac{n}{1}A_{n-1}\left(\frac{\xi'_y}{r^\varrho}\right)^{n-1}\left(\frac{\eta_y}{r^\sigma}\right) + \ldots,$$

wo

$$\varrho = \frac{nl+n'l'+\ldots}{2},\qquad \sigma = \frac{nk+n'k'+\ldots}{2}.$$

Diese Zahlen ϱ, σ sind für die verschiedenen Functionen f, $\varphi\ldots$ ganz symmetrisch gebildet; setzt man also

$$\text{(6)}\qquad
\begin{aligned}
\xi'_y &= r^{\frac{2\varrho-1}{2}}\,\xi_x\\[4pt]
\eta'_y &= r^{\frac{2\sigma-1}{2}}\,\eta_x,
\end{aligned}$$

so geben (5), (1) und die analogen Gleichungen:

$$f'(y_1,y_2)=f(x_1,x_2),\qquad \varphi'(y_1,y_2)=\varphi(x_1,x_2)\ \text{etc.}$$

Die Gleichungen (6) bilden also eine lineare Substitution, vermöge deren das Functionensystem f', $\varphi'\ldots$ in das Functionensystem f, $\varphi\ldots$ übergeführt wird. Die Gleichungen (6) haben ganz die Form, welche in dem oben ausgesprochenen Satze angegeben wurde, und zugleich sind die dort durch μ, ν bezeichneten Zahlen hier völlig bestimmt.

Es entsteht nur noch die Frage, ob r auch, wie in (3), (4) vorausgesetzt wurde, wirklich die Determinante der gefundenen Substitution ist, also die Determinante der Coefficienten, mittelst deren sich die x linear in den y ausdrücken. Nennen wir diese vorläufig s, und bilden wir von den beiden Seiten der Gleichungen (6), indem wir sie als Functionen der x betrachten, ihre Determinanten. Wir haben dann

$$D' = r^{\varrho+\sigma-1}.D.s.$$

Aber die erste der Gleichungen (4) können wir schreiben:

$$D' = r^{\varrho+\sigma} . D.$$

Aus Vergleichung dieser Gleichung und der vorigen findet sich sofort

$$s = r,$$

was zu beweisen war.

Endlich ist noch zu untersuchen, ob die Substitution (6) nur eine oder mehrere Ueberführungsarten ergiebt. Man sieht leicht, dass sie in der That eindeutig bestimmt ist, bis etwa auf einen allen Substitutionscoefficienten gemeinsamen Factor. Ihrer Entstehung nach aus (5) kann man nämlich die Formeln (6) auch so schreiben:

$$(7) \qquad \begin{aligned} \xi'_y &= \frac{r^\varrho}{\sqrt{r}}\, \xi_x \\[2mm] \eta'_y &= \frac{r^\sigma}{\sqrt{r}}\, \eta_x, \end{aligned}$$

wo $\sqrt{r}$ in beiden Gleichungen dieselbe Bedeutung hat. Nun kann man ferner mit Einführung der Zahlen ϱ und σ den Gleichungen (4) die Form geben:

$$\begin{aligned} D' &= D & . \, r^{\varrho+\sigma} \\ A'_n &= A_n & . \, r^{n\varrho+\frac{n}{2}} \\ A'_{n-1} &= A_{n-1} & . \, r^{(n-1)\varrho+\sigma+\frac{n}{2}} \end{aligned}$$

$$\cdots \cdots \cdots$$

Aus der zweiten und dritten dieser Gleichungen findet man

$$\frac{A'_n}{A'_{n-1}} = \frac{A_n}{A_{n-1}}\, r^{\varrho-\sigma},$$

und dies in Verbindung mit der ersten Gleichung zeigt, dass r^ϱ und r^σ bis auf einen gemeinsamen Factor ± 1 gegeben sind. Hieraus geht hervor, dass die rechten Seiten der Gleichungen (7) wirklich bis auf einen gemeinsamen Factor völlig gegeben sind, und zugleich, dass dieser Factor nur noch eine Einheitswurzel sein kann.

Dass solche Einheitswurzeln in gewissen Fällen schliesslich beliebig hinzutreten können, sieht man an einem Beispiel sofort ein. Ist z.B. die Ordnung aller Functionen f, φ ... durch 3 theilbar, so wird jede lineare Substitution, welche ein solches Formensystem in ein anderes überführt, diese Eigenschaft noch behalten müssen, wenn man allen Substitutionscoefficienten dieselbe dritte Wurzel der Einheit zum Factor giebt.

Was die Anwendung auf die oben angezogene Theorie der canonischen Formen angeht, so sieht man, dass die Herstellung einer canonischen Form immer zulässig ist, sobald erstlich die aus der Gleichsetzung der absoluten Invarianten entspringenden Gleichungen einander nicht widersprechen, und sobald zweitens für die gegebene und die canonische Gestalt der Formen Paare entsprechen der linearer Covarianten von nicht verschwindender Determinante existiren, und zugleich sind dann durch die Gleichungen (6) die Substitutionsformeln in einfachster Weise gegeben.

§ 93. Anwendung auf Formen fünfter Ordnung. Besondere Fälle derselben.[*]

Wenn wir diese Betrachtungen auf die Formen fünfter Ordnung anwenden, so zeigt sich, dass aus der Gleichheit der absoluten Invarianten die Möglichkeit der Transformation immer folgt, sobald nicht je zwei der vier linearen Covarianten (§ 74.) α, β, γ, δ eine verschwindende Determinante haben. Nach den Formeln § 75. (3), (4), (6) sind die aus jenen Formen gebildeten Determinanten:

$$M, \quad N, \quad R, \quad -R, \quad \frac{NA - MB}{2}, \quad \frac{NB - MC}{2}.$$

Man sieht also, dass die Ausnahmefälle nur eintreten, wenn zugleich $M = 0$ und $N = 0$, wo dann wegen § 75. (1) auch R verschwindet. Es sind dieses also die einzigen Fälle, in welchen keine der oben angedeuteten typischen Darstellungen mehr möglich ist.

Wir wollen hier wie in den folgenden Anwendungen zunächst immer die Ausnahmefälle charakterisiren, sodann aber die typische Darstellung für diejenigen Fälle behandeln, in denen sie möglich ist. Sehen wir also zunächst, welchen Umfang und Charakter diese Ausnahmefälle hier haben.

Nehmen wir an, dass M und N verschwinden. Man kann dann folgende Sätze beweisen:

1. Wenn M und N verschwinden, verschwindet ϑ identisch.

Betrachten wir nämlich die Gleichung

$$M\tau - Ni = (i\alpha)^2 \tau_x{}^2 - (\tau\alpha)^2 i_x{}^2 = \{(i\alpha)\tau_x + (\tau\alpha)i_x\}(i\tau)\alpha_x$$
$$= 2(\vartheta\alpha)\vartheta_x\alpha_x = 2\delta\alpha,$$

so sehen wir, dass mit M und N entweder α oder δ verschwindet. Ist α identisch Null, so folgt dasselbe für $\vartheta = -j_x{}^2(j\alpha)$. Ist aber $\delta = (\vartheta\alpha)\vartheta_x = 0$, so verschwinden $\dfrac{\partial\vartheta}{\partial x_1}$ und $\dfrac{\partial\vartheta}{\partial x_2}$ für $x_1 = \alpha_2$, $x_2 = -\alpha_1$, d. h. α muss ein Doppelfactor von ϑ sein, daher $\vartheta = \mu\alpha^2$. Inzwischen lehrt die Gleichung

$$\vartheta^2 = j_x{}^2 j'_x{}^2 (j\alpha)(j'\alpha) = j_x j'_x \{j_x{}^2 (j'\alpha)^2 - \tfrac{1}{2}(jj')^2 \alpha_x{}^2\}$$
$$= -j \cdot \delta - \tau \cdot \alpha^2,$$

---

[*] Für diesen und den folgenden Paragraphen vgl. die Abh. von Hrn. Gordan und mir, Annali di Mat., Ser. II., Vol. 1.

dass in diesem Falle, wo $\delta = 0$, $\vartheta = \mu \alpha^2$ war:

$$\mu^2 \alpha^4 = -\tau \alpha^2;$$

also wenn α nicht Null ist, was schon vorhin $\vartheta = 0$ gab, muss $\tau = -\mu^2 \alpha^2$ sein. Aber auch i hat wegen $M = (i\alpha)^2 = 0$ den Factor α, daher muss die erste Ueberschiebung ϑ von τ mit i verschwinden, was zu beweisen war.

2. Wenn M und ϑ identisch verschwinden, so verschwindet auch α.

Es ist nämlich

$$\alpha^3 + Mj = (i\alpha)^2 j_x{}^3 - (ij)^2 j_x \alpha_x{}^2$$
$$= j_x \{(i\alpha) j_x + (ji) \alpha_x\} \cdot (j\alpha) i_x$$
$$= \vartheta \cdot \beta - (\vartheta i) \vartheta_x i_x \cdot \alpha,$$

was unter der gegebenen Voraussetzung sofort auf $\alpha = 0$ führt.

Aus den beiden Sätzen 1. und 2. folgt nun sofort:

3. Wenn M und N verschwinden, so verschwindet auch α identisch.

In den zu untersuchenden Ausnahmefällen existirt also überhaupt keine lineare Covariante mehr.

Da ϑ identisch verschwindet, so können die Functionen τ und i sich nur um einen constanten Factor unterscheiden, wenn nicht eine oder beide verschwinden. Der Fall, wo i identisch verschwindet, ist der zuletzt zu behandelnde, da in ihm auch die Covarianten j, τ, α, verschwinden. Aber auch τ wollen wir zunächst von Null verschieden annehmen, und wollen endlich auch annehmen, dass i kein Quadrat, also nicht $A = 0$ sei. Wir behandeln also den Fall:

I. $\alpha = 0$, τ, i, A von Null verschieden.

Denken wir uns die Factoren von i als Veränderliche eingeführt, so dass

$$(1) \qquad i = 2 \xi \eta$$
$$(2) \qquad j = p \xi^3 + 3 q \xi^2 \eta + 3 r \xi \eta^2 + s \eta^3,$$

so giebt die Bedingung $\alpha = -(ji)^2 = 0$:

$$0 = \frac{\partial^2 j}{\partial \xi \partial \eta}, \text{ also } q = 0, \ r = 0,$$

$$(3) \qquad j = p \xi^3 + s \eta^3.$$

Ferner, wenn

$$(4) \qquad f = a \xi^5 + 5 b \xi^4 \eta + 10 c \xi^3 \eta^2 + 10 d \xi^2 \eta^3 + 5 e \xi \eta^4 + g \eta^5$$

gesetzt wird:

$$(5) \qquad j = -(ai)^2 a_x{}^3 = -2 \{b \xi^3 + 3 c \xi^2 \eta + 3 d \xi \eta^2 + e \eta^3\} (\xi \eta)^2,$$

also im Vergleich mit dem vorigen Ausdruck:

$$c = 0, \quad d = 0.$$

Bildet man nun i für den Ausdruck (4), so hat man:

$$i = 2\,(\xi\,\eta)^4\,\{(a\,\xi + b\,\eta)\,(e\,\xi + g\,\eta) - 4\,.\,b\,\xi\,.\,e\,\eta\},$$

und daher, damit dies mit (1) übereinstimme:

$$0 = a\,e, \quad 0 = b\,g, \quad 1 = (\xi\,\eta)^4\,(a\,g - 3\,b\,e).$$

Es folgt hieraus nothwendig, wenn nicht j, also auch τ, identisch verschwinden soll:

$$a = 0, \quad g = 0,$$
$$(6) \qquad\qquad f = 5\,\xi\,\eta\,(b\,\xi^3 + e\,\eta^3).$$

Man kann diese Form von f in der Weise auffassen, dass f als **Product einer cubischen Form mit ihrer quadratischen Covariante erscheint.**[*] Von diesem Gesichtspunkt aus will ich die Frage jetzt direct untersuchen und zeigen, dass dann wirklich immer f die verlangten Eigenschaften hat, ausgenommen wenn die Discriminante der cubischen Form verschwindet, wo dann noch speciellere eintreten. Sei also φ eine cubische Form, $\Delta = (\varphi\,\varphi')^2\,\varphi_x\,\varphi'_x$ ihre quadratische, $Q = (\varphi\,\Delta)\,\varphi_x^2\,\Delta_x$ ihre cubische Covariante, $R = (\Delta\,\Delta')^2$ ihre Discriminante. Haben wir

$$f = 5\,\Delta\,.\,\varphi,$$

oder symbolisch

$$a_x^5 = 5\,\Delta_x^2\,\varphi_x^3,$$

so ist

$$i = (a\,b)^4\,a_x\,b_x = 2\,(\Delta\,b)\,(\varphi\,b)^3\,\Delta_x\,b_x + 3\,(\Delta\,b)^2\,(\varphi\,b)^2\,\varphi_x\,b_x$$
$$= 5\,(\Delta\,b)\,(\varphi\,b)^3\,\Delta_x\,b_x - 3\,(\varphi\,\Delta)\,(\Delta\,b)\,(\varphi\,b)^2\,b_x^2.$$

Der mit 5 multiplicirte Ausdruck ist die erste Ueberschiebung von Δ über $(\varphi\,b)^3\,b_x^2 = \omega_x^2$, der mit 3 multiplicirte die dritte Ueberschiebung von Q mit f. Man kann also schreiben

$$(7) \qquad\qquad i = 5\,(\Delta\,\omega)\,\Delta_x\,\omega_x - 3\,(Q\,b)^3\,b_x^2,$$

wo

$$(8) \qquad\qquad \omega = (\varphi\,b)^3\,b_x^2.$$

Schieben wir nun $\varphi = \varphi'^3_x$ dreimal über $f = 5\,\Delta_x^2\,\varphi_x^3$, so erhalten wir

$$\omega = \tfrac{1}{2}\,[3\,(\varphi'\,\Delta)^2\,(\varphi'\,\varphi)\,\varphi_x^2 + 6\,(\varphi'\,\Delta)\,(\varphi'\,\varphi)^2\,\varphi_x\,\Delta_x + (\varphi'\,\varphi)^3\,\Delta_x^2].$$

Das letzte Glied verschwindet, weil es durch Vertauschung von φ mit φ' das Zeichen ändert, das zweite, weil es in $6\,(\Delta'\,\Delta)\,\Delta'_x\,\Delta_x$

____

[*] Geometrisch: Unter den fünf Punkten, welche f repräsentiren liegen drei mit den beiden übrigen cyclisch-projectivisch.

übergeht, das erste endlich, weil $(\varphi'\Delta)^2\,\varphi'_x$ nach der Theorie der cubischen Formen identisch Null ist. Daher hat man $\omega = 0$, und

$$(9) \qquad\qquad i = -3\,(Qb)^3\,b_x{}^2.$$

Nun ist ganz ebenso wie ω gebildet wurde:

$$(Qb)^3\,b_x{}^2 = \tfrac{1}{2}\,\{3\,(Q\Delta)^2\,(Q\varphi)\,\varphi_x{}^2 + 6\,(Q\Delta)\,(Q\varphi)^2\,\varphi_x\,\Delta_x + (Q\varphi)^3\,\Delta_x{}^2\}.$$

Da $(Q\Delta)^2\,Q_x$ identisch Null ist, so verschwindet das erste Glied. Der zweite Theil der Klammer ist

$$6\,(Q\varphi)\,.\,(Q\Delta)\,(Q\varphi)\,\Delta_x\,\varphi_x = 3\,(Q\varphi)\,[(Q\Delta)^2\,\varphi_x{}^2 + (Q\varphi)^2\,\Delta_x{}^2 - (\varphi\Delta)^2\,Q_x{}^2].$$

Mit Hinweglassung verschwindender Glieder wird er $3\,(Q\varphi)^3\,\Delta_x{}^2$, was sich mit dem dritten Terme der Klammer vereinigt, so dass

$$(Qb)^3\,b_x{}^2 = 2\,(Q\varphi)^3\,\Delta_x{}^2 = -2\,R\,.\,\Delta, \qquad [\S\,35.\,(4).]$$

und also

$$(10) \qquad\qquad i = 6\,R\,.\,\Delta.$$

Daher ist wirklich i ein Factor von f; nur wenn $R = 0$, verschwindet i identisch.

Man erhält nun weiter:

$$j = -\,(ai)^2\,a_x{}^3 = -\,6\,R\,.\,(a\Delta')^2\,a_x{}^3$$
$$= -\,3\,R\,.\,\{(\Delta\Delta')^2\,\varphi_x{}^3 + 6\,(\Delta\Delta')\,(\varphi\Delta')\,\Delta_x\,\varphi_x{}^2 + 3\,(\varphi\Delta')^2\,\Delta_x{}^2\,\varphi_x\}.$$

Das letzte Glied verschwindet, weil $(\varphi\Delta')^2\,\varphi_x$ identisch Null ist; das mittlere wird

$$(\Delta\Delta')\,(\varphi\Delta')\,\Delta_x\,\varphi_x{}^2 = \tfrac{1}{2}\,(\Delta\Delta')^2\,.\,\varphi_x{}^3,$$

also

$$(11) \qquad\qquad j = -\,12\,R\,.\,(\Delta\Delta')^2\,\varphi_x{}^3 = -\,12\,R^2\,.\,\varphi.$$

Es ist also auch (wenn nicht $R = 0$) j ein Factor von f,

$$f = -\,\frac{5}{72\,R^3}\,ij;$$

ferner i bis auf einen constanten Factor die quadratische Covariante von j, wie es sein sollte.

II. Der Fall

$$\alpha = 0,\ A = 0,\ \tau \text{ und } i \text{ von Null verschieden,}$$

führt auf einen Widerspruch. Denn da in diesem Falle i ein Quadrat ist, kann man setzen

$$(12) \qquad\qquad i = \xi^2;$$

man hat also, wenn

$$(13) \qquad\qquad j = p\,\xi^3 + 3\,q\,\xi^2\,\eta + 3\,r\,\eta\,\xi^2 + s\,\eta^3,$$

aus $\alpha = -\,(ji)^2 = 0$:

$$0 = r\,\xi + s\,\eta,$$

also $r = 0$, $s = 0$; und wenn

(14) $\quad f = a\,\xi^5 + 5\,b\,\xi^4\,\eta + 10\,c\,\xi^3\,\eta^2 + 10\,d\,\xi^2\,\eta^3 + 5\,e\,\xi\,\eta^4 + g\,\eta^5,$

so hat man

$$j = -\,(a\,i)^2\,a_x{}^3 = -\,\{c\,\xi^3 + 3\,d\,\xi^2\,\eta + 3\,e\,\xi\,\eta^3 + g\,\eta^3\}\,(\xi\,\eta)^2,$$

daher im Vergleich mit dem Vorigen

$$e = 0, \quad g = 0.$$

Bildet man nun i, so erhält man

$$i = 2\,\{-4\,(b\,\xi + c\,\eta)\,d\,\xi + 3\,(c\,\xi + d\,\eta)^2\}\,(\xi\,\eta)^4,$$

also im Vergleich mit der angenommenen Form von i:

$$1 = (-\,8\,b\,d + 3\,c^2)\,(\xi\eta)^4, \quad 0 = c\,d, \quad 0 = d^2.$$

Hieraus folgt $d = 0$, also $j = -\,c\,\xi^2$, daher

$$\tau = 0, \quad f = \xi^3\,(a\,\xi^2 + 5\,b\,\xi\,\eta + 10\,c\,\eta^2).$$

Man hat also den Satz:

> Wenn α und A verschwinden, ohne dass i verschwindet, so verschwindet auch τ, daher auch B, C, und f hat einen dreifachen linearen Factor.

Dass auch umgekehrt bei einem dreifachen linearen Factor von f die Ausdrücke τ, A, B, C verschwinden, folgt sofort, da sich für a, b, c keine Bedingungen ergeben haben. Der dreifache Factor kann durch Bildung von i immer gefunden werden.

Es entsteht nun die Frage, welche Eigenschaften f besitzt, wenn wir zwar A von Null verschieden, dafür aber ausser α auch τ identisch Null annehmen, während j noch als von Null verschieden gedacht werden soll. Aber nach der Formel § 75. (10) hat man für diesen Fall nothwendig $A \cdot j = 0$. Die obigen Annahmen sind also unmöglich, entweder wird man auf $A = 0$, also auf den vorigen Fall zurückgeführt, oder auf $j = 0$, und man kann den Satz aussprechen:

> Wenn α und τ verschwinden, so ist entweder i ein Quadrat, oder muss verschwinden.

III. Der Fall, wo j verschwindet, aber i nicht, und auch i kein Quadrat ist, führt das Verschwinden von τ, B, C, α selbstverständlich mit sich. Setzt man

$$i = 2\,\xi\,\eta,$$
$$f = a\,\xi^5 + 5\,b\,\xi^4\,\eta + 10\,c\,\xi^3\,\eta^2 + 10\,d\,\xi^2\,\eta^3 + 5\,e\,\xi\,\eta^4 + g\,\eta^5,$$

so wird

$$j = -\,(a\,i)^2\,a_x{}^3 = 4\,(\xi\eta)^2\,\{b\,\xi^3 + 3\,c\,\xi^2\,\eta + 3\,d\,\xi\,\eta^2 + e\,\eta^3\};$$

es muss also $b = 0$, $c = 0$, $d = 0$, $e = 0$ sein, oder man hat den Satz:

Wenn j verschwindet, ohne dass i Null oder ein Quadrat ist, so ist f die Summe zweier fünfter Potenzen, deren Argumente die linearen Factoren von i sind.*

Auch das Umgekehrte ist unmittelbar ersichtlich.

IV. Ist j identisch Null, i ein Quadrat, aber von Null verschieden, so hat man ähnlich wie oben:

$$i = \xi^2, \quad j = -2\,(\xi\eta)^2\,\{\,c\,\xi^3 + 3\,d\,\xi^2\,\eta + 3\,e\,\xi\,\eta^2 + g\,\eta^3\,\},$$

also $c = 0,\ d = 0,\ e = 0,\ g = 0,$

$$f = (a\,\xi + 5\,b\,\eta)\,\xi^4.$$

Hieraus ergiebt sich aber $i = 0$ und daher der Satz:

Wenn j verschwindet und $A = 0$, so ist auch $i = 0$ und f hat einen vierfachen linearen Factor.

Der Fall $i = 0$ ist hierbei zugleich mit erledigt; denn mit i verschwindet auch j und A, und $i = 0$ führt also immer auf einen vierfachen linearen Factor von f, sowie umgekehrt die Existenz eines solchen immer $i = 0$ macht.

Hiermit ist die Anzahl der besonderen Fälle erschöpft, die beim Verschwinden von α noch denkbar sind.

§ 94. Typische Darstellung der Formen fünfter Ordnung mittelst linearer Covarianten.

Es bleibt übrig für die Fälle, in denen M und N nicht zugleich verschwinden, die Coefficienten der typischen Darstellung durch unsere fundamentalen Invarianten auszudrücken. Um alle Fälle zu umfassen, muss man einmal

$$(1) \qquad \xi = \alpha, \quad \eta = (i\alpha)\,i_x = \beta, \quad D = -M,$$

das zweite Mal

$$(2) \qquad \xi = \alpha, \quad \eta = (\tau\alpha)\,\tau_x = \gamma, \quad D = -N$$

setzen; denn eine dieser Substitutionen muss der Voraussetzung nach möglich sein. Beide Fälle sind unter denen enthalten, für welche in § 91. die Coefficienten bereits auf einfachere Formen zurückgeführt wurden. Setzt man

$$(3) \qquad \xi = \alpha, \quad \eta = (\psi\alpha)\,\psi_x, \quad D = -(\psi\alpha)^2,$$

wo ψ irgend eine quadratische Covariante bedeutet, so ist

$$(4) \quad D^5 f = A_5\,\xi^5 - 5\,A_4\,\xi^4\,\eta + 10\,A_3\,\xi^3\,\eta^2 - 10\,A_2\,\xi^2\,\eta^3 + 5\,A_1\,\xi\,\eta^4 - A_0\,\eta,$$

---

* Geometrisch: Die fünf f repräsentirenden Punkte sind cyclisch-projectivisch.

und zwar

$$A_2 = - D\, B_0 - \tfrac{1}{2}\, \Delta\, A_0$$
$$A_3 = - D\, B_1 - \tfrac{1}{2}\, \Delta\, A_1$$
$$(5) \qquad A_4 = D^2\, C_0 + D\, \Delta\, B_0 + \tfrac{1}{4}\, \Delta^2\, A_0$$
$$A_5 = D^2\, C_1 + D\, \Delta\, B_1 + \tfrac{1}{4}\, \Delta^2\, A_1,$$

wo Δ, A_0, A_1, B_0, B_1, C_0, C_1 die Formen werden:

$$\Delta = (\psi\psi')^2, \quad A_0 = (a\alpha)^5, \quad A_1 = (a\alpha)^4\,(a\eta)$$
$$(6) \qquad B_0 = (a\psi)^2\,(a\alpha)^3, \qquad\qquad B_1 = (a\psi)^2\,(a\alpha)^2\,(a\eta)$$
$$C_0 = (a\psi)^2\,(a\psi')^2\,(a\alpha), \qquad C_1 = (a\psi)^2\,(a\psi')^2\,(a\eta).$$

Die Bestimmung der letzten sieben Invarianten bleibt für $\psi = i$ und $\psi = \tau$ auszuführen.

Es ist wesentlich nur die Bestimmung des in beiden Fällen gleichlautenden Coefficienten A_0, welche einige Schwierigkeiten macht. Um diesen Ausdruck darzustellen, werde ich zunächst einige der Theorie der Formen fünfter Ordnung angehörige Sätze ableiten, welche sich den in § 75. gegebenen anschliessen.

Die zweite Ueberschiebung von f mit ϑ ist

$$(a\vartheta)^2\, a_x^3 = (a\tau)\,(ai)\,(i\tau)\,a_x^3 = (a\tau)\,(ai)\,a_x^2\,\{\,(a\tau)\,i_x - (ai)\,\tau_x\,\}.$$

Das erste dieser Glieder entsteht aus

$$(a\tau)^2\, a_x^3 = - \tfrac{2}{3}\, A\,j - i\,\alpha \qquad\qquad |\text{§ 75. (10).}|$$

durch Ueberschieben mit i, und es ist also

$$(a\tau)^2\,(ai)\,a_x^2\, i_x = - \tfrac{2}{3}\, A \cdot (ji)\, i_x - \tfrac{1}{3}\, i \cdot (\alpha i')\, i'_x$$
$$= - \tfrac{2}{3}\, A \cdot (ji)\, i_x + \frac{i\,\beta}{3}.$$

Dagegen ist, weil $j = -(ai)^2\,a_x^3$, das zweite Glied:

$$- (a\tau)\,(ai)^2\,a_x^2\,\tau_x = (j\tau)\,j_x^2\,\tau_x = Q$$

die cubische Covariante von j. Man hat also schliesslich:

$$(7) \qquad (a\vartheta)^2\, a_x^3 = - \tfrac{2}{3}\, A \cdot (ji)\,j_x^2\, i_x + \frac{i\,\beta}{3} + Q.$$

Die dritte Ueberschiebung von f mit α^3 bildet sich nun folgendermassen. Es ist, da $\alpha = -(ji)^2\,j_x$:

$$a_x^2\,(a\alpha)^3 = - a_x^2\,(a\alpha)^2\,(ji)^2\,(aj) = - a_x^2\,(aj)\,\{\,(aj)\,(\alpha i) + (ai)\,(j\alpha)\,\}^2.$$

Von den drei Termen, welche die Ausführung des Quadrats giebt, verschwindet der erste identisch, weil er den symbolischen Factor $(aj)^3$ enthält (§ 75.). Es bleibt also:

$$a_x^2\,(a\alpha)^3 = - a_x^2\,(aj)\,(ai)^2\,(j\alpha)^2 - 2\,a_x^2\,(aj)^2\,(ai)\,(\alpha i)\,(j\alpha),$$

oder, da $j_x^2\,(j\alpha) = -\vartheta$, $(ai)^2\,a_x^3 = -j$, $i_x\,(\alpha i) = -\beta$:

$$(8) \qquad a_x^2\,(a\alpha)^3 = - j_x^2\,(j\vartheta)\,(\vartheta\alpha) - 2\,a_x^2\,(a\vartheta)^2\,(a\beta).$$

Betrachten wir zunächst das erste Glied rechts. Es ist

$$ j_x{}^2 \, (j\vartheta) \, (\vartheta\alpha) = j_x \, (j\vartheta) \, \{ (j\alpha) \, \vartheta_x - (j\vartheta) \, \alpha_x \}. $$

Der erste Theil dieses Gliedes ist $(\vartheta\vartheta') \, \vartheta_x \, \vartheta'_x$, also Null; der zweite wird, indem man $-j'_x{}^2 \, (j'\alpha)$ für ϑ setzt:

$$ -j_x \, (j\vartheta)^2 \cdot \alpha_x = \alpha \cdot j_x \, (jj')^2 \, (j'\alpha) = \alpha \cdot (\tau\alpha) \, \tau_x = \alpha\,\gamma. $$

Man hat also

$$ j_x{}^2 \, (j\vartheta) \, (\vartheta\alpha) = \alpha \cdot \gamma. $$

Sodann hat man, um das zweite Glied in (8) zu erhalten, nur (7) über β zu schieben und findet:

$$ a_x{}^2 \, (a\vartheta)^2 \, (a\beta) = -\frac{2A}{9} \, (ji) \, \left\{ j_x{}^2 \, (i\beta) + 2 \, i_x j_x \, (j\beta) \right\} + \frac{2\beta}{9} \, i_x \, (i\beta) + Q_x{}^2 (Q\beta). $$

Nun ist:

$$ j_x{}^2 \, (i\beta) \, (ji) = j_x{}^2 \, (ii') \, (ji) \, (i'\alpha) = \tfrac{1}{2} j_x{}^2 \, (ii') \, \{ (ji) \, (i'\alpha) - (ji') \, (i\alpha) \} $$
$$ = -\tfrac{1}{2} A \cdot j_x{}^2 \, (j\alpha) = \tfrac{1}{2} A \cdot \vartheta $$
$$ \{ j_x{}^2 \, (i\beta) - i_x j_x \, (j\beta) \} \, (ji) = -j_x \, (ji)^2 \cdot \beta = \alpha\,\beta, $$
$$ i_x \, (i\beta) = i_x \, (ii') \, (i'\alpha) = -\tfrac{1}{2} A \cdot \alpha. $$

Was endlich $Q_x{}^2 \, (Q\beta)$ betrifft, so ist in der Theorie der cubischen Formen bewiesen (§ 35.), dass für die Polare $Q_x{}^2 \, Q_y$ der Ausdruck

$$ (j\tau) \, j_x{}^2 \, \tau_y $$

gesetzt werden kann. Daher ist

$$ Q_x{}^2 \, (Q\beta) = (j\tau) \, j_x{}^2 \, (\tau\beta) $$

oder, da alles mit $(j\tau)^2$ Multiplicirte nach der Theorie der cubischen Formen identisch verschwindet:

$$ Q_x{}^2 \, (Q\beta) = (j\tau) \, j_x \, (j\beta) \, \tau_x = (j\tau) \, (ji) \, (i\alpha) \, j_x \, \tau_x $$
$$ = (j\tau) \, (ji) \, \tau_x \, [(j\alpha) \, i_x - (ji) \, \alpha_x] $$
$$ = -(\vartheta\tau) \, (\vartheta i) \, i_x \, \tau_x + (\alpha\tau) \, \tau_x \cdot \alpha_x ; $$

weil nun ferner

$$ (\vartheta\tau) \, (\vartheta i) \, i_x \, \tau_x = \tfrac{1}{2} \left[(\vartheta\tau)^2 \, i_x{}^2 + (\vartheta i)^2 \, \tau_x{}^2 - (i\tau)^2 \, \vartheta_x{}^2 \right], $$

und nach der Theorie simultaner quadratischer Formen

$$ (\vartheta\tau)^2 = 0, \quad (\vartheta i)^2 = 0 \qquad\qquad (\text{§ 57.}), $$

so hat man

$$ Q_x{}^2 \, (Q\beta) = \tfrac{1}{2} B \, \vartheta - \alpha\,\gamma, $$

daher endlich:

$$ a_x{}^2 \, (a\vartheta)^2 \, (a\beta) = (\tfrac{1}{2} B - \tfrac{1}{3} A^2) \, \vartheta - \alpha\,\gamma + \tfrac{1}{3} A \, \alpha\,\beta, $$

und aus (8):

$$ (9) \qquad a_x{}^2 \, (a\alpha)^3 = (\tfrac{2}{3} A^2 - B) \, \vartheta + \alpha\,\gamma - \tfrac{2}{3} A \, \alpha\,\beta. $$

Man controlirt die Coefficienten dieser Gleichung, indem man die Ausdrücke $(ai)^2 \, (a\alpha)^3$, $(a\tau)^2 \, (a\alpha)^3$ auf doppelte Weise bildet.

Schieben wir (9) noch einmal über α, so erhalten wir

$$(10) \qquad a_x(a\alpha)^4 = (\tfrac{2}{3}A^2 - B)\cdot\delta + \left(\frac{N}{2} - \frac{MA}{3}\right)\alpha,$$

wo $\delta = (\vartheta\alpha)\,\vartheta_x$ die in § 74. so bezeichnete lineare Covariante ist. Nach den Formeln § 75. (4) erhält man endlich hieraus für den Coefficienten $A_0 = (a\alpha)^5$ den Ausdruck:

$$(11) \qquad A_0 = (\tfrac{2}{3}A^2 - B)\cdot R.$$

Es hat keine wesentliche Schwierigkeit, nunmehr die Coefficienten der typischen Darstellungen zu berechnen, welche man erhält, indem man i oder τ an Stelle von ψ treten lässt.

Erste typische Darstellung. $\psi = i$.

Aus (10) folgt, da $\eta = \beta$ wird:

$$A_1 = (a\beta)(a\alpha)^4$$
$$= (\tfrac{2}{3}A^2 - B)(\delta\beta) + \left(\frac{N}{2} - \frac{MA}{3}\right)(\alpha\beta)$$
$$= (\tfrac{2}{3}A^2 - B)\frac{NA - MB}{2} - M\left(\frac{N}{2} - \frac{MA}{3}\right)\cdot \quad [\S\,75.(3)(6).]$$

Ferner hat man:

$$B_0 = (ai)^2(a\alpha)^3 = (j\alpha)^3 = -(\vartheta\alpha)^2 = -R$$
$$B_1 = (ai)^2(a\alpha)^2(a\beta) = (j\alpha)^2(j\beta) = -(\vartheta\alpha)(\vartheta\beta)$$
$$= -(\delta\beta) = -\tfrac{1}{2}(NA - MB) \qquad\qquad [\S\,75.\ (6).]$$
$$C_0 = (ai)^2(ai')^2(a\alpha) = (\alpha\alpha) = 0$$
$$C_1 = (ai)^2(ai')^2(a\beta) = (\alpha\beta) = -M.$$

Zweite typische Darstellung. $\psi = \tau$.

Man hat $\eta = \gamma$, $D = (\alpha\gamma) = -N$, $\Delta = C$. Ferner aus (10):

$$A_1 = (a\gamma)(a\alpha)^4 = (\tfrac{2}{3}A^2 - B)(\delta\gamma) + \left(\frac{N}{2} - \frac{MA}{3}\right)(\alpha\gamma)$$
$$= (\tfrac{2}{3}A^2 - B)\frac{NB - MC}{2} - \left(\frac{N}{2} - \frac{MA}{3}\right)N.$$
$$B_0 = (a\tau)^2(a\alpha)^3 = -\tfrac{2}{3}A(j\alpha)^3 = \tfrac{2}{3}A\,R. \qquad\qquad [\S\,75.\ (10).]$$
$$B_1 = (a\tau)^2(a\alpha)^2(a\gamma) = -\tfrac{2}{3}A(j\alpha)^2(j\gamma) - \tfrac{1}{3}(i\alpha)^2(\alpha\gamma)$$
$$= \tfrac{2}{3}A(\vartheta\alpha)(\vartheta\gamma) + \frac{M}{3}(\gamma\alpha)$$
$$= \tfrac{2}{3}A(\delta\gamma) + \frac{M}{3}(\gamma\alpha) = \frac{A}{3}(NB - MC) + \frac{M}{3}N. \quad [\S\,75.\ (4),\ (6).]$$
$$C_0 = (a\tau)^2(a\tau')^2(a\alpha) = -\tfrac{2}{3}A(j\tau)^2(j\alpha) - \tfrac{2}{3}(i\tau)(\alpha\tau)(i\alpha) = \tfrac{2}{3}R.$$
$$C_1 = (a\tau)^2(a\tau')^2(a\gamma) = -\tfrac{2}{3}A(j\tau)^2(j\gamma) - \tfrac{2}{3}(i\tau)(\alpha\tau)(i\gamma) - \tfrac{1}{3}(i\tau)^2(\alpha\gamma)$$
$$= \frac{BN}{3} - \tfrac{2}{3}(i\tau)(\alpha\tau)(i\gamma).$$

Nur der letzte Term bedarf einer Bemerkung. Trägt man für γ den Werth $(\tau'\alpha)\,\tau'_x$ ein, so wird

$$-(i\tau)(\alpha\tau)(i\gamma) = (i\tau)(\alpha\tau)(i\tau')(\alpha\tau')$$
$$=(i\tau)^2(\alpha\tau')^2 - \tfrac{1}{2}(i\alpha)^2(\tau\tau')^2 = -BN - \tfrac{1}{2}MC;$$

so dass endlich:

$$C_1 = -\frac{BN + MC}{3}.$$

Charakteristisch ist für diese Darstellungen vor allem, dass sämmtliche Coefficienten mit geradem Index den Factor R enthalten. Man hätte dieses von vornherein schliessen können, denn der Grad aller dieser Coefficienten ist von der Form $4h+2$, und da alle fundamentalen Invarianten ausser R einen durch 4 theilbaren Grad besitzen, so müssen jene Coefficienten nothwendig die Form $R \cdot F(A, B, C)$ haben. Dies ist von Wichtigkeit für die Erkennung des Charakters, welchen die Gleichung $f = 0$ hat, wenn die Invariante R verschwindet. In diesem Falle verschwinden A_0, A_2, A_4 und f geht in die Form über:

$$f = \alpha\,(G\,\alpha^4 + K\,\alpha^2\beta^2 + L\,\beta^4).$$

Es ist also $\alpha = 0$ eine Lösung von $f = 0$ und der übrigbleibende Factor vierter Ordnung enthält nur noch die Quadrate, so dass man folgenden Satz aussprechen kann:

> Wenn R verschwindet, ohne dass M und N gleichzeitig beide verschwinden, so ist α ein Factor von f und der Quotient $\dfrac{f}{\alpha^5}$ wird durch die Substitution $z = \dfrac{\beta^2}{\alpha^2}$ oder $z = \dfrac{\gamma^2}{\alpha^2}$ eine quadratische Function von z.

Die Auflösung der Gleichung $f = 0$ hängt dann also nur noch von einer quadratischen Gleichung ab.

Der obige Satz lässt sich in folgender Weise umkehren:

> Ist die fünfte Wurzel einer Gleichung fünften Grades eine Wurzel der zu den übrigen vier Wurzeln als Wurzeln einer biquadratischen Gleichung $\varphi = 0$ gehörigen Form T_φ, so verschwindet R (vergl. § 89.).

Hierdurch ist in der That der obige Sachverhalt ausgedrückt; denn die Veränderlichen (oben α, β, bez. α, γ), durch welche φ auf nur gerade Potenzen reducirt wird, sind die Factoren eines der drei quadratischen Factoren von T_φ, daher auch α, der fünfte lineare Factor von f, ein linearer Factor von T_φ.

Um die Umkehrung zu beweisen, können wir davon ausgehen, dass im allgemeinen Falle, wenn T_φ den Factor ξ hat, φ die Form

$$\varphi = a\,\xi^4 + 6\,b\,\xi^2\,\eta^2 + c\,\eta^4$$

annehmen kann (§§ 48., 49.); abgesehen von Fällen, wo T_φ identisch verschwindet und welche hier nicht zu berücksichtigen sind, tritt eine Ausnahme nur ein, wenn φ die Form $\xi^3\eta$ annimmt, wo dann alle linearen Factoren von T_φ gleich ξ werden. Man hat also f nur unter den beiden Formen

$$f = a_0\,x_1^5 + 10\,a_2\,x_1^3\,x_2^2 + 5\,a_4\,x_1\,x_2^4, \quad f = 5\,x_1^4\,x_2$$

zu untersuchen. Im letzten Falle aber (§ 93. IV.) verschwinden alle Invarianten, also auch R; der erste bleibt zu untersuchen. In diesem Falle aber übersieht man sogleich Folgendes: Durch die Substitution

$$x'_1 = x_1, \quad x'_2 = -x_2,$$

deren Determinante -1, ändern die Formen ungeraden Charakters ihr Zeichen, geht also R in $-R$ über. Aber die Coefficienten von f bleiben unverändert, also auch R, mithin hat man $R = -R$ oder $R = 0$, wie zu beweisen war.

Geometrisch bedeutet dieser Fall, dass von den fünf Elementen, welche den Wurzeln von $f = 0$ entsprechen, eines ein Doppelelement einer Involution sei, welche durch zwei aus den vier übrigen gebildete Elementepaare bestimmt ist.

Ausser den beiden obigen Darstellungen kann man noch eine dritte typische Darstellung untersuchen, bei welcher α, δ die Veränderlichen sind und R der Nenner wird. Diese Darstellung hat den besonderen Charakter, dass alle Coefficienten durch R theilbar werden, so dass, indem man den ganzen Ausdruck durch R dividirt, rechts und links nur noch ganze Functionen von A, B, C erscheinen. Ein Theil der hierbei auftretenden Bildungen wird im folgenden Paragraphen zur Verwendung kommen.

§ 95. Darstellung einer Form fünfter Ordnung durch die Summe von drei fünften Potenzen.

Ich werde im Folgenden die Aufgabe behandeln*:

Eine gegebene Form f der fünften Ordnung soll in die Gestalt gebracht werden:

$$(1) \qquad f = \xi^5 + \xi'^5 + \xi''^5,$$

wo ξ, ξ', ξ'' lineare Functionen sind.

Diese Aufgabe ist, wie man sehen wird, im Allgemeinen, und zwar auf eine Art lösbar; nur ist erforderlich, dass die Invariante C

---

* Sie ist in anderer Weise gelöst in Salmon, Lessons, 2^d ed. S. 137.

nicht verschwinde, was denn vorausgesetzt werden soll. Ich werde bei der Form, welche ich der Lösung gebe, auch noch voraussetzen, dass R nicht verschwinde.

In diesem Falle nämlich kann man sich δ und α als Veränderliche eingeführt denken und kann daher die Gleichung des Problems in folgender Form schreiben:

$$(2) \qquad f = \varkappa\,(\delta - m\,\alpha)^5 + \varkappa'\,(\delta - m'\alpha)^5 + \varkappa''\,(\delta - m''\alpha)^5.$$

Dass ·es zweckmässig ist, gerade δ neben α einzuführen, wird das Folgende lehren.

Wenn wir auch links δ und α einführen, also, da $(\delta\,\alpha) = R$ und demnach

$$R\,.\,a_x = (a\,\alpha)\,\delta - (a\,\delta)\,\alpha$$

wird,

$$(3) \qquad R^5\,.\,f = [(a\,\alpha)\,\delta - (a\,\delta)\,\alpha]^5$$

setzen, so erhalten wir aus Vergleichung von (2) und (3) die folgenden Gleichungen, welche den Inhalt des Problems vollständig ausdrücken:

$$
\begin{aligned}
(a\,\alpha)^5 &= R^5\,(\varkappa &+ \varkappa' &+ \varkappa'' &) \\
(a\,\alpha)^4\,(a\,\delta) &= R^5\,(\varkappa m &+ \varkappa'm' &+ \varkappa''m'' &) \\
(a\,\alpha)^3\,(a\,\delta)^2 &= R^5\,(\varkappa m^2 &+ \varkappa'm'^2 &+ \varkappa''m''^2 &) \\
(a\,\alpha)^2\,(a\,\delta)^3 &= R^5\,(\varkappa m^3 &+ \varkappa'm'^3 &+ \varkappa''m''^3 &) \\
(a\,\alpha)\;(a\,\delta)^4 &= R^5\,(\varkappa m^4 &+ \varkappa'm'^4 &+ \varkappa''m''^4 &) \\
(a\,\delta)^5 &= R^5\,(\varkappa m^5 &+ \varkappa'm'^5 &+ \varkappa''m''^5 &).
\end{aligned}
$$

(4)

Es sind dies sechs Gleichungen mit ebensoviel Unbekannten $\varkappa$, $\varkappa'$, $\varkappa''$, m, m', m'', um deren Auflösung es sich nunmehr handelt.

Wenn man aus je vier aufeinander folgenden dieser Gleichungen die Grössen $\varkappa$ eliminirt, so erhält man die drei Gleichungen:

$$(5) \qquad M\,.\,(a\,\alpha)^2 = 0, \quad M\,.\,(a\,\alpha)\,(a\,\delta) = 0, \quad M\,.\,(a\,\delta)^2 = 0,$$

wo M den symbolischen Ausdruck bedeutet:

$$(6) \qquad M = \begin{vmatrix} (a\,\alpha)^3 & 1 & 1 & 1 \\ (a\,\alpha)^2\,(a\,\delta) & m & m' & m'' \\ (a\,\alpha)\;(a\,\delta)^2 & m^2 & m'^2 & m''^2 \\ (a\,\delta)^3 & m^3 & m'^3 & m''^3 \end{vmatrix}.$$

Die Gleichungen (5) kann man in eine einzige zusammenfassen; denn indem man dieselben der Reihe nach mit

$$\delta_x{}^2, \quad -2\,\alpha_x\,\delta_x, \quad \alpha_x{}^2$$

multiplicirt und dann addirt, erhält man

$$0 = M\,.\,[(a\,\alpha)\,\delta_x - (a\,\delta)\,\alpha_x]^2 = M\,.\,a_x{}^2\,.\,(\alpha\,\delta)^2,$$

oder mit Hinweglassung des Factors $(\alpha\delta)^2 = R^2$, welcher als nicht verschwindend vorausgesetzt wird:

$$(7) \qquad\qquad 0 = M \cdot a_x{}^2.$$

Diese Gleichung ersetzt die Gleichungen (5) vollständig, sobald man festsetzt, dass (7) für alle Werthe der x erfüllt sein solle.

Wenn man in M aus der ersten Verticalreihe den Factor $(a\alpha)^3$ herauszieht, so geht der übrigbleibende Factor von M in eine Determinante über, welche nach bekannten Sätzen das Differenzenproduct der vier Ausdrücke

$$\frac{(a\delta)}{(a\alpha)}, \quad m, \quad m', \quad m''$$

ist. Das Differenzenproduct der m kann man auslassen, indem man diese als sämmtlich verschieden ansieht. Multiplicirt man das Product der übrigen Differenzen mit $(a\alpha)^3$, so sieht man, dass man an Stelle von M den Ausdruck:

$$(8) \quad M' = [(a\delta) - m\,(a\alpha)]\,](a\delta) - m'\,(a\alpha)]\,[(a\delta) - m''\,(a\alpha)],$$

und an Stelle von (7) die Gleichung

$$(9) \qquad\qquad 0 = M' \cdot a_x{}^2$$

setzen kann.

Die rechte Seite von (9) ist die dritte Ueberschiebung von f mit der Form

$$(10) \qquad \varphi = (\delta - m\alpha)\,(\delta - m'\alpha)\,(\delta - m''\alpha).$$

Es muss also φ eine solche cubische Covariante sein, dass seine dritte Ueberschiebung mit f identisch verschwindet. Durch diese Bedingung oder durch die drei in den Coefficienten von φ linearen Gleichungen

$$(a\varphi)^3\,a_1{}^2 = 0, \quad (a\varphi)^3\,a_1\,a_2 = 0, \quad (a\varphi)^3\,a_2{}^2 = 0,$$

ist aber φ bis auf einen constanten Factor völlig bestimmt; und da andererseits, wie aus § 75. bekannt ist, die Covariante j diesen Bedingungen genügt, so kann man

$$\varphi = j$$

setzen.

Die Grössen m, m', m'' sind also die drei Wurzeln der cubischen Gleichung, welche entsteht, wenn man in $j = 0$ die Veränderlichen δ, α einführt und dann $\dfrac{\delta}{\alpha}$ als die Unbekannte betrachtet.

Da man die m als verschieden voraussetzt, so darf die Discriminante C der Gleichung $j = 0$ nicht verschwinden.

Die Argumente der drei in dem Probleme geforderten fünften Potenzen sind also die linearen Factoren von j; indem wir sie in der Form

$$\delta - m\,\alpha, \quad \delta - m'\,\alpha, \quad \delta - m''\,\alpha$$

annehmen, haben wir die absoluten Werthe ihrer Coefficienten fixirt; es bleibt dann übrig, die Coefficienten $\varkappa$ zu bestimmen. Hierzu führen die drei ersten Gleichungen (4), nachdem durch Erfüllung von (5) die drei letzten Gleichungen (4) Folgen der drei ersten geworden sind. Dieselben geben die $\varkappa$ linear und also eine eindeutige Lösung der Aufgabe.

Um nun die cubische Gleichung aufzustellen, müssen wir in j die Veränderlichen δ, α einführen. Es ist

$$R^3 \cdot j = [(j\,\alpha)\,\delta - (j\,\delta)\,\alpha]^3$$
$$= J_0\,\delta^3 - 3\,J_1\,\delta^2\,\alpha + 3\,J_2\,\delta\,\alpha^2 - J_3\,\alpha^3,$$

wo

$$J_0 = (j\,\alpha)^3$$
$$J_1 = (j\,\alpha)^2\,(j\,\delta)$$
$$J_2 = (j\,\alpha)\,(j\,\delta)^2$$
$$J_3 = \qquad (j\,\delta)^3.$$

Da nun nach § 75.

$$j_x{}^2\,(j\,\alpha) = -\,\vartheta,$$

so ist

$$J_0 = (j\,\alpha)^3 = (\vartheta\,\alpha)^2 = -\,R$$
$$J_1 = (j\,\alpha)^2\,(j\,\delta) = -\,(\vartheta\,\alpha)\,(\vartheta\,\delta) = -\,(\delta\,\delta) = 0$$
$$J_2 = (j\,\alpha)\,(j\,\delta)^2 = -\,(\vartheta\,\delta)^2,$$

oder da $\delta = (\vartheta\,\alpha)\,\vartheta_x$:

$$J_2 = -\,(\vartheta\,\delta)\,(\vartheta\,\vartheta')\,(\vartheta'\,\alpha) = -\tfrac{1}{2}\,(\vartheta\,\vartheta')^2\,(\delta\,\alpha) = -\tfrac{1}{2}\,N\,R. \quad [\text{§ 75.(8).}]$$

Es bleibt noch J_3 zu bestimmen. Nun ist mit Benutzung des Ausdrucks von δ:

$$J_3 = (j\,\delta)^2\,(j\,\vartheta)\,(\vartheta\,\alpha) = (j\,\delta)\,(j\,\vartheta)\,[(j\,\alpha)\,(\vartheta\,\delta) + (j\,\vartheta)\,(\delta\,\alpha)],$$

oder wenn man im ersten Theil wieder $= \vartheta$ für $j_x{}^2\,(j\,\alpha)$ einführt:

$$J_3 = -\,(\vartheta'\,\delta)\,(\vartheta\,\delta)\,(\vartheta'\,\vartheta) + R \cdot (j\,\delta)\,(j\,\vartheta)^2.$$

Der erste Theil verschwindet identisch, da er bei Vertauschung von ϑ und ϑ' das Zeichen wechselt; sodann aber ist, indem man für ϑ seinen Werth $\vartheta = (i\,\tau)\,i_x\,\tau_x$ einführt:

$$(j\,\delta)\,(j\,\vartheta)^2 = (j\,\delta)\,(j\,i)\,(j\,\tau)\,(i\,\tau)$$
$$= (j\,i)\,(j\,\tau)\,\{(j\,\tau)\,(i\,\delta) + (j\,i)\,(\delta\,\tau)\}.$$

Hier verschwindet nun rechts der erste Theil nach der Theorie der cubischen Formen, weil er den symbolischen Factor $(j\,\tau)^2$ enthält; der zweite enthält den Factor $(j\,i)^2$ und wird also, da

$$(ji)^2 j_x = -\alpha$$

ist:

$$= (\alpha\tau)(\delta\tau) = (\delta\gamma) = \tfrac{1}{2}(NB - MC). \qquad [\text{§ 75. (6).}]$$

So ist denn

$$J_3 = \frac{R}{2}(NB - MC),$$

und die Darstellung von j wird mit Uebergehung eines Factors R:

$$(10) \qquad R^2 j = -\delta^3 - \frac{3N}{2}\delta\alpha^2 - \frac{NB - MC}{2}\alpha^3.$$

Die Grössen m, m', m'' sind also die Wurzeln der cubischen Gleichung

$$(11) \qquad m^3 + \frac{3N}{2}m + \frac{NB - MC}{2} = 0.$$

Die einfache Form dieser cubischen Gleichung ist es, welche es zweckmässig erscheinen lässt, gerade die Covariante δ neben α in dem Ausdrucke des Problems einzuführen.

Setzt man für die Wurzeln der Gleichung (11) die Ausdrücke:

$$(12) \qquad m^{(l)} = \varepsilon^l u + \varepsilon^{2l} v, \qquad\qquad (\varepsilon^3 = 1)$$

so wird

$$(13) \qquad \begin{aligned} u^3 + v^3 &= -\frac{NB - MC}{2} \\ uv &= -\frac{N}{2}, \end{aligned}$$

daher

$$(u^3 - v^3)^2 = \frac{(NB - MC)^2}{4} + \frac{N^3}{2},$$

oder wenn man bemerkt, dass nach § 75. (7)

$$N = \frac{AC - B^2}{2}$$

ist:

$$\begin{aligned} (u^3 - v^3)^2 &= \tfrac{1}{4}\left[(NB - MC)^2 + N^2(AC - B^2)\right] \\ &= \frac{C}{4}(M^2 C - 2MNB + N^2 A) \\ &= -\frac{CR^2}{2} \qquad\qquad [\text{§ 75. (1).}] \end{aligned}$$

Es ist also

$$(14) \qquad \begin{aligned} u &= \sqrt[3]{-\frac{NB - MC}{4} + \frac{R}{2}\sqrt{-\frac{C}{2}}} \\ v &= \sqrt[3]{-\frac{NB - MC}{4} - \frac{R}{2}\sqrt{-\frac{C}{2}}}, \end{aligned}$$

wo die Cubikwurzeln durch die zweite Gleichung (13) an einander gebunden sind.

Da durch (12), (14) die Grössen m völlig gegeben sind, so bleibt es übrig, die linearen Gleichungen zur Bestimmung der $\varkappa$, die drei ersten Gleichungen (4) noch genauer zu untersuchen. Mit Benutzung der Gleichungen § 94. (9), (10) und § 75. (3), (4), (6) erhält man sofort:

$$(a\,\alpha)^5 = \left(\tfrac{2}{3}A^2 - B\right) R$$
$$(a\,\alpha)^4 (a\,\delta) = -\left(\frac{N}{2} - \frac{MA}{3}\right) R$$
$$(a\,\alpha)^3 (a\,\delta)^2 = \frac{RM^2}{6}.$$

Daher werden endlich, nach Division mit R, die Gleichungen zur Bestimmung der $\varkappa$:

$$
\begin{aligned}
R^4\,(\varkappa \quad + \varkappa' \quad + \varkappa'' \quad) &= \tfrac{2}{3}A^2 - B\\
R^4\,(\varkappa m + \varkappa' m' + \varkappa'' m'') &= \frac{AM}{3} - \frac{N}{2}\\
R^4\,(\varkappa m^2 + \varkappa'' m''^2 + \varkappa' m'^2) &= \frac{M^2}{6},
\end{aligned}
$$

(15)

wodurch $\varkappa$, $\varkappa'$, $\varkappa''$ in einfachster Weise vollkommen gegeben sind.

§ 96. Behandlung des Falles, wo $C=0$. Ueber die Lösung der Gleichung fünften Grades für diesen Fall.*

Ich werde jetzt untersuchen, wie die Betrachtungen des vorigen Paragraphen sich modificiren, wenn C verschwindet. Lässt man C gegen Null convergiren, so geht die Gleichung (11) des vorigen Paragraphen, mit Vernachlässigung von C^2, in

$$(1) \qquad 0 = (m - B)\left(m + \frac{B}{2}\right)^2 + \frac{3AC}{4}(m - B)$$

über und die drei Wurzeln der Gleichung werden also

$$
(2) \qquad
\begin{aligned}
m &= B\\
m' &= -\frac{B}{2} + \omega\\
m'' &= -\frac{B}{2} - \omega,
\end{aligned}
$$

wo ω die gegen Null convergirende Grösse

$$(3) \qquad \omega = \sqrt{-\frac{3AC}{4}}$$

bedeutet. Sodann verwandelt sich (immer vorausgesetzt, dass R nicht verschwindet) die Gleichung (2) des vorigen Paragraphen mit Vernachlässigung höherer Potenzen von ω in:

---

* Vgl. eine Mittheilung des Verf., Göttinger Nachrichten 1871, S. 103.

$$ f = \varkappa (\delta - B\alpha)^5 + (\varkappa' + \varkappa'') \left(\delta + \frac{B\alpha}{2}\right)^5 $$
$$ - 5 (\varkappa' - \varkappa'') \omega \cdot \left(\delta + \frac{B\alpha}{2}\right)^4 \cdot \alpha, $$

oder wenn man

$$ (4) \qquad \varkappa' + \varkappa'' = \lambda, \quad (\varkappa' - \varkappa'') \omega = - \mu $$

setzt, in:

$$ (5) \qquad f = \varkappa (\delta - B\alpha)^5 + \lambda \left(\delta + \frac{B\alpha}{2}\right)^5 + 5\mu\alpha \cdot \left(\delta + \frac{B\alpha}{2}\right)^4 . $$

Die Grössen $\varkappa$, λ, μ aber werden aus den Gleichungen (15) des vorigen Paragraphen bestimmt, welche nun die Gestalt annehmen

$$ (6) \qquad \begin{aligned} R^4 (\varkappa + \lambda) &= \tfrac{2}{3} A^2 - B \\ R^4 \left(\varkappa B - \lambda \frac{B}{2} - \mu\right) &= \frac{AM}{3} - \frac{N}{2} \\ R^4 \left(\varkappa B^2 + \lambda \frac{B^2}{4} + B\mu\right) &= \frac{M^2}{6} . \end{aligned} $$

Inzwischen wird, da $C = 0$:

$$ (7) \qquad \begin{aligned} N &= \frac{AC - B^2}{2} = - \frac{B^2}{2} \\ M &= 2AB - 3C = 2AB \\ R^2 &= - \tfrac{1}{2} (AN^2 - 2BMN + CM^2) = - \tfrac{9}{8} AB^4 ; \end{aligned} $$

und indem man nur für den letzten Ausdruck der Kürze wegen R^2 beibehält, kann man die Gleichungen (6) durch folgende ersetzen:

$$ (8) \qquad \begin{aligned} R^4 (\varkappa + \lambda) &= \tfrac{2}{3} A^2 - B \\ R^4 \left(\varkappa B - \frac{\lambda B}{2} - \mu\right) &= \frac{2A^2 B}{3} + \frac{B^2}{4} \\ R^4 \left(\varkappa B + \lambda \frac{B}{4} + \mu\right) &= \frac{2A^2 B}{3} . \end{aligned} $$

Da der Voraussetzung nach R nicht verschwindet, so können nach (7) auch A und B nicht verschwinden, und die letzte Gleichung durfte daher durch B dividirt werden. Die Gleichungen geben aufgelöst:

$$ \begin{aligned} R^4 \varkappa &= \tfrac{2}{3} A^2 \\ R^4 \lambda &= - B \\ R^4 \mu &= \frac{B^2}{4} . \end{aligned} $$

Man hat also für f in diesem Falle den folgenden einfachen Ausdruck:

$$ R^4 f = \tfrac{2}{3} A^2 (\delta - B\alpha)^5 - B \left(\delta + \frac{B}{2}\alpha\right)^5 + \tfrac{5}{4} B^2 \alpha \left(\delta + \frac{B}{2}\alpha\right)^4 . $$

Nun ist aber

$$B\,\alpha = \tfrac{2}{3}\left\{\left(\delta + \frac{B}{2}\,\alpha\right) - (\delta - B\,\alpha)\right\};$$

setzt man daher

$$(9)\qquad \delta - B\,\alpha = \xi, \quad \delta + \frac{B}{2}\,\alpha = \eta,$$

so nimmt die Form fünften Grades die Gestalt an:

$$(10)\qquad R^4 f = \tfrac{2}{3}\,A^2\,\xi^5 - \tfrac{5}{6}\,B\,\xi\,\eta^4 - \frac{B}{6}\,\eta^5.$$

Dieses ist die Form, auf welche mittelst einer höhern Substitution Jerrard jede Gleichung fünften Grades zu bringen gelehrt hat, in welcher nämlich die Terme $\xi^4\eta$, $\xi^3\eta^2$, $\xi^2\eta^3$ fehlen. Es geschieht dies also im vorliegenden Falle, wo $C=0$, mit Hilfe einer linearen Substitution, und man kann den Satz aussprechen:

> Wenn die Invariante C verschwindet, so geht die Form fünfter Ordnung durch die Substitution

$$\xi = \delta - B\,\alpha, \quad \eta = \delta + \frac{B\,\alpha}{2}$$

> in die Form

$$R^4 f = \tfrac{2}{3}\,A^2\,\xi^5 - \tfrac{5}{6}\,B\,\xi\,\eta^4 - \frac{B}{6}\,\eta^5$$

> über, in welcher drei Glieder fehlen.

Hermite hat die Gleichung fünften Grades

$$(11)\qquad x^5 - x - a = 0$$

mit Hilfe der Theorie der elliptischen Functionen in transcendenter Weise auflösen gelehrt.* In dieser Weise ist also jede Gleichung fünften Grades auflösbar, für welche die Invariante C verschwindet, indem $f=0$ aus (10) durch die Substitution

$$(12)\qquad \frac{\xi}{\eta} = x\,\sqrt[4]{\frac{5B}{4A^2}}$$

in die Gleichung (11) übergeht, während zugleich

$$(13)\qquad a = \tfrac{1}{5}\sqrt[4]{\frac{4A^2}{5B}}.\;-$$

---

* Mit Hilfe des Jerrard'schen Satzes, dass mittelst einer höhern (Tschirnhausen'schen) Transformation und mit Auflösung von Gleichungen, deren Grad den dritten nicht übersteigt, jede Gleichung fünften Grades in die Form (11) gebracht werden kann, löst Hermite auch die allgemeine Gleichung fünften Grades. Doch ist für den algebraischen Theil der Untersuchung eine vollständige Darstellung für jetzt noch nicht möglich.

Die Gleichung (11) führt leicht auf den allgemeinen Ausdruck der Discriminante einer Gleichung fünften Grades. Denn da diese in den Coefficienten nur vom achten Grade ist, so kann sie C nicht enthalten, wird also nicht geändert, wenn man C verschwinden lässt. Man kann diese Discriminante also, ohne die Allgemeinheit zu beinträchtigen, aus der Form (11) bilden. Soll die Gleichung (11) aber zwei gleiche Wurzeln haben, so muss

$$5\,x^4 - 1 = 0, \quad 4x + 5a = 0,$$

also

$$a^4 = \frac{4^4}{5^5}$$

sein; und indem man hier den Werth von a aus (13) einführt, hat man

$$A^2 - 64\,B = 0,$$

so dass $A^2 - 64\,B$ die Discriminante ist, wie oben S. 354 gefunden wurde.

97. Typische Darstellung zweier simultanen Formen zweiter und dritter Ordnung mittelst linearer Covarianten.

Die in §§ 90—92. auseinandergesetzten Principien der Einführung linearer Covarianten und der Untersuchung über die Möglichkeit, gegebene Formen linear in einander zu transformiren, mögen nun noch auf einige Beispiele simultaner Formen angewandt werden.

Das einfachste Beispiel bildet die simultane Untersuchung einer quadratischen (f) und einer cubischen Form (φ). Das Formensystem ist für diesen Fall in § 59. entwickelt worden; ich beziehe mich auf die dort gebrauchten Bezeichnungen. Es wurde dort gezeigt, dass die vier linearen Covarianten

$$(1) \qquad p = (a\,\alpha)^2\,\alpha_x, \quad q = (b\,p)\,b_x, \quad r = (a\,Q)^2\,Q_x, \quad s = (b\,r)\,b_x$$

die Determinanten besitzen:

$$(2) \quad \begin{aligned} (p\,q) &= -(ap)^2 = -F, \quad (pr) = L = \frac{D\,R - E^2}{2}, \\ (p\,s) &= -(q\,r) = -M, \quad (q\,s) = \frac{D\,L}{2}, \\ (r\,s) &= -N = EL - \tfrac{1}{2}FR. \end{aligned}$$

Zwischen den fünf fundamentalen Invarianten D, E, F, R, M besteht die einzige Beziehung

$$(3) \qquad M^2 = -\tfrac{1}{2}\{D\,L^2 - 2\,ELF + R\,F^2\}.$$

Man sieht daraus, dass die sechs, aus den Coefficienten der linearen Covarianten gebildeten Invarianten (2) immer sämmtlich, und nur dann sämmtlich verschwinden, wenn F und L verschwinden. Man hat daher den Satz:

> Typische Darstellungen der simultanen Formen f, φ mittelst linearer Covarianten sind nur möglich, so lange die Invarianten F, L nicht beide verschwinden.

Und

> Eine quadratische Form f und eine cubische Form φ können immer mittelst typischer Formen gleichzeitig in zwei andere Formen f', φ' linear übergeführt werden, so lange die absoluten Invarianten beiderseits gleich sind, und die Invariantenpaare F, F' und L, L' nicht gleichzeitig verschwinden.

Untersuchen wir zunächst, was das gleichzeitige Verschwinden von F und L für die Formen f, φ aussagt. Es ist L nichts anderes, als die Resultante von f und Δ; daher müssen f und Δ einen Factor gemein haben, vorausgesetzt, dass nicht etwa Δ identisch verschwindet, also φ ein vollständiger Cubus ist. Unterscheiden wir also folgende drei Fälle:

1) f ist kein Quadrat, φ kein Cubus.

2) f ist ein Quadrat, φ kein Cubus.

3) φ ist ein Cubus.

1) Im ersten Falle sei $f = 2\,x_1\,x_2$,

$$\varphi = \alpha\,x_1^3 + 3\,\beta\,x_1^2\,x_2 + 3\,\gamma\,x_1\,x_2 + \delta\,x_2^3.$$

Man hat dann

$$\Delta = 2\,\{(\alpha\gamma - \beta^2)\,x_1^2 + (\alpha\delta - \beta\gamma)\,x_1\,x_2 + (\beta\delta - \gamma^2)\,x_2^2\}$$
$$p = -2\,(\beta x_1 + \gamma x_2).$$

Daher wird

$$F = (ap)^2 = -8\beta\gamma = 0,$$

und ausserdem, da Δ mit φ einen Factor gemein haben soll,

$$(\alpha\gamma - \beta^2)\,(\beta\delta - \gamma^2) = 0.$$

Hieraus folgt, dass entweder β und $\alpha\gamma^3$, oder γ und $\delta\beta^3$ verschwinden muss, also entweder $\beta = 0$, $\gamma = 0$, oder $\beta = 0$, $\alpha = 0$, oder $\gamma = 0$, $\delta = 0$. Dieses führt also auf folgende Fälle:

1. f stimmt mit der quadratischen Covariante von φ bis auf einen numerischen Factor überein ($\beta = 0$, $\gamma = 0$).

2. φ hat einen Doppelfactor, welchen f zugleich einfach besitzt.

2) Ist f ein Quadrat, so sei $f = x_1^2$,

$$\varphi = \alpha\,x_1^3 + 3\,\beta\,x_1^2\,x_2 + 3\,\gamma\,x_1\,x_2^2 + \delta\,x_2^3.$$

Es wird
$$\Delta = 2 \{(\alpha\gamma - \beta^2)\, x_1{}^2 + (\alpha\delta - \beta\gamma)\, x_1 x_2 + (\beta\delta - \gamma^2)\, x_2{}^2\},$$
$$p = \gamma x_1 + \delta x_2,$$

daher geht $F = (ap)^2 = 0$ in $\delta = 0$, $L = 0$ in $\beta\delta - \gamma^2 = 0$, also in $\gamma = 0$ über. Dies führt auf den zweiten Fall von 1. zurück.

3) Ist φ ein Cubus, so sei
$$f = a\, x_1{}^2 + 2\, b\, x_1 x_2 + c\, x_2{}^2, \qquad \varphi = x_1{}^3;$$

man hat $\Delta = 0$, so dass die Gleichung $L = 0$ von selbst befriedigt ist, und
$$p = c\, x_1, \qquad F = c^3,$$

also $c = 0$. Mithin ist der dreifache Factor von φ zugleich einfacher von f, und auch dies ist unter dem zweiten Falle von 1. enthalten.

Man hat also den Satz:

> Das gleichzeitige Verschwinden von F und L tritt immer und nur in folgenden zwei Fällen ein:
>
> 1) wenn f sich von der quadratischen Covariante von φ nur um einen numerischen Factor unterscheidet[*];
>
> 2) wenn φ einen Doppelfactor hat, welcher zugleich einfacher Factor von f ist.

In allen andern Fällen ist also eine typische Darstellung mittelst linearer Covarianten möglich; in allen andern Fällen zieht die Gleichheit der absoluten Invarianten zweier analoger Systeme immer auch die Möglichkeit der linearen Transformation nach sich.

Wir haben daher zwei typische Darstellungen zu untersuchen, von denen immer eine möglich ist, so lange überhaupt von einer typischen Darstellung gesprochen werden kann. Bei der ersten sind p und q, bei der andern p und r die neuen Veränderlichen.

Erste typische Darstellung.

Man hat
$$(4) \quad \begin{aligned} F^2 \cdot f &= (ap)^2 \cdot q^2 - 2\,(ap)(aq)\cdot p\, q + (aq)^2 \cdot p^2 \\ F^3 \cdot \varphi &= (\alpha p)^3 \cdot q^3 - 3\,(\alpha p)^2 (\alpha q)\cdot p\, q^2 + 3\,(\alpha p)(\alpha q)^2 \cdot p^2 q - (\alpha q)^3 \cdot p^3. \end{aligned}$$

Nun ist
$$(ap)^2 = F, \quad (ap)(aq) = (q'q) = 0,$$
$$(aq)^2 = (ab)(ac)(bp)(cp) = \tfrac{1}{2}\{(ab)^2(cp)^2 + (ac)^2(bp)^2 - (bc)^2(ap)^2\} = \frac{DF}{2}.$$

Die erste Gleichung (4) giebt also nach Division mit F:

$$(5) \qquad F \cdot f = q^2 + \frac{D}{2}\, p^2.$$

Auf dieselbe Weise, wie soeben der Coefficient $(\alpha q)^2$ umgestaltet wurde findet sich auch:

$$(\alpha q)^2\, \alpha_x = (\alpha a)\,(\alpha b)\,(a p)\,(b p)\,\alpha_x = \tfrac{1}{2}\,\{(\alpha a)^2\,(b p)^2 + (\alpha b)^2\,(a p)^2$$
$$- (a b)^2\,(\alpha p)^2\}\,\alpha_x$$
$$= F \cdot p - \tfrac{1}{2} D \cdot (\alpha p)^2\,\alpha_x$$

und daher

$$(6) \qquad \begin{aligned} (\alpha q)^2\,(\alpha p) &= -\,\tfrac{1}{2} D \cdot (\alpha p)^3 \\ (\alpha q)^3 \quad &= -\,F^2 - \tfrac{1}{2} D \cdot (\alpha p)^2\,(\alpha q), \end{aligned}$$

so dass die beiden letzten Coefficienten des zweiten Ausdrucks (4) hierdurch auf die beiden ersten zurückgeführt sind.

Was nun diese beiden Coefficienten angeht, so erhält man sie leicht durch Betrachtung des Ausdrucks $(\alpha p)^2\,\alpha_x$. Indem man für ein p seinen symbolischen Ausdruck setzt, hat man

$$(\alpha p)^2\,\alpha_x = (\alpha \beta)\,(\alpha p)\,(\beta a)^2\,\alpha_x = (\alpha \beta)\,(\beta a)\,\{(\alpha a)\,(\beta p) + (\alpha \beta)\,(p a)\}\,\alpha_x.$$

Vertauscht man im ersten Theile rechts α mit β, so kann man hierfür setzen:

$$(7) \qquad \begin{aligned} (\alpha p)^2\,\alpha_x &= (\alpha \beta)^2\,\{(\beta a)\,(p a)\,\alpha_x - \tfrac{1}{2}\,(\beta a)\,(\alpha a)\,p\} \\ &= (\Delta a)\,(p a)\,\Delta_x - \tfrac{1}{2}\,E p. \end{aligned}$$

Den ersten Theil dieses Ausdrucks kann man nun auf r zurückführen, indem man nach § 59. (7) r in der Form

$$r = (p \Delta)\,\Delta_x$$

benutzt. Es wird dann

$$(\Delta a)\,(p a)\,\Delta_x = (\Delta a)^2\,p + (\Delta a)\,(p \Delta)\,a_x$$
$$= E p + (r a)\,a_x = E p - s,$$

und also aus (7)

$$(8) \qquad (\alpha p)^2\,\alpha_x = \tfrac{1}{2}\,E p - s.$$

Schiebt man diese Form über p oder q, und benutzt die Gleichungen (2), so erhält man:

$$(9) \qquad \begin{aligned} (\alpha p)^3 &= -\,(s p) = -\,M \\ (\alpha p)^2\,(\alpha q) &= \tfrac{1}{2}\,E\,(p q) - (s q) = \frac{D L - E F}{2}; \end{aligned}$$

daher auch aus (6):

$$(10) \qquad \begin{aligned} (\alpha q)^2\,(\alpha p) &= \tfrac{1}{2}\,D M \\ (\alpha q)^3 \quad &= -\,F^2 - \tfrac{1}{4}\,D\,(D L - E F). \end{aligned}$$

Und die typische Darstellung von φ wird also:

$$(11) \quad F^3 \varphi = -M q^3 - \tfrac{3}{2} (DL - EF)\, p q^2 + \tfrac{3}{2} D M p^2 q$$
$$+ \left(F^2 + \frac{D}{4} [DL - EF] \right) p^3.$$

Setzt man noch der Kürze wegen

$$(12) \quad P = DL - EF,$$

so sind alle Coefficienten der typischen Ausdrücke (5), (11) rationale Functionen von

$$(13) \quad F,\ M,\ P,\ D,$$

und man hat also den Satz:

> Alle simultanen Invarianten von f und φ lassen sich durch F, M, P, D rational ausdrücken, und zwar so, dass nur eine Potenz von F im Nenner steht.

Es ist leicht, dies durch Angeben der wirklichen Ausdrücke zu bestätigen. Denn nach (3) ist

$$-2 M^2 D = (DL - EF)^2 + (DR - E^2)\, F^2,$$

oder

$$-2 M^2 D = P^2 + 2 L F^2.$$

Daher hat man zunächst

$$(14) \quad L = - \frac{P^2 + 2 M^2 D}{2 F^2};$$

aus den Gleichungen

$$P = DL - EF, \quad M^2 = -\tfrac{1}{2}(DL^2 - 2ELF + RF^2)$$

aber findet man weiter

$$(15) \quad E = \frac{DL - P}{F}, \quad R = \frac{2ELF - 2M^2 - DL^2}{F^2},$$

so dass, wenn man den Werth von L aus (14) einsetzt, wirklich alles durch die Grössen (13) auf die angegebene Weise ausgedrückt ist.

Zweite typische Darstellung.

Führt man die linearen Covarianten p und r ein, so hat man, da $(pr) = L$ die Determinante der Substitution ist:

$$(16) \quad \begin{aligned} L^2 \cdot f &= (ap)^2 r^2 - 2 (ap)(ar)\, p r + (ar)^2 p^2 \\ -L^3 \cdot \varphi &= (\alpha p)^3 r^3 - 3 (\alpha p)^2 (\alpha r)\, r^2 p + 3 (\alpha p)(\alpha r)^2 r p^2 - (\alpha r)^3 p^3. \end{aligned}$$

Unter den Coefficienten von f sind $(ap)^2 = F$, $(ap)(ar) = M$ schon bekannt; ferner aber ist [vgl. (2)], da $s = (ar) a_x$:

$$(ar)^2 = (sr) = N.$$

Für f erhält man also den Ausdruck:

$$(17) \quad L^2 f = F r^2 - 2 M p r + N p^2.$$

Von den Coefficienten des Ausdrucks für φ erhält man die beiden ersten sofort, indem man p oder r über die Gleichung (8) schiebt; es wird dann

$$(18)\quad (\alpha p)^3 = -M, \quad (\alpha p)^2(\alpha r) = \frac{E}{2}(pr) - (sr) = \tfrac{1}{2}EL - N.$$

Um die beiden andern Coefficienten zu finden, entwickelt man die Form $(\alpha r)^2 \alpha_x$. Nimmt man r in der Form

$$r = (p\Delta)\,\Delta_x,$$

so ist

$$\begin{aligned}
(\alpha r)^2 \alpha_x &= (\alpha\Delta)(\alpha\Delta')(p\Delta)(p\Delta')\alpha_x \\
&= (\alpha\Delta)^2 (p\Delta')^2 \alpha_x - \tfrac{1}{2}(\Delta\Delta')^2 (\alpha p)^2 \alpha_x \\
&= -\frac{R}{2}\Big(\frac{Ep}{2} - s\Big),
\end{aligned}$$

da der mit dem Symbol $(\alpha\Delta)^2$ behaftete Theil nach der Theorie der cubischen Formen identisch verschwindet.

Nun wird daher:

$$(\alpha r)^2 (\alpha p) = \frac{R}{2}(sp) = \frac{RM}{2},$$

$$(\alpha r)^3 \quad = -\frac{R}{2}\Big(\frac{E}{2}(pr) - (sr)\Big) = -\frac{R}{2}\Big(\frac{EL}{2} - N\Big).$$

Und somit wird die typische Darstellung von φ:

$$(19)\quad -L^3 . \varphi = -M r^3 - 3\Big(\frac{EL}{2} - N\Big)pr^2 + \tfrac{3}{2}RM p^2 r$$

$$+ \frac{R}{2}\Big(\frac{EL}{2} - N\Big) r^3.$$

§ 98. Typische Darstellung zweier simultanen cubischen Formen.

Zwei simultane cubische Formen besitzen, wie in § 61. gezeigt wurde, im Ganzen acht lineare Covarianten. Wenn alle diese bis auf constante Factoren identisch sein sollen, so dass eine typische Darstellung mittelst linearer Covarianten nicht mehr möglich wird, so müssen die sämmtlichen Unterdeterminanten des Ausdrucks $2\,\Omega^2$ [§ 61. (12)] verschwinden; denn dieselben geben nach den Gleichungen (19), (22) desselben Paragraphen die aus den Coefficienten der Ausdrücke p, π und der linearen Formen

$$(\Delta\pi)\,\Delta_x, \quad (\Theta\pi)\,\Theta_x, \quad (\nabla\pi)\,\nabla_x$$
$$(\Delta p)\,\Delta_x, \quad (\Theta p)\,\Theta_x, \quad (\nabla p)\,\nabla_x$$

zusammengesetzten Determinanten. Es ist leicht zu zeigen, dass dann überhaupt die acht linearen Covarianten sich höchstens noch um constante Factoren unterscheiden können.

Erstlich verschwindet dann auch Ω, also $(p\,\pi)$. Verschwinden beide Covarianten $p,\ \pi$ identisch, so verschwinden auch alle anderen sechs linearen Covarianten [vgl § 61. (10)]. Verschwindet nur eine, etwa p, so bleiben die Covarianten

$$\pi,\quad (\pi\,\Delta)\,\Delta_x,\quad (\pi\,\nabla)\,\nabla_x,\quad (\pi\,\Delta)\,(\Delta\,\nabla)\,\nabla_x.$$

Aber weil $(\pi\,\Delta)^2 = 0$, $(\pi\,\nabla)^2 = 0$, so sind die Ausdrücke $(\pi\,\Delta)\,\Delta_x$ und $(\pi\,\nabla)\,\nabla_x$ entweder Null, und also auch $(\pi\,\Delta)\,(\Delta\,\nabla)\,\nabla_x = 0$, oder sie sind von π nur um einen constanten Factor verschieden, also etwa

$$(\pi\,\Delta)\,\Delta_x = m\,\pi,$$

daher auch

$$(\pi\,\Delta)\,(\Delta\,\nabla)\,\nabla_x = m\,(\pi\,\nabla)\,\nabla_x,$$

also auch diese Covariante nur um einen constanten Factor von π unterschieden. Verschwindet auch p nicht identisch, so reduciren sich ebenso die Covarianten

$$(p\,\Delta)\,\Delta_x,\quad (p\,\nabla)\,\nabla_x,\quad (p\,\nabla)\,(\nabla\,\Delta)\,\Delta_x$$

auf p. In allen Fällen giebt es also nicht zwei lineare Covarianten, welche sich um mehr als einen constanten Factor unterscheiden.

Untersuchen wir nun den Inhalt der in dem Verschwinden der Unterdeterminanten von $2\,\Omega^2$ enthaltenen Bedingungen genauer. Wir unterscheiden drei Fälle.

1. Die Discriminante einer der beiden Formen f und φ sei von Null verschieden. Man kann dann setzen:

$$f = x_1^3 + x_2^3,\quad \varphi = a\,x_1^3 + 3\,b\,x_1^2\,x_2 + 3\,c\,x_1\,x_2^2 + d\,x_2^3,$$

also

$$\Delta = 2\,x_1\,x_2,\quad \Theta = c\,x_1^2 + (a+d)\,x_1\,x_2 + b\,x_2^2,$$
$$\nabla = 2\,\{(ac - b^2)\,x_1^2 + (ad - bc)\,x_1\,x_2 + (bd - c^2)\,x_2^2\}^2,$$
$$p = -\,2\,(b\,x_1 + c\,x_2).$$

Daher verwandelt sich die Gleichung $(\Delta\,p)^2 = 0$ in $bc = 0$; und wenn also etwa $b = 0$ ist, geht $\Omega = 0$ in $c = 0$ über. Man findet also

$$\varphi = a\,x_1^3 + d\,x_2^3.$$

Da zugleich $Q = x_1^3 - x_2^3$, so ist φ eine lineare Combination von f und Q. Daher kann in diesem Falle eine lineare Covariante, welche zugleich eine solche für f allein sein müsste, nicht existiren.

2. Die Discriminanten beider Formen verschwinden, aber wenigstens eine der Formen ist kein Cubus. Man kann setzen:

$$f = 3\,x_1^2\,x_2,\quad \varphi = a\,x_1^3 + 3\,b\,x_1^2\,x_2 + 3\,c\,x_1\,x_2^2 + d\,x_2^3,$$

also

$$\Delta = -\,2\,x_1^2,\quad \Theta = -\,2\,b\,x_1^2 - c\,x_1\,x_2 + d\,x_2^2,$$
$$\nabla = \{2\,(ac - b^2)\,x_1^2 + (ad - bc)\,x_1\,x_2 + (bd - c^2)\,x_2^2\}$$
$$p = -\,2\,(c\,x_1 + d\,x_2).$$

Die Gleichung $(\Delta p)^2 = 0$ reducirt sich auf $d = 0$, und sodann $\Omega = 0$ auf $c = 0$. Daher ist wieder $p = 0$, und φ hat die Form

$$\varphi = a\, x_1{}^3 + 3\, b\, x_1{}^2\, x_2.$$

Da diesmal $Q = 2\, x_1{}^3$, so ist wieder φ eine lineare Combination von f und Q; wie oben.

3. Beide Formen sind Cuben. Dann verschwinden Δ und ∇, also auch p und π und alle anderen linearen Covarianten.

Man kann also folgenden Satz aussprechen:

> Die typische Darstellung zweier cubischen Formen f, φ mittelst linearer Covarianten ist nur unmöglich, sobald die ersten beiden linearen Covarianten p, π identisch verschwinden; und zwar geschieht dies in folgenden beiden Fällen:
>
> 1. Wenn eine der Formen eine lineare Combination der andern und ihrer cubischen Covariante ist.[*]
>
> 2. Wenn beide Formen Cuben sind.
>
> Abgesehen von diesen Fällen führt also bei zwei Paaren von cubischen Formen f, φ und f'', φ' die Gleichheit der absoluten Invarianten die Möglichkeit mit sich, die Formenpaare linear in einander zu transformiren.

Von besonderm Interesse ist hier offenbar die Darstellung der typischen Form durch p und π; diese allein werde ich untersuchen. Da $(p\pi) = -2\,\Omega$, so hat man die Formeln:

$$(1)\quad \begin{aligned} -8\,\Omega^3 . f &= (a\pi)^3 . p^3 - 3(a\pi)^2(ap) . p^2\pi + 3(a\pi)(ap)^2 . p\pi^2 - (ap)^3 . \pi^3, \\ -8\,\Omega^3 . \varphi &= (\alpha\pi)^3 . p^3 - 3(\alpha\pi)^2(\alpha p) . p^2\pi + 3(\alpha\pi)(\alpha p)^2 . p\pi^2 - (\alpha p)^3 . \pi^3, \end{aligned}$$

und es bleiben also zum Zwecke der typischen Darstellung die acht Coefficienten rechts zu untersuchen. Aber es ist leicht zu zeigen, dass die acht Coefficienten dieser Formen sich auf eine viel geringere Zahl reduciren. Es ist nämlich mit Benutzung der Formeln § 61. (5):

$$\begin{aligned} (a\pi)\, a_x{}^2 + (\alpha p)\, \alpha_x{}^2 &= 2\,(\Theta\alpha)^2 (a\alpha)\, a_x{}^2 + 2\,(\Theta a)^2 (\alpha a)\, \alpha_x{}^2 \\ &= 2\,(a\alpha)\, \{(\Theta\alpha)^2 a_x{}^2 - (\Theta a)^2 \alpha_x{}^2\} = 2\,(a\alpha)^2\, \Theta_x \{(\Theta\alpha)\, a_x + (\Theta a)\, \alpha_x\} \\ &= 4\,(\Theta\Theta')\, \Theta_x\, \Theta'_x = 0. \end{aligned}$$

Aus der Gleichung

$$(a\pi)\, a_x{}^2 + (\alpha p)\, \alpha_x{}^2 = 0$$

folgt aber sofort:

---

[*] Geometrisch: Die Punktgruppen beider Formen sind zu demselben Punktepaar cyclisch-projectivisch.

$$(a\,\pi)\,(a\,p)^2 + \qquad (\alpha\,p)^3 = 0$$
$$(a\,\pi)^2\,(a\,p) + (\alpha\,\pi)\,(\alpha\,p)^2 = 0$$
$$(a\,\pi)^3 \qquad + (\alpha\,\pi)^2\,(\alpha\,p) = 0.$$

Man kann also setzen:

$$(\alpha\,\pi)^3 = A, \quad -(\alpha\,\pi)^2\,(\alpha\,p) = (a\,\pi)^3 = B,$$
$$(2) \qquad (\alpha\,\pi)\,(\alpha\,p)^2 = -(\alpha\,\pi)^2\,(a\,p) = C,$$
$$-(\alpha\,p)^3 = (a\,\pi)\,(a\,p)^2 = D, \quad -(a\,p)^3 = E,$$

und die Gleichungen (1) verwandeln sich in die folgenden:

$$(3) \qquad -8\,\Omega^3.\,f = B\,p^3 + 3\,C\,p^2\,\pi + 3\,D\,p\,\pi^2 + E\,\pi^3$$
$$-8\,\Omega^3.\,\varphi = A\,p^3 + 3\,B\,p^2\,\pi + 3\,C\,p\,\pi^2 + D\,\pi^3.$$

Man kann daher den Satz aussprechen:

Die beiden Ausdrücke $-8\,\Omega^3\,f$ und $-8\,\Omega^3\,\varphi$ stellen sich dar als die durch 4 dividirten nach p und π genommenen Differentialquotienten der biquadratischen Form:

$$(4) \qquad F = -8\,\Omega^3\,(f\,\pi + \varphi\,p) = A\,p^4 + 4\,B\,p^3\,\pi + 6\,C\,p^2\,\pi^2$$
$$+ 4\,D\,p\,\pi^3 + E\,\pi^4. \;—$$

Man kann beweisen, dass hierin die einzige Lösung der folgenden Aufgabe enthalten ist:

Man soll, wenn zwei cubische Formen f, φ gegeben sind, zwei lineare Functionen ξ und η so finden, dass, wenn man sie als Variable einführt, φ und f die Differentialquotienten einer Form F nach ξ und η werden.

Ist nämlich

$$\xi = \xi_1\,x_1 + \xi_2\,x_2$$
$$\eta = \eta_1\,x_1 + \eta_2\,x_2,$$

so hat man nach den Bedingungen der Aufgabe:

$$\frac{\partial F}{\partial x_1} = \xi_1\,\frac{\partial F}{\partial \xi} + \eta_1\,\frac{\partial F}{\partial \eta} = \xi_1\,\varphi + \eta_1\,f$$
$$\frac{\partial F}{\partial x_2} = \xi_2\,\frac{\partial F}{\partial \xi} + \eta_2\,\frac{\partial F}{\partial \eta} = \xi_2\,\varphi + \eta_2\,f,$$

daher, indem man die erste Gleichung nach x_2, die zweite nach x_1 differenzirt und die Differenz bildet:

$$\xi_1\,\frac{\partial \varphi}{\partial x_2} - \xi_2\,\frac{\partial \varphi}{\partial x_1} + \eta_1\,\frac{\partial f}{\partial x_2} - \eta_2\,\frac{\partial f}{\partial x_1} = 0,$$

oder wenn man die Symbole von f und φ einführt:

$$(\alpha\,\xi)\,\alpha_x{}^2 + (a\,\eta)\,a_x{}^2 = 0.$$

Schiebt man diese Gleichung zweimal über Δ, Θ, ∇, so hat man mit Rücksicht auf § 61. (5):

$$0 = (\alpha\,\xi)\,(\alpha\,\Delta)^2 = (p\,\xi)$$
$$0 = (\alpha\,\xi)\,(\alpha\,\Theta)^2 + (a\,\eta)\,(a\,\Theta)^2 = -\,2\,\{(\pi\,\xi) + (p\,\eta)\}$$
$$0 = (a\,\eta)\,(a\,\nabla)^2 = (\pi\,\eta).$$

Aus der ersten und der letzten dieser Gleichungen folgt:

$$\xi = \varrho\,.\,p, \quad \eta = \sigma\,.\,\pi,$$

wo die ϱ, σ Constante sind; die mittlere Gleichung aber giebt dann

$$0 = \varrho - \sigma,$$

so dass in der That ξ und η sich nur durch einen gemeinsamen Factor noch von p und π unterscheiden können.

Durch den vorliegenden Satz ist eine merkwürdige Beziehung zwischen der Theorie zweier simultanen Formen dritter Ordnung, und zwischen der Combination einer gewissen Form vierten Grades (F) mit zwei linearen Formen (π, p) begründet. Man kann nicht sagen, dass die Theorie der simultanen cubischen Formen, welche nur acht Coefficienten enthalten, mit der einer biquadratischen in Verbindung mit zwei linearen Formen (sie enthalten zusammen neun Coefficienten) identisch sei; aber die Verwandtschaft beider Theorien ist so gross, wie sie, ohne in Identität überzugehen, werden kann; es ist nämlich in der That zwischen den Coefficienten von F, p, π nur eine einzige Relation vorhanden, welche sich dahin ausdrückt, wie man sehen wird, dass j_F bis auf einen Zahlenfactor einer Potenz von $(p\pi)$ gleich wird; was denn in der That hinreicht, um die Coefficienten von F, p, π auf acht von einander unabhängige zu beschränken.

Ich werde im folgenden Paragraphen zunächst die Aufgabe lösen, die Coefficienten von F durch die einfachsten simultanen Invarianten von f und φ darzustellen; dann aber in dem darauf folgenden Paragraphen auf den Zusammenhang der Theorie von f, φ mit der Theorie der biquadratischen Form F genauer eingehen.

§ 99. Darstellung der Coefficienten von F durch die einfachsten simultanen Invarianten von f und φ.

Um die Coefficienten A, B, C, D, E durch die einfachsten simultanen Invarianten von f und φ auszudrücken, betrachte ich zunächst die vier Ausdrücke:

$$(\alpha\,\pi)\,\alpha_x{}^2, \quad (a\,\pi)\,a_x{}^2, \quad (\alpha\,p)\,\alpha_x{}^2, \quad (a\,p)\,a_x{}^2,$$

von deren beiden mittleren schon oben gezeigt wurde, dass sie entgegengesetzt gleich sind. Setzt man für die π, p entsprechende Werthe aus § 61. (5) ein, so erhalten wir

$$(\alpha\,\pi)\,\alpha_x{}^2 = -\,2\,(\alpha\beta)\,(\Theta\beta)^2\,\alpha_x{}^2 = -\,(\alpha\beta)\,\{(\Theta\beta)^2\,\alpha_x{}^2 - (\Theta\alpha)^2\,\beta_x{}^2\}$$
$$= -\,(\alpha\beta)^2\,\Theta_x\,\{(\Theta\beta)\,\alpha_x + (\Theta\alpha)\,\beta_x\} = -\,2\,(\Theta\nabla)\,\Theta_x\,\nabla_x$$
$$(a\,\pi)\,a_x{}^2 = (ab)\,(\nabla b)^2\,a_x{}^2 = \tfrac{1}{2}\,(ab)\,\{(\nabla b)^2\,a_x{}^2 - (\nabla a)^2\,b_x{}^2\}$$
$$= \tfrac{1}{2}\,(ab)^2\,\nabla_x\,\{(\nabla b)\,a_x + (\nabla a)\,b_x\} = (\nabla\Delta)\,\nabla_x\,\Delta_x$$
$$(\alpha\,p)\,\alpha_x{}^2 = (\alpha\beta)\,(\Delta\beta)^2\,\alpha_x{}^2 = \tfrac{1}{2}\,(\alpha\beta)\,\{(\Delta\beta)^2\,\alpha_x{}^2 - (\Delta\alpha)^2\,\beta_x{}^2\}$$
$$= \tfrac{1}{2}\,(\alpha\beta)^2\,\Delta_x\,\{(\Delta\beta)\,\alpha_x + (\Delta\alpha)\,\beta_x\} = (\Delta\nabla)\,\nabla_x\,\Delta_x$$
$$(a\,p)\,a_x{}^2 = -\,2\,(ab)\,(\Theta a)^2\,b_x{}^2 = -\,(ab)\,\{(\Theta b)^2\,a_x{}^2 - (\Theta a)^2\,b_x{}^2\}$$
$$= -\,(ab)^2\,\Theta_x\,\{(\Theta b)\,a_x + (\Theta a)\,b_x\} = -\,2\,(\Theta\Delta)\,\Theta_x\,\Delta_x.$$

War also oben

$$-\,8\,\Omega^3\,f = \tfrac{1}{4}\,\frac{\partial F}{\partial \pi}, \quad -\,8\,\Omega^3\,\varphi = \tfrac{1}{4}\,\frac{\partial F}{\partial p},$$

so hat man nunmehr auch die zweiten Differentialquotienten von F durch Covarianten ausgedrückt; es ist nämlich nach diesen Gleichungen:

$$4\,\Omega^2\,.\,(\nabla\Theta)\,\nabla_x\,\Theta_x = \tfrac{1}{2}\,[(\alpha\pi)^3\,p^2 - 2\,(\alpha\pi)^2\,(\alpha p)\,p\,\pi + (\alpha\pi)\,(\alpha p)^2\,\pi^2]$$
$$= \tfrac{1}{24}\,\frac{\partial^2 F}{\partial p^2}$$
$$4\,\Omega^2\,.\,(\nabla\Delta)\,\nabla_x\,\Delta_x = [(a\pi)^3\,p^2 - 2\,(a\pi)^2\,(a p)\,p\,\pi + (a\pi)\,(a p)^2\,\pi^2]$$
$$= -\,[(\alpha p)\,(\alpha\pi)^2\,p^2 - 2\,(\alpha p)^2\,(\alpha\pi)\,p\,\pi + (\alpha p)^3\,\pi^2]$$
$$(1) \qquad = \tfrac{1}{12}\,\frac{\partial^2 F}{\partial p\,\partial \pi}$$
$$4\,\Omega^2\,.\,(\Theta\Delta)\,\Theta_x\,\nabla_x = -\,\tfrac{1}{2}\,[(a p)\,(a\pi)^2\,p^2 - 2\,(a p)^2\,(a\pi)\,p\,\pi + (a p)^3\,\pi^2]$$
$$= \tfrac{1}{24}\,\frac{\partial^2 F}{\partial \pi^2}\,.$$

Nun waren aber in § 61. bereits Δ, Θ, ∇ durch p und π, also gerade wie es hier verlangt wird, ausgedrückt; es war dort [§ 61. (20)] gefunden:

$$2\,\Omega^2\,\Delta = \frac{U_{22}}{4}\,p^2 - U_{23}\,p\,\pi + U_{33}\,\pi^2$$
$$(2) \qquad 4\,\Omega^2\,\Theta = -\,\left\{ U_{12}\,p^2 - \left(2\,U_{13} + \frac{U_{22}}{2}\right)\,p\,\pi + U_{23}\,\pi^2 \right\}$$
$$2\,\Omega^2\,\nabla = U_{11}\,p^2 - U_{12}\,p\,\pi + \frac{U_{22}}{4}\,\pi^2\,.$$

Es kommt also nur noch darauf an, die Functionaldeterminanten (1) der drei quadratischen Formen Δ, Θ, ∇ durch diese selbst auszudrücken. Dies geschieht mit Hilfe der Gleichung (4) des § 58. Indem wir diese Formel auf unsere Formen anwenden, erhalten wir:

$$
\begin{aligned}
2\,\Omega\,.\,(\nabla\,\Theta)\,\nabla_x\,\Theta_x &= -\{U_{11}\,\Delta + U_{12}\,\Theta + U_{13}\,\nabla\} \\
(3)\qquad 2\,\Omega\,.\,(\nabla\,\Delta)\,\nabla_x\,\Delta_x &= \;\;\;\;U_{21}\,\Delta + U_{22}\,\Theta + U_{23}\,\nabla \\
2\,\Omega\,.\,(\Theta\,\Delta)\,\Theta_x\,\Delta_x &= -\{U_{31}\,\Delta + U_{32}\,\Theta + U_{33}\,\nabla\}.
\end{aligned}
$$

Daher ergiebt sich weiter, indem man die Ausdrücke von Δ, Θ, ∇ aus (2) in diese Gleichungen einführt:

$$
\begin{aligned}
-8\,\Omega^3\,(\nabla\,\Theta)\,\nabla_x\,\Theta_x = &\left(\frac{U_{11}\,U_{22}}{2} - U_{12}{}^2 + 2\,U_{11}\,U_{13}\right)p^2 \\
&+\left(\frac{U_{12}\,U_{22}}{2} - 2\,U_{11}\,U_{23}\right)p\,\pi \\
&+\left(\frac{U_{22}\,U_{13}}{2} + 2\,U_{11}\,U_{33} - U_{12}\,U_{23}\right)\pi^2
\end{aligned}
$$

$$
\begin{aligned}
-8\,\Omega^3\,(\nabla\,\Delta)\,\nabla_x\,\Delta_r = &\left(\frac{U_{12}\,U_{22}}{2} - 2\,U_{11}\,U_{23}\right)p^2 \\
(4)\qquad &+\left(4\,U_{12}\,U_{23} - 2\,U_{13}\,U_{22} - \frac{U_{22}{}^2}{2}\right)p\,\pi \\
&+\left(\frac{U_{22}\,U_{23}}{2} - 2\,U_{12}\,U_{33}\right)\pi^2
\end{aligned}
$$

$$
\begin{aligned}
-8\,\Omega^3\,(\Theta\,\Delta)\,\Theta_x\,\Delta_x = &\left(\frac{U_{13}\,U_{22}}{2} - U_{12}\,U_{23} + 2\,U_{11}\,U_{33}\right)p^2 \\
&+\left(\frac{U_{22}\,U_{23}}{2} - 2\,U_{12}\,U_{33}\right)p\,\pi \\
&+\left(\frac{U_{22}\,U_{33}}{2} + 2\,U_{13}\,U_{33} - U_{23}{}^2\right)\pi^2.
\end{aligned}
$$

Da diese Ausdrücke gleich

$$
-\frac{\Omega}{12}\,\frac{\partial^2 F}{\partial p^2}, \qquad -\frac{\Omega}{6}\,\frac{\partial^2 F}{\partial p\,\partial\pi}, \qquad -\frac{\Omega}{12}\,\frac{\partial^2 F}{\partial\pi^2}
$$

sein sollen, so muss der mittlere Coefficient der zweiten Reihe, durch 4 dividirt, dem letzten Coefficienten der ersten und dem ersten der letzten gleich sein. Es ist leicht, dies zu sehen. Die zu beweisende Gleichung ist

$$
U_{12}\,U_{23} - \frac{U_{13}\,U_{22}}{2} + \frac{U_{22}{}^2}{8} = \frac{U_{22}\,U_{13}}{2} + 2\,U_{11}\,U_{33} - U_{12}\,U_{23},
$$

oder

$$
\frac{U_{22}{}^2}{8} + U_{22}\,U_{13} + 2\,U_{11}\,U_{33} - 2\,U_{12}\,U_{23} = 0.
$$

Nun finden, da die U die Unterdeterminanten von $2\,\Omega^2$ sind, die Gleichungen statt:

$$
\begin{aligned}
&U_{22}\,U_{33} - U_{23}{}^2 = 2\,\Omega^2\,R & &U_{12}\,U_{13} - U_{11}\,U_{23} = 2\,\Omega^2\,\Sigma \\
(5)\qquad &U_{33}\,U_{11} - U_{31}{}^2 = 2\,\Omega^2\,(T - \tfrac{1}{2}J^2) & &U_{23}\,U_{21} - U_{22}\,U_{31} = 2\,\Omega^2\,T \\
&U_{11}\,U_{22} - U_{12}{}^2 = 2\,\Omega^2\,P & &U_{31}\,U_{32} - U_{33}\,U_{12} = 2\,\Omega^2\,S.
\end{aligned}
$$

Daher folgt aus den beiden Gleichungen der zweiten Reihe:

$$U_{33}\,U_{11} - U_{31}{}^2 - U_{23}\,U_{21} + U_{22}\,U_{31} = -\,\Omega^2 J^2 = -\left(U_{13} - \frac{U_{22}}{4}\right)^2 \quad [\S\,61.\,(23)],$$

also

$$U_{33}\,U_{11} - U_{23}\,U_{21} + \frac{U_{22}\,U_{31}}{2} + \frac{U_{22}{}^2}{16} = 0,$$

was durch Multiplication mit 2 in die zu beweisende Gleichung übergeht.

Man kann die fünf Coefficienten, welche in (4) vorkommen, nun mit Hilfe der Gleichungen (5) und der Gleichung

$$-\,\Omega J = \frac{U_{22}}{4} - U_{13}$$

in folgender Weise schreiben:

$$\frac{U_{11}\,U_{22}}{2} - U_{12}{}^2 + 2\,U_{11}\,U_{13} = (U_{11}\,U_{22} - U_{12}{}^2) + U_{11}\left(2\,U_{13} - \frac{U_{22}}{2}\right)$$
$$= 2\,\Omega^2 \mathsf{P} + 2\,\Omega J\,U_{11}$$

$$\frac{U_{12}\,U_{22}}{2} - 2\,U_{11}\,U_{23} = 2\,(U_{12}\,U_{13} - U_{11}\,U_{23}) - U_{12}\left(2\,U_{13} - \frac{U_{22}}{2}\right)$$
$$= 4\,\Omega^2 \Sigma - 2\,\Omega J\,U_{12}$$

$$U_{12}\,U_{23} - \frac{U_{13}\,U_{22}}{2} - \frac{U_{22}{}^2}{8} = (U_{12}\,U_{23} - U_{22}\,U_{13}) + U_{22}\left(\frac{U_{13}}{2} - \frac{U_{22}}{8}\right)$$
$$= 2\,\Omega^2 T + \Omega J\,\frac{U_{22}}{2}$$

$$\frac{U_{22}\,U_{23}}{2} - 2\,U_{12}\,U_{33} = 2\,(U_{13}\,U_{23} - U_{12}\,U_{33}) - U_{23}\left(2\,U_{13} - \frac{U_{22}}{2}\right)$$
$$= 4\,\Omega^2 S - 2\,\Omega J\,U_{23}$$

$$\frac{U_{22}\,U_{33}}{2} + 2\,U_{13}\,U_{33} - U_{23}{}^2 = (U_{22}\,U_{33} - U_{23}{}^2) + U_{33}\left(2\,U_{13} - \frac{U_{22}}{2}\right)$$
$$= 2\,\Omega^2 R + 2\,\Omega J\,U_{33}.$$

Indem man also die Gleichungen (4) durch $2\,\Omega$ dividirt, stellen sich dieselben in folgender Form dar:

$$-\,4\,\Omega^2 . (\nabla\Theta)\,\nabla_x\Theta_x = \Omega\,\{\mathsf{P}\,p^2 + 2\,\Sigma\,p\,\pi + T\,\pi^2\}$$
$$+ J\left\{U_{11}\,p^2 - U_{12}\,p\,\pi + \frac{U_{22}}{4}\,\pi^2\right\}$$

$$-\,4\,\Omega^2 . (\nabla\Delta)\,\nabla_x\Delta_x = 2\,\Omega\,\{\Sigma\,p^2 + 2\,T\,p\,\pi + S\,\pi^2\}$$

(6)
$$-\,J\left\{U_{12}\,p^2 - U_{22}\,p\,\pi + U_{23}\,\pi^2\right\}$$

$$-\,4\,\Omega^2 . (\Theta\Delta)\,\Theta_x\Delta_x = \Omega\,\{T\,p^2 + 2\,S\,p\,\pi + R\,\pi^2\}$$
$$+ J\left\{\frac{U_{22}}{4}\,p^2 - U_{23}\,p\,\pi + U_{33}\,\pi^2\right\}.$$

Da die Ausdrücke links nach (1) gleich

$$\tfrac{1}{24}\frac{\partial^2 F}{\partial p^2},\quad \tfrac{1}{12}\frac{\partial^2 F}{\partial p\,\partial\pi},\quad \tfrac{1}{24}\frac{\partial^2 F}{\partial \pi^2}$$

waren, so erhält man, indem man die obigen Gleichungen mit $2p^2$, $2p\pi$, $2\pi^2$ multiplicirt und addirt:

(7) $F = -2\,\Omega\,\{P\,p^4 + 4\,\Sigma\,p^3\,\pi + 6\,T\,p^2\,\pi^2 + 4\,S\,p\,\pi^3 + R\,\pi^4\}$
   $\quad -2\,J\,\{U_{11}\,p^4 - 2\,U_{12}\,p^3\,\pi + \tfrac{3}{2}\,U_{22}\,p^2\,\pi^2 - 2\,U_{23}\,p\,\pi^3 + U_{33}\,\pi^4\}.$ *

Die Gleichungen:

$$-8\,\Omega^3 f = \tfrac{1}{4}\frac{\partial F}{\partial \pi},\quad -8\,\Omega^3 \varphi = \tfrac{1}{4}\frac{\partial F}{\partial p}$$

geben also folgende typischen Darstellungen von f und φ:

(8)
$$8\,\Omega^3 f = 2\,\Omega\,\{\Sigma\,p^3 + 3\,T\,p^2\,\pi + 3\,S\,p\,\pi^2 + R\,\pi^3\}$$
$$\qquad\qquad - J\,\{\;U_{12}\,p^3 - \tfrac{3}{2}\,U_{22}\,p^2\,\pi + 3\,U_{23}\,p\,\pi^2 - 2\,U_{33}\,\pi^3\}$$
$$8\,\Omega^3 \varphi = 2\,\Omega\,\{P\,p^3 + 3\,\Sigma\,p^2\,\pi + 3\,T\,p\,\pi^2 + S\,\pi^3\}$$
$$\qquad\qquad + J\,\{2\,U_{11}\,p^3 - 3\,U_{12}\,p^2\,\pi + \tfrac{3}{2}\,U_{22}\,p\,\pi^2 - U_{23}\,\pi^3\}.$$

Die Vergleichung des Ausdrucks (7) mit den Gleichungen (2), (4) des vorigen Paragraphen führt aber zu den folgenden Ausdrücken verwickelterer Invarianten:

(9)
$$A = \quad (\alpha\pi)^3 \qquad\qquad\qquad\; = -2\,\Omega\,P - 2\,J\,U_{11}$$
$$B = -(\alpha\pi)^2\,(\alpha p) = (\alpha\pi)^3 \quad = -2\,\Omega\,\Sigma + J\,U_{12}$$
$$C = (\alpha\pi)\,(\alpha p)^2 = -(\alpha\pi)^2\,(\alpha p) = -2\,\Omega\,T - J\,\frac{U_{22}}{2}$$
$$D = -(\alpha p)^3 \quad = (\alpha\pi)\,(\alpha p)^2 \quad = -2\,\Omega\,S + J\,U_{23}$$
$$E = \qquad\qquad\; -(\alpha p)^3 \qquad = -2\,\Omega\,R - 2\,J\,U_{33}.$$

§ 100. Die aus F entstehenden Formen. Ausnahmefall $\Omega = 0$.

Ich werde nun die hauptsächlichsten aus der biquadratischen Form F hervorgehenden Bildungen angeben, indem ich dabei p und π als die Veränderlichen behandle. Die Coefficienten der so entstehenden Formen sind ganze Functionen der A, B, C, D, E, und ihre Kenntniss führt zur Lösung der Aufgabe, alle simultanen Invarianten von f und

---

* Bemerkt man, dass die Discriminante der Form $\varkappa f + \lambda\varphi$ nach den Bildungen des § 61. die Gestalt hat:

$$R_{\varkappa f + \lambda\varphi} = \varkappa^4\,R + 4\,\varkappa^3\,\lambda\,S + 6\,\varkappa^2\,\lambda^2\,T + 4\,\varkappa\,\lambda^3\,\Sigma + \lambda^4\,P - 2\,J^2\,\varkappa^2\,\lambda^2,$$

so kann man F dadurch definiren, dass es aus der Form

$$-2\,\Omega\,R_{\varkappa f + \lambda\varphi} + 4\,J\,\Omega^2\,\varDelta_{\varkappa f + \lambda\varphi}$$

hervorgeht, indem man darin $\varkappa$ durch π, λ durch p ersetzt.

φ durch die Coefficienten der typischen Darstellung so auszudrücken, dass nur noch Potenzen von Ω die Nenner bilden, wie die allgemeine Theorie es vorschreibt.

Wenn man die linken Theile je zweier der aus den Gleichungen (6) des vorigen Paragraphen folgenden Gleichungen:

$$8\,\Omega^2\,(\nabla\Theta)\,\nabla_x\,\Theta_x = \quad A\,p^2 + 2\,B\,p\,\pi + C\,\pi^2$$
$$8\,\Omega^2\,(\nabla\Delta)\,\nabla_x\,\Delta_x = 2\,(B\,p^2 + 2\,C\,p\,\pi + D\,\pi^2)$$
$$8\,\Omega^2\,(\Theta\Delta)\,\Theta_x\,\Delta_x = \quad C\,p^2 + 2\,D\,p\,\pi + E\,\pi^2$$

einmal über einander schiebt, so entstehen nach der Gleichung (14) des § 58. folgende Formen:

$$\text{aus } (\nabla\Delta)\,\nabla_x\,\Delta_x \text{ und } (\Theta\Delta)\,\Theta_x\,\Delta_x \ldots -\tfrac{1}{2}\,\Omega\,\Delta$$
$$\text{aus } (\nabla\Theta)\,\nabla_x\,\Theta_x \text{ und } (\Theta\Delta)\,\Theta_x\,\Delta_x \ldots -\tfrac{1}{2}\,\Omega\,\Theta$$
$$\text{aus } (\nabla\Theta)\,\nabla_x\,\Theta_x \text{ und } (\nabla\Delta)\,\nabla_x\,\Delta_x \ldots -\tfrac{1}{2}\,\Omega\,\nabla.$$

Schiebt man auch die rechten Theile übereinander, so kann man dabei p, π als die Veränderlichen behandeln, muss aber dann mit $(p\,\pi) = -2\,\Omega$ multipliciren. Lässt man diesen Factor beiderseits aus, so erhält man also:

$$16\,\Omega^4\,\Delta = 2\,\{(B\,p + C\,\pi)\,(D\,p + E\,\pi) - (C\,p + D\,\pi^{\,2}\}$$
$$16\,\Omega^4\,\Theta = \quad (A\,p + B\,\pi)\,(D\,p + E\,\pi) - (B\,p + C\,\pi)\,(C\,p + D\,\pi)$$
$$16\,\Omega^4\,\nabla = 2\,\{(A\,p + B\,\pi)\,(C\,p + D\,\pi) - (B\,p + C\,\pi)^2\}.$$

Setzen wir nun links für Δ, Θ, ∇ aus § 61. (20) ihre Ausdrücke in p, π ein, so kommt:

$$4\,\Omega^2\left(\frac{U_{22}}{4}\,p^2 - U_{23}\,p\,\pi + U_{33}\,\pi^2\right)$$
$$= (B\,D - C^2)\,p^2 + (B\,E - C\,D)\,p\,\pi + (C\,E - D^2)\,\pi^2$$
$$-4\,\Omega^2\left[U_{12}\,p^2 - \left(2\,U_{13} + \frac{U_{22}}{2}\right)p\,\pi + U_{23}\,\pi^2\right]$$
$$= (A\,D - B\,C)\,p^2 + (A\,E - C^2)\,p\,\pi + (B\,E - C\,D)\,\pi^2$$
$$4\,\Omega^2\left(U_{11}\,p^2 - U_{12}\,p\,\pi + \frac{U_{22}}{4}\,\pi^2\right)$$
$$= (A\,C - B^2)\,p^2 + (A\,D - B\,C)\,p\,\pi + (B\,D - C^2)\,\pi^2,$$

und daher durch Vergleichung der Coefficienten:

$$(1)\quad
\begin{aligned}
A\,C - B^2 &= -4\,\Omega^2\,U_{11} & B\,E - C\,D &= -4\,\Omega^2\,U_{23}\\
B\,D - C^2 &= -\ \Omega^2\,U_{22} & A\,E - C^2 &= \ \ 2\,\Omega^2\,(4\,U_{13} + U_{22})\\
C\,E - D^2 &= -4\,\Omega^2\,U_{33} & A\,D - B\,C &= -4\,\Omega^2\,U_{12}.
\end{aligned}$$

Diese Formen gestatten es nun, die aus F gebildeten Formen H_F und i_F darzustellen, bei deren Bildung wir immer p und π als die Veränderlichen betrachten wollen. Es ist

$$H_F = 2 \begin{vmatrix} A\,p^2 + 2\,B\,p\,\pi + C\,\pi^2 & B\,p^2 + 2\,C\,p\,\pi + D\,\pi^2 \\ B\,p^2 + 2\,C\,p\,\pi + D\,\pi^2 & C\,p^2 + 2\,D\,p\,\pi + E\,\pi^2 \end{vmatrix},$$
$$= 2\,\{(A\,C - B^2)\,p^4 + 2\,(A\,D - B\,C)\,p^3\,\pi + (A\,E + 2\,B\,D - 3\,C^2)\,p^2\,\pi^2 + 2\,(B\,E - C\,D)\,p\,\pi^3 + (C\,E - D^2)\,\pi^4\};$$

also wenn man die Formeln (1) benutzt:

$$(2)\qquad H_F = 8\,\Omega^2\,\{U_{11}\,p^4 - 2\,U_{12}\,p^3\,\pi + (2\,U_{13} + U_{22})\,p^2\,\pi^2 - 2\,U_{23}\,p\,\pi^3 + U_{33}\,\pi^4\}.$$

Ebenso wird, mit Benutzung der Gleichungen (1):

$$i_F = 2\,(A\,E - 4\,B\,D + 3\,C^2) = -\,4\,\Omega^2\,(U_{22} - 4\,U_{13}),$$

also

$$(3)\qquad\qquad\qquad i_F = 16\,\Omega^3\,J.$$

Endlich hat man aus der vierten Ueberschiebung von F mit H_F:

$$j_F = -\,8\,\Omega^2\,\{U_{33}\,A + 2\,U_{23}\,B + (2\,U_{13} + U_{22})\,C + 2\,U_{12}\,D + U_{11}\,E\},$$

oder wenn man aus den Formeln (9) des vorigen Paragraphen die Werthe der A, B etc. einführt:

$$j_F = -\,16\,\Omega^3\,\{U_{33}\,\mathsf{P} + 2\,U_{23}\,\Sigma + (2\,U_{13} + U_{22})\,T + 2\,U_{12}\,S + U_{11}\,R\}$$
$$-\,16\,\Omega^2\,J\,\left\{2\,U_{11}\,U_{33} - 2\,U_{23}\,U_{12} + \frac{U_{13}\,U_{22}}{2} + \frac{U_{22}^2}{4}\right\}.$$

Da nun zwischen den U_{ik} die oben abgeleitete Identität:

$$U_{11}\,U_{33} - U_{23}\,U_{21} + \frac{U_{13}\,U_{22}}{2} + \frac{U_{22}^2}{16} = 0$$

besteht, so kann man an Stelle der letzten Klammer setzen:

$$-\,\frac{U_{13}\,U_{22}}{2} + \frac{U_{22}^2}{8} = -\,\frac{J\,\Omega\,U_{22}}{2},$$

und die Gleichung für j_F geht in die Form über:

$$(4)\; j_F = -\,16\,\Omega^3\left\{(U_{11}\,R + U_{12}\,S + U_{13}\,T) + \left[U_{12}\,S + U_{22}\left(T - \frac{J^2}{2}\right) + U_{23}\,\Sigma\right]\right.$$
$$\left. + (U_{13}\,T + U_{23}\,\Sigma + U_{33}\,\mathsf{P})\right\} = -\,96\,\Omega^5.$$

Ich komme nun auf die im Eingange dieses Paragraphen erwähnte Frage. Die typische Form § 98. (3) lehrt, dass alle aus f und φ gebildeten Invarianten rationale Functionen von A, B, C, D, E sind, welche Potenzen von Ω im Nenner enthalten. Die Gleichungen (1) lassen zunächst die U_{ik} so ausdrücken; die Gleichung (3) giebt J in derselben Form, und endlich erhält man sodann aus den Gleichungen (5) des vorigen Paragraphen zwölf Ausdrücke gleichen Charakters für R, S, T, Σ, P. Hiermit sind in der That alle fundamentalen Invarianten in der verlangten Weise ausgedrückt. Zwischen den sechs Invarianten A, B, C, D, E, Ω kann nur eine Relation bestehen;

diese wird durch die Gleichung (4) gegeben. Diese Relation ist es zugleich, welche am Ende von § 98. erwähnt wurde und welche die einzige zwischen den Coefficienten von F, p, π bestehende Beziehung ist.

Geben so die Darstellungen (3), (4) die Resultate, welche erforderlich sind, um durch die typischen Coefficienten sämmtlich Invarianten ausdrücken zu können, so liefert die Darstellung (2) der biquadratischen Covariante von F in anderer Weise bemerkenswerthe Ergebnisse. Da

$$-8\,\Omega^3 f = \tfrac14 \frac{\partial F}{\partial \pi}, \quad -8\,\Omega^3 \varphi = \tfrac14 \frac{\partial F}{\partial p},$$

so findet man die Functionaldeterminante von f und φ

$$\vartheta = (a\,\alpha)\,a_x{}^3\,\alpha_x{}^3$$

mit Hilfe der Function F dargestellt durch die Formel:

$$64\,\Omega^6\,\vartheta = \begin{vmatrix} \tfrac{1}{12}\dfrac{\partial}{\partial x_1}\dfrac{\partial F}{\partial \pi} & \tfrac{1}{12}\dfrac{\partial}{\partial x_2}\dfrac{\partial F}{\partial \pi} \\[2ex] \tfrac{1}{12}\dfrac{\partial}{\partial x_1}\dfrac{\partial F}{\partial p} & \tfrac{1}{12}\dfrac{\partial}{\partial x_2}\dfrac{\partial F}{\partial p} \end{vmatrix}$$

$$= (\pi p) \cdot \begin{vmatrix} \tfrac{1}{12}\dfrac{\partial^2 F}{\partial \pi^2} & \tfrac{1}{12}\dfrac{\partial^2 F}{\partial \pi\,\partial p} \\[2ex] \tfrac{1}{12}\dfrac{\partial^2 F}{\partial p\,\partial \pi} & \tfrac{1}{12}\dfrac{\partial^2 F}{\partial p^2} \end{vmatrix} - \Omega\,H_F,$$

also

(5)
$$64\,\Omega^5\,\vartheta = H_F,$$

oder auch, wenn man für H_F den Ausdruck (2) einführt:

(6) $\quad 8\,\Omega^3\,\vartheta = U_{11}p^4 - 2\,U_{12}\,p^3\pi + (2\,U_{13} + U_{22})\,p^2\pi^2 - 2\,U_{23}\,p\pi^3 + U_{33}\pi^4.$

Man kann nun die Resultante von f und φ in doppelter Weise bilden. Einmal geht sie, da f und φ sich von den Differentialquotienten von F nur um Potenzen von Ω unterscheiden, in die Discriminante von f über, welche nur noch eine Potenz von Ω als überflüssigen Factor enthalten kann. Diese Discriminante ist nach (3), (4):

$$i^2{}_F - \tfrac16\,i^3{}_F = 96\,.\,96\,.\,\Omega^{10} - \frac{16\,.\,16\,.\,16}{6}\,\Omega^9\,J^3,$$

oder bis auf einen Zahlenfactor und eine Potenz von Ω:

$$27\,\Omega - 2\,J^3.$$

Eben dieses erhält man auf andere Weise mit Hilfe des in § 28. (7) entwickelten Resultates. Nach diesem war diese Resultante gleich

$$j_\vartheta - \tfrac16\,J \cdot i_\vartheta.$$

Bezeichnen wir nun durch j_H und i_H die Invarianten von H_F, so gebildet, dass man dabei p und π als die ursprünglichen Veränderlichen ansieht, so hat man nach (5):

$$j_\vartheta = -\frac{(2\,\Omega)^6}{(64\,\Omega^5)^3}\cdot j_H$$

$$i_\vartheta = -\frac{(2\,\Omega)^4}{(64\,\Omega^5)^2}\cdot i_H.$$

Aber nach der Theorie der biquadratischen Formen ist

$$j_H = \tfrac{1}{3}j_F{}^2 - \tfrac{1}{36}\,i_F{}^3,\quad i_H = \tfrac{1}{6}\,i_F{}^2,$$

daher nach (3), (4):

$$j_\vartheta = \frac{(2\,\Omega)^6}{(64\,\Omega^5)^3}\left\{\frac{(96)^2\,\Omega^{10}}{3} - \frac{(16)^3\,\Omega^9\,J^3}{36}\right\} = \tfrac{3}{4}\,\Omega - \tfrac{1}{36}\,J^3$$

$$i_\vartheta = \frac{(2\,\Omega)^4}{(64\,\Omega^5)^2}\cdot \frac{(16)^2\,\Omega^6\,J^2}{6} \qquad = \tfrac{1}{6}\,J^2,$$

und die gesuchte Resultante:

$$j_\vartheta - \tfrac{1}{6}\,J\,i_\vartheta = -\tfrac{3}{4}\,\Omega + \tfrac{1}{18}\,J^3 = -\tfrac{1}{36}\,(27\,\Omega - 2\,J^3),$$

was von dem vorigen Resultate nur um einen Zahlenfactor verschieden ist. —

Nachdem die typische Darstellung für den Fall, wo Ω von Null verschieden, behandelt worden, bleibt nun noch übrig, den Fall zu untersuchen, wo $\Omega = 0$. Da wir aber nur solche Fälle untersuchen, in denen noch zwei wesentlich verschiedene lineare Covarianten existiren, so können wir immer annehmen, dass U_{33} oder $(\Delta p)^2$ von Null verschieden sei; denn indem wir oben zugleich $\Omega = 0$, $(\Delta p)^2 = 0$ sein liessen, erhielten wir das Resultat, dass alle linearen Covarianten identisch verschwanden. Ist $\Omega = 0$ und U_{33} von Null verschieden, so kann man in Folge der Gleichungen (5) des vorigen Paragraphen drei Grössen k, l, m so finden, dass

$$U_{11} = k^2,\quad U_{12} = kl,\quad U_{13} = km,\quad U_{22} = l^2,\quad U_{23} = lm,\quad U_{33} = m^2,$$

wobei wenigstens m von Null verschieden ist. Die Gleichung

$$-\Omega\,J = \frac{U_{22}}{4} - U_{13}$$

giebt aber dann

$$l^2 = 4\,km,$$

und man kann also ferner zwei Grössen μ und ν so finden, dass

$$m = \mu^2,\quad l = 2\,\mu\nu,\quad k = \nu^2$$

also wenigstens μ von Null verschieden ist. Alsdann wird

$$U_{11} = \nu^4,\quad U_{12} = 2\,\mu\nu^3,\quad U_{22} = 4\,\mu^2\nu^2,\quad U_{13} = \mu^2\nu^2,\quad U_{23} = 2\,\mu^3\nu,\quad U_{33} = \mu^4.$$

In Folge dessen erhält man aus den Formeln (2), (3) der vorigen Paragraphen:

$$\nu\,p - \mu\,\pi \qquad\qquad = 0$$

$$\nu^2\,\Delta + 2\,\nu\mu\,\Theta + \mu^2\,\nabla = 0.$$

Die erste dieser Gleichungen zeigt, dass p und π in der That bis auf Factoren μ, ν identisch werden. Die zweite lehrt, dass die quadratische Covariante der Form $\nu f + \mu \varphi$ verschwindet; dass also die Combination $\nu f + \mu \varphi$ ein vollständiger Cubus sein muss.

Man kann umgekehrt zeigen, dass, wenn dieses eintritt, auch immer Ω verschwindet, und hat damit den folgenden die Invariante Ω charakterisirenden Satz:

> Das Verschwinden der Function Ω ist die nothwendige und hinreichende Bedingung dafür, dass eine Combination der Formen f und φ ein vollständiger Cubus werde.

Existirt nämlich eine solche Combination $\nu f + \mu \varphi$, so ist die für sie gebildete Form Δ, also $\nu^2 \Delta + 2 \mu \nu \Theta + \mu^2 \nabla$, gleich Null; setzt man aber die drei Coefficienten dieses Ausdrucks gleich Null, so hat man drei in ν^2, $2\nu\mu$, μ^2 lineare Gleichungen, deren Coefficienten die Coefficienten von Δ, Θ, ∇ sind; da nun μ und ν nicht zugleich Null sein können, so muss die Determinante dieser Coefficienten, also Ω, verschwinden.

§ 101. Die Transformation dritter Ordnung der elliptischen Integrale.*

Im vorigen Paragraphen wurde bewiesen, dass wir zwei simultane cubische Formen immer nach passend gewählter linearer Transformation der Veränderlichen durch die beiden Differentialquotienten einer biquadratischen Form darstellen können. Ich werde diesen Satz auf die Aufgabe anwenden, welche das Problem der Transformation dritter Ordnung in der Theorie der elliptischen Functionen umfasst:

Ein elliptisches Integral erster Gattung

$$(1) \qquad \int \frac{dx}{\sqrt{X}},$$

wo X eine biquadratische Function von x ist, soll durch eine Substitution der Form

$$(2) \qquad x = \frac{a + bz + cz^2 + dz^3}{\alpha + \beta z + \gamma z^2 + \delta z^3}$$

in die Form

$$(3) \qquad \int \frac{dz}{\sqrt{Z}}$$

gebracht werden, wo Z eine biquadratische Function von z.

---

* Vgl. Cayley, Phil. Mag. 4. Ser. vol. 15 S. 363; Hermite, Borchardt's Journal, Bd. 60, S. 304.

Führt man homogene Veränderliche ein:

$$x = \frac{x_1}{x_2}, \quad z = \frac{z_1}{z_2},$$

so kann man die Substitutionsgleichung (2) dadurch ersetzen, dass man x_1 und x_2 proportional mit zwei ganzen cubischen Functionen von z_1, z_2 setzt; und nach dem oben angeführten Satze kann man diesen Functionen, indem man statt z lineare Functionen von z (welche wieder ebenso bezeichnet werden mögen) einführt, die Gestalt geben, dass die erste der Differentialquotient einer biquadratischen Form φ nach z_2, die andere der negativ genommene von φ nach z_1 ist. Man kann der Substitutionsgleichung also die Form geben:

$$(4) \qquad x_1\,\varphi'(z_1) + x_2\,\varphi'(z_2) = 0.$$

Indem wir statt der z lineare Functionen derselben setzen, ändert die Form des Integral (3) sich nicht; man kann also noch immer die Gleichheit der Integrale (1), (3) durch die Gleichheit der Differentiale

$$\frac{dx}{\sqrt{X}} = \frac{dz}{\sqrt{Z}}$$

oder

$$(5) \qquad \frac{x_2\,dx_1 - x_1\,dx_2}{\sqrt{f(x_1 x_2)}} = \frac{z_2\,dz_1 - z_1\,dz_2}{\sqrt{F(z_1 z_2)}}$$

ausdrücken. Setzen wir nun nach (4), indem wir auch die absoluten Werthe der x fixiren:

$$x_1 = \tfrac{1}{4}\,\varphi'(z_2), \quad x_2 = -\tfrac{1}{4}\,\varphi'(z_1),$$

so haben wir

$$x_2\,dx_1 - x_1\,dx_2 = \tfrac{1}{48} \begin{vmatrix} \dfrac{\partial^2 \varphi}{\partial z_1^{\,2}}\,dz_1 + \dfrac{\partial^2 \varphi}{\partial z_1\,\partial z_2}\,dz_2 & \dfrac{\partial^2 \varphi}{\partial z_1^{\,2}}\,z_1 + \dfrac{\partial^2 \varphi}{\partial z_1\,\partial z_2}\,z_2 \\[3mm] \dfrac{\partial^2 \varphi}{\partial z_1\,\partial z_2}\,dz_1 + \dfrac{\partial^2 \varphi}{\partial z_2^{\,2}}\,dz_2 & \dfrac{\partial^2 \varphi}{\partial z_1\,\partial z_2}\,z_1 + \dfrac{\partial^2 \varphi}{\partial z_2^{\,2}}\,z_2 \end{vmatrix}$$

$$= \tfrac{1}{48}\left[\dfrac{\partial^2 \varphi}{\partial z_1^{\,2}}\dfrac{\partial^2 \varphi}{\partial z_2^{\,2}} - \left(\dfrac{\partial^2 \varphi}{\partial z_1\,\partial z_2}\right)^2\right] \cdot (z_2\,dz_1 - z_1\,dz_2)$$

$$= \tfrac{3}{2}\,H\varphi \cdot (z_2\,dz_1 - z_1\,dz_2),$$

und die Differentialgleichung (5) verwandelt sich in die folgende endliche Gleichung:

$$(6) \qquad \tfrac{9}{4}\,H\varphi^2 \cdot F(z_1,\,z_2) = f[\tfrac{1}{4}\varphi'(z_2),\, -\tfrac{1}{4}\varphi'(z_1)].$$

Man beweist nun zunächst leicht, dass in Folge dieser Gleichung φ eine lineare Combination von f und H_f sein muss. Dann sei (xt) irgend ein linearer Factor von f; ihm entspricht auf der rechten Seite von (6) der Factor

$$(7) \qquad \tfrac{1}{4}\,[t_1\,\varphi'(z_1) + t_2\,\varphi'(z_2)].$$

Die linke Seite von (6) ist aus vier solchen cubischen Factoren zusammengesetzt, welche sich durch die Werthe der t unterscheiden. Aber links treten vier lineare Doppelfactoren auf, die von $H\varphi$. Solche müssen sich also auch rechts finden. Aber zwei der Factoren (7) können keinen linearen Factor gemein haben, sonst müssten auch $\varphi'(z_1)$, $\varphi'(z_2)$ einen solchen gemein haben, und die Substitution wäre nicht mehr von der dritten Ordnung. Also muss jeder Factor (7) selbst einen linearen Doppelfactor enthalten oder es muss die Discriminante jedes der vier Factoren (7) verschwinden. Diese ist in § 67., Anmerkung, gebildet und nimmt die Form an:

$$\tfrac{1}{3}\,j\varphi \cdot \varphi - \tfrac{1}{2}\,i\varphi \cdot H_\varphi;$$

ein Ausdruck vierter Ordnung in den t. Da derselbe für alle Werthepaare der t verschwinden soll, für welche f verschwindet, so kann er von f nur noch um eine Constante verschieden sein, und man muss also haben:

$$\tfrac{1}{3}\,j\varphi \cdot \varphi - \tfrac{1}{2}\,i\varphi \cdot H_\varphi = c \cdot f.$$

Da übrigens die absoluten Werthe der Coefficienten von φ offenbar gleichgiltig sind, so kann man $c = 1$ setzen, und hat daher:

$$(8) \qquad f = \tfrac{1}{3}\,j\varphi \cdot \varphi - \tfrac{1}{2}\,i\varphi \cdot H\varphi.$$

Es ist also f eine lineare Combination von φ und H_φ, daher auch H_f, und zwar hat man mit Benutzung der Gleichungen des § 41., indem man dort

$$\varkappa = \tfrac{1}{3}\,j\varphi, \quad \lambda = -\tfrac{1}{2}\,i\varphi$$

setzt:

$$(9) \qquad H_f = \tfrac{1}{36}\,i\varphi^2\,j_\varphi \cdot \varphi + \left(\tfrac{1}{9}\,j\varphi^2 - \tfrac{1}{24}\,i\varphi^3\right) H\varphi.$$

Aus beiden Gleichungen zusammen findet man durch Elimination von $H\varphi$ die Form φ als lineare Function von f und H_f, wie oben angegeben wurde.

Sehen wir zunächst, was aus der Gleichung (6) wird. Setzen wir der Kürze wegen

$$\xi_1 = \tfrac{1}{4}\,\varphi'(z_1), \quad \xi_2 = \tfrac{1}{4}\,\varphi'(z_2),$$

und führen wir auf der rechten Seite von (6) für f den Ausdruck (8) ein; setzen wir endlich symbolisch

$$\varphi = a_z^4, \quad H\varphi = H_z^4,$$

so geht (6) in die Form über:

$$(10) \qquad \tfrac{9}{4}\,H\varphi^2 \cdot F = \tfrac{1}{3}\,j\varphi \cdot (a\,\xi)^4 - \tfrac{1}{2}\,i\varphi \cdot (H\xi)^4.$$

Es ist leicht, sich zu überzeugen, dass diese Gleichung wirklich durch $H\varphi^2$ theilbar wird und also unmittelbar den Ausdruck von F

giebt. Hierzu ist es nur nöthig, die Ausdrücke $(a\xi)^4$, $(H\xi)^4$ zu bilden. Nun ist nach § 86.:

$$(11) \quad \varphi^3 \cdot \varphi(y) = \xi^4 + 3H\varphi\,\xi^2\eta^2 + 4T\varphi\,\xi\eta^3 + (\tfrac{1}{2}i\varphi \cdot \varphi^2 - \tfrac{3}{4}H\varphi^2)\,\eta^4,$$

wo $\eta = (zy)$. Setzt man in dieser Gleichung $y_1 = \xi_2$, $y_2 = -\xi_1$, so wird $\eta = -\varphi$ und man erhält nach Division mit φ^3:

$$(12) \qquad (a\xi)^4 = (\tfrac{1}{2}i\varphi \cdot \varphi^2 - \tfrac{3}{4}H\varphi^2) \cdot \varphi.$$

Differenzirt man aber (11) nach y_1, y_2, multiplicirt mit

$$\xi_2 = H_z^{\,3} H_2, \quad -\zeta_1 = -H_z^{\,3} H_1,$$

addirt und setzt endlich $y_1 = \xi_2$, $y_2 = -\xi_1$, so kommt

$$(a\xi)^3 (a\zeta) = -T\varphi \cdot (\xi\zeta) - (\tfrac{1}{2}i\varphi^2 \cdot \varphi^2 - \tfrac{3}{4}H\varphi^2)(\eta\zeta)$$
$$= -T\varphi^2 \quad + (\tfrac{1}{2}i\varphi^2 \cdot \varphi^2 - \tfrac{3}{4}H\varphi^2)\,H\varphi,$$

oder wenn man den Werth von $T\varphi^2$ aus § 42. einführt:

$$(13) \qquad (a\xi)^3 (a\zeta) = -\tfrac{1}{4}H\varphi^3 + \tfrac{1}{4}i\varphi \cdot H\varphi \cdot \varphi^2 + \tfrac{1}{6}j\varphi \cdot \varphi^3.$$

Inzwischen hat man, indem man den Process δ auf (12) anwendet und die Formeln des § 41. berücksichtigt:

$$(H\xi)^4 + 4(a\xi)^3 (a\zeta) = j\varphi \cdot \varphi^3 + i\varphi \cdot \varphi^2 H\varphi - \tfrac{3}{4}H\varphi^3,$$

also wenn man den Werth von $(a\xi)^3 (a\zeta)$ aus (13) einträgt:

$$(14) \qquad (H\xi)^4 = \tfrac{1}{3}j\varphi \cdot \varphi^3 + \tfrac{1}{4}H\varphi^3.$$

Endlich findet man durch Eintragung von (12), (14) aus (10):

$$\tfrac{9}{4}H\varphi^2\,F = \tfrac{1}{3}j\varphi\,\varphi \cdot (\tfrac{1}{2}i\varphi \cdot \varphi^2 - \tfrac{3}{4}H\varphi^2) - \tfrac{1}{2}i\varphi \cdot (\tfrac{1}{3}j\varphi \cdot \varphi^3 + \tfrac{1}{4}H\varphi^3),$$

oder indem man die Division mit $H\varphi^2$ ausführt:

$$(15) \qquad F = -\tfrac{1}{9}j\varphi \cdot \varphi - \tfrac{1}{18}i\varphi\,H\varphi.$$

Hierdurch ist alles auf die Bestimmung der Function φ zurückgeführt. Man kann diese so vornehmen, dass man aus (8) die Ausdrücke für i und j bildet und so zwei Gleichungen erhält, um $i\varphi$, $j\varphi$ auszudrücken; trägt man diese Werthe in (8), (9) ein, so kann man dann φ auf lineare Weise durch f, H darstellen.

Besser ist folgender Weg. Setzen wir

$$(16) \qquad \varphi = \varkappa f + \lambda H;$$

mit Berücksichtigung der Formeln des § 41. geht dann (8) über in:

$$f = \tfrac{1}{3}j_{\varkappa\lambda}(\varkappa f + \lambda H) - \tfrac{1}{6}i_{\varkappa\lambda}\left(H\frac{\partial\Omega}{\partial\varkappa} - f\frac{\partial\Omega}{\partial\lambda}\right).$$

Vergleicht man die Coefficienten von f und H beiderseits, so ergiebt sich:

$$(17) \qquad \begin{aligned} 1 &= \tfrac{1}{3}j_{\varkappa\lambda} \cdot \varkappa + \tfrac{1}{6}i_{\varkappa\lambda} \cdot \frac{\partial\Omega}{\partial\lambda} \\[2mm] 0 &= \tfrac{1}{3}j_{\varkappa\lambda} \cdot \lambda - \tfrac{1}{6}i_{\varkappa\lambda} \cdot \frac{\partial\Omega}{\partial\varkappa}. \end{aligned}$$

Die erste dieser Gleichungen dient nur dazu, die absoluten Werthe von $\varkappa$ und λ zu bestimmen, die zweite aber giebt eine biquadratische Gleichung für den Quotienten $\varkappa : \lambda$. Führt man für $i_{\varkappa\lambda}$, $j_{\varkappa\lambda}$ ihre Werthe

$$i_{\varkappa\lambda} = i\,\varkappa^2 + 2j\,\varkappa\,\lambda + \frac{i^2}{6}\,\lambda^2$$

$$j_{\varkappa\lambda} = j\,\varkappa^3 + \frac{i^2}{2}\,\varkappa^2\,\lambda + \frac{i\,j}{2}\,\varkappa\,\lambda^2 + \left(\frac{j^2}{3} - \frac{i^3}{36}\right)\lambda^3,$$

ein, so wird die biquadratische Gleichung folgende:

$$(18)\quad 0 = -\,3\,i\,\varkappa^4 - 4\,j\,\varkappa^3\,\lambda + i^2\,\varkappa^2\,\lambda^2 + 2\,i\,j\,\varkappa\,\lambda^3 + \left(\frac{2\,j^2}{3} + \frac{i^3}{36}\right)\lambda^4.$$

Die erste Invariante dieser Gleichung verschwindet, so dass die cubische Resolvente derselben eine reine cubische Gleichung wird.

Das Resultat der Untersuchung lässt sich in folgendem Satze aussprechen, wobei alles so eingerichtet ist, dass nur das Verhältniss $\frac{\varkappa}{\lambda}$ auftritt, dass also die erste Gleichung (17) nicht gebraucht wird:

Setzt man

$$x_1 = \tfrac{1}{4}\left[\varkappa\,f'(z_2) + \lambda\,H'(z_2)\right]$$
$$x_2 = -\tfrac{1}{4}\left[\varkappa\,f'(z_1) + \lambda\,H'(z_1)\right],$$

und genügt der Quotient $\frac{\varkappa}{\lambda}$ der Gleichung

$$0 = -\,3\,i\,\varkappa^4 - 4\,j\,\varkappa^3\,\lambda + i^2\,\varkappa^2\,\lambda^2 + 2\,i\,j\,\varkappa\,\lambda^3 + \left(\frac{2\,j^2}{3} + \frac{i^3}{36}\right)\lambda^4,$$

was auf vier Arten geschehen kann, so ist

$$\int \frac{x_2\,dx_1 - x_1\,dx_2}{\sqrt{f(x_1 x_2)}} = \int \frac{z_2\,dz_1 - z_1\,dz_2}{\sqrt{K f(z_1 z_2) + L H(z_1 z_2)}},$$

wo

$$K = -\,\frac{\tfrac{1}{3}\,j_{\varkappa\lambda}\cdot\varkappa - \tfrac{1}{8}\,i_{\varkappa\lambda}\cdot\dfrac{\partial\Omega}{\partial\lambda}}{\tfrac{1}{3}\,j_{\varkappa\lambda}\cdot\varkappa + \tfrac{1}{6}\,i_{\varkappa\lambda}\cdot\dfrac{\partial\Omega}{\partial\lambda}}$$

$$L = -\,\frac{\tfrac{1}{3}\,j_{\varkappa\lambda}\cdot\lambda + \tfrac{1}{8}\,i_{\varkappa\lambda}\cdot\dfrac{\partial\Omega}{\partial\lambda}}{\tfrac{1}{3}\,j_{\varkappa\lambda}\cdot\lambda + \tfrac{1}{6}\,i_{\varkappa\lambda}\cdot\dfrac{\partial\Omega}{\partial\lambda}}.$$

Neunter Abschnitt.

Typische Darstellung der Formen gerader Ordnung mittelst quadratischer Covarianten.

---

§ 102. Beweis, dass im Allgemeinen jede Form gerader Ordnung zwei quadratische Covarianten besitzt, welche keinen linearen Factor gemein haben.

Formen gerader Ordnung führen nur auf Covarianten gerader Ordnung; es kann daher bei Formen gerader Ordnung von einer typischen Darstellung durch lineare Covarianten keine Rede sein.

Aber man kann an Stelle derselben eine andere Art typischer Darstellung entwickeln, indem man auch diesmal auf die Covarianten niedrigster Ordnung zurückgeht, welche Formen gerader Ordnung besitzen, auf quadratische.

Es ist zunächst zu zeigen, dass solche für Formen gerader Ordnung, deren Ordnung die vierte übersteigt, wirklich existiren, und zwar soll zugleich gezeigt werden, dass im Allgemeinen immer zwei quadratische Covarianten existiren, welche keinen linearen Factor gemein haben, deren Resultante also von Null verschieden ist. Ich verfahre dabei ähnlich wie bei dem Nachweise der Existenz linearer Covarianten bei den Formen ungerader Ordnung.

Gehen wir von der speciellen Form

$$f = x^{2h} + 2h\,x^{2h-1}y + \lambda c\,x^h y^h - 2h\,x y^{2h-1} - y^{2h}$$

aus, in welcher λ den Binomialcoefficienten

$$\lambda = \frac{2h\cdot 2h - 1 \dots h + 1}{1\cdot 2 \quad \dots \quad h}$$

bedeutet. Es sind also nur die beiden ersten, die beiden letzten und der mittlere Term beibehalten; über die Constante c soll noch ihrer Zeit in geeigneter Weise verfügt werden. Wir bilden nun die Covariante vierter Ordnung K, deren Symbol

$$K = (a\,b)^{2h-2}\,a_x{}^2\,b_x{}^2$$

ist, und zwar bilden wir sie nach § 30. aus den durch $2h \cdot 2h - 1 \ldots 3$ dividirten $(2h - 2)^{\text{ten}}$ Differentialquotienten von f, welche folgende sind (die nicht ausgeschriebenen sind Null)[*]:

$$x^2 + 2xy, \ x^2, \ \ldots, \ cy^2, \ 2cxy, \ cx^2, \ \ldots, \ -y^2, \ -2xy - y^2.$$

Es ist daher

$$K = 2\left[-(x^2 + 2xy)(y^2 + 2xy) + (2h - 2)\, x^2 y^2 + (-1)^h \varrho\, c^2 x^2 y^2 \right.$$
$$\left. + (-1)^{h-1} \sigma \cdot 2\, c^2 x^2 y^2 \right],$$

wo

$$\varrho = \frac{2h - 2 \cdot 2h - 3 \ldots h + 1}{1 \cdot 2 \ldots h - 2}, \qquad \sigma = \frac{2h - 2 \cdot 2h - 3 \ldots h}{1 \cdot 2 \ldots h - 1}.$$

Da hiernach

$$(1) \qquad 2\sigma - \varrho = \frac{2h - 2 \cdot 2h - 3 \ldots h + 1}{1 \cdot 2 \ldots h - 2} \cdot \frac{h + 1}{h - 1},$$

so kann man c so bestimmen, dass in K der Coefficient von $x^2 y^2$ verschwindet:

$$(2) \qquad 0 = (-1)^{h-1} \cdot (2\sigma - \varrho)\, c^2 + 2h - 7,$$

und es bleibt dann:

$$K = -4\,(x^3 y + xy^3).$$

Gehen wir von K als Grundform aus und bilden die dazu gehörige Hesse'sche Form, so erhalten wir

$$H = -2\,(x^2 - y^2)^2.$$

Ich unterscheide jetzt zwei Fälle, je nachdem $h = 2m$ oder $h = 2m + 1$, also je nachdem die Ordnung n von f gleich $4m$ oder gleich $4m + 2$ ist.

1) $n = 4m$. In diesem Falle ist, wie eine Abzählung der symbolischen Determinantenfactoren sofort lehrt, **jede quadratische Covariante nothwendig eine Form ungeraden Charakters** (vgl. § 16.).

Wir erhalten nun eine nicht verschwindende quadratische Covariante, wenn wir f $4m - 1$ mal über $\left(-\dfrac{H}{2}\right)^m$ schieben. Die durch $4m \cdot 4m - 1 \ldots 2$ dividirten $(4m - 1)^{\text{ten}}$ Differentialquotienten von f und $\left(-\dfrac{H}{2}\right)^m$ sind

$$\text{von } f: \qquad x + y, \ x, \quad \ldots, \quad cy, \ cx, \quad \ldots, \quad -y, \ -(x + y),$$
$$\text{von } \left(-\frac{H}{2}\right)^m: \ x, \ \frac{-y}{4m - 1}, \ \ldots, \ \alpha y, \ \alpha x, \ \ldots, \ \frac{-x}{4m - 1}, \ y,$$

---

wo in der obern Reihe die nicht ausgeschriebenen Coefficienten sämmtlich verschwinden und α eine Zahl ist. Die gesuchte Ueberschiebung ist daher:

$$L = (x+y) \cdot y + x^2 + y^2 + x\,(x+y) = 2\,(x^2+xy+y^2);$$

die mit αc multiplicirten Terme heben sich auf.

Die Form L ist eine nicht verschwindende quadratische Covariante von f. Schiebt man L zweimal über K, so erhält man eine zweite:

$$M = 2 \cdot -2xy + 2\,(x^2+y^2) + 2 \cdot -2xy = 2\,(x^2+y^2-4xy).$$

Diese Form verschwindet also ebenfalls nicht; auch verschwindet nicht die Resultante von L und M, denn $M = 0$, $L = 0$ führen zusammen auf die unverträglichen Gleichungen $x^2 + y^2 = 0$, $xy = 0$. Für $n = 4h$ ist also die Existenz quadratischer Covarianten ohne gemeinsamen linearen Factor bewiesen.

2) $n = 4m + 2$. Hier bildet man eine erste quadratische Covariante, indem man $\left(-\dfrac{H}{2}\right)^m$ $4m$ mal über f schiebt. Die durch

$$4m + 2 \cdot 4m + 1 \ldots 3 \text{ resp. } 4m \cdot 4m - 1 \ldots 1$$

dividirten Differentialquotienten von f und $\left(-\dfrac{H}{2}\right)^m$ sind hier (in der ersten Reihe sind wieder die fehlenden Null):

von f: $x^2+2xy,\ x^2,\ \ldots,\ cy^2,\ 2cxy,\ cx^2,\ \ldots,\ -y^2,\ -2xy-y^2,$

von $\left(-\dfrac{H}{2}\right)^m$: $1,\ 0,\ \quad \ldots,\quad 0,\ \alpha,\ 0,\quad \ldots,\quad 0,\ 1,$

wo α den mittelsten Coefficienten von $(x^2 - y^2)^{2m}$ dividirt durch den mittelsten Coefficienten des Binoms $(p + q)^{4m}$ bedeutet:

$$\alpha = (-1)^m \cdot \frac{2m \cdot 2m - 1 \ldots m + 1}{1 \cdot 2 \ldots m} \cdot \frac{1 \cdot 2 \ldots 2m}{4m \cdot 4m - 1 \ldots 2m + 1}.$$

Die gesuchte Ueberschiebung ist daher:

$$L = (x^2+2xy) + 2cxy \cdot (-1)^m \frac{2m \cdot 2m - 1 \ldots m + 1}{1 \cdot 2 \ldots m} - (2xy+y^2)$$
$$= x^2 - y^2 + 2k\,xy,$$

wenn k der Kürze wegen für

$$(3) \qquad\qquad k = c \cdot (-1)^m \cdot \frac{2m \cdot 2m - 1 \ldots m + 1}{1 \cdot 2 \ldots m}$$

gesetzt ist.

Eine zweite quadratische Covariante entsteht durch die zweite Ueberschiebung von K mit L; es ergiebt sich dann

$$M = 2k\,(x^2 + y^2).$$

Die Covarianten L, M haben wiederum keinen linearen Factor gemein. Sollen nämlich gleichzeitig die Gleichungen bestehen

$$x^2 + y^2 = 0, \quad x^2 - y^2 + 2k\,xy = 0,$$

so folgt

$$x + ky = 0, \quad kx - y = 0,$$

also

$$k^2 = -1,$$

während sich aus (1), (2), (3) ergiebt:

$$k^2 = -\left(\frac{2m \cdot 2m - 1 \ldots m + 1}{1 \cdot 2 \ldots m}\right)^2 \cdot \frac{2}{2m+2} \cdot \frac{1 \cdot 2 \ldots 2m - 2}{4m \cdot 4m - 1 \ldots 2m + 3}$$
$$\cdot (4m - 5).$$

Die fragliche Eigenschaft ist also auch für Formen von der Ordnung $4m + 2$ bewiesen.

Man kann daher, sobald nur eine Form eines Systems gerader Ordnungen von höherer als der vierten Ordnung ist, im Allgemeinen voraussetzen, dass das System zwei quadratische Covarianten von nicht verschwindender Resultante zulässt. Dass aber eben dieses auch für eine Combination von quadratischen und biquadratischen Formen gilt, ist leicht ersichtlich, sobald man nur den Versuch, derartige quadratische Covarianten zu bilden, anstellt.

§ 103. Typische Darstellung eines Systems simultaner Formen gerader Ordnung mit Hilfe quadratischer Covarianten.

Auf die Existenz quadratischer Covarianten kann man nun in folgender Weise eine typische Darstellung von Formen gerader Ordnung gründen.*

Es seien $L = l_x^2$, $M = m_x^2$, $N = n_x^2$ irgend drei quadratische Covarianten von Formen gerader Ordnung f, $\varphi \ldots$; wir setzen nur voraus, dass zwischen L, M, N keine identische lineare Relation besteht.

Dann ist immer die simultane Invariante:

$$(1) \qquad D = \begin{vmatrix} L_{11} & L_{12} & L_{22} \\ M_{11} & M_{12} & M_{22} \\ N_{11} & N_{12} & N_{22} \end{vmatrix} = \begin{vmatrix} l_1^2 & l_1 l_2 & l_2^2 \\ m_1^2 & m_1 m_2 & m_2^2 \\ n_1^2 & n_1 n_2 & n_2^2 \end{vmatrix}$$
$$= -(lm)(mn)(nl)$$

von Null verschieden. Indem wir nun die Gleichungen

$$(2) \qquad \begin{aligned} L &= L_{11} x_1^2 + 2 L_{12} x_1 x_2 + L_{22} x_2^2 \\ M &= M_{11} x_1^2 + 2 M_{12} x_1 x_2 + M_{22} x_2^2 \\ N &= N_{11} x_1^2 + 2 N_{12} x_1 x_2 + N_{22} x_2^2 \end{aligned}$$

als lineare Gleichungen nach x_1^2, $2 x_1 x_2$, x_2^2 auflösen, erhalten wir diese Grössen als lineare Functionen von L, M, N, deren gemeinsamer Nenner D nicht verschwindet. Ein beliebiger quadratischer Ausdruck a_x^2 drückt sich ebenfalls durch L, M, N linear aus, indem man nur die gefundenen Ausdrücke von x_1^2, $2 x_1 x_2$, x_2^2 in a_x^2 ein-

---

* Clebsch und Gordan, Annali di Mat., Ser. II., t. 1.

trägt; und man findet den Ausdruck für $a_x{}^2$ am bequemsten, indem man den Gleichungen (2) die Gleichung

$$(3) \qquad a_x{}^2 = a_1{}^2 x_1{}^2 + 2\, a_1\, a_2\, x_1\, x_2 + a_2{}^2 x_2{}^2$$

hinzufügt, und aus den Gleichungen (2), (3) $x_1{}^2$, $2 x_1 x_2$, $x_2{}^2$ eliminirt. Alsdann hat man:

$$(4) \qquad 0 = \begin{vmatrix} L & l_1{}^2 & l_1\, l_2 & l_2{}^2 \\ M & m_1{}^2 & m_1\, m_2 & m_2{}^2 \\ N & n_1{}^2 & n_1\, n_2 & n_2{}^2 \\ a_x{}^2 & a_1{}^2 & a_1\, a_2 & a_2{}^2 \end{vmatrix}$$

$$= a_x{}^2\,(lm)\,(mn)\,(nl) - L\,(am)\,(mn)\,(na) - M\,(la)\,(an)\,(nl)$$
$$- N\,(lm)\,(ma)\,(al).$$

Der Coefficient von $a_x{}^2$ ist $-D$; die andern Coefficienten erhält man, indem man in den Functionaldeterminanten

$$(5) \qquad \begin{aligned} \lambda &= (mn)\, m_x\, n_x \\ \mu &= (nl)\; n_x\, l_x \\ \nu &= (lm)\; l_x\, m_x \end{aligned}$$

$x_1 = a_2$, $x_2 = -a_1$ setzt. Die Gleichung (4) verwandelt sich dann in folgende:

$$(6) \qquad a_x{}^2 . D = L\,.\,(a\lambda)^2 + M\,.\,(a\mu)^2 + N\,.\,(a\nu)^2.$$

Bezeichnet man nun eine Form f des gegebenen Systems symbolisch durch $a_x{}^n$, so erhält man die Form f selbst als Function der Ordnung $\frac{n}{2}$ von L, M, N, indem man diese Gleichung zur $\frac{n}{2}{}^{\text{ten}}$ Potenz erhebt:

$$(6) \qquad f\,.\,D^{\frac{n}{2}} = \{(a\lambda')^2\, L + (a\mu')^2\, M + (a\nu')^2\, N\}$$
$$.\,\{(a\lambda'')^2\, L + (a\mu'')^2\, M + (a\nu'')^2\, N\}$$
$$\cdots\cdots$$
$$.\,\left\{\left(a\lambda^{\left(\frac{n}{2}\right)}\right)^2 L + \left(a\mu^{\left(\frac{n}{2}\right)}\right)^2 M + \left(a\nu^{\left(\frac{n}{2}\right)}\right)^2 N\right\}.$$

Die Coefficienten der verschiedenen Producte

$$L^\alpha\, M^\beta\, N^\gamma,$$

welche hier auftreten, sind, wie man sieht, Invarianten, und die Darstellung von f also eine typische.

Verfährt man ebenso mit den übrigen Grundformen, so hat man die binären Formen f, $\varphi \ldots$ hier durch **drei** Veränderliche L, M, N als Functionen der Ordnungen $\frac{n}{2}$ etc. ausgedrückt. Zwischen den drei Veränderlichen aber besteht eine Gleichung zweiten Grades. Man kann dieselbe aus § 58. unmittelbar entnehmen; wenn A_{ll}, $A_{lm} \ldots$, A_{nn} die simultanen Invarianten

$$\begin{aligned} A_{ll} &= (ll')^2, & A_{mm} &= (mm')^2, & A_{nn} &= (nn')^2 \\ A_{mn} &= (mn)^2, & A_{nl} &= (nl), & A_{lm} &= (lm)^2 \end{aligned}$$

der quadratischen Formen L, M, N bedeuten, so ist nach § 58. (9)

$$(7) \qquad 0 = \begin{vmatrix} A_{ll} & A_{lm} & A_{ln} & L \\ A_{ml} & A_{mm} & A_{mn} & M \\ A_{nl} & A_{nm} & A_{nn} & N \\ L & M & N & 0 \end{vmatrix}$$

$$= -\{ B_{ll}\, L^2 + 2 B_{lm}\, LM + 2 B_{ln}\, LN + B_{mm}\, M^2 + 2 B_{mn}\, MN + B_{nn}\, N^2 \}.$$

Durch diese Bedingungsgleichung ist wieder die Zahl der unabhängigen Veränderlichen auf 2 zurückgeführt, und man kann also f auch in der Darstellung (6) als **binäre Form** betrachten.

Die Zahl der Invarianten, welche als Coefficienten in (6), (7) und den mit (6) analogen Darstellungen auftreten, ist noch viel grösser, als die Anzahl von einander unabhängiger Invarianten, welche das Formensystem besitzt. Indessen kann man die Zahl jener Coefficienten in folgender Weise sofort reduciren.

Wir dürfen nach dem vorigen Paragraphen immer voraussetzen, dass unter den drei Covarianten L, M, N zwei seien, die keinen Factor gemein haben. Es seien dieses L und M; dann ist auch die Resultante von L und M (§ 27.)

$$(8) \qquad B_{nn} = A_{ll}\, A_{mm} - A_{lm}^2$$

von Null verschieden. In der Gleichung (7) verschwindet also jedenfalls das Glied mit N^2 nicht. Benutzen wir dies um den Ausdruck (6) dadurch zu vereinfachen, dass man den Werth von N^2 so lange in (6) einträgt, dass rechts in (6) nur noch die erste Potenz von N auftritt. Die Gleichung (6) nimmt dann die folgende Form an:

$$(9) \quad f \cdot D^{\frac{n}{2}} B_{nn}{}^m = P_0\, L^{\frac{n}{2}} + P_1\, L^{\frac{n}{2}-1} M + \ldots + P_{\frac{n}{2}}\, M^{\frac{n}{2}}$$

$$+ N\left\{ Q_0\, L^{\frac{n}{2}-1} + Q_1\, L^{\frac{n}{2}-2} M + \ldots + Q_{\frac{n}{2}-1}\, M^{\frac{n}{2}-1} \right\},$$

wo $m = \dfrac{n}{4}$ oder $= \dfrac{n-2}{4}$, je nachdem n nach 4 den Rest 0 oder 2 lässt.

Betrachtet man nun im Zusammenhange die Gleichung (9) nebst den übrigen ihr analogen und die Relation (7), so sieht man, dass die Gesammtzahl aller vorkommenden Coefficienten um 7 grösser ist, als die der ursprünglich in f, $\varphi \ldots$ vorkommenden; denn die rechte Seite von (9) enthält genau so viel Coefficienten P, Q, wie f in der ursprünglichen Form; zu diesen tritt D und die sechs Coefficienten B. Bezeichnet man also durch k wie sonst die Gesammtzahl der Coefficienten von f, $\varphi \ldots$, so ist die Gesammtzahl der Coefficienten P, Q, D, B gleich $k + 7$.

Jede Covariante von f, φ ... drückt sich durch diese $k+7$ Grössen und durch die simultanen Invarianten und Covarianten von L, M, N aus; alle Invarianten von f, φ ... durch jene $k+7$ Grössen und durch die simultanen Invarianten von L, M, N. Nun enthält das aus L, M, N entspringende System keine andern Covarianten ausser L, M, N, als die Functionaldeterminanten λ, μ, ν, und keine andern Invarianten als D und die Grössen A. Mit letztern ist D durch die Gleichung

$$(10) \qquad 2\,D^2 = \begin{vmatrix} A_{ll} & A_{lm} & A_{ln} \\ A_{ml} & A_{mm} & A_{mn} \\ A_{nl} & A_{nm} & A_{nn} \end{vmatrix}$$

verbunden; und hier, wo es nur auf rationale Darstellungen ankommt, kann man daher statt der A auch die B zu Grunde legen. Denn die B sind die aus den A gebildeten Unterdeterminanten, also auch die A gleich den aus den B gebildeten, dividirt durch $2\,D^2$. Sowie nach (10) sich D durch die A ausdrückt, ist dann zugleich D durch die B ausgedrückt mittelst der Formel

$$(11) \qquad 4\,D^4 = \begin{vmatrix} B_{ll} & B_{lm} & B_{ln} \\ B_{ml} & B_{mm} & B_{mn} \\ B_{nl} & B_{nm} & B_{nn} \end{vmatrix}.$$

Endlich drücken sich λ, μ, ν nach § 58. (4) durch L, M, N mittelst der Gleichungen aus:

$$(12) \qquad \begin{aligned} 2\,D\,\lambda &= B_{ll}\,L + B_{lm}\,M + B_{ln}\,N \\ 2\,D\,\mu &= B_{ml}\,L + B_{mm}\,M + B_{mn}\,N \\ 2\,D\,\nu &= B_{nl}\,L + B_{nm}\,M + B_{nn}\,N. \end{aligned}$$

Denkt man sich also eine Covariante von f, φ ... aus den typischen Darstellungen gebildet, so wird dieselbe eine rationale Function der P, Q, D, B und, wenn man die λ, μ, ν durch (12) ausdrückt, der L, M, N. Bei der Bildung von Invarianten fehlen nur die letztern Grössen. Als Nenner erscheinen Potenzen von D und B_{nn}.

Bezüglich der Invarianten kann man also folgenden Satz aussprechen:

> Jede simultane Invariante der Formen gerader Ordnung f, φ ... lässt sich rational durch die $k+7$ Grössen P, Q, D, B so ausdrücken, dass nur Potenzen von zweien derselben (D, B_{nn}) die Nenner bilden.

Da inzwischen alle Invarianten nach § 79. nur von $k-3$ Grössen abhängen, so müssen zwischen den $k+7$ Grössen P, Q, D, B zehn Beziehungen bestehen. Eine derselben ist die Gleichung (11). Die neun übrigen erhält man, indem man, von den typischen Darstellungen ausgehend, die Covarianten L, M, N bildet. Nach dem oben Entwickelten erhält man für dieselben Ausdrücke der Form:

$$(13) \qquad \begin{aligned} L &= S \ L + T \ M + U \ N \\ M &= S' \ L + T' \ M + U' \ N \\ N &= S'' \ L + T'' \ M + U'' \ N. \end{aligned}$$

In diesen Gleichungen sind die S, T, U ganze Functionen der P, Q, B, D dividirt durch Potenzen von D, B_{nn}. Sollen nun L, M, N wirklich diejenigen quadratischen Covarianten sein, als welche wir dieselben vorausgesetzt haben, so müssen diese Gleichungen identisch werden, d. h. es müssen die Gleichungen bestehen:

$$(14) \qquad \begin{aligned} S &= 1, & T &= 0, & U &= 0 \\ S' &= 0, & T' &= 1, & U' &= 0 \\ S'' &= 0, & T'' &= 0, & U'' &= 1. \end{aligned}$$

Diese neun Gleichungen geben die Beziehungen zwischen den P, Q, B, D an, welche bestehen müssen, damit L, M, N die vorausgesetzte Bedeutung haben. Dann aber sieht man sofort, dass es die einzigen zwischen denselben bestehenden Gleichungen sind; denn da f in der Form (13) nur auf eine Weise durch L, M, N ausdrückbar ist, so folgt aus dem Bestehen der Gleichungen (13) sofort, dass die P, Q ... den im Vorigen entwickelten symbolischen Ausdrücken gleich sein müssen. Zwischen diesen treten also im Allgemeinen weitere Beziehungen nicht ein. Da andererseits neun Beziehungen erforderlich sind, so folgt, dass die Gleichungen (14) wirklich neun von einander unabhängige Bestimmungen enthalten, und dass keine jener Gleichungen eine Folge der übrigen sein kann. —

Die Invarianten P, Q, welche bei diesem allgemeinen Ueberblicke eintreten, sind von verhältnissmässig hohen Graden, um so mehr, als schon die Coefficienten der Gleichung (6) es sind. Aus letzteren setzen sich die P, Q einfach zusammen; aber es entsteht in jedem besondern Falle die Frage, wie die Coefficienten der Gleichung (6) sich aus den jedesmaligen einfachsten Invarianten von f, deren Zahl im Allgemeinen viel grösser sein wird, zusammensetzen.

Eine Zurückführung auf einfachere Bildungen ist nun zunächst in folgender Weise möglich. Die symbolischen Factoren der rechten Seite von (6) sind von der Form

$$(a\lambda)^2\, l_x^2 + (a\mu)^2\, m_x^2 + (a\nu)^2\, n_x^2,$$

oder nach (12):

$$\begin{aligned} = \frac{1}{2D} \big\{ &[(al)^2\, B_{ll} + (am)^2\, B_{lm} + (an)^2\, B_{ln}\,]\, l_x^2 \\ &+ [(al)^2\, B_{lm} + (am)^2\, B_{mm} + (an)^2\, B_{mn}]\, m_x^2 \\ &+ [(al)^2\, B_{ln} + (am)^2\, B_{mn} + (an)^2\, B_{nn}]\, n_x^2 \big\}; \end{aligned}$$

ordnet man nun nach $(al)^2$, $(am)^2$, $(an)^2$ und wendet auf die Coefficienten wieder die Gleichungen (12) an, so hat man

$$(al)^2\,\lambda_x{}^2 + (am)^2\,\mu_x{}^2 + (an)^2\,\nu_x{}^2,$$

und also

$$(15) \qquad f\cdot D^{\frac{n}{2}} = [(al')^2\,\lambda + (am')^2\,\mu + (an')^2\,\nu]$$
$$\cdot\,[(al'')^2\lambda + (am'')^2\mu + (an'')^2\nu]$$
$$\cdot\;\cdot\;\cdot\;\cdot\;\cdot\;\cdot\;\cdot\;\cdot\;\cdot\;\cdot\;\cdot$$
$$\cdot\,\Big[\big(al^{(\frac{n}{2})}\big)^2\lambda + \big(am^{(\frac{n}{2})}\big)^2\mu + \big(an^{(\frac{n}{2})}\big)^2\nu\Big].$$

Die λ, μ, ν sind linear durch l, m, n mit einem Nenner D ausdrückbar; aber ihre Producte zu zweien sind nach § 58. (3) sogar ohne diesen Nenner ausdrückbar. Wenn also n durch 4 theilbar, $\frac{n}{2}$ gerade ist, so kann man die Factoren rechts in (15) paarweise combiniren, und von (15) ohne Einführung eines Nenners zu Ausdrücken in L, M, N übergehen. Ist n von der Form $4h+2$, so bleibt ein einzelner Factor übrig, der also entweder einen weitern Factor D herbeiführt, oder der in der ursprünglichen Gestalt (6) angewendet werden kann. Wie dies nun auch ausgeführt werden möge, man sieht, dass an Stelle der n^{ten} Ueberschiebungen von f über $\lambda^\alpha\,\mu^\beta\,\nu^\gamma$ $\left(\alpha+\beta+\gamma=\frac{n}{2}\right)$, welche die Coefficienten in (6) bilden, hier die

n^{ten} Ueberschiebungen von f über $L^\alpha\,M^\beta\,N^\gamma$ $\left(\alpha+\beta+\gamma=\frac{n}{2}\right)$ getreten sind, durch welche alles sich ausdrückt; im Falle $n=4h+2$ wird es nöthig, wenn man eine weitere Potenz von D im Nenner vermeiden will, und also einen der symbolischen Factoren von f in seiner ursprünglichen Gestalt benutzt, die n^{ten} Ueberschiebungen von f über

$$L^\alpha\,M^\beta\,N^\gamma\,\lambda, \quad L^\alpha\,M^\beta\,N^\gamma\,\mu, \quad L^\alpha\,M^\beta\,N^\gamma\,\nu$$

zu bestimmen. In allen Fällen hat man Invarianten von sehr viel niedrigerer Ordnung, als ursprünglich.

Man kann indessen dieser Sache noch eine andere Seite abgewinnen, von welcher aus sie wesentlich einfacher erscheint. Man kann nämlich geradezu λ, μ, ν, nicht L, M, N als diejenigen Functionen ansehen, durch welche alles auszudrücken ist. Die Formel (15) ist dann der Formel (6) durchaus analog gegenüberzustellen. Zwischen den λ, μ, ν aber besteht die mit (7) analoge Gleichung, welche aus (7), (12) leicht abgeleitet wird:

$$(16) \qquad A_{ll}\,\lambda^2 + 2A_{lm}\,\lambda\,\mu + A_{mm}\,\mu^2 + 2A_{ln}\,\lambda\,\nu$$
$$+ 2A_{mn}\,\mu\,\nu + A_{nn}\,\nu^2 = 0.$$

Es ist also nicht nur der Ausdruck für f und die übrigen constituirenden Formen, welcher mit viel einfacheren Coefficienten behaftet erscheint, sondern ebendies tritt bei der Bedingungsgleichung (16) ein, welche nunmehr die A, nicht die aus ihnen zusammengesetzten Unterdeterminanten B zu Coefficienten hat.

In diesem Sinne werden wir künftig die Formeln (15), (16) den Anwendungen zu Grunde legen, und es mag hier nur noch auf den eigenthümlichen Dualismus hingewiesen werden, welcher zwischen den L, M, N einerseits und den λ, μ, ν andererseits genau so eintritt, wie der Dualismus zwischen Punkt- und Liniencoordinaten in der Ebene, auf welchen derselbe auch sofort zurückgeführt werden kann, wenn man die Relation (7) oder (16) in der Form

$$\lambda\,l + \mu\,m + \nu\,n = 0$$

zu Grunde legt.

§ 104. Ueber den besondern Fall, in welchem eine der Functionen L, M, N die Functionaldeterminante der beiden anderen ist.

Die im Vorigen betrachteten typischen Darstellungen beruhten auf der Voraussetzung, dass es drei quadratische Covarianten L, M, N gebe, zwischen welchen eine lineare Beziehung nicht stattfindet. Dass solche drei im Allgemeinen existiren müssen, ist noch nicht bewiesen; aber man kann den Nachweis davon auf den oben bewiesenen Satz zurückführen, dass im Allgemeinen immer zwei quadratische Covarianten vorhanden sind, deren Resultante nicht Null wird. Hat man nämlich zwei solche, so kann man immer eine dritte angeben, welche mit beiden nicht durch eine lineare Relation verbunden ist, also ein System L, M, N, wie das oben betrachtete, mit ihnen bildet. Es ist dieses die Functionaldeterminante beider Formen. Dieser Fall, wo N die erste Ueberschiebung von L und M, also mit ν identisch ist*, kommt in den Anwendungen vor, und es treten ausserdem gewisse Vereinfachungen bei demselben ein, die es wünschenswerth machen, diesen Fall genauer zu verfolgen.

Es ist der Voraussetzung nach

$$N = \nu = (l\,m)\,l_x\,m_x.$$

Nach den Sätzen des § 58. zeigt sich also, dass

$$A_{l\,n} = A_{l\,\nu} = 0, \quad A_{m\,n} = A_{m\,\nu} = 0, \qquad [\text{§ 58. (13).}]$$

sodann wird

$$A_{n\,n} = A_{\nu\,\nu} = \tfrac{1}{2}(A_{l\,l}\,A_{m\,m} - A_{l\,m}{}^2), \qquad [\text{§ 58. (16).}]$$

und endlich ist

---

* Geometrisch: Das Paar $N = 0$ ist zu den Paaren $L = 0$ und $M = 0$ harmonisch.

$$D = -(lm)(mn)(nl) = (\nu n)^2 = (\nu \nu')^2 = A_{nn}$$
$$= \tfrac{1}{2}(A_{ll}A_{mm} - A_{lm}^2) = \tfrac{1}{2}B_{nn}.$$

Was die übrigen B angeht, so wird B_{ln} und B_{mn} gleich Null und

$$B_{ll} = A_{mm}A_{nn}, \quad B_{lm} = -A_{lm}A_{nn}, \quad B_{mm} = A_{ll}A_{nn}.$$

Ausserdem hat man nach § 58. (12)

$$\lambda = \tfrac{1}{2}(A_{mm}L - A_{lm}M), \quad \mu = \tfrac{1}{2}(A_{ll}M - A_{lm}L).$$

Die Relation zwischen L, M, N schreibt sich hier am einfachsten in Gestalt der bekannten Gleichung, mittelst deren sich das Quadrat der Functionaldeterminante durch die constituirenden Functionen ausdrückt:

$$(1) \qquad N^2 = -\tfrac{1}{2}\{A_{ll}M^2 - 2A_{lm}ML + A_{mm}L^2\}.$$

Da hier das Quadrat von N sich durch M, N ohne Nenner ausdrückt, so kann man der typischen Darstellung die Form

$$(2) \qquad f \cdot D^{\frac{n}{2}} = P_0 L^{\frac{n}{2}} + P_1 L^{\frac{n}{2}-1} M \ldots + P_{\frac{n}{2}} M^{\frac{n}{2}}$$

$$+ N\{Q_0 L^{\frac{n}{2}-1} + Q_1 L^{\frac{n}{2}-2} M \ldots + Q_{\frac{n}{2}-1} M^{\frac{n}{2}-1}\}$$

hier geben, ohne dass eine Potenz von B_{nn} als neuer Nenner hinzutritt.

Die Gleichung (15) endlich kann man nun, indem man mit $2^{\frac{n}{2}}$ multiplicirt, in folgender Weise darstellen:

$$(3) \quad f \cdot \{A_{ll}A_{mm} - A_{lm}^2\}^{\frac{n}{2}}$$
$$= [(al')^2(LA_{mm} - MA_{lm}) + (am')^2(MA_{ll} - LA_{ml}) + 2(an')^2 \cdot N]$$
$$\lfloor (al'')^2(LA_{mm} - MA_{lm}) + (am'')^2(MA_{ll} - LA_{ml}) + 2(an'')^2 \cdot N]$$
$$\cdot \cdot \cdot \cdot \cdot \cdot$$

Führt man die rechte Seite aus und setzt immer für N^2 seinen Werth aus (1), so erhält man die typischen Darstellungen, wie sie oben gebraucht wurden. Es sind hier ausser den k Coefficienten P, Q nur noch die drei Invarianten A_{ll}, A_{lm}, A_{mm}, welche in die Darstellung einer Invariante aus der typischen Form eingehen können. Alle Invarianten stellen sich also hier als rationale Functionen von nur $k+3$ Grössen dar, und die Nenner derselben sind Potenzen der Verbindung $A_{ll}A_{mm} - A_{lm}^2$. Zwischen den drei übriggebliebenen A und den P, Q bestehen nun nicht mehr neun, sondern nur noch sechs Gleichungen. Man erhält dieselben, indem man, von der typischen Darstellung ausgehend, L und M bildet. Diese nehmen die Form an:

$$L = S\,L + T\,M + U\,N$$
$$M = S'L + T'M + U'N;$$

die S, T, U, S', T', U' sind ganze Functionen der angeführten $k + 3$ Grössen und die zwischen denselben stattfindenden Gleichungen sind:

$$S = 1, \quad T = 0, \quad U = 0$$
$$S' = 0, \quad T' = 1, \quad U' = 0.$$

Sind diese erfüllt, so erhält man L und M wirklich durch die betreffenden Operationen; die Bildung von N, welche nur auf die von L und M sich stützt, muss von selbst auf die richtige Function führen und kann daher zu neuen Relationen keine Veranlassung mehr geben.

§ 105. Ueber die Möglichkeit, Systeme von Formen gerader Ordnung mit gleichen absoluten Invarianten durch lineare Transformation in einander überzuführen.

An diese Untersuchungen knüpfen sich nun Betrachtungen, welche für Formen gerader Ordnung genau dasselbe leisten, was die Betrachtungen des § 92. in Bezug auf Formen ungerader Ordnung ergaben, oder in Bezug auf Formensysteme, welche mindestens eine Form ungerader Ordnung enthielten.

Wenn zwei Systeme von Formen gerader Ordnung mittelst linearer Substitutionen in einander überführbar sein sollen, so ist die Gleichheit der absoluten Invarianten die unumgängliche Vorbedingung. Aber aus dieser folgt die Möglichkeit der Transformation noch ebenso wenig, wie das Entsprechende bei den Systemen, welche Formen ungerader Ordnung enthielten, eine Folge jener Gleichheit der absoluten Invarianten war. Es tritt nun aber folgender Satz ein:

> Zwei Systeme von Formen gerader Ordnung sind immer durch lineare Transformation in einander überführbar, sobald erstlich alle entsprechenden absoluten Invarianten einander gleich sind, und sobald zweitens zwei Paare entsprechender quadratischer Covarianten, L, M bei dem einen, L', M' bei dem andern Systeme existiren, so dass weder die Resultante von L mit M, noch die von L' mit M' verschwindet.

In allen anderen Fällen sind besondere Untersuchungen über die Möglichkeit der Transformation anzustellen, doch betreffen dieselben immer nur noch sehr specielle Formen.

Man beweist den obigen Satz folgendermassen:

Da L, M eine nicht verschwindende Resultante D haben, so kann man diese Formen und ihre erste Ueberschiebung N zur typischen Darstellung von f benutzen und der dabei auftretende Nenner D ist von Null verschieden. Man erhält für eine Form f des einen Systems eine Gleichung der Form:

$$(1) \qquad D^{\frac{n}{2}} \cdot f(x_1 x_2) = P_0\, L^{\frac{n}{2}}(x) + P_1\, L^{\frac{n}{2}-1}(x)\, M(x)$$
$$+ P_2\, L^{\frac{n}{2}-2}(x)\, M^2(x) \ldots + P_n\, M^{\frac{n}{2}}(x)$$
$$+ N(x) \{ Q_0\, L^{\frac{n}{2}-1}(x) + Q_1\, L^{\frac{n}{2}-2}(x)\, M(x)$$
$$+ Q_2\, L^{\frac{n}{2}-3}(x)\, M^2(x) \ldots + Q_{\frac{n}{2}}\, M^{\frac{n}{2}-1}(x) \},$$

wo die P, Q Invarianten sind. Ebenso hat man für die entsprechende Form des zweiten Systems:

$$(2) \qquad D'^{\frac{n}{2}} f'(y_1 y_2) = P'_0\, L'^{\frac{n}{2}}(y) + P_1\, L'^{\frac{n}{2}-1}(y)\, M'(y)$$
$$+ P'_2\, L'^{\frac{n}{2}-2}(y)\, M'^2(y) \ldots + P'_n\, M'^{\frac{n}{2}}(y)$$
$$+ N'(y) \{ Q'_0\, L'^{\frac{n}{2}-1}(y) + Q'_1\, L'^{\frac{n}{2}-2}(y)\, M'(y)$$
$$+ Q'_2\, L'^{\frac{n}{2}-3}(y)\, M'^2(y) \ldots + Q'_n\, M'^{\frac{n}{2}-1}(y) \}.$$

Nun setzen wir voraus, dass entsprechende absolute Invarianten gleich seien, oder dass, wenn J, J' zwei entsprechende Invarianten des Systems sind, g, $g' \ldots$ ihre Grade in Bezug auf die Coefficienten von f, $\varphi \ldots$ bez. f', $\varphi' \ldots$, und n, $n' \ldots$ die Ordnungen der zugehörigen Functionen, immer eine allen Invariantenpaaren J, J' gemeinsame Grösse r gefunden werden könne, so dass

$$(3) \qquad\qquad J' = J \cdot r^{\frac{ng + n'g' + \ldots}{2}}.$$

Ist es möglich, das eine Formensystem durch lineare Transformation in das andere überzuführen, so muss dann r die Determinante der Transformation sein.

Bezeichnen wir die Grade von L und M in Bezug auf die verschiedenen Functionen des Systems durch

$$L) \quad k, \quad k', \quad k'' \ldots$$
$$M) \quad l, \quad l', \quad l'' \ldots,$$

so werden die Grade von N:

$$N) \quad k+l, \quad k'+l', \quad k''+l''$$

daher die von D:

$$D) \quad 2k+2l, \quad 2k'+2l', \quad 2k''+2l'',$$

die Gesammtgrade der Gleichung (1) oder (2):

$$n\,(k+l) + 1, \quad n\,(k'+l'), \quad n\,(k''+l'') \ldots,$$

daher die Grade der Coefficienten P, Q:

$$P_0)\quad n\,(k+l) + 1 - \frac{n\,k}{2}, \qquad n\,(k'+l') - \frac{n\,k'}{2},$$

$$n\,(k''+l'') - \frac{n\,k''}{2} \ldots,$$

$$P_1)\quad n\,(k+l) + 1 - \frac{n\,k}{2} + k - l, \qquad n\,(k'+l') - \frac{n\,k'}{2} + k' - l',$$

$$n\,(k''+l'') - \frac{n\,k''}{2} + k'' - l'' \ldots,$$

$$P_2)\quad n\,(k+l) + 1 - \frac{n\,k}{2} + 2k - 2l, \quad n\,(k'+l') - \frac{n\,k'}{2} + 2k' - 2l',$$

$$n\,(k''+l'') - \frac{n\,k''}{2} + 2k'' - 2l'' \ldots,$$

$$\ldots \ldots \ldots$$

$$Q_0)\quad n\,(k+l) + 1 - \frac{n\,k}{2} - l, \qquad n\,(k'+l') - \frac{n\,k'}{2} - l'$$

$$n\,(k''+l'') - \frac{n\,k''}{2} - l'' \ldots,$$

$$Q_1)\quad n\,(k+l) + 1 - \frac{n\,k}{2} - k - 2l, \quad n\,(k'+l') - \frac{n\,k'}{2} + k' - 2l',$$

$$n\,(k''+l'') - \frac{n\,k''}{2} + k'' - 2l'' \ldots,$$

$$\ldots \ldots \ldots$$

Endlich entsprechen also der Gleichung (3) bei diesen Invarianten folgende:

$$
\begin{aligned}
D' &= D \cdot r^{2\varrho + 2\sigma}\\
P_0' &= P_0 \cdot r^{\,n\,(\varrho+\sigma) - \frac{n\varrho}{2} + \frac{n}{2}}\\
P_1' &= P_1 \cdot r^{\,n\,(\varrho+\sigma) - \frac{n\varrho}{2} + \varrho - \sigma + \frac{n}{2}}\\
P_2' &= P_2 \cdot r^{\,n\,(\varrho+\sigma) - \frac{n\varrho}{2} + 2\varrho - 2\sigma + \frac{n}{2}}\\
&\quad \ldots \ldots \ldots\\
Q_0' &= Q_0 \cdot r^{\,n\,(\varrho+\sigma) + -\frac{n\varrho}{2} - \sigma + \frac{n}{2}}\\
Q_1' &= Q_1 \cdot r^{\,n\,(\varrho+\sigma) - \frac{n\varrho}{2} + \varrho - 2\sigma + \frac{n}{2}}\\
&\quad \ldots \ldots \ldots,
\end{aligned}
$$

$$(4)$$

wo der Kürze wegen

$$\varrho = \frac{n\,k + n'\,k' + \ldots}{2}, \qquad \sigma = \frac{n\,l + n'\,l' + \ldots}{2}$$

gesetzt ist.

Tragen wir diese Werthe der D', P'_0, $P'_1 \ldots$, $Q'_0 \ldots$ in die Gleichung (2) ein, so verwandelt sich dieselbe nach Division mit $r^{n(\varrho+\sigma)}$ in folgende:

$$(5) \quad D^{\frac{n}{2}} \cdot f'(y_1, y_2) = P_0 \left(\frac{L'(y)}{r^{\varrho-1}}\right)^{\frac{n}{2}} + P_1 \left(\frac{L'(y)}{r^{\varrho-1}}\right)^{\frac{n}{2}-1} \frac{M'(y)}{r^{\sigma-1}} + \cdots$$

$$+ \frac{N'(y)}{r^{\varrho+\sigma-1}} \left\{ Q_0 \left(\frac{L'(y)}{r^{\varrho-1}}\right)^{\frac{n}{2}-1} + Q_1 \left(\frac{L'(y)}{r^{\varrho-1}}\right)^{\frac{n}{2}-2} \frac{M'(y)}{r^{\sigma-1}} + \cdots \right\}.$$

Vergleicht man dieses mit der Gleichung (1) und bemerkt, dass bei der Bildung der Zahlen ϱ, σ alle Functionen des Systems symmetrisch benutzt sind, dass also diese Zahlen in allen mit (1), (5) analog gebildeten Gleichungen dieselben Werthe besitzen, so sieht man, dass die lineare Ueberführung des Functionensystems f', $\varphi' \ldots$ in f, $\varphi \ldots$ geleistet ist, sobald es gelingt, durch lineare Substitution gleichzeitig die Gleichungen:

$$(6) \quad \begin{aligned} L'(y) &= r^{\varrho-1} \quad L(x) \\ M'(y) &= r^{\sigma-1} \quad M(x) \\ N'(y) &= r^{\varrho+\sigma-1} N(x) \end{aligned}$$

so zu befriedigen, dass r die Determinante der Substitution ist. Denn indem man diese Gleichungen annimmt, ergeben die Gleichungen (1), (5) und die analog zu bildenden Gleichungspaare sofort

$$f'(y_1, y_2) = f(x_1, x_2), \quad \varphi'(y_1, y_2) = \varphi(x_1, x_2) \text{ etc.}$$

Was nun das reducirte Problem (6) angeht, so bemerke ich zunächst, dass die Forderung, r solle die Determinante der Substitution sein, von der durch das Hinzutreten der dritten Gleichung (6) ausgedrückten Bedingung nicht verschieden ist. Geht man nämlich von den Gleichungen

$$(7) \quad \begin{aligned} L'(y) &= r^{\varrho-1} L(x) \\ M'(y) &= r^{-1} M(x) \end{aligned}$$

aus, indem man die x als lineare Functionen der y mit der Determinante s voraussetzt, und bildet nun beiderseits die erste Ueberschiebung, so erhält man

$$N'(y) = r^{\varrho+\sigma-2} s \cdot N(x),$$

nnd daher wegen der dritten Gleichung (6) $s = r$, oder umgekehrt die Gleichung (6) selbst, wenn man $s = r$ voraussetzt.

Wenn es nun also nach (7) darauf ankommt, zwei Paare quadratischer Formen gleichzeitig mittelst derselben Substitution in einander überzuführen, so kann man diese Aufgabe geometrisch folgendermassen interpretiren. Es sind zwei Punktepaare $L'(y) = 0$, $M'(y) = 0$ auf einer Geraden, zwei andere, $L(x) = 0$, $M(x) = 0$ auf einer andern gegeben, jenen einzeln zugeordnet. Man soll die beiden Geraden so in Perspective setzen, dass das erste Paar der zweiten Geraden mit dem ersten der ersten, das zweite Paar der zweiten Geraden mit dem zweiten der ersten projectivisch wird. Betrachten wir aber $L'(y) = 0$ und $M'(y) = 0$ als Punktepaare einer Involution, $L(x) = 0$, $M(x) = 0$ als die einer andern, so müssen diese ganzen Involutionen dabei projectivisch werden, vor allem auch ihre beiderseitigen Doppelpunkte. Diese sind durch die Factoren $N(y) = 0$ einerseits, durch die von $N(x) = 0$ andererseits gegeben; die Quadrate der Gleichungen der letzteren aber erhält man nach § 57., indem man in der Gleichung

$$(8) \qquad L_x + \lambda \, M_x = 0$$

λ so bestimmt, dass der Ausdruck links ein Quadrat wird, d. h. indem man λ durch die quadratische Gleichung

$$(9) \qquad A_{ll} + 2\,\lambda\,A_{lm} + \lambda^2\,A_{mm} = 0$$

bestimmt.

Die Gleichung (8) stellt an und für sich ein beliebiges Paar der zweiten Involution dar, und je einen ihrer Doppelpunkte, wenn man für λ die beiden Wurzeln von (9) einführt. Einem Paare (8) entspricht in der andern Reihe das Paar [nach (7)]:

$$(10) \qquad \frac{L'(y)}{r^{\varrho-1}} + \lambda \, \frac{M'(y)}{r^{\sigma-1}} = 0,$$

in welches (8) durch die gesuchte lineare Transformation übergehen soll. Sucht man nun die Doppelpunkte der Reihe (10), so erhält man sie aus der quadratischen Gleichung

$$(11) \qquad \frac{A_{l'l'}}{r^{2\varrho-2}} + 2\,\lambda\,\frac{A_{l'm'}}{r^{\varrho+\sigma-2}} + \lambda^2 \frac{A_{m'm'}}{r^{2\sigma-2}} = 0.$$

Soll also die vorliegende Aufgabe lösbar sein, so muss diese quadratische Gleichung mit der Gleichung (9) identisch werden, wodurch denn in der That auch die Doppelpunkte der beiden Involutionen und damit diese ganz einander entsprechen.

Diese Forderung ist nicht befriedigt, wenn L, L', M, M' beliebige Formen sind; denn in der That erfordert die Möglichkeit, L' in L und zugleich M' in M zu projiciren, dass die aus L', M' zu bildende absolute Invariante mit der aus L, M zu bildenden übereinstimme (vgl. § 57.).*

Aber in dem vorliegenden Falle tritt dies allerdings ein. Denn da A_{ll}, A_{lm}, A_{mm} simultane Invarianten des Formensystems f, $\varphi \ldots$ sind, und zwar von den folgenden Graden in Bezug auf die Coefficienten der verschiedenen Formen:

---

* Geometrisch: Das Doppelverhältniss der Paare L, M muss dem entsprechenden der Paare L', M' gleich sein.

$$A_{l\,l}\;)\;\;2\,k,\quad\quad 2\,k',\quad\quad 2\,k''\ldots$$
$$A_{l\,m}\;)\;\;k+l,\quad k'+l',\quad k''+l''\ldots$$
$$A_{m\,m})\;\;2\,l,\quad\quad 2\,l',\quad\quad 2\,l''\ldots,$$

so bestehen nach (3) die Gleichungen:

$$(12)\qquad
\begin{aligned}
A_{l'\,l} &= A_{l\,l}\;.\;r^{2\,\varrho}\\
A_{l'\,m'} &= A_{l\,m}\;.\;r^{\varrho+\sigma}\\
A_{m'\,m'} &= A_{m\,m}\;.\;r^{2\,\sigma};
\end{aligned}$$

und vermittelst derselben gehen wirklich die beiden quadratischen Gleichungen (9) und (11) in einander über.

Da der Voraussetzung nach die Resultante von L, M einerseits und von L', M' andererseits nicht verschwindet, so hat die Gleichung (9) oder (11) zwei **verschiedene** Wurzeln; denn die Discriminanten dieser Gleichungen sind mit jenen Resultanten identisch (§ 27). Bezeichnen wir die Wurzeln von (9) durch λ_1 und λ_2, so können wir nun

$$(13)\qquad
\begin{aligned}
L\;(x)+\lambda_1\,M\;(x) &= X_1{}^2\\
L\;(x)+\lambda_2\,M\;(x) &= X_2{}^2
\end{aligned}$$

und

$$(14)\qquad
\begin{aligned}
\frac{L'\,(y)}{r^{\varrho-1}}+\lambda_1\frac{M'\,(y)}{r^{\sigma-1}} &= Y_1{}^2\\
\frac{L'\,(y)}{r^{\varrho-1}}+\lambda_2\frac{M'\,(y)}{r^{\sigma-1}} &= Y_2{}^2
\end{aligned}$$

setzen, wo X_1, X_2 lineare Functionen der x von nicht verschwindender Determinante und Y_1, Y_2 solche der y sind. Es sind $X_1=0$, $X_2=0$ die Doppelpunkte der einen, $Y_1=0$, $Y_2=0$ die der andern Involution; die ganzen Involutionen nehmen die Form an:

$$(15)\qquad
\begin{aligned}
0 &= L\;(x)\,(1-\mu)+(\lambda_1-\mu\,\lambda_2)\,M\;(x)=X_1{}^2-\mu\,X_2{}^2\\
0 &= \frac{L'\,(y)}{r^{\varrho-1}}\,(1-\mu)+(\lambda_1-\mu\,\lambda_2)\frac{M'(y)}{r^{\sigma-1}}=Y_1{}^2-\mu\,Y_2{}^2,
\end{aligned}$$

und das gegenseitige Entsprechen der Involutionspaare ist durch gleiche Werthe von μ angezeigt; für $\mu=1$ und $\mu=\dfrac{\lambda_1}{\lambda_2}$ erhalten wir die Paare, von denen wir ausgingen.

Man sieht, dass diese Involutionspaare sämmtlich projectivisch sind, indem ihre Gleichungen durch die Substitutionen

$$(16)\qquad\qquad Y_1=\varepsilon_1\,X_1,\quad Y_2=\varepsilon_2\,X_2$$

(ε_1 und ε_2 gleich $\pm\,1$) in einander übergeführt werden können. Diese Gleichungen enthalten also zugleich die gesuchten Substitutionen, vermöge deren die Formensysteme f, $\varphi\ldots$ und f', $\varphi'\ldots$ in einander übergehen.

Es ist zunächst zu untersuchen, ob die Substitutionsdeterminante wirklich gleich r ist. Die Einsetzung der Werthe $\mu = \dfrac{\lambda_1}{\lambda_2}$, $\mu = 1$ in (15) giebt:

$$L\,(x) = \frac{\lambda_2 X_1{}^2 - \lambda_1 X_2{}^2}{\lambda_2 - \lambda_1} \qquad \frac{L'\,(y)}{r^{\varrho-1}} = \frac{\lambda_2 Y_1{}^2 - \lambda_1 Y_2{}^2}{\lambda_2 - \lambda_1}$$

$$M\,(x) = \frac{X_1{}^2 - X_2{}^2}{\lambda_1 - \lambda_2} \qquad \frac{M'\,(y)}{r^{\sigma-1}} = \frac{Y_1{}^2 - Y_2{}^2}{\lambda_1 - \lambda_2}\,.$$

Bilden wir nun irgend eine Invariante von L, M einerseits, von L', M' andererseits, etwa A_{ll}, $A_{l'l'}$, und bezeichnen wir mit a die Functionaldeterminante der X nach den x, mit b die der Y nach den y, so haben wir offenbar:

$$\frac{A_{l'l'}}{r^{2\varrho-2}} = \wedge\, b^2, \quad A_{ll} = \wedge\, a^2,$$

wo $\wedge$ nur von λ_1, λ_2 abhängt; und also wegen (12):

$$b^2 = a^2\, r^2.$$

Aber aus (16) folgt, wenn s die Functionaldeterminante der X nach den Y bedeutet:

$$b = \pm\, a\, s,$$

also

$$s^2 = r^2, \quad s = \pm\, r.$$

Da nun s das Zeichen ändert, indem man ε_1 oder ε_2 in das entgegengesetzte übergehen lässt, so kann man immer, und zwar nur auf eine Weise, das Verhältniss $\dfrac{\varepsilon_1}{\varepsilon_2}$ so bestimmen, dass die Determinante der Substitution (16 einem den Gleichungen (4) gemäss bestimmten Werthe von r gleich wird.

Jedem Werthe von r, welche den Gleichungen (4) genügt, entspricht also eine Substitution (16), welche bis auf ein allen Coefficienten gemeinsames Vorzeichen völlig und eindeutig bestimmt ist. Die Bestimmung des letztern kann auf mehrfache Art möglich werden, doch so, dass der Gleichungen (4) wegen die Grössen r^ϱ, r^σ vollkommen bestimmt sind, wie man erkennt, wenn man die Combinationen bildet:

$$\frac{P'_0}{P'_1} = \frac{P_0}{P_1} \cdot r^{\sigma-\varrho}, \qquad \frac{P'_0}{Q'_0} = \frac{P_0}{Q_0} \cdot r^\sigma.$$

Daher können auch Y_1, Y_2 nur noch um einen gemeinsamen Factor geändert werden, welcher eine Einheitswurzel ist, und es folgt also, dass die Substitution (14), welche den Uebergang von einem Formensystem zum andern vermittelt, überhaupt bis auf einen allen Substitutionscoefficienten gemeinsamen, einer Einheitswurzel gleichen Factor völlig und eindeutig bestimmt ist.

Für zwei biquadratische Formen f, f'' ergiebt die vorliegende Untersuchung nichts, da bei ihnen quadratische Covarianten nicht existiren. Indessen übersieht man bei diesen die Verhältnisse leicht unmittelbar. Damit zwei solche Formen oder die durch sie repräsentirten Gruppen von je vier Elementen durch lineare Transformation, geometrisch durch Projection, in einander übergehen können, müssen die Doppelverhältnisse, also die absoluten Invarianten gleich sein. Wenn die Punkte jeder Gruppe getrennt sind, so ist dies auch hinreichend. Und zwar ist dann die Ueberführung auf vier verschiedene Arten möglich. Denn sind a, b, c, d die Punkte der einen Gruppe, α, β, γ, δ die der andern, und haben die letzteren bei dieser Anordnung dasselbe Doppelverhältniss und sind also in die ersteren projicirbar, so findet dies auch noch für die Anordnungen β, α, δ, γ; γ, δ, α, β; δ, γ, β, α statt, welche nach § 21. denselben Werth des Doppelverhältnisses ergeben.

Fallen aber zwei Punkte einer Gruppe zusammen, so müssen auch in der andern zwei und nicht mehr zusammenfallen; fallen drei, zweimal zwei oder vier zusammen, so muss immer das Entsprechende auch bei der andern Gruppe eintreten, damit die Transformation möglich sei; was dann nach § 48. nicht mehr durch Eigenschaften von Invarianten, sondern durch Eigenschaften von Covarianten angezeigt wird.

§ 106. Drei simultane quadratische Formen.

Wollen wir die Betrachtungen des vorigen Paragraphen auf einzelne Formen oder auf Systeme anwenden, so tritt uns immer die folgende Frage entgegen, welche zugleich die Anwendung des Vorigen auf ein System dreier quadratischer Formen enthält:

> Welches sind die Bedingungen dafür, dass ein System dreier quadratischer Formen keine zwei quadratische Covarianten enthält, deren Resultante von Null verschieden ist?

Man kann diese Frage zunächst vermöge einer geometrischen Ueberlegung entscheiden. Denkt man sich drei Gruppen von je zwei Punkten, welche den drei Formen entsprechen, so müssen je zwei der drei Punktepaare einen gemeinschaftlichen Punkt besitzen. Entweder also besitzen alle drei einen gemeinschaftlichen; dieser kommt dann auch ihren Functionaldeterminanten zu, und es giebt also keine Form des Systems, welche für diesen Punkt nicht verschwindet, also auch nicht zwei Covarianten, deren Resultante nicht Null ist. Oder zweitens, wenn a, b, c drei Punkte sind, werden die drei Paare durch

ab, bc, ca dargestellt. In diesem Falle giebt es quadratische Covarianten von nicht verschwindender Resultante, z. B. eine lineare Combination der ersten beiden Formen, und die dritte. Dieser Fall ist also auszuschliessen, und man kann also den Satz aussprechen:

> Drei quadratische Formen ergeben nur dann keine zwei quadratischen Covarianten von nicht verschwindender Resultante, wenn sie einen allen dreien gemeinsamen linearen Factor besitzen.

Untersuchen wir dasselbe jetzt analytisch.

Führen wir die Bezeichnungen des § 58. ein, so haben wir drei quadratische Grundformen f_1, f_2, f_3 und ihre gegenseitigen ersten Ueberschiebungen ϑ_{23}, ϑ_{31}, ϑ_{12}. Andere quadratische Covarianten existiren nicht.

Die simultanen Invarianten der Formen werden durch D_{ik}, R_{123} bezeichnet. Sollen die Resultanten der f verschwinden, die wir durch P_{ik} bezeichnen wollen, so müssen die drei Gleichungen stattfinden:

$$P_{23} = D_{22}\,D_{33} - D_{23}{}^2 = 0$$
$$P_{31} = D_{33}\,D_{11} - D_{13}{}^2 = 0$$
$$P_{12} = D_{11}\,D_{22} - D_{12}{}^2 = 0.$$

Die Resultante von f_i mit ϑ_{kh} wird:

$$P_{i,\,kh} = D_{ii},\,D_{kh,kh} - D^2{}_{i,\,kh},$$

wo nach § 58.

$$D_{kh,kh} = \tfrac{1}{2}\,(D_{kk}\,D_{hh} - D^2{}_{kh}) = \tfrac{1}{2}\,P_{kh},$$

während $D_{i,\,kh}$ gleich R_{123} oder gleich Null ist, je nachdem i, k, h sämmtlich verschieden sind oder nicht. Das Verschwinden aller Resultanten $P_{i,\,kh}$ reducirt sich also auf die eine Gleichung:

$$R_{123} = 0.$$

Endlich wird die Resultante von ϑ_{ik} mit ϑ_{mn}:

$$P_{ik,\,mn} = D_{ik,\,ik}\,D_{mn,mn} - D^2{}_{ik,\,mn}.$$

Die ersten beiden Grössen D sind $\tfrac{1}{2}\,P_{ik}$ und $\tfrac{1}{2}\,P_{mn}$, also schon nach dem Vorigen verschwindend; die letzte wird

$$D_{ik,\,mn} = D_{im}\,D_{kn} - D_{in}\,D_{km}.$$

Auch diese und also alle Unterdeterminanten von

$$(1) \qquad 2\,R^2{}_{123} = \begin{vmatrix} D_{11} & D_{12} & D_{13} \\ D_{21} & D_{22} & D_{23} \\ D_{31} & D_{32} & D_{33} \end{vmatrix}$$

müssen verschwinden, und man hat den Satz:

> Unter den quadratischen Covarianten dreier quadratischen Formen befinden sich nicht zwei ohne gemeinschaftlichen Factor, sobald und nur wenn alle Unterdeterminanten der Determinante (1) verschwinden.

Man kann aus diesem Resultate den oben angegebenen Satz ableiten. Da $R_{123} = 0$, so ist eine der Formen, etwa f_3, eine lineare Function der andern:

$$f_3 = \varkappa f_1 + \lambda f_2.$$

Nimmt man dies aber an, so giebt das Verschwinden aller Unterdeterminanten von

$$2\,R^2 = \begin{vmatrix} D_{11} & D_{12} & \varkappa D_{11} + \lambda D_{12} \\ D_{12} & D_{22} & \varkappa D_{12} + \lambda D_{22} \\ \varkappa D_{11} + \lambda D_{12} & \varkappa D_{12} + \lambda D_{23} & \varkappa^2 D_{11} + 2\varkappa\lambda D_{12} + \lambda^2 D_{22} \end{vmatrix}$$

nur noch die eine Gleichung

$$D_{11}\,D_{22} - D_{12}{}^2 = 0.$$

Es müssen f_1, f_2 einen gemeinsamen Factor haben, und dieser kommt dann auch der Form $f_3 = \varkappa f_1 + \lambda f_2 = 0$ zu; dies ist nöthig aber auch hinreichend, wie oben geometrisch gezeigt wurde.

Dies ist zugleich der einzige Fall, in welchem die Gleichheit der absoluten Invarianten zweier Systeme von je drei quadratischen Formen die Möglichkeit, durch lineare Transformation ein System in das andere überzuführen, nicht sofort nach sich zieht.

Wenn der erwähnte Ausnahmefall nicht eintritt, so kann man f_3 durch f_1, f_2 und ϑ_{12} ausdrücken. Man erhält dann aus der Gleichung (4) des § 58.:

$$(2) \qquad 2\,\vartheta_{12}\,R_{123} = \begin{vmatrix} D_{11} & D_{12} & D_{13} \\ D_{21} & D_{22} & D_{23} \\ f_1 & f_2 & f_3 \end{vmatrix},$$

wodurch f_3 als lineare Function von f_1, f_2, ϑ_{12} gegeben ist, so lange, wie hierbei vorausgesetzt werden muss, $D_{11}\,D_{22} - D_{12}{}^2$, die Resultante von f_1, f_2, von Null verschieden ist. Wenn insbesondere $R_{123} = 0$, so muss f_3 die Form $\varkappa f_1 + \lambda f_2$ haben; die Werthbestimmung von $\varkappa$, λ ist durch die Gleichung gegeben, in welche (2) dann übergeht:

$$\begin{vmatrix} D_{11} & D_{12} & D_{13} \\ D_{21} & D_{22} & D_{23} \\ f_1 & f_2 & f_3 \end{vmatrix} = 0.$$

§ 107. Simultanes System einer quadratischen und einer biquadratischen Form: Fälle, in welchen keine typische Darstellung möglich ist.

Ein System dreier simultanen quadratischen Formen bildet die Grundlage für das simultane Formensystem einer quadratischen Form f und einer biquadratischen φ. Jene drei Covarianten, deren eine f selbst ist, wurden in § 60. durch

$$f = a_x^2, \quad \psi = (a\,\alpha)^2\,\alpha_x^2, \quad \chi = (a\,H)^2\,H_x^2,$$

ihre ersten Ueberschiebungen durch

$$\tau = (\psi\chi)\,\psi_x\,\chi_x, \quad \Psi = (\psi a)\,\psi_x\,a_x, \quad \mathsf{X} = (\chi a)\,\chi_x\,a_x$$

bezeichnet; ihre simultanen Invarianten waren:

$$D_{ff} = D, \quad D_{f\psi} = A, \quad D_{f\chi} = B,$$
$$D_{\psi\psi} = B + \frac{iD}{3}, \quad D_{\psi\chi} = \frac{iA}{6} + \frac{jD}{3}, \quad D_{\chi\chi} = \frac{jA}{3} - \frac{iB}{6} + \frac{i^2 D}{18},$$
$$R_{f\psi\chi} = C.$$

Untersuchen wir zunächst, unter welchen Umständen eine typische Darstellung durch quadratische Covarianten, wie sie in § 103. angegeben wurde, nicht möglich ist. Es gehört dazu, dass C und alle Unterdeterminanten von

$$2\,C^2 = \begin{vmatrix} D_{ff} & D_{f\psi} & D_{f\chi} \\ D_{f\psi} & D_{\psi\psi} & D_{\psi\chi} \\ D_{f\chi} & D_{\psi\chi} & D_{\chi\chi} \end{vmatrix}$$

verschwinden, oder dass f, ψ, χ einen gemeinsamen Factor haben. Unterscheiden wir zwei Fälle:

1) f kein Quadrat. Es sei $f = 2\,x_1\,x_2$, und

$$\varphi = \alpha\,x_1^4 + 4\,\beta\,x_1^3\,x_2 + 6\,\gamma\,x_1^2\,x_2^2 + 4\,\delta\,x_1\,x_2^3 + \varepsilon\,x_2^4$$
$$H = \alpha'\,x_1^4 + 4\,\beta'\,x_1^3\,x_2 + 6\,\gamma'\,x_1^2\,x_2^2 + 4\,\delta'\,x_1\,x_2^3 + \varepsilon'\,x_2^4.$$

Man hat dann:

$$\psi = -2\,(\beta\,x_1^2 + 2\,\gamma\,x_1\,x_2 + \delta\,x_2^2)$$
$$\chi = -2\,(\beta'\,x_1^2 + 2\,\gamma'\,x_1\,x_2 + \delta'\,x_2^2).$$

Soll ein Factor von f, etwa x_1, auch Factor von ψ und χ sein, so muss man haben (vgl. die ausgerechnete Form von H in § 40.):

$$\delta = 0, \quad \delta' = 2\,(\beta\,\varepsilon - \gamma\,\delta) = 0,$$

also entweder $\delta = 0$, $\varepsilon = 0$, d. h. ein Factor von x ist Doppelfactor von φ; oder $\beta = 0$, $\delta = 0$. In diesem zweiten Falle enthalten also φ, H nur gerade Potenzen; und zwar wird (vgl. § 40.)

$$\varphi = \alpha\,x_1^4 + 6\,\gamma\,x_1^2\,x_2^2 + \varepsilon\,x_2^4$$
$$H = 2\,\alpha\gamma\,x_1^4 + 2\,(\alpha\,\varepsilon - 3\,\gamma^2)\,x_1^2\,x_2^2 + 2\,\gamma\,\varepsilon\,x_2^4.$$

Ferner wird:

$$T = (\alpha\,\varepsilon - 9\gamma^2)\,(\alpha\,x_1^5 x_2 - \varepsilon\,x_1 x_2^5).$$

Es ist also nur einer der folgenden Fälle denkbar:

$a)$ T ist von Null verschieden,

$$H - 2\gamma\,\varphi = (\alpha\,\varepsilon - 9\gamma^2)\,f^2,$$

also f bis auf eine Constante eine der irrationalen quadratischen Covarianten, in welche T zerfällt.

$b)$ T verschwindet identisch, indem $\alpha\,\varepsilon - 9\gamma^2 = 0$, ohne dass $\gamma = 0$. In diesem Falle wird φ das Quadrat eines in x_1^2, x_2^2 linearen Ausdrucks. Es ist also φ das Quadrat einer Form, deren zweite Ueberschiebung mit f verschwindet.

$c)$ T verschwindet, indem γ und α oder ε verschwinden. Dann ist φ ein Biquadrat, dessen Wurzel Factor von f ist. Dieser Fall ist unter dem zuerst erwähnten als Besonderheit enthalten.

2) f ein Quadrat, $= x_1^2$. Indem man die obigen Bezeichnungen beibehält, wird

$$\psi = -2\,(\gamma\,x_1^2 + 2\,\delta\,x_1 x_2 + \varepsilon\,x_2^2)$$
$$\chi = -2\,(\gamma'x_1^2 + 2\,\delta'x_1 x_2 + \varepsilon'x_2^2);$$

also, damit x auch Factor von ψ und χ sei:

$$\varepsilon = 0, \quad \varepsilon' = 2\,(\gamma\,\varepsilon - \delta^2) = 0, \quad \text{d. h. } \varepsilon = 0, \quad \delta = 0.$$

Es muss also x_1 Doppelfactor von φ sein. Dies kann in der ersten Abtheilung des vorigen Falles enthalten gedacht werden, wenn man dort nur die Forderung, dass f kein Quadrat sei, aufhebt.

      Die typische Darstellung durch quadratische Covarianten ist also nicht möglich, und aus der Gleichheit der absoluten Invarianten zweier Formenpaare f, φ und f', φ' folgt die Möglichkeit linearer Ueberführung nicht sofort,

      1) wenn ein Factor von f Doppelfactor von φ ist;

      2) wenn f bis auf eine Constante eine der drei irrationalen Covarianten ist, in welche T zerfällt*;

      3) wenn φ Quadrat einer Form zweiter Ordnung ist, deren zweite Ueberschiebung mit f verschwindet.**

Ich habe hier die für die Fälle 2), 3) oben festgehaltene Vorstellung, dass f kein Quadrat sei, fallen gelassen. Dass dies erlaubt

---

* Geometrisch: Das Punktepaar von f ist bei einer gewissen Zerlegung der vier zu φ gehörigen Punkte in zwei Paare zu beiden harmonisch.

** Geometrisch: Die vier zu φ gehörigen Punkte bilden ein Doppelpaar von Punkten, welche mit den zu f gehörigen harmonisch sind.

ist, sieht man leicht ein, ebenso wie, dass umgekehrt, wenn einer der Fälle 1), 2), 3) eintritt, auch wirklich immer f, ψ, χ einen gemeinsamen Factor haben und daher die typische Darstellung unmöglich wird.

Was 3) anbetrifft, so sei $f = x_1^2$, $\varphi = (a x_1^2 + 2 b x_1 x_2 + c x_2^2)^2$. Soll die zweite Ueberschiebung von f mit $\sqrt{\varphi}$ verschwinden, so muss $c = 0$ sein, φ hat den Doppelfactor x und man hat einen besondern Fall von 1) vor sich. Dass im Falle 1) und 3) wirklich f, ψ, χ einen gemeinsamen Factor haben, lehrt die Bildung von ψ, χ, welche oben ausgeführt wurde.

Nur für den Fall 2) ist zu beweisen, dass, wenn f einer der aus T entstehenden drei irrationalen Covarianten bis auf einen constanten Factor gleich ist, ψ und χ mit f einen Factor gemein haben. Es muss hier T von Null verschieden sein. Daher sind nur drei Fälle zu betrachten, je nachdem in $\varphi = 0$ alle Wurzeln verschieden, oder zwei gleich, oder endlich drei gleich sind, die übrigen aber jedesmal verschieden. Im ersten dieser Fälle kann man immer $f = 2 x_1 x_2$, $\varphi = \alpha x_1^4 + 6 \gamma x_1^2 x_2^2 + \varepsilon x_2^4$ setzen; dass in diesem Falle f, ψ, χ einen gemeinsamen Factor besitzen, lehrt die oben angestellte Rechnung; es sind sogar (bei $\beta = 0$, $\delta = 0$) f, ψ und χ nur um constante Factoren verschieden. Hat zweitens $\varphi = 0$ zwei gleiche Wurzeln, so kann man dieser Function die Form geben

$$\varphi = \alpha x_1^4 + 6 \beta x_1^2 x_2^2,$$

daher

$$H = 2 \alpha \gamma x_1^4 - 6 \gamma^2 x_1^2 x_2^2, \quad T = - 9 \gamma^2 \alpha x_1^5 x_2.$$

Die quadratischen Covarianten, in welche T zerfällt, sind also x_1^2, x_1^2, $x_1 x_2$; welcher von ihnen aber auch f bis auf eine Constante gleichgesetzt wird, immer hat φ einen Doppelfactor, der zugleich Factor von f ist, und man hat einen besondern Fall von 1) vor sich, in welchem Falle, wie wir wissen, f, ψ, χ einen gemeinsamen Factor haben. — Hat endlich φ einen dreifachen Factor, so können wir setzen:

$$\varphi = 4 x_1^3 x_2, \quad H = - 2 x_1^4, \quad T = 2 x_1^6;$$

es muss also $f = c \cdot x_1^2$ gesetzt werden, was wieder auf den Fall 1) führt. Damit ist der obige Satz und seine Umkehrbarkeit vollständig erwiesen.

§ 108. Typische Darstellung der übrigen Fälle.

Wenn C nicht verschwindet, können wir an Stelle der drei Covarianten L, M, N des § 103. die folgenden einführen:

$$L = f, \quad M = \psi, \quad N = \chi,$$

und erhalten demnach für ihre ersten Ueberschiebungen die Ausdrücke:

$$\text{(1)}\qquad \begin{aligned} \lambda &= (\psi\,\chi)\,\psi_x\,\chi_x = \tau \\ \mu &= (\chi\,a)\,\chi_x\,a_x = \mathsf{X} \\ \nu &= (a\,\psi)\,\psi_x\,a_x = -\,\Psi, \end{aligned}$$

während die simultane Invariante D, welche den Nenner des typischen Ausdrucks bildet, gleich C wird.

Und so wird nach § 103. (15) die typische Darstellung von f:

$$\text{(2)}\quad C^2\cdot f = V_{11}\,\tau^2 + 2\,V_{12}\,\tau\,\mathsf{X} - 2\,V_{13}\,\tau\,\Psi + V_{22}\,\mathsf{X}^2 - 2\,V_{23}\,\mathsf{X}\,\Psi + V_{33}\,\Psi^2,$$

wo die V die Invarianten bedeuten:

$$\text{(3)}\qquad \begin{aligned} V_{11} &= (\alpha\,a)^2\,(\alpha\,b)^2 & V_{22} &= (\alpha\,\psi)^2\,(\alpha\,\psi')^2 \\ V_{12} &= (\alpha\,a)^2\,(\alpha\,\psi)^2 & V_{23} &= (\alpha\,\psi)^2\,(\alpha\,\chi)^2 \\ V_{13} &= (\alpha\,a)^2\,(\alpha\,\chi)^2 & V_{33} &= (\alpha\,\chi)^2\,(\alpha\,\chi')^2. \end{aligned}$$

Die Ausdrücke (1) sind mit f, ψ, χ durch die Gleichungen verbunden, welche den Gleichungen (11) § 58. entsprechen:

$$\text{(4)}\qquad \begin{aligned} C\cdot f &= D_{ff}\,\tau + D_{f\psi}\,\mathsf{X} - D_{f\chi}\,\Psi \\ C\cdot\psi &= D_{f\psi}\,\tau + D_{\psi\psi}\,\mathsf{X} - D_{\psi\chi}\,\Psi \\ C\cdot\chi &= D_{f\psi}\,\tau + D_{\psi\chi}\,\mathsf{X} - D_{\chi\chi}\,\Psi, \end{aligned}$$

während zugleich

$$\text{(5)}\qquad 0 = f\,\tau + \psi\,\mathsf{X} - \chi\,\Psi.$$

Die Gleichungen (2), (4), (5) geben die typische Darstellung nach den in § 103. entwickelten Grundsätzen; man kann entweder τ, X, Ψ oder f, ψ, χ eliminiren und die Darstellung durch die drei übrigen Formen leisten. Die Untersuchung der Coefficienten zeigt, dass es eine bemerkenswerth einfache Darstellung von φ giebt, bei welcher alle sechs quadratischen Formen beibehalten werden.

Nach den Formeln des § 60. ist zunächst:

$$\text{(6)}\qquad \begin{aligned} V_{11} &= (\alpha\,a)^2\,(\alpha\,b)^2 = (\psi\,b)^2 = D_{f\psi} = A \\ V_{12} &= (a\,\alpha)^2\,(\alpha\,\psi)^2 = (\psi\,\psi')^2 = D_{\psi\psi} = B + \frac{i\,D}{3} \\ V_{13} &= (\alpha\,a)^2\,(\alpha\,\chi)^2 = (\psi\,\chi)^2 = D_{\psi\chi} = \frac{i\,A}{6} + \frac{j\,D}{3}. \end{aligned}$$

Die Formen aber

$$\begin{aligned} V_{22} &= (\alpha\,\psi)^2\,(\alpha\,\psi')^2 = (\alpha\,\psi)^2\,(\alpha\,\beta)^2\,(\beta\,a)^2 \\ V_{23} &= (\alpha\,\psi)^2\,(\alpha\,\chi)^2 = (\alpha\,\psi)^2\,(\alpha\,H)^2\,(H\,a)^2 = (\alpha\,\chi)^2\,(\alpha\,\beta)^2\,(\beta\,a)^2 \\ V_{33} &= (\alpha\,\chi)^2\,(\alpha\,\chi')^2 = (\alpha\,\chi)^2\,(\alpha\,H)^2\,(H\,a)^2 \end{aligned}$$

bildet man leicht mit Hilfe der aus der Theorie der biquadratischen Formen oder der Tafel des § 8. folgenden Gleichungen:

$$(\alpha\beta)^2\,\alpha_x{}^2\,\beta_y{}^2 = H_x{}^2\,H_y{}^2 + \frac{i}{3}\,(xy)^2$$

$$(\alpha H)^2\,\alpha_x\,H_y{}^2 = \frac{i}{6}\,\alpha_x{}^2\,\alpha_y{}^2 + \frac{j}{3}\,(xy)^2,$$

indem man darin x_1, x_2 und y_1, y_2 durch ψ_2, $-\psi_1$ oder χ_2, $-\chi_1$ ersetzt:

$$V_{22} = (Ha)^2\,(H\psi)^2 + \frac{i}{3}\,(a\psi)^2 = D_{\psi\chi} + \frac{iA}{3} = \frac{iA}{2} + \frac{jD}{3}$$

$$V_{23} = (Ha)^2\,(H\chi)^2 + \frac{i}{3}\,(a\chi)^2 = D_{\chi\chi} + \frac{iB}{3}$$

$$(7)\qquad = \frac{i}{6}\,(\alpha a)^2 (\alpha\psi)^2 + \frac{j}{3}\,(a\psi)^2 = \frac{i}{6}\,D_{\psi\psi} + \frac{jA}{3} = \frac{jA}{3} + \frac{iB}{6} + \frac{i^2 D}{18}$$

$$V_{33} = \frac{i}{6}\,(\alpha a)^2 (\alpha\chi)^2 + \frac{j}{3}\,(a\chi)^2 = \frac{i}{6}\,D_{\psi\chi} + \frac{jB}{3} = \frac{i^2 A}{36} + \frac{ij D}{18} + \frac{jB}{3}\;.$$

Aus diesen Gleichungen erhält man die Combinationen:

$$V_{11}\,\tau + V_{12}\,\mathsf{X} - V_{13}\,\Psi = C\,\psi$$

$$V_{12}\,\tau + V_{22}\,\mathsf{X} - V_{23}\,\Psi = C\left(\chi + \frac{i}{3}\,f\right)$$

$$V_{13}\,\tau + V_{23}\,\mathsf{X} - V_{33}\,\Psi = C\left(\frac{i}{6}\,\psi + \frac{j}{3}\,f\right).$$

Multiplicirt man diese Gleichungen mit τ, X, $-\Psi$ und addirt, so kommt nach (2 links $C^2\varphi$, und daher nach Division mit C die einfache Darstellung:

$$(8)\qquad C\varphi = \tau\psi + \mathsf{X}\left(\chi + \frac{if}{3}\right) - \Psi\left(\frac{i}{6}\,\psi + \frac{j}{3}\,f\right),$$

vermöge deren φ als bilineare Function der f, ψ, χ einerseits und der τ, Ψ, X andererseits ausgedrückt ist, während die Coefficienten nur i und j enthalten. —

Wenn C verschwindet, so besteht zwischen f, ψ, χ eine lineare Relation, welche entweder die Form

$$(9)\qquad \chi = \varkappa f + \lambda\,\psi,$$

oder die Form

$$\psi = \varkappa f$$

haben muss. Aber die Rechnung des § 107. zeigt, dass, mag f ein Quadrat sein oder nicht, sobald f mit ψ bis auf einen Factor identisch wird, mit χ dasselbe geschieht. Der zweite Fall ist also auszuschliessen, indem er überhaupt keine solche typische Darstellung zulässt. In der Formel (9) aber muss man voraussetzen. dass f und ψ keinen gemeinsamen Factor haben, da sonst auch χ denselben haben würde. Man kann also die Formen f und ψ bei der Aufstellung der typischen Form zu Grunde legen, nebst ihrer ersten Ueberschiebung Ψ. Der Nenner der Darstellung wird die zweite Potenz der aus f, ψ, Ψ gebildeten simultanen Invariante, welche nach § 58. (15), wenn man f_1 durch f, f_2 durch ψ, ϑ_{12} durch $-\Psi$ ersetzt, den Werth hat:

$$(10) \qquad \mathsf{P} = \tfrac{1}{2}\,(D_{ff}D_{\psi\psi} - D^2{}_{f\psi}) = \tfrac{1}{2}\,\{D\,B + \frac{i}{3}\,D^2 - A^2\}.$$

Die an Stelle von λ, μ, ν tretenden ersten Ueberschiebungen von f, ψ, Ψ werden

$$\lambda = (\psi\,\Psi)\,\psi_x\,\Psi_x = -\tfrac{1}{2}\,\{\,\psi\,D_{f\psi} - f\,D_{\psi\psi}\,\}$$
$$\mu = (\Psi\,a)\,\Psi_x\,a_x = \tfrac{1}{2}\,\{\,\psi\,D_{ff} - f\,D_{f\psi}\,\}$$
$$\nu = (a\,\psi)\,a_x\,\psi_x = -\Psi,$$

und die typische Darstellung wird daher:

$$(11) \quad 4\,\mathsf{P}^2\,\varphi = W_{11}\,(\psi\,D_{f\psi} - f\,D_{\psi\psi})^2 + W_{22}\,(\psi\,D_{ff} - f\,D_{f\psi})^2$$
$$+ 4\,W_{33}\,\Psi^2 - 2\,W_{12}\,(\psi\,D_{f\psi} - f\,D_{\psi\psi})\,(\psi\,D_{ff} - f\,D_{f\psi})$$
$$+ 4\,W_{13}\,\Psi\,(\psi\,D_{f\psi} - f\,D_{\psi\psi}) - 4\,W_{23}\,\Psi\,(\psi\,D_{ff} - f\,D_{f\psi}),$$

während

$$(12) \qquad \Psi^2 = -\tfrac{1}{2}\,\{D_{ff}\,\psi^2 - 2\,D_{f\psi}\,f\,\psi + D_{\psi\psi}\,f^2\}.$$

Von den Coefficienten sind

$$W_{11} = (\alpha\,a)^2\,(\alpha\,b)^2 = D_{f\psi} = A$$

$$(13) \qquad W_{12} = (\alpha\,a)^2\,(\alpha\,\psi)^2 = D_{\psi\psi} = B + \frac{i\,D}{3}$$

$$W_{22} = (\alpha\,\psi)^2\,(\alpha\,\psi')^2 = D_{\psi\chi} + \frac{i\,A}{3} = \frac{i\,A}{2} + \frac{j\,D}{3}$$

den entsprechenden Grössen V gleich; die andern aber werden:

$$(14) \qquad W_{13} = (\alpha\,a)^2\,(\alpha\,\Psi)^2 = (\psi\,\Psi)^2 = 0, \qquad\qquad (\S\ 57.)$$
$$W_{23} = (\alpha\,\psi)^2\,(\alpha\,\Psi)^2, \quad W_{33} = (\alpha\,\Psi)^2\,(\alpha\,\Psi')^2.$$

Um W_{23} zu bilden, geht man von der Gleichung aus

$$(\alpha\,\psi)^2\,\alpha_x{}^2 = (\beta\,a)^2\,(\alpha\,\beta)^2\,\alpha_x{}^2 = (H\,a)^2\,H_x{}^2 + \frac{i}{3}\,a_x{}^2 = \chi + \frac{i\,f}{3},$$

und hat also

$$W_{23} = (\chi\,\Psi)^2 + \frac{i}{3}\,(a\,\Psi)^2 = -\,C \qquad\qquad [\S\ 60.\ (8)].$$

Dagegen erhält man W_{33} aus (12), indem man $x_1 = \alpha_2$, $x_2 = -\alpha_1$ setzt:

$$(15) \qquad W_{33} = -\tfrac{1}{2}\,\Big\{\,D_{ff}\Big(D_{\psi\chi} + \frac{i\,A}{3}\Big) - D_{f\psi}\,D_{\psi\psi}\,\Big\}$$
$$= \frac{i\,A\,D}{6} + \frac{j\,D^2}{3} - A\,B.$$

Lässt man also C verschwinden, so kann man den Werth von Ψ^2 eintragen und erhält:

$$(16) \quad 4\,P^2\,\varphi = W_{11}\,(\psi\,D_f\psi - f\,D\psi\psi)^2 + W_{22}\,(\psi\,D_{ff} - f\,D_{f\psi})^2$$
$$- 2\,W_{12}\,(\psi\,D_{f\psi} - f\,D\psi\psi)\,(\varphi\,D_{ff} - f\,D_{f\psi})$$
$$- 2\,W_{33}\,(D_{ff}\,\psi^2 - 2\,D_{f\psi}\,f\,\psi + D\psi\psi\,f^2).$$

Diese Gleichung enthält die Lösung einer Aufgabe, welche sich bei den Betrachtungen des § 60. darbietet. Es war dort gezeigt, dass, wenn $C = 0$, φ als quadratische Function von f und einer andern quadratischen Form darstellbar sei. Es entsteht die Frage, welches diese andere quadratische Form, und welches diese Darstellung sei. Bis auf die Ausnahmefälle des vorigen Paragraphen, in denen die Lösung sich indessen von selbst darbietet, ist diese Aufgabe durch die Gleichung (16) gelöst. Die Aufgabe ist ihrer Natur nach nicht völlig bestimmt, da man statt jener Form g, welche ihr genügt, auch $g' = \varkappa g + \lambda f$ einführen kann. Aber die Gleichung (16) zeigt, dass ψ eine solche Form g ist, und giebt die Darstellung von φ als quadratische Function von f und ψ.

§ 109. Die Formen sechster Ordnung. Fälle, in denen die typische Darstellung nicht möglich ist.

Bei den Formen sechster Ordnung bilden die Covarianten l, m, n (§ 78.) die Grundlage des Systems quadratischer Covarianten. Damit die typische Darstellung unmöglich werde, müssen l, m, n einen Factor gemein haben; aber wegen des besondern Zusammenhanges, in welchem diese Formen stehen, können die beiden hierin liegenden Bedingungen auf zwei ganz verschiedene Arten erfüllt werden. Erstlich nämlich kann l mit m nur einen linearen Factor gemein haben und n denselben enthalten, was zwei Bedingungen sind. Zweitens aber kann m von l nur um einen constanten Factor verschieden sein,

$$m = k\,l,$$

was auch zwei Bedingungen involvirt; es wird dann n von selbst auch nur um einen constanten Factor verschieden, denn es ist

$$n = (im)^2\,i_x{}^2 = k\,(il)^2\,i_x{}^2 = km = k^2\,l.$$

1) Untersuchen wir zunächst den ersten Fall. Der gemeinsame Factor von l, m, n sei q und

$$l = q\,r, \quad m = q\,s, \quad n = q\,t.$$

Der Voraussetzung nach ist (rs) von Null verschieden, denn sonst träte der zweite Fall ein. Bildet man nun die Gleichungen

$$(1) \qquad m = i_x{}^2\,(iq)\,(ir), \quad n = i_x{}^2\,(iq)\,(is),$$

---

* Vgl. Clebsch und Gordan, Annali di mat., ser. II., vol. I.

so folgt

$$ms - nr = i_x{}^2 (iq) \, |(ir) \, s - (is) \, r_x| = (sr) \cdot i_x{}^3 (iq).$$

Da nun (sr) nicht Null, so muss $i_x{}^3 (iq)$ durch q_x theilbar sein

$$(2) \qquad\qquad i_x{}^3 (iq) = q \cdot k,$$

wo k eine Form zweiter Ordnung. Führt man dies in (1) ein, indem man über (2) die linearen Formen r_x, s_x je einmal schiebt, so kommt:

$$3m = (qr) \, k + 2 \, q \, k_x \, (kr), \quad 3n = (qs) \, k + 2 \, q \, k_x \, (ks).$$

Es sind also auch $(qr) \, k$ und $(qs) \, k$ durch q theilbar, und da jedenfalls ein er der Factoren (qr), (qs) von Null verschieden ist, so muss k durch q theilbar sein, mithin

$$(3) \qquad\qquad i_x{}^3 (iq) = q^2 \cdot h.$$

Es folgt hieraus $(iq)^4 = 0$ und $i_x (iq)^3 = 0$; q_x muss also auch Doppelfactor von i sein:

$$(4) \qquad\qquad i = q^2 \cdot g.$$

In dem vorliegenden Falle muss daher die In variantenrelation

$$C^2 - \tfrac{1}{6} B^3 = 0$$

stattfinden.

Man kann nun in ähnlicher Weise zeigen, dass f selbst den Factor q dreifach enthält. Zu diesem Zwecke betrachte ich die Covarianten

$$(5) \qquad \begin{aligned} (al)^2 \, a_x{}^4 &= (aq) \, (ar) \, a_x{}^4 \\ (an)^2 \, a_x{}^4 &= (aq) \, (as) \, a_x{}^4. \end{aligned}$$

Von der ersten wurde in § 76. (8) gezeigt, dass

$$(6) \qquad\qquad (al)^2 \, a_x{}^4 = 2 \, \Delta + \frac{Ai}{3}.$$

Um die zweite zu bilden, führen wir in ihr den Ausdruck von m durch l ein und erhalten:

$$(am)^2 \, a_x{}^4 = (ai)^2 \, (il)^2 \, a_x{}^2;$$

dagegen ist die zweite Ueberschiebung von $(al)^2 \, a_x{}^4$ mit i:

$$(al)^2 \, (ai)^2 \, a_x{}^2 \, i_x{}^2 = 2 \, (\Delta i)^2 \, i_x{}^2 \, \Delta_x{}^2 + \frac{A}{3} \, (ii')^2 \, i_x{}^2 \, i'_x{}^2,$$

oder nach der Theorie der biquadratischen Formen:

$$= \frac{Bi + A\Delta}{3}.$$

Daher hat man:

$$\begin{aligned} (am)^2 \, a_x{}^4 - \frac{Bi + A\Delta}{3} &= (ai)^2 \, a_x{}^2 \, |(il)^2 \, a_x{}^2 - (al)^2 \, i_x{}^2| \\ &= - (ai)^3 \, l_x \, a_x{}^2 \, |(il) \, a_x + (al) \, i_x|. \end{aligned}$$

Nach § 76. ist

$$(ai)^3\, a_x^3\, i_x = 0,$$

also auch

$$(ai)^3\, a_x^3\, (il) + 3\,(ai)^3\, a_x^2\, (al)\, i_x.$$

Statt der rechten Seite des obigen Ausdrucks kann man daher setzen:

$$\tfrac{1}{2}\,(ai)^3\, l_x\, a_x^2\, \{(al)\, i_x - (il)\, a_x\} = -\tfrac{1}{2}\,(ai)^4\, a_x^2\, l_x^2 = -\tfrac{1}{2}\, l^2,$$

und der gesuchte Ausdruck für $(am)^2\, a_x^4$ ist also:

$$(7) \qquad\qquad (am)^2\, a_x^4 = \frac{Bi + A\Delta}{3} + \tfrac{1}{2}\, l^2.$$

Aus (5), (6), (7) ergiebt sich nun für unsern Fall:

$$(8) \qquad
\begin{aligned}
(aq)\,(ar)\, a_x^4 &= 2\Delta + \frac{Ai}{3} \\[1ex]
(aq)\,(as)\, a_x^4 &= \frac{Bi + A\Delta}{3} + \tfrac{1}{2}\, l^2.
\end{aligned}$$

Hat nun i den Doppelfactor q^2, so besitzt nach der Theorie der biquadratischen Formen Δ ihn ebenfalls, und also die ganzen rechten Theile der Gleichungen (8). Man beweist also, wie oben, indem man die Combination

$$(aq)\,(ar)\, a_x^4 \cdot s - (aq)\,(as)\, a_x^4 \cdot r = (aq)\, a_x^5 \cdot (sr)$$

bildet, dass $(aq)\, a_x^5$ den Factor q^2 hat:

$$(aq)\, a_x^5 = q^2 \cdot u;$$

führt man aber dies in (8) ein, so sieht man, dass auch

$$(qr)\, q \cdot u, \quad (qs)\, q \cdot u$$

noch den Factor q^2, also u nochmals den Factor q enthalten muss, dass also

$$(aq)\, a_x^5 = q^3 \cdot v.$$

Es folgt hieraus, dass $(aq)^4\, a_x^2 = 0$; es ist also q ein dreifacher Factor von f,

$$f = q^3 \cdot w,$$

und man hat den Satz:

> Wenn l, m, n einen gemeinsamen linearen Factor haben, während die andern linearen Factoren von l und m weder Null noch bis auf eine Constante gleich sind, so hat i denselben Factor doppelt und f dreifach.

Dieser Satz lässt sich umkehren:

> Hat f einen dreifachen Factor, so hat i denselben doppelt, l, m, n haben ihn einfach.

Sei nämlich x dieser Factor, y die zweite Veränderliche; dann ist

$$i = \frac{2}{360^2}\left\{\frac{\partial^4 f}{\partial x^4}\frac{\partial^4 f}{\partial y^4} - 4\frac{\partial^4 f}{\partial x^3 \partial y}\frac{\partial^4 f}{\partial x \partial y^3} + 3\left(\frac{\partial^4 f}{\partial x^2 \partial y^2}\right)^2\right\},$$

wo jedes der drei Glieder, also auch i, den Factor x^2 enthält; sodann wird

$$l = \frac{1}{12 \cdot 60}\left\{\frac{\partial^4 f}{\partial x^4}\frac{\partial^4 i}{\partial y^4} - 4\frac{\partial^4 f}{\partial x^3 \partial y}\frac{\partial^4 i}{\partial x \partial y^3} + 6\frac{\partial^4 f}{\partial x^2 \partial y^2}\frac{\partial^4 i}{\partial x^2 \partial y^2}\right.$$
$$\left. - 4\frac{\partial^4 f}{\partial x \partial y^3}\frac{\partial^4 i}{\partial x^3 \partial y} + \frac{\partial^4 f}{\partial y^4}\frac{\partial^4 i}{\partial x^4}\right\},$$

wo wieder jeder Term den Factor x hat; endlich

$$m = \frac{1}{24}\left\{\frac{\partial^2 i}{\partial x^2}\frac{\partial^2 l}{\partial y^2} - 2\frac{\partial^2 i}{\partial x \partial y}\frac{\partial^2 l}{\partial x \partial y} + \frac{\partial^2 i}{\partial y^2}\frac{\partial^2 l}{\partial x^2}\right\}$$
$$n = \frac{1}{24}\left\{\frac{\partial^2 i}{\partial x^2}\frac{\partial^2 m}{\partial y^2} - 2\frac{\partial^2 i}{\partial x \partial y}\frac{\partial^2 m}{\partial x \partial y} + \frac{\partial^2 i}{\partial y^2}\frac{\partial^2 m}{\partial x^2}\right\},$$

wo jeder Term den Factor x hat.

2) Ich komme jetzt zweitens zur Charakterisirung des Falles, wo m von l nur um eine Constante verschieden ist,

$$(9) \qquad m = k\,l, \quad n = k^2\,l.$$

Doch setze ich m, also auch k, als von Null verschieden voraus; auch das Verschwinden von l würde wegen der Gleichung $m = (a\,l)^2\,a_x{}^4$ das von m sofort zur Folge haben, und ich nehme also auch l als von Null verschieden an.

Ich werde zunächst zeigen, dass l dann kein Quadrat sein kann. Es sei

$$(10) \qquad f = a_0 x_1^6 + 6a_1 x_1^5 x_2 + 15 a_2 x_1^4 x_2^2 + 20 a_3 x_1^3 x_2^3$$
$$+ 15 a_4 x_1^2 x_2^4 + 6 a_5 x_1 x_2^5 + a_6 x_2^6,$$

$$(11) \qquad i = \alpha_0 x_1^4 + 4\alpha_1 x_1^3 x_2 + 6\alpha_2 x_1^2 x_2^2 + 4\alpha_3 x_1 x_2^3 + \alpha_4 x_2^4,$$

wo

$$\alpha_0 = 2\,(a_0 a_4 - 4\,a_1 a_3 + 3\,a_2^2)$$
$$\alpha_1 = (a_0 a_5 - 3\,a_1 a_4 + 2\,a_2 a_3)$$
$$(12) \qquad \alpha_2 = \tfrac{1}{3}\,(a_0 a_6 - 9\,a_2 a_4 + 8\,a_3^2)$$
$$\alpha_3 = (a_1 a_6 - 3\,a_2 a_5 + 2\,a_3 a_4)$$
$$\alpha_4 = 2\,(a_2 a_6 - 4\,a_3 a_5 + 3\,a_4^2).$$

Soll nun l ein Quadrat, also etwa

$$l = \mu\, x_1^2$$

sein, so wird

$$(13) \qquad m = (il)^2\,i_x{}^2 = \mu\,(\alpha_2 x_1^2 + 2\,\alpha_3 x_1 x_2 + \alpha_4 x_2^2),$$

und da dieser nur um einen Factor von l verschieden sein soll, so muss man haben:

(14) $$\alpha_3 = 0, \quad \alpha_4 = 0,$$

wenn nicht μ, also auch m und l verschwinden sollen.

Es hat also auch i den Factor x_1^2; denselben besitzt dann auch Δ, und der Ausdruck

$$(a\,l)^2\,a_x{}^4 = 2\,\Delta + \frac{A\,i}{3}.$$

Bildet man nun den Ausdruck links, so erhält man

$$\mu\,(a_2\,x_1^4 + 4\,a_3\,x_1^3\,x_2 + 6\,a_4\,x_1^2\,x_2^2 + 4\,a_5\,x_1\,x_2^3 + a_6\,x_2^4);$$

soll dieses den Factor x_1^2 haben, so müssen die Coefficienten $\mu\,a_5$, $\mu\,a_6$ verschwinden, oder, wenn l von Null verschieden sein soll:

(15) $$a_5 = 0, \quad a_6 = 0;$$

daher aus (12), (14):

(16) $$a_4 = 0.$$

Bildet man nun l durch die vierte Ueberschiebung von i mit f, so kommt

(17) $$l = -4\,\alpha_1\,a_3\,x_1^2 + 6\,\alpha_2\,(a_2\,x_1^2 + 2\,a_3\,x_1\,x_2),$$

und damit $l = x_1^2$ werde, müssen die Bedingungen stattfinden:

(18) $$-4\,\alpha_1\,a_3 + 6\,\alpha_2\,a_2 = \mu, \quad -12\,\alpha_2\,a_3 = 0.$$

Aus der letzten dieser Gleichungen folgt entweder $a_3 = 0$ oder $\alpha_2 = 0$; aber aus dem Ausdruck von α_2 in (12) folgt, dass eins das andere nach sich zieht, dass also zugleich

$$\alpha_2 = 0, \quad a_3 = 0,$$

was mit der ersten Gleichung (18) wiederum $\mu = 0$, also $l = 0$, $m = 0$ giebt.

Die Annahme, dass l ein Quadrat, ist also unmöglich, und man hat den Satz:

> Soll m von l nur um einen Factor verschieden sein, ohne zu verschwinden, so kann l kein Quadrat sein.

Wir können also jetzt

(19) $$l = 2\,x_1\,x_2$$

annehmen. Behalten wir Bezeichnung und Gang der obigen Untersuchung bei, so findet sich erstlich durch zweite Ueberschiebung von l mit i:

(20) $$m = -2\,(\alpha_1\,x_1^2 + 2\,\alpha_2\,x_1\,x_2 + \alpha_3\,x_2^2),$$

also, damit m von l nur um einen constanten Factor verschieden sei:

(21) $$\alpha_1 = 0, \quad \alpha_3 = 0.$$

Es enthält also i nur gerade Potenzen, daher ebenso Δ, und deswegen auch die Covariante $(a\,l)^2\,a_x{}^4$. Bilden wir diese, so findet sich

$$(a\,l)^2\,a_x{}^4 = -\,2\,(a_1 x_1{}^4 + 4\,a_2 x_1{}^3 x_2 + 6\,a_3 x_1{}^2 x_2{}^2 + 4\,a_4 x_1 x_2{}^3 + a_5 x_2{}^4),$$

und man muss also haben:

$$(22) \qquad\qquad a_2 = 0, \quad a_4 = 0.$$

Bildet man endlich l durch vierte Ueberschiebung von i und f, so findet man

$$l = \alpha_0\,(2\,a_5 x_1 x_2 + a_6 x_2{}^2) + 12\,\alpha_2\,a_3\,x_1\,x_2 + \alpha_4\,(a_0 x_1{}^2 + 2\,a_1 x_1 x_2),$$

also indem man dies mit der angenommenen Form von l vergleicht:

$$(23) \qquad \begin{aligned} &\alpha_0\,a_6 = 0, \quad \alpha_4\,a_0 = 0, \\ &\alpha_0\,a_5 + 6\,\alpha_2\,a_3 + \alpha_4\,a_1 = 1. \end{aligned}$$

Hieraus ergeben sich folgende zu unterscheidende Fälle:

$$\begin{aligned}
a)\ & \alpha_0 = 0, \quad \alpha_4 = 0, \quad 6\,\alpha_2\,a_3 && = 1. \\
b)\ & \alpha_0 = 0, \quad a_0 = 0, \quad 6\,\alpha_2\,a_3 + \quad \alpha_4\,a_1 && = 1. \\
c)\ & \alpha_4 = 0, \quad a_6 = 0, \quad \alpha_0\,a_5 + 6\,\alpha_2\,a_3 && = 1. \\
d)\ & a_0 = 0, \quad a_6 = 0, \quad \alpha_0\,a_5 + 6\,\alpha_2\,a_3 + \alpha_4\,a_1 = 1.
\end{aligned}$$

$a)$ In diesem Falle verschwinden alle Coefficienten von i bis auf den mittleren, und da ausserdem nach (22) a_2 und a_4 verschwinden, so wird dies nach (12) ausgedrückt durch die Gleichungen:

$$a_1\,a_3 = 0, \quad a_0\,a_5 = 0, \quad a_1\,a_6 = 0, \quad a_3\,a_5 = 0,$$

während $\alpha_2 = \tfrac{8}{3}\,a_3{}^2$ von Null verschieden ist. Es kann daher a_3 nicht Null sein, folglich verschwinden a_1 und a_5, und man hat:

$$(24) \qquad \begin{aligned} f &= a_0\,x_1{}^6 + 20\,a_3\,x_1{}^3 x_2{}^3 + a_6\,x_2{}^6. \\ i &= 16\,a_3{}^2\,x_1{}^2\,x_2{}^2 \\ l &= 32\,a_3{}^3\,x_1\,x_2. \end{aligned}$$

$b)$ Die Gleichungen $\alpha_0 = 0$, $\alpha_1 = 0$, $\alpha_3 = 0$, $a_0 = 0$, $a_2 = 0$, $a_4 = 0$ geben nach (12):

$$a_1\,a_3 = 0, \quad a_1\,a_6 = 0, \quad \alpha_2 = \tfrac{8}{3}\,a_3{}^2, \quad \alpha_4 = -\,8\,a_3\,a_5.$$

Wäre nun nicht $a_1 = 0$, so müsste a_3 verschwinden, also auch α_2, α_4, und i würde identisch Null. Es muss also $a_1 = 0$ sein, daher f einen dreifachen linearen Factor besitzen, was auf den Fall 1) zurückführt, indem nur der besondere (in der Umkehrung des Satzes dort bereits vorgesehene) Fall eintritt, dass l und m mehr als ei n e n linearen Factor gemein haben.

$c)$ Dieser Fall entsteht aus dem vorigen durch blose Vertauschung von x_1, x_2.

d) In diesem Falle verschwinden alle Coefficienten von f, welche einen geraden Index haben, und die Gleichungen $\alpha_1 = 0$, $\alpha_3 = 0$ sind von selbst erfüllt. Man hat:

$$
\begin{aligned}
f &= 2\,x_1\,x_2\,\{3\,a_1\,x_1{}^4 + 10\,a_3\,x_1{}^2 x_2{}^2 + 3\,a_5\,x_2{}^4\} \\
i &= -\,8\,a_3\,\{a_1\,x_1{}^4 - 2\,a_3\,x_1{}^2 x_2{}^2 + a_5\,x_2{}^4\} \\
l &= 32\,a_3\,(a_3{}^2 - a_1\,a_5)\,x_1\,x_2. \;\text{—}
\end{aligned}
$$
(25)

Man kann die Resultate dieser Untersuchung in folgendem Satze aussprechen:

> Ist m von l nur um einen constanten Factor verschieden, und besitzt $f = 0$ keine dreifache Wurzel, so ist
>
> entweder i von dem Quadrate von l nur um einen constanten Factor verschieden, und f wird durch Einführung der Factoren von l in eine quadratische Function ihrer Cuben verwandelt*;
>
> oder i ist eine biquadratische Form, für welche l eine der aus Spaltung ihrer Covariante T hervorgehenden irrationalen Covarianten, und f ist das Product von l mit einer linearen Combination der Form i und ihrer biquadratischen Covariante:

$$
f = l\,(\varkappa\,i + \lambda\,\Delta). \quad **
$$

Untersuchen wir die Umkehrungen dieser Sätze. Die Umkehrung des ersten lehren die Gleichungen (24):

> Ist f durch lineare Substitution als quadratische Form zweier Cuben darstellbar, so ist i Null oder das Quadrat der Producte der Wurzeln beider Cuben, und l Null oder bis auf eine Constante diesem Producte selbst gleich.

Was den zweiten angeht, so sind nur noch die Fälle zu untersuchen, in denen eine Form vierten Grades nicht auf die Form $p_0\,x_1{}^4 + 6\,p_1\,x_1{}^2 x_2{}^2 + p_2\,x_2{}^4$ gebracht werden kann, während eine ihrer irrationalen quadratischen Covarianten $2\,x_1\,x_2$ wird. Im Allgemeinen ist dies immer möglich, und man kann, wenn man durch τ eine solche

---

* Geometrisch: Die sechs f repräsentirenden Punkte zerfallen in zwei Gruppen zu drei, und die Punkte jeder Gruppe sind in Bezug auf dasselbe feste Punktepaar ($l = 0$) cyclisch-projectivisch.

** Geometrisch: Die sechs f repräsentirenden Punkte zerfallen in drei Paare, deren eines ($l = 0$) zu jedem der beiden anderen harmonisch ist.

irrationale Covariante einer quadratischen Form φ bezeichnet, den Gleichungen (25) die Deutung geben, es sei $f = \tau\varphi$, und zugleich $i = \varkappa\varphi + \lambda H_\varphi$, $l = \mu \cdot \tau$.

Hat nun zunächst $\varphi = 0$ zwei gleiche Wurzeln, so kann man nach § 48. dem Ausdrucke φ die Form geben:

$$\varphi = p\, x_1^4 + 6\, q\, x_1^2 x_2^2,$$

und die quadratischen Factoren von T werden $x_1 x_2$ und x_1^2. Der erste Fall ist im Obigen enthalten; im andern hat f die Form

$$f = \tau \cdot \varphi = a_0\, x_1^6 + 15\, a_2\, x_1^4 x_2^2,$$

daher

$$i = 6\, a_2^2\, x_1^4, \quad l = 0,$$

wo i wieder unter die Form $\varkappa\varphi + \lambda H_\varphi$ fällt.

Hat φ zwei Paar gleicher Wurzeln, $\varphi = \tau^2$, so sind die irrationalen Covarianten theils Null, theils bis auf einen Zahlenfactor gleich τ, also kann man setzen:

$$f = \tau^3 = 6\, a_3\, x_1^3 x_2^3,$$

und hat:

$$i = 16\, a_3^2\, x_1^2 x_2^2, \quad l = \text{const. } x_1 x_2.$$

Hat φ eine dreifache Wurzel, $\varphi = 4\, x_1^3 x_2$, so führt H auf x_1^4, und die quadratischen irrationalen Covarianten sind sämmtlich bis auf numerische Factoren gleich x_1^2. Man muss also setzen:

$$f = \tau \cdot \varphi = 6\, a_1\, x_1^5 x_2,$$

und findet

$$i = 0, \quad l = 0.$$

Ist φ endlich ein Biquadrat, so sind alle Formen τ gleich Null; dieser Fall ist also nicht zu betrachten.

Man kann daher die Umkehrung für den zweiten Theil des Satzes folgendermassen aussprechen:

> Ist f das Product einer biquadratischen Form φ mit einer der irrationalen quadratischen Covarianten τ, die sich aus der Zerlegung von T_φ ergeben, so hat i die Form $\varkappa\varphi + \lambda H_\varphi$, l die Form $\mu\tau$, wo $\varkappa$, λ, μ auch Null sein können.

Die Auflösung der Gleichung $f = 0$ führt in diesem Falle auf die Lösung der biquadratischen Gleichung $\varphi = 0$ zurück. Aber die zu ihrer Lösung erforderliche cubische Gleichung reducirt sich hier auf eine quadratische und eine lineare, da von den drei Factoren von T_φ einer bereits bekannt ist, und die Lösung von $f = 0$ erfordert daher überhaupt nicht die Lösung von höheren als quadratischen Gleichungen.

§ 110. Ausnahmefälle, in welchen eine der Covarianten m, l, i verschwindet.

Die Untersuchungen des vorigen Paragraphen umfassen alle diejenigen Fälle, in welchen die typische Darstellung durch quadratische Covarianten unmöglich wird, ohne dass eine der Covarianten m, l, i verschwindet. Untersuchen wir nun den Charakter der Fälle, in denen dies eintritt. Beginnen wir mit der Untersuchung des Falles, wo m identisch verschwindet, wobei wir zunächst voraussetzen, dass l nicht Null sei. Wegen der Gleichung § 78. (2), in welcher m, q jetzt verschwinden, hat man nothwendig $C = 0$, daher, wenn man in der letzten Gleichung § 78. (9) $A_{lm} = 0$ setzt, auch $B = 0$. Damit aber verschwindet A_{ll} [§ 78. (9).], und l ist also ein Quadrat, i enthält einen dreifachen linearen Factor. In der Untersuchung des vorigen Paragraphen für den Fall, dass l ein Quadrat, wurde aber geschlossen, dass dann $l = 0$ sei, und man hat also den Satz:

> Wenn m identisch verschwindet, so verschwindet auch l.

Gehen wir also zu dem Falle $l = 0$ über und nehmen zunächst an, dass i nicht verschwinde. Nach der Gleichung

$$(a\,l)^2\,a_x{}^4 = 2\,\Delta + \frac{A\,i}{3}$$

ist dann

$$2\,\Delta + \frac{A\,i}{3} = 0,$$

also entweder i von Δ nur um einen Factor verschieden, daher i ein Quadrat, oder $A = 0$, $\Delta = 0$, also i ein Biquadrat, was nur ein besonderer Fall des ersten ist.

Unterscheiden wir also die Fälle:

1) $i = 6\,\alpha_2\,x_1{}^2\,x_2{}^2$
2) $i = \alpha_0\,x_1{}^4.$

1) Da $l = (a\,i)^4\,a_x{}^2$ hier verschwinden soll, so hat man

$$\alpha_2\,\{a_2 x_1{}^2 + 2\,a_3 x_1\,x_2 + a_4 x_2{}^2\} = 0,$$

also, da α_2 nicht verschwinden darf:

$$a_2 = 0, \quad a_3 = 0, \quad a_4 = 0.$$

Hierdurch reduciren sich die der Form von i wegen eintretenden Gleichungen

$$\alpha_0 = 0, \quad \alpha_1 = 0, \quad \alpha_3 = 0, \quad \alpha_4 = 0$$

auf:

$$a_0 a_5 = 0, \quad a_1 a_6 = 0,$$

während

$$\alpha_2 = \tfrac{1}{3} a_0 a_6$$

nicht verschwinden darf. Es bleibt also nur übrig:

$$a_1 = 0, \quad a_5 = 0,$$
$$f = a_0 x_1^6 + a_6 x_2^6.$$

Wenn $l = 0$ und i kein Biquadrat, so muss f sich aus zwei sechsten Potenzen linear zusammensetzen, und umgekehrt führt diese Form immer auf $l = 0$.*

2) In diesem Falle führt die Gleichung $l = (a\,i)^4\, a_x^2 = 0$ auf

$$0 = \alpha_4 \left(a_4 x_1^2 + 2 a_5 x_1 x_2 + a_6 x_2^2 \right),$$

also auf

$$a_4 = 0, \quad a_5 = 0, \quad a_6 = 0.$$

Zugleich müssen α_1, α_2, α_3, α_4 verschwinden, was die Bedingung giebt:

$$a_3 = 0.$$

Es wird also

$$f = a_0 x_1^6 + 6 a_1 x_1^5 x_2 + 15 a_2 x_1^4 x_2^2.$$

Wenn l verschwindet und i ein Biquadrat ist, so hat f einen vierfachen linearen Factor und umgekehrt.

Es bleibt nur noch der Fall zu behandeln, wo i identisch verschwindet. Dies tritt erstlich ein, wenn f eine sechste Potenz ist. Soll dieser Fall nicht eintreten, so hat es jedenfalls zwei verschiedene lineare Factoren, und indem man solche zwei durch x_1, x_2 bezeichnet, kann man $a_0 = 0$, $a_6 = 0$ annehmen. Die Gleichungen, welche das Verschwinden der α ausdrücken, werden dann

$$(1) \qquad \begin{aligned} 0 &= 3\, a_2^2 \ - 4\, a_1 a_3 & 0 &= 3\, a_4^2 \ - 4\, a_3 a \\ 0 &= 2\, a_2 a_3 - 3\, a_1 a_4 & 0 &= 2\, a_3 a_4 - 3\, a_2 a_5 \\ & & 0 &= 8\, a_3^2 - 9\, a_2 a_4. \end{aligned}$$

Man sieht aus denselben, dass, wenn $a_3 = 0$, auch a_2 und a_4 verschwinden und f die Form hat:

$$(2) \qquad f = 6\, x y \left(a_1 x_1^4 + a_4 x_2^4 \right).$$

Ist a_3 nicht Null, so findet man aus (1), dass dann alle anderen Coefficienten auch nicht verschwinden können; man kann sie also aus (1) bestimmen durch die Formeln:

---

* Geometrisch: Die sechs f repräsentirenden Punkte sind cyclisch-projectivisch.

$$a_3 = \frac{3\,a_4{}^2}{4\,a_5}, \quad a_2 = -\tfrac{1}{2}\frac{a_4{}^3}{a_5{}^2}, \quad a_1 = \tfrac{1}{4}\frac{a_4{}^4}{a_5{}^3},$$

und es wird daher

$$f = \frac{3}{2\,a_5{}^3} \cdot x_2\,(a_4 x_1 + a_5 x_2)\,\{(a_4 x_1 + a_5 x_2)^4 - a_5{}^4 x_2{}^4\},$$

was, wenn man eine lineare Transformation anwendet, wieder auf die Form (2) zurückkommt.

Die Gleichung (2) und die Form einer sechsten Potenz umfassen aber genau alle Formen, welche die Covariante T einer biquadratischen Grundform annehmen kann. Man kann also den Satz aussprechen:

> Die Bedingung, dass i verschwinde, ist identisch mit der Bedingung, dass f die Covariante sechster Ordnung einer biquadratischen Form sei.

Die Eigenschaften, welche die Form f in diesem Falle besitzt, werde ich im folgenden Paragraphen entwickeln.

§ 111. Untersuchung einer Form sechsten Grades, welche Covariante sechsten Grades einer biquadratischen Form ist.

Es entsteht hier die Aufgabe, wenn eine Form f gegeben ist, welche Covariante sechsten Grades einer biquadratischen Form werden kann, die biquadratische Form φ zu finden, deren Covariante T die gegebene Form ist. Diese Aufgabe ist nicht völlig bestimmt; denn genügt eine Form φ derselben, so genügt ihr auch noch die Form

$$c\,(\varkappa\varphi + \lambda\,H\varphi),$$

wenn $\varkappa$, λ beliebige Parameter bezeichnen und die Constante c nur passend als Function dieser Parameter bestimmt wird.

Ist zunächst f eine sechste Potenz, etwa $p_x{}^6$, so muss φ einen dreifachen Factor p_x haben, und es wird

$$\varphi = c \cdot p_x{}^3\,q_x,$$

eine Lösung, wo q eine beliebige lineare Form und c nur so zu bestimmen ist, dass die Covariante $T\varphi$ der gegebenen Form auch absolut gleich wird, nicht blos bis auf einen constanten Factor.

Ganz allgemein aber wird die Aufgabe gelöst durch die Formel, welche in § 42. zwischen der biquadratischen Form und ihrer Covarianten aufgestellt wurde, und welche, wenn φ die biquadratische Form ist, die Gestalt annimmt:

$$\varphi\,(x) \cdot H\varphi\,(y) - \varphi\,(y) \cdot H\varphi\,(x) = 4\,(xy)\,T_x{}^3\,T_y{}^3.$$

Setzt man in dieser Formel für T die gegebene Form f ein und betrachtet y_1, y_2 als constante Parameter, so giebt die Form

$$4\,(xy)\,c\,.\,a_x{}^3\,a_y{}^3$$

die allgemeinste lineare Combination von φ und H, und demnach die allgemeinste Lösung unserer Aufgabe, wenn man nur noch die Constante c gehörig bestimmt. Nach § 41. ist die Covariante T der Form

$$4\,c\,.\,(xy)\,T_x{}^3\,T_y{}^3 = c\,.\,[\varphi\,(x)\,H\varphi\,(y) - \varphi\,(y)\,H\varphi\,(x)]$$

gleich

$$c^3\,.\,T\,(x)\,.\,\Omega\,[H\varphi\,(y),\quad -\varphi\,(y)] = -\,2\,c^3\,T\,(x)\,T^2\,(y),$$

und also gleich $T\,(x)$, wenn

$$-\,2\,c^3\,.\,T^2\,(y) = -\,2\,c^3\,f^2\,(y) = 1$$

gesetzt wird. Die zu f gehörige allgemeinste biquadratische Form ist also

$$(1)\qquad\qquad \psi\,(x) = \frac{4\,(xy)\,.\,a_x{}^3\,a_y{}^3}{\sqrt[3]{-\,2\,f^2\,(y)}}\,.\,{-\!-}$$

Der hier vorliegende Fall ist unter den in diesem und dem vorigen Paragraphen behandelten auch dadurch ausgezeichnet, dass in ihm nicht sofort die Auflösung der Gleichung $f = 0$ sich darbietet, wie dies in allen anderen Fällen geschieht. Man kann nun die Lösung der Gleichung $f = 0$ an die Darstellung der zugehörigen Form vierter Ordnung anknüpfen, indem man die Lösung derselben verfolgt, also die zugehörige Form $H\psi$ bildet, und aus ψ und $H\psi$ die drei irrationalen quadratischen Covarianten von ψ zusammensetzt, welche denn nach der Theorie der biquadratischen Formen zugleich die Factoren von f sind.

Aber man kann zur Auflösung der Gleichung $f = 0$ in diesem Falle noch einen zweiten eleganteren Weg einschlagen, welcher auch zugleich auf eine zweite Darstellung der zu f gehörigen biquadratischen Form ψ führt, und welcher zugleich tiefer aus der Natur der Formen sechster Ordnung geschöpft ist.

Dieser zweite Weg, die Gleichung $f = 0$ in diesem Falle zu lösen, beruht auf folgenden Betrachtungen. Ich entwickle zuerst den Ausdruck für das Quadrat der zu f gehörigen Covariante zwölfter Ordnung T, welche aus der ersten Ueberschiebung von f mit H entsteht. Nach der Formel (10) des § 35. ist demnach:

$$(2)\quad T^2 = -\tfrac{1}{2}\,\{f^2\,(HH')^2\,H_x{}^6\,H'_x{}^6 - 2\,fH\,.\,(aH)^2\,a_x{}^4\,H_x{}^6 + H^3\}.$$

Die Darstellung der beiden Formen

$$(aH)^2\,a_x{}^4\,H_x{}^6,\quad (HH')^2\,H_x{}^6\,H'_x{}^6$$

erfordert etwas Rechnung. Nach den Formeln des § 8. hat man

$$(3)\qquad\begin{aligned}(ab)^2\,a_x{}^4\,b_x{}^2\,b_y{}^2 &= H_x{}^6\,H_y{}^2 + \tfrac{2}{7}\,i\,.\,(xy)^2\\ (cd)^2\,c_x{}^3\,d_x{}^3\,c_y\,d &= H_x{}^6\,H_y{}^2 - \tfrac{3}{14}\,i\,.\,(xy)^2.\end{aligned}$$

Setzt man in der zweiten dieser Formeln $y_1 = a_2$, $y_2 = -a_1$, so hat man:

$$(aH)^2 a_x^4 H_x^6 = \tfrac{3}{14} \, i f + (cd)^2 (ac)(ad) \, . \, c_x^3 d_x^3 a_x^4.$$

Der zweite Theil der rechten Seite verschwindet; denn wenn man darin a, c, d cyclisch vertauscht und die Summe aller entstandenen Ausdrücke bildet, erhält man

$$(cd)(ac)(ad) \, c_x^3 d_x^3 a_x^3 \{(cd) a_x + (da) c_x + (ac) d_x\} = 0.$$

Es ist also erstlich:

$$(4) \qquad\qquad (aH)^2 a_x^4 H_x^6 = \tfrac{3}{14} \, i f.$$

Schiebt man zweitens die beiden Ausdrücke (3) zweimal über einander, indem man sie als Functionen der y betrachtet, so ergiebt sich:

$$(5) \quad (HH')^2 H_x^6 H'_x{}^6 = (ab)^2 (cd)^2 (bc)(bd) a_x^4 b_x^2 c_x^3 d_x^3 - \tfrac{1}{14} \, i H.$$

Im ersten Theile der rechten Seite wendet man nun die Identität

$$3 \, (bc)(cd)(db) \, b_x c_x d_x = (bc)^3 d_x^3 + (cd)^3 b_x^3 + (db)^3 c_x^3$$

an, welche aus

$$(bc) d_x + (cd) b_x + (db) c_x = 0$$

durch Cubiren hervorgeht, und hat dann, indem man gleichwerthige Terme zusammenzieht:

$$(6) \quad (HH')^2 H_x^6 H'_x{}^6 = -\tfrac{1}{3} \{2 \, (ab)^2 (cd)(bc)^3 a_x^4 b_x c_x^2 d_x^5$$
$$+ (ab)^2 (cd)^4 a_x^4 b_x^4 c_x^2 d_x^2\} - \frac{iH}{14}$$
$$= -\tfrac{2}{3} M - \tfrac{17}{42} \, i H,$$

wo

$$M = (ab)^2 (cd)(bc)^3 a_x^4 b_x c_x^2 d_x^5.$$

In M vertauscht man b mit c, addirt den neuen Ausdruck zum vorigen und dividirt durch 2. Dann wird:

$$M = \tfrac{1}{2} (bc)^3 a_x^4 b_x c_x d_x^5 \{(ab)^2 (cd) c_x - (ac)^2 (bd) b_x\},$$

oder wenn man im ersten Theile rechts

$$(ab) c_x = (ac) b_x - (bc) a_x$$

setzt:

$$= \tfrac{1}{2} (bc)^3 a_x^4 b_x c_x d_x^5 \{(ac) b_x [(ab)(cd) - (ac)(bd)] - (ab)(cd)(bc) a_x\}$$
$$= -\tfrac{1}{2} (bc)^4 a_x^4 b_x c_x d_x^5 \{(ac)(ad \, b_x + (ab)(cd) a_x\}$$
$$= -\tfrac{1}{2} (P + Q),$$

wo

$$P = (bc)^4 (ac)(ad) a_x^4 b_x^2 c_x d_x^5$$
$$Q = (bc)^4 (ab)(cd) a_x^5 b_x c_x d_x^5.$$

In P kann man das Symbol von

$$i = (bc)^4 \, b_x^2 \, c_x^2$$

einführen und erhält

$$P = a_x^4 \, d_x^5 \, (ai) \, (ad) \, i_x^3$$
$$= \tfrac{1}{2} a_x^4 \, d_x^4 \, (ad) \, [(ai) \, d_x - (di) \, a_x] \, i_x^3 = \tfrac{1}{2} H i.$$

Um Q zu bilden, geht man von der aus den Gleichungen des § 8. folgenden Formel aus:

$$(bc)^4 \, b_x \, b_y \, c_x \, c_y = i_x^2 \, i_y^2 - \tfrac{1}{6} A \cdot (xy)^2,$$

verwandelt sie zunächst in

$$(bc)^4 \, b_x \, c_x \, b_y \, c_z = i_x^2 \, i_y \, i_z - \tfrac{1}{6} A \, (xy) \, (xz),$$

und setzt dann $y_1 = a_2$, $y_2 = -a_1$, $z_1 = d_2$, $z_2 = -d_1$. Man erhält dann:

$$Q = -i_x^2 \, (ia) \, (id) \, a_x^5 \, d_x^5 + \tfrac{1}{6} A f^2$$
$$= \tfrac{1}{6} A f^2 - \tfrac{1}{2} i_x^2 \, a_x^4 \, d_x^4 \, \{(ia)^2 \, d_x^2 + (id)^2 \, a_x^2 - (ad)^2 \, i_x^2\}$$
$$= \tfrac{1}{6} A f^2 - p f + \tfrac{1}{2} H i.$$

Demnach hat man nun:

$$M = -\frac{A f^2}{12} + \frac{p f}{2} - \frac{H i}{2},$$

und also aus (6) den gesuchten Ausdruck:

$$(7) \qquad (HH')^2 \, H_x^6 \, H'^6_x = \tfrac{1}{18} A f^2 - \tfrac{1}{3} p f - \tfrac{1}{14} i H.$$

Die Gleichung (4) aber verwandelt sich mit Hilfe von (4) und (7) in die Relation:

$$(8) \qquad T^2 = -\tfrac{1}{2} \{ \tfrac{1}{18} A f^4 - \tfrac{1}{3} p f^3 - \tfrac{1}{2} i H f^2 + H^3 \}$$

In dem vorliegenden Falle nun, wo i identisch verschwindet, wird damit auch $p = (ai)^2 \, i_x^2 \, a_x^4$ identisch Null, und es bleibt also die Gleichung:

$$(9) \qquad T^2 + \frac{A f^4}{36} = -\tfrac{1}{2} H^3.$$

Da nun, wie leicht zu sehen, hier f, H und T keinen Factor gemein haben, so folgt, dass die beiden Factoren der linken Seite

$$T + \frac{f^2 \sqrt{-A}}{6}, \quad T - \frac{f^2 \sqrt{-A}}{6}$$

vollständige Cuben biquadratischer Formen sein müssen; man kann also solche biquadratische Ausdrücke u, v bestimmen, dass

$$(10) \qquad \begin{aligned} T + \tfrac{1}{6} f^2 \sqrt{-A} &= 2 u^3 \\ T - \tfrac{1}{6} f^2 \sqrt{-A} &= 2 v^3 \\ H &= -2 u v. \end{aligned}$$

Auch u und v können keinen Factor gemein haben, da T und f keinen gemeinschaftlichen Factor besitzen; bildet man also die Gleichung

$$\tfrac{1}{6} f^2 \sqrt{-A} = u^3 - v^3$$
$$= (u-v)(u-\varepsilon v)(u-\varepsilon^2 v),$$

so folgt, dass die biquadratischen Formen

$$u-v, \quad u-\varepsilon v, \quad u-\varepsilon^2 v$$

die Quadrate von quadratischen Formen, den Factoren von f sind. Man kann daher die Lösung der Gleichung $f=0$ in folgenden Satz zusammenfassen, indem man die Werthe von u und v aus (10) einführt:

Die Form f zerfällt (abgesehen von einem constanten Factor) in die drei quadratischen Factoren, welche man aus dem Ausdrucke

$$\sqrt{\bigg\{\sqrt[3]{T+\tfrac{1}{6}f^2\sqrt{-A}} - \varepsilon\sqrt[3]{T-\tfrac{1}{6}f^2\sqrt{-A}}\bigg\}}$$

erhält, wenn man darin für ε die drei dritten Wurzeln der Einheit setzt.

§ 112. Typische Darstellung der Form sechster Ordnung, wenn R nicht verschwindet.

Ich gehe jetzt dazu über, die typische Darstellung für diejenigen Fälle zu entwickeln, in denen sie möglich ist. Dabei sind zwei Fälle zu unterscheiden, je nachdem R von Null verschieden ist oder nicht. Beginnen wir mit ersterem.

Wenn R nicht verschwindet, so kann man in den Formeln des §103. L, M, N durch l, m, n ersetzen; der dort durch D bezeichnete Nenner wird gleich R, und indem man die Bezeichnungen

$$\begin{aligned}
\lambda &= (mn)\, m_x\, n_x\\
\mu &= (nl)\, n_x\, l_x\\
\nu &= (lm)\, l_x\, m_x
\end{aligned} \tag{1}$$

beibehält, wird nach § 103. (15):

$$R^3 f = a_{111}\lambda^3 + 3a_{112}\lambda^2\mu + 3a_{113}\lambda^2\nu + 3a_{122}\lambda\mu^2 + 6a_{123}\lambda\mu\nu$$
$$+ 3a_{133}\lambda\nu^2 + a_{222}\mu^3 + 3a_{223}\mu^2\nu + 3a_{233}\mu\nu^2 + a_{333}\nu^3, \tag{2}$$

wo die Coefficienten durch die symbolischen Gleichungen

$$\begin{aligned}
a_{111} &= (al)^2(al')^2(al'')^2 & a_{222} &= (am)^2(am')^2(am'')^2\\
a_{112} &= (al)^2(al')^2(am^2) & a_{223} &= (am)^2(am')^2(an)^2\\
a_{113} &= (al)^2(al')^2(an)^2 & a_{221} &= (am)^2(am')^2(al)^2
\end{aligned}$$
$$\begin{aligned}
a_{333} &= (an)^2(an')^2(an'')^2\\
a_{331} &= (an)^2(an')^2(al)^2\\
a_{332} &= (an)^2(an')^2(am)^2\\
a_{123} &= (al)^2(am)^2(an)^2
\end{aligned} \tag{3}$$

definirt sind, und l, m, n mit λ, μ, ν durch die Gleichungen zusammenhängen [vgl. § 58. (7), (11)]:

$$
\begin{aligned}
Rl &= A_{ll}\,\lambda + A_{lm}\,\mu + A_{ln}\,\nu \\
Rm &= A_{ml}\,\lambda + A_{mm}\,\mu + A_{mn}\,\nu \\
Rn &= A_{nl}\,\lambda + A_{nm}\,\mu + A_{nn}\,\nu \\
& l\,\lambda + m\,\mu + n\,\nu = 0.
\end{aligned}
$$

(4)

Um die Coefficienten a_{ikh} zu berechnen, gehe ich von den Ausdrücken der drei Covarianten

$$(al)^2\, a_x{}^4, \quad (am)^2\, a_x{}^4, \quad (an)^2\, a_x{}^4$$

aus.   Nach § 109. (6), (7) hat man

(5)
$$
\begin{aligned}
(al)^2\, a_x{}^4 &= 2\,\Delta + \frac{Ai}{3} \\
(am)^2\, a_x{}^4 &= \frac{Bi + A\Delta}{3} + \tfrac{1}{2}\, l^2.
\end{aligned}
$$

Um den Ausdruck der dritten Covariante zu finden, schiebe ich zunächst i zweimal über die zweite Gleichung (5) und erhalte links die Form $(am)^2\,(ai)^2\,i_x{}^2\,a_x{}^2$; rechts wird aus i jetzt Δ, aus Δ wird [vgl. § 40. (8)] $\frac{Bi}{6}$; endlich ist, wenn $l^2 = \varphi_x{}^4$ gesetzt wird, nach § 8.:

$$l_x{}^2\, l'_y{}^2 = \varphi_x{}^2\, \varphi_y{}^2 + \tfrac{1}{3}\, A_{ll}\,(xy)^2,$$

und daher die zweite Ueberschiebung von i über l^2:

$$(\varphi i)^2\, i_x{}^2\, \varphi_x{}^2 = (il)^2\, i_x{}^2 . l - \tfrac{1}{3}\, A_{ll} . i = m\,l - \tfrac{1}{3}\, A_{ll}\, i.$$

Daher ist endlich

$$(am)^2\,(ai)^2\, a_x{}^2\, i_x{}^2 = \frac{B\Delta}{3} + \frac{ABi}{18} + \frac{ml}{2} - \tfrac{1}{6}\, A_{ll}\, i,$$

oder wenn man für A_{ll} seinen Werth aus § 78. einführt:

(6)
$$(am)^2(ai)^2\, a_x{}^2\, i_x{}^2 = \frac{B\Delta - Ci}{3} + \frac{ml}{2}.$$

Der gesuchte Ausdruck ist

$$(an)^2\, a_x{}^4 = (ai)^2\,(im)^2\, a_x{}^4;$$

also wenn man hiervon die Gleichung (6) abzieht:

$$(an)^2\, a_x{}^4 = \frac{B\Delta - Ci}{3} + \frac{ml}{2} + (ai)^2\, a_x{}^2\, \{(im)^2\, a_x{}^2 - (am)^2\, i_x{}^2\}.$$

Der letzte Theil rechts ist gleich:

$$(ai)^3\, a_x{}^2\, m_x\, \{(mi)\, a_x + (ma)\, i_x\}.$$

Aber wegen der identischen Gleichung (§ 76., Satz 1.)

$$(a\,i)^3\,a_x^3\,i_x = 0$$

ist auch, indem man dies einmal über i schiebt:

$$(a\,i)^3\,[a_x^3\,(m\,i) + 3\,a_x^2\,(m\,a)\,i_x]\,m_x = 0,$$

und man kann daher für obigen Ausdruck setzen:

$$\tfrac{1}{2}\,(a\,i)^3\,m_x\,a_x^2\,\{(m\,i)\,a_x \dot{-} (m\,a)\,i_x\} = \tfrac{1}{2}\,(a\,i)^4\,a_x^2\,m_x^2 = \frac{m\,l}{2}.$$

Daher wird nun:

$$(a\,n)^2\,a_x^4 = \frac{B\,\Delta - C\,i}{3} + m\,l$$

und man hat also die drei analogen Darstellungen:

$$(a\,l)^2\,a_x^4 = 2\,\Delta + \frac{A\,i}{3}$$

$$(7)\qquad (a\,m)^2\,a_x^4 = \frac{B\,i + A\,\Delta}{3} + \tfrac{1}{2}\,l^2$$

$$(a\,n)^2\,a_x^4 = \frac{B\,\Delta - C\,i}{3} + m\,l.$$

Um diese Formeln anwenden zu können, bildet man ihre zweiten Polaren. Es ist nach einer oft angewandten Formel:

$$(8)\qquad \Delta_x^2\,\Delta_y^2 = (i\,i')^2\,i_x^2\,i'_y{}^2 - \tfrac{1}{3}\,B\,.\,(xy)^2,$$

ferner nach dem Obigen, wenn $\varphi_x^4 = l^2$:

$$(9)\qquad \varphi_x^2\,\varphi_y^2 = l_x^2\,l'_y{}^2 - \tfrac{1}{3}\,A_{ll}\,(xy)^2,$$

endlich wenn man diese für jede quadratische Form l giltige Formel nach den Coefficienten von l differenzirt und mit denen von m multiplicirt und $\psi = m\,l$ setzt:

$$(10)\qquad \psi_x^2\,\psi_y^2 = \tfrac{1}{2}\,(m_x^2\,l_y^2 + m_y^2\,l_x^2) - \tfrac{1}{3}\,A_{ml}\,(xy)^2.$$

Die Gleichungen (7) führen daher mit Hilfe von (8), (9), (10) auf die Gleichungen:

$$(a\,l)^2\,a_x^2\,a_y^2 = 2\,(i\,i')^2\,i_x^2\,i'_y{}^2 - \tfrac{2}{3}\,B\,(xy)^2 + \tfrac{1}{3}\,A\,.\,i_x^2\,i_y^2$$

$$(a\,m)^2\,a_x^2\,a_y^2 = \frac{B}{3}\,i_x^2\,i_y^2 + \frac{A}{3}\,(i\,i')^2\,i_x^2\,i'_y{}^2 - \frac{A\,B}{9}\,(xy)^2$$

$$(11)\qquad\qquad\qquad + \tfrac{1}{2}\,l_x^2\,l'_y{}^2 - \tfrac{1}{6}\,A_{ll}\,(xy)^2$$

$$(a\,n)^2\,a_x^2\,a_y^2 = \frac{B}{3}\,(i\,i')^2\,i_x^2\,i'_y{}^2 - \frac{B^2}{9}\,(xy)^2 - \frac{C}{3}\,i_x^2\,i_y^2$$

$$\qquad\qquad + \tfrac{1}{2}\,(m_x^2\,l_y^2 + m_y^2\,l_x^2) - \tfrac{1}{3}\,A_{ml}\,(xy)^2.$$

Setzt man hierin statt x_1 und $-x_2$, statt y_1 und $-y_2$ in allen Combinationen die Werthepaare l_1, l_2; m_1, m_2; n_1, n_2, so findet man die gesuchten zehn Coefficienten. Doch ist es zweckmässiger, zunächst nur für die y jene Werthe zu setzen, und auf diese Weise zunächst die Formeln abzuleiten, welche die sechs quadratischen Covarianten

$$(a\,l)^2\,(a\,l')^2\,a_x{}^2,\ (a\,l)^2\,(a\,m)^2\,a_x{}^2\ \text{etc.}$$

(und zwar ohne Nenner) linear durch l, m, n ausdrücken. Man hat dann nur zu beachten, dass

$$
\begin{aligned}
(i\,l)^2\,i_x{}^2 &= m,\\
(i\,l)^2\,(i\,i')^2\,i'_x{}^2 &= i_x{}^2\,(i\,m)^2 = n,\\
(i\,m)^2\,(i\,i')^2\,i'_x{}^2 &= i_x{}^2\,(i\,n)^2 = q = \tfrac{1}{2}\,B\,m + \tfrac{1}{3}\,C\,l \qquad [\S\,78.\ (2)]\\
(i\,n)^2\,(i\,i')^2\,i'_x{}^2 &= i_x{}^2\,(i\,q)^2 = \tfrac{1}{2}\,B\,n + \tfrac{1}{3}\,C\,m,
\end{aligned}
$$

sowie dass

$$A_{ll} = 2\,C + \frac{A\,B}{3}, \quad A_{ml} = \tfrac{2}{3}\,(B^2 + A\,C), \quad A_{mm} = A_{nl} = D,$$

$$A_{mn} = \frac{B^3}{3} + \frac{2\,C^2}{3} + \frac{4\,A\,B\,C}{9}.$$

Auf diese Weise erhält man:

$$(a\,l)^2\,(a\,l')^2\,a_x{}^2 = -\frac{2\,B}{3}\,l + \frac{A}{3}\,m + 2\,n$$

$$(a\,l)^2\,(a\,m)^2\,a_x{}^2 = \frac{2\,C}{3}\,l + \frac{B}{3}\,m + \frac{A}{3}\,n$$

$$(a\,l)^2\,(a\,n)^2\,a_x{}^2 = \frac{A\,C}{9}\,l + \Big(\frac{2\,C}{3} + \frac{A\,B}{6}\Big)\,m + \frac{B}{3}\,n$$

$$(12)\quad (a\,m)^2\,(a\,m')^2\,a_x{}^2 = \Big(\frac{B^2}{3} + \frac{4\,A\,C}{9}\Big)\,l - \frac{C}{3}\,m + \frac{B}{3}\,n$$

$$(a\,m)^2\,(a\,n)^2\,a_x{}^2 = \Big(\frac{B\,C}{9} + \frac{D}{2}\Big)\,l + \Big(\frac{B^2}{6} + \frac{A\,C}{9}\Big)\,m - \frac{C}{3}\,n$$

$$(a\,n)^2\,(a\,n')^2\,a_x{}^2 = \Big(\frac{2\,C^2}{9} + \frac{B^3}{6} + \frac{2\,A\,B\,C}{9}\Big)\,l + \Big(\frac{D}{2} - \frac{B\,C}{18}\Big)\,m$$
$$\qquad\qquad - \Big(\frac{B^2}{6} + \frac{2\,A\,C}{9}\Big)\,n.$$

Es ist sehr leicht, hieraus die Coefficienten a_{ikh} abzuleiten. In der That aber genügen die Ausdrücke (12) selbst bereits vollkommen für die typische Darstellung. Denn multiplicirt man dieselben der Reihe nach mit

$$\lambda^2,\quad 2\,\lambda\mu,\quad 2\,\lambda\nu,\quad \mu^2,\quad 2\,\mu\nu,\quad \nu^2$$

und addirt, so erhält man rechts

$$a_x{}^2\,[(a\,l)^2\,\lambda + (a\,m)^2\,\mu + (a\,n)^2\,\nu]\cdot[(a\,l')^2\,\lambda + (a\,m')\,\mu^2 + (a\,n')^2\,\nu],$$

was nach § 58. (10) gleich $R^2 . a_x^6 = R^2 . f$ ist. Bezeichnet man also die sechs in l, m, n linearen Ausdrücke (12) durch

$$\varphi_{ll}, \quad \varphi_{lm}, \quad \varphi_{ln}, \quad \varphi_{mm}, \quad \varphi_{mn}, \quad \varphi_{nn},$$

so ist

$$(13) \quad R^2 . f = \varphi_{ll}\, \lambda^2 + 2\, \varphi_{lm}\, \lambda\mu + 2\, \varphi_{ln}\, l\nu + \varphi_{mm}\, \mu^2 + 2\, \varphi_{mn}\, \mu\nu + \varphi_{nn}\, \nu^2;$$

und es tritt auch ein weiterer Nenner nicht auf, wenn man λ, μ, ν durch l, m, n ausdrückt, da die Quadrate und Producte von λ, μ, ν durch l, m, n ohne Nenner darstellbar sind, wie die Formel (3) des § 58. lehrt. Mit Bezug auf diese Formel kann man die Gleichung (13) durch den folgenden Satz ersetzen:

Man erhält $R^2 . f$ durch l, m, n ausgedrückt, wenn man in dem Ausdrucke

$$ -\tfrac{1}{2} \begin{vmatrix} A_{ll} & A_{lm} & A_{ln} & l & u \\ A_{ml} & A_{mm} & A_{mn} & m & v \\ A_{nl} & A_{nm} & A_{nn} & n & w \\ l & m & n & 0 & 0 \\ u & v & w & 0 & 0 \end{vmatrix} $$

die Quadrate und Producte der u, v, w durch die sechs Ausdrücke (12) ersetzt.

§ 113. Fall, wo R verschwindet.

Wenn $R = 0$, so kann man $A_{ll} A_{mm} - A^2_{ml}$ als von Null verschieden voraussetzen; denn wenn jener Ausdruck, die Resultante von m und l, zugleich mit R verschwindet, so haben nach § 109. die Formen l, m, n einen gemeinsamen Factor, wenn nicht selbst eine oder mehrere von ihnen identisch verschwinden, Fälle, in welchen eine solche typische Darstellung nicht mehr möglich wird.

Setzen wir also $R = 0$, aber $A_{ll} A_{mm} - A^2_{ml}$ als von Null verschieden voraus, und führen daher als Grundlage der typischen Darstellung die Covarianten l, m und

$$\nu = (l\,m)\, l_x\, m_x$$

ein. Nach § 104. (3) wird der typische Ausdruck von f dann:

$$(A_{ll} A_{mm} - A^2_{lm})^3 . f =$$
$$(1) \quad \prod_{i=1}^{i=3} \{(a\, l^{(i)})^2\, (l\, A_{mm} - m\, A_{lm}) + (a\, m^{(i)})^2\, (m\, A_{ll} - l\, A_{ml}) + 2\, (a\, \nu^{(i)})^2\, \nu\},$$

während

$$(2) \qquad \nu^2 = -\tfrac{1}{2}\{A_{mm}\, l^2 - 2\, A_{ml}\, m\, l + A_{ll}\, m^2\}.$$

Bemerken wir nun, dass die beiden Seiten der Gleichung (1) von ungeradem Grade sind, ebenso wie l, m, während ν von geradem

Grade ist. Daher müssen die Coefficienten von $l^2 v$, lmv, $m^2 v$, v^3 nothwendig Invarianten ungeraden Grades sein. Aber unter den Fundamentalinvarianten ist nur eine von ungeradem Gerade, nämlich R. Jene Coefficienten müssen also R als Factor besitzen, mithin in dem vorliegenden Falle verschwinden. Und so kann man an Stelle der Gleichung (1) die folgende setzen, in welcher der Werth von v^2, sowie der entsprechende aus (2) folgende Werth von $(av)^2 (av')^2$ bereits eingetragen ist:

$$(3) \qquad (A_{ll} A_{mm} - A^2_{lm})^3 \cdot f$$

$$= \prod_{i=1}^{i=3} \{ (a l^{(i)})^2 (l A_{mm} - m A_{lm}) + (a m^{(i)})^2 (m A_{ll} - l A_{ml}) \}$$

$$+ 3 \{ A_{mm} l^2 - 2 A_{ml} ml + A_{ll} m^2 \}$$

$$\cdot \{ A_{mm} (al)(al')^2 - 2 A_{ml} (al)^3 (am)^2 + A_{ll} (am)^2 (am')^2 \}$$

$$\cdot \{ (al'')^2 (l A_{mm} - m A_{lm}) + (a m'')^2 (m A_{ll} - l A_{ml}) \}.$$

Diese Gleichung zeigt erstlich, dass in diesem Falle f eine cubische Form von l und m allein ist; zweitens, dass in den Coefficienten nur noch die vier Ausdrücke zu bestimmen bleiben, welche aus symbolischen Factoren $(a l^{(i)})^2$, $(a m^{(i)})^2$ zusammengesetzt sind, und welche im vorigen Paragraphen durch

$$a_{111}, \quad a_{112}, \quad a_{122}, \quad a_{222}$$

bezeichnet wurden. Man erhält dieselben aus den Gleichungen (12) des vorigen Paragraphen:

$$a_{111} = - \frac{2B}{3} A_{ll} + \frac{A}{3} A_{lm} + 2 A_{ln}$$

$$a_{112} = - \frac{2B}{3} A_{ml} + \frac{A}{3} A_{mm} + 2 A_{mn}$$

$$= \frac{2C}{3} A_{ll} + \frac{B}{3} A_{lm} + \frac{A}{3} A_{ln}$$

$$a_{122} = \frac{2C}{3} A_{ml} + \frac{B}{3} A_{mm} + \frac{A}{3} A_{mn}$$

$$= \left(\frac{B^2}{3} + \frac{4AC}{9} \right) A_{ll} - \frac{C}{3} A_{lm} + \frac{B}{3} A_{ln}$$

$$a_{222} = \left(\frac{B^2}{3} + \frac{4AC}{9} \right) A_{ml} - \frac{C}{3} A_{mm} + \frac{B}{3} A_{mn}.$$

Der zuerst erwähnte Umstand giebt die Lösung der Gleichung sechster Ordnung $f = 0$, wenn ihre Invariante R verschwindet. Bezeichnen wir den rechten Theil der Gleichung (3) durch $\varphi(l, m)$, so können wir folgenden Satz aussprechen:

Die Gleichung $f = 0$ ist algebraisch lösbar, sobald ihre Invariante R verschwindet, und zwar geht sie dann durch die Substitution

$$(4) \qquad\qquad z = \frac{m}{l}$$

in die cubische Gleichung

$$\varphi\,(1,\,z) = 0$$

über.

Hat man diese Gleichung gelöst, so bestimmt jeder Werth von z zwei Werthsysteme x_1, x_2. Man findet diese, indem man die Gleichung (2) zu Hilfe nimmt. Indem man in dieser $l = mz$ setzt, hat man nun die beiden Gleichungen

$$m - lz = 0$$
$$v - l\sqrt{-\tfrac{1}{2}(A_{mm} - 2\,A_{ml}z + A_{ll}\,z^2)} = 0,$$

aus welchen die Verhältnisse $x_1{}^2 : x_1 x_2 : x_2{}^2$ sich linear bestimmen. Die beiden verschiedenen Werthsysteme, welche demselben z zugehören, sind durch das Vorzeichen der Quadratwurzel unterschieden.

Die geometrische Bedeutung dieses Falles ist sehr einfach. Da l und m der Voraussetzung nach keinen gemeinschaftlichen Factor haben, so kann man nach § 57. zwei lineare Ausdrücke finden, aus deren Quadraten sich l und m linear zusammensetzen; es sind dies keine andern, als die Factoren von v. Aber dann gehen auch die drei linearen Factoren von $\varphi\,(l,\,m)$ in Aggregate derselben Quadrate über, und man kann sie durch

$$\varrho\, m^2 - \sigma\, l^2, \quad \varrho'\, m^2 - \sigma'\, l^2, \quad \varrho''\, m^2 - \sigma''\, l^2$$

darstellen. Mit andern Worten: die drei linearen Factoren von $\varphi\,(l,\,m)$ liefern Elementepaare einer Involution, und man hat den Satz:

> Wenn $R = 0$, ohne dass m, l einen linearen Factor gemein haben, so entsprechen der Gleichung $f = 0$ drei Elementepaare einer Involution.*

Dieser Satz lässt sich umkehren. Wenn die Wurzeln von $f = 0$ drei Elementepaaren einer Involution entsprechen, so braucht man nur die Doppelelemente der letzteren zu Grunde zu legen, um der Function f eine Form zu geben, in welcher alle Coefficienten ungerader Potenzen verschwinden. Dann enthält aber auch i nur gerade Potenzen, daher auch l, m, n. Es müssen also l, m, n die Formen annehmen:

$$l = l_1\,x_1{}^2 + l_2\,x_2{}^2$$
$$m = m_1\,x_1{}^2 + m_2\,x_2{}^2$$
$$n = n_1\,x_1{}^2 + n_2\,x_2{}^2,$$

und die Determinante R ihrer Coefficienten verschwindet also, wie zu beweisen war.

---

* Siehe Salmon, Lessons etc.

§ 114. Die Modulargleichung für die Transformation fünfter Ordnung der elliptischen Functionen.

In einem ganz andern Sinn, als bei dem Verschwinden von R, kann man diejenigen Gleichungen sechsten Grades als auflösbar bezeichnen, in welchen gleichzeitig die Invarianten A und C verschwinden. Diese lassen sich nämlich durch eine lineare Substitution in die Modulargleichung für die Transformation fünfter Ordnung der elliptischen Functionen überführen, und der zugehörige Modul der elliptischen Functionen wird durch eine reciproke biquadratische Gleichung bestimmt. Da andererseits in der Theorie der elliptischen Functionen die Lösung der Modulargleichung durch einfache transcendente Mittel gelehrt wird, so ist die Lösung der angegebenen Classe von Gleichungen sechsten Grades, wenn auch nicht mehr durch ausschliesslich algebraische Mittel, dadurch gegeben.

Die betreffende Modulargleichung ist nach Jacobi, Fund. S. 27:

$$(1) \qquad v^6 + 4\,u^5\,v^5 + 5\,u^2\,v^4 - 5\,u^4\,v^2 - 4\,u\,v - u^6 = 0,$$

wenn $\varkappa = u^4$ der ursprüngliche, $\lambda = v^4$ der transformirte Modul ist. Diese Gleichung aber geht durch die lineare Substitution

$$(2) \qquad v = u\,\frac{z + u^4}{1 - u^4\,z},$$

wie eine kleine Rechnung lehrt, in die Form über:

$$(3) \qquad z^6 + 5\,z^4 + 15\,z^2 - 4\,z\,\mu - 5 = 0,$$

wo

$$(4) \qquad \mu = \frac{1 - 6\,\varkappa^2 + \varkappa^4}{\varkappa\,(1 - \varkappa^2)}$$

der einzige nicht numerische Coefficient der Gleichung ist.

Setzen wir

$$(5) \qquad z = \frac{\xi}{\eta},$$

wo ξ, η lineare Functionen von x_1, x_2 sein sollen, deren Determinante durch r bezeichnet werden mag, so nimmt die Gleichung (3) auch die Gestalt an:

$$(6) \qquad \varphi\,(\xi,\,\eta) = 0,$$

und φ ist dabei die homogene Function sechster Ordnung:

$$(7) \qquad \varphi = \xi^6 + 5\,\xi^4\,\eta^2 + 15\,\xi^2\,\eta^4 - 4\,\mu\,\xi\,\eta^5 - 5\,\eta^6.$$

Bildet man nun die Covarianten und Invarianten von f^*, so erhält man sogleich:

---

* Vgl. Gordan, Annali, Ser. II. t. II.; Joubert, Comptes Rendus, 1867.

$$(8) \qquad \begin{aligned} A &= 0 \\ i &= \frac{8}{3}\,(\xi^4 - \mu\,\xi^3\,\eta - 6\,\xi^2\,\eta^2 + \mu\,\xi\,\eta^3 + \eta^4)\cdot r^4, \end{aligned}$$

daher, als Invarianten von i:

$$(9) \qquad \begin{aligned} B &= \frac{32}{9}\,(16 + \mu^2)\cdot r^{12} = \frac{32}{9}\,\frac{(1 + \varkappa^2)^4}{\varkappa^2\,(1 - \varkappa^2)^2}\,r^{12} \\ C &= 0. \end{aligned}$$

Durch die vierte Ueberschiebung von i mit f findet man weiter

$$(10) \qquad l = -\frac{B}{2}\,\eta^2\cdot r^{-4},$$

sodann, indem man diese Form und die folgende mit i combinirt:

$$(11) \qquad \begin{aligned} m &= -\frac{2}{3}\,B\,(2\,\xi^2 - \mu\,\xi\,\eta - 2\,\eta^2)\cdot r^2 \\ n &= \frac{B^2}{8}\,(\xi^2 - \eta^2)\cdot r^{-4}, \end{aligned}$$

und hieraus ergeben sich weiter die Invarianten:

$$(12) \qquad D = -\frac{B^3}{16}\,r^{-6}, \qquad R = \frac{\mu\,B^4}{48}\,r^{-3},$$

sowie die Covariante

$$(13) \qquad \vartheta = (n\,l)\,n_x\,l_x = -\frac{B^3}{16}\,\xi\,\eta\cdot r^{-7}.$$

Es erhellt hieraus die charakteristische Eigenschaft der Modulargleichung, dass ihre Invarianten A und C verschwinden. Man ist daher im Stande, gemäss den Principien des § 103. (deren Anwendung sich indess hier sehr vereinfacht) jede Gleichung sechsten Grades, bei welcher die Invarianten A und C verschwinden, in die Form (3) oder (6) zu bringen. In der That, ist f irgend eine Form, welche diese Eigenschaft hat, und bezeichnet man durch obere Striche die aus ihr abgeleiteten Formen, so hat man, unter der Voraussetzung, dass dieselbe durch eine lineare Substution mit der Determinante r in $\varphi\,(\xi,\eta)$ übergehe, nach dem Vorigen die Gleichungen:

$$(14) \qquad \begin{aligned} D &= -\frac{B^3}{16}\,r^{-6} \\[2mm] R &= \frac{\mu\,B^4}{48}\,r^{-3} \\[2mm] l &= -\frac{B}{2}\,\xi^2\,r^{-4} \\[2mm] \vartheta &= -\frac{B^3}{16}\,\xi\,\eta\,r^{-7}, \end{aligned}$$

oder man hat

$$(15) \qquad \begin{aligned} r^6 &= -\frac{B^3}{16\,D} \\[1ex] \frac{\mu}{r^3} &= \frac{48\,R}{B^4} \\[1ex] \frac{\eta}{\xi} &= \frac{B^2\,l}{8\,r^3\cdot\vartheta}\cdot \end{aligned}$$

Die letzte Formel giebt eine lineare Substitution, da l und ϑ, sobald $A=0$, $C=0$, stets einen Factor gemein haben. Es ist nämlich die Resultante von ϑ und l nach der Bezeichnung des § 58.:

$$D_{\vartheta\,\vartheta}\,D_{ll}-D_{\vartheta\,l}^2$$

Nun ist $D_{\vartheta\,l}$ gleich Null, weil ϑ eine Functionaldeterminante und l eine ihrer constituirenden Functionen ist (vgl. § 58.); und nach § 78. (9) wird

$$D_{ll}=A_{ll}=2\,C+\frac{A\,B}{3},$$

also Null, weil A und C verschwinden. So ist also die Resultante von ϑ und l gleich Null, und diese Formen haben einen gemeinsamen Factor, nach dessen Entfernung die letzte Formel (15) rechts in Zähler und Nenner linear ist.

Die Formel für $\dfrac{\eta}{\xi}$ hängt von r^2 ab, während nur r^6 völlig, r^3 nur bis auf das Vorzeichen bestimmt ist. Geht man von einem Vorzeichen von r^3 zum entgegengesetzten über, so ändert sich nach der zweiten Formel (15) auch das Zeichen von μ. Das Quadrat dieser letztern Grösse ist wiederum völlig bestimmt, und zwar auf doppelte Weise. Aus (15) erhält man

$$\mu^2 = \frac{48^2\cdot R^2\,r^6}{B^8} = -\frac{144\,R^2}{D\,B^5};$$

dagegen aus (9):

$$\mu^2 = \frac{9\,B}{32\,r^{12}} - 16 = \frac{72\,D^2}{B^5} - 16.$$

Die Vergleichung beider Ausdrücke giebt

$$R^2 = \frac{B^5\,D}{9} - \frac{D^3}{2};$$

dies ist nichts anderes als die Form, welche die Identität § 78. (10) annimmt, wenn A und C verschwinden.

Durch die Gleichungen (15) sind also $\dfrac{\xi}{\eta}$ und μ bis auf ein gemeinsames Vorzeichen bestimmt. Dass es auf dieses nicht ankommt, sieht man aus der Gleichung (7), welche sich nicht ändert, wenn man η und μ zugleich das Zeichen wechseln lässt. Setzen wir also

$$(16) \qquad r^3 = \frac{B^2}{4\sqrt{-BD}},$$

wo das Vorzeichen der Wurzel irgendwie bestimmt sein mag. Es wird dann

$$(17) \qquad \begin{aligned} \mu &= \frac{12\,R}{B^2\sqrt{-BD}} \\ \frac{\eta}{\xi} &= \frac{l\sqrt{-BD}}{2\,\vartheta}. \end{aligned}$$

Diese Substitution führt zu der Form (7). Will man zu der Modulargleichung selbst übergehen, so muss man daher die Substitution

$$(18) \qquad \frac{l\sqrt{-BD}}{2\,\vartheta} = \frac{v\,u^4 + u}{v - u^5}$$

anwenden. Die Grösse u bestimmt sich, da $u^4 = \varkappa$, aus der Gleichung (4):

$$(19) \qquad \frac{1 - 6\,\varkappa^2 + \varkappa^4}{\varkappa\,.\,1 - \varkappa^2} = \mu = \frac{12\,R}{B^2\sqrt{-BD}},$$

und man erhält 16 verschiedene Substitutionen (18), indem man die vier Wurzeln $\varkappa$ der Gleichung (19), und die vier aus jeder derselben fliessenden Werthe der Grösse $u = \sqrt[4]{\varkappa}$ anwendet.

Nachdem auf diese Weise die Form f in die Form der Modulargleichung gebracht ist, kommt auch ihre Auflösung auf die der Modulargleichung zurück. Denkt man sich v der Theorie der elliptischen Functionen gemäss bestimmt, so giebt die Gleichung (18) die Wurzeln der Gleichung $f = 0$ auf lineare Weise. Die Grösse u war dabei nur bis auf eine vierte Wurzel der Einheit bestimmt; aber wenn man u um eine solche, ε, ändert, so muss in Folge der Gleichung (1) auch v um ε geändert werden, und die rechte Seite der Gleichung (19) erfährt keine Modification.

Ebenso wenig wird die Auflösung geändert, wenn man an Stelle einer Wurzel $\varkappa$ der Gleichung (18) eine der drei anderen treten lässt. Ist nämlich $\varkappa$ eine Wurzel jener Gleichung, so sind die drei anderen:

$$\varkappa_1 = -\frac{1}{\varkappa}, \quad \varkappa_2 = -\frac{1 - \varkappa}{1 + \varkappa}, \quad \varkappa_3 = \frac{1 + \varkappa}{1 - \varkappa}.$$

Es treten also, wenn man eine dieser Wurzeln statt $\varkappa$ einführt, an Stelle von u die Grössen

$$u_1 = \sqrt[4]{-\frac{1}{\varkappa}}, \quad u_2 = \sqrt[4]{-\frac{1 - \varkappa}{1 + \varkappa}}, \quad u_3 = \sqrt[4]{\frac{1 + \varkappa}{1 - \varkappa}}.$$

Zugleich aber sind dann an Stelle der Wurzeln v der Modulargleichung in (19) die Ausdrücke zu setzen:

$$v_1 = u_1 \frac{(1 + \varkappa \varkappa_1)\, v - (\varkappa - \varkappa_1)\, u}{(1 + \varkappa \varkappa_1)\, u + (\varkappa - \varkappa_1)\, v}, \qquad v_2 = u_2 \frac{(1 + \varkappa \varkappa_2)\, v - (\varkappa - \varkappa_2)\, u}{(1 + \varkappa \varkappa_2)\, u + (\varkappa - \varkappa_2)\, v},$$

$$v_3 = u_3 \frac{(1 + \varkappa \varkappa_3)\, v - (\varkappa - \varkappa_3)\, u}{(1 + \varkappa \varkappa_3)\, u + (\varkappa - \varkappa_3)\, v},$$

wodurch die Modulargleichung befriedigt wird, indem nicht blos μ, sondern auch $\varkappa$ seinen Werth beibehält, und also auch die Lösung (18) unserer Gleichung sechsten Grades ungeändert bleibt.

§ 115. Die Gleichung für den Multiplicator der Transformation fünfter Ordnung der elliptischen Function.

Eine andere Classe von Gleichungen sechsten Grades, welche mit Hilfe der Theorie der elliptischen Functionen lösbar sind, erhält man durch Betrachtung des dem Modul λ entsprechenden Multiplicators. Ist in Folge einer der im Vorigen benutzten Transformationen fünfter Ordnung

$$\frac{d\,y}{\sqrt{1 - y^2 .\, 1 - \lambda^2 y^2}} = \frac{1}{M} \cdot \frac{d\,x}{\sqrt{1 - x^2 .\, 1 - \varkappa^2 x^2}},$$

so hat man $M = \dfrac{v\, (1 - u v^3)^*}{v - u^5}$. Dieser Zusammenhang von M mit v ist kein linearer mehr, und daher genügt M einer Gleichung sechsten Grades mit Invarianteneigenschaften, welche von denen der Gleichung für v verschieden sind.

Wie Hr. Brioschi gezeigt hat, wird die Gleichung für

$$z = \frac{1}{M} - 1$$

die folgende[**]:

$$(1) \qquad z^6 - 4 z^5 + 256\, \varkappa^2 \varkappa'^2\, (z + 1) = 0, \quad (\varkappa'^2 = 1 - \varkappa^2).$$

Das Charakteristische dieser Gleichung ist zunächst, dass die drei mittleren Glieder fehlen. Setzt man aber

$$(2) \qquad z = \mu\, \frac{\xi}{\eta},$$

multiplicirt noch mit einer beliebigen Constante, und setzt die Gleichung in der Form an:

$$(3) \qquad a_0\, \xi^6 + 6\, a_1\, \xi^5\, \eta + 6\, a_5\, \xi\, \eta^5 + a_6\, \eta^6 = 0,$$

so bleibt zwischen a_0, a_1, a_2, a_6 die eine Relation bestehen:

$$(4) \qquad a_0\, a_6 + 9\, a_1\, a_5 = 0,$$

---

[*] Jacobi, Fund. S. 28.
[**] Annali di matematica, Bd. 1, S. 177.

und um (3) in (1) überzuführen, hat man die Gleichungen

$$a_0 = \varrho\, \mu^6$$
$$a_1 = -\frac{2}{3}\,\varrho\, \mu^5$$
$$a_5 = \frac{128}{3}\,\varrho\, \mu\, \varkappa^2\, \varkappa'^2$$
$$a_6 = 256\,\varrho\, \varkappa^2\, \varkappa'^2.$$

Man findet daraus, die Gleichung (4) vorausgesetzt,

$$(5) \qquad \mu = -\frac{2\,a_0}{3\,a_1}, \quad \varkappa^2\,\varkappa'^2 = -\frac{a_0^4\,a_5}{324\,a_1^5},$$

aus welcher letztern Gleichung sich mit Hilfe einer quadratischen Gleichung $\varkappa^2$ ergiebt.

Um nun aber weiter den allgemeinen Charakter der Gleichungen zu untersuchen, welche die Form (3) annehmen können, bilde ich die Invarianten derselben, indem ich ξ, η als lineare Functionen von x_1, x_2 betrachte, deren Determinante gleich 1 sein mag. Die letztere Annahme ist gestattet, da die Veränderung von ξ und η um constante Factoren nur durch eine Veränderung der Constanten a bedingt wird. Ja, von diesen letzteren ist noch eine willkürlich; man kann, wie weiterhin geschehen soll, zwischen den a eine beliebige Relation festsetzen, wenn dieselbe nur nicht ausschliesslich von den Producten $a_0\,a_6$ und $a_1\,a_5$ abhängt, deren Werthverhältniss allerdings durch die vorige Annahme festgelegt wird.

Man hat nun zunächst, wenn

$$a_0\,a_6 = 3\,\alpha, \quad a_1\,a_5 = -\frac{\alpha}{3}$$

gesetzt wird:

$$(6) \qquad A = 2\,(a_0\,a_6 - 6\,a_1\,a_5) = 10\,\alpha, \quad \alpha = \frac{A}{10};$$

sodann

$$(7) \qquad i = \xi\,\eta\,(4\,a_0\,a_5\,\xi^2 + 2\,a_0\,a_6\,\xi\,\eta + 4\,a_1\,a_6\,\eta^2),$$

also

$$(8) \qquad B = 14\,\alpha^2, \quad C = -18\,\alpha^3.$$

Hieraus folgen sofort die Invariantenrelationen

$$(9) \qquad B = \frac{7}{50}\,A^2, \quad C = -\frac{9}{500}\,A^3,$$

welche den Charakter der Gleichung bezeichnen.

Weiter wird

$$(10) \qquad \begin{aligned} l &= -4\,(a_0\,a_5^2\,\eta^2 + a_6\,a_1^2\,\xi^2) \\ m &= -8\,\beta\,\xi\,\eta + \alpha\,l, \end{aligned}$$

wo β den Ausdruck

$$(11) \qquad \beta = a_1{}^3 a_6{}^2 + a_0{}^2 a_5{}^3$$

bedeutet.

Hieraus folgt, dass man eine Form, welche den Invariantenbeziehungen

$$B = \frac{7}{50} A^2, \quad C = -\frac{9}{500} A^3$$

genügt, in die Form

$$a_0\, \xi^6 + 6\, a_1\, \xi^5\, \eta + 6\, a_5\, \xi\, \eta^5 + a_6\, \eta^6$$

bringt, indem man als neue Veränderliche die linearen Factoren des Ausdrucks

$$(12) \qquad -8\beta\, \xi\, \eta = m - \frac{A}{10}\, l$$

einführt.

Aus dem Ausdrucke von m findet man noch

$$(13) \qquad D = 32\left(\frac{\alpha^5}{3} - \beta^2\right).$$

Dies führt auf keine Invariantenrelation, da α und β durch keine Beziehung verbunden sind. Aber es giebt sofort die Bestimmung

$$(14) \qquad \beta = \sqrt{\frac{A^5}{3 \cdot 10^5} - \frac{D}{32}}.$$

Dieser Ausdruck darf, damit die vorliegende Umformung möglich sei, nicht verschwinden. Der Ausdruck unter dem Wurzelzeichen ist zugleich die Discriminante des Ausdrucks $m - \frac{A}{10}\, l$; es hat dieser Ausdruck also wirklich, wenn β von Null verschieden ist, zwei verschiedene lineare Factoren, welche denn zur Transformation benutzt werden können.

Endlich ergiebt sich noch

$$(15) \qquad n = \alpha\, m + 16\, \alpha\, \beta\, \xi\, \eta + 8\, \beta\, (a_0\, a_5\, \xi^2 + a_1\, a_6\, \eta^2).$$

Combiniren wir dies mit den Gleichungen (10), so finden wir

$$a_6\, a_1{}^2\, \xi^2 + a_0\, a_5{}^2\, \eta^2 = -\frac{l}{4}$$

$$a_0\, a_5\, \xi^2 + a_1\, a_6\, \eta^2 = \frac{n + \alpha\, m - 2\, \alpha^2\, l}{8\, \beta},$$

und indem wir diese Gleichungen nach ξ^2, η^2 auflösen, wobei die Determinante der Ausdruck

$$(16) \qquad \gamma = a_1{}^3 a_6{}^2 - a_0{}^2 a_5{}^3$$

ist:

$$(17) \quad \begin{aligned} \gamma\,\xi^2 &= -\,a_1\,a_6\,\frac{l}{4} - a_0\,a_5{}^2 \cdot \frac{n + \alpha\,m - 2\,\alpha^2\,l}{8\,\beta} \\[2mm] \gamma\,\eta^2 &= \quad a_0\,a_5\,\frac{l}{4} + a_6\,a_1{}^2 \cdot \frac{n + \alpha\,m - 2\,\alpha^2\,l}{8\,\beta}. \end{aligned}$$

Nehmen wir die Gleichung (12) hinzu, so sehen wir, dass wir den Quotienten $\dfrac{\xi}{\eta}$, also die Unbekannte der transformirten Gleichung, ohne Wurzelausziehen finden, wenn nur die Grössen

$$a_0,\ a_1,\ a_5,\ a_6,\ \gamma$$

noch bekannt sind.

Was zunächst γ betrifft, so bestimmt man dasselbe durch Bildung der letzten Invariante R, welche der aus den Coefficienten von l, m, n gebildeten Determinante gleich ist:

$$R = 128\,\beta^2\,\gamma.$$

Es ist also

$$(18) \quad \gamma = \frac{R}{128\,\beta^2} = \frac{R}{4\left(\dfrac{A^5}{3\cdot 5^5} - D\right)}.$$

Zur Bestimmung von a_0, a_1, a_5, a_6 haben wir die Gleichungen:

$$(19) \quad \begin{aligned} a_0\,a_6 &= 3\,\alpha, & a_1{}^3\,a_6{}^2 &= \frac{\beta + \gamma}{2}, \\[2mm] a_1\,a_5 &= -\,\frac{\alpha}{3}, & a_5{}^3\,a_0{}^2 &= \frac{\beta - \gamma}{2}. \end{aligned}$$

Diese Gleichungen sind nicht von einander unabhängig; denn es folgt daraus die Beziehung

$$(20) \quad \frac{\beta^2 - \gamma^2}{4} = -\,\frac{\alpha^5}{3},$$

welche dem Umstande entspricht, dass sich R^2 durch A, B, C, D ausdrücken lässt. Aber aus (19) erhält man ferner

$$\frac{a_0\,a_5{}^2}{a_1\,a_6} = -\,\frac{\beta - \gamma}{2\,\alpha^2}, \quad \frac{a_6\,a_1{}^2}{a_0\,a_5} = -\,\frac{\beta + \gamma}{2\,\alpha^2},$$

so dass die Ausdrücke (17) für ξ^2, η^2 bis auf Factoren $a_1\,a_6$, $a_0\,a_5$ vollständig bestimmt sind.

Dass eine der Grössen a unbestimmt bleibt, liegt in der Natur der Aufgabe. Um sie willkürlich zu bestimmen, setze ich

$$a_0\,a_5 = \alpha,$$

so dass dann nach (19):

$$a_1\,a_6 = -\,\alpha.$$

Dann ist endlich:

$$\gamma\,\xi^2 = \alpha\cdot\frac{l}{4} + \frac{\gamma-\beta}{2\,\alpha}\cdot\frac{n+\alpha\,m-2\,\alpha^2\,l}{8\,\beta}$$

(21)
$$\gamma\,\eta^2 = \alpha\cdot\frac{l}{4} - \frac{\gamma+\beta}{2\,\alpha}\cdot\frac{n+\alpha\,m-2\,\alpha^2\,l}{8\,\beta}$$

$$-8\,\beta\,\xi\,\eta = m - \alpha\,l,$$

wo

(22)
$$\alpha=\frac{A}{10},\qquad \gamma=\frac{R}{4\left(\dfrac{A^5}{3\cdot5^5}-D\right)},\qquad \beta=\sqrt{\gamma^2-324\,\alpha^5}\,.$$

Hier ist nunmehr alles bestimmt. In der Gleichung

$$a_0\,\xi^6 + 6\,a_1\,\xi^5\,\eta + 6\,a_2\,\xi\,\eta^5 + a_6\,\eta^6 = 0$$

aber werden die Coefficienten:

$$a_0 = -\frac{\beta+\gamma}{6\,\alpha^2},\quad a_1 = \frac{\beta+\gamma}{18\,\alpha^2},\quad a_5 = \frac{\beta-\gamma}{18\,\alpha^2},\quad a_6 = \frac{\beta-\gamma}{6\,\alpha^2},$$

so dass sich dieselbe mit Auslassung des Nenners $6\,\alpha^2$ in folgende verwandelt:

$$0 = (\beta+\gamma)\,\{-\xi^6 + 2\,\xi^5\,\eta\} + (\beta-\gamma)\,\{2\,\xi\,\eta^5 + \eta^6)\}.$$

Die Gleichungen (5) geben sodann für den Uebergang zu der Multiplicatorgleichung:

$$\mu = 2,\quad \varkappa = \frac{2\,\xi}{\eta},\quad \varkappa^2\,\varkappa'^2 = \frac{1}{4}\cdot\frac{\gamma-\beta}{\gamma+\beta},$$

und man kann daher setzen:

$$\varkappa^2 = \tfrac{1}{2}\left(1 - \sqrt{\frac{2\,\beta}{\gamma+\beta}}\right)$$

$$\varkappa'^2 = \tfrac{1}{2}\left(1 + \sqrt{\frac{2\,\beta}{\gamma+\beta}}\right).$$

Diese Transformation der gegebenen Gleichung ist, wie man aus den vorstehenden Formeln sieht, immer möglich, sobald α, β, γ von Null verschieden sind; denn auch der Nenner $\gamma+\beta$, welcher in den Formeln für die $\varkappa$ vorkommt, führt, wenn er verschwindet, wegen der Gleichung (20) auf $\alpha=0$. In zwei dieser Ausnahmefälle aber verschwindet R; nämlich beim Verschwinden von β oder γ, da $R=128\,\beta^2\,\gamma$. Da in diesem Falle die Gleichungen sechsten Grades, wie oben gezeigt, in anderer Weise lösbar sind, so kann derselbe hier übergangen werden. Es bleibt also nur der Fall zu betrachten, wo $\alpha=0$, also $A=0$, $B=0$, $C=0$, während D und R als von Null verschieden angenommen werden ($R^2 = -\tfrac{1}{2}\,D^3$).

Diesen Fall kann man bequem mit Hilfe der typischen Darstellung behandeln, welche in § 112. gegeben wurde. Da A, B, C verschwinden, so verschwinden auch A_{ll}, A_{lm}, A_{mn}, A_{nn}. Daher sind die Gleichungen zwischen l, m, n und λ, μ, ν hier [vgl. § 78. (9)]

$$R\,l = D\,\nu$$
$$(23) \qquad R\,m = D\,\mu$$
$$R\,n = D\,\lambda.$$

Sonach geht die identische Gleichung

$$l\,\lambda + m\,\mu + n\,\nu = 0$$

in

$$(24) \qquad 0 = 2\,l\,n + m^2,$$

und die typische Darstellung in

$$R^2 f = 2\,n\,\lambda^2 + 2\,D\,\mu\,\nu\,l + \frac{D}{2}\,\nu^2\,m,$$

oder, indem man die Werthe der λ, μ, ν einführt, in

$$(25) \qquad D^2 f = 2\,n^3 + \frac{3\,D}{2}\,l\,m$$

über. Aber da ohnehin l, n wegen $A_{ll} = 0$, $A_{nn} = 0$ Quadrate sein müssen, so ergiebt sich aus (24), dass man setzen darf:

$$l = \xi^2, \quad m = \xi\,\eta, \quad n = -\frac{\eta^2}{2};$$

und indem man nun diese Veränderlichen ξ, η in (25) einführt, wird,

$$-4\,D^2 f = \eta^6 - 6\,D\,\xi^5\,\eta.$$

Man hat daher folgenden Satz:

> Wenn $A = 0$, $B = 0$, $C = 0$, aber D von Null verschieden ist, so ist n ein Quadrat und die Wurzel von n ist Factor von f. Der übrigbleibende Factor fünften Grades lässt sich als Aggregat zweier fünfter Potenzen darstellen, indem man $\sqrt{n}$ und $\dfrac{m}{\sqrt{n}}$ als Veränderliche einführt.

Die Gleichung sechsten Grades hat also einen rationalen linearen Factor und die Auflösung der übrigbleibenden Gleichung fünften Grades erfordert nur das Ausziehen einer fünften Wurzel.

Verbesserungen.

S. 31, Z. 15 v. u. statt „einen ihrer" lies: „seien ihre".

S. 161, Z. 4. Von hier bis zum Ende des Paragraphen lese man:

Im ersten Falle muss also $\frac{2}{3}$ H negativ, $\frac{3}{4}$ $H^2 - \frac{i}{8}$ f^2 positiv sein, im zweiten Falle tritt eine der andern Zeichencombinationen dieser Grössen ein. Und so haben wir folgenden Satz:

Wenn $i^3 - 6j^2 > 0$, so ist entweder H bei beliebigen reellen Werthen der x negativ, und zugleich immer $H^2 - \frac{i}{6} f^2$ positiv; dann hat f lauter reelle Wurzeln; oder die Wurzeln der Gleichung $f = 0$ sind sämmtlich imaginär.

S. 227, Z. 6 und Z. 8 v. o. und S. 228, Z. 13 v. u. sind die Ω enthaltenden Terme immer mit dem entgegengesetzten Zeichen zu versehen.

Druck von B. G. Teubner in Dresden.